Lehr- und Handbücher der Statistik

Herausgegeben von
Universitätsprofessor Dr. Rainer Schlittgen

Böhning, Allgemeine Epidemiologie
Caspary · Wichmann, Lineare Modelle
Chatterjee · Price (Übers. Lorenzen), Praxis der Regressionsanalyse, 2. Auflage
Degen · Lorscheid, Statistik-Aufgabensammlung, 3. Auflage
Hartung, Modellkatalog Varianzanalyse
Harvey (Übers. Untiedt), Ökonometrische Analyse von Zeitreihen, 2. Auflage
Harvey (Übers. Untiedt), Zeitreihenmodelle, 2. Auflage
Heiler · Michels, Deskriptive und Explorative Datenanalyse
Kockelkorn, Lineare statistische Methoden
Miller (Übers. Schlittgen), Grundlagen der Angewandten Statistik
Naeve, Stochastik für Informatik
Oerthel · Tuschl, Statistische Datenanalyse mit dem Programmpaket SAS
Pflaumer · Heine · Hartung, Statistik für Wirtschafts- und Sozialwissenschaften: Deskriptive Statistik
Pflaumer · HeineBisher erschienene Werke:
· Hartung, Statistik für Wirtschafts- und Sozialwissenschaften: Induktive Statistik
Pokropp, Lineare Regression und Varianzanalyse
Rasch · Herrendörfer u. a., Verfahrensbibliothek, Band I und Band 2
Rinne, Wirtschafts- und Bevölkerungsstatistik, 2. Auflage
Rinne, Statistische Analyse multivariater Daten – Einführung
Rüger, Induktive Statistik, 3. Auflage
Rüger, Test- und Schätztheorie, Band I: Grundlagen
Schlittgen, Statistik, 8. Auflage
Schlittgen, Statistische Inferenz
Schlittgen · Streitberg, Zeitreihenanalyse, 8. Auflage
Schürger, Wahrscheinlichkeitstheorie
Tutz, Die Analyse kategorialer Daten

Fachgebiet Biometrie

Herausgegeben von Dr. Rolf Lorenz

Bisher erschienen:
Bock, Bestimmung des Stichprobenumfangs
Brunner · Langer, Nichtparametrische Analyse longitudinaler Daten

Die Analyse kategorialer Daten

Anwendungsorientierte Einführung in Logit-Modellierung und kategoriale Regression

Von
Universitätsprofessor
Dr. Gerhard Tutz

R. Oldenbourg Verlag München Wien

Die Deutsche Bibliothek – CIP-Einheitsaufnahme

Tutz, Gerhard:
Die Analyse kategorialer Daten : anwendungsorientierte Einführung in Logit-Modellierung und kategoriale Regression / Gerhard Tutz. – München ; Wien : Oldenbourg, 2000
(Lehr- und Handbücher der Statistik)
ISBN 3-486-25405-7

Rosenheimer Straße 145, D-81671 München
Telefon: (089) 45051-0, Internet: http://www.oldenbourg.de

Gedruckt auf säure- und chlorfreiem Papier
Gesamtherstellung: Druckhaus „Thomas Müntzer“ GmbH, Bad Langensalza

ISBN 3-486-25405-7

Wohl dem, der eine humanistische Ausbildung genossen hat. Statistiker lieben es, unbekannte Größen mit griechischen Buchstaben zu bezeichnen.

α	A	Alpha
β	B	Beta
γ	Γ	Gamma
δ	Δ	Delta
ε	E	Epsilon
ζ	Z	Zeta
η	H	Eta
ϑ	Θ	Theta
ι	I	Iota
κ	K	Kappa
λ	Λ	Lambda
μ	M	My
ν	N	Ny
ξ	Ξ	Xi
o	O	Omikron
π	Π	Pi
ρ	P	Rho
σ	Σ	Sigma
τ	T	Tau
υ	Υ	Ypsilon
φ	Φ	Phi
χ	X	Chi
ψ	Ψ	Psi
ω	Ω	Omega

Vorwort

Das vorliegende Buch ist aus einer Reihe von Vorlesungen entstanden, die ich an der TU Berlin und der LMU München gehalten habe. In der Zuhörerschaft fanden sich Studenten verschiedenster Ausrichtung, Informatiker ebenso wie Wirtschaftswissenschaftler, Mathematiker und Soziologen. Die Absicht des Buches ist es, eine Einführung in die kategoriale Regression zu geben, die auch für Anwender, nicht nur für Statistiker und Mathematiker, genießbar ist. Ein Schwerpunkt ist daher die ausführliche Behandlung diverser Datenbeispiele aus unterschiedlichen Anwendungsbereichen. Neben wirtschaftswissenschaftlichen Beispielen, die zahlenmäßig dominieren, finden sich Beispiele aus der Biometrie, der medizinischen Statistik, Psychologie und Demographie.

Viele kategoriale Regressionsmodelle (sowie diverse andere Modelle) lassen sich im Rahmen der generalisierten Modelle behandeln. Dieser Aspekt wird hier als sekundär behandelt. Im Vordergrund steht vielmehr, welche Modelle für kategoriale abhängige Variablen geeignet sind. Die behandelten Modellierungsansätze beschränken sich daher auch nicht auf die Klasse der generalisierten linearen Modelle. Wer sich für das vereinheitlichende Konzept generalisierter linerarer Modelle und die damit verbundene Fülle von Erweiterungen interessiert, dem empfehle ich aus naheliegenden Gründen Fahrmeir & Tutz (1994).

Da sich parametrisierte Modelle und die damit verbundenen Annahmen oft als zu starr erweisen, werden in zwei Kapiteln auch nonparametrische Verfahren der kategorialen Regression behandelt. Die Verfahren der glatten Regression und der Klassifikationsbäume stellen flexible Instrumentarien dar, die insbesondere unter explorativem Aspekt heute zum festen Bestandteil der „Tool-Box“ gehören sollten.

Mein Dank gilt dem begnadeten Badminton-Spieler Norbert Behrens und Herrn Michael Schindler, die durch virtuose Handhabung von LaTeX diesen Text ermöglicht haben. Das Verschwinden mancher Fehler verdanke ich dem gründlichen und kenntnisreichen Leser Herwig Friedl. Für Vorschläge und Fehlerhinweise danke ich auch Göran Kauermann, Silke Edlich, Lisa Pritscher und Thorsten Scholz. Herr Schlittgen war ein steter Ansporn, das Buch fertigzustellen.

München — Gerhard Tutz

Inhaltsverzeichnis

Verzeichnis der Beispiele

Kapitel 1

Einführung

1.1 Problemstellung und einführende Beispiele

1.1.1 Merkmalstypen

Kategoriale Variablen

Im Rahmen dieses Buches spielen kategoriale Merkmale bzw. Variablen eine zentrale Rolle. Ein *kategoriales* Merkmal liegt dann vor, wenn das Merkmal nur endlich viele Ausprägungen, sog. Responsekategorien, besitzt. Variablen dieser Art treten in den unterschiedlichsten Anwendungsbereichen auf. Wirtschaftswissenschaftliche Beispiele sind Gehaltsklassen, Kaufverhalten in Bezug auf bestimmte Produkte mit den Kategorien "Käufer" bzw. "Nichtkäufer", Geschmackspräferenzen bei der Produktwahl oder die vom Münchner IFO-Institut erstellte Konjunkturprognose, die z. B. für die erwartete Geschäftslage die Kategorien "gut", "befriedigend-saisonüblich" oder "schlecht" vorsieht. Ebenso besitzen viele in der medizinischen Statistik interessierende Variablen nur Kategorien als Ausprägungen. Bei der Wirksamkeitsuntersuchung von Medikamenten werden häufig Befindlichkeits-Kategorien wie "besser", "unverändert" oder "schlecht" erhoben oder in kritischeren Situationen Kategorien wie "überlebt" oder "nicht überlebt". Viele epidemiologische Studien haben das Ziel, zu eruieren, welche Faktoren die Kategorien "Erkrankung" bzw. "Nicht-Erkrankung" bedingen. Empirische Soziologie und Psychologie macht umfangreichen Gebrauch von Einstellungsskalen in Abstufungen von "stimme voll zu" bis "stimme überhaupt nicht zu". In all diesen Fällen gilt das Hauptinteresse einer Variablen mit endlich vielen Kategorien. Nehmen kategoriale Merkmale die Funktion einer Einflußgröße an, werden sie auch als *Faktoren* bezeichnet.

Qualitative, quantitative Merkmale und Skalenniveau

Kategoriale Variablen werden häufig etwas ungenau als *qualitative Merkmale* bezeichnet. Die Bezeichnung verweist darauf, daß mit Kategorien wie gut/schlecht oder ledig/verheiratet/geschieden nur eine "Qualität" mitgeteilt wird, nicht aber das Ausmaß in dem eine Eigenschaft vorhanden ist. Merkmale, die ein Ausmaß wiedergeben, werden im Gegensatz dazu als *quantitative Merkmale* bezeichnet. Eine damit zusammenhängende Einteilung ist die nach dem Skalenniveau. Eine grobe Einteilung des Skalenniveaus ist die in Nominalskalen, Ordinalskalen und metrische Skalen.

Bei der *Nominalskala* ist die Zuordnung von Zahlen zu Sachverhalten eine reine Etikettenvergabe. Den Ausprägungen, "ledig", "verheiratet", "geschieden" lassen sich die Zahlen 1, 2, 3 mit dem selben Recht zuordnen wie die Zahlen 1000, 10, 1 oder beliebige andere drei Zahlen. Die Größe der Zahl selbst ist nicht sinnvoll interpretierbar, sie dient nur der Identifizierung bzw. der Kodierung eines Sachverhalts. Variablen dieses Typs werden als qualitativ bezeichnet. Streng genommen sind daher nur kategoriale Variablen, die auch nominal sind, als qualitative Variablen zu bezeichnen.

Bei der *Ordinalskala* erfolgt die Zuordnung so, daß einem Sachverhalt, der in einem empirischen Sinn einen anderen dominiert, eine größere Zahl zugeordnet wird als dem dominierten. Den Kategorien "schlechte Befindlichkeit", "gute Befindlichkeit" läßt sich somit 1, 2 oder aber 100, 200 zuordnen. Der Größenvergleich im Sinne von "größer als" ist empirisch interpretierbar als "dominiert empirisch". Die Abstände zwischen den Zahlen sind natürlich in der Zahlenwelt bestimmbar, empirisch sind sie nicht sinnvoll interpretierbar.

Bei *metrischen Skalen*, insbesondere bei Intervall- und Verhältnisskalen, liegen

Messungen vor, die das Ausmaß eines Sachverhalts so quantifizieren, daß Abstände bzw. Verhältnisse zwischen Zahlen sinnvoll zu bilden sind. Bei der Variable Einkommen ist es sinnvoll, zu sagen "A verdient doppelt so viel wie B", bei Temperaturen läßt sich sinnvoll formulieren "Die nächtliche Temperaturabsenkung war letzte Nacht doppelt so groß wie in dieser Nacht". Bei Ordinalskalen hingegen ist die Aussage "Heute geht es mir doppelt so gut wie gestern" ausgesprochen fragwürdig. Die meisten physikalischen Größen wie Masse, Gewicht, Volumen oder auch Alter und Einkommen sind metrisch skaliert.

Nominalskalen sind qualitativ, metrisch skalierte Variablen sind quantitativ. Eine Zwitterstellung nehmen ordinalskalierte Variablen an. In einer Befindlichkeitsskala "gut", "mittelmäßig", "schlecht" werden zwar Qualitäten zum Ausdruck gebracht, aber in geordneten Abstufungen. Obwohl keine Feinabstimmung wie bei den metrischen Variablen Alter oder Einkommen vorliegt, wird ein Sachverhalt quantifiziert im Sinne des "größer als".

Eine konzeptionell vom Skalenniveau unabhängige, in der Praxis aber eng zusammenhängende Einteilung von Variablen ist die Unterteilung in diskrete und stetige Variablen. *Diskrete Variablen* besitzen maximal so viele Ausprägungen wie die natürlichen Zahlen, bei *stetigen Variablen* existiert zu je zwei Ausprägungen immer noch ein Zwischenwert. Jede kategoriale Variable ist damit diskret. Stetige Variablen wie Zeit oder Gewicht setzen letztendlich beliebige Meßgenauigkeit voraus. Bei hinreichend hoher Genauigkeit der Messung lassen sich aber Variablen wie Einkommen oder Alter ebenso als stetig verstehen. Obwohl Skalenniveau und Anzahl der möglichen Ausprägungen unabhängige Konzeptionen darstellen, sind in der Praxis nominal- und ordinalskalierte Merkmale meist diskret und metrisch skalierte Merkmale meist stetig.

Die hier vorgenommene Einteilung der Skalenarten ist nur sehr skizzenhaft und eher als Erinnerungsauffrischung gedacht. Eine konzise Einführung in die Meßtheorie findet sich z. B. bei Orth (1979), Pfanzagl (1971) und in Krantz et al. (1971).

1.1.2 Zusammenhangs- und Regressionsanalyse

Prinzipiell lassen sich zwei Typen von Untersuchungen unterscheiden: die Analyse des Zusammenhangs von Variablen und die Analyse der Abhängigkeitsstruktur. Der erste Typ der *Zusammenhangsanalyse* ist symmetrisch in dem Sinn, daß allen Variablen die gleiche Aufmerksamkeit gilt, die Variablen sind gleichberechtigt, von Interesse sind nur Stärke und Form der Assoziation. Enthält beispielsweise ein Erhebungsbogen Fragen zur Parteienpräferenz, zur Einstellung zum Drogenkonsum und zur Integration ausländischer Mitbürger gilt eine mögliche Fragestellung der Stärke des Zusammenhangs dieser "Einstellungsdimensionen", wobei nicht vorausgesetzt wird, daß die Beantwortung einer Frage die Beantwortung der anderen beeinflußt, sondern vielmehr, daß sich durch die dahinterstehenden Einstellungen ein Zusammenhang der Beantwortung ergibt. Untersucht wird hierbei die Korrelationsstruktur zwischen den Variablen. In der asymmetrischen *Abhängigkeits- oder Regressionsanalyse* wird eine der betrachteten Variablen als abhängig ausgezeichnet. Von Interesse ist, wie sich die Variation der abhängigen Variablen durch die Variation von Einflußgrößen erklären läßt. Assoziations- und Regressionsanalysen hängen natürlich insofern zusammen, als sich eine abhängige Variable durch eine andere Variable nur erklären läßt, wenn die beiden einen Zusammenhang (Assoziation, Korrelation) besitzen. In den weitaus meisten Analysen ist implizit eine Variable als abhängig gedacht. Betrachtet man wie in Beispiel 1.2 den Zusammenhang zwischen Alter und Dauer der Arbeitslosigkeit, ist in natürlicher Weise die Dauer als abhängige Variable ausgezeichnet. Die im gesamten Buch zugrundegelegte Problemstellung ist die der Regression, d.h. es wird davon ausgegangen, daß eine Variable als abhängig ausgezeichnet ist, wobei nicht notwendigerweise eine kausale Wirkung angenommen wird. Die hier betrachteten Variablen sind daher

- eine *kategoriale* abhängige Variable Y (Response)
- eine oder mehrere Einflußgrößen (bzw. unabhängige Variablen, Kovariablen, Prädiktoren, Regressoren) $x_1, \ldots, x_p$.

Wird ein Experiment mit den Ausgängen Erfolg / Mißerfolg wiederholt betrachtet, ergibt sich in natürlicher Weise eine Zählvariable aus den Anzahlen der Erfolge. Zählvariablen stehen daher in engem Zusammenhang mit kategorialen Variablen. Ein weiteres Beispiel ist die Anzahl von Konkursen in Abhängigkeit von der Zeit. Die betrachteten Variablen sind dann

- eine abhängige Zählvariable Y
- eine oder mehrere Einflußgrößen (bzw. unabhängige Variablen, Kovariablen, Prädikatoren, Regressoren) $x_1, \ldots, x_p$.

1.1.3 Einige Beispiele

Der einfachste Fall einer abhängigen kategorialen Variable ist eine *binäre* oder *dichotome* Variable, also eine Variable die nur zwei Ausprägungen annimmt, beispielsweise $Y = 1$ für den Besitz eines Pkw, $Y = 2$ für das Nicht-Besitzen eines Pkw.

Beispiel 1.1 : Besitz eines Pkw
Als abhängige Variable wird betrachtet, ob eine Familie einen eigenen Pkw besitzt $(Y = 1)$

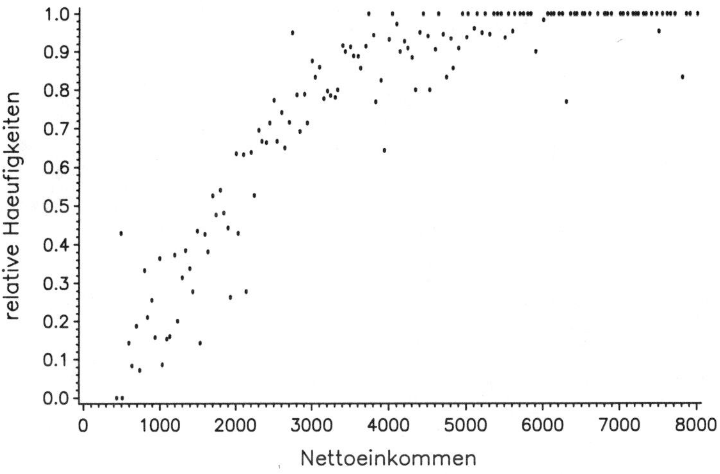

Abbildung 1.1: Pkw-Besitz in Abhängigkeit vom Nettoeinkommen, relative Häufigkeiten aus gruppierten Beobachtungen in Intervallen der Länge 50.

oder nicht ($Y = 0$). *Letztendlich ist also nur von Interesse, ob ein abhängiges Ereignis wie Pkw-Besitz eintritt. Als mögliche Einflußgrößen kommen das Einkommen, Haushaltsgröße und Wohnort (alte/neue Bundesländer) in Frage. Abbildung 1.1 zeigt, welcher Anteil von Haushalten verschiedenen Einkommens (gerundet auf Intervalle der Länge 50) jeweils einen Pkw besitzt. Die Tendenz, daß bei wachsendem Einkommen der Anteil an Haushalten mit Pkw zunimmt ist offensichtlich.* □

Ziel der kategorialen Regressionsanalyse ist es, die zugrundeliegende Struktur zu quantifizieren: In Beispiel 1.1 heißt das, zu modellieren, wie die zugrundeliegende Wahrscheinlichkeit, einen Pkw zu besitzen, vom Haushaltseinkommen abhängt.

Beispiel 1.2 : Dauer der Arbeitslosigkeit
Bei der Analyse der Dauer von Arbeitslosigkeit wird untersucht, welche Merkmale im Zusammenhang damit stehen, ob jemand nur kurzzeitig arbeitslos ist (höchstens sechs Monate) oder länger ohne Tätigkeit ist (mehr als sechs Monate). Als Einflußgröße werden Alter, Geschlecht, Nationalität, berufliche Ausbildung und Schulbildung der Arbeitslosen betrachtet. Die Daten entstammen dem sozioökonomischen Panel (Hanefeld, 1987). Abbildung 1.2 zeigt einen Klassifikationsbaum, in dem das Merkmal Alter sukzessive so unterteilt wird, daß Altersklassen mit ähnlich großer Wahrscheinlichkeit, kurzzeitig arbeitslos zu sein, zusammengefaßt werden. Die erste Unterteilung ergibt sich bei etwa 51 Jahren, jüngere Arbeitslose haben eine relativ hohe Wahrscheinlichkeit, kurzzeitig arbeitslos zu sein, während für ältere Arbeitslose die Wahrscheinlichkeit relativ niedrig ist. Eine nächste Unterteilung der jüngeren Arbeitslosen erfolgt bei 35 Jahren, danach bei etwas 24 Jahren. Die sukzessive Partitionierung in Klassifikationsbäumen wird in Kapitel 10 ausführlich behandelt. □

Im allgemeineren Fall besitzt die abhängige Variable mehr als zwei Ausprägungen. Der Einfachheit halber werden die Ausprägungen durch ganze Zahlen bezeichnet,

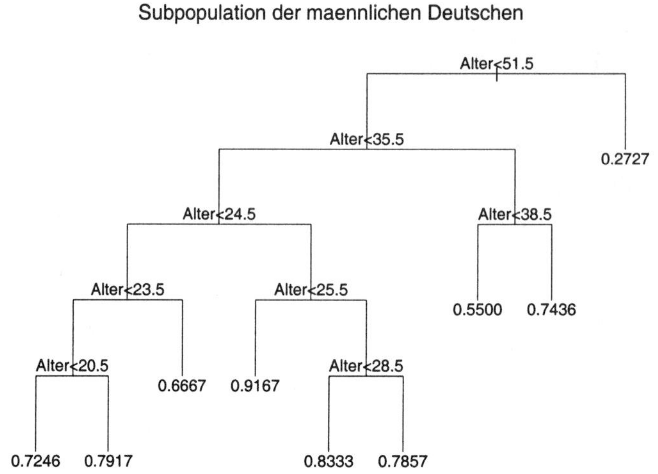

Abbildung 1.2: Klassifikationsbaum zur Unterteilung kurzfristiger Arbeitslosigkeit in Abhängigkeit vom Alter

d.h. $Y \in \{1, \ldots, k\}$. Es gilt, zwei Fälle zu unterscheiden. Wird die Variable Y auf Nominalskalenniveau gemessen, stellen die Kategorien $1, \ldots, k$ nur Etiketten dar, die ohne weiteres vertauschbar sind (Beispiel 1.3). Sind die Kategorien hingegen geordnet, ist Y eine ordinalskalierte Variable (Beispiel 1.3).

Beispiel 1.3 : Parteipräferenz
Als abhängige Variable wird hier betrachtet, welche Partei eine Person präferiert. Die in Frage kommenden Parteien sind $CDU/CSU(Y = 1)$, $SPD(Y = 2)$, $FDP(Y = 3)$, *Grüne* $(Y = 4), PDS(Y = 5)$ *und Andere* $(Y = 6)$. *Jede andere Zuordnung der Zahlen* $1, \ldots, 6$ *zu den Parteien ist hier denkbar, da Parteipräferenz ein nominales Merkmal ist. Mögliche Einflußgrößen sind u.a. das Geschlecht, das Einkommen, der Wohnort der Person. Eine einfache Darstellung in Form einer Kontingenztabelle erhält man, wenn die Einflußgröße ebenfalls kategorial ist. In Tabelle 1.1 sind die beobachteten Häufigkeiten in den neuen Bundesländern, aufgeschlüsselt nach Geschlecht, dargestellt.* □

	CDU/ CSU	SPD	FDP	Grüne	PDS	Andere	
	1	2	3	4	5	6	
m	190	211	22	57	90	38	608
w	168	183	16	62	103	13	545

Tabelle 1.1: Parteipräferenz in den neuen Bundesländern, aufgeschlüsselt nach Geschlecht

Beispiel 1.4 : Klinische Schmerzstudie
In einer klinischen Studie wird die Wirkung eines Sprays auf die Verringerung der Druckschmerzen im Knie nach zehntägiger Behandlung entsprechender Sportverletzungen untersucht (vgl. Spatz, 1994). Als Einflußgrößen werden die Therapie (1: Spray, 2: Placebo), das Geschlecht des Patienten (1: männlich, 2: weiblich) und sein Alter betrachtet. Die abhängige Variable ist die Stärke des Schmerzes unter normierter Belastung in Kategorien von 1 bis 5, wobei 1 für den geringsten und 5 für den stärksten Schmerz steht.

Die abhängige Variable ist in diesem Fall ordinal skaliert, die Ordnung der Kategorien sollte entsprechend in der Modellbildung berücksichtigt werden. Einen einfachen Überblick, der nur die Einflußgröße Therapie/Placebo berücksichtigt, erhält man aus der folgenden Kontingenztabelle.

	Y: 1	2	3	4	5	
Placebo	17	8	14	20	4	63
Therapie	19	26	11	6	2	64

Es ist unmittelbar deutlich, daß die Therapie eine Verschiebung in Richtung niedrigerer Schmerzkategorien bewirkt. Die Quantifizierung dieser Verschiebung ist mit den Modellen aus Kapitel 5 möglich. □

Beispiel 1.5 : Habilitationen in Deutschland
In einer Untersuchung zur Anzahl der Habilitationen an deutschen Hochschulen ergab sich für das Jahr 1993 die Kontingenztabelle 1.2 (Quelle: Wirtschaft und Statistik 5/1995, S. 367). Von Interesse ist die Abhängigkeit der Habilitationszahlen von den Fächergruppen, dem Geschlecht und eventuell dem Jahr. □

		Fächergruppe							
Jahr	Geschlecht	1	2	3	4	5	6	7	8
1992	Männer	176	3	95	268	15	24	36	15
	Frauen	62	1	18	25	2	2	2	5
1993	Männer	216	5	92	316	16	30	44	10
	Frauen	51	0	20	30	1	6	0	4

Tabelle 1.2: Anzahl der Habilitationen mit den Fächergruppen 1: Sprach- und Kulturwissenschaften, 2: Sport, 3: Rechts-, Wirtschafts- und Sozialwissenschaften, 4: Mathematik, Naturwissenschaften, 5: Veterinärmedizin, 6: Agrar-, Forst-, Ernährungswissenschaften, 7: Ingenieurwissenschaften, 8: Kunst-, Kunstwissenschaften

Mit Tabelle 1.2 lassen sich unterschiedliche Fragestellungen behandeln. Eine besteht darin, die Fächergruppenwahl als abhängige Variable zu betrachen, deren Verteilung in Abhängigkeit vom Jahr und Geschlecht modelliert wird. Alternativ dazu lassen sich die Anzahlen selbst als abhängige Variablen verstehen. Untersucht wird dann, wie die Anzahlen selbst von Jahr, Geschlecht und Fächergruppe abhängen. Die abhängige Variable ist hier nicht kategorial, sondern eine Zählvariable. Die enge Verwandtschaft mit rein kategorialen Modellen macht es sinnvoll, auch derartige Problemstellungen einzubeziehen.

1.1.4 Übersicht

Die Grundstruktur des Buches ist in Tabelle 1.3 wiedergegeben. Die ersten sechs Kapitel behandeln *parametrische Modellierungsansätze*. Es wird ein Regressionsmodell formuliert, in dem die Wirkung von Einflußgrößen durch Gewichte (Parameter) spezifiziert ist. Die Kapitel 2 bis 4 behandeln den Fall einer *binären* abhängigen Variable. Kapitel 5 behandelt den *mehrkategorialen* Fall ohne Ordnungsstruktur. In Kapitel 6 werden *geordnete* Kategorien vorausgesetzt. In Kapitel 7 ist die abhängige Variable eine Zählvariable wie im Beispiel der Anzahl an Habilitationen. Gelegentlich erweisen sich parametrische Ansätze als zu einschränkend für die vorliegenden Daten. Im zweiten Block des Buches werden daher nonparametrische Ansätze dargestellt. Ein separates Kapitel (Kapitel 10) gilt Prognoseproblemen. Hier wird der Zusammenhang zu diskriminanzanalytischen Verfahren hergestellt. In einem abschließenden Kapitel werden technische Details der Schätzverfahren behandelt.

Parametrische Ansätze		
Binäre abhängige Variable	Kap. 2	Logistische Regressionsmodelle
	Kap. 3	Schätzung, Modellanpassung, Einflußgrößenanalyse
	Kap. 4	Alternative Modellierungsansätze
Mehrkategoriale abhängige Variable	Kap. 5	Ungeordnete Kategorien
	Kap. 6	Geordnete Kategorien
Anzahlen als abhängige Variable	Kap. 7	Poisson-Regression und Kontingenztafelanalyse
Nonparametrische Ansätze		
Glättungsverfahren	Kap. 8	Lokale Glättung und Penalisierung
Baumstrukturen	Kap. 9	Klassifikationsbäume
Prognose	Kap. 10	Prognose und Diskriminanzanalyse
Schätzen und Testen	Kap. 11	Details der Schätz- und Testtheorie

Tabelle 1.3: Kapitelübersicht

1.2 Binomialverteilung, Multinomialverteilung und einfache Schätzer

In diesem Abschnitt werden elementare Verteilungen und einfache Schätzverfahren betrachtet. Im Zusammenhang mit der Binomialverteilung wird der Begriff der Chance eingeführt, der in späteren Kapiteln eine große Rolle spielt. Die grundlegende Verteilung für das Eintreten eines Ereignisses (Pkw-Besitz in Beispiel 1.1 oder Kurzzeitarbeitslosigkeit in Beispiel 1.2) ist die Binomialverteilung.

1.2.1 Binomialverteilung und Chancen

Die Binomialverteilung läßt sich ableiten aus der Wiederholung eines Experimentes mit zwei Ausgängen, entweder tritt Ereignis A ein oder nicht. Bezeichne Y_i die binäre (dichotome) Zufallsvariable

$$Y_i = \begin{cases} 1 & \text{Ereignis } A \text{ tritt ein} \\ 0 & \text{Ereignis } A \text{ tritt nicht ein,} \end{cases}$$

die zur $i$ten Wiederholung gehört und

$$\pi = P(Y_i = 1)$$

die zugehörige *Auftretenswahrscheinlichkeit für A*. Wird das Experiment n-mal unabhängig wiederholt, besitzt die Summe $Y = Y_1 + \cdots + Y_n$ eine Binomialverteilung, d.h. es gilt

$$P(Y = y) = \binom{n}{y} \pi^y (1 - \pi)^{n-y}.$$

Eine Abkürzung für diese Verteilungsform ist $Y \sim B(n, \pi)$. Die entscheidende Größe, die diese Verteilung charakterisiert, ist die Auftretenswahrscheinlichkeit π. Diese bestimmt auch Erwartungswert und Varianz.

Binomialverteilung $Y \sim B(n, \pi)$

$$P(Y = y) = \binom{n}{y} \pi^y (1 - \pi)^{n-y}, \qquad y = 0, \ldots, n$$

$$E(Y) = n\pi, \quad var(Y) = n\pi(1 - \pi)$$

Chancen, logarithmierte Chancen, Logits

Anstatt π wird häufig das Verhältnis $\pi/(1-\pi)$ oder die logarithmierte Form $\log(\pi/(1-\pi))$ zur Charakterisierung benutzt. Diese beiden Größen werden als *Chancen* bzw. *logarithmierte Chancen* bezeichnet. Insbesondere die logarithmierten Chancen oder ***Logits*** spielen bei der Modellierung in späteren Kapiteln eine grundlegende Rolle (vgl. Abschnitt 2.1).

Chancen	Logarithmierte Chancen (Logits)
$\gamma(\pi) = \frac{\pi}{1-\pi}$	$\text{Logit}(\pi) = \log(\gamma(\pi)) = \log\left(\frac{\pi}{1-\pi}\right)$

Die Chance $\gamma(\pi) = \pi/(1-\pi)$ reflektiert das Verhältnis zwischen dem Eintreten und dem Nichteintreten des Ereignisses A. Generell ist der Begriff an die Wettchancen angelehnt: für $\pi = 1/4$ erhält man $\gamma(\pi) = 1/3$, d.h. die Chancen für das Eintreten von A im Verhältnis zum Nichteintreten stehen 1 zu 3.

Wegen $\pi = \gamma(\pi)/(1+\gamma(\pi))$ und $\pi = \exp(\text{Logit}(\pi)/(1+\exp(\text{Logit}(\pi))))$ ist die Wahrscheinlichkeit durch $\gamma(\pi)$ bzw. $\text{Logit}(\pi)$ eindeutig bestimmt. Chancen bzw. logarithmierte Chancen besitzen unterschiedliche Symetrieeigenschaften. Ist $\pi = 1/4$, gilt $\gamma(\pi) = 1/3$, d.h. die Chancen sind 1 zu 3, für die Gegenwahrscheinlichkeit $1-\pi = 3/4$ erhält man $\gamma(1-\pi) = 3$, d.h. die Chancen sind 3 zu 1. Die Chancen des Gegenereignisses sind also immer das Inverse der Chancen des Ereignisses A, d.h. es gilt

$$\gamma(1-\pi) = \frac{1-\pi}{\pi} = \frac{1}{\gamma(\pi)}.$$

Für die logarithmierten Chancen hingegen gilt

$$\text{Logit}(1-\pi) = \log\left(\frac{1-\pi}{\pi}\right) = -\text{Logit}(\pi)$$

Für das Beispiel $\pi = 1/4$ gilt entsprechend $\text{Logit}\ (\pi) = -\log(3)$, für $\pi = 3/4$ gilt $\text{Logit}\ (\pi) = \log(3)$. Für $\pi < 1/2$ erhält man negative Werte, für $\pi > 1/2$ ergeben sich positive Werte. Die Wahrscheinlichkeit $\pi = 1/2$, die den Chancen 1 zu 1 entspricht, ergibt $\text{Logit}\ (\pi) = 0$. Die Beziehung zwischen π und $\text{Logit}\ (\pi)$ ist in Abbildung 1.3 wiedergegeben.

Die Chancen für das Gegenereignis ergeben sich somit durch Bildung des Kehrwertes, die Logits des Gegenereignisses durch Änderung des Vorzeichens, d.h. Chancen sind multiplikativ, Logits sind additiv in dem Sinn, daß gilt

$$\gamma(\pi)\gamma(1-\pi) = 1 \qquad \text{bzw.} \qquad \text{Logit}\ (\pi) + \text{Logit}\ (1-\pi) = 0.$$

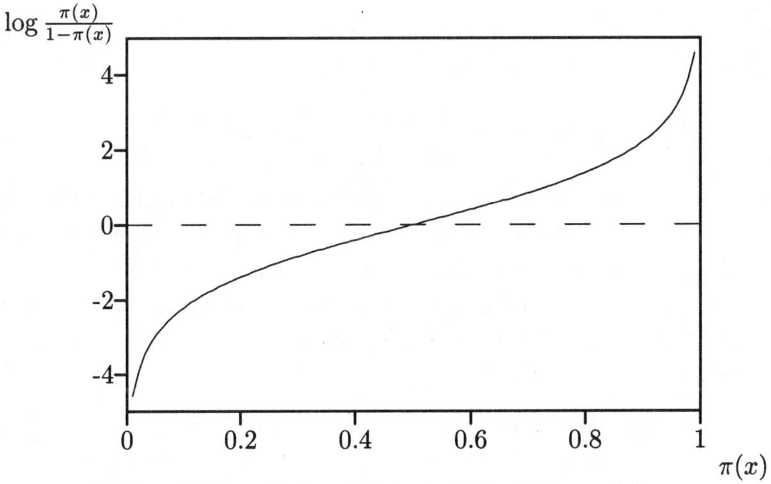

Abbildung 1.3: Logarithmierte Chancen in Abhängigkeit von $\pi(x)$

Der "ausgeglichene" Fall $\pi = 1/2$ drückt sich in den Chancen durch $\gamma(0.5) = 1$, in den Logits durch $\text{Logit}\,(0.5) = 0$ aus.

Relative Häufigkeit als Maximum-Likelihood-Schätzer

Der Maximum-Likelihood-Schätzer (ML-Schätzer) für π ist bekanntlich die relative Häufigkeit

$$p = \frac{\sum_{i=1}^{n} Y_i}{n} = \frac{\text{Anzahl des Auftretens von } A}{\text{Anzahl der Versuche}}. \tag{1.1}$$

Sie ist erwartungstreu und konsistent. Die Maximum-Likelihood-Schätzer für die Chancen sind bestimmt durch

$$\hat{\gamma} = \gamma(p) = \frac{p}{1-p}, \qquad \widehat{\text{Logit}} = \text{Logit}\,(p) = \log\left(\frac{p}{1-p}\right).$$

Diese Schätzer für die Chance bzw. die Logits lassen sich unmittelbar aus den Beobachtungen berechnen. Bezeichne n_A die Anzahl der Responses mit $y = 1$. Dann gilt $p = n_A/n$, und man erhält die Chancen

$$\hat{\gamma} = \frac{p}{1-p} = \frac{n_A}{n - n_A}$$

bzw.

$$\widehat{\text{Logit}} = \log\left(\frac{n_A}{n - n_A}\right).$$

Wegen der problematischen Berechnung für $n_A = 0$ bzw. $n_A = n$ werden häufig die 'korrigierten empirischen Logits'

$$\text{Logit}_c = \log\left(\frac{n_A + c}{n - n_A + c}\right) = \frac{p + c/n}{1 - p + c/n}$$

betrachtet (Haldane, 1955, Anscombe, 1956). Diese entsprechen einer Korrektur um c 'falsche Beobachtungen' von $y = 1$ und c falsche Beobachtungen von $y = 0$. Eine häufige Wahl ist 0.5, so daß insgesamt eine künstliche Beobachtung hinzugefügt wird. Anscombe (1956) gibt den approximativen Erwartungswert von Logit_c an, Gart, Pettigrew & Thomas (1985) geben einen Schätzer für die Varianz dieser korrigierten Logits an.

Die relative Häufigkeit (1.1) entsteht aus der binomialverteilten Größe $\sum_i Y_i$, die durch n geteilt wird. Damit unterscheidet sie sich von der Binomialverteilung nur durch den Träger, d.h. die möglichen Werte. Während $\sum_i Y_i \in \{0, 1, \ldots, n\}$ gilt, erhält man $p \in \{0, 1/n, 2/n, \ldots, 1\}$. Man nennt p auch *skaliert binomialverteilt.*

Für großes n läßt sich p durch eine Normalverteilung approximieren, d.h.

$$p \overset{\text{approx.}}{\sim} N\left(\pi, \frac{\pi(1-\pi)}{n}\right).$$

Genauer gilt für $n \to \infty$

$$\sqrt{n}(p - \pi) \overset{\text{as}}{\sim} N(0, \pi(1-\pi)).$$

(Während p wegen $\lim\limits_{n\to\infty} var(p) = \lim\limits_{n\to\infty} \pi(1-\pi)/n = 0$ eine degenerierte Verteilung besitzt, besitzt $\sqrt{n}(p-\pi)$ eine nichtdegenerierte asymptotische Verteilung).

Analoge Aussagen lassen sich für die Chancen bzw. die relativen Chancen machen. Mit Hilfe der Delta-Methode (Appendix B.3) läßt sich unmittelbar deren asymptotische Verteilung angeben. Wegen $\sqrt{n}(\gamma(p) - \gamma(\pi)) \overset{\text{as}}{\sim} N(0, \gamma'(\pi)^2\pi(1-\pi))$ mit der Ableitung $\gamma'(\pi)$ der Funktion $\gamma(\pi)$ an der Stelle π ergibt sich unmittelbar

$$\sqrt{n}(\gamma(p) - \gamma(\pi)) \overset{\text{as}}{\sim} N\left(0, \frac{\pi}{(1-\pi)^3}\right),$$

d.h. approximativ gilt $var(\gamma(p)) = \pi/(n(1-\pi)^3)$.

Den logarithmierten Wettchancen liegt die Transformation $\text{Logit}(\pi) = \log(\pi/(1-\pi))$ zugrunde. Als ML-Schätzer erhält man $\text{Logit}(\hat{\pi}) = \log(p/(1-p))$. Die Ableitung an der Stelle π ergibt mit Hilfe der Delta-Methode

$$\sqrt{n}(\text{Logit}(p) - \text{Logit}(\pi)) \overset{\text{as}}{\sim} N\left(0, \frac{1}{\pi(1-\pi)}\right),$$

d.h. approximativ gilt $var(\text{Logit}(p)) = (n\pi(1-\pi))^{-1}$. Intervallschätzer zu den hier betrachteten Größen finden sich in Kapitel 11.

Schätzer mit der relativen Häufigkeit

	Schätzer	Varianz(approximation)
Wahrscheinlichkeit	p	$\frac{\pi(1-\pi)}{\pi}$
Chance	$\frac{p}{1-p}$	$\frac{\pi}{n(1-\pi)^3}$
Logarithmierte Chance	$\log\left(\frac{p}{1-p}\right)$	$\frac{1}{n\pi(1-\pi)}$

Beispiel 1.6 : Klinische Schmerzstudie
Ausgehend von Beispiel 1.4 soll nur beurteilt werden, ob die Therapie bzw. das Placebo eine erhebliche Verbesserung (Kategorien 1 oder 2) des Schmerzes zur Folge hat. Die einfache resultierende Kontingenztafel ist gegeben durch

	1	2	
Placebo	25	38	63
Therapie	45	19	64

Daraus ergeben sich die folgenden Schätzungen für die Wahrscheinlichkeit π einer erheblichen Verbesserung, wobei der (approximative) Standardfehler als die Wurzel der Varianz (mit π ersetzt durch p) angegeben ist.

	Wahrscheinlichkeit π	Standardfehler	Chance $\pi/(1-\pi)$	Standardfehler	Logit $\log(\pi/(1-\pi))$	Standardfehler
Placebo	0.397	0.062	0.658	0.169	-0.418	0.238
Therapie	0.703	0.057	2.367	0.419	0.862	0.236

Die Therapieergebnisse heben sich von den Ergebnissen der Verabreichung eines Placebos erheblich ab, die Wahrscheinlichkeit einer erheblichen Besserung ist etwa 0.7 im Vergleich zu etwa 0.4. Die Chancen bei Therapie sind etwa 2.3 zu 1 im Vergleich zu 0.65 zu 1 (bzw. 65 zu 100) in der Placebogruppe. Die Standardfehler sind so klein, daß ein signifikanter Unterschied zu vermuten ist. Verfahren zur Beurteilung des Unterschiedes werden in Kapitel 2 im Rahmen der Regressionsfragestellung behandelt. □

1.2.2 Multinomialverteilung

Die Multinomialverteilung läßt sich ableiten aus der Wiederholung eines Experiments mit den möglichen (sich ausschließenden) Ausgängen $A_1, \ldots, A_k$. Bezeichne Y_i die Anzahl der Fälle, in denen bei n-facher *unabhängiger* Wiederholung des Experiments das Ergebnis A_i auftritt, und π_i die Wahrscheinlichkeit für A_i bei jeder Wiederholung. Damit erhält man die *gemeinsame* Verteilung

$$P(Y_1 = y_1, \ldots, Y_k = y_k) = \frac{n!}{y_1! \ldots y_k!} \pi_1^{y_1} \ldots \pi_k^{y_k}, \tag{1.2}$$

wobei nur Werte $y_i \in \{0, \ldots, n\}$ mit $y_1 + \cdots + y_k = n$ auftreten können. Die Gleichung (1.2) gibt die gemeinsame Verteilung der k Zufallsvariablen $Y_1, \ldots, Y_k$ wieder, die Multinomialverteilung ist in diesem Sinne eine multivariate Verteilung. Die effektive Dimension ist allerdings $q = k - 1$, da wegen der Nebenbedingung $\sum_{i=1}^{k} Y_i = n$ eine der Zufallsvariablen als durch die übrigen festgelegt zu betrachten ist. So ist $Y_k = n - Y_1 - \cdots - Y_{k-1}$ eindeutig bestimmt, wenn $Y_1, \ldots, Y_{k-1}$ bekannt sind. Die Multinomialverteilung wird abgekürzt durch

$$Y = (Y_1, \ldots, Y_k) \sim M(n, \boldsymbol{\pi}),$$

wobei $\boldsymbol{\pi}' = (\pi_1, \ldots, \pi_k)$ den Vektor der Auftretenswahrscheinlichkeiten darstellt. Für jede der k Komponenten der Verteilung erhält man Erwartungswert und Varianz. Ebenso lassen sich die Kovarianzen zwischen zwei Komponenten bestimmen.

Multinomialverteilung $Y = (Y_1, \ldots, Y_k) \sim M(n, (\pi_1, \ldots, \pi_k))$

$$P(Y_1 = y_1, \ldots, Y_k = y_k) = \frac{n!}{y_1! \ldots y_k!} \pi_1^{y_1} \ldots \pi_k^{y_k}$$

$$E(Y_i) = n\pi_i, \quad var(Y_i) = n\pi_i(1 - \pi_i)$$

$$cov(Y_i, Y_j) = -n\pi_i\pi_j, \qquad i \neq j$$

Weitere Eigenschaften der Multinomialverteilung finden sich in Anhang A.

Chancen und Logits

Im binären Fall ergibt sich die Definition der Chancen als Verhältnis von Wahrscheinlichkeit zur Gegenwahrscheinlichkeit in natürlicher Art und Weise. Bei k Responsekategorien lassen sich verschiedene Formen von Chancen betrachten. Direkt an den binären Fall angelehnt lassen sich die *Chancen für Kategorie r gegenüber den restlichen Kategorien* definieren durch

$$\gamma_r = \frac{\pi_r}{\sum_{i \neq r} \pi_i} = \frac{\pi_r}{1 - \pi_r}.$$

Damit reduziert sich das Problem auf den binären Fall mit dem Ereignis "Kategorie r" und dem Gegenereignis "andere Kategorie als r". Eine Alternative dazu, auf der die Modelle in Kapitel 5 basieren, ist die Gegenüberstellung zweier Responsekategorien. Die Chancen für Kategorie r gegenüber Kategorie r_0 sind bestimmt

durch

$$\gamma_{r,r_0} = \frac{\pi_r}{\pi_{r_0}}.$$

Die zugehörigen logarithmierten Chancen sind durch

$$\text{Logit}_{\,r,r_0} = \log\left(\frac{\pi_r}{\pi_{r_0}}\right)$$

definiert. Zeichnet man eine Kategorie als Referenzkategorie aus, genügt es, die $r-1$ Chancen $\gamma_{r,r_0}, r \neq r_0$ zu betrachten. Asymptotische Eigenschaften der Chancen und Logits lassen sich einfach mit Hilfe der multivariaten Delta-Methode (Appendix B.3) ableiten.

1.3 Elementare Konzepte der metrischen Regression

Die Regressionsanalyse für metrische Responsevariable ist ein grundlegendes und gut ausgebautes Analyseinstrument, das bereits in einführenden Texten zur Statistik behandelt ist. Da die kategoriale Regression der folgenden Kapitel in weiten Teilen Ähnlichkeiten dazu aufweist, wird im folgenden eine kurze Skizze elementarer Konzepte gegeben, die eher als Erinnerungsauffrischung denn als Einführung zu verstehen ist. Für eine ausführliche Darstellung siehe Kapitel 4 in Fahrmeir, Hamerle & Tutz (1996).

1.3.1 Das Modell

Der Einfluß eines Vektors unabhängiger Größen $x' = (x_1, \ldots, x_p)$ auf eine metrisch skalierte Größe y wird im Rahmen der klassischen Regression modelliert durch den linearen Ansatz

$$\begin{aligned} y &= \beta_0 + x_1\beta_1 + \cdots + x_p\beta_p + \epsilon \\ &= \boldsymbol{x}'\boldsymbol{\beta} + \varepsilon, \end{aligned} \tag{1.3}$$

wobei $\boldsymbol{\beta}' = (\beta_0 \ldots, \beta_p)$ ein unbekannter Parametervektor ist, $\boldsymbol{x}' = (1, x_1, \ldots, x_p)$ der Einflußgrößenvektor und ϵ eine – häufig als normalverteilt angenommene – Störgröße darstellt mit $\epsilon \sim N(0, \sigma^2)$. Da $E(\epsilon) = 0$ vorausgesetzt ist, läßt sich das Modell auch in den Erwartungswerten formulieren mit

$$E(y|\boldsymbol{x}) = \eta(\boldsymbol{x}) = \boldsymbol{x}'\boldsymbol{\beta}. \tag{1.4}$$

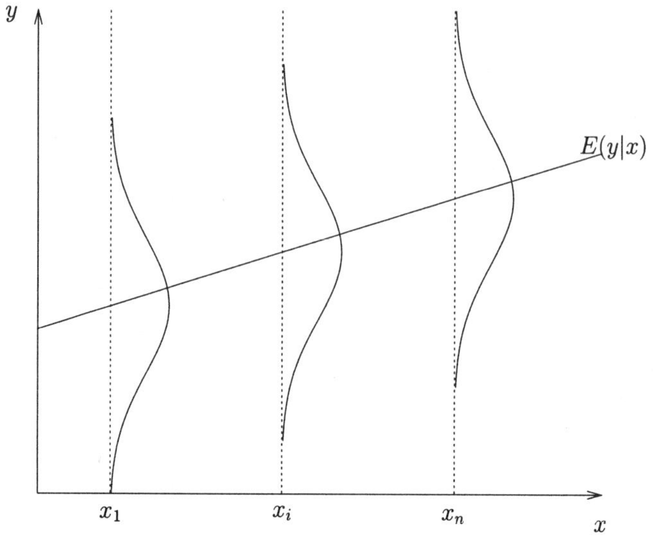

Abbildung 1.4: Verteilung von y gegeben $\boldsymbol{x}$ im metrischen Regressionsmodell

In dieser Formulierung wird nur die *systematische Komponente*, d.h. die Abhängigkeit des zu erwartenden Response von den Prädiktoren wiedergegeben. Postuliert wird durch das Modell, daß der Erwartungswert von y bei gegebenen Einflußgrößen x linear von diesen abhängt, wobei $\eta(\boldsymbol{x}) = \beta_0 + x_1\beta_1 + \cdots + x_p\beta_p$ den linearen Prädiktor darstellt. Für den einfachsten Fall eines Prädiktors ist der Zusammenhang zwischen y und x in Abbildung 1.4 dargestellt. Die Gerade in Abbildung 1.4 stellt die systematische Komponente, d.h. den Erwartungswert $E(y|\boldsymbol{x})$ dar. Die Dichten veranschaulichen die Verteilung von y gegeben $\boldsymbol{x}$. Diese Verteilungen sind um den jeweiligen Erwartungswert zentriert und zeigen, wie die unsystematische Störgröße ε eine Variation um $E(y|\boldsymbol{x})$ bewirkt.

Für die Beobachtungen $(y_i, \boldsymbol{x}_i), i = 1, \ldots, n$, ist das Modell von der Form

$$y_i = \beta_0 + x_{i1}\beta_1 + \cdots + x_{ip}\beta_p + \varepsilon_i = \boldsymbol{x}_i'\boldsymbol{\beta} + \varepsilon_i, \quad i = 1, \ldots, n,$$

bzw. in der Matrixdarstellung

$$\begin{pmatrix} y_1 \\ \vdots \\ y_n \end{pmatrix} = \begin{pmatrix} 1 & x_{11} & \ldots & x_{1p} \\ \vdots & \vdots & \ddots & \vdots \\ 1 & x_{n1} & \ldots & x_{np} \end{pmatrix} \begin{pmatrix} \beta_0 \\ \vdots \\ \beta_p \end{pmatrix} + \begin{pmatrix} \varepsilon_0 \\ \vdots \\ \varepsilon_n \end{pmatrix}.$$

In geschlossener Form erhält man

$$\boldsymbol{y} = \boldsymbol{X}\boldsymbol{\beta} + \boldsymbol{\varepsilon},$$

wobei $\boldsymbol{y}$ den Responsevektor und $\boldsymbol{X}$ die Designmatrix darstellen.

1.3.2 Schätzung und Kennwerte

Kleinste-Quadrate-Schätzung

Die Schätzung des Parametervektors $\boldsymbol{\beta}$ läßt sich aus dem Kleinste-Quadrate-Prinzip ableiten. Die Schätzung wird so bestimmt, daß die *kleinste quadratische Abweichung*

$$LS = \sum_{i=1}^{n} (y_i - \boldsymbol{x}_i'\boldsymbol{\beta})^2$$

minimal wird. Als Lösung ergibt sich, sofern $\boldsymbol{X}$ vollen Rang hat, der lineare Schätzer

$$\hat{\boldsymbol{\beta}} = (\boldsymbol{X}'\boldsymbol{X})^{-1}\boldsymbol{X}'\boldsymbol{y}.$$

Die zugehörigen geschätzten Werte sind durch $\hat{y}_i = \boldsymbol{x}_i'\hat{\boldsymbol{\beta}}$ gegeben. Daraus ergeben sich die Residuen $\hat{\varepsilon}_i = y_i - \boldsymbol{x}_i'\hat{\boldsymbol{\beta}} = y_i - \hat{y}_i$ und die erwartungstreue Schätzung der Varianz der Störgröße ε

$$\hat{\sigma}^2 = \frac{1}{n-(p+1)} \sum_{i=1}^{n} \hat{\varepsilon}_i^2.$$

Streuungszerlegung und Bestimmtheitsmaß

Die Gesamtstreuung der abhängigen Variable um den Mittelwert $\bar{y} = \sum_i y_i/n$ läßt sich in der sogenannten *Streuungszerlegung* aufspalten:

$$\begin{array}{ccccc} \text{Gesamtstreuung} & = & \text{erklärte Streuung} & + & \text{Reststreuung} \\ \sum_{i=1}^{n}(y_i-\bar{y})^2 & = & \sum_{i=1}^{n}(\hat{y}_i-\bar{y})^2 & + & \sum_{i=1}^{n}(\hat{y}_i-y_i)^2 \\ Q_T & = & Q_E & + & Q_R \end{array}$$

Daraus ergibt sich das *Bestimmtheitsmaß* (der Determinationskoeffizient) R^2 als Anteil der durch die Regression erklärten Streuung

$$R^2 = \frac{Q_E}{Q_T} = \frac{\sum_i(\hat{y}_i-\bar{y})^2}{\sum_i(y_i-\bar{y})^2}.$$

Der Terminus "erklärte Streuung" bezieht sich auf die Streuung der abhängigen Variablen und bringt zum Ausdruck, daß ein Teil dieser Streuung darauf zurückzuführen ist, daß verschiedene Kovariablen $\boldsymbol{x}_i$ mit den abhängigen Beobachtungen y_i verbunden sind. Die Variabilität der abhängigen Variable wird durch die Variabilität der unabhängigen Variable erklärt. Betrachtet man die Regression von Mietpreisen auf die Wohnfläche, so ist naturgemäß ein Teil der Variabilität der Mietpreise auf die unterschiedlichen Wohnflächen zurückzuführen. Diesen Anteil versucht man mit R^2 zu erfassen. Essentiell für diese Interpretation ist die Linearität des Ansatzes. Erklärt wird die Streuung unter Zugrundelegung eines linearen Zusammenhangs zwischen y und $\boldsymbol{x}$. R^2 mißt *nicht* die Anpassungsgüte des linearen Modells, es sagt nichts darüber aus, ob der lineare Ansatz wahr oder falsch ist, sondern nur, ob durch den linearen Ansatz individuelle Beobachtungen vorhersagbar sind. R^2 wird wesentlich vom Design, d.h. den Werten, die $\boldsymbol{x}$ annimmt bestimmt (vgl. Kockelkorn (1998))

Punkt- und Bereichsprognose

Zu einem neuen Beobachtungwert $\boldsymbol{x}_0' = (1, x_{01}, \dots, x_{0p})$, der dem Modell $y_0 = \boldsymbol{x}_0'\boldsymbol{\beta} + \varepsilon_0$ folgt, ist $\hat{y}_0 = \boldsymbol{x}_0'\hat{\boldsymbol{\beta}}$ ein natürlicher *Prognosewert*. Der sich dafür ergebende Prognosefehler ist gegeben durch

$$\hat{e}_0 = y_0 - \hat{y}_0 = \varepsilon_0 + \boldsymbol{x}_0'(\boldsymbol{\beta} - \hat{\boldsymbol{\beta}}).$$

Es gilt $E(\hat{e}_0) = 0$, $var(\hat{e}_0) = \sigma^2(1 + \boldsymbol{x}_0'(\boldsymbol{X}'\boldsymbol{X})^{-1}\boldsymbol{x}_0)$ und damit für die Prognose

$$E(\hat{y}_0) = E(y_0|\boldsymbol{x}_0),$$
$$var(\hat{y}_0) = \sigma^2(1 + \boldsymbol{x}_0'(\boldsymbol{X}'\boldsymbol{X})^{-1}\boldsymbol{x}_0).$$

1.3.3 Die Kodierung qualitativer Einflußgrößen

Die Art und Weise, wie eine erklärende Variable (Prädiktorvariable, exogene Variable) in ein Modell eingeht, ist entscheidend für die Eigenschaften des Modells wie für die Interpretation der Parameter des Modells. Metrische Einflußgrößen wie Alter oder Einkommen als erklärende Variablen sind Anwendern häufig vertraut. Hingegen ist die Einbeziehung von *Faktoren*, d.h. Merkmalen mit wenigen, möglicherweise ungeordneten Ausprägungen wie Geschlecht oder Konfession weit weniger selbstverständlich. Im folgenden wird daher die Behandlung von Faktoren als Prädiktorvariablen im Rahmen des metrischen Regressionsmodells dargestellt.

Im Rahmen der linearen Regressionsanalyse wird davon ausgegangen, daß die Einflußgrößen in linearer Form den zu erwartenden Response bestimmen. Die Formulierungen (1.3) und (1.4) des linearen Regressionsmodells sind irreführend, was die Einflußgrößen angeht. Dort wird implizit vorausgesetzt, daß $x_1 \dots, x_p$ *metrische*

Größen sind, die sinnvoll mit Gewichten versehbar sind. Ist beispielsweise x_1 eine qualitative Größe, die den Familienstand einer Person kodiert (1: ledig, 2: verheiratet, 3: geschieden) ist sofort offensichtlich, daß die Gewichtung $\beta_1 x_1$ unsinnig ist.

Im folgenden wird zuerst der Fall nur *einer* kategorialen Einflußgröße betrachtet. Für eine dichotome Einflußgröße $A \in \{1,2\}$ gibt es nur zwei Erwartungswerte der abhängigien Variable, einen für $A = 1$, einen für $A = 2$. Um die Erwartungswerte zu unterscheiden, kodiert man die beiden Kategorien in einer Dummy-Variablen

$$x_A = \begin{cases} 1 & A = 1 \\ 2 & A = 2. \end{cases}$$

In Modell $E(y|A) = \beta_0 + x_A\beta$ finden sich dann die zu den Faktorstufen $A = 1$ bzw. 2 gehörenden Erwartungswerte in den Parametern wieder in der Form $\beta_0 = E(y|A = 2)$, $E(y|A = 1) - E(y|A = 2)$. Während β_0 den Erwartungswert der durch "0" kodierten Kategorie wiedergibt, findet sich in β die Differenz zwischen den beiden Erwartungswerten. Bereits für eine kategoriale Variable $A \in \{1, \ldots, I\}$ gibt es I verschiedene Erwartungswerte $E(y \mid A = i)$, $i = 1, \ldots, I$. Um diese in einem linearen Prädiktor der Form $\eta(\boldsymbol{x}) = \boldsymbol{z}'\boldsymbol{\beta}$ darstellen zu können, wobei $\boldsymbol{z}$ durch A bestimmt wird, bildet man mehrere Dummy-Variablen. Es genügt meist, $I - 1$ Dummy-Variablen zu bilden, die kodieren, welche der I Kategorien (Faktorstufen) vorliegt. Eine Kodierungsvariante ist die sog. *(0–1)-Kodierung*, für die die Dummy-Variablen die folgende Form haben.

(0–1)- oder Dummy-Kodierung

$$x_{A(i)} \quad = \quad \begin{cases} 1 & \text{A}= i \\ 0 & \text{sonst.} \end{cases}$$

In dieser einfachen Kodierung läßt sich das Vorliegen von $A = i$ unmittelbar an der '1' in der $i$ten Komponente ablesen. Für ein vierkategoriales Merkmal ergibt sich

A	$x_{A(1)}$	$x_{A(2)}$	$x_{A(3)}$
1	1	0	0
2	0	1	0
3	0	0	1
4	0	0	0 .

Für die Interpretation der Parameter des Modells mit nur $I - 1$ Dummy-Variablen

$$E(y \,|\, A) = \beta_0 + x_{A(1)}\beta_1 + \cdots + x_{A(I-1)}\beta_{I-1}$$

erhält man unmittelbar durch Einsetzen von $A = i,\; i = 1, \ldots, I$, die folgenden Parameterwerte, wobei $\mu_i = E(y|A = i)$.

Parameter des Regressionsmodells in (0–1)-Kodierung

$$\beta_0 = \mu_I$$
$$\beta_i = \mu_i - \beta_0\,, i = 1, \ldots, I$$

Der Parameter β_i entspricht also direkt der Veränderung des Erwartungswertes von y beim Übergang von der letzten Kategorie $A = I$ zur Kategorie $A = i$. Die letzte Kategorie $A = I$ dient somit als *Referenzkategorie*, mit der verglichen wird, β_I ist implizit durch $\beta_I = 0$ gewählt. Welche Kategorie als Referenzkategorie ausgewählt wird, ist unerheblich.

Wählt man das Regressionsmodell in der Form $E(y \,|\, A) = \beta_0 + x_{A(2)}\beta_2 + \cdots + x_{A(I)}\beta_I$, also implizit $\beta_1 = 0$, so erhält man $\beta_0 = E(y \,|\, A = 1), \beta_i = \mu_i - \beta_0, i = 1, \ldots, I$. Die Referenzkategorie ist hier die erste Kategorie, alle Parameter geben die Veränderung im Verhältnis zur ersten Kategorie wieder.

Ist also eine Faktorstufe ausgezeichnet, wird diese als Referenzkategorie (erste oder letzte) gewählt. In medizinischen Untersuchungen entspricht diese ausgezeichnete Kategorie beispielsweise dem herkömmlichen Medikament, das mit $I-1$ neuen verglichen wird. In Marketingstudien kann die ausgezeichnete Kategorie einer herkömmlichen Werbestrategie (Verpackung) entsprechen, die $I-1$ neuen Alternativen gegenübergestellt wird.

Eine alternative Kodierung ist die symmetrische *Effektkodierung*, in der die Dummy-Variablen die Werte $0, 1, -1$ annehmen können.

Effektkodierung

$$x_{A(i)} = \begin{cases} 1 & A = i \\ -1 & A = I \\ 0 & \text{sonst.} \end{cases}$$

Anstatt der Variablen A betrachtet man als Einflußgröße nun den Vektor $(x_{A(1)}, \dots, x_{A(I-1)})$; die letzte Kategorie ist überflüssig, da $A = I$ implizit durch den Vektor $(-1, \dots, -1)$ bestimmt ist. Für ein vierkategoriales Merkmal erhält man die Kodierungstabelle

A	$x_{A(1)}$	$x_{A(2)}$	$x_{A(3)}$
1	1	0	0
2	0	1	0
3	0	0	1
4	-1	-1	-1

Der lineare Term $\eta(A)$ zum Merkmal A ist nun im Regressionsmodell $E(y \mid x) = \eta(x)$ von der Form

$$\eta(A) = \beta_0 + x_{A(1)}\beta_1 + \cdots + x_{A(I-1)}\beta_{I-1}. \tag{1.5}$$

Durch einfaches Einsetzen der verschiedenen Ausprägungen von A sieht man sofort, daß (1.5) äquivalent ist zur Darstellung

$$E(y \,|\, A = i) = \beta_0 + \beta_i, \qquad i = 1, \dots, I, \tag{1.6}$$

wobei $\beta_I = -\beta_1 - \cdots - \beta_{I-1}$, da für $A = I$ sämtliche Dummy-Variablen die Ausprägung -1 aufweisen. Die Form (1.6) ist aus der Varianzanalyse (speziell der einfaktorielle Varianzanalyse) vertraut. Die Parameter $\beta_1, \dots, \beta_I$ folgen der Nebenbedingung $\sum_{i=1}^{I} \beta_i = 0$.

Durch einfache Berechnung erhält man die Parameter des linearen Regressionsmodells (1.5), wobei $\mu_i = E(y \,|\, A = i)$ bezeichnet.

Parameter des Regressionsmodells in Effektkodierung

$$\beta_0 = \frac{1}{I} \sum_{i=1}^{I} \mu_i$$

$$\beta_i = \mu_i - \beta_0, \qquad i = 1, \dots, I$$

Daraus ergibt sich unmittelbar die Interpretation der Parameter. Der globale Parameter β_0 entspricht dem 'mittleren' Erwartungswert, gemittelt über sämtliche Ausprägungen des Faktors x. Der Parameter β_i gibt die Abweichung zwischen dem Erwartungswert in der $i$ten Faktorstufe und dem mittleren Niveau β_0 wieder. Die Effektkodierung empfiehlt sich, wenn Niveauunterschiede hinsichtlich der Erwartungswerte μ_i für ungeordnete Merkmalskategorien bzw. Faktorstufen $1, \ldots, I$ gemessen werden sollen.

Eine spezielle Kodierung, die auf die Kontrastierung einer Kategorie zur mittleren Summe der vorhergehenden abzielt, ist die Helmert-Kodierung.

Helmert-Kodierung

$$x_{A(i)} = \begin{cases} i & A = i+1 \\ -1 & A < i+1 \\ 0 & \text{sonst} \end{cases}$$

Für ein vierkategoriales Merkmal erhält man

A	$x_{A(1)}$	$x_{A(2)}$	$x_{A(3)}$
1	-1	-1	-1
2	1	-1	-1
3	0	2	-1
4	0	0	3

Parameter des Regressionsmodells in Helmert-Kodierung

$$\beta_0 = \tfrac{1}{I} \sum_{i=1}^{I} \mu_i$$

$$\beta_i = \tfrac{1}{i+1}\left(\mu_{i+1} - \tfrac{1}{i} \sum_{j=1}^{i} \mu_j\right), \quad i = 1, \ldots, I-1$$

Analog zur Effektkodierung gibt β_0 das mittlere Niveau wieder, während β_i die Abweichung des Niveaus μ_{i+1} vom mittleren Niveau der vorhergehenden Kategorie (gemittelt über $i+1$ Kategorien) enthält. Ihrem Charakter der Kontrastierung zu vorhergehenden Faktorstufen entsprechend ist die Helmert-Kodierung sinnvoll, wenn eine Ordnung der Faktorstufen vorliegt.

Aus der Vielfalt möglicher Kodierungen sei noch eine weitere dargestellt, die nur für geordnete Kategorien von A sinnvoll ist.

Split-Kodierung (0–1)

$$x_{A(i)} = \begin{cases} 1 & A \leq i \\ 0 & A > i \end{cases}$$

Für das Regressionsmodell ohne Konstante $E(y \mid A) = x_{A(1)}\beta_1 + \cdots + x_{A(i)}\beta_I$ erhält man unmittelbar

$$E(y \,|\, A = i) = \beta_1 + \cdots + \beta_i, \qquad i = 1, \ldots, I.$$

Für ein vierkategoriales Merkmal ergibt sich

A	$x_{A(1)}$	$x_{A(2)}$	$x_{A(3)}$	$x_{A(4)}$
1	1	0	0	0
2	1	1	0	0
3	1	1	1	0
4	1	1	1	1

Wegen $\beta_1 = \mu_1, \beta_i = \mu_i - \mu_{i-1}, i = 1, \ldots, I$, lassen sich die Parameter β_i interpretieren als die Zuwächse, die sich beim Übergang von Kategorie $i - 1$ nach i ergeben. Man beachte, daß die Anzahl der Parameter wie für alle Kodierungen der Anzahl der Kategorien entspricht. Während bei (0–1)- und Effektkodierung jeweils der konstante Term β_0 enthalten ist, entfällt dieser in der Splitkodierung.

Beispiel 1.7 : Kodierungsarten

Bezeichne A fest definierte Abstufungen des Haushaltseinkommens (1: niedrig, 2: mittel, 3: hoch) und man betrachtet die zu erwartende monatlichen Ausgaben für Lebensmittel. Seien die (wahren) zu erwartenden Ausgaben in diesen Einkommenskategorien 1000, 1400, 1500. Dann erhält man für $E(y \mid x) = \beta_0 + \beta_1 x_{A(1)} + \beta_2 x_{A(2)}$ in Effektkodierung $\beta_0 = 1300, \beta_1 = -300, \beta_2 = 100, \beta_3 = 200$. Die Parameter geben unmittelbar die Abweichung vom über die Einkommenskategorien gemittelten Wert der Ausgaben wieder. In (0–1)-Kodierung mit $\beta_3 = 0$ erhält man $\beta_0 = 1500, \beta_1 = -500, \beta_2 = -100$. Der Parameter β_1 gibt also direkt den Unterschied wieder, wenn niedriges Einkommen vorliegt im Vergleich dazu, wenn das Haushaltseinkommen hoch ist. Wählt man in der (0–1)-Kodierung $\beta_1 = 0$ erhält man mit $\beta_0 = 1000, \beta_1 = 400, \beta_2 = 500$ jeweils den Unterschied im Vergleich zur *ersten Kategorie. Für die Splitkodierung erhält man* $\beta_1 = 1000, \beta_2 = 400, \beta_3 = 100$ *was ausgehend vom Level 1 genau der Steigerung beim Übergang zur nächsthöheren Kategorie entspricht. Die Effekte sind in Abbildung 1.5 dargestellt.* □

Generell wird ein Kodierungsschema als *Kontrastkodierung* bezeichnet, wenn die Summe über jede Spalte der Kodierungsmatrix Null ergibt. In diesem Sinne stellen die Effektkodierung und die Helmert-Kodierung Kontraste dar. Für lineare Modelle ist der Begriffe der *orthogonalen Kodierung* von Bedeutung. Diese Kodierung liegt vor, wenn jeweils zwei Spalten der Kodierungsmatrix zueinander orthogonal sind, d.h. das Skalarprodukt Null ist. Helmert- und Effektkodierung liefern orthogonale Kontraste, nicht aber Dummy- und Split-Kodierung.

Bereits für eine qualitative Einflußgröße erhält man also einen linearen Term mit den Parametern $\beta_0, \beta_1, \ldots, \beta_{I-1}$ bzw. $\beta_0, \beta_2, \ldots, \beta_I$ bzw. $\beta_1, \ldots, \beta_I$. Man beachte, daß die Anzahl der Parameter genau der Anzahl verschiedener bedingter Erwartungswerte $E(y \mid A = i)$ entspricht. Kommt eine zweite qualitative Variable $B \in \{1, \ldots, J\}$ hinzu, werden entsprechend wieder die zugehörigen Dummy-Variablen $x_{B(1)}, \ldots, x_{B(J-1)}$ in den Regressor aufgenommen.

Modellierung von Interaktionseffekten

Zusätzlich lassen sich nun auch Produkte $x_{A(i)} x_{B(j)}$ in den linearen Term aufnehmen, die das Zusammenwirken zweier Variablen im Hinblick auf den Erwartungswert wiedergeben. Man erhält

$$\begin{aligned} E(y \mid A, B) = \beta_0 &+ x_{A(1)}\beta_{A(1)} + \cdots + x_{A(I-1)}\beta_{A(I-1)} \\ &+ x_{B(1)}\beta_{B(1)} + \cdots + x_{B(J-1)}\beta_{B(J-1)} \\ &+ x_{A(1)}x_{B(1)}\beta_{AB(1,1)} + \cdots + x_{A(I-1)}x_{B(J-1)}\beta_{AB(I-1,J-1)}. \end{aligned} \tag{1.7}$$

Als Parameter treten nun die Haupteffekte $\beta_{A(1)}, \ldots, \beta_{A(I-1)}$ von A, die Haupteffekte $\beta_{B(1)}, \ldots, \beta_{B(J-1)}$ von B und die Interaktionseffekte $\beta_{AB(1,1)}, \ldots, \beta_{AB(I-1,J-1)}$ zwischen A und B auf. Einfache Ableitung zeigt, daß für die Effektkodierung das Modell die Form $E(y \mid A = i,\ B = j) = \beta_0 + \beta_{A(i)} + \beta_{B(j)} + \beta_{AB(i,j)}$ besitzt, wobei die in der (zweifaktoriellen) Varianzanalyse üblichen Nebenbedingungen gelten:

$$\sum_{i=1}^{I} \beta_{A(i)} = \sum_{j=1}^{J} \beta_{B(j)} = \sum_{i=1}^{I} \beta_{AB(i,j)} = \sum_{j=1}^{J} \beta_{AB(i,j)} = 0.$$

In Anwendungen gilt häufig, daß eine Interaktion nicht notwendig bzw. nachweisbar ist, so daß das einfachere Modell ohne die Interaktionsterme $x_{A(i)} x_{B(j)} \beta_{AB(i,j)}$ anwendbar ist.

Effektkodierung

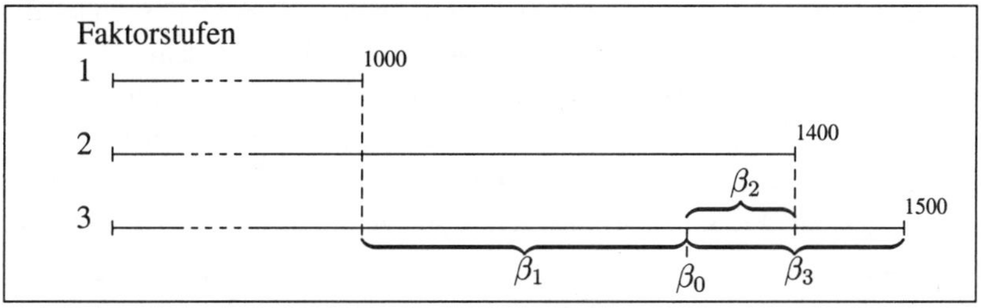

0–1-*Kodierung (Referenzkategorie:* 3, $\beta_3 = 0$)

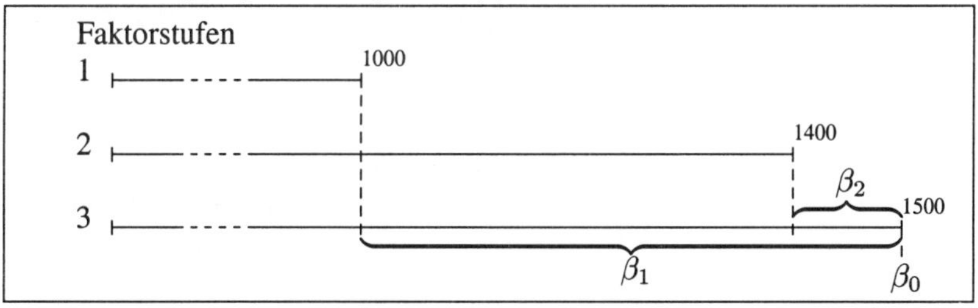

0–1-*Kodierung (Referenzkategorie:* 1, $\beta_1 = 0$)

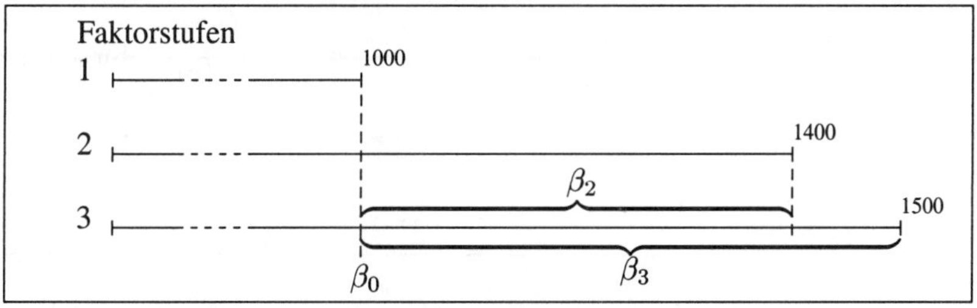

Split–Kodierung

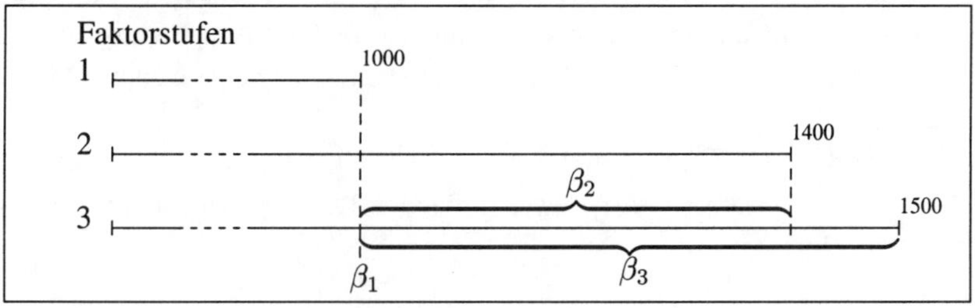

Abbildung 1.5: Illustration der Kodierungsarten zu Beispiel 1.7

Kommt eine dritte Variable $C \in \{1, \ldots, K\}$ und vierte Variable hinzu, wird die Notation zunehmend unübersichtlicher. Daher wird im folgenden die *Wilkinson-Rogers Notation* (Wilkinson & Rogers, 1973) angewandt (siehe Kasten auf Seite 26). Der lineare Term in (1.7) wird abgekürzt durch $A + B + A.B$ wobei A und B jeweils für die Haupteffekte und $A.B$ für die Interaktionen steht. Kommt eine dritte Variable C hinzu, steht beispielsweise $A + B + C + A.C$ für den Einfluß aller Haupteffekte $x_{A(i)}, x_{B(j)}, x_{C(k)}$ und zusätzlich die Interaktionen $x_{A(i)}x_{C(k)}$ zwischen A und C. Der Operator $*$ wird hierarchisch benutzt und steht für den zusätzlichen Einfluß sämtlicher Randeffekte zu den durch $*$ verbundenen Effekten. Beispielsweise steht $A*B$ für $A+B+A.B$ und $A*B*C$ für $A+B+C+A.B+B.C+A.C+A.B.C$. Der $'-'$ Operator steht für Ausschluß. Beispielsweise gilt $A*B-A.B = A+B$, d.h. $A*B$ entspricht $A+B+A.B$, aber durch $-A.B$ wird der Effekt $A.B$ weggelassen. Das vereinfacht beispielsweise $A+B+C+A.B+B.C+A.C$ zu $A*B*C - A.B.C$.

Wilkinson-Rogers-Notation

				einzuschließende Regressoren	
$+$	:	Addition	$A+B$	$x_{A(i)}, x_{B(j)}$	für alle i, j
$.$	:	Interaktion	$A.B$	$x_{A(i)} \cdot x_{B(j)}$	für alle i, j
$*$	:	hierarchische Interaktion	$A*B$	$x_{A(i)}, x_{B(j)}, x_{A(i)} \cdot x_{B(j)}$	für alle i, j
$-$	:	Ausschluß	$A*B-A.B$	$x_{A(i)}, x_{B(j)}$	für alle i, j
$/$	:	genesteter Effekt	A/B	$x_{A(i)}, x_{A(i)} \cdot x_{B(j)}$	für alle i, j

Eine besondere Rolle spielt der *Verschachtelungs-(Nesting-)Operator*. Geht man im einfachsten Fall von zwei Variablen $A \in \{1, \ldots, I\}, B \in \{1, \ldots, J\}$ aus, ist es gelegentlich sinnvoll die Effekte von B für jeweils feste Ausprägung von A zu betrachten. Ausgehend von der (0–1)-Kodierung von A betrachte man das Modell

$$\begin{aligned} E(y|A,B) = \beta_0 &+ x_{A(1)}\beta_{A(1)} + \cdots + x_{A(I-1)}\beta_{A(I-1)} \\ &+ x_{A(1)}(x_{B(1)}\beta_{AB(1,1)} + \cdots + x_{B(J-1)}\beta_{AB(1,J-1)}) \\ &\vdots \\ &+ x_{A(I)}(x_{B(1)}\beta_{AB(I,1)} + \cdots + x_{B(J-1)}\beta_{AB(I,J-1)}). \end{aligned} \tag{1.8}$$

Hier ist der Einfluß von A durch Haupteffekte gegeben, während der Einfluß von B jeweils für feste Stufe $A = i$ hinzukommt. Die Parameter $\beta_{AB(i,1)}, \ldots, \beta_{AB(i,J-1)}$ bezeichnen den Effekt von B für die Stufe $A = i$, wobei zu beachten ist, daß diese *konditionalen Effekte* für $i = 1, \dots, I$ betrachtet werden. Die Einflußgrößen im Modell (1.8) lassen sich durch

$$A/B = A + A.B$$

abkürzen. Der Nesting-Operator ist assoziativ und distributiv, d.h. es gilt

$$A/(B/C) = (A/B)/C \qquad \text{und} \qquad A/(B + C) = A/B + A/C.$$

Kapitel 2

Logistische Regression und Logit-Modell für binäre abhängige Größe

Die Modelle der kategorialen Regression dienen denselben Zielen wie die Modelle der metrischen Regression. Angestrebt wird eine möglichst parameterökonomische, einfache Darstellung des Zusammenhangs zwischen einer abhängigen Variablen und einer Reihe von unabhängigen Variablen, den sogenannten Prädiktoren oder Kovariablen. Darüber hinaus soll die Relevanz einzelner Einflußgrößen beurteilt werden und die abhängige Variable für zukünftige Kombinationen von Einflußgrößen möglichst gut prognostiziert werden. In der metrischen Regression ist die abhängige Variable y metrisch skaliert und darüber hinaus meist stetig, d.h. man versucht die Variation von Variablen wie Einkommen oder Schadstoffkonzentrationen zu erklären, die – innerhalb bestimmter Bandbreiten – frei variieren können. Modelle der kategorialen Regression unterscheiden sich in Hinblick auf die abhängige Variable, die nun als kategorial angenommen wird d.h. nur eine beschränkte Anzahl von Ausprägungen annehmen kann. Im folgenden werden Modelle behandelt für den einfachsten Fall einer abhängigen Variable, die nur zwei Ausprägungen besitzt, d.h. man beobachtet, ob ein Ereignis A oder das Komplementärereignis $\bar{A}$ eintritt. Der Einfachheit halber werden meist die Kodierung $y = 1$ für das Eintreten von A und $y = 0$ für das Nichteintreten von A (also $\bar{A}$) zugrundegelegt. Die abhängige Variable ist damit zweikategorial (binär, dichotom) mit $y \in \{1, 0\}$. Zur Einführung werden zwei einfache Beispiele betrachtet.

Beispiel 2.1 : Pkw-Besitz
Als abhängiges Ereignis wird betrachtet, ob in einer Familie (mindestens) ein Pkw vorhanden ist. Als potentielle Einflußgrößen werden das Einkommen, der Wohnort (alte Bundesländer/neue Bundesländer) und die Größe des Haushalts herangezogen. Eine ausführlichere Darstellung des Datensatzes findet sich im Anhang (Quelle: Sozioökonomisches Panel des Jahres 1993). □

Beispiel 2.2 : Dauer der Arbeitslosigkeit
Bei der Analyse der Dauer von Arbeitslosigkeit wird untersucht, welche Merkmale im Zusammenhang damit stehen, ob jemand nur kurzzeitig arbeitslos ist (höchstens sechs Monate) oder länger ohne Tätigkeit ist (mehr als sechs Monate). Als Einflußgrößen werden Alter, Geschlecht, Nationalität, berufliche Ausbildung und Schulbildung der Arbeitslosen betrachtet. □

Die Notwendigkeit einer speziellen Modellierung bei kategorialer abhängiger Variable wird schnell deutlich, wenn man die verfügbaren Daten betrachtet. Die abhängige Variable Y nimmt nur die Werte $y = 1$ (Ereignis tritt ein) oder $y = 0$ (Ereignis tritt nicht ein) an. Entsprechend erhält man Messungen nur auf den beiden Geraden $y = 1$ und $y = 0$. In Abbildung 2.1 sind die Beobachtungen dargestellt für den Besitz ($y = 1$) bzw. Nicht-Besitz ($y = 0$) eines Pkw in Abhängigkeit vom monatlichen Nettoeinkommen. Erkennbar ist hier nur die stärkere Häufung von $y = 0$ bei niedrigen Einkommen, während $y = 1$ bei höheren Einkommen häufiger auftritt. Um die Struktur der Abhängigkeit deutlicher zu machen, kann man Beobachtungen in Intervallen zusammenfassen. In Abbildung 2.2 sind die Haushalte in Einkommens-Intervallen der Länge 50 (also Haushalte in den Intervallen (0,50], (50,100], usw.) jeweils zusammengefaßt. Dargestellt ist zu jedem Intervall die relative Häufigkeit der Haushalte mit Pkw. Gebildet wird also jeweils der Quotient aus der Anzahl der Haushalte mit Pkw und der Anzahl der Haushalte in dem entsprechenden Einkommensintervall. Abbildung 2.2 vermittelt bereits eine Vorstellung davon, wie die Variablen Einkommen und Pkw-Besitz zusammenhängen könnten. Zu berücksichti-

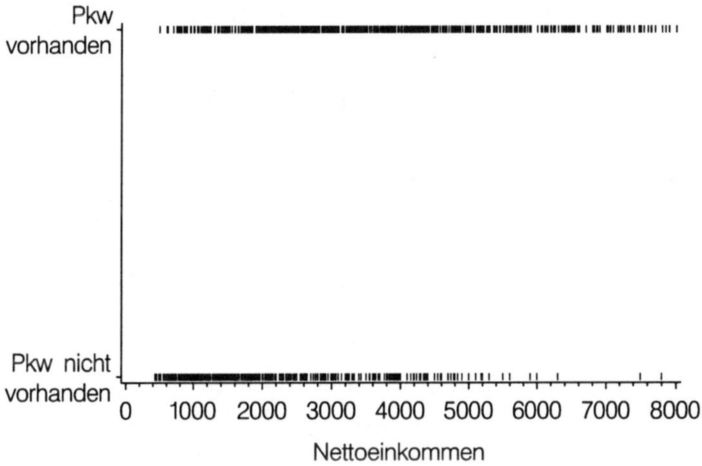

Abbildung 2.1: Pkw-Besitz in Abhängigkeit vom Nettoeinkommen, ungruppierte Beobachtungen.

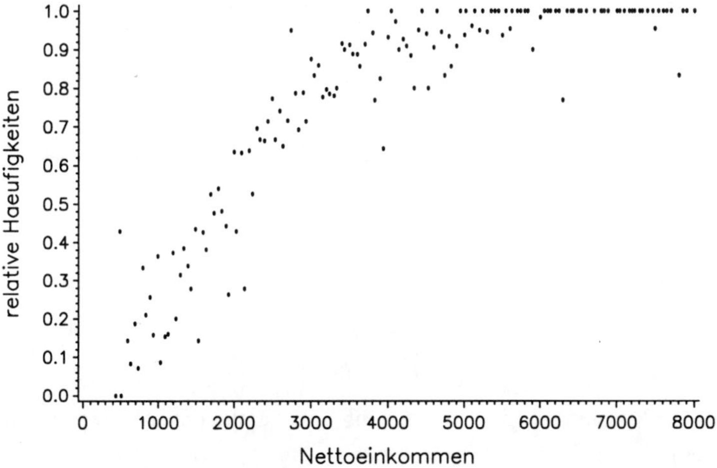

Abbildung 2.2: Pkw-Besitz in Abhängigkeit vom Nettoeinkommen, relative Häufigkeiten aus gruppierten Beobachtungen in Intervallen der Länge 50.

gen ist allerdings, daß die dargestellten relativen Häufigkeiten unterschiedlich ernst zu nehmen sind, da sie auf unterschiedlichen Beobachtungsumfängen, nämlich der Anzahl der Haushalte in dem entsprechenden Einkommensintervall, beruhen. Im Hinblick auf die Modellierung ist es wesentlich, daß die Variation der abhängigen Variable auf das Intervall $[0, 1]$ beschränkt ist. Ein lineares Regressionsmodell wie die klassische lineare Einfachregression liefert daher kaum ein adäquates Modell.

2.1 Logit-Modell für eine metrische Einflußgröße

2.1.1 Modelldarstellungen und Parameter

Abbildung 2.2 zeigt, wie die beobachteten relativen Häufigkeiten für den Pkw-Besitz mit wachsendem Einkommen zunehmen. Zwar läßt sich die *zugrundeliegende* Wahrscheinlichkeit $\pi(x)$, bei gegebenem Einkommen x einen Pkw zu besitzen, nicht direkt beobachten, die relativen Häufigkeiten lassen sich jedoch als sinnvollen Indikator für diese Wahrscheinlichkeit betrachten. Es ist daher naheliegend, davon auszugehen, daß die Wahrscheinlichkeit für niedrige Einkommen niedrige Werte (nahe bei Null) annimmt, mit zunehmendem Einkommen ansteigt, und bei hohem Einkommen gegen '1' konvergiert. Ganz ähnliche Verläufe ergeben sich für Dosis-Wirkungs-Beziehungen, wenn $\pi(x)$ die Wahrscheinlichkeit bezeichnet, daß ein Versuchstier bei Verfütterung einer Giftdosis x stirbt. Das im folgenden Betrachtete Logit-Modell wurde ursprünglich im Bereich derartiger Dosis-Wirkungs-Modellierungen entwickelt.

Generell ist in der kategorialen Regression die modellierte abhängige Größe die Wahrscheinlichkeit, mit der bei gegebener Einflußgröße x das interessierende Ereignis A $(y = 1)$ resultiert. Im weiteren wird diese (bedingte) Wahrscheinlichkeit abgekürzt durch

$$\pi(x) = P(y = 1|x).$$

Das *Logit-Modell* oder *logistische Modell* postuliert einen monotonen Zusammenhang zwischen Einflußgröße x und Auftretenswahrscheinlichkeit $\pi(x)$ der Form

$$\pi(x) = \frac{\exp(\beta_0 + x\beta)}{1 + \exp(\beta_0 + x\beta)}, \tag{2.1}$$

wobei β_0 als Konstante und β als Steigung unbekannte (zu schätzende) Parameter sind. Wenn x, wie in (2.1) eine metrische Größe ist, spricht man auch von *logistischer Regression*. Einfacher läßt sich das Modell darstellen durch

$$\pi(x) = F(\beta_0 + x\beta), \tag{2.2}$$

wobei F gerade die logistische Verteilungsfunktion $F(\eta) = \exp(\eta)/(1 + \exp(\eta))$ bezeichnet, deren funktionale Form in Abbildung 2.3 dargestellt ist. Man sieht unmittelbar, daß F streng monoton wachsend ist, $F(0) = 0.5$ gilt, und F darüberhinaus eine symmetrische Verteilungsfunktion ist. In (2.2) wird der lineare Term $\beta_0 + x\beta$ durch die Funktion F so transformiert, daß die resultierende Wahrscheinlichkeit immer zwischen 0 und 1 liegt und $\pi(x)$ in Abhängigkeit von x monoton ist.

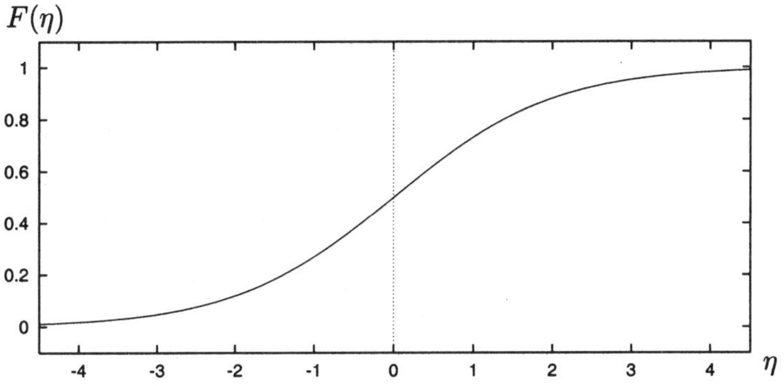

Abbildung 2.3: Verlauf der logistischen Verteilungsfunktion $F(\eta) = \exp(\eta)/(1 + \exp(\eta))$

Es ist gelegentlich sinnvoll, explizit zwischen linearem Anteil und Transformation F zu trennen. Das Logit-Modell besitzt dann die Form $\pi(x) = F(\eta(x))$, wobei $\eta(x) = \beta_0 + x\beta$. Zwischen η und x besteht demnach eine lineare Beziehung, η entsteht aus einer Verschiebung um β_0 und einer Skalenänderung um den Faktor β. Wegen $F(0) = 0.5$ erhält man $\pi(x) = 0.5$ wenn $\beta_0 + x\beta = 0$, d.h. für $x = -\beta_0/\beta$. Wie flach oder steil die Responsekurve $\pi(x)$ verläuft, hängt von β ab. Ist $\beta > 0$, ist mit wachsendem x eine wachsende Wahrscheinlichkeit $\pi(x)$ verbunden. Ist β negativ, tritt der umgekehrte Effekt ein, wachsendes x führt zu fallendem $\eta = \beta_0 + x\beta$ und damit fallender Wahrscheinlichkeit $\pi(x)$. In Abbildung 2.4 sind die resultierenden Wahrscheinlichkeiten für verschiedene Steigungen β beispielhaft dargestellt. Abbildung 2.5 zeigt die resultierende Reponsefunktionen $\hat{\pi}(x)$ für den Besitz eines Pkw in Abhängigkeit vom Einkommen. Als Schätzungen ergeben sich $\hat{\beta}_0 = -1.860, \hat{\beta} = 0.00107$ wenn $y = 1$ Besitz und $y = 0$ Nicht-Besitz kodiert. Da $\hat{\beta} > 0$ gilt, nimmt die Wahrscheinlichkeit mit wachsendem Einkommen zu. Die eingezeichneten lokalen relativen Häufigkeiten $p(x)$ für Einkommensintervalle der Länge 50 vermitteln einen ersten Eindruck, wie gut das Modell den Beobachtungen angepaßt ist. Abbildung 2.6 zeigt die resultierende Responsekurve $\pi(x)$ für das Beispiel Kurzzeitarbeitslosigkeit in der Subpopulation männlicher Deutscher. Als Schätzung erhält man $\hat{\beta}_0 = 2.1557, \hat{\beta} = -0.0372$. Wegen $\hat{\beta} < 0$ nimmt die Wahrscheinlichkeit, Arbeit innerhalb der ersten sechs Monate zu finden, mit wachsendem Alter ab. Zusätzlich sind in Abbildung 2.6 wieder die relativen Häufigkeiten $p(x)$ eingezeichnet. Während im Beispiel Pkw-Besitz das Logit-Modell den Daten einigermaßen gerecht zu werden scheint, ist die beobachtete niedrige Wahrscheinlichkeit kurzfristiger Arbeitslosigkeit für ältere Arbeitnehmer nur sehr unzureichend durch das Modell erfaßt. Man vergleiche die Modellierung in Abschnitt 2.2.2, Abbildung 2.10 (Seite 44).

Die Form (2.1) des Logit-Modells zeigt, wie sich die Responsewahrscheinlichkeit

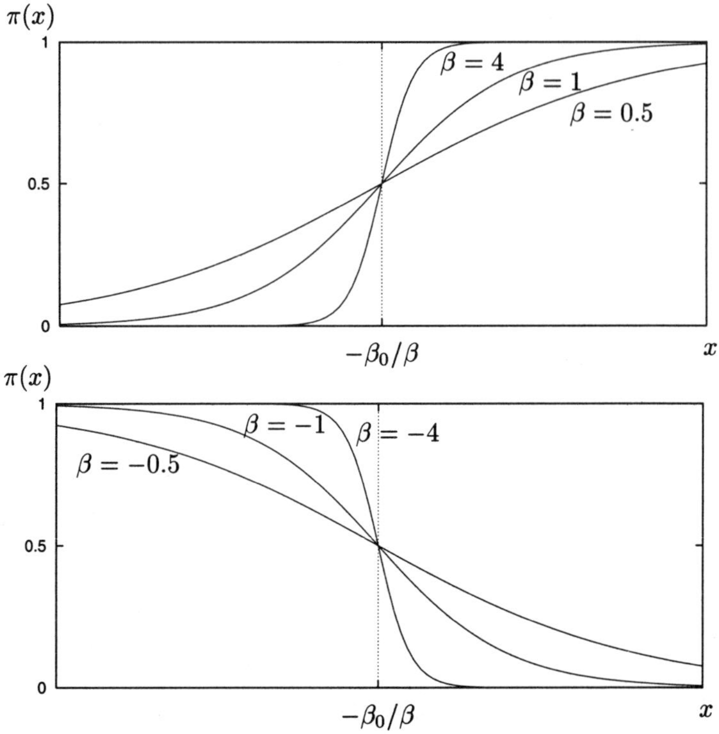

Abbildung 2.4: Verlauf der Responsekurve $\pi(x) = F(\beta_0 + \beta x)$ für $\beta_0 = 0$, $\beta = 0.5$ bzw. $\beta = 1$ bzw. $\beta = 4$ (oberes Bild) und $\pi(x) = F(\beta_0 + \beta x)$ für $\beta_0 = 0$, $\beta = -0.5$ bzw. $\beta = -1$ bzw. $\beta = -4$ (unteres Bild).

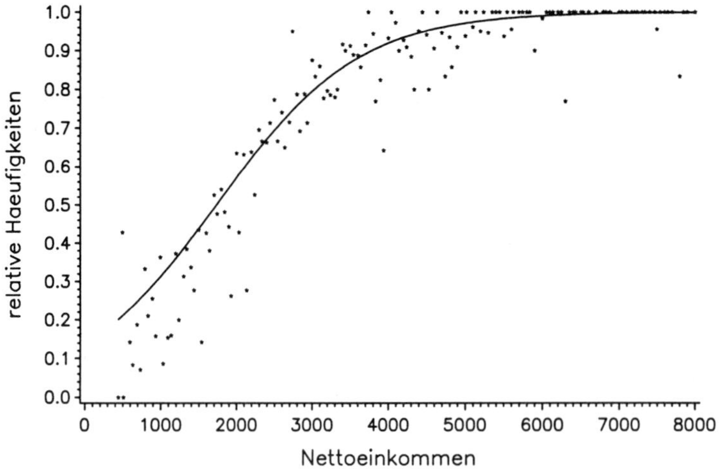

Abbildung 2.5: Pkw-Besitz in Abhängigkeit vom Einkommen.

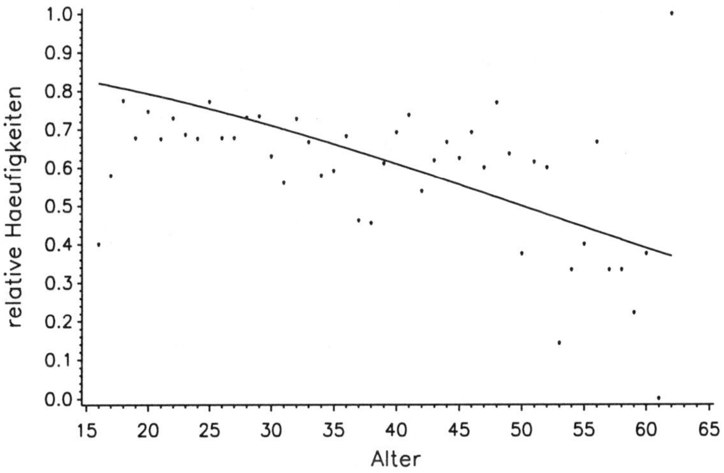

Abbildung 2.6: Responsekurve für die Wahrscheinlichkeit innerhalb von 6 Monaten eine Arbeit aufzunehmen ($\hat{\beta}_0 = 2.1557, \hat{\beta} = -0.0372$) für männliche Deutsche.

für variierendes x verhält. Andere Aspekte des Modells werden deutlicher, wenn man eine andere Darstellung wählt. Aus (2.1) ergibt sich unmittelbar $1 - \pi(x) = 1/(1 + \exp(\beta_0 + x\beta))$ und daraus

$$\frac{\pi(x)}{1 - \pi(x)} = \exp(\beta_0 + x\beta)$$

bzw. nach Logarithmieren

$$\log\left(\frac{\pi(x)}{1 - \pi(x)}\right) = \beta_0 + x\beta,$$

wobei log für den natürlichen Logarithmus steht. Man erhält so drei äquivalente Formulierungen des einfachen binären Logit-Modells. Wenn – wie hier – nur metrische Einflußgrößen betrachtet werden, spricht man auch von logistischer Regression.

Logit-Modell für metrische Einflußgröße

$$\pi(x) = \frac{\exp(\beta_0 + x\beta)}{1 + \exp(\beta_0 + x\beta)}$$

bzw.

$$\frac{\pi(x)}{1 - \pi(x)} = \exp(\beta_0 + x\beta) \tag{2.3}$$

bzw.

$$\log\left(\frac{\pi(x)}{1 - \pi(x)}\right) = \beta_0 + x\beta. \tag{2.4}$$

In der Form (2.3) finden sich auf der linken Seite als abhängige Größen die sogenannten *Chancen* (1. Ordnung)

$$\frac{\pi(x)}{1 - \pi(x)} = \frac{P(y = 1|x)}{P(y = 0|x)}$$

d.h. das Verhältnis aus Auftretenswahrscheinlichkeit und Gegenwahrscheinlichkeit. Sie sind ein ähnlich anschauliches Maß wie die Wahrscheinlichkeit selbst. Der Begriff Chancen (engl: odds) korrespondiert zum Sprachgebrauch 'die Chancen stehen 3 zu 1' wenn beispielsweise $P(y = 1|x) = 0.75$ und damit $P(y = 0|x) = 0.25$ gilt. In Beispiel 2.2 entsprechen die Chancen direkt dem Verhältnis zwischen kurzfristiger und längerfristiger Arbeitslosigkeit.

In der Form (2.4) sind die abhängigen Größen die *logarithmierten Chancen* bzw. *Logits*

$$\gamma(\boldsymbol{x}) = \log\left(\frac{\pi(x)}{1 - \pi(x)}\right) = \log\left(\frac{P(y = 1|x)}{p(y = 0|x)}\right),$$

die sich einfach durch Logarithmieren der Chancen ergeben. Die Parameter β_0 und β haben in dieser Form dieselbe Funktion wie in der linearen Regression, nur wird als abhängige Größe nicht der Erwartungswert modelliert, sondern die logarithmierten Chancen.

Chancen bzw. „odds" (Chancen 1.Ordnung)

$$\gamma(x) = \frac{P(y=1|x)}{P(y=0|x)} = \frac{\pi(x)}{1-\pi(x)} \tag{2.5}$$

Logarithmierte Chancen bzw. „Logits"

$$\text{Logit }(x) = \log(\gamma(x)) = \log\left(\frac{\pi(x)}{1-\pi(x)}\right)$$

Die Parameter lassen sich sowohl aus der Chancendarstellung (2.3) als auch aus der Logit-Darstellung (2.4) interpretieren. In der Logit-Darstellung (2.4) erhält man β als die additive Veränderung der logarithmierten Chance, wenn die Einflußgröße x um eine Einheit zunimmt. Dies ergibt sich unmittelbar aus

$$\text{Logit }(x+1) - \text{ Logit }(x) = \beta_0 + (x+1)\beta - (\beta_0 + x\beta) = \beta$$

Während der Zuwachs an Logits bei Zunahme um eine Einheit konstant bleibt, hängt die Veränderung der Wahrscheinlichkeiten allerdings vom Ausgangspunkt x ab. Der Parameter β_0 entspricht den logarithmierten Chancen für $x = 0$ und ist damit häufig erst nach geeigneter Transformation interpretierbar. Beispielsweise stellt $x = 0$ für die Einflußgröße Alter keinen sinnvollen Wert dar. Will man die Konstante interpretieren, empfiehlt es sich, anstatt der Einflußgröße x als Einflußgröße nicht das Alter selbst sondern eine zentrierte Form $x - c$ zu verwenden, wobei c ein Referenzalter oder den Mittelwert der Stichprobe darstellt. Die Einflußgröße nimmt dann den Wert 0 an, wenn $x = c$ (siehe auch Beispiel 2.3). Wie man sich einfach überlegt, bleibt der Steigungsparameter β durch Zentrieren der Einflußgröße unverändert.

Aus der Chancendarstellung (2.3) folgt, daß die Chancen durch

$$\exp(\beta_0 + x\beta) = e^{\beta_0}(e^{\beta})^x$$

bestimmt sind. Der Term e^{β_0} enthält somit die Chancen bei $x = 0$. Für jede Einheit, um die x wächst, kommt jeweils e^{β} als Faktor hinzu, d.h. e^{β} entspricht der relativen Veränderung der Chancen beim Übergang von x zu $x + 1$

$$\frac{\gamma(x+1)}{\gamma(x)} = \frac{P(Y=1|x+1)/P(Y=0|x+1)}{P(Y=1|x)/P(Y=0|x)} = e^{\beta}. \tag{2.6}$$

Als Verhältnis zwischen den Chancen $\gamma(x+1)$ und $\gamma(x)$ gebildet, läßt sich (2.6) auch als *relative Chance* verstehen.

Beispiel 2.3 : Besitz eines Pkw
Für das Logitmodell mit der abhängigen Variable Pkw-Besitz und der Einflußgröße Nettoeinkommen ergab sich $\hat{\beta}_0 = -1.860$, $\hat{\beta} = 0.00107$. *In Tabelle 2.1 sind die Parameter und die entsprechenden Chancen angegeben. Demnach erhält man für das fiktive Nulleinkommen die Chancen* $e^{\hat{\beta}_0} = 0.156$, *also etwa 15 zu 100. Bei Zunahme um DM 1 ändern sich diese Chancen um den Faktor* $e^{\hat{\beta}} = 1.001$. *Betrachtet man anstatt des Einkommens selbst die zentrierte Einflußgröße* $x =$ *Einkommen* $- 3000$, *erhält man für* $\hat{\beta}_0 = 1.350$ *oder die entsprechenden Chancen* $e^{\hat{\beta}_0} = 3.85$. *Die Chancen bei einem Einkommen von DM 3000 sind also nahezu 4:1. Ändert man nun noch zusätzlich die Skaleneinheit, ergibt sich natürlich auch ein anderer Steigungsparameter. Die Einflußgröße "Einkommen in Tausend DM-3", also Zentrierung um DM 3000 und Verwendung der Einheit Tsd DM, liefert* $e^{\hat{\beta}_0} = 3.857$ *und* $e^{\hat{\beta}} = 2.915$, *d.h. die Zunahme um Tausend DM vergrößert die Chancen um den Faktor 2.9.* □

Einkommen in DM	
Parameter	Chancen
$\hat{\beta}_0 = -1.860$	$e^{\hat{\beta}_0} = 0.156$
$\hat{\beta} = 0.00107$	$e^{\hat{\beta}} = 1.001$
Einkommen in DM, zentriert um DM 3000	
Parameter	Chancen
$\hat{\beta}_0 = 1.350$	$e^{\hat{\beta}_0} = 3.857$
$\hat{\beta} = 0.00107$	$e^{\hat{\beta}} = 1.001$
Einkommen in Tausend DM, zentriert um DM 3000	
Parameter	Chancen
$\hat{\beta}_0 = 1.350$	$e^{\hat{\beta}_0} = 3.857$
$\hat{\beta} = 1.070$	$e^{\hat{\beta}} = 2.915$

Tabelle 2.1: Parameter für die abhängige Variable Pkw-Besitz in Abhängigkeit vom Einkommen.

Das logistische Modell läßt eine besonders einfache Charakterisierung der Gegenwahrscheinlichkeit zu. Gilt

$$\pi(x) = F(\beta_0 + x\beta),$$

so folgt wegen der Symmetrie von F (d.h. $F(-x) = 1 - F(x)$)

$$1 - \pi(x) = 1 - F(\beta_0 + x\beta) = F(-\beta_0 - x\beta)$$

und damit

$$P(y = 0|x) = F(-\beta_0 + x(-\beta)).$$

Wenn also für die Auftretenswahrscheinlichkeit des Ereignisses A $(y = 1)$ ein Logit-Modell mit den Parametern β_0, β gilt, so gilt für die Auftretenswahrscheinlichkeit des Gegenereignisses $\bar{A}$ $(y = 0)$ ein Logit-Modell mit den Parametern

$-\beta_0, -\beta$. Aus einem Zuwachs von $\pi(x)$ in Abhängigkeit von x ($\beta > 0$) wird naturgemäß für die Gegenwahrscheinlichkeit ein Abnehmen in Abhängigkeit von x, da $-\beta < 0$ gilt. Umgekehrt wird aus einem Abnehmen von $\pi(x)$ (bei $\beta < 0$) eine Zunahme für $1 - \pi(x)$, da $-\beta > 0$ gilt.

Bemerkungen:

(1) *Eine einfache Einschätzung der Wirkung des Koeffizienten β ergibt sich aus der Überlegung, wie sich Wahrscheinlichkeiten ändern, wenn x sich verändert (vgl. Cox & Snell (1989)). Man erhält unmittelbar, daß die Veränderung von $x = -\beta_0/\beta$ auf $x = -\beta_0/\beta + 1/\beta$ eine Veränderung vom Ausgangspunkt $\pi = 0.5$ um 0.23 zur Folge hat. Für positives β erhält man $\pi = 0.73$, für negatives β ergibt sich $\pi = 0.27$. Analog berechnet man, daß der Zuwachs von $x = -\beta_0/\beta$ auf $x = -\beta_0/\beta + 3/\beta$ eine Veränderung um 0.45 zur Folge hat. Als Approximation erhält man damit*

Veränderung um $1/\beta$: *Veränderung von $\pi = 0.5$ um ± 0.23*
Veränderung um $3/\beta$: *Veränderung von $\pi = 0.5$ um ± 0.45.*

Die Zuwächse sind dabei von der Stelle der Gleichwahrscheinlichkeit $\pi = 0.5$ aus zu betrachten. Für das Beispiel Pkw-Besitz mit der Einflußgröße Einkommen in DM erhält man $1/\beta = 934.57$ und somit, daß eine Einkommenssteigerung von etwa 934 DM einen Zuwachs von 0.5 auf 0.73 bewirken. Unterstellt man für das Beispiel der Arbeitslosigkeit (naiverweise) das Logit-Modell, erhält man mit $1/(-0.0372) = -26.8$, so daß etwa 27 Jahre Differenz die Wahrscheinlichkeit von $\pi = 0.5$ auf $\pi = 0.27$ senken.

(2) *Gelegentlich läßt sich eine bessere Modellanpassung erzielen, wenn die Einflußgröße transformiert wird. Man betrachtet beispielsweise statt x als Einflußgröße das logarithmierte Alter. Man erhält mit dem Logit-Modell*

$$\log\left(\frac{\pi(x)}{1-\pi(x)}\right) = \beta_0 + \beta\log(x)$$

für die Chancen

$$\frac{\pi(x)}{1-\pi(x)} = e^{\beta_0+\beta\log(x)} = e^{\beta_0}x^{\beta}$$

d.h. x wirkt nun durch eine Potenzfunktion auf die Chancen. Für das Beispiel Pkw-Besitz mit dem logarithmierten Einkommen als Einflußgröße erhält man die Abbildung 2.7

(3) *Der Zusammenhang zwischen $\pi(x)$ und den logarithmierten Chancen wird in Abbildung 2.8 verdeutlicht. Die logarithmierten Chancen oder Logits stellen die durch das Logit-Modell direkt linear bestimmte Größe dar. Eine lineare Beziehung gilt in sehr grober Approximation bestenfalls im mittleren Bereich um $\pi(x) = 0.5$. Mit Logit $(\pi) = \log((\pi)/(1-\pi))$ erhält man die Ableitung $d\,\text{Logit}\,(\pi)/d\pi = 1/(\pi(1-\pi))$. Für die in Logits gemessene Veränderung ΔL im Vergleich zur Veränderung in Wahrscheinlichkeiten gilt also die Approximation*

$$\Delta L = \frac{\Delta\pi}{\pi(1-\pi)},$$

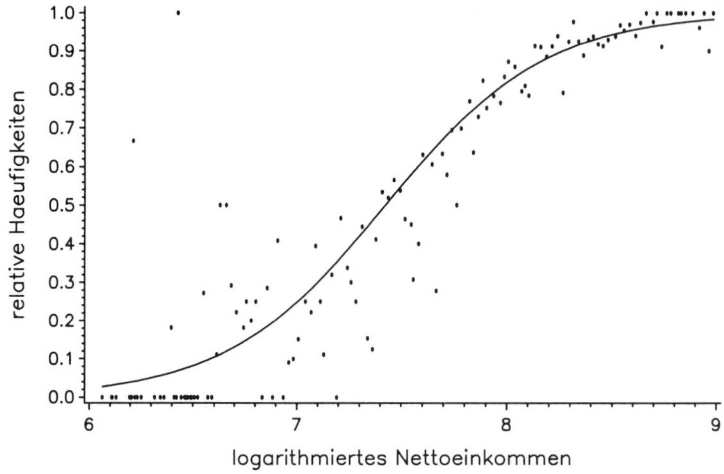

Abbildung 2.7: Pkw-Besitz in Abhängigkeit vom logarithmierten Einkommen

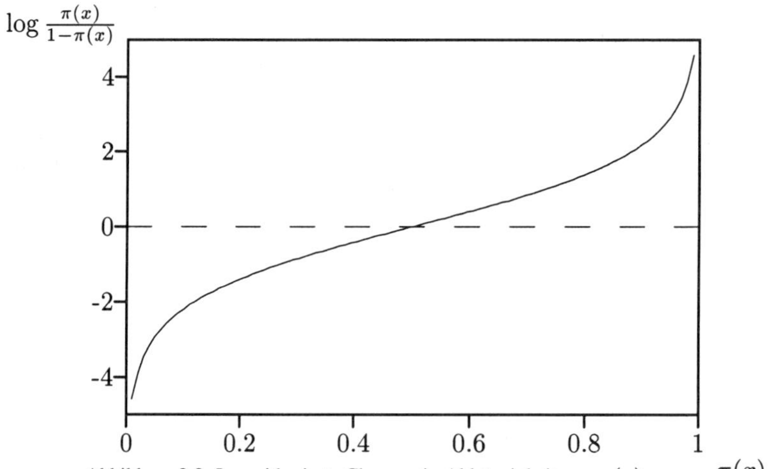

Abbildung 2.8: Logarithmierte Chancen in Abhängigkeit von $\pi(x)$

die naturgemäß von der betrachteten Stelle π abhängen. Damit erhält man die Annäherungen

$$
\begin{aligned}
\pi \approx 0.5 \quad &: \quad \Delta L \approx 4\Delta\pi \\
\pi \to 0 \quad &: \quad \Delta L \approx \Delta\pi/\pi \\
\pi \to 1 \quad &: \quad \Delta L \approx \Delta\pi/(1-\pi)
\end{aligned}
$$

2.1.2 Elastizität des Logit-Modells

In den Wirtschaftswissenschaften wird die Wirkung einer Einflußgröße häufig in der Form von Elastizitäten gemessen. Sei prinzipiell G eine Größe, die in Abhängigkeit von x variiert. Dann läßt sich betrachten, wie sich eine relative (prozentuale) Änderung von x zu $\tilde{x}$ als relative (prozentuale) Veränderung von G niederschlägt. Man betrachtet also mit $\Delta x = \tilde{x} - x$ und $\Delta G(x) = G(\tilde{x}) - G(x)$ das Verhältnis

$$\frac{\Delta G(x)/G(x)}{\Delta x/x} = \frac{\Delta G(x)/\Delta x}{G(x)/x}$$

Der Grenzübergang $\Delta x \to 0$ liefert die *Elastizität*

$$\frac{\mathrm{d}G(x)/G(x)}{\mathrm{d}x/x} = \frac{\mathrm{d}G(x)/\mathrm{d}x}{G(x)/x} = \frac{G'(x)/G(x)}{1/x} = \frac{\mathrm{d}\log(G(x))}{\mathrm{d}\log(x)},$$

wobei $\mathrm{d}G(x)/\mathrm{d}x = G'(x)$ für die Ableitung von $G(x)$ nach x steht. Der rechte Ausdruck, also die Ableitung von $\log(G(x))$ nach $\log(x)$, stellt nur eine Umformung dar. Die Elastizität drückt direkt die prozentuale Änderung von G bei einprozentiger Erhöhung von x (bei linearer Annäherung an die Funktion $G(x)$) aus. Die Elastizität ist unabhängig von den Einheiten von G und x.

Die hier interessierende abhängige Variable ist die Auftretenswahrscheinlichkeit $\pi(x) = P(y = 1|x)$. Da die Einheit der Wahrscheinlichkeit wegen $\pi \in [0, 1]$ nicht beliebig ist, empfiehlt Cramer (1991) die sogenannte Quasi-Elastizität.

Quasi-Elastizität

$$\frac{\mathrm{d}\pi(x)}{\mathrm{d}\log(x)} = \frac{\mathrm{d}\pi(x)}{\mathrm{d}x}x = \frac{\pi'(x)}{1/x}$$

Die Quasi-Elastizität gibt (in linearer Annäherung) die Veränderung der Wahrscheinlichkeit in Prozentpunkten bei einprozentiger Erhöhung von x wieder. Im Gegensatz zu Elastizitäten wird also nicht die prozentuale Veränderung im Verhältnis zum Ausgangswert $\pi(x)$ wiedergegeben, sondern direkt der Zuwachs an Wahrscheinlichkeit $*100$.

Den formalen Hintergrund dieser Interpretation liefert die folgende Überlegung. Legt man in einem Punkt x_0 eine Gerade an die Kurve $\pi(x)$, so hat diese die Steigung $\pi'(x_0)$ und den Achsenabschnitt $\pi(x_0) - \pi'(x_0)x_0$. Die Gerade ist also gegeben durch $f(x) = \pi(x_0) - \pi'(x_0)x_0 + \pi'(x_0)x$. Erhöht man x_0 um ein Prozent auf $(101/100)x_0$, erhält man als Zuwachs von $f(x)$ die Differenz $f((101/100)x_0) - f(x_0) = (\pi'(x_0)x_0)/100$. Will man *statt einer Wahrscheinlichkeitsveränderung die Veränderung in Prozentpunkten haben, erhält man mit dem Faktor 100 unmittelbar die Quasi-Elastizität bei x_0, nämlich $\pi'(x_0)x_0$.*

Für das einfache Logit-Modell $\pi(x) = F(\beta_0 + x\beta)$ erhält man die Quasi-Elastizität

$$\pi'(x)x = F(\beta_0 + \beta x)(1 - F(\beta_0 + \beta x))\beta x,$$

die naturgemäß vom betrachteten Punkt x abhängt. Eine einprozentige Veränderung von x bewirkt an verschiedenen Punkten von x unterschiedliche Veränderungen von $\pi(x)$.

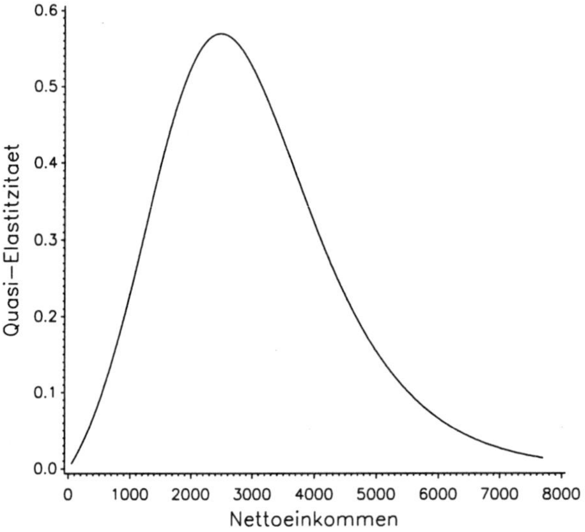

Abbildung 2.9: Quasi-Elastizität für den Pkw-Besitz bezüglich des Einkommens.

In Abbildung 2.9 ist die geschätzte Quasi-Elastizität für den Pkw-Besitz in Abhängigkeit vom Einkommen wiedergegeben. Der größte Wert ergibt sich bei etwa DM 2500 monatliches Einkommen. Die Wahrscheinlichkeit bei einprozentiger Zunahme des Einkommens wächst hier um nahezu 0.006 d.h. 0.6 Prozentpunkte. Für niedrigere und höhere Einkommen ist der Zuwachs entsprechend niedriger.

2.2 Modelle für linear spezifizierte Einflußgrößen

2.2.1 Logit-Modell mit linearem Einflußterm

Für das einfache Logit-Modell (2.1) ist der Einfluß der unabhängigen Größe x durch den linearen Term $\beta_0 + x\beta$ festgelegt. In Analogie zum multiplen (metrischen)

Regressionsmodell läßt sich der Einfluß mehrerer metrischer Variablen $x_1, \ldots, x_m$ durch den linearen Term $\beta_0 + x_1\beta_1 + \cdots + x_m\beta_m$ spezifizieren. Dieser lineare Einflußgrößenterm ist kompakter darstellbar in der Form

$$\eta(\boldsymbol{x}) = \beta_0 + x_1\beta_1 + \cdots + x_m\beta_m = \boldsymbol{x}'\boldsymbol{\beta},$$

wobei $\boldsymbol{\beta}' = (\beta_0, \beta_1, \ldots, \beta_m)$ den Vektor der Parameter und $\boldsymbol{x}' = (1, x_1, \ldots, x_m)$ den Vektor der Einflußgrößen bezeichnet.

Ersetzt man den Einflußgrößenterm $\beta_0 + x\beta$ in Modell (2.1) durch die allgemeinere Form $\boldsymbol{x}'\boldsymbol{\beta}$ erhält man das Logit-Modell für linear spezifizierte Einflußgrößen, wobei jetzt die Auftretenswahrscheinlichkeit $\pi(\boldsymbol{x}) = P(y = 1|\boldsymbol{x})$ von dem gesamten Vektor $\boldsymbol{x}' = (1, x_1, \ldots, x_m)$ abhängt.

Binäres Logit-Modell

$$\pi(\boldsymbol{x}) = \frac{\exp(\boldsymbol{x}'\boldsymbol{\beta})}{1 + \exp(\boldsymbol{x}'\boldsymbol{\beta})} \tag{2.7}$$

bzw.

$$\frac{\pi(\boldsymbol{x})}{1 - \pi(\boldsymbol{x})} = \exp(\boldsymbol{x}'\boldsymbol{\beta}) \tag{2.8}$$

bzw.

$$\log\left(\frac{\pi(\boldsymbol{x})}{1 - \pi(\boldsymbol{x})}\right) = \boldsymbol{x}'\boldsymbol{\beta} \tag{2.9}$$

Diese äquivalenten Modelldarstellungen unterscheiden sich hinsichtlich der abhängigen Größe. Während (2.7) verdeutlicht, wie die Auftretenswahrscheinlichkeit $\pi(\boldsymbol{x}) = P(y = 1|\boldsymbol{x})$ von den Einflußgrößen abhängt, werden in (2.8) bzw. (2.9) die Chancen bzw. die logarithmierten Chancen in Abhängigkeit von $\boldsymbol{x}$ dargestellt. Wie man unmittelbar sieht, sind die logarithmierten Chancen linear durch $\boldsymbol{x}'\boldsymbol{\beta}$ bestimmt. Elementar für die Darstellung ist, daß der *lineare Prädiktor*

$$\eta(\boldsymbol{x}) = \boldsymbol{x}'\boldsymbol{\beta} = \beta_0 + x_1\beta_1 + \cdots + x_m\beta_m$$

linear in den Parametern ist. Für die Einflußgrößen $x_1, \ldots, x_m$ selbst können hier durchaus auch Potenzen stehen, wesentlich ist nur, daß die verschiedenen Einflußgrößen in linearer Form in das Modell eingehen. Die verschiedenen Formen, wie Einflußgrößen, metrische oder kategoriale, in $x_1, \ldots, x_m$ verpackt werden, wird in den nächsten Abschnitten noch ausführlich behandelt. Ein einfacher Fall, wie eine metrische Einflußgröße zu einem nichtmonotonen Logitmodell führt, wird im nächsten Abschnitt kurz behandelt.

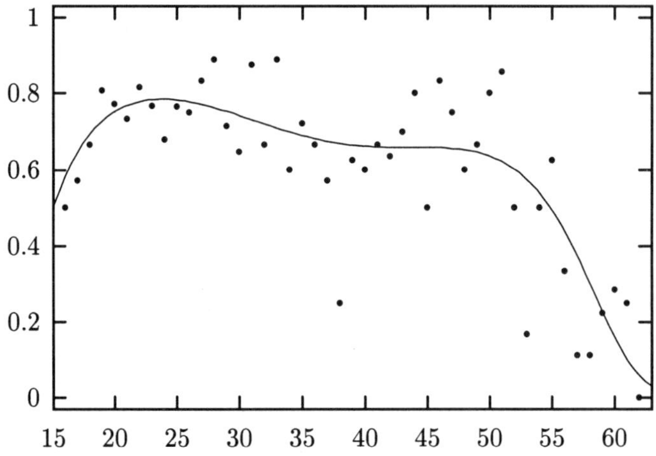

Abbildung 2.10: Responsekurve für die Wahrscheinlichkeit, innerhalb von 6 Monaten eine Arbeit aufzunehmen mit einem Polynom 4.Ordnung als Einflußterm in der Subpopulation deutscher Männer ($\hat{\beta}_0 = -18.7326, \hat{\beta}_1 = 2.4799, \hat{\beta}_2 = -0.11044, \hat{\beta}_3 = 0.002101, \hat{\beta}_4 = -0.000014555$).

2.2.2 Nichtmonotone Logitmodellierung

Nach der bisherigen Darstellung scheint es, als ob durch das Logit-Modell nur monotone Zusammenhänge zwischen $\pi(x)$ und x darstellbar wären. Für das einfache Modell (2.1) gilt dies auch, da mit wachsendem x die Wahrscheinlichkeit $\pi(x)$ wächst ($\beta > 0$) bzw. fällt ($\beta < 0$). Wählt man jedoch entsprechend (2.7) einen *in den Parametern linearen* Einflußterm $\eta(x) = \beta_0 + x\beta_1 + x^2\beta_2$ und damit das Modell

$$\pi(x) = \frac{\exp(\beta_0 + x\beta_1 + x^2\beta_2)}{1 + \exp(\beta_0 + x\beta_1 + x^2\beta_2)}, \tag{2.10}$$

so ist dieser monotone Zusammenhang nicht mehr zwangsläufig.

Da $\eta(x)$ ein Polynom 2.Ordnung ist, kann bei geeigneten Koeffizienten wachsendes x in bestimmten Bereichen zu wachsendem $\eta(x)$ in anderen Bereichen zu fallendem $\eta(x)$ führen, so daß $\pi(x)$ sowohl zu- als auch abnehmen kann. Die Annahme eines Polynoms, allgemeiner eines Polynoms $r$ter Ordnung $\eta(x) = \beta_0 + \beta_1 x + \cdots + \beta_r x^r$, macht das Modell flexibler. Man betrachte beispielsweise die resultierende Responsekurve für das Beispiel der Arbeitslosigkeit (Abbildung 2.10), in der Subpopulation deutscher Männer wenn ein logistisches Modell mit einem Polynom 4.Ordnung als Einflußterm spezifiziert wird ($\hat{\beta}_0 = -18.7326, \hat{\beta}_1 = 2.4799, \hat{\beta}_2 = -0.11044, \hat{\beta}_3 = 0.002101, \hat{\beta}_4 = -0.000014555$). Man sieht unmittelbar, daß das Modell den Daten erheblich besser angepaßt ist als das Modell mit linearem Einflußterm $\eta(x) = \beta_0 + x\beta$ in Abbildung 2.6. Zum anderen wird deutlich, daß mit dem polynomialen Term in Verbindung mit der streng monoton wachsenden logistischen Verteilungsfunktion durchaus wachsende *und* fallende Wahrscheinlichkeiten modellierbar sind.

2.3 Logit-Modell bei kategorialen Einflußgrößen

Im folgenden wird der Fall qualitativer Einflußgrößen betrachtet. Die kategorialen Einflußgrößen besitzen nur endlich viele Ausprägungen (Kategorien) und sind möglicherweise nur auf Nominalskalenniveau gemessen. Wichtige Typen qualitativer Einflußgrößen sind:

Binäre (dichotome) Variablen, wie

Geschlecht	(1: männlich, 2: weiblich)
Medikament	(1: Medikament A, 2: Medikament B)

Mehrkategoriale (polychotome) nominalskalierte Variablen, wie

Nationalität	(1: Deutscher, 2: nichtdeutscher EU-Angehöriger, 3: sonstige Nationalität)
Medikament	(1: Medikament A, 2: Medikament B, 3: Placebo)

Mehrkategoriale ordinale Variablen, wie

Ausbildung	(1: keine Berufsausbildung, 2: Lehre, 3: Fachspezifische Ausbildung, 4: Hochschulabschluß)

Qualitative Merkmale dieser Art in Form eines Terms $x\beta$ mit $x \in \{1, \ldots, I\}$ direkt in das Modell aufzunehmen, führt zu uninterpretierbaren Parametern. Es ist daher notwendig, diese Kategorien durch Dummy- (Stellvertreter-) Variablen darzustellen (siehe auch Abschnitt 1.3.3, Seite 18). Vor der Regressionsdarstellung wird kurz betrachtet, wie sich die Assoziation zweier kategorialer Merkmale, d.h. einer Einflußgröße und der abhängigen Variablen, messen läßt. Diese Betrachtung macht den engen Zusammenhang der Logit-Modelle zur Analyse von Kontingenztafeln deutlich. Der Aufbau ist schrittweise von zweikategorialen (binären, dichotomen) Einflußgrößen zu mehrkategorialen (polychotomen) Größen. Da die Interpretation der Parameter für kategoriale Einflußgrößen in der Praxis häufig Schwierigkeiten bereitet, wird diese relativ ausführlich behandelt.

2.3.1 Dichotome Einflußgröße im Logit-Modell

Beispiel 2.4 : Dauer der Arbeitslosigkeit
Die folgende Kontingenztafel stellt einen Teilaspekt der Analyse der Kurzzeitarbeitslosigkeit

aus Beispiel 2.2 dar. Hier beschränkt sich die Analyse auf den Zusammenhang zwischen Geschlecht und Dauer der Arbeitslosigkeit in dichotomer Form (1: kurzfristige Arbeitslosigkeit, weniger als 6 Monate, 2: längerfristige Arbeitslosigkeit, über 6 Monate).

		Arbeitslosigkeit $\leq$ 6 Monate	Arbeitslosigkeit $>$ 6 Monate	
Geschlecht	m	403	167	570
	w	238	175	413

□

Assoziation zwischen dichotomen Merkmalen

In der einfachen (2×2)-Kontingenztabelle aus Beispiel 2.4 übernimmt das Geschlecht die Rolle des Regressors x und die dichotome Variable Dauer der Arbeitslosigkeit wird als abhängige Variable $Y \in \{1, 2\}$ betrachtet. In einem ersten Schritt überlegt man sich, wie der Zusammenhang zweier dichotomer Variablen geeignet erfaßbar ist. Eine allgemeine (2×2)-Kontingenztafel mit der faktoriellen Einflußgröße G hat die Form

		Y = 1	Y = 2	
G	1	n_{11}	n_{12}	n_1
	2	n_{21}	n_{22}	n_2

mit den Zellhäufigkeiten n_{ij} und den Randsummen $n_i = n_{i1} + n_{i2}$. Für jede Population (Ausprägung von G) lassen sich nun die *empirischen Chancen* betrachten, d.h.

$$\hat{\gamma}(G = 1) = \frac{n_{11}}{n_{12}} \quad \text{für } x = 1, \qquad \hat{\gamma}(G = 2) = \frac{n_{21}}{n_{22}} \quad \text{für } x = 2.$$

Damit wird für jede Population die Chance für $Y = 1$ im Verhältnis zu $Y = 2$ erfaßt. Für die Tabelle Geschlecht $\times$ Arbeitslosigkeit erhält man unmittelbar

$$\text{Chancen männlich:} \quad \hat{\gamma}(G = 1) = \frac{403}{167} = 2.413$$

$$\text{Chancen weiblich:} \quad \hat{\gamma}(G = 2) = \frac{238}{175} = 1.36.$$

In der männlichen Population scheinen demnach die Chancen für Kurzzeitarbeitslosigkeit im Verhältnis zu längerfristiger Arbeitslosigkeit erheblich besser zu sein. Eine einfache Möglichkeit, die Chancen miteinander zu vergleichen, besteht darin, deren Verhältnis zu betrachten, d.h. man bildet

$$\hat{\gamma}(1|2) = \frac{\hat{\gamma}(1)}{\hat{\gamma}(2)} = 1.774.$$

Die Chancen betragen in Population 1 somit das 1.8fache der Chancen in Population 2. Dieses Verhältnis $\hat{\gamma}_{(1|2)}$ wird als *relative empirische Chance* bezeichnet und ist als Zusammenhangsmaß zwischen G und Y interpretierbar. Die relative empirische Chance ist ein aus den Daten erzeugtes beschreibendes Maß, dessen Ausprägung sich zufallsgesteuert aus der Stichprobe bestimmt. Um den Zusammenhang zwischen G und Y *in der Population* zu charakterisieren, geht man zu den zugrundeliegenden Wahrscheinlichkeiten über. Die den Beobachtungen zugrundeliegende Wahrscheinlichkeitstabelle ist bestimmt durch

		Arbeitslosigkeit ≤ 6 Monate	Arbeitslosigkeit > 6 Monate	
Geschlecht	$1(m)$	$\pi(G = 1)$	$1 - \pi(G = 1)$	1
	$2(w)$	$\pi(G = 2)$	$1 - \pi(G = 2)$	1

.

Daraus erhält man die den empirischen relativen Chancen zugrundeliegenden theoretischen Größen.

Relative Chancen „odds ratio"

(Kreuzproduktverhältnis, Chancen 2. Ordnung)

$$\gamma(1|2) = \frac{\gamma(G = 1)}{\gamma(G = 2)} = \frac{\pi(1)/(1 - \pi(1))}{\pi(2)/(1 - \pi(2))} \tag{2.11}$$

Die relativen Chancen $\gamma(1|2)$ geben das Verhältnis an zwischen den Chancen der durch $G = 1$ charakterisierten Population und den Chancen der durch $G = 2$ charakterisierten Population. Anders als beispielsweise der Kontingenzkoeffizient geben die relativen Chancen nicht nur die Stärke des Zusammenhangs zwischen x und y sondern auch die Richtung wieder. Es gilt:

$\gamma(1|2) > 1, (\beta > 0)$	wenn die Chancen in der Population $x = 1$ (männlich) größer sind als in der Population $x = 2$ (weiblich)
$\gamma(1|2) = 1, (\beta = 0)$	wenn die Chancen in den beiden Populationen gleich sind
$\gamma(1|2) < 1, (\beta < 0)$	wenn die Chancen in der Population $x = 1$ kleiner sind als in der Population $x = 2$

Die Bezeichnung Kreuzproduktverhältnis ist darauf zurückzuführen, daß $\gamma(1|2) = \{\pi(1)(1-\pi(2))\}/\{\pi(2)(1-\pi(1))\}$ gilt. Man erhält somit $\gamma(1|2)$ aus der Kontingenztafel

		y: 1	y: 2
x	1	$\pi(1)$	$1-\pi(1)$
x	2	$\pi(2)$	$1-\pi(2)$

durch das Produkt aus linker oberer Zelle und rechter unterer Zelle, dividiert durch das Produkt aus linker unterer Zelle und rechter oberer Zelle.

Einflußgröße in (0–1)-Kodierung

Das Logit-Modell für dichotome Einflußgröße ist nur eine regressionsanalytische Darstellung der (bedingten) Wahrscheinlichkeiten einer (2×2)-Kontingenztabelle. Die Einflußgröße wird dabei als Dummy-Variable kodiert. In der einfachsten Form einer (0–1)-kodierten Dummy-Variable wie Geschlecht $G \in \{1, 2\}$, ergibt sich der Regressor

$$x_G = \begin{cases} 1 & \text{männlich} \\ 0 & \text{weiblich.} \end{cases}$$

Mit der abhängigen Variable $y \in \{1, 0\}$ und $\pi(G) = P(y = 1|G)$ erhält man das Logit-Modell

$$\text{Logit}\ (G) = \log\left(\frac{\pi(G)}{1-\pi(G)}\right) = \beta_0 + x_G\beta, \tag{2.12}$$

bzw. in der Chancendarstellung

$$\frac{\pi(G)}{1-\pi(G)} = \exp(\beta_0 + x_G\beta) = e^{\beta_0}(e^{\beta})^{x_G}.$$

Wie für metrische Einflußgrößen entspricht

- β_0 den Logits für den Regressorwert 0, d.h. in der Referenzpopulation $x_G = 0$,
- e^{β_0} den entsprechenden Chancen in dieser Population,
- β der additiven Veränderung der Logits beim Übergang von der Referenzpopulation $x_G = 0$ zu $x_G = 1$ und
- e^{β} der multiplikativen Veränderung der Chancen beim Übergang von $x_G = 0$ zu $x_G = 1$.

Der Term e^{β} entspricht also dem Faktor, der die Chancen für $x_G = 0$ in die Chancen für $x_G = 1$ transformiert. Er ist damit identisch mit den relativen Chancen, also dem Verhältnis der Chancen zwischen $x_G = 1$ und $x_G = 0$. Es gilt

$$e^{\beta} = \frac{\gamma(G=1)}{\gamma(G=2)} = \frac{\pi(1)/(1-\pi(1))}{\pi(2)/(1-\pi(2))}.$$

Das Logit-Modell für dichotome Einflußgröße läßt sich damit als eine parametrische Form verstehen, die auf dem Zusammenhangsmaß der relativen Chancen beruht. Die Aussage, daß der Faktor G keinen Einfluß auf y hat, d.h. $\beta = 0$ gilt, ist äquivalent dazu, daß die Chancen in beiden Populationen identisch sind, die relativen Chancen also 1 betragen.

Beispiel 2.5 : Dauer der Arbeitslosigkeit
Wählt man im Beispiel der Arbeitslosigkeitsdauer 2.4 als Schätzung für die Wahrscheinlichkeiten die relativen Häufigkeiten $p(x)$ erhält man die geschätzte Tafel

		Arbeitslosigkeit ≤ 6 *Monate*	> 6 *Monate*
Geschlecht	$1(m)$	*0.707*	*0.293*
	$2(w)$	*0.576*	*0.424*

Als empirische Chancen der männlichen Population ergibt sich $0.707/0.293 = 2.413$, für die weibliche Population erhält man $0.576/0.424 = 1.358$. Hier kommt zum Ausdruck, daß die Chancen, innerhalb von sechs Monaten Arbeit zu finden, gegenüber längerer Arbeitslosigkeit bei Männern erheblich besser sind als bei Frauen. Als empirische Logits $\hat{l}(x) = \log(p(x)/1 - p(x))$ ergeben sich 0.881 (männlich) und 0.306 (weiblich), woraus $\hat{\beta}_0 = 0.306$ und $\hat{\beta} = 0.575$ resultiert. Der Chancenvorteil der männlichen Population in Logits gemessen beträgt damit 0.575. Betrachtet man die empirischen relativen Chancen, ergibt sich $2.413/1.358 = 1.777$, d.h. die Chancen 'Arbeit innerhalb von 6 Monaten gegenüber längerer Arbeitslosigkeit' sind bei Männern das 1.8-fache.

		Chancen γ	*Logits*	*relative Chancen* e^{β}	β
Geschlecht	*1(m)*	*2.413*	*0.881*	*1.777*	*0.575*
	2(w)	*1.358*	*0.306*		

□

Eine äquivalente Form des Logit-Modells ist gegeben durch

$$\log\left(\frac{P(y=1|G=i)}{P(y=0|G=i)}\right) = \beta_0 + \beta_i, \tag{2.13}$$

wobei β_i den Effekt der Kategorie $G = i$ bezeichnet. Modell (2.13) besitzt drei Parameter, den globalen Parameter β_0 und die Effekte der Einflußgröße β_1, β_2. Bei der hier zugrundegelegten Betrachtung der bedingten Wahrscheinlichkeiten von y für gegebenes G sind jedoch nur zwei Wahrscheinlichkeiten frei, nämlich $P(y = 1|G = 1)$ und $P(y = 1|G = 2)$. Die restlichen Wahrscheinlichkeiten ergeben sich durch $P(y = 0|G) = 1 - P(y = 1|G)$ für $G = 1, 2$. Das Modell ist daher mit drei Parametern überparametrisiert und eine zusätzliche Bedingung ist notwendig. Die Darstellung (2.12) mit einer (0–1)-kodierten Dummy-Variablen entspricht unmittelbar der Bedingung $\beta_2 = 0$. Der verbleibende Parameter β_1 entspricht direkt den bisher durch β bezeichneten Parameter.

Einflußgröße in Effektkodierung

Eine alternative Form des Logitmodells erhält man durch

$$\log\left(\frac{P(y=1|G=i)}{P(y=0|G=i)}\right) = \log\left(\frac{\pi(i)}{1-\pi(i)}\right) = \beta_0 + \beta_i$$

mit der symmetrischen Nebenbedingung $\beta_1 + \beta_2 = 0$ bzw. $\beta_2 = -\beta_1$. Anstatt wie im Modell ((2.13)) eine Referenzkategorie durch $\beta_2 = 0$ auszuzeichnen, sind die Effekte durch diese Nebenbedingung als symmetrische Abweichung von einem Durchschnitt β_0 zu verstehen. Man erhält das Modell in Regressionschreibweise, wenn man in (2.12) anstatt der (0–1)-Kodierung für den Faktor x Dummy-Variablen in der sogenannten *Effektkodierung* zugrundelegt mit

$$x_G = \begin{cases} 1 & \text{männlich} \\ -1 & \text{weiblich.} \end{cases}$$

Daraus ergibt sich unmittelbar

$$\beta_0 = \frac{1}{2}\left(\log\left(\frac{\pi(1)}{1-\pi(1)}\right) + \log\left(\frac{\pi(2)}{1-\pi(2)}\right)\right),$$

$$\beta = \frac{1}{2}\left(\log\left(\frac{\pi(1)}{1-\pi(1)}\right) - \log\left(\frac{\pi(2)}{1-\pi(2)}\right)\right).$$

Die Konstante β_0 gibt damit die über männliche und weibliche Population gemittelten Logits wieder, während β mit $\beta = \frac{1}{2}\log(\gamma_{12})$ wiederum die logarithmierten relativen Chancen (mit dem Faktor 1/2 multipliziert) darstellt.

Zu bemerken ist, daß das Logit-Modell für binäre Einflußgröße nur eine Umparametrisierung der ursprünglichen Wahrscheinlichkeiten darstellt. Die beiden (freien) Wahrscheinlichkeiten $P(y = 1|G = i)$, $i = 1, 2$, werden in die Parameter β_0, β transformiert. Das Modell ist *saturiert* in dem Sinne, daß es zumindest für $P(y = 1|G = i) \in (0, 1)$ immer gilt. Für die Extremwerte $P(y = 1|G = i) \in \{0, 1\}$ ist die Darstellung als Logit-Modell nicht möglich, da der Logarithmus von 0 bzw. ∞ zu bilden wäre. In den betrachteten Beispielen sind der Einfachheit halber die tatsächlichen (unbekannten) Wahrscheinlichkeiten durch die relativen Häufigkeiten ersetzt. Daraus resultieren naturgemäß nur geschätzte Parameter, deren Schätzgenauigkeit zu quantifizieren ist (vgl. Abschnitt 3.1 dieses Kapitels).

Modell ohne konstanten Term

Eine einfache Form des Logit-Modells, die keinen konstanten Term enthält, ist gegeben durch

$$\log\left(\frac{\pi(i)}{1-\pi(i)}\right) = \beta_i, \quad i = 1, 2, \tag{2.14}$$

bzw. für die Chancen

$$\frac{\pi(i)}{1-\pi(i)} = e^{\beta_i}, \quad i = 1, 2.$$

Die Parameter sind hier unmittelbar interpretierbar als logarithmierte Chancen und c^{β_i} gibt die Chancen selbst wieder. Das Modell läßt sich ebenso als Regressionsmodell darstellen durch

$$\log\left(\frac{\pi(i)}{1-\pi(i)}\right) = x_{G(i)}\beta_i, \quad i = 1, 2,$$

wobei x_i (0–1)-kodierte Dummy-Variablen für sämtliche Kategorien darstellen. Für $G = 1$ (männlich) und $G = 2$ (weiblich) erhält man

$$x_{G(1)} = \begin{cases} 1 & \text{männlich} \\ 0 & \text{weiblich} \end{cases} \qquad x_{G(2)} = \begin{cases} 1 & \text{männlich} \\ 0 & \text{weiblich} \end{cases}.$$

Der Nachteil dieser Darstellung liegt darin, daß der Zusammenhang zwischen G und y nicht durch einen Parameter ausgedrückt wird, sondern sich nur durch β_1 *und* β_2 ergibt. Für die relativen Chancen gilt hier

$$\gamma_{12} = \frac{\pi(1)/(1-\pi(1))}{\pi(2)/(1-\pi(2))} = \frac{e^{\beta_1}}{e^{\beta_2}} = e^{\beta_1-\beta_2}.$$

2.3.2 Mehrkategoriale Einflußgröße

Beispiel 2.6 : Dauer der Arbeitslosigkeit
Zur Analyse der Beziehung zwischen dem Ausbildungsstand und der Dauer der Arbeitslosigkeit betrachtet man folgende Beobachtungstabelle □

		Arbeitslosigkeit		
		$\leq$ 6 Monate	$>$ 6 Monate	
Keine Ausbildung	1	202	96	298
Lehre	2	307	162	469
Fachspezifische Ausbildung	3	87	66	153
Hochschulabschluß	4	45	18	63

Assoziation in $(I \times 2)$-Tabellen

Die Kontingenztafel für den Zusammenhang zwischen Ausbildungsniveau und Dauer der Arbeitslosigkeit ist ein Spezialfall einer allgemeinen Kontingenztafel mit mehr als zwei Zeilen. Besitzt die kategoriale Einflußgröße A allgemein die möglichen Ausprägungen $1, \ldots, I$, lassen sich die Daten zusammenfassen in der $(I \times 2)$ Tabelle

$$
\begin{array}{cc|cc|c}
 & & \multicolumn{2}{c}{y} & \\
 & & 1 & 2 & \\
\hline
 & 1 & n_{11} & n_{12} & n_1 \\
 & 2 & n_{21} & n_{22} & n_2 \\
A & \vdots & \vdots & \vdots & \vdots \\
 & I & n_{I1} & n_{I2} & n_I \\
\hline
\end{array}
$$

mit den Besetzungszahlen n_{i1}, n_{i2} für $x = i$ und der Randsumme n_i, die die Anzahl der Beobachtungen mit $x = i$ wiedergibt. Das für (2×2)-Tafeln entwickelte Zusammenhangsmaß der relativen Chancen läßt sich unmittelbar anwenden auf jede (2×2)-Subtafel, die sich durch Auswahl zweier Zeilen ergibt. Wählt man beispielsweise die Zeilen 3 und 4 des Beispiels 2.6 Ausbildungsniveau $\times$ Dauer, ergeben sich die empirischen Chancen

$$
\begin{aligned}
\hat{\gamma}(3) &= n_{31}/n_{32} = 87/66 = 1.318 \\
\hat{\gamma}(4) &= n_{41}/n_{42} = 45/18 = 2.5
\end{aligned}
$$

und daraus die empirischen relativen Chancen

$$
\hat{\gamma}(3|4) = \frac{87/66}{45/18} = 0.527,
$$

d.h. bei fachspezifischer Ausbildung sind die Chancen für Kurzzeitarbeitslosigkeit im Verhältnis zur Langzeitarbeitslosigkeit nur etwa halb so groß als bei Arbeitslosen mit Hochschulabschluß.

Derartige relative Chancen lassen sich für beliebige Subtafeln bilden. Für die Zeilen i und j erhält man die empirischen relativen Chancen

$$
\hat{\gamma}(i|j) = \frac{n_{i1}/n_{i2}}{n_{j1}/n_{j2}}.
$$

Die zugrundeliegenden relativen Chancen sind entsprechend bestimmt durch die zugehörigen Wahrscheinlichkeiten.

Relative Chancen "odds ratio" zwischen Population i und j

$$\gamma(i|j) = \frac{\pi(i)/(1-\pi(i))}{\pi(j)/(1-\pi(j))},$$

wobei $\pi(i) = P(Y = 1|A = i)$.

Zu beachten ist, daß die relativen Chancen $\gamma_{i|j}$, $i \neq j$ nicht unabhängig voneinander sind. Es genügt, beispielsweise die $I-1$ relativen Chancen $\gamma_{(1|I)}, \dots, \gamma_{(I-1|I)}$ zu betrachten.

Man erhält daraus unmittelbar durch Erweitern

$$\begin{aligned}\gamma(i|j) &= \frac{\pi(i)/(1-\pi(i))}{\pi(j)/(1-\pi(j))} = \frac{[\pi(i)/(1-\pi(i))]/[\pi(I)/(1-\pi(I))]}{[\pi(j)/(1-\pi(j))]/[\pi(I)/(1-\pi(I))]}\\ &= \frac{\gamma_{(i|I)}}{\gamma_{(j|I)}},\end{aligned}$$

d.h. alle relativen Chancen sind aus $\gamma_{(1|I)}, \dots, \gamma_{(I-1|I)}$ darstellbar. Das Logit-Modell ist wie für die (2×2)-Tafel nur eine alternative Darstellung dieser relativen Chancen.

Logit-Darstellung in (0–1)-Kodierung

Die Einflußgröße A besitze allgemein I Faktorstufen, $A \in \{1, \dots, I\}$. In Verallgemeinerung des dichotomen Falls erhält man eine Form des Logit-Modells durch

$$\log\left(\frac{P(y=1|A)}{P(y=0|A)}\right) = \beta_0 + \beta_i$$

mit der Nebenbedingung $\beta_I = 0$, wenn die letzte Kategorie I als Referenzkategorie ausgezeichnet ist. Wählt man die (0–1)-Kodierung für die Faktorstufen mit

$$x_{A(i)} = \begin{cases} 1 & x = i \\ 0 & x \neq i \end{cases}$$

erhält man das äquivalente Logit-Modell in der Regressionsschreibweise durch

$$\text{Logit}\ (A) = \log\left(\frac{\pi(A)}{1-\pi(A)}\right) = \beta_0 + x_{A(1)}\beta_1 + \cdots + x_{A(I-1)}\beta_{I-1}, \quad (2.15)$$

wobei für die letzte Kategorie als Referenzkategorie keine Dummy-Variable berücksichtigt wird ($\beta_I = 0$). Man erhält durch einfaches Einsetzen

$$\beta_0 = \text{Logit}\ (I), \quad \beta_{A(i)} = \text{Logit}\ (i) - \text{Logit}\ (I),$$

die Konstante entspricht also unmittelbar dem Logit der Referenzkategorie während β_i der Logit-Differenz zwischen Faktorstufe i und Referenzkategorie entspricht. Eine andere Darstellung erhält man aus

$$\frac{\pi(i)}{1-\pi(i)} = e^{\beta_0} e^{\beta_i}.$$

Wegen $\beta_I = 0$ entspricht e^{β_0} den Chancen der Referenzpopulation und e^{β_i} ist der Faktor, der beim Übergang zur Population i hinzukommt. Man erhält unmittelbar die relativen Chancen zwischen Population i und Population I durch

$$\gamma(i|I) = \frac{\pi(i)/(1-\pi(i))}{\pi(I)/(1-\pi(I))} = e^{\beta_i}$$

bzw.

$$\beta_i = \log\left(\frac{\pi(i)/(1-\pi(i))}{\pi(I)/(1-\pi(I))}\right) = \log(\gamma(i|I)),$$

d.h. β_i entspricht den logarithmierten relativen Chancen $\gamma(i, I)$ zwischen der Faktorstufe i und I.

Wie immer bei Benutzung der (0–1)-Kodierung ist die Interpretation auf das Verhältnis zur letzten Kategorie bezogen. Man betrachtet mit β_i bzw. e^{β_i} das (logarithmierte) Kreuzproduktverhältnis in der Subtafel

		Y: 1	Y: 0
X	i	$\pi(i)$	$1-\pi(i)$
	I	$\pi(I)$	$1-\pi(I)$

Will man eine Faktorstufe nicht auf die Referenzkategorie beziehen, sondern zwei Faktorstufen i und j vergleichen, betrachtet man das Verhältnis

$$\frac{\pi(i)/(1-\pi(i))}{\pi(j)/(1-\pi(j))} = \frac{e^{\beta_i}}{e^{\beta_j}} = e^{\beta_i-\beta_j}$$

das unmittelbar die relativen Chancen zwischen Faktorstufe i und j wiedergibt. Dies entspricht dem Kreuzproduktverhältnis der Subtafel

		Y: 1	Y: 0
X	i	$\pi(i)$	$1-\pi(i)$
	j	$\pi(j)$	$1-\pi(j)$

Beispiel 2.7 : Dauer der Arbeitslosigkeit
Die Kontingenztafel der durch relative Häufigkeiten geschätzten Responsewahrscheinlichkeiten und die geschätzten empirischen Chancen sind gegeben durch

	≤ 6	> 6		Chancen
1	0.678	0.322	1	2.105
2	0.655	0.345	1	1.899
3	0.569	0.431	1	1.320
4	0.714	0.286	1	2.497

Die empirischen Chancen der Population mit Hochschulabschluß sind die deutlich besten, gefolgt von Kategorie 1 (keine Ausbildung) und Kategorie 2 (Lehre). Die empirischen relativen Chancen $\{p(i)/(1-p(i))\}/\{p(I)/(1-p(I))\}$ zwischen Kategorie i und der Referenzkategorie I, sowie die Logarithmen (die den β_i entsprechen) sind gegeben durch

		Relative Chancen e^{β_i}	β_i	Standard-fehler	p-Wert
Kategorie	1	$\gamma(1\|4) = 0.843$	-0.170	0.305	0.572
	2	$\gamma(2\|4) = 0.761$	-0.273	0.295	0.348
	3	$\gamma(3\|4) = 0.529$	-0.637	0.323	0.048
	4	$\gamma(4\|4) = 1$	0	–	–

Der Vergleich zur Referenzkategorie Hochschulabschluß zeigt deutlich, daß insbesondere Kategorie 3 deutlich schlechtere Chancen aufweist. □

Logit-Darstellung in Effekt-Kodierung

Eine alternative Darstellung des Logit-Modells ist

$$\text{Logit}\,(i) = \log\left(\frac{\pi(i)}{1-\pi(i)}\right) = \beta_0 + \beta_i,$$

mit der Nebenbedingung $\sum_{i=1}^{I} \beta_i = 0$ bzw. $\beta_I = -\beta_1 - \cdots - \beta_{I-1}$. Dieses Modell ist äquivalent zum Regressionsmodell (2.15), wobei die Faktoren jetzt durch effektkodierte Dummy-Variablen

$$x_{A(i)} = \begin{cases} 1 & A = 1 \\ -1 & A = I \\ 0 & \text{sonst} \end{cases}$$

dargestellt werden. Für die Parameter erhält man

$$\beta_0 = \frac{1}{I} \sum_{i=1}^{I} \text{Logit}\,(i), \qquad \beta_i = \text{Logit}\,(i) - \beta_0,$$

wobei β_0 den über die Faktorstufen gemittelten Logits entspricht und β_i die Logit-Abweichung der Faktorstufe i von diesem mittleren Niveau angibt.

Beispiel 2.8 : Dauer der Arbeitslosigkeit
In Effektkodierung erhält man für das Logit-Modell mit der Einflußgröße Ausbildungsniveau die folgende Tabelle.

	β_i	Standardfehler	p-Wert
β_0	0.644	0.090	0.001
β_1	0.100	0.126	0.426
β_2	−0.005	0.113	0.967
β_3	−0.368	0.146	0.012
β_4	0.273	–	–

An den Koeffizienten zusammen mit den Restwahrscheinlichkeiten wird deutlich, daß die Kategorie 3 (Fachspezifische Ausbildung) deutlich vom globalen Niveau abweicht. In Kategorie 3 ist die Wahrscheinlichkeit für Kurzzeitarbeitslosigkeit signifikant ($p = 0.012$) verringert.
□

Es sei wiederum bemerkt, daß das Logit-Modell nur eine Umparametrisierung darstellt, die keine Einschränkung an die Wahrscheinlichkeiten enthält. Entsprechend erhält man als Maximum-Likelihood-Schätzungen (die sich nach Abschnitt 1.2.1 bestimmen lassen) für $\pi(x)$ die relativen Häufigkeiten $\hat{\pi}(x) = p(x)$. Die ML-Parameterschätzungen $\hat{\beta}_i$ ergeben sich aus dem empirischen Logits bzw. Logitdifferenzen entsprechend den Zusammenhängen zwischen Parametern und Logits.

Modell ohne konstanten Term

Die Modellformulierung ohne konstanten Term besitzt die Form

$$\log\left(\frac{\pi(i)}{1-\pi(i)}\right) = \beta_i, \quad i = 1, \ldots, k$$

bzw.

$$\log\left(\frac{\pi(i)}{1-\pi(i)}\right) = x_{A(i)}\beta_i, \quad i = 1, \ldots, k$$

mit (0–1)-kodierten Dummy-Variablen x_i. Die Parameter sind wieder unmittelbar als Logits interpretierbar. Die Chancen ergeben sich durch $\pi(i)/(1-\pi(i)) = e^{\beta_i}$. Die relativen Chancen zwischen zwei Ausprägungen von x erhält man durch

$$\gamma(i,j) = \frac{\pi(i)/(1-\pi(i))}{\pi(j)/(1-\pi(j))} = e^{\beta_i - \beta_j}.$$

Beispiel 2.9 : Dauer der Arbeitslosigkeit
Für die Kontingenztafel aus Beispiel 2.6 erhält man unmittelbar die folgende Tabelle.

Logit-Modell für den Faktor $A \in \{1, \ldots, I\}$

$$\log\left(\frac{P(y=1|A=i)}{P(y=0|A=i)}\right) = \beta_0 + \beta_i$$

mit Nebenbedingung

$$\beta_I = 0 \qquad\qquad \sum_{i=1}^{I} \beta_i = 0$$

(0–1)-Kodierung, Referenzkategorie I — Effekt-Kodierung

Darstellung mit Dummy-Variablen

$$\log\left(\frac{P(y=1|A)}{P(y=0|A)}\right) = \beta_0 + x_{A(1)}\beta_1 + \cdots + x_{A(I-1)}\beta_{I-1}$$

mit

$$x_{A(i)} = \begin{cases} 1 & A = i \\ 0 & A \neq i \end{cases} \qquad x_{A(i)} = \begin{cases} 1 & A = i \\ -1 & A = I \\ 0 & \text{sonst} \end{cases}$$

(0–1)-Kodierung — Effekt-Kodierung

	Chancen	*Logits* β_i
Keine Ausbildung	2.105	0.744
Lehre	1.899	0.641
Fachspezifische Ausbildung	1.320	0.278
Hochschulabschluß	2.497	0.915

□

Hypothesen für kategoriale Einflußgrößen

Hypothesen über die Vernachlässigbarkeit bestimmter Parameter haben unterschiedliche Interpretation je nach Kodierung der kategorialen Kovariable. In diesem Abschnitt wird dargestellt, welche Form inhaltliche Hypothesen in den verschiedenen Kodierungsarten annehmen.

Die 'globale' Hypothese "Merkmal $A \in \{1, \ldots, I\}$ hat keinen Einfluß" besitzt für Effekt- und Dummy-Kodierung die Form

$$H_0 : \beta_1 = \cdots = \beta_I = 0.$$

Die Hypothese "Kein Unterschied zwischen $A = i$ und $A = j$ hinsichtlich der Responsewahrscheinlichkeit" hat die Form

$$H_0^{ij} : P(y = 1|A = i) = P(y = 1|A = j)$$

bzw.

$$H_0^{ij} : \pi(i) = \pi(j).$$

Dies ist äquivalent zu $\log[\pi(i)/(1 - \pi(i))] = \log[\pi(j)/(1 - \pi(j))]$ und entspricht für beide Kodierungsarten, auch bei (0–1)-Kodierung ohne konstanten Term, der Hypothese

$$H_0^{ij} : \beta_i = \beta_j.$$

Die einfache Hypothese

$$H_0^i : \beta_i = 0$$

bezieht sich in der (0–1)-Kodierung mit konstantem Term naturgemäß auf die Referenzkategorie, für die der Parameter Null gesetzt ist. Sie ist äquivalent zu $H_0^i : \pi(i) = \pi(I)$, wenn I als Referenzkategorie gewählt wird.

Für die (0–1)-Kodierung ohne konstanten Term wäre H_0^i äquivalent zu $\log(\pi(i)/(1 - \pi(i))) = 0$ und damit $\pi(i) = 1 - \pi(i)$ bzw. $\pi(i) = 0.5$. Eine meist wenig interessante Hypothese.

In der Effekt-Kodierung entspricht die einfache Hypothese $H_0^i : \beta_i = 0$ der Aussage $\log(\pi(i)/(1 - \pi(i))) = \beta_0$ und damit inhaltlich der Hypothese "Keine Abweichung der logarithmierten Chancen für $A = i$ von den über alle Kategorien gemittelten logarithmierten Chancen". Zu Hypothesentests siehe Abschnitt 3.4 in Kapitel 3.

2.4 Das lineare Logit-Modell ohne Interaktionen

2.4.1 Parameter und Interpretation

In den vorangehenden Abschnitten wurde entweder eine metrische oder eine kategoriale Einflußgröße betrachtet. Im letzteren Fall ergab sich bereits ein Regressionsmodell mit mehr als einer Einflußgröße, nämlich mit $I - 1$ Dummy-Variablen. Im allgemeinen sind mehr als eine Einflußgröße von Interesse. Insbesondere kann dies eine Mischung aus kategorialen und metrischen Variablen sein. Als Einflußterm zum Vektor $(x_1, \ldots, x_p)$ betrachtet man dann

$$\eta(\boldsymbol{x}) = \boldsymbol{x}'\boldsymbol{\beta} = x_1\beta_1 + \cdots + x_p\beta_p,$$

wobei die x_i entweder metrische Variablen (oder Potenzen davon) sind oder Dummy-Variablen zu einem kategorialen Merkmal. Darüber hinaus können die x_i auch Produkte von Variablen sein. In diesem Fall sind die Koeffizienten sogenannte Interaktionseffekte, die das Zusammenwirken zweier oder mehrerer Variablen beschreiben. Dieser Fall wird im folgenden zwar mit aufgelistet, eingehender aber erst in Kapitel 4 betrachtet.

Als Komponenten in $\boldsymbol{x}$ sind u.a. möglich:

$x_i, x_i^2, x_i^3, \ldots,$	Haupteffekte und Potenzen zur metrischen Variable x_i.
$x_{A(i)}, \ldots, x_{A(I-1)},$	Haupteffekte (Dummy-Variablen) zur kategorialen Variable $A \in \{1, \ldots, I\}$,
$x_{A(i)} \cdot x_{B(j)},$ $i = 1, \ldots, I-1,$ $j = 1, \ldots, J-1$	Zwei-Faktor-Interaktionen (Produkte von Dummy-Variablen) zu den kategorialen Variablen $A \in \{1, \ldots, I\}, B \in \{1, \ldots, J\}$
$x_i x_{B(j)}, j = 1, \ldots, J,$	Interaktion zwischen metrischer Variable x_i und kategorialem Merkmal $B \in \{1, \ldots, J\}$

Entsprechend lassen sich auch Produkte zwischen mehr als zwei Variablen bilden, was zu Interaktionen höherer Ordnung führt. Es ist anzumerken, daß der Einflußterm linear in den Parametern ist, nicht notwendigerweise aber linear in den Einflußgrößen, da Interaktionen oder Potenzen eingeschlossen sein können. Im folgenden werden Modellierungsansätze ohne Interaktionseffekte und Potenzen, sog. Haupteffektmodelle, behandelt. Für diese ergeben sich einfache Parameterinterpretationen. Modelle mit Interaktionen werden ausführlich in Abschnitt 4.3 behandelt.

Beispiel 2.10 : Dauer der Arbeitslosigkeit
Für die Population der Arbeitslosen betrachtet man die Einflußgrößen Geschlecht (1: männlich, 2: weiblich), Nationalität (1: deutsch, 2: nicht deutsch), Alter (1: $\leq$ 30 Jahre, 2: 31–40 Jahre, 3: 41–50 Jahre, 4: $\geq$ 51 Jahre), die berufliche Ausbildung ($LEVEL$, 1: keine Ausbildung, 2: Lehre, 3: fachspezifische Ausbildung, 4: Hochschule) und Schulausbildung (SCH, 1: kein Abschluß, 2: Volks- oder Hauptschule, 3: Mittlere Reife, 4: Abitur). Die Variable Alter wird in einer alternativen Auswertung als metrisch angenommen, die kategorialen Variablen grundsätzlich (0–1)-kodiert. Als abhängiges Ereignis ($y = 1$) wird die Kurzzeitarbeitslosigkeit betrachtet. Der einfachen Interpretierbarkeit wegen wurde in Tabelle 2.2 als Einflußgröße nicht das Alter direkt, sondern das um 40 zentrierte Alter "Alter -40 Jahre" verwendet.

□

	Modell mit kategorialem Alter			Modell mit metrischem Alter		
	Parameter	Standardfehler	e^β	Parameter	Standardfehler	e^β
β_0	−1.216	0.433		−0.220	0.3552	
Geschlecht(G)	0.797	0.147	2.220	0.777	0.146	2.177
Nationalität(N)	0.572	0.199	1.773	0.532	0.197	1.704
Ausbildung(L1)	−0.141	0.373	0.868	−0.151	0.371	0.860
Ausbildung(L2)	−0.302	0.366	0.739	−0.258	0.363	0.772
Ausbildung(L3)	−0.616	0.380	0.540	−0.579	0.376	0.560
Schulbildung(SCH1)	−0.186	0.458	0.830	−0.293	0.459	0.746
Schulbildung(SCH2)	−0.141	0.250	0.868	−0.159	0.248	0.853
Schulbildung(SCH3)	0.383	0.262	1.467	0.300	0.261	1.351
Alter(A1)	1.385	0.273	3.996	−0.027	0.006	0.973
Alter(A2)	1.038	0.300	2.825			
Alter(A3)	1.188	0.315	3.282			

Tabelle 2.2: Parameterschätzungen für das binäre Logit-Modell mit (0–1)-kodierten Kovariablen (Alter metrisch).

Wenn Alter als kategorisierte Größe einbezogen wird, hat der lineare Prädiktor für das Logit-Modell aus Beispiel 2.10 die Form

$$\eta(\boldsymbol{x}) = \beta_0 + x_G\beta_G + x_{A(1)}\beta_{A1} + x_{A(2)}\beta_{A2} + x_{A(3)}\beta_{A3} + \dots,$$

wobei hier explizit nur das Geschlecht und das kategorisierte Alter angegeben ist.

Man erhält die einfachere Form

$$\eta(\boldsymbol{x}) = \beta_0 + x_G\beta_G + (A - 40)\beta_A + \dots,$$

wenn Alter als metrische Variable einbezogen wird. Im ersten Fall liegen ausschließlich kategoriale Einflußgrößen vor, im zweiten Fall betrachtet man eine Mischung aus kategorialen und einem metrischen Merkmal.

Für die Interpretation der Parameter wird zuerst vom Fall rein kategorialer Merkmale ausgegangen. Es ist hilfreich, sich das Modell in zwei Formen zu verdeutlichen. In der ersten Form stehen links die Logits und rechts der lineare Prädiktor

$$\log\left(\frac{\pi(\boldsymbol{x})}{1-\pi(\boldsymbol{x})}\right) = \beta_0 + x_G\beta_G + x_{A(1)}\beta_{A1} + x_{A(2)}\beta_{A2} + x_{A(3)}\beta_{A3} + \dots, \tag{2.16}$$

in der zweiten Form steht links die Chance und rechts ein Produkt von Potenzen von e

$$\frac{\pi(\boldsymbol{x})}{1-\pi(\boldsymbol{x})} = e^{\beta_G} e^{x_G\beta_G} e^{x_{A(1)}\beta_{A1}} e^{x_{A(2)}\beta_{A2}} e^{x_{A(3)}\beta_{A3}} \cdot \dots \tag{2.17}$$

Die erste Form (2.16) gibt die *additive* Wirkung der Parameter auf die Logits wieder. Für die hier gewählte (0–1)-Kodierung der Merkmale erhält man als linearen Prädiktor nur β_0 wenn $G = 2$ (weiblich), $A = 4$ (über 50 Jahre), $L = 4$ (Hochschule), $SCH = 4$ (Abitur) und $N = 2$ (nicht deutsch), d.h. wenn für alle Merkmale die Referenzkategorie angenommen wird. Für die Referenzkategorie erhält man also die logarithmierten Chancen $\beta_0 = -1.216$. Geht man von der weiblichen zur männlichen Population über, erhöhen sich die logarithmierten Chancen um $\beta_G = 0.798$. Entsprechend ist ein Übergang von der Population der über 50-jährigen zur Gruppe der Arbeitslosen zwischen 31 und 40 Jahren ($A = 2$) mit einem Zuwachs um 1.039 verbunden.

Auf die Chancen wirken die Einflußgrößen entsprechend (2.17) in potenzierter Form und *multiplikativ*. Die Chance in der Referenzpopulation ist bestimmt durch $e^{\beta_0} = 0.296$. Aus der Beziehung $\gamma = \pi/(1-\pi)$ erhält man die entsprechende Auftretenswahrscheinlichkeit aus $\pi = \gamma/(1+\gamma)$ mit 0.228 d.h. für diese Population wird die Wahrscheinlichkeit für Kurzzeitarbeitslosigkeit durch 0.228 geschätzt. Beim Übergang von der weiblichen zur männlichen Population (weiterhin für $A = 4$, L = 4, SCH = 4, N = 2) ändern sich die Chancen um den Faktor $e^{\beta_G} = 2.220$, so daß für die Chance $\gamma = 0.506$ und die Auftretenswahrscheinlichkeit 0.336 gilt. Der Übergang von $A = 4$ z.B. zu $A = 2$ wird durch den Faktor $e^{\beta_{A(2)}} = 2.825$ bestimmt, so daß sich für die weibliche Population $\gamma = e^{\beta_0} e^{\beta_{A(2)}} = 0.6441$, $\pi = 0.392$ ergibt, für die männliche Population hingegen $\gamma = e^{\beta_0} e^{\beta_{G(1)}} e^{\beta_{A(2)}} = 1.430$, $\pi = 0.588$. Diese Faktoren, die unabhängig von der jeweils anderen Variable wirken, sind also unmittelbar an der potenzierten Form ablesbar, die in Tabelle 2.2 angegeben ist. Als Faktoren enthalten sie Änderungsraten und sind daher wiederum als relative Chancen (bei festgehaltenen anderen Variablen) interpretierbar. Bildet man für feste Population $G = j$ das Chancenverhältnis zwischen $A = i$ und $A = I$ erhält man

$$\frac{\dfrac{\pi(A=i,(G,L,S,N)=(j,k,m,r))}{(1-\pi(A=i,(G,L,S,N)=(j,k,m,r)))}}{\dfrac{\pi(A=I),(G,L,S,N)=(j,k,m,r)}{(1-\pi(A=I,(G,L,S,N)=(j,k,m,r)))}} = e^{\beta_{A(i)}} = \gamma(i|I),$$

also die relative Chance zwischen $A = i$ und $A = I$, die unabhängig von den gewählten $(G,L,S,N) = (j,k,m,r)$ ist. Entsprechend gilt

$$\beta_{A(i)} = \log(\gamma(i|I)).$$

Für die Mischung aus den kategorialen Größe G und der *metrischen* Größe Alter erhält man aus Tabelle 2.2

$$\log\left(\frac{\pi(\boldsymbol{x})}{1-\pi(\boldsymbol{x})}\right) = \beta_0 + x_G\beta_G + (A-40)\beta_A + \ldots$$

bzw.

$$\frac{\pi(\boldsymbol{x})}{1-\pi(\boldsymbol{x})} = e^{\beta_0} e^{x_G \beta_G} e^{(A-40)\beta_A} \cdot \ldots,$$

wobei für das Alter wiederum die um 40 zentrierte Form benutzt wird. Man erhält somit in der Referenzpopulation $G = 2, A = 40, L = 4, SCH = 4, N = 2$ die Logits $\log(\pi/(1-\pi)) = \beta_0 = -0.220$ bzw. für die Chancen $\gamma = \pi/(1-\pi) = e^{\beta_0} = 0.802$ bzw. für die Wahrscheinlichkeit $\pi = 0.445$. Der Übergang zur männlichen Population (bei $A = 40$) ändert die Logits additiv um $\beta_G = 0.777$, die Chancen multiplikativ um $e^{\beta_G} = 2.177$. Ändert man (für sonst festgehaltene Population) das Alter, so erhält man für zunehmendes Alter pro Jahr eine Abnahme der Logits um $\beta_A = -0.027$. Auf die Chancen selbst wirkt sich zunehmendes Alter durch die Potenzfunktion $e^{(A-40)\beta_A} = (e^{\beta_A})^{A-40}$ aus. Das heißt pro Jahr kommt der Faktor $e^{\beta_A} = 0.973$ hinzu, für 42-jährige Frauen gilt also $\pi(\boldsymbol{x})/(1-\pi(\boldsymbol{x})) = e^{\beta_0}(e^{\beta_A})^2 = 0.759$, anstatt 0.802 für 40-jährige Frauen. Diese einfachen Interpretationen von Einflußgrößen gelten allerdings nur für die hier betrachteten Modelle ohne Interaktionseffekte.

Parameterinterpretation im Haupteffektmodell

Bei festgehaltenen übrigen Einflußgrößen enthält

- für metrische Größe A
  - β_A die additive Wirkung auf die Logits pro Einheit der Einflußgröße A
  - e^{β_A} die multiplikative Wirkung auf die Chancen pro Einheit der Einflußgröße A
- für kategoriale Größe A in (0–1)-Kodierung
  - $\beta_{A(i)}$ die additive Wirkung auf die Logits beim Übergang von der Referenzkategorie zu $A = i$
  - $e^{\beta_{A(i)}}$ die multiplikative Wirkung auf die Chancen beim Übergang zu $A = i$, d.h. die relative Chance beim Übergang von der Referenzkategorie zu $A = i$.

Bei Verwendung der Effekt-Kodierung wird implizit die Bedingung $\beta_{A(1)} + \cdots + \beta_{A(I)} = 0$ benutzt. Die Parameterinterpretation entsprechend den Formen (2.16) und (2.17) ändert sich damit. Für die Effektkodierung eines dichotomen Merkmals wie G (bei festgehaltenen sonstigen Merkmalen, d.h. $A = i$) erhält man in der *additiven* Wirkung auf die Logits in (2.16)

$$\begin{aligned} \beta_G \quad & \text{für} \quad G = 1, \\ -\beta_G \quad & \text{für} \quad G = 2. \end{aligned}$$

Die multiplikative Wirkung auf die Chancen in (2.17) ergibt sich durch

$$\begin{aligned} e^{\beta_G} \quad & \text{für} \quad G = 1, \\ e^{-\beta_G} = 1/e^{\beta_G} \quad & \text{für} \quad G = 2. \end{aligned}$$

Für ein mehrkategoriales Merkmal $A \in \{1, \ldots, I\}$ ergibt sich die *additive* Wirkung auf die Logits durch

$$\begin{aligned} \beta_{A(i)} \quad & \text{für} \quad A = i \neq I, \\ -\beta_{A(1)} - \cdots - \beta_{A(I-1)} \quad & \text{für} A = I, \end{aligned}$$

die multiplikative Wirkung durch

$$\begin{aligned} e^{\beta_{A(i)}} \quad & \text{für} \quad A = i, i \neq I, \\ \frac{1}{e^{\beta_{A(1)}} \cdots e^{\beta_{A(I-1)}}} \quad & \text{für} \quad A = I. \end{aligned}$$

Das Produkt über sämtliche Faktoren ist daher 1. Die Parameter selbst ergeben sich wiederum (für festgehaltene andere Einflußgrößen) als Abweichungen von den durchschnittlichen Logits, beispielsweise erhält man

$$\beta_0 = \frac{1}{IJ} \sum_{j=1}^{J} \sum_{i=1}^{I} \text{Logit}\,(G = j, A = i) = \frac{1}{IJ} \sum_{j=1}^{J} \sum_{i=1}^{I} \frac{\pi(G = j, A = i)}{1 - \pi(G = j, A = i)},$$

$$\beta_{A(i)} = \frac{1}{J} \sum_{j=1}^{J} \text{Logit}\,(G = j, A = i) - \beta_0.$$

Parameterinterpretation im Haupteffektmodell

Bei festgehaltenen übrigen Einflußgrößen enthält für kategoriale Größe A in *Effekt-Kodierung*

- $\beta_{A(i)}$ die additive Wirkung auf die Logits als Abweichung von den über alle Ausprägungen gemittelten Logits
- $e^{\beta_{A(i)}}$ die multiplikative Wirkung auf die Chancen in $A = i \neq I$ mit der 'Normierung', daß das Faktorprodukt 1 ist.

2.4.2 Abhängigkeit der Parameter von den einbezogenen Kovariablen

Am folgenden Beispiel wird demonstriert, wie die Parameterinterpretation davon abhängt, welche Kovariablen sonst in die Analyse einbezogen werden. Wird nicht berücksichtigt, daß Parameter nur unter der Restriktion "bei gegebenen übrigen Einflußgrößen" zu interpretieren sind, sind krasse Fehlinterpretationen die Folge.

Beispiel 2.11 : Besitz eines Pkw
Mit der (0–1)-Kodierung x_B für die Bundesländer (1: Alte Bundesländer, 0: Neue Bundesländer) und dem um DM 3300 zentrierten Einkommen in Tausend DM (E) wird das Modell

$$\text{Logit}\,(E, B) = \beta_0 + x_B\beta_B + E * \beta_E$$

betrachtet. Man erhält die folgenden Parameterschätzungen.

	Parameter	*Standardfehler*	*p-Wert*
β_0	1.845	0.070	0.0001
β_B	−0.245	0.073	0.0008
β_E	1.080	0.035	0.0001

Beide Effekte sind hochsignifikant. Mit wachsendem Einkommen nimmt demnach in beiden Bundesländern die Wahrscheinlichkeit, einen Pkw zu besitzen, zu. Für den Einfluß der Bundesländer ergibt sich mit der Parameterschätzung $\beta_B = -0.245$ eine relative Chance von alten zu neuen Bundesländern von $\exp(-0.245) = 0.782$. Das negative Vorzeichen des Parameters β_B bzw. die relative Chance kleiner als 1, ist nicht so zu interpretieren, daß in den alten Bundesländern die Wahrscheinlichkeit, einen Pkw zu besitzen, prinzipiell niedriger ist als in den neuen Bundesländern. Vielmehr ist die Wahrscheinlichkeit, einen Pkw zu besitzen, in den alten Bundesländern geringer, gegeben eine festes Einkommen. Hält man das Einkommen fest, z.B. bei DM 3000,-, dann ist die Wahrscheinlichkeit einen Pkw zu besitzen, gegeben ein verfügbares Einkommen von DM 3000,-, in den alten Bundesländern niedriger. Der Effekt des Bundeslandes ohne Berücksichtigung des Einkommens ergibt sich aus dem Modell

$$\text{Logit}\,(E, B) = \beta_0 + \beta_B x_B.$$

Dafür ergeben sich die folgenden Schätzungen.

	Parameter	*Standardfehler*	*p-Wert*
β_0	0.929	0.052	0.0001
β_B	0.292	0.064	0.0001

Der Parameter β_B wird nun zu $\beta_B = 0.292$ mit positivem Vorzeichen geschätzt, so daß die relative Chance einen Pkw zu besitzen in den alten gegenüber den neuen Bundesländern $\exp(0.292) = 1.339$ beträgt. Man vergleiche dazu auch das Beispiel 4.3 □

Wie sich aus dem Beispiel ergibt, kann sich bei Vernachlässigung anderer Einflußgrößen das Vorzeichen eines Effektes durchaus ändern. Die Effekte sind auch unterschiedlich zu interpretieren. Die Parameter des Logit-Modells reflektieren die

Assoziation zwischen der betreffenden Einflußgröße und der binären abhängigen Variablen bei gegebenen Kovariablen. Die Vernachlässigung von Kovariablen läßt nur unter bestimmten Umständen die Koeffizienten unverändert. Bedingungen dafür geben Guo & Geng (1995) an. Man vergleiche auch Ducharme & Lepage (1986), Wermuth (1987). Der Zusammenhang zwischen Parametern und (bedingter) Unabhängigkeit wird in Abschnitt 7.4.4 eingehender betrachtet.

2.5 Logit-Modell und Alternativen

Das logistische Modell ist von der prinzipiellen Struktur

$$P(Y = 1|\boldsymbol{x}) = F(\boldsymbol{x}'\boldsymbol{\beta}). \tag{2.18}$$

Anstatt der logistischen Funktion $F(\eta) = \exp(\eta)/(1 + \exp(\eta))$, die dem Logit-Modell zugrundeliegt, lassen sich in (2.18) auch andere Verteilungsfunktionen F wählen. Motivation und ausführliche Behandlung alternativer Responsefunktionen erfolgt in Kapitel 4 (Abschnitt 4.1, 4.2). Bemerkt sei hier jedoch, daß sich das Logit-Modell gegenüber diesen Alternativen durch einige Besonderheiten auszeichnet, die es – wenn es die Daten zulassen – als besonders geeignet erscheinen läßt:

(1) Die Parameter des Logit-Modells sind als Wirkung auf die Chancen bzw. logarithmierten Chancen einfach interpretierbar.

(2) Für kategoriale Einflußgrößen läßt sich das Verschwinden von Parametern als bedingte stochastische Unabhängigkeit zwischen Responsegröße und Einflußgrößen interpretieren (siehe Abschnitt 7.4.4).

(3) Die Maximum-Likelihood Schätzung führt zu erheblich einfacheren Schätzgleichungen und die Existenz des Maximum-Likelihood-Schätzers ist unter schwachen Bedingungen gesichert (siehe ML-Schätzung in Kapitel 11).

(4) Sind die Merkmale $\boldsymbol{x}$ in zwei Populationen jeweils *normalverteilt mit identischen Kovarianzmatrizen*, so gilt für die Wahrscheinlichkeit, diesen Populationen anzugehören, gegeben der Merkmalsvektor, das logistische Modell. In Formeln ausgedrückt, ergibt sich unter der Annahme, daß $\boldsymbol{x}|Y = r$ einer multivariaten Normalverteilung mit Erwartungswert $\boldsymbol{\mu}_r$ und Kovarianzmatrix $\boldsymbol{\Sigma}$ folgt (d.h. $\boldsymbol{x}|Y = r \sim N(\boldsymbol{\mu}_r, \boldsymbol{\Sigma})$) die Wahrscheinlichkeit

$$P(Y = 1|\boldsymbol{x}) = \frac{\exp(\beta_0 + \boldsymbol{x}'\boldsymbol{\beta})}{1 + \exp(\beta_0 + \boldsymbol{x}'\boldsymbol{\beta})}, \tag{2.19}$$

wobei

$$\beta_0 = -\frac{1}{2}\boldsymbol{\mu}_1'\boldsymbol{\Sigma}^{-1}\boldsymbol{\mu}_1 + \frac{1}{2}\boldsymbol{\mu}_2'\boldsymbol{\Sigma}^{-1}\boldsymbol{\mu}_2 + \log\left(\frac{P(Y=1)}{P(Y=2)}\right)$$

$$\boldsymbol{\beta} = \boldsymbol{\Sigma}^{-1}(\boldsymbol{\mu}_1 - \boldsymbol{\mu}_2).$$

Man vergleiche dazu Abschnitt 10.1.5.

Analoges gilt, wenn die Merkmale in beiden Populationen *unabhängig und binär* verteilt sind, d.h. für die Komponenten von $\boldsymbol{x}' = (x_1 \ldots, x_p)$ gilt $x_i|Y = r \sim B(1, \pi^{(r)})$ und die bedingte Unabhängigkeit. Man erhält als Gewichte von (2.19)

$$\beta_0 = \sum_{i=1}^{p} \log\left(\frac{1-\pi_i^{(1)}}{1-\pi_i^{(2)}}\right) + \log\left(\frac{P(Y=1)}{P(Y=2)}\right),$$

$$\boldsymbol{\beta} = \left(\log\left(\frac{\pi_1^{(1)}/(1-\pi_1^{(1)})}{\pi_1^{(2)}/(1-\pi_1^{(2)})}\right), \cdots, \log\left(\frac{\pi_p^{(1)}/(1-\pi_p^{(1)})}{\pi_p^{(2)}/(1-\pi_p^{(2)})}\right)\right).$$

(5) Aus den Darstellungen in (4) ist ersichtlich, daß nur der konstante Term β_0 von den a priori-Wahrscheinlichkeiten $P(Y = 1)$, $P(Y = 2)$ abhängt, nicht aber der in $\boldsymbol{\beta}$ enthaltene Einfluß der Kovariablen. Eine Konsequenz daraus ist, daß sich $\boldsymbol{\beta}$ generell auch aus geschichteten Erhebungen schätzen läßt, wenn $\boldsymbol{x}$, gegeben der feste Response Y, erhoben wird (vgl. Abschnitt 3.1.5).

Zur Herkunft der logistischen Funktion

Cramer (1991) zeichnet die Ursprünge der logistischen Funktion nach, die als Wachstumskurve schon 1845 auftaucht. Bezeichne $N(t)$ die Größe einer Population zum Zeitpunkt t. Eine stark vereinfachende Ausnahme zum Wachstum der Population fordert, daß die Wachstumsrate, d.h. die Ableitung $dN(t)/dt$ direkt proportional zur Größe der Population ist. Das Postulat

$$\frac{dN(t)}{dt} = \alpha N(t) \tag{2.20}$$

führt unmittelbar zum *Modell des exponentialen Wachstums* $N(t) = c\exp(\alpha t)$. Für $\alpha > 0$ ist damit jedoch unbeschränktes Wachstum impliziert, das in realen Systemen langfristig nicht auftreten kann. Cramer schreibt den belgischen Statistikern Quetelet und Verhulst die Erweiterung der Differentialgleichung (2.20) um einen Wert ν zu, der als obere Grenze das Wachstums einen Grenzwert der Saturiertheit repräsentiert. Die Differentialgleichung

$$\frac{dN(t)}{dt} = \gamma N(t)(\nu - N(t))$$

enthält zusätzlich den Term $\nu - N(t)$, der eine zunehmende Dämpfung bewirkt, je stärker sich $N(t)$ dem Wert ν nähert. Durch Übergang zum Anteilswert $F(t) = N(t)/\nu$ erhält man

$$\frac{dF(t)}{dt} = \beta F(t)(1 - F(t)), \qquad \text{mit } \beta = \nu\gamma,$$

wofür sich die Lösung

$$F(t) = \frac{\exp(\alpha + \beta t)}{1 + \exp(\alpha + \beta t)},$$

d.h. die logistische Funktion ergibt.

Kapitel 3

Schätzung, Modellanpassung und Einflußgrößenanalyse

Ein binäres Regressionsmodell ist bestimmt durch eine Linkfunktion und einen linearen Prädiktor. Während die Linkfunktion primär die Form der Responsewahrscheinlichkeit bestimmt, ist im linearen Prädiktor spezifiziert, welche Variablen einen Einfluß besitzen und welche parametrische Form dieser hat. Modellevaluation hat viele Aspekte, die von der generellen Anpassung des Modells bis zur Untersuchung der Relevanz einzelner Einflußgrößen reicht. Eine grobe Einteilung der Aspekte einer Modellevaluation ist bestimmt durch:

- Verträglichkeit des Modells mit den Daten.
- Überprüfung der Relevanz einzelner Einflußgrößen.
- Prognostische Aussagekraft des Modells.

Abbildung 3.1 stellt eine schematische Übersicht dar, die diese Aspekte mit den dafür entwickelten statistischen Instrumenten verbindet. Zu berücksichtigen ist allerdings, daß diese Aspekte nur zum Teil unabhängig voneinander sind. Die Verträglichkeit des Modells mit den Daten ist die Voraussetzung einer weiteren Analyse der Einflußgrößen, sie hängt aber selbst von den gewählten Einflußgrößen ab. Die Bereiche Einflußgrößenanalyse und der Erklärungswert von Modellen sind eng miteinander verwandt. Während die Einflußgrößenanalyse aber nur darauf abzielt, Kovariablen, die keinen signifikanten Beitrag leisten, zuerst zu identifizieren und dann zu eliminieren, steht beim Erklärungswert der Modelle die Quantifizierung des Erklärungswertes der noch verbleibenden Variablen im Vordergrund.

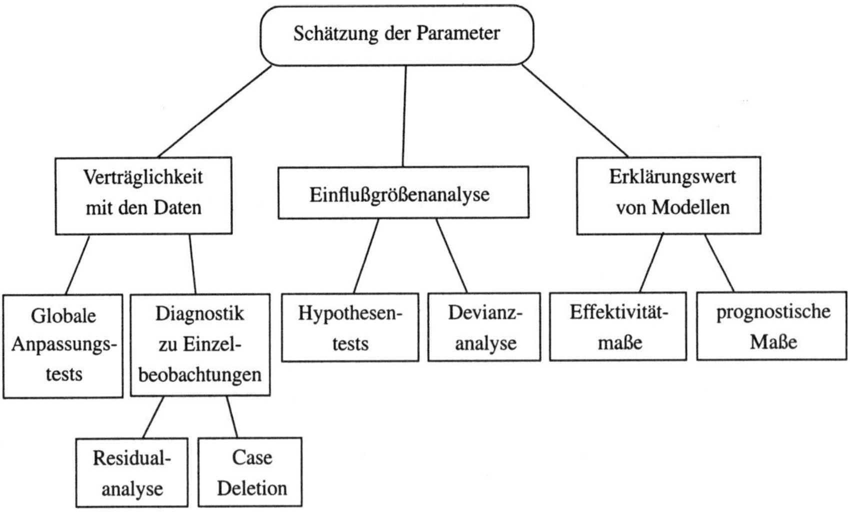

Abbildung 3.1: Übersicht über Instrumente der Modellevaluation

Da Grundlage aller Schätzungen die Schätzung der Parameter ist, wird diese im folgenden zuerst betrachtet. Darauf aufbauend werden die einzelnen Instrumente entwickelt und stichpunktartig skizziert.

Anpassungs-, Goodness-of-fit-Tests (Abschnitt 4.2)
Anpassungstests sollen Auskunft darüber geben, ob ein gegebenes Modell, d.h. mit fester Linkfunktion und spezifizierter Form der Einflußgrößen, den Daten adäquat ist. Damit wird – im Gegensatz zu den meisten anderen Verfahren – insbesondere auch die Adäquatheit der Linkfunktion überprüft. In der durch Programmpakete zur Verfügung gestellten Standardversion ist ihr Einsatz auf den Fall kategorialer Einflußgrößen beschränkt.

Residuen-Analyse (Abschnitt 3.3)
Die Analyse der Residuen, d.h. der Diskrepanz zwischen tatsächlich eingetretener Beobachtung und dem zu erwartenden Response, soll Auskunft darüber geben, welche Beobachtungen durch das Modell gut und welche schlecht erklärt werden. Die Residuen haben naturgemäß eine starken Auswirkung auf die Güte der Anpassung.

Hypothesentests (Abschnitt 3.4)
Interessante Hypothesen formulieren Eigenschaften der zugrundeliegenden Parameter. Ein wichtiger Spezialfall ist die Notwendigkeit eines bestimmten Terms des linearen Prädiktors, die durch Nullhypothesen der Art $H_0 : \beta_i = 0$ spezifiziert wird. Die Teststatistiken dienen damit der Entscheidung darüber, ob bestimmte Einflußgrößen insgesamt relevant sind, ob nur bestimmte Terme, beispielsweise der quadratische Einfluß, relevant ist oder auch ob Einflußgrößen unterschiedlich stark wirken. Da die Überprüfung nur den Parametern gilt, wird eine bestimmte Linkfunktion bereits als gegeben vorausgesetzt.

Devianz-Analyse (Abschnitt 3.5)
Die Devianz-Analyse untersucht die Relevanz bestimmter Terme des linearen Prädiktors und damit der Einflußgrößen mit Hilfe von Anpassungsmaßen, genauer der Devianz.

Erklärungswert von Modellen (Abschnitt 3.6)
Auch wenn ein Modell mit den Daten verträglich ist und alle Variablen signifikanten Einfluß besitzen, ist noch nicht geklärt, inwieweit sich die Variation der abhängigen Variablen durch die Einflußgrößen erklären läßt, bzw. welchen prognostischen Wert die erklärenden Variablen besitzen. Dieser Aspekt läßt sich durch Effektivitätsmaße in Analogie zur metrischen Regression untersuchen.

3.1 Parameterschätzung für Regressionsmodelle

Im folgenden werden Schätzprinzipien für eine allgemeinere Modellformulierung betrachtet. Das Logit-Modell ist ein Spezialfall des allgemeinen Modells

$$\pi(\boldsymbol{x}_i) = h(\boldsymbol{x}_i'\boldsymbol{\beta}),$$

wobei h eine hinreichend oft differenzierbare Responsefunktion ist, $\boldsymbol{x}_i' = (x_{i1}, \ldots, x_{ip})$ der (kodierte) Einflußgrößenvektor und $\boldsymbol{\beta}' = (\beta_1, \ldots, \beta_p)$ der zu schätzende Parametervektor. Für das Logitmodell ist h die logistische Verteilungsfunktion $h(\eta) = \exp(\eta)/(1 + \exp(\eta))$. Die Bezeichnung h wird hier gewählt, um den Zusammenhang zu den Schätzverfahren für den mehrkategorialen Fall (Kapitel 5) zu verdeutlichen.

Ungruppierte Beobachtungen oder Individualdaten

Bei den Beobachtungsdaten werden im folgenden der ungruppierte und der gruppierte Fall unterschieden. Bei den Einzelbeobachtungen von Response y_i und Regressorwerten $\boldsymbol{x}_i$, wird jede Beobachtung einzeln aufgeführt. Man erhält unabhängige Beobachtungen

$$(y_i, \boldsymbol{x}_i), \quad i = 1, \ldots, n,$$

wobei (für gegebenes $\boldsymbol{x}_i$) die Zufallsvariable $y_i \in \{0, 1\}$ Bernoulli–verteilt ist, d.h.

$$P(y_i = y) = \pi(\boldsymbol{x}_i)^y (1 - \pi(\boldsymbol{x}_i))^{1-y}$$

oder einfacher $y_i \sim B(1, \pi(\boldsymbol{x}_i))$. In dieser *ungruppierten* Form können die Ausprägungen von $\boldsymbol{x}_i$ alle unterschiedlich sein.

Gruppierte Daten

In vielen Fällen besitzt die Einflußgröße x nur wenige mögliche Ausprägungen, beispielsweise die Kombinationen Geschlecht × Ausbildungsniveau bei vier unterschiedlichen Niveaus. Dann ist es sinnvoll, alle Beobachtungen mit gleichem Einflußgrößenvektor zusammenzufassen. Man betrachtet als abhängige Variable entweder den Mittelwert über alle Beobachtungen zu fester Einflußgrößenkombination oder die Summe dieser Beobachtungen. Die ursprünglichen Regressorwerte $\boldsymbol{x}_1, \ldots, \boldsymbol{x}_n$ reduzieren sich damit auf die unterschiedlichen Regressorwerte $\boldsymbol{x}_1, \ldots, \boldsymbol{x}_g$, $g \leq n$, wobei für festes $\boldsymbol{x}_i$ jeweils n_i Responses beobachtet werden ($n = n_1 + \cdots + n_g$). Bezeichne y_i nun die Summe über die beobachteten n_i Responses für festes $\boldsymbol{x}_i$, d.h. y_i gibt an, in wievielen der n_i Beobachtungen das interessierende Ereignis (beispielsweise Kurzzeitarbeitslosigkeit) eingetreten ist. Da die Auftretenswahrscheinlichkeit für dieses Ereignis modellgemäß nur von $\boldsymbol{x}_i$ abhängt, ist y_i binomialverteilt, d.h.

$$y_i \sim B(n_i, \pi(\boldsymbol{x}_i)).$$

Alternativ läßt sich als Response an der Meßstelle x_i auch die relative Häufigkeit

$$p_i = \frac{y_i}{n_i}$$

betrachten. Die *gruppierte* Form der unabhängigen Beobachtungen ist also gegeben durch

$$(y_i, \boldsymbol{x}_i),\ i = 1, \dots, g, \qquad \text{bzw.} \qquad (p_i, \boldsymbol{x}_i),\ i = 1, \dots, g.$$

Die Zufallsvariable p_i ist der Mittelwert über n_i (0–1)-Variablen d.h. die relative Häufigkeit der Ausprägung '1' für festes $\boldsymbol{x}_i$. Damit besitzt p_i die möglichen Ausprägungen $\{0, 1/n_i, 2/n_i, \dots, 1\}$. Die relative Häufigkeit p_i selbst ist nicht binomialverteilt, aber die absoluten Anzahlen $y_i = n_i p_i \in \{0, 1, \dots, n\}$ sind binomialverteilt mit $y_i \sim B(n_i, \pi(\boldsymbol{x}_i))$. Die Wahrscheinlichkeit ist somit gegeben durch

$$P(p_i = p) = P(y_i = n_i p) = \binom{n_i}{n_i p} \pi(\boldsymbol{x}_i)^{n_i p} (1 - \pi(\boldsymbol{x}_i))^{n_i(1-p)}. \tag{3.1}$$

Da p_i sich nur im Wertebereich von einer Binomialverteilung unterscheidet, nennt man die Verteilung von p_i auch *reskalierte Binomialverteilung*. Im folgenden wird die Schätzung für den gruppierten Fall betrachtet, da für $n_i = 1$ die ungruppierte Form ein Spezialfall ist.

Beispiel 3.1 : Dauer der Arbeitslosigkeit
Im Beispiel der Kurzzeit-Arbeitslosigkeit sind die ersten y Beobachtungen von der ungruppierten Form

$\boldsymbol{x}_i$ (Alter)	16	16	16	16	16	16	16
y_i	1	1	1	0	0	0	0

Faßt man nun alle Beobachtungen mit dem Alter 16 zusammen, erhält man die erste gruppierte Beobachtung

$\boldsymbol{x}_i$	16
y_i	3/7

□

3.1.1 Maximum-Likelihood-Schätzung

Aus der Dichteform (3.1) ergibt sich unmittelbar die Likelihoodfunktion für die Beobachtungen $y_1, \ldots, y_g$ bei gegebenen Regressoren $\boldsymbol{x}_1, \ldots, \boldsymbol{x}_g$ durch

$$L(\boldsymbol{\beta}) = \prod_{i=1}^{g} \binom{n_i}{y_i} \pi(\boldsymbol{x}_i)^{y_i} (1 - \pi(\boldsymbol{x}_i))^{n_i - y_i}.$$

Der einfacheren Handhabbarkeit wegen betrachtet man die logarithmierte Form, d.h. die *Log-Likelihoodfunktion*

$$\begin{aligned} l(\boldsymbol{\beta}) &= \log(L(\boldsymbol{\beta})) \\ &= \sum_{i=1}^{g} \left\{ y_i \log(\pi(\boldsymbol{x}_i)) + (n_i - y_i) \log(1 - \pi(\boldsymbol{x}_i)) + \log \binom{n_i}{y_i} \right\} \\ &= \sum_{i=1}^{g} n_i \{ p_i \log(h(\boldsymbol{x}_i' \boldsymbol{\beta})) + (1 - p_i) \log(1 - h(\boldsymbol{x}_i' \boldsymbol{\beta})) \} + \log \binom{n_i}{n_i p_i}. \end{aligned} \tag{3.2}$$

Der Maximum-Likelihood-Schätzer ist definiert als derjenige Parameter $\hat{\beta}$, für den die Funktion $L(\beta)$ bzw. $l(\beta)$ maximal wird. Dazu sucht man eine Nullstelle der Ableitung von $l(\beta)$, der sogenannten Scorefunktion. Der Maximum-Likelihood-Schätzer $\hat{\beta}$ läßt sich – außer in trivialen Fällen – nicht explizit angeben, und muß iterativ berechnet werden (siehe Abschnitt 11.2).

Auch wenn der Schätzer für endlichen Stichprobenumfang nicht immer existiert, ist zumindest asymptotisch, d.h. für wachsenden Stichprobenumfang, seine Existenz gesichert; er ist konsistent und annähernd normalverteilt. Die letzte Eigenschaft ist eine wesentliche Voraussetzung für die Signifikanztests in Abschnitt 3.4.

Die asymptotische Kovarianz des Schätzers $\hat{\boldsymbol{\beta}}' = (\hat{\beta}_1, \ldots, \hat{\beta}_p)$, also die Matrix

$$cov(\hat{\boldsymbol{\beta}}) = \begin{bmatrix} var(\hat{\beta}_1) & cov(\hat{\beta}_1, \hat{\beta}_2) & \ldots & cov(\hat{\beta}_1, \hat{\beta}_p) \\ cov(\hat{\beta}_2, \hat{\beta}_1) & var(\hat{\beta}_2) & \ldots & cov(\hat{\beta}_2, \hat{\beta}_p) \\ \vdots & & \ddots & \vdots \\ cov(\hat{\beta}_p, \hat{\beta}_1) & \ldots & & var(\hat{\beta}_p) \end{bmatrix}$$

ist durch die Inverse der *erwarteten Informations-* oder *Fisher-Matrix* $\boldsymbol{F}(\boldsymbol{\beta})$ bestimmt. Diese entspricht der erwarteten Krümmung der Log-Likelihoodfunktion, d.h. der zweiten Ableitung von $l(\boldsymbol{\beta})$. Sie nimmt eine relativ einfach zu berechnende Form an und ist bestimmt durch

$$\boldsymbol{F}(\boldsymbol{\beta}) = E\left(-\frac{\partial^2 l(\boldsymbol{\beta})}{\partial \boldsymbol{\beta} \partial \boldsymbol{\beta}'} \right) = \sum_{i=1}^{g} n_i \frac{h'(\boldsymbol{x}_i' \boldsymbol{\beta})^2}{h(\boldsymbol{x}_i' \boldsymbol{\beta})(1 - h(\boldsymbol{x}_i' \boldsymbol{\beta}))} \boldsymbol{x}_i \boldsymbol{x}_i',$$

wobei h' die Ableitung bezeichnet, d.h. $h'(\eta_i) = \partial h(\eta_i)/\partial\eta$. Die Matrixform von $\boldsymbol{F}(\boldsymbol{\beta})$ ergibt sich aus dem Produkt $\boldsymbol{x}_i\boldsymbol{x}_i'$, da $\boldsymbol{x}_i$ ein Spaltenvektor und $\boldsymbol{x}_i'$ entsprechend ein Zeilenvektor ist. Ersetzt man $\boldsymbol{\beta}$ durch $\hat{\boldsymbol{\beta}}$, so läßt sich $F(\hat{\boldsymbol{\beta}})$ einfach berechnen.

Unter relativ allgemeinen Bedingungen gelten die folgenden asymptotischen Aussagen. Details dazu finden sich in Abschnitt 11.2.

Maximum-Likelihood-Schätzer $\hat{\boldsymbol{\beta}}$

(1) Asymptotisch ist für $n \to \infty$ die Existenz gesichert

(2) $\hat{\boldsymbol{\beta}}$ ist für $n \to \infty$ konsistent, d.h. $\hat{\boldsymbol{\beta}} \to \boldsymbol{\beta}$

(3) $\hat{\boldsymbol{\beta}}$ ist asymptotisch normalverteilt,

$$\hat{\boldsymbol{\beta}} \sim N(\boldsymbol{\beta}, \boldsymbol{F}(\hat{\boldsymbol{\beta}})^{-1})$$

mit

$$\boldsymbol{F}(\hat{\beta}) = \sum_{i=1}^{g} n_i \boldsymbol{x}_i \boldsymbol{x}_i' h'(\boldsymbol{x}_i'\hat{\beta})/[h(\boldsymbol{x}_i'\hat{\beta})(1 - h(\boldsymbol{x}_i'\hat{\beta}))]$$

Beispiel 3.2 : Dauer der Arbeitslosigkeit
Im Beispiel 2.10 wurden bereits die Einflußgrößen Geschlecht, kategoriales Alter, Schulbildung, Berufsausbildung und Nationalität betrachtet. In Abbildung 3.1 ist der SAS©-Output der PROC LOGISTIC *wiedergegeben. Neben den Maximum-Likelihood Parameterschätzern sind die Standardfehler wiedergegeben (Wurzel des entsprechenden Diagonalelements der inversen Informationsmatrix $F(\hat{\boldsymbol{\beta}})^{-1}$). In den nächsten Spalten finden sich die Ergebnisse des Wald-Tests jeweils zum Hypothesenpaar $H_0 : \beta_i = 0, H_1 : \beta_i \neq 0$ (siehe Abschnitt 3.4) und die entsprechende Überschreitungswahrscheinlichkeit. Die Überschreitungswahrscheinlichkeit, auch p-Wert genannt, gibt an, mit welcher Wahrscheinlichkeit die Teststatistik einen noch extremeren Wert annimmt als den tatsächlich eingetretenen, wenn H_0 wahr ist. Kleine p-Werte sprechen damit für hohe Signifikanz, große p-Werte (über 0.05) sprechen für die Nullhypothese. Wie sich aus Tabelle 3.1 ergibt, sind Nationalität, Alter und Geschlecht hochsignifikant, während die Parameter zu Ausbildungsniveau und Schulbildung sich nicht deutlich genug von Null unterscheiden.* □

Wie die im nächsten Abschnitt behandelte Kleinste-Quadrate-Schätzung läßt sich auch die Maximum-Likelihood-Schätzung als Minimum-Distanz-Schätzung verstehen. Bezeichne

$$l_i(\pi_i) = n_i\{p_i \log(\pi_i) + (1 - p_i)\log(1 - \pi_i)\} + \log\binom{n_i}{n_i p_i}$$

Variable	DF	Parameter Estimate	Standard Error	Wald Chi-Square	Pr > Chi-Square	Standardized Estimate	Odds Ratio
INTERCPT	1	-1.2169	0.4334	7.8840	0.0050	.	.
NAT	1	0.5726	0.1992	8.2648	0.0040	0.260249	1.773
LEVELA	1	-0.1416	0.3738	0.1434	0.7049	-0.078744	0.868
LEVELB	1	-0.3027	0.3661	0.6838	0.4083	-0.182973	0.739
LEVELC	1	-0.6164	0.3801	2.6306	0.1048	-0.270440	0.540
SCHOOLA	1	-0.1867	0.4582	0.1659	0.6837	-0.040691	0.830
SCHOOLB	1	-0.1412	0.2502	0.3184	0.5726	-0.085266	0.868
SCHOOLC	1	0.3835	0.2628	2.1301	0.1444	0.210802	1.467
AGECATA	1	1.3852	0.2732	25.7077	0.0001	0.815560	3.996
AGECATB	1	1.0385	0.3009	11.9102	0.0006	0.480776	2.825
AGECATC	1	1.1884	0.3151	14.2284	0.0002	0.493511	3.282
SEX	1	0.7975	0.1473	29.3259	0.0001	0.476399	2.220

Tabelle 3.1: SAS©-Output zur Kurzzeit-Arbeitslosigkeit

den Beitrag der $i$ten Beobachtung zur Log-Likelihood (3.2), wobei π_i als Argument für die Auftretenswahrscheinlichkeit steht. Die Funktion $l_i(\pi_i)$ erreicht ihr Maximum an der Stelle der relativen Häufigkeiten, d.h. für $\pi_i = p_i$. Insbesondere gilt also $l_i(p_i) \geq l_i(\pi_i)$ für alle π_i, die Differenz $l_i(p_i) - l_i(\pi_i)$ ist damit nicht-negativ und als Distanzmaß zwischen p_i und π_i geeignet.

Maximieren der Log-Likelihood $\sum_i l_i(\pi_i)$, wobei für π_i die Modellform $\pi_i = h(\boldsymbol{x}_i'\boldsymbol{\beta})$ angenommen wird, entspricht direkt der Minimierung von $-\sum l_i(\pi_i)$. Dazu äquivalent ist aber auch die Minimierung der Distanz

$$KL = \sum_{i=1}^{g} l_i(p_i) - l_i(\pi_i),$$

da $l_i(p_i)$ zwar von den Daten, nicht aber von der Modellannahme abhängt. Diese Distanz läßt sich umformulieren zu

$$KL = \sum_{i=1}^{g} n_i KL(p_i, \pi_i), \tag{3.3}$$

wobei

$$KL(p_i, \pi_i) = p_i \log\left(\frac{p_i}{\pi_i}\right) + (1 - p_i) \log\left(\frac{1 - p_i}{1 - \pi_i}\right)$$

die sog. Kullback-Leibler-Distanz zwischen den relativen Häufigkeiten $(p_i, 1 - p_i)$ und der Wahrscheinlichkeitsverteilung $(\pi_i, (1 - \pi_i))$ darstellt. In der Definition gilt die Konvention, daß $0 \cdot \log(0) = 0$. Die ML-Schätzung läßt sich somit verstehen als die Schätzung, die die in (3.3) gewichteten Kullback-Leibler-Distanzen minimiert.

Für ungruppierte Daten, d.h. $n_i = 1$, läßt sich die Kullback-Leibler-Distanz auch darstellen durch

$$KL(y_i, \hat{\pi}_i) = -\log(1 - |y_i - \hat{\pi}_i|).$$

In dieser letzten Form wird deutlich, daß sie eine Distanz zwischen den Beobachtungen $y_i \in \{0, 1\}$ und den Schätzungen $\hat{\pi}_i$ darstellt.

3.1.2 Gewichtete Kleinste–Quadrate–Schätzung

Seien wiederum $(p_i, \boldsymbol{x}_i)$, $i = 1, \ldots, g$, die gruppierten Daten, wobei p_i für die relative Häufigkeit des Response '1' für festes $\boldsymbol{x}_i$ steht. Das Modell für die Beobachtung $(p_i, \boldsymbol{x}_i)$ ist gegeben durch

$$\pi(\boldsymbol{x}_i) = h(\boldsymbol{x}_i'\boldsymbol{\beta}) \tag{3.4}$$

bzw. mit $g = h^{-1}$ durch

$$g(\pi(\boldsymbol{x}_i)) = \boldsymbol{x}_i'\boldsymbol{\beta}. \tag{3.5}$$

Da $\pi(\boldsymbol{x}_i) = E(p_i|\boldsymbol{x}_i)$ gilt, repräsentieren (3.4) bzw. (3.5) die Modelldarstellung in den Erwartungswerten. Die Modelldarstellung für die Zufallsvariable p_i, also die relative Häufigkeit, ist gegeben durch

$$p_i = h(\boldsymbol{x}_i'\boldsymbol{\beta}) + \epsilon_i,$$

wobei ϵ_i einen (zufälligen) Störterm bezeichnet, der die Abweichung $p_i - h(\boldsymbol{x}_i'\boldsymbol{\beta})$ enthält. Da $E(p_i) = h(\boldsymbol{x}_i'\boldsymbol{\beta})$ eine Konstante ist, gilt $var(p_i) = var(\epsilon_i)$. Die Varianz der relativen Häufigkeit p_i aber ist gegeben durch $var(p_i) = \pi(\boldsymbol{x}_i)(1 - \pi(\boldsymbol{x}_i)) = h(\boldsymbol{x}_i'\boldsymbol{\beta})(1 - h(\boldsymbol{x}_i'\boldsymbol{\beta}))$. Das heißt, die Varianz von p_i und damit von ϵ_i hängt explizit vom Regressorenvektor $\boldsymbol{x}_i$ ab, man kann daher nicht (wie häufig in der metrischen Regression) vom Fall gleicher Varianz für alle Beobachtungen (Homoskedastizität) ausgehen.

Aus diesem Grund ist auch ein einfacher Kleinste-Quadrate-Schätzer nicht adäquat. Tatsächlich minimiert man das gewichtete Kleinste Quadrate-Kriterium (weighted least squares criterion)

$$WLS = \sum \frac{(g(p_i) - \boldsymbol{x}_i'\boldsymbol{\beta})^2}{var(g(p_i))}.$$

Durch die Gewichtung mit der Varianz $var(g(p_i))$ erhalten Beobachtungen mit großer Varianz einen kleineren Einfluß als Beobachtungen mit kleiner Varianz.

Das Verfahren der gewichteten Kleinste–Quadrate–Schätzung wurde für kategoriale Regressionsmodelle insbesondere von Grizzle, Starmer & Koch (1969) propagiert. Gelegentlich wird es daher auch als *Grizzle–Starmer–Koch–Ansatz* apostrophiert. Der Vorteil des Verfahrens liegt darin, daß kein iteratives Verfahren zur Berechnung notwendig ist, der Schätzer läßt sich nach Bestimmung der entsprechenden Größen unmittelbar angeben. Der Nachteil des Verfahrens ist die Beschränkung auf gruppierte Daten. Die asymptotische Verteilung von $\hat{\boldsymbol{\beta}}$ gilt nur, wenn die Anzahl n_i der Beobachtungen für eine Meßstelle $\boldsymbol{x}_i$ unbeschränkt wächst (Asymptotik fester Meßpunkte). Darüberhinaus ist der Schätzer selbst für kleines n_i gelegentlich nicht berechenbar. Man betrachte als Beispiel das Logit–Modell. Der Vektor $\bar{g}(p)' = (g(p_1), \ldots, g(p_g))$ besitzt dann die Komponenten

$$g(p_i) = \text{ Logit } (p_i) = \log\left(\frac{p_i}{1-p_i}\right). \tag{3.6}$$

Für kleines n_i erhält man oft (immer für $n_i = 1$) relative Häufigkeiten von $p_i = 0$ bzw. $p_i = 1$. In beiden Fällen ist $g(p_i)$ nicht mehr berechenbar. Um einen Eindruck von der Größe der Schätzer zu erhalten (nicht aber um damit inhaltlich gerechtfertigte Interpretation der Koeffizienten zu verbinden), ersetzt man (3.6) durch eine korrigierte Version

$$g(p_i) = \log\left(\frac{p_i + 1/(2n_i)}{1 - p_i + 1/(2n_i)}\right) = \log\left(\frac{n_i p_i + 1/2}{n_i - n_i p_i + 1/2}\right)$$

d.h. man erhöht die Anzahl der Beobachtungen mit Response $y = 1$ bzw. $y = 0$ um jeweils $1/2$.

Davis (1985) untersucht das Verhalten des Schätzers, wenn die Asymptotik fester Meßpunkte nicht gegeben ist. Eigenschaften wie die Verzerrung des Schätzers bei kleinem n_i werden in Gart, Pettigrew & Thomas (1985, 1986) untersucht. Der gewichtete Kleinste-Quadrate Schätzer ist ebenfalls konsistent und asymptotisch normalverteilt. Detaillierte Ausführungen und ein Vergleich zwischen Maximum-Likelihood-Schätzer und Kleinste-Quadrate Schätzung findet sich in Kapitel 11.

3.1.3 Minimum Logit-Schätzer

Für den Spezialfall des Logit–Modells läßt sich das (ungewichtete) Kleinste–Quadrate–Kriterium darstellen durch

$$LS = \sum_{i=1}^{g} (\text{ Logit } (p_i) - \text{ Logit } (\hat{\pi}_i))^2,$$

wobei $\text{Logit}\,(p_i) = \log(p_i/(1-p_i))$ für die empirischen Logits steht und $\text{Logit}\,(\hat{\pi}_i) = \log(\hat{\pi}_i/(1-\hat{\pi}_i))$ die geschätzten Logits mit $\hat{\pi}_i = \exp(\boldsymbol{x}_i'\hat{\boldsymbol{\beta}})/(1 +$

$\exp(\boldsymbol{x}_i'\hat{\boldsymbol{\beta}}))$ darstellt. Der ungewichtete Kleinste–Quadrate–Schätzer minimiert demnach die quadrierte Abweichung zwischen empirischen und modellbasiert geschätzten Logits. Der gewichtete Kleinste–Quadrate–Schätzer hingegen gewichtet die Abweichungen jeweils durch die geschätzte Varianz (vgl. Delta Methode, Appendix B)

$$\hat{var}[g(p_i)] = \left(\frac{\partial g(p_i)}{\partial \pi}\right)^2 p_i(1-p)/n_i.$$

Mit $g(p_i) =$ Logit (p_i) erhält man mit $\partial g(p_i)/\partial \pi = [p_i(1-p_i)]^{-1}$

$$\hat{var}[\text{ Logit } (p_i)] = \frac{1}{n_i p_i(1-p_i)}$$

und minimiert das gewichtete Kleinste-Quadrate-Kriterium

$$WLS = \sum_{i=1}^{g} n_i p_i (1-p_i)(\text{ Logit } (p_i) - \text{ Logit } (\hat{\pi}_i))^2.$$

Der gewichtete Kleinste-Quadrate-Schätzer für das Logit-Modell wurde von Berkson (1944) als Minimum Logit χ^2-Schätzer (minimum Logit chi-squared estimator) bezeichnet. Alternative Minimum Distanz-Schätzer, beispielsweise der Minimum-χ^2-Schätzer, werden von Bhapkar (1980) ausführlich behandelt.

3.1.4 Schätzverfahren mit Penalisierung

Für endlichen Stichprobenumfang ist die Existenz des Maximum-Likelihood-Schätzers nicht gesichert. Insbesondere bei hochdimensionalen Modellen, d.h. wenn die Anzahl der Kovariablen im Vergleich zum Stichprobenumfang groß ist, treten mit dieser Methode Probleme auf, die zu instabilen Schätzungen und damit schlechten Prognosen führen. Das Prinzip der penalisierten Schätzung besteht darin, die Abweichung zwischen Modell und Daten um einen zusätzlichen Penalisierungsterm zu ergänzen. Von allgemeiner Struktur ist die von Frank & Friedmann (1993) betrachtete *penalisierte Likelihood*

$$l_P = \sum_{i=1}^{n} l(y_i) - \lambda \sum_{j=1}^{n} |\beta_j|^q, \qquad q > 0.$$

Die übliche Log-Likelihood $\sum_i l(y_i)$ wird somit um den Strafterm $\lambda \sum_j |\beta_j|^q$ ergänzt. Anstatt der üblichen Log-Likelihood, wird nun l_P maximiert. Betragsmäßig große Werte der Parameter β_j führen durch den Strafterm zu einer Verkleinerung von l_P, so daß die einzelnen Parameterschätzungen tendenzmaßig kleinere absolute Werte liefern (Shrinkage Effekt). Der Parameter λ bestimmt, welcher Einfluß dem

Strafterm zukommt, und damit das Verhältnis zwischen Varianz und Verzerrung der Schätzer. Ein Spezialfall ist die generalisierte Ridge-Schätzung mit dem quadratischen Strafterm $q = 2$. In Segerstedt (1992) wird gezeigt, daß dadurch eine Reduktion des zu erwartenden quadratischen Fehlers erreichbar ist. Zur Ridge-Schätzung vergleiche man auch Nyquist (1990) und Marx, Eilers & Schmith (1992).

Im generalisierten Soft-Thresholding (Klinger, 1998) wird mit

$$l_P = \sum_{i=1}^{n} l(y_i) - \lambda \sum_{j=1}^{n} \gamma_j |\beta_j| \to \max$$

der Strafterm um individuelle Gewichte γ_j erweitert und $q = 1$ gewählt.

Zu erwähnen ist noch LASSO (Least Absolute Shrinkage and Selektion Operator), der die Likelihood unter Nebenbedingung maximiert. Tibshirani (1996) betrachtet das Maximierungsproblem

$$\sum_{i=1}^{n} l(y_i) \to \max, \qquad \text{wobei} \quad \sum_{j=1}^{n} |\beta_j| \leq \kappa,$$

das durch den Steuerungsparameter κ bestimmt wird.

3.1.5 Retrospektive Datenerhebung

Bisher wurde davon ausgegangen, daß die Daten entweder unabhängige Wiederholungen der Kombination aus Response und Kovariablenvektor $(y_i, \boldsymbol{x}_i), i = 1, \ldots, n$, oder des bedingten Responses $y_i|\boldsymbol{x}_i, i = 1, \ldots, n$ darstellen. Häufig werden jedoch Kovariablen nachträglich zu gegebener Ausprägung $y = r$ erhoben. Man erhält für $y = 1$ eine Stichprobe $\boldsymbol{x}_1^{(1)}, \ldots, \boldsymbol{x}_{n_1}^{(1)}$, und für $y = 2$ eine Stichprobe $\boldsymbol{x}_1^{(2)}, \ldots, \boldsymbol{x}_{n_2}^{(2)}$ aus unabhängigen Wiederholungen, gegeben die Responsekategorie. Derartige, nach dem Response geschichtete Stichproben treten in der Epidemiologie in sogenannten *retrospektiven* Studien auf, wenn der Response y Erkrankung bzw. Nicht-Erkrankung kodiert. Für Erkrankte und die Kontrollgruppe aus Nichterkrankten werden separat Kovariablen erhoben. Völlig analoge Stichproben treten z.B. im Kreditscoring auf, wenn prognostische Faktoren in der Gruppe der guten bzw. schlechten Kreditnehmer separat und nachträglich erhoben werden. In diesen Fällen ist $y_i|\boldsymbol{x}_i$ nicht mehr durch die Likelihood einer Binomialverteilung bestimmt.

Bei derartigen retrospektiven Datenerhebungen nimmt das Logit-Modell eine Sonderstellung ein. Bezeichne $z \in \{0, 1\}$ einen Indikator dafür, daß ein Individuum beobachtet wird und

$$p(1) = P(z = 1|y = 1), \qquad p(2) = P(z = 1|y = 2)$$

bezeichne die "a priori"-Wahrscheinlichkeit bzw. Stichprobenanteile, daß ein Individuum in der Population mit $y = 1$ bzw. $y = 2$ gewählt wird. Der Satz von Bayes (vgl. Abschnitt 10.1.4) ergibt für die Verteilungen, gegeben $\boldsymbol{x}$, unmittelbar

$$P(y = i|z = 1, \boldsymbol{x}) = \frac{P(z = 1|y = i, \boldsymbol{x})P(y = i|\boldsymbol{x})}{P(z = 1|y = 1, \boldsymbol{x})P(y = 1|\boldsymbol{x}) + P(z = 1|y = 2, \boldsymbol{x})P(y = 2|\boldsymbol{x})}.$$

Gilt das logistische Modell

$$\log\left(\frac{P(y = 1|x)}{P(y = 2|x)}\right) = \beta_0 + \boldsymbol{x}'\boldsymbol{\beta}_1$$

und die Unabhängigkeit der Ziehungen von $\boldsymbol{x}$, d.h. $P(z = 1|y, \boldsymbol{x}) = P(z = 1|y)$, erhält man

$$\log\left(\frac{P(y = 1|z = 1, \boldsymbol{x})}{P(y = 2|z = 1, \boldsymbol{x})}\right) = \log\left(\frac{p(1)}{p(2)}\frac{P(y = 1|\boldsymbol{x})}{P(y = 2|\boldsymbol{x})}\right) = \tilde{\beta}_0 + \boldsymbol{x}'\boldsymbol{\beta}_1,$$

wobei $\tilde{\beta}_0 = \log(p(1)/p(2)) + \beta_0$.

Das logistische Modell läßt sich somit auch auf retrospektive Daten anwenden, da der Gewichtsvektor unverändert bleibt. Der konstante Term ist allerdings nicht mehr in der bisherigen Form interpretierbar und wird als zusätzlicher Parameter mitgeschätzt. Man vergleiche Armitage (1971), Breslow & Day (1980). McLachlan (1992, Section 8.5) gibt einen Überblick über die potentielle Ineffizienz bedingter Schätzer.

3.2 Anpassungsgüte von Modellen

Die Aussagekraft eines Modells, das durch Responsefunktion und linearen Prädiktor bestimmt ist, läßt sich unter verschiedenen Aspekten betrachten. Erhebliche Bedeutung kommt der Frage zu, inwieweit ein Modell als adäquate Beschreibung der Daten gelten kann. Für eine metrische Einflußgröße gewinnt man einen ersten Eindruck durch die Darstellung der relativen Häufigkeiten und der gefitteten Kurve (siehe beispielsweise Abbildung 3.3). Eine Alternative dazu ist die Betrachtung der transformierten relativen Häufigkeiten.

Durch das Logit-Modell wird ein linearer Zusammenhang zwischen den logarithmierten Chancen und der Einflußgröße x postuliert. Es ist daher sinnvoll, zu untersuchen, inwieweit die Daten diesen linearen Zusammenhang wiedergeben. Man betrachtet dazu anstelle der relativen Häufigkeiten $p(x)$ an der Stelle x die *empirischen Logits*

$$\log\left(\frac{p(x)}{1-p(x)}\right),$$

d.h. die Logit-Transformation wird unmittelbar auf die relativen Häufigkeiten angewandt. Bezeichne $n_1(x)$ und $n_0(x)$ die beobachteten Häufigkeiten von $y = 1$ und $y = 0$ an der Stelle x und $n(x) = n_1(x) + n_2(x)$ den lokalen Stichprobenumfang. Die relative Häufigkeit für das Auftreten von $y = 1$ ist dann durch $p(x) = n_1(x)/n(x)$ gegeben. Entsprechend erhält man die empirischen Logits durch

$$\log\left(\frac{p(x)}{1-p(x)}\right) = \log\left(\frac{n_1(x)/n(x)}{n_0(x)/n(x)}\right) = \log\left(\frac{n_1(x)}{n(x)-n_1(x)}\right).$$

Um Probleme zu vermeiden, wenn $p(x) \in \{0, 1\}$, wählt man besser die korrigierte Form

$$\log\left(\frac{n_1(x)+0.5}{n(x)-n_1(x)+0.5}\right) = \log\left(\frac{p(x)+0.5/n(x)}{1-p(x)+0.5/n(x)}\right),$$

wobei die Beobachtungen $n_1(x)$ und $n_0(x)$ um 0.5 erhöht werden. Abbildung 3.2 zeigt die (korrigierten) empirischen Logits für die Wahrscheinlichkeit von Kurzzeit-

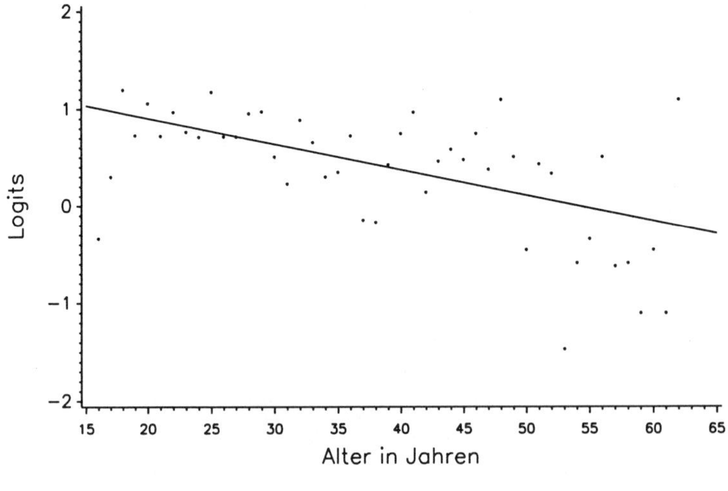

Abbildung 3.2: (Korrigierte) Empirische Logits für die Wahrscheinlichkeit von Kurzzeitarbeitslosigkeit in Abhängigkeit vom Alter.

arbeitslosigkeit in Abhängigkeit vom Alter. Die schlechte Anpassung für niedriges und hohes Alter wird unmittelbar deutlich.

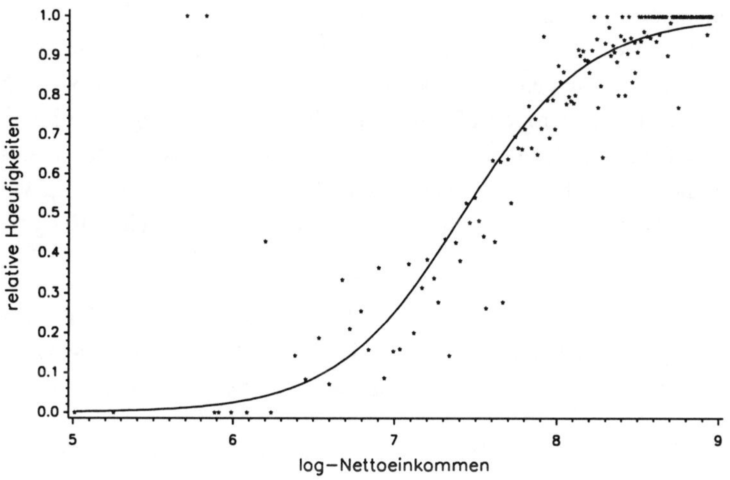

Abbildung 3.3: Pkw-Besitz in Abhängigkeit vom logarithmierten Einkommen

Eine rein graphische Darstellung ist naturgemäß unbefriedigend. Die für *kategoriale* Einflußgrößen mögliche Analyse durch formale Anpassungstests erfolgt im nächsten Abschnitt.

3.2.1 Anpassungstests

Pearson-Statistik

Ausgehend von den gruppierten Daten $(p_i, \boldsymbol{x}_i), i = 1, \ldots, g$, ist es naheliegend, die Güte der Anpassung an der Differenz zwischen relativer Häufigkeit p_i am Meßpunkt $\boldsymbol{x}_i$ und der aus dem Modell resultierenden Schätzung $\hat{\pi}_i = h(\boldsymbol{x}_i'\hat{\boldsymbol{\beta}})$ festzumachen. Als Schätzung $\hat{\boldsymbol{\beta}}$ wird hier der ML-Schätzer zugrundegelegt. Für ein globales Abweichungsmaß ist bei den Abweichungen $p_i - \hat{\pi}_i$ nur der Absolutbetrag (nicht die Abweichung nach oben oder unten) relevant. Tatsächlich betrachtet man die quadratische Abweichung $(p_i - \hat{\pi}_i)^2$, die noch durch die geschätzte Varianz $\hat{var}(p_i) = \hat{\pi}_i(1 - \hat{\pi}_i)/n_i$ normiert wird. Dies liefert für den Meßpunkt $\boldsymbol{x}_i$ die Abweichung

$$\chi_P^2(p_i, \hat{\pi}_i) = n_i \frac{(p_i - \hat{\pi}_i)^2}{\hat{\pi}_i(1 - \hat{\pi}_i)}.$$

Die Summe über alle Meßpunkte ergibt die *Pearson-Statistik*

$$\chi_P^2 = \sum_{i=1}^{g} n_i \frac{(p_i - \hat{\pi}_i)^2}{\hat{\pi}_i(1 - \hat{\pi}_i)}.$$

In elementaren Lehrbüchern findet sich häufig eine andere Form der Pearson-Teststatistik. Neben der Summe über sämtliche Meßpunkte wird über sämtliche möglichen Ausprägungen der abhängigen Variablen (Zellen der Kontingenztafel) summiert. Normiert wird jeder Term durch die geschätzte Wahrscheinlichkeit. Der Zusammenhang zur hier betrachteten Statistik erschließt sich, wenn man berücksichtigt, daß bei den hier betrachteten Modellen die Responsevariable jeweils zwei Ausprägungen besitzt, die das Eintreten bzw. Nicht-Eintreten eines Ereignisses kodieren.

Die relative Häufigkeit p_i ist ein Schätzer für die Wahrscheinlichkeit des Eintretens $\pi_i = h(\boldsymbol{x}_i'\boldsymbol{\beta})$, die relative Häufigkeit $1 - p_i$ ein Schätzer für die Gegenwahrscheinlichkeit $1-\pi_i = 1-h(\boldsymbol{x}_i'\boldsymbol{\beta})$. Für die üblicherweise betrachtete Abweichungssumme

$$
\begin{aligned}
\chi^2 &= \sum n_i \frac{(\text{relative Häufigkeit} - \text{geschätzte Wahrscheinlichkeit})^2}{\text{geschätzte Wahrscheinlichkeit}} \\
&= \sum_{i=1}^{g} \left\{ n_i \frac{(p_i - \hat{\pi}_i)^2}{\hat{\pi}_i} + n_i \frac{(1 - p_i - (1 - \hat{\pi}_i))^2}{1 - \hat{\pi}_i} \right\}
\end{aligned}
$$

erhält man unmittelbar $\chi_P^2 = \chi^2$.

Devianz oder Likelihood-Quotienten-Statistik

Eine alternative, auf dem ML-Schätzer basierende Anpassungsteststatistik läßt sich aus dem Likelihood-Quotienten

$$
LQ = \frac{\sup\limits_{\boldsymbol{\beta}} L(\boldsymbol{\beta})}{\sup\limits_{\pi_1,\dots,\pi_g} L(\pi_1, \dots, \pi_g)}
$$

ableiten, der im Zähler die supremale Likelihood bei Gültigkeit des Modells (Maximierung über den Parameter) enthält und im Nenner die supremale Likelihood, wenn nur die Multinomialverteilung aber kein darüber hinausgehendes Modell als Annahme eingeht (Maximierung über die Auftretenswahrscheinlichkeiten $\pi_1, \dots, \pi_g$). Im Nenner ist die Likelihood also von der Form

$$
L(\pi_1, \dots, \pi_g) = \prod_{i=1}^{g} \binom{n_i}{n_i p_i} \pi_i^{n_i p_i} (1 - \pi_i)^{n_i(1-p_i)}.
$$

Die Maximierung über $\pi_1, \dots, \pi_g$ ergibt ein Maximum an der Stelle der relativen Häufigkeiten $\pi_1 = p_1, \dots, \pi_g = p_g$. Der maximale Wert der Likelihood ergibt sich als $L(\pi_1, \dots, \pi_g) = \prod\limits_{i=1}^{g} \binom{n_i}{n_i p_i} p_i^{n_i p_i} (1 - p_i)^{n_i(1-p_i)}$. Insbesondere ist dieser Wert auch definiert für die entarteten relativen Häufigkeiten $p_i = 0$ und $p_i = 1$.

Als Teststatistik betrachtet man – wie bei den Hypothesentests – die transformierte Form $D = -2\log(LQ)$. Daraus ergibt sich die sogenannte *Devianz*

$$D = 2\sum_{i=1}^{g}(l_i(p_i) - l_i(\hat{\pi}_i)), \tag{3.7}$$

wobei l_i jeweils den Likelihoodbeitrag der $i$ten Beobachtungstelle bezeichnet. Maximierung von $L(\pi_1, \ldots, \pi_g)$ über die Auftretenswahrscheinlichkeiten führt zum Log-Likelihoodbeitrag an der Stelle der relativen Häufigkeit

$$l_i(p_i) = n_i\left\{p_i \log(p_i) + (1-p_i)\log(1-p_i)\right\} + \log\binom{n_i}{n_i p_i}, \tag{3.8}$$

wobei $l_i(p_i)$ für die Extremwerte $p_i = 0$ bzw. $p_i = 1$ den Wert 0 annimmt. Maximierung unter der Restriktion $\pi_i = h(\boldsymbol{x}_i'\boldsymbol{\beta})$ liefert

$$l_i(\hat{\pi}_i) = n_i\{p_i \log(h(\boldsymbol{x}_i'\hat{\boldsymbol{\beta}})) + (1-p_i)\log(1-h(\boldsymbol{x}_i'\hat{\boldsymbol{\beta}}))\} + \log\binom{n_i}{n_i p_i},$$

wobei $\hat{\boldsymbol{\beta}}$ den ML-Schätzer bezeichnet. Die Devianz ergibt sich somit mit $\hat{\pi}_i = h(\boldsymbol{x}_i'\hat{\boldsymbol{\beta}})$ durch

$$D = 2\sum_{i=1}^{g} n_i \left\{p_i \log\left(\frac{p_i}{\hat{\pi}_i}\right) + (1-p_i)\log\left(\frac{1-p_i}{1-\hat{\pi}_i}\right)\right\}. \tag{3.9}$$

Ein Vergleich mit (3.3) zeigt, daß die Devianz bis auf den Faktor 2 der Kullback-Leibler-Distanz zwischen relativer Häufigkeit und ML-Schätzung entspricht. Für $p_i = 0$ und $p_i = 1$ ist die Devianz nach (3.9) nur berechenbar mit der zusätzlichen Festlegung $0 \cdot (-\infty) = 0$. Alternativ läßt sich die Form (3.7) anwenden, wobei $l_i(0) = l_i(1) = 0$. Zu berücksichtigen ist allerdings, daß sich D nur sinnvoll anwenden läßt, wenn der lokale Stichprobenumfang n_i an allen Meßstellen $\boldsymbol{x}_i$ entsprechend groß ist. Verteilungsapproximationen gelten nur für die Asymptotik fester Meßpunkte, wenn $n_i/n \to \lambda_i$ für $\lambda_i \in (0,1)$ gilt, d.h. der lokale Stichprobenumfang n_i an jeder Meßstelle wächst. Insbesondere bedeutet das, daß die Teststatistiken nur bei kategorialen Einflußgrößen anwendbar sind, da in diesem Fall Beobachtungen zum Meßpunkt x_i gruppiert werden können. Für metrische Einflußgrößen mit $n_i = 1$ sind die Bedingungen für die Asymptotik nicht erfüllt und entsprechend sind die Teststatistiken nicht anzuwenden.

Gilt $n_i/n \to \lambda_i$, sind χ_P^2 und D χ^2-verteilt mit $g - p$ Freiheitsgraden, wobei p die Länge des Regressorenvektors $\boldsymbol{x}_i$ bezeichnet. Die Freiheitsgrade ergeben sich nach dem Prinzip

> Freiheitsgrade =
> Anzahl freier Parameter im uneingeschränkten Modell
> – Anzahl der geschätzten Parameter im restringierten Modell.

Im uneingeschränkten Modell (nur Binomialverteilung als Voraussetzung) hat man g Meßstellen, wobei jeweils eine Wahrscheinlichkeit $\pi(\boldsymbol{x}_i)$ zu schätzen ist. Im restringierten Modell werden die p Parameter des Vektors $\boldsymbol{\beta}' = (\beta_1, \ldots, \beta_p)$ geschätzt.

Für die Devianz im Vergleich zur Pearson-Statistik spricht die Möglichkeit, hierarchisch verschachtelte Modelle sukzessive durch Differenzbildung zu untersuchen (siehe Abschnitt 3.5).

Wald-Statistik

Im Zusammenhang mit dem gewichteten Kleinste-Quadrate-Schätzer ist eine Anpassungsstatistik vom Wald-Typ gebräuchlich. Die Anpassungsgüte wird wiederum durch den Abstand zwischen Beobachtung p_i und Modellpostulat $g(\pi(\boldsymbol{x}_i)) = \boldsymbol{x}_i'\boldsymbol{\beta}$ gemessen, und zwar in der Form

$$\chi^2_W(p_i, \hat{\pi}_i) = \frac{(g(p_i) - \boldsymbol{x}_i'\hat{\boldsymbol{\beta}}_{WLS})^2}{\left(\frac{\partial g(p_i)}{\partial \pi}\right)^2 p_i(1-p_i)/n_i}.$$

Der Zähler enthält dabei die quadrierte Abweichung, der Zähler gewichtet diese durch die geschätzte Varianz von $g(p_i)$. Als Teststatistik ergibt sich die Summe über alle Beobachtungen

$$\chi^2_W = \sum_{i=1}^{g} n_i \frac{(g(p_i) - \boldsymbol{x}_i'\hat{\boldsymbol{\beta}}_{WLS})^2}{\left(\frac{\partial g(p_i)}{\partial \pi}\right)^2 p_i(1-p_i)}.$$

Eine alternative Darstellung in Matrizenschreibweise ergibt sich aus der Modelldarstellung (11.7). Bezeichne $\bar{g}(\boldsymbol{p})' = (g(p_1), \ldots, g(p_g))$ den Vektor der an den Meßstellen $\boldsymbol{x}_1, \ldots, \boldsymbol{x}_g$ erhobenen transformierten relativen Häufigkeiten. Dann erhält man die Darstellung

$$\chi^2_W = (\bar{g}(\boldsymbol{p}) - \boldsymbol{Z}\hat{\boldsymbol{\beta}}_{WLS})'\hat{\boldsymbol{W}}^{-1}(\bar{g}(\boldsymbol{p}) - \boldsymbol{Z}\hat{\boldsymbol{\beta}}_{WLS}),$$

wobei $\hat{\boldsymbol{W}} = \textbf{Diag}\left(\frac{\partial g(p_1)^2}{\partial \pi} p_1(1-p_1), \ldots, \frac{\partial g(p_g)^2}{\partial \pi} p_g(1-p_g)\right)$.

Die Wald-Statistik χ^2_W hängt eng zusammen mit der Neymanschen Teststatistik. Sie ergibt sich als Neymansche Statistik, wenn man von einer linearisierten Modellapproximation ausgeht (siehe Bhapkar, 1961, 1966). Die asymptotische Verteilung ist dieselbe wie für χ_P^2 und D, wobei die Asymptotik fester Meßstellen bereits für die Verteilungsaussagen zum Kleinste-Quadrate-Schätzer notwendig war.

Anpassungsteststatistiken

Pearson-Statistik

$$\chi_P^2 = \sum_{i=1}^{g} n_i \frac{(p_i - h(\boldsymbol{x}_i'\hat{\boldsymbol{\beta}}))^2}{\hat{\pi}_i(1-\hat{\pi}_i)}$$

Devianz

$$D = 2\sum_{i=1}^{g} n_i \left\{ p_i \log\left(\frac{p_i}{\hat{\pi}_i}\right) + (1-p_i)\log\left(\frac{1-p_i}{1-\hat{\pi}_i}\right)\right\}$$

Wald-Statistik

$$\chi_W^2 = \sum_{i=1}^{g} n_i \frac{(g(p_i) - \boldsymbol{x}_i'\hat{\boldsymbol{\beta}}_{WLS})^2}{\left(\frac{\partial g(p_i)}{\partial \pi}\right)^2 p_i(1-p_i)}$$

Verteilungsapproximation $(n_i/n \to \lambda_i)$

$$\chi_P^2, D, \chi_W^2 \overset{(a)}{\sim} \chi^2(g-p)$$

Modellanpassung ungenügend für großen Wert der Statistiken, insbesondere bei Überschreiten des $(1-\alpha)$-Quantils $\chi^2(1-\alpha; g-p)$

Tabelle 3.2: Anpassungsstatistiken

Es sei nochmals darauf verwiesen, daß die asymptotische Verteilung nicht gilt im ungruppierten Fall mit $n_i = 1, i = 1, \dots, g$. Die lokalen Stichprobenumfänge sollten nicht zu nahe bei 1 sein. Für hinreichend große lokale Stichprobenumfänge besitzen alle drei Anpassungsstatistiken dieselbe asymptotische Verteilung und unterscheiden sich daher in ihrem Wert auch nur unwesentlich. Wenn sich die Werte der Statistiken bzw. ihr deskriptives Signifikanzniveau erheblich unterscheiden, ist davon auszugehen, daß die Approximation zu schlecht ist, um daraus gültige Schlüsse ziehen zu können.

Für kategoriale Einflußgrößen lassen sich die Statistiken als formale Anpassungstests betrachten. Für metrische Einflußgrößen hingegen liefern sie nur ein grobes Maß für die globale Anpassung, die zwar beim Vergleich zweier Modelle herangezogen werden kann, die aber nicht als statistischer Test verstehbar ist. Alternativen für den Fall metrischer Kovariablen werden in Abschnitt 3.7 angegeben.

Beispiel 3.3 : Kurzzeit-Arbeitslosigkeit
In Beispiel 3.2 (Seite 75) wurden die Einflußgrößen Geschlecht, Schulbildung, Berufsausbildung, Nationalität und das kategoriale Alter einbezogen. Als Anpassungstests ergaben sich die folgenden Werte.

		FG	p-Wert
Pearson	107.103	113	0.639
Devianz	127.750	113	0.162

Auch wenn der p-Wert der Devianz relativ klein ist, sprechen die Teststatistiken nicht vehement gegen die Gültigkeit des Modells, das damit als Modell für die Daten nicht verworfen wird. □

3.2.2 Akaike- und Schwarz-Kriterium

Für Modelle mit gleicher Anzahl von Parametern läßt sich die Likelihood als vergleichendes Maß der Anpassung verwenden. Die Log-Likelihood besitzt mit den geschätzten Wahrscheinlichkeiten $\hat{\pi}_i = h(\boldsymbol{x}_i'\hat{\boldsymbol{\beta}})$ nach Abschnitt 3.2.1 die Form

$$\begin{aligned}\log(L) &= \sum_{i=1}^{g} l_i(\hat{\pi}_i)\\ &= \sum_{i=1}^{g} n_i \left\{p_i \log(h(\boldsymbol{x}_i'\hat{\boldsymbol{\beta}})) + (1-p_i)\log(1-h(\boldsymbol{x}_i'\hat{\boldsymbol{\beta}}))\right\} + \log\binom{n_i}{n_i p_i}.\end{aligned}$$

Größere Likelihood spricht für bessere Anpassung, wobei zu berücksichtigen ist, daß $\log(L)$ negativ ist. Für ungruppierte Daten mit $p_i = 1$ oder $p_i = 0$ ergibt sich die Devianz als Maß für die Diskrepanz zwischen Modell und Daten unmittelbar durch

$$D = -2\log(L).$$

Für die (positive) Devianz gilt, des negativen Vorzeichens wegen, daß kleinere absolute Werte für eine bessere Anpassung sprechen. Williams (1981) kritisiert die Interpretation als Abweichungsmaß für das Logit-Modell und $n_i = 1$ mit dem Einwand, daß sich die Devianz als Funktion nur der gefitteten Werte darstellen läßt.

Will man zwei Modelle miteinander vergleichen, sind zwei Fälle zu unterscheiden. Der erste Fall ist gegeben, wenn eines der Modelle ein Untermodell, also ein Spezialfall des anderen ist, beispielsweise wenn zwei Logit-Modelle, einmal mit einer bestimmten Einflußgröße und einmal ohne diese, miteinander verglichen werden sollen. In diesem Fall läßt sich die Differenz der beiden Devianzen als Teststatistik benutzen (siehe Devianzanalyse in Abschnitt 3.5). Sind die Modelle nicht hierarchisch verschachtelt, d.h. von unterschiedlichem Typ und besitzen darüberhinaus unterschiedliche Anzahlen von gefitteten Parametern, sind andere Vergleichsmaße zu wählen. Zwei Maße, die einen expliziten Strafterm für die Anzahl der durch das Modell zugelassenen Parameter und damit für die Komplexität des Modells einbeziehen, sind das Akaike- und das Schwarz-Kriterium. Für das erste Kriterium beträgt der Faktor mit dem die Anzahl gefitteter Parameter multipliziert wird 2, für das zweite Kriterium $\log(g)$, wobei g wiederum die Anzahl der Meßpunkte (unterschiedliche $\boldsymbol{x}_i'$s) bezeichnet.

Akaike-Kriterium

$$AIC = -2\log(L) + 2 \cdot (\text{Anzahl gefitteter Parameter})$$

Schwarz-Kriterium

$$SC = -2\log(L) + \log(g) \cdot (\text{Anzahl gefitteter Parameter})$$

In der Darstellung $AIC = -2\{\log(L) - \text{Anzahl gefitteter Parameter}\}$ wird deutlich, daß die Log-Likelihood, die für große Parameterzahl tendenziell auch größere Werte erreicht, für die wachsende Komplexität bestraft wird durch Reduktion um die Anzahl der Parameter. AIC- und Schwarzkriterium sollten für datengerechte Modelle möglichst klein sein.

Beispiel 3.4 : Dauer der Arbeitslosigkeit
Bei der Analyse der Dauer der Arbeitslosigkeit stehen wie im Beispiel 3.2 (Seite 75) als Variablen Geschlecht, Schulbildung, Berufsausbildung, Nationalität und Alter als Einflußgrößen zur Verfügung. Abgesehen vom Alter sind die Variablen kategorial und gehen als Dummy-Variablen in die Analyse ein. Bei der Variable Alter ist unklar, ob sie besser als metrische Variable (möglicherweise mit polynomialer Entwicklung) oder in kategorisierte Form in die Analyse eingehen soll. Da die Modelle mit metrischem bzw. kategorialem Alter nicht hierarchisch verschachtelt sind, läßt sich die Devianzanalyse nicht als Entscheidungskriterium heranziehen, wohl aber das Akaike- bzw. Schwarz-Kriterium.

In der folgenden Tabelle sind zusätzlich noch das Modell mit dem logarithmierten Alter und mit polynomialen Alter wiedergegeben. Neben den beiden Kriterien ist in den letzten Spalten der Likelihood Quotienten Test (3.11) auf Signifikanz des jeweiligen Alterseffekt angegeben.

Modell	*AIC*	*SC*	$-2\log(L)$	*DF*	*p-Wert*
Modell mit Alter	1233.847	1278.047	16.73	*1*	0.0000
Modell mit Alter^2	1230.715	1274.915	19.862	*2*	0.0000
Modell mit Alter^3	1227.555	1276.175	25.022	*3*	0.0000
Modell mit Alter^4	1227.065	1280.105	27.512	*4*	0.0000
Modell mit $\log(Alter)$	1228.098	1285.558	28.479	*1*	0.0000
Modell mit agekat	1225.880	1265.756	28.697	*3*	0.0000

Wie sich aus der Tabelle ergibt, verweist sowohl das AIC- als auch das SC-Kriterium auf das Modell mit kategorisierten Alter. Daß die beiden Kriterien nicht zwangsläufig zum selben Modell führen, ist ersichtlich, wenn man nur die Modelle mit polynomialen Alter betrachtet. Das AIC-Kriterium bevorzugt hier das Polynom 4.Grades, während nach dem SC-Kriterium ein Polynom mit quadratischem Term hinreichend ist. □

3.3 Residualanalyse

Der Residuenanalyse liegt die Vorstellung zugrunde, daß bei einem gut angepaßten Modell die Beobachtungen nicht zu weit von dem durch das Modell vorhergesagten Wert entfernt sein sollten. Die Differenz zwischen Beobachtung und dem durch das Modell bestimmten Wert wird als Residuum bezeichnet.

Die Analyse dieser Residuen ist geeignet, Beobachtungen zu identifizieren, die durch das Modell schlecht angepaßt sind. Da alle Beobachtungen zur Anpassung beitragen, kann es vorkommen, daß eine schlechte Anpassung des gesamten Modells auf nur wenige Beobachtungen bzw. Meßstellen zurückzuführen ist. Es ist dann zu untersuchen, warum diese Beobachtungen eine starke Abweichung aufweisen. Es kann beispielsweise ein einfacher Übertragungsfehler vorliegen, wenn Daten falsch eingegeben wurden. Die Beobachtungen können aber auch Sonderfälle darstellen, beispielsweise wenn sie extreme Ausprägungen in Kovariablen aufweisen, die fälschlicherweise nicht in das Modell einbezogen wurden.

Die einfachste Definition eines Residuums für die Meßstelle $\boldsymbol{x}_i$ wäre die Differenz zwischen relativer Häufigkeit p_i und angepaßtem Wert $\hat{\pi}_i = h(\boldsymbol{x}_i'\hat{\beta})$. Da die relativen Häufigkeiten je nach zugrundeliegender Wahrscheinlichkeit π_i unterschiedliche Varianzen besitzen, ist es naheliegend, diese Differenzen durch die Standardabweichungen, d.h. die Wurzel aus der Varianz zu normieren. Daraus ergibt sich das *Pearson-Residuum*

$$r_P(p_i, \hat{\pi}_i) = \frac{p_i - \hat{\pi}_i}{\sqrt{\hat{\pi}_i(1-\hat{\pi}_i)/n_i}}.$$

Die Pearson Anpassungsstatistik χ^2_P (Seite 83) ergibt sich unmittelbar als Summe dieser quadrierten Residuen, d.h. $\chi^2_P = \sum_{i=1}^{g} [r_P(p_i, \hat{\pi}_i)]^2$.

Insbesondere für kleines n_i können die Residuen nicht als normalverteilt betrachtet werden. Sie weisen im Gegensatz zur Normalverteilung eine erhebliche Schiefe auf, die sich durch eine Transformation der Residuen mildern läßt. Eine entsprechende Transformation der Pearson-Residuen liefern die sogenannten *Anscombe-Residuen*

$$r_A(p_i, \hat{\pi}_i) = \sqrt{n_i}\frac{t(p_i) - [t(\hat{\pi}_i) + (\hat{\pi}_i(1-\hat{\pi}_i))^{-1/3}(2\hat{\pi}_i - 1)/6n_i]}{\hat{\pi}_i(1-\hat{\pi}_i)^{1/6}}$$

mit $t(u) = \int_0^u s^{-1/3}(1-s)^{-1/3}ds$ (vgl. Pierce & Schafer, 1986).

Alternativ zu den Pearson-Residuen läßt sich der Beitrag zur Devianz aus (3.9) als Residuum verstehen. Das *Devianz-Residuum* ist bestimmt durch

$$r_D(p_i, \hat{\pi}_i) = \text{ sign } (p_i - \hat{\pi}_i)\sqrt{n_i\left\{p_i \log\left(\frac{p_i}{\hat{\pi}_i}\right) + (1-p_i)\log\left(\frac{1-p_i}{1-\hat{\pi}_i}\right)\right\}},$$

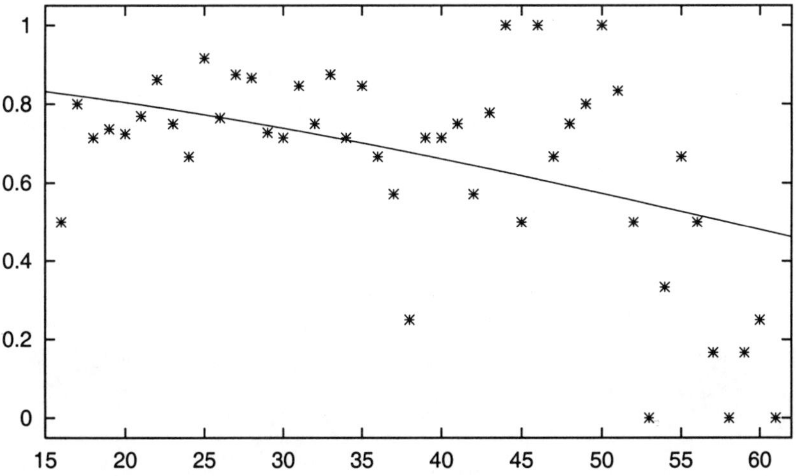

Abbildung 3.4: Geschätztes Logit-Model und relative Häufigkeiten für Arbeitslosigkeit in Abhängigkeit vom Alter

wobei

$$\text{sign } (p_i - \hat{\pi}_i) = \begin{cases} 1 & p_i > \hat{\pi}_i \\ 0 & p_i = \hat{\pi}_i \\ -1 & p_i < \hat{\pi}_i \end{cases}$$

nur das Vorzeichen der Abweichung bestimmt. Die Devianz ergibt sich als Summe der quadrierten Residuen mit $D = 2\sum_{i=1}^{p}[r_D(p_i, \hat{\pi}_i)]^2$. Eine transformierte Form dieser Residuen, die eine bessere Anpassung an die Normalverteilung zeigen sind die *adjustierten Residuen*

$$r_D^a(p_i, \hat{\pi}_i) = r_D(p_i, \hat{\pi}_i) + (1 - 2\hat{\pi}_i)/\sqrt{n\pi_i(1 - \pi_i) * 36}.$$

Beispiel 3.5 : Residuen für Arbeitslosendaten
Betrachtet man in der Subpopulation deutscher Männer das metrische Alter als einzige Einflußgröße, erhält man die folgenden Schätzwerte

	Parameter	*Standardfehler*	*p-Wert*
β_0	2.1557	0.3143	0.0001
β_A	−0.0372	0.009	0.0001

In Abbildung 3.4 ist die gefittete Kurve zusammen mit den relativen Häufigkeiten dargestellt. Abbildung 3.5 zeigt die zugehörigen Residuen. Es wird sofort deutlich, daß dieses einfache Modell den Daten wenig gerecht wird: Für niedriges und hohes Alter sind die Residuen negativ, für mittleres Alter tendenziell positiv. □

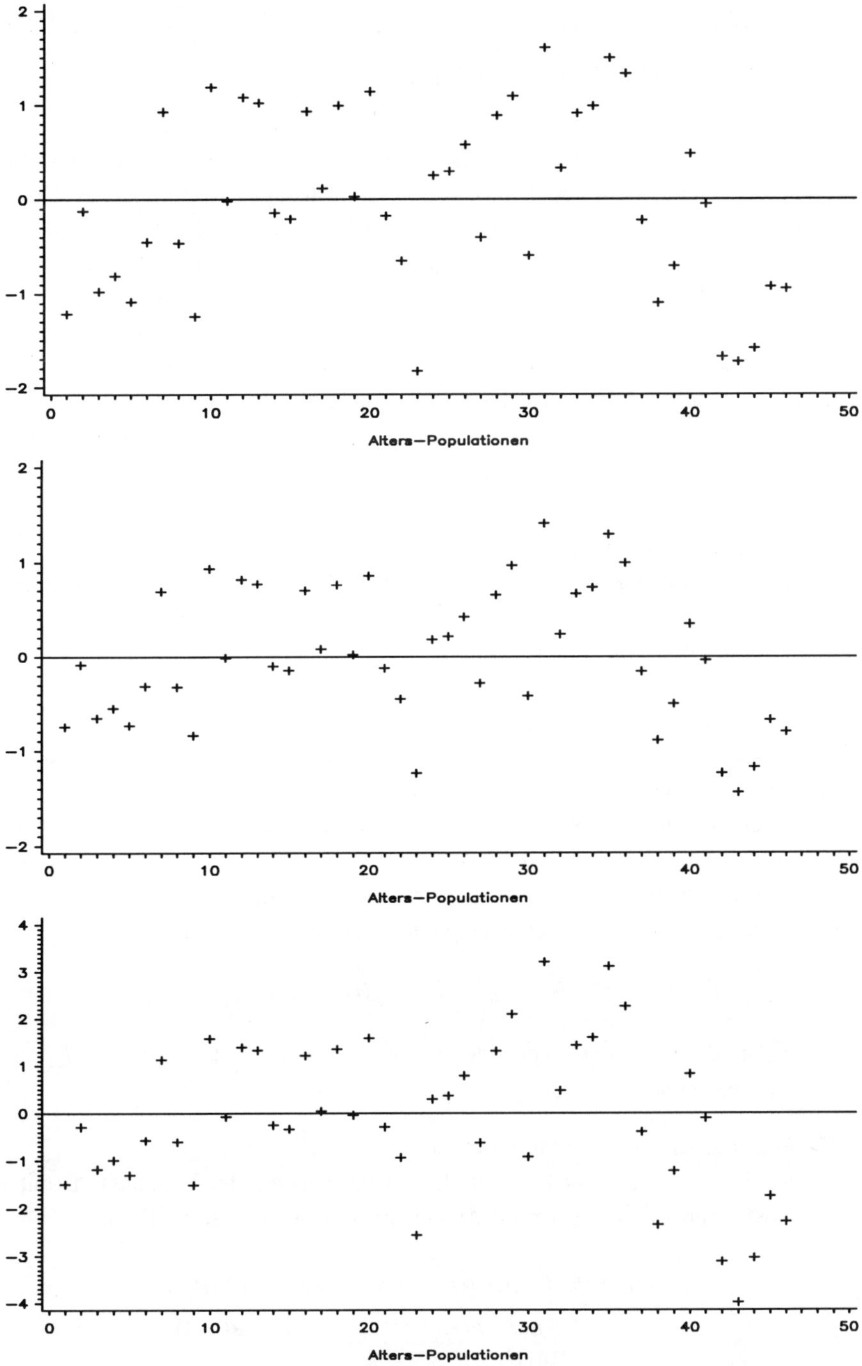

Abbildung 3.5: Pearson-, Devianz- und Anscombe-Residuen für das Logit-Modell Arbeitslosigkeit in Abhängigkeit vom Alter

3.4 Überprüfung der Relevanz von Einflußgrößen: die lineare Hypothese

Bisher wurde nur die Schätzung des Parametervektors $\hat{\boldsymbol{\beta}}$ betrachtet. Die Schätzung des Parametervektors ist jedoch nur ein erster Schritt statistischer Analyse. Neben der numerischen Größe der Komponenten von $\hat{\boldsymbol{\beta}}$ ist vor allem von Interesse, wie exakt die Schätzung ist. Ein numerisch großes $\boldsymbol{\beta}$ ist nur dann ernstzunehmen, wenn die Schätzung hinreichend zuverlässig ist. Einen ersten Eindruck über die Güte des Schätzers liefert die (asymptotische) Kovarianzmatrix $F(\hat{\boldsymbol{\beta}})^{-1}$, deren Diagonalelemente die (geschätzten) Standardabweichungen von $\hat{\boldsymbol{\beta}}$ enthalten. In einem weiteren Schritt läßt sich die Signifikanz der Komponenten durch Tests überprüfen. Dabei sind häufig nicht nur einzelne Parameter von Interesse, sondern Hypothesen komplexerer Art. Typische Beispiele von interessierenden Hypothesen sind:

(1) *Einfache Hypothesen*
Enthält der lineare Prädiktor eine metrische Kovariable wie $Alter$ in der Form $Alter * \beta_i$ so führt die Frage nach der Relevanz von $Alter$ als wirksamer Einflußgröße zum Hypothesenpaar

$$H_0 : \beta_i = 0 \qquad H_1 : \beta_i \neq 0.$$

(2) *Vergleich von Parametern*
Alternativ will man oft Koeffizienten vergleichen, beispielsweise bei der Dauer der Arbeitslosigkeit, ob die Wirkung des Geschlechtsunterschiedes genauso groß ist, wie die Wirkung des Nationalitätsunterschiedes (deutsch/nicht deutsch). Das entsprechende Hypothesenpaar hat die Form

$$H_0 : \beta_i = \beta_j \qquad H_1 : \beta_i \neq \beta_j,$$

wobei β_i, β_j die entsprechenden Komponenten des Vektors $\boldsymbol{\beta}' = (\beta_1, \ldots, \beta_p)$ bezeichnet.

(3) *Relevanz kategorialer Einflußgrößen*
Ein Prädiktor, der nur Haupteffekte zweier kategorialer Variablen A (mit I Ausprägungen) und B (mit J Ausprägungen) enthält, hat die Form

$$\begin{aligned}\eta = \beta_0 &+ x_{A(1)}\beta_{A(1)} + \cdots + x_{A(I-1)}\beta_{A(I-1)} \\ &+ x_{B(1)}\beta_{B(1)} + \cdots + x_{B(J-1)}\beta_{B(J-1)},\end{aligned}$$

wobei $x_{A(i)}, x_{B(j)}$ Dummy-Variablen zu A bzw. B sind. Die Aussage 'Variable A hat keinen Einfluß' entspricht damit dem Verschwinden sämtlicher

Koeffizienten $\beta_{A(1)}, \ldots, \beta_{A(I-1)}$. Das entsprechende Hypothesenpaar ist gegeben durch

$$H_0 : \beta_{A(1)} = \cdots = \beta_{A(I-1)} = 0 \qquad H_1 : \beta_{A(i)} \neq 0 \text{ für ein } i.$$

Die einfache Frage nach der Relevanz einer Einflußgröße führt somit zu einer Nullhypothese, die das Verschwinden mehrerer Koeffizienten postuliert.

Alle betrachteten Hypothesenpaare besitzen die lineare Form

$$H_0 : \boldsymbol{C\beta} = \boldsymbol{\zeta} \qquad H_1 : \boldsymbol{C\beta} \neq \boldsymbol{\zeta}, \tag{3.10}$$

wobei $\boldsymbol{C}$ eine fest vorgegebene Matrix und $\boldsymbol{\zeta}$ ein fest vorgegebener Vektor ist. Beispielsweise lassen sich die ersten beiden oben betrachteten Hypothesenpaare auch darstellen durch

$$H_0 : (0, \ldots, 1, \ldots, 0)\boldsymbol{\beta} = 0 \qquad H_1 : (0, \ldots, 1, \ldots, 0)\boldsymbol{\beta} \neq 0$$

und

$$H_0 : (0, \ldots, 1, \ldots, -1, \ldots, 0)\boldsymbol{\beta} = 0 \qquad H_1 : (0, \ldots, 1, \ldots, -1, \ldots, 0)\boldsymbol{\beta} \neq 0,$$

wobei im letzten Fall die '1' an der $i$ten Stelle und die '-1' an der $j$ten Stelle stehen.

Ein Testverfahren zu (3.10) liefert der *Likelihood-Quotient*

$$LQ = \frac{\sup\limits_{\boldsymbol{\beta}:\boldsymbol{C\beta}=\boldsymbol{\zeta}} L(\boldsymbol{\beta})}{\sup\limits_{\boldsymbol{\beta}} L(\boldsymbol{\beta})},$$

wobei im Zähler die supremale Likelihood $L(\boldsymbol{\beta})$ unter der Einschränkung $\boldsymbol{C\beta} = \boldsymbol{\zeta}$ gebildet wird, im Nenner die supremale Likelihood ohne diese Restriktion. Da das Supremum ohne diese Einschränkung immer mindestens so groß ist wie mit dieser Einschränkung, gilt $LQ \leq 1$. Als Teststatistik verwendet man

$$\lambda = -2\log(LQ) = -2(l(\tilde{\boldsymbol{\beta}}) - l(\hat{\boldsymbol{\beta}})), \tag{3.11}$$

wobei $\tilde{\boldsymbol{\beta}}$ den Schätzer unter der Einschränkung $\boldsymbol{C\beta} = \boldsymbol{\zeta}$ und $\hat{\boldsymbol{\beta}}$ den uneingeschränkten ML-Schätzer bezeichnet, entsprechend ist $l(\tilde{\boldsymbol{\beta}})$ die supremale Log-Likelihood unter der Einschränkung $\boldsymbol{C\beta} = \boldsymbol{\zeta}$ und $l(\hat{\boldsymbol{\beta}})$ die supremale Log-Likelihood ohne diese Einschränkung.

Der Grundgedanke der Likelihood-Quotienten Statistik liegt darin, daß bei Nichtgültigkeit der Nullhypothese die Nebenbedingung $\boldsymbol{C\beta} = \boldsymbol{\zeta}$ eine erhebliche Einschränkung bei der Maximierung der Likelihood darstellt, LQ damit relativ klein und $-2LQ$ sehr groß wird. Ist die Nullhypothese hingegen gültig, sollte sich die Nebenbedingung $\boldsymbol{C\beta} = \boldsymbol{\zeta}$ bei der Maximierung wenig auswirken. Tatsächlich erhält man, wenn H_0 zutrifft, asymptotisch eine χ^2-Verteilung, deren Freiheitsgrade durch den Rang der Matrix $\boldsymbol{C}$ bestimmt sind, d.h.

$$\lambda \overset{(a)}{\sim} \chi^2(\operatorname{rg} \boldsymbol{C}).$$

Die einfache Struktur des Likelihood-Quotienten-Tests macht es in vielen Fällen möglich, lineare Hypothesen zu testen auch wenn das verfügbare Programm dies nicht explizit vorsieht. Wenn die lineare Hypothese von der Form $H_0 : \beta_i = 0$ für $i \in A$ ist, wobei A eine beliebige Indexmenge ist, so ist es nur notwendig, einmal das Gesamtmodell zu schätzen und einmal das reduzierte Modell unter Weglassung der durch H_0 spezifizierten Variablen (Kombinationen). Die (maximale) Log-Likelihood des Gesamtmodells liefert dann $l(\hat{\beta})$, die (maximale) Log-Likelihood des reduzierten Modells liefert $l(\tilde{\beta})$. Allerdings ist darauf zu achten, daß für das reduzierte Modell nicht neu gruppiert wird, d.h. das Design der Einflußgrößen zwischen Gesamtmodell und reduziertem Modell unterscheidet sich nur durch Streichen von Spalten (entsprechend den $\beta_i, i \in A$).

Eine alternative Teststatistik ist der *Wald-Test*

$$w = (\boldsymbol{C}\hat{\boldsymbol{\beta}} - \zeta)'[\boldsymbol{C}\boldsymbol{F}^{-1}(\hat{\boldsymbol{\beta}})\boldsymbol{C}']^{-1}(\boldsymbol{C}\hat{\boldsymbol{\beta}} - \zeta),$$

wobei $\hat{\boldsymbol{\beta}}$ den ML-Schätzer bezeichnet. Der Wald-Test ist eine quadratische Form, der auf der Differenz zwischen der (uneingeschränkten) Schätzung $\boldsymbol{C}\hat{\boldsymbol{\beta}}$ und dem unter H_0 (asymptotisch) zu erwartenden Wert $\boldsymbol{\zeta}$ beruht. Da asymptotisch $cov(\hat{\boldsymbol{\beta}}) = \boldsymbol{F}^{-1}(\boldsymbol{\beta})$ gilt, wird diese Differenz gewichtet mit dem Inversen der approximativen Kovarianz $cov(\boldsymbol{C}\hat{\boldsymbol{\beta}}) = \boldsymbol{C}\boldsymbol{F}^{-1}(\hat{\boldsymbol{\beta}})\boldsymbol{C}$.

Ein großer Vorteil der Wald-Statistik liegt darin, daß sie unmittelbar aus dem ML-Schätzer $\hat{\boldsymbol{\beta}}$ berechenbar ist, eine Neuschätzung unter Restriktionen wie für den Likelihood-Quotienten-Test ist nicht notwendig. Der Wald Test läßt sich auch anwenden, wenn anstatt der Maximum-Likelihood-Schätzung das Kleinste-Quadrate-Prinzip zugrundegelegt ist. Man erhält mit dem Gewichteten-Kleinste-Quadrate-Schätzer $\hat{\boldsymbol{\beta}}_{WLS}$ und der entsprechenden Kovarianzmatrix aus Abschnitt 11.2.4 die Form

$$w_{WLS} = (\boldsymbol{C}\hat{\beta}_{WLS} - \zeta)'(\boldsymbol{C}\tilde{\boldsymbol{F}}^{-1}\boldsymbol{C}')^{-1}(\boldsymbol{C}\hat{\beta}_{WLS} - \zeta).$$

Eine dritte Teststatistik ist die *Score-Statistik*

$$u = s'(\tilde{\beta})\boldsymbol{F}^{-1}(\tilde{\beta})s(\tilde{\beta}),$$

die wiederum eine Schätzung $\tilde{\boldsymbol{\beta}}$ unter der Restriktion $\boldsymbol{C\beta} = \boldsymbol{\zeta}$ notwendig macht. Für alle Teststatistiken gilt dieselbe asymptotische Verteilung

$$\lambda, w, u \overset{(a)}{\sim} \chi^2(\operatorname{rg} \boldsymbol{C}),$$

wobei für die Asymptotik ähnlich schwache Bedingungen notwendig sind wie für die Asymptotik der ML-Schätzung (Fahrmeir, 1987). Insbesondere sind die starken Forderungen der Asymptotik fester Meßpunkte nicht notwendig. Zur Güte der Anpassung von w_{WLS} an die χ^2-Verteilung siehe Drew (1985).

Hypothesen $H_0 : \boldsymbol{C\beta} = \boldsymbol{\zeta} \qquad H_1 : \boldsymbol{C\beta} \neq \boldsymbol{\zeta}$

Testverfahren

Likelihood-Quotienten-Test

$$\lambda = -2(l(\tilde{\boldsymbol{\beta}}) - l(\hat{\boldsymbol{\beta}}))$$

Wald-Test

$$w = (\boldsymbol{C}\hat{\boldsymbol{\beta}} - \boldsymbol{\zeta})'[\boldsymbol{C}\boldsymbol{F}^{-1}(\hat{\boldsymbol{\beta}})\boldsymbol{C}']^{-1}(\boldsymbol{C}\hat{\boldsymbol{\beta}} - \boldsymbol{\zeta}),$$

$$w_{WLS} = (\boldsymbol{C}\hat{\boldsymbol{\beta}}_{WLS} - \boldsymbol{\zeta})'[\boldsymbol{C}\tilde{\boldsymbol{F}}^{-1}\boldsymbol{C}']^{-1}(\boldsymbol{C}\hat{\boldsymbol{\beta}}_{WLS} - \boldsymbol{\zeta})$$

Score-Test

$$u = \boldsymbol{s}'(\tilde{\boldsymbol{\beta}})\boldsymbol{F}^{-1}(\tilde{\boldsymbol{\beta}})\boldsymbol{s}(\tilde{\boldsymbol{\beta}}),$$

Asymptotische Verteilung $(n \to \infty)$

$$\lambda, w, u \sim \chi^2(\operatorname{rg} \boldsymbol{C})$$

H_0 verwerfen, wenn das $(1-\alpha)$-Quantil $\chi^2(\operatorname{rg} \boldsymbol{C}, 1-\alpha)$ überschritten ist.

3.5 Devianz-Analyse

Ist ein Modell hinreichend angepaßt, liegt es nahe, sich zu fragen, ob nicht bestimmte Modellkomponenten, beispielsweise einzelne Variablen oder Interaktioneffekte, vernachlässigbar sind, ohne daß das Modell an Gültigkeit verliert. Eine Methode, die Relevanz einzelner Effekte zu beurteilen, wurde bereits in Abschnitt 3.4 über Hypothesentests betrachtet. Dort wurde jedoch kein Bezug zur Anpassungsgüte hergestellt. Alternativ dazu läßt sich untersuchen, inwieweit sich die Anpassung verändert, wenn bestimmte Modellkomponenten als irrelevant betrachtet werden. Man vergleicht daher immer jeweils zwei Modelle, nämlich das Modell mit den in Frage gestellten Komponenten und das Modell ohne diese Komponenten. Da letzteres ein Spezialfall des ersten Modells ist, spricht man auch von hierarchisch verschachtelten (genesteten) Modellen.

In der Varianzanalyse wird die totale Abweichungssumme zerlegt in die Beiträge der einzelnen Modellkomponenten, so daß die Wirkungen der einzelnen Faktoren bzw. der Interaktionen als sukzessive Abweichungen untersuchbar sind. Die Devianz-Analyse als das allgemeinere Konzept geht von einer Modellhierarchie aus, d.h. man betrachtet eine Folge von Modellen

$$M_1 \subset M_2 \subset \cdots \subset M_m,$$

wobei die Abkürzung $M_i \subset M_j$ besagt, daß M_i ein Untermodell von M_j ist, d.h. M_i ist das restriktivere Modell mit stärkeren Annahmen.

Als Beispiel sei der Einfluß des Geschlechts (G) und des Ausbildungsniveaus (L) auf die Kurzzeitarbeitslosigkeit betrachtet. In der üblichen Abkürzung bezeichne L die Haupteffekte des Ausbildungsniveaus, G die Haupteffekte des Geschlechts $L.G$ die Interaktionseffekte und "1" das Modell mit nur einer Konstanten. Die Modellierung und Interpretation von Interaktionen ist in ausführlicher Form in Abschnitt 4.3 behandelt. Man erhält die Modellhierarchien

$$\begin{array}{ccccccc} 1 & \subset & 1+L & \subset & 1+L+G & \subset & 1+L+G+L.G \\ 1 & \subset & 1+G & \subset & 1+L+G & \subset & 1+L+G+L.G. \end{array}$$

In der ersten Hierarchie kommen zuerst nur die Haupteffekte von L, in der zweiten Hierarchie die von G hinzu.

Die Devianzanalyse beruht auf konditionalen Teststatistiken. Ausgehend von zwei Modellen $M_i \subset M_j$ testet man die Relevanz der in M_j, nicht aber in M_i enthaltenen Terme (beispielsweise eine Interaktion) durch eine Transformation des Likelihood Quotienten

$$LQ(M_i|M_j) = \frac{\sup_{M_i} L(\boldsymbol{\beta})}{\sup_{M_j} L(\boldsymbol{\beta})},$$

wobei bei der Maximierung im Zähler das speziellere Modell M_i, im Nenner das allgemeinere M_j zugrundegelegt wird. Die Verbindung zur Devianz als Anpassungsstatistik (Abschnitt 3.2.1) ergibt sich durch Erweitern mit dem Supremum der Likelihood des saturierten Modells $\sup L(\text{sat}) = \sup L(\pi_1, \ldots, \pi_g)$, wobei nur die

Multinomialverteilung zugrundegelegt wird. Man erhält als Teststatistik

$$D(M_i|M_j) = -2\log(LQ(M_i|M_j)) = -2\log\left(\frac{\sup_{M_i} L(\boldsymbol{\beta})/L(\text{sat})}{\sup_{M_j} L(\boldsymbol{\beta})/L(\text{sat})}\right)$$
$$= D(M_i) - D(M_j), \tag{3.12}$$

wobei $D(M_i), D(M_j)$ die Devianz des Modells M_i bzw. M_j zu identisch gruppierten Daten bezeichnet.

Die Teststatistik geht implizit von der Gültigkeit des allgemeineren Modells M_j aus. In $D(M_i|M_j)$ wird erfaßt, wie relevant die in M_j, nicht aber in M_i enthaltenen Terme sind, wobei die in M_i noch enthaltenen Einflußgrößen berücksichtigt werden. Ignoriert wird hingegen, ob M_j tatsächlich ein gültiges Modell ist. In der konditionalen Teststatistik

$$D(1 + L + G|1 + L + G + L.G) = D(1 + L + G) - D(1 + L + G + L.G)$$

wird somit die Relevanz des Interaktionsterm überprüft, wobei berücksichtigt wird, daß Haupteffekte von L und G (die im Submodell enthalten sind) vorliegen. In der konditionalen Teststatistik

$$D(1 + L|1 + L + G) = D(1 + L) - D(1 + L + G)$$

hingegen wird der Haupteffekt von G überprüft, unter Berücksichtigung des Haupteffekts von L (im Submodell enthalten) aber unter Nicht-Berücksichtigung, ob $1 + L + G$ ein gültiges Modell ist. Es wird also ignoriert, ob der Interaktionseffetk $L.G$ relevant ist. Die Teststatistik macht daher nur Sinn, wenn die Gültigkeit des komplexeren Modells ($L.G = 0$) vorher abgeklärt wurde.

Bei der Überprüfung von Effekten ist es daher (anders als in der Varianzanalyse mit orthogonalem Versuchsplan) häufig sinnvoll verschiedene Hierarchien zu untersuchen. Für die asymptotische Verteilung von $D(M_i|M_j)$ ergibt sich eine χ^2-Verteilung deren Freiheitsgrade sich einfach bestimmen durch die Anzahl der Terme (Parameter), die in M_i im Vergleich zu M_j wegfallen, bzw. durch die Differenz der Freiheitsgrade von $D(M_i)$ und $D(M_j)$.

Beispiel 3.6 : Dauer der Arbeitslosigkeit
Tabelle 3.3 dient als Grundlage, das Zusammenwirken der Kovariablen Geschlecht (G) und Ausbildungsniveau (L) auf die Wahrscheinlichkeit von Kurzzeitarbeitslosigkeit zu untersuchen. Tabelle 3.4 gibt Devianz und konditionale Devianz für zwei Modellhierarchien wieder. In der ersten kommen sukzessive der Haupteffekt von L, der Haupteffekt von G und schließlich der Interaktionseffekt $L.G$ hinzu. In der zweiten kommt zuerst der Haupteffekt von G hinzu. Das komplexe Modell $1 + L + G + L.G$ wird nach der Wilkinson-Rogers Notation (Seite 26) durch $L * G$ abgekürzt. Das Modell $L * G$ ist saturiert, es enthält so viele Parameter wie freie Wahrscheinlichkeiten. Daher ist die Devianz Null. Man sieht, daß die Interaktion

Geschlecht	Ausbildungs-niveau	Dauer der Arbeitslosigkeit		Chancen	logarithmierte Chancen
m	1	97	45	2.155	0.768
	2	216	81	2.667	0.989
	3	56	32	1.750	0.560
	4	34	9	3.778	1.330
w	1	105	51	2.059	0.722
	2	91	81	1.123	0.116
	3	31	34	0.912	−0.092
	4	11	9	1.222	0.201

Tabelle 3.3: Chancen und logarithmierte Chancen für die Einflußgrößen Geschlecht und Ausbildungsniveau

$L.G$ zwar nicht signifikant ist, aber doch einen auffallend kleinen p-Wert (0.12) aufweist. Die Untersuchung des Haupteffekts von G (gegeben $L.G = 0$) zeigt deutlich, daß dieser Effekt keinesfalls vernachlässigbar ist. Dasselbe gilt für den Haupteffekt von L (gegeben $L.G = 0$). Das Haupteffekt-Modell $1 + L + G$, das den Daten einigermaßen gerecht wird, läßt sich nicht mehr sinnvoll vereinfachen. □

Modell	Devianz	FG	Konditionale Devianz	FG	Getesteter Effekt
1	48.935	7			
			9.202	3	L(G ignoriert, $L.G$ ignoriert)
$1+L$	39.733	4			
			33.544	1	G($L.G$ ignoriert, L berücksichtigt)
$1+L+G$	6.189	3			
			6.189	3	$L.G$
$L*G$	0	0			
1	48.935	7			
			31.965	1	G(L ignoriert, $L.G$ ignoriert)
$1+G$	16.970	6			
			10.781	3	L($L.G$ ignoriert, G berücksichtigt)
$1+L+G$	6.189	3			
			6.189	3	$L.G$
$L*G$	0	0			

Tabelle 3.4: Modellhierarchien für die Kovariablen Ausbildungsniveau (L) und Geschlecht (G)

Aus Tabelle 3.4 wird das Prinzip der Devianzanalyse in hierarchischen Modellen deutlich. Bei der Überprüfung von Effekten werden die zusätzlichen Effekte der komplexeren (in der Tabelle darunter aufgeführten) Modelle ignoriert, die Effekte der weniger komplexen (darüber aufgeführten) Modelle berücksichtigt.

Die konditionale Teststatistik D läßt sich durch einfache Formeln ausdrücken. Aus (3.9) erhält man die Devianz eines Modells M durch

$$D(M) = 2\sum_{i=1}^{g} n_i \left\{ p_i \log\left(\frac{p_i}{\hat{\pi}_i(M)}\right) + (1-p_i)\log\left(\frac{1-p_i}{1-\hat{\pi}_i(M)}\right)\right\},$$

wobei $\hat{\pi}_i(M)$ die ML-Schätzung für das Modell M bezeichnet. Daraus ergibt sich nach kurzer Ableitung

$$D(M|\tilde{M}) = 2\sum_{i=1}^{g} n_i \left\{ p_i \log\left(\frac{\hat{\pi}_i(\tilde{M})}{\hat{\pi}_i(M)}\right) + (1-p_i)\log\left(\frac{\hat{\pi}_i(\tilde{M})}{\hat{\pi}_i(M)}\right)\right\}, \qquad (3.13)$$

wobei die relativen Häufigkeiten $p_i,\ i = 1,\ldots,g$, gruppiert sind bzgl. der Ausprägungen der Kovariablen des komplexeren Modells $\tilde{M}$. Wie zu Beginn des Abschnitts gezeigt, repräsentieren (3.12) bzw. (3.13) die Likelihood-Quotienten-Statistik (3.11) für das Modell M, gegeben $\tilde{M}$. Als konditionale Teststatistik testet $D(M|\tilde{M})$ die Vernachlässigbarkeit der in $\tilde{M}$ enthaltenen Terme, gegeben $\tilde{M}$ ist das wahre Modell.

Für die Sequenz von Modellen

$$M_1 \subset M_2 \subset \cdots \subset M_m$$

erhält man durch Erweitern

$$\begin{aligned} D(M_1) &= D(M_1) - D(M_2) + D(M_2) - D(M_3) + \cdots + D(M_m) \\ &= D(M_1|M_2) + D(M_2|M_3) + \cdots + D(M_{m-1}|M_m) + D(M_m) \end{aligned}$$

Jede Devianz läßt sich also als Summe der konditionalen Devianzen und der Devianz des komplexesten Modells darstellen.

Devianz und gruppierte Daten

In Abschnitt 3.2.1 wurde die Devianz $D = 2\sum_{i=1}^{g} n_i\Big\{p_i \log\left(\frac{p_i}{\hat{\pi}_i}\right) + (1-p_i)$ $\log\left(\frac{1-p_i}{1-\hat{\pi}_i}\right)\Big\}$ als Anpassungsteststatistik für gruppierte Daten eingeführt. Zu beachten ist dabei, daß die Anpassungsteststatistik sich auf eine bestimmte Gruppierung bezieht. Man betrachte das einfache Beispiel einer dichotomen Einflußgröße mit den folgenden Daten:

		Y: 1	Y: 2	
X	1	2	8	10
	2	8	2	10

.

Die Gruppierung ist durch $x = 1$ und $x = 2$ in natürlicher Weise gegeben. Die entsprechenden relativen Häufigkeiten sind $p_1 = 0.2, p_2 = 0.8$. Das Modell Logit $(P(y = 1|x_i)) = \beta_0 + \beta x_i$ mit $x_i \in \{0, 1\}$ ist saturiert, d.h. es enthält soviel Parameter wie freie Wahrscheinlichkeiten. Entsprechend erhält man als Devianz Null. Das stärkere Modell Logit $(P(y = 1|x_i)) = \beta_0$ ist äquivalent zur Forderung $\pi_1 = \pi_2$, wobei $\pi_i = P(y = 1|x = i)$. Entsprechend ergibt sich $\hat{\pi}_1 = \hat{\pi}_2 = (2 + 8)/20 = 0.5$ und als Devianz erhält man $D = 7.72$, was gegen die Gültigkeit des Modells spricht.

Da das Modell Logit $(P(y = 1|x_i) = \beta_0$ die Einflußgröße x nicht mehr enthält, könnte man auch neu gruppierte Daten in Betracht ziehen, so daß nur noch Y beobachtet wird, mit 10 Beobachtungen in $Y = 1$ und 10 Beobachtungen in $Y = 2$. Es gibt damit nur noch eine Meßstelle. Für die übrigbleibende relative Häufigkeit $p = 0.5$ ergibt sich in dieser Gruppierung für das Modell ohne den Einfluß von x die Devianz Null – im Widerspruch zur vorhergehenden Feststellung.

Will man also die Vernachlässigbarkeit von x untersuchen, muß daher die Devianz für die ursprüngliche Gruppierung berechnet werden! Entsprechend wurde bei der konditionalen Statistik $D(M|\tilde{M}) = D(M) - D(\tilde{M})$ immer eine feste Gruppierung vorausgesetzt. Bezeichnet $\tilde{M}$ das für die Gruppierung saturierte Modell, erhält man als Maximum-Likelihood-Schätzer die relativen Häufigkeiten, d.h. $\hat{\pi}_i = p_i, i = 1, \ldots, g$ und damit $D(\tilde{M}) = 0$, so daß $D(M|\tilde{M}) = D(M)$ gilt. Die Devianz entspricht dann der konditionalen Devianz im Verhältnis zum für diese Gruppierung saturierten Modell.

Die Differenzenbildung $D(M|\tilde{M}) = D(M) - D(\tilde{M})$ selbst ist jedoch nicht abhängig von der Gruppierung, sie muß nur für beide Modelle gleich gewählt sein. Die Differenz läßt sich insbesondere auch aus ungruppierten Daten berechnen. Man erhält dann mit

$$D(M) = 2\sum_{i=1}^{n} y_i \log\left(\frac{p_i}{\hat{\pi}_i(M)}\right) + (1 - y_i)\log\left(\frac{1 - y_i}{1 - \hat{\pi}_i(M)}\right)$$

unmittelbar

$$\begin{aligned} D(M|\tilde{M}) &= D(M) - D(\tilde{M}) \\ &= 2\sum_{i=1}^{n} y_i \log\left(\frac{\hat{\pi}_i(\tilde{M})}{\hat{\pi}_i(M)}\right) + (1 - y_i)\log\left(\frac{\hat{\pi}_i(\tilde{M})}{\hat{\pi}_i(M)}\right). \end{aligned}$$

Betrachtet man jetzt die Meßstellen $\boldsymbol{x}_1, \ldots, \boldsymbol{x}_g$, denen durch $\tilde{M}$ mit $\pi_i(\tilde{M}) = P(y = 1|\boldsymbol{x}_i)$ unterschiedliche Wahrscheinlichkeiten zugeordnet werden, lassen sich die Beobachtungen zu festen Meßtellen zusammenfassen und man erhält unmittelbar (3.13). Eine schöne Reflexion der Gruppierung im Zusammenhang mit Anpassungsstatistiken findet sich bei Simonoff (1998).

3.6 Erklärungswert von Modellen

Ein weiterer Aspekt der Modellbewertung ist der Erklärungswert von Modellen: Inwieweit läßt sich die Variation der abhängigen Variablen durch die Einflußgrößen erklären. Hier steht die Effektivität der gewählten Modellbildung im Vordergrund. Ansätze dafür sind

- R^2-Maße und
- Prognosemaße.

3.6.1 Effektivitätsmaße vom Typ R^2

Likelihood-Quotienten-Index

In der metrischen Regressionsanalyse gibt der Determinationskoeffizient R^2 wieder, welcher Anteil der Variation in den abhängigen Variablen durch den Regressionsansatz erklärt wird. Man erhält $R^2 = 1$, wenn die abhängige Variable eindeutig voraussagbar ist. Im Fall ohne Meßwiederholungen ($n_i = 1$) ergibt sich $R^2 = 1$ nur, wenn alle Messungen auf einer Geraden (bei einem Prädiktor) bzw. in einem linearen Unterraum liegen. Ähnliche Maße, die auf der ML-Schätzung *ungruppierter* Beobachtungen beruhen, wurden für die binäre Regression entwickelt. Ein weitverbreitetes Maß ist McFaddens (1974) *Likelihood-Quotienten-Index*

$$R^2_{LQ} = 1 - \frac{\log(L(\hat{\boldsymbol{\beta}}))}{\log(L_0)},$$

wobei $\log(L(\hat{\boldsymbol{\beta}}))$ die Log-Likelihood des geschätzten Modells bezeichnet und $\log(L_0)$ die maximale Log-Likelihood des entsprechenden Modells, wenn nur die Konstante, aber keine Kovariablen einbezogen sind. Damit ergibt sich $\log(L_0)$ in ungruppierter Form durch

$$l_0 = \log(L_0) = \sum_{i=1}^{n} y_i \log(\bar{y}) + (1 - y_i) \log(1 - \bar{y}) \tag{3.14}$$

mit dem Mittelwert $\bar{y} = \frac{1}{n} \sum_i y_i$. $\log(L(\hat{\boldsymbol{\beta}}))$ besitzt die in (3.8) gegebene Form

$$l(\hat{\boldsymbol{\beta}}) = \log(L(\hat{\boldsymbol{\beta}})) = \sum_{i=1}^{n} y_i \log(\hat{\pi}(\boldsymbol{x}_i)) + (1 - y_i) \log(1 - \hat{\pi}(\boldsymbol{x}_i)).$$

Man sieht unmittelbar, daß $\log(L_0) \leq \log(L(\hat{\boldsymbol{\beta}})) \leq 0$ gilt. Als Eigenschaften von R^2_{LQ} ergeben sich:

(1) $0 \le R^2_{LQ} \le 1$, wobei
$R^2_{LQ} = 0$, wenn $\log(L(\hat{\boldsymbol{\beta}})) = \log(L_0)$, d.h. wenn alle nach dem ML-Prinzip geschätzten Koeffizienten (außer der Konstanten) verschwinden.
$R^2_{LQ} = 1$, wenn $L(\hat{\boldsymbol{\beta}}) = 1$, d.h. $\hat{\pi}(\boldsymbol{x}_i) = y_i$.

(2) Wegen

$$R^2_{LQ} = \frac{\log(L_0) - \log(L(\hat{\beta}))}{\log(L_0)} = \frac{l_0 - l(\hat{\beta})}{l_0}$$

ergibt sich eine eindeutige Beziehung zur Likelihood-Quotienten-Statistik für die Hypothese, daß alle Koeffizienten (außer der Konstanten) verschwinden. Mit $\lambda = 2(\log(L(\hat{\boldsymbol{\beta}})) - \log(L_0)) = 2(l(\hat{\boldsymbol{\beta}}) - l_0)$ ergibt sich

$$-2R^2_{LQ} \log(L_0) = \lambda,$$

wobei λ asymptotisch χ^2-verteilt ist mit der Anzahl der Variablen als Freiheitsgrade, vgl. (3.11) aus Abschnitt 3.3.

(3) Eine weitere Interpretation von R^2_{LQ} erhält man aus der Darstellung

$$R^2_{LQ} = \frac{\sum_{i=1}^{n} y_i \log(\hat{\pi}(\boldsymbol{x}_i)/\bar{y}) + (1 - y_i)\log((1 - \hat{\pi}(\boldsymbol{x}_i))/(1 - \bar{y}))}{-(\sum_{i=1}^{n} y_i \log(\bar{y}) + (1 - y_i)\log(1 - \bar{y}))},$$

wobei $\hat{\pi}(\boldsymbol{x}_i)$ die geschätzte Wahrscheinlichkeit darstellt. Der Zähler ist eine empirische Version der durch das Modell zu erwartenden Information, der Nenner gibt die maximale Unbestimmtheit des Systems wieder (eine informationstheoretische Analyse gibt Hauser, 1978).

Der Likelihood-Quotienten-Index kann bei Hinzunahme weiterer Variablen nicht fallen. Wie R^2 im metrischen Regressionsmodell eine falsche Genauigkeit vorspiegelt, wenn die Anzahl der Variablen die Größenordnung der Beobachtungszahl erreicht, ist bei R^2_{LQ} ein ähnlicher Effekt zu erwarten, da der Zuwachs an Freiheitsgraden (siehe Eigenschaft (2)) nicht berücksichtigt ist. Eine Einbeziehung der Freiheitsgrade enthält der *korrigierte Likelihood-Quotienten-Index*

$$R^2_{LQ,\text{korr}} = 1 - \frac{\log(L(\hat{\boldsymbol{\beta}})) - \text{Koeffizientenzahl}}{\log(L_0)}.$$

$R^2_{LQ,\text{korr}}$ verzeichnet bei Hinzukommen weiterer Variablen nur dann einen Zuwachs, wenn der Beitrag der Variablen den Verlust an Freiheitsgraden ausgleicht.

Verallgemeinerte Maße

Der Likelihood-Quotienten-Index läßt sich etwas allgemeiner ableiten aus dem Maß

$$M = \frac{\log(L(\hat{\boldsymbol{\beta}})) - \log(L_0)}{\log(L_s) - \log(L_0)},$$

wobei $\log(L_s)$ die maximale Log-Likelihood des „saturierten" Modells darstellt, das so viele Parameter wie Beobachtungen enthält. M berücksichtigt im Zähler den Zuwachs beim Übergang vom einfachen Zufallsmodell zum gefitteten Modell und im Nenner den möglichen Zuwachs beim Übergang zum maximalen saturierten Modell.

Für *ungruppierte Daten* $(y_i, \boldsymbol{x}_i), i = 1, \ldots, n$, erhält man $\log(L_0)$ aus (3.14). Das saturierte Modell ist bestimmt durch eine eigene Dummy-Variable für jede Beobachtung y_i, d.h. $\tilde{\boldsymbol{x}}_i = (0, \ldots, 1, \ldots, 0)$ mit einer 1 an der Stelle i und der Vektorlänge n. Damit erhält man als maximale Log-Likelihood, $\log(L_s) = 0$ und damit ergibt sich mit $M = (\log(L(\hat{\boldsymbol{\beta}})) - \log(L_0))/(-\log(L_0))$ unmittelbar McFaddens R^2_{LQ}.

Für *gruppierte Daten* $(y_i, \boldsymbol{x}_i), i = 1, \ldots, g$ besitzt das saturierte Modell eine eigene Dummy-Variable zu jeder gruppierten Beobachtung, d.h. $\tilde{\boldsymbol{x}}_i = (0, \ldots, 1, \ldots, 0)$ ist ein Vektor der Länge g. Damit erreicht $\log(L_s)$ seinen maximalen Wert an der Stelle der lokalen relativen Häufigkeit mit $\log(L_s) \neq 0$ und M besitzt einen anderen Wert. Die Verwendung der Likelihood-Quotienten-Statistik bzw. Devianz aus Abschnitt 3.4 liefert

$$D = -2(\log(L(\hat{\boldsymbol{\beta}})) - \log(L_s)) = -2\sum_{i=1}^{g} l_i(\hat{\pi}_i) - l_i(y_i)$$

als Anpassungstest für das betrachtete Modell und

$$D_0 = -2(\log(L_0) - \log(L_s)) = -2\sum_{i=1}^{g} l_i(\hat{\pi}_i^0) - l_i(y_i)$$

als Anpassungsstatistik für das Modell mit nur einer Konstanten, wobei $\hat{\pi}_i^0$ die Schätzung unter Annahme dieses Modells darstellt. Damit erhält man das Maß M mit

$$M = (D_0 - D)/D_0$$

als den relativen Anteil an der Devianz, der auf den Übergang vom Modell mit nur einer Konstanten zum interessierenden Modell zurückzuführen ist.

Dieses Maß aus gruppierten Daten (betrachtet z.B. von Goodman, 1971, Theil, 1970) ist offensichtlich stichprobenabhängig. Wenn das betrachtete Modell gilt, das

Modell mit nur einer Konstanten jedoch nicht, dann wird für wachsenden Stichprobenumfang D_0 wachsen, während D eine χ^2-Verteilung mit festen Freiheitsgraden besitzt. Damit wird für wachsenden Stichprobenumfang immer $M \to 1$ resultieren. Zum anderen drückt $M = 1$ zwar sehr gute Modellanpassung aus, darin ist aber keine Aussage enthalten, wie gut tatsächlich Beobachtungen vorhergesagt werden können (beispielsweise wenn die Wahrscheinlichkeit immer in der Nähe von 0.5 liegt). In M ist die Anpassungsgüte mit der Assoziation zwischen y_i und $\boldsymbol{x}_i$ vermengt (vergl. auch Agresti, 1990).

Efrons Maß

Ein Maß, das sich unmittelbar an die Zerlegung in erklärte und Restvariation der metrischen Regressionsanalyse anlehnt, wurde von Efron (1978) betrachtet. Efrons Maß ist bestimmt durch

$$R_E^2 = 1 - \frac{\sum\limits_{i=1}^{n}(y_i - \hat{\pi}_i)^2}{\sum\limits_{i}(y_i - \bar{y})^2},$$

wobei $\hat{\pi}_i = \hat{\pi}(\boldsymbol{x}_i)$ die geschätzte Wahrscheinlichkeit darstellt. Für den Wertebereich erhält man

$$0 \leq R_E^2 \leq 1$$

mit

$R_E^2 = 0,$	wenn $\hat{\pi}_i = \bar{y}$, d.h. alle Koeffizienten (außer der Konstanten) verschwinden bei der Schätzung,
$R_E^2 = 1,$	wenn $y_i = \hat{\pi}_i$, d.h. Beobachtung und Schätzung stimmen überein.

R_E^2 wird zum Determinationskoeffizienten, wenn das lineare Modell (Abschnitt 4.2.2) und der einfache KQ-Schätzer zugrundegelegt sind. Für die Maximum-Likelihood-Schätzung hingegen ist das Maß unzuverlässig. Hinzufügen weiterer Variablen kann sogar zu einem Abfallen von R_E^2 führen. Der Grund ist, daß R_E^2 nicht die unterschiedliche Varianz der Beobachtungen (die von π_i abhängt) berücksichtigt. Es ist zu beachten, daß R_E^2 sich i.a. nicht als Anteil der erklärten Variation an der Gesamtvariation interpretieren läßt, da sich die Gesamtvariation ergibt durch

$$\sum_{i=1}^{n}(y_i - \bar{y})^2 = \sum_{i=1}^{n}(y_i - \hat{\pi}_i)^2 + \sum_{i=1}^{n}(\hat{\pi}_i - \bar{y})^2 + 2\sum_{i=1}^{n}(y_i - \hat{\pi}_i)(\hat{\pi}_i - \bar{y}).$$

Der letzte Term entfällt nur für den einfachen KQ-Schätzer im linearen Modell.

Geschätzte Wahrscheinlichkeit und ungleiche Stichprobenumfänge

Anstatt eine (0–1)-Vorhersage zu treffen, läßt sich auch die geschätzte Auftretenswahrscheinlichkeit $\hat{\pi} = h(\boldsymbol{x}'\hat{\boldsymbol{\beta}})$ als Schätzung für das Auftreten von $y = 1$ und $1 - \hat{\pi}$ als Schätzung für $y = 0$ verstehen. Bei der Anwendung dieser Schätzung auf die Elemente der Stichprobe ergeben sich eigenwillige Effekte, wenn – wie im folgenden vorausgesetzt – das Logit-Modell mit ML-Schätzung inklusive konstantem Parameter zugrundeliegt.
Bezeichne n_1, n_2 den Anteil der Stichprobenelemente mit $y = 1$ bzw. $y = 0$, so daß der Gesamtstichprobenumfang durch $n = n_1 + n_2$ gegeben ist. Der Anteil der Stichprobenelemente mit $y = 1$ sei durch $\alpha = n_1/n$ bestimmt. Bezeichne weiter mit $\hat{\pi}_i = h(\boldsymbol{x}_i'\hat{\boldsymbol{\beta}})$

$$\overline{\pi}(1) = \frac{1}{n_1} \sum_{i:y_i=1} \hat{\pi}_i$$

die mittlere Prognosewahrscheinlichkeit für die Beobachtungen $y_i = 1$ und

$$\overline{\pi}(0) = \frac{1}{n_2} \sum_{i:y_i=0} \hat{\pi}_i$$

die mittlere Prognosewahrscheinlichkeit für die Beobachtungen $y_i = 0$. Eine gute Modellanpassung zeigt sich durch $\overline{\pi}(1)$ in der Nähe von 1 und $\overline{\pi}(0)$ in der Nähe von 0. Für unausgewogene Stichprobenumfänge, d.h. $\alpha \neq 0.5$ zeigt sich, daß das häufiger auftretende Ereignis im Mittel besser angepaßt wird als das weniger häufige Ereignis. Für $\alpha > 0.5$ ergibt sich $\overline{\pi}(1) > 1 - \overline{\pi}(0)$ bzw. $1 - \overline{\pi}(1) < \overline{\pi}(0)$. Aus dieser Ungeleichung wird deutlich, daß die 1 durch $\overline{\pi}(1)$ besser approximiert wird als die Null durch $\overline{\pi}(0)$. Cramer (1999) betrachtet diesen Effekt ausführlich und demonstriert diese Eigenschaft an acht Datensätzen mit α zwischen 0.52 und 0.84.

Ein wesentlicher Punkt ist, daß für die Summe aller geschätzten Wahrscheinlichkeiten immer α resultiert, d.h.

$$\overline{\pi} = \sum_{i=1}^{n} \hat{\pi}_i = \alpha$$

Dies wird unmittelbar einsichtig aus der Maximum Likelihood-Gleichung (11.4), die von der Form $\sum_i y_i \boldsymbol{x}_i = \sum h(\boldsymbol{x}_i'\hat{\boldsymbol{\beta}})\boldsymbol{x}_i$ ist. Da $\boldsymbol{x}_i$ eine Konstante enthält, ergibt sich $\sum_i y_i = \sum_i h(\boldsymbol{x}_i'\hat{\boldsymbol{\beta}}) = \alpha$. Man erhält unmittelbar

$$\alpha\overline{\pi}(1) + (1-\alpha)\overline{\pi}(0) = \overline{\pi} = \alpha$$

und damit

$$\frac{1-\hat{\pi}(1)}{\hat{\pi}(0)} = \frac{1-\alpha}{\alpha},$$

so daß die mittlere Approximationsgüte durch α gesteuert wird. Für $\alpha = 0.8$ ist $\hat{\pi}(0)$ bereits das Vierfache von $1 - \hat{\pi}(1)$.

Ein Maß für Anpassungsgüte und Erklärungswert des Modells, das α berücksichtigt, ist die Differenz der mittleren Voraussagen für $y = 1$ und $y = 0$

$$\lambda = \overline{\pi}(1) - \overline{\pi}(0).$$

λ nimmt Null an für das Modell mit nur einer Konstanten (da alle $\hat{\pi}_i$ identisch sind), bleibt aber für das Logit-Modell immer kleiner als Eins. Das Maß λ läßt sich auch sehen als Faktor, der die Abweichungen von $\overline{\pi}(1)$ und $\overline{\pi}(0)$ um α bestimmt. Dies wird deutlich in den Beziehungen

$$\begin{aligned} \overline{\pi}(1) &= \alpha + \lambda(1-\alpha), \qquad \text{bzw.} \qquad 1 - \overline{\pi}(1) = \lambda(1-\alpha) \\ \overline{\pi}(0) &= \alpha - \lambda\alpha \qquad\qquad\quad \text{bzw.} \qquad \overline{\pi}(0) = (1-\lambda)\alpha \end{aligned}$$

Eine andere Betrachtung ergibt sich aus der gewichteten Vorhersage der Beobachtungswerte. Da α der Anteil der Beobachtungen $y_i = 1$ ist, ist für $y_i = 1$ die Trivialvorhersage α, für $y_i = 0$ die Trivialvorhersage $1 - \alpha$. Als gewichtete Vorhersage erhält man

$$\tilde{\pi}_i = y_i \frac{\hat{\pi}_i}{\alpha} + (1 - y_i)\frac{1 - \hat{\pi}_i}{1 - \alpha}.$$

Das Maß λ ist bis auf eine Konstante äquivalent zum Mittelwert dieser gewichteten Vorhersagen, es gilt

$$\lambda = \frac{1}{n}\sum_{i=1}^{n} \tilde{\pi}_i - 1.$$

Für die Summe der logarithmierten Werte $\tilde{\pi}$ ergibt sich die Differenz der Log-Likelihood des Logit-Modells und des Modells nur einer Konstanten, die auch im Likelihood-Quotionten-Index verwendet werden, es gilt

$$D/2 = \log L(\hat{\beta}) - \log(L_0) = \sum_{i=1}^{n} \log(\tilde{\pi}_i).$$

Cramer (1999) zeigt, daß λ asymptotisch Efron's R_E^2 approximiert.

Weitere Anpassungsmaße finden sich bei McKelvey & Zavanoia (1975), Laitila (1990), Veall & Zimmermann (1990), Aldrich & Nelson (1984), Ben-Akiva & Lerman (1985), Kay & Little (1986), einen Überblick gibt Windmeijer (1992).

3.6.2 Prognosemaße

Die abhängige Variable y kann im binären Fall nur die Werte 1 (Ereignis eingetreten) oder 0 (Ereignis nicht eingetreten) annehmen. Die einfache Form der Prognose

Likelihood-Quotienten-Index

$$R_{LQ}^2 = 1 - \frac{\log(L(\hat{\beta}))}{\log(L_0)}$$

Efrons Maß

$$R_E^2 = 1 - \frac{\sum_{i=1}^{n}(y_i - \hat{\pi}_i)^2}{\sum_{i=1}^{n}(y_i - \bar{y})^2}$$

Mittlere Vorhersagedifferenz

$$\lambda = \frac{1}{n_1}\sum_{y_i=1}\hat{\pi}_i - \frac{1}{n_2}\sum_{y_i=0}\hat{\pi}_i$$

Tabelle 3.5: Anpassungsmaße

besteht darin, für gegebenes $\boldsymbol{x}$ vorauszusagen, ob $y = 1$ oder $y = 0$ eintreten wird. Eine einfache Prognose-Regel ist gegeben durch

$$\hat{y}(\boldsymbol{x}) = \begin{cases} 1 & \text{wenn } \hat{\pi}(\boldsymbol{x}) \geq 0.5 \\ 0 & \text{wenn } \hat{\pi}(\boldsymbol{x}) < 0.5, \end{cases}$$

wobei $\hat{\pi}(\boldsymbol{x}) = F(\boldsymbol{x}'\hat{\boldsymbol{\beta}})$ die geschätzte Wahrscheinlichkeit bezeichnet. Bezeichnet y_i, $i = 1, \ldots, n$ die ungruppierten Beobachtungen mit $y_i \sim B(1, \pi(\boldsymbol{x}_i))$ und $\hat{y}_i = \hat{y}(\boldsymbol{x}_i)$ die zugehörige Prognose, erhält man die Trefferrate bzw. den Anteil der korrekt vorausgesagten Beobachtungen durch

$$\hat{\tau}_R = 1 - \frac{1}{n}\sum_{i=1}^{n}(y_i - \hat{y}_i)^2.$$

Der Index R in $\hat{\tau}_R$ verweist darauf, daß τ_R eine *Reklassifikationsrate* ist, d.h. die Daten dienen zuerst zur Schätzung, sodann werden auf Grund der Schätzwerte dieselben Daten reklassifiziert.

Mit dieser einfachen Trefferrate sind mehrere Probleme verbunden. Da dieselben Daten zur Schätzung der Parameter und der Trefferrate verwendet werden, wird damit die tatsächliche Trefferrate, die in einer neuen Stichprobe zu erwarten wäre, überschätzt. Man kann sich vorstellen, daß durch Einbeziehung vieler Einflußgrößen, die Daten nahezu reproduzierbar sind, d.h. $\hat{\tau}_R$ nahe 1 ist. Damit wird jedoch nur die Stichprobe genau angepaßt, für zukünftige Beobachtungen kann das Verfahren sehr instabil sein. Ein weiteres Problem ist, daß der Anteil von Nullen und Einsen in der Stichprobe nur unzureichend berücksichtigt wird. Enthält die Stichprobe 90% Beobachtungen mit $y_i = 1$, erhält man für die einfachste aller Prognoseregeln, nämlich $\hat{y}_i = 1$ für jedes $\boldsymbol{x}_i$ unmittelbar eine Trefferrate von 90%. Für zukünftige Stichproben, die einen höheren Anteil an Beobachtungen mit $y = 0$ enthalten, ist diese Trefferrate naturgemäß unrealistisch.

Die damit verbundenen Probleme legen zwei Modifikationen nahe, einmal eine differenziertere Trefferratenschätzung und zum anderen die explizite Schätzung der Trefferrate für neue Beobachtungen. Eine differenzierte Trefferrate ergibt sich, wenn separate Trefferraten bestimmt werden für den Fall $y = 1$ bzw. $y = 0$.

Bezeichne $n(y = r),\ r = 0,1$ die Anzahl der Beobachtungen mit $y = r$, dann läßt sich die Anzahl der Treffer für die Teil-Stichprobe mit $y_i = 1$ bestimmen durch

$$\hat{\tau}_R(y=1) = 1 - \frac{1}{n(y=1)} \sum_{i:y_i=1} (1-\hat{y}_i)^2,$$

die Treffer für die Teilstichprobe mit $y_i = 0$ durch

$$\hat{\tau}_R(y=0) = 1 - \frac{1}{n(y=1)} \sum_{i:y_i=0} \hat{y}_i.$$

Die Beobachtungen lassen sich in einer Klassifikationstafel der folgenden Form zusammenfassen

	$\hat{y}=1$	$\hat{y}=0$	
$y=1$	n_{11}	n_{10}	$n(y=1)$
$y=0$	n_{01}	n_{00}	$n(y=0)$

Dabei bezeichnet $n_{r\hat{r}}$ die Anzahl der Beobachtungen mit $y_i = r$ und Prognose $\hat{y}_i = \hat{r}$.

Die Trefferrate

$$\hat{\tau}_R(y=1) = \frac{n_{11}}{n(y=1)}$$

heißt auch *Sensitivität*. Sie spiegelt wider, wie sensibel das Erkennungsinstrument ist bei der Erfassung des Signals "Ereignis $y = 1$ tritt ein". Die Trefferrate

$$\tau_r(y=0) = \frac{n_{00}}{n(y=0)}$$

heißt *Spezifität*, sie enthält den Anteil an Beobachtungen für die das Fehlen des Signals, d.h. also $y = 0$ richtig erkannt wird.

Eine bessere Trefferrate ergibt sich, wenn beim Klassifizieren von y_i diese Beobachtung aus der Stichprobe genommen wird, d.h. man bestimmt die Zuordnungsregel nur aus den restlichen $n - 1$ Beobachtungen und erhält damit eine Voraussage für die jetzt "neue" Beobachtung y_i. Dieses Verfahren wird reihum für jede Beobachtung durchgeführt. Schätzer, die auf diesem *Resampling-Verfahren* beruhen, heißen *leaving-one-out-Schätzer* oder *Jacknife-Schätzer.* Die resultierenden Schätzungen lassen sich wieder in einer Klassifikationstafel von obiger Form zusammenfassen. Die entsprechende Sensitivität und Spezifität, bezeichnet durch $\tau_y(y = 1)$, $\tau_y(y = 0)$ sind genauso aufgebaut wie $\tau_R(y = 1)$ und $\tau_R(y = 0)$.

Da es sehr aufwendig ist, bei Weglassen jeweils einer Beobachtung die gesamte ML-Schätzung neu durchzuführen, wird meist ein sogenanntes Ein-Schritt-Verfahren durchgeführt. Bezeichnet $\hat{\boldsymbol{\beta}}$ den ML-Schätzer der gesamten Stichprobe, erhält man bei Weglassen von y_i den Ein-Schritt-Schätzer $\hat{\boldsymbol{\beta}}_{1,(i)}$ durch

$$\hat{\boldsymbol{\beta}}_{1,(i)} = \hat{\boldsymbol{\beta}} + F^{-1}(\hat{\boldsymbol{\beta}}) s_{(i)}(\hat{\boldsymbol{\beta}}) \qquad (3.15)$$

wobei $s_{(i)}(\hat{\boldsymbol{\beta}}) = \sum_{j \neq i} (y_j - h(\boldsymbol{x}_j'\hat{\boldsymbol{\beta}}))\boldsymbol{x}_j$ die Scorefunktion ohne Beobachtung i bezeichnet und $F^{-1}(\hat{\beta})$ die Fisher-Matrix bzw. die Schätzung der inversen Kovarianz von $\hat{\boldsymbol{\beta}}$. (3.15) stellt einen Schritt des iterativen Fisher-Scoring-Algorithmus aus Abschnitt 11.2.2 dar. SAS©liefert einen ähnlichen Ein-Schritt-Schätzer, der im folgenden Beispiel illustriert wird. Eine weitere Reflexion von Prognosemaßen findet sich in Abschnitt 10.2 im Rahmen der Diskriminanzanalyse.

3.6.3 Rangkorrelationsmaße

Der Grundgedanke dieser Maße besteht darin, die Stärke des Zusammenhangs zwischen Beobachtung und zugehörigem geschätzten Wert zu quantifizieren. Seien $(y_i, \hat{\pi}_i)$, $i = 1, \ldots, n$, die Paare aus Beobachtung $y_i \in \{0, 1\}$ und Schätzwert $\hat{\pi}_i = h(\boldsymbol{x}_i'\hat{\boldsymbol{\beta}})$. Konkordanzmaße bauen auf dem Vergleich *zweier* Paare mit unterschiedlichem Response y auf. Sei das Paar $(y_i, \hat{\pi}_i), (y_j, \hat{\pi}_j)$ so gewählt, daß $y_i < y_j$. Das Paar heißt dann

konkordant,	wenn $\hat{\pi}_i < \hat{\pi}_j$, d.h. wenn sich y- und $\hat{\pi}$-Werte gleichsinnig verhalten
diskordant,	wenn $\hat{\pi}_i > \hat{\pi}_j$, d.h. wenn sich y- und $\hat{\pi}$-Werte gegensinnig verhalten (vgl. Abbildung 3.6)

Kendalls τ_a

$$\tau_a = \frac{N_c - N_d}{n(n-1)/2}$$

Goodman & Kruskals γ-Koeffizient

$$\gamma = \frac{N_c - N_d}{N_c + N_d}$$

Somers D

$$D = \frac{N_c - N_d}{N}$$

Tabelle 3.6: Rangkorrelationsmaße

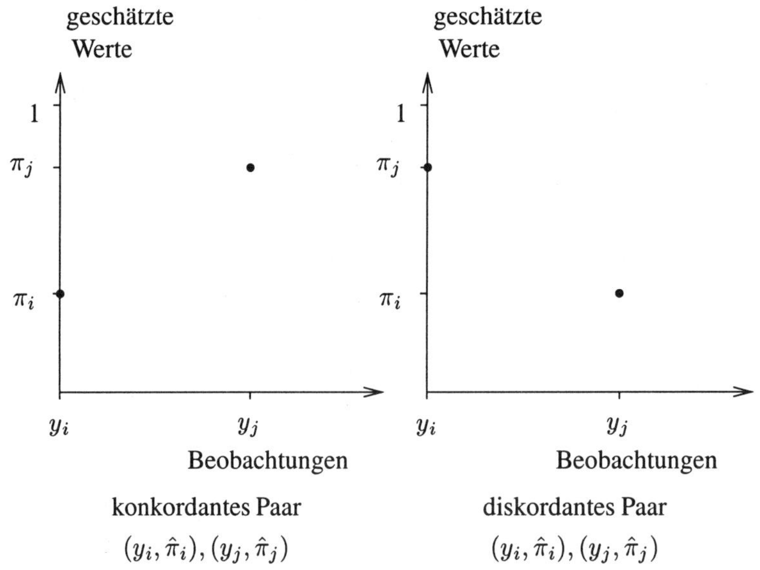

Abbildung 3.6: Konkordantes und diskordantes Paar mit $y_i < y_j$

Ist ein Paar weder konkordant noch diskordant heißt es gebunden oder "Tie". Der Fall tritt also ein, wenn $\hat{\pi}_i = \hat{\pi}_j$ gilt. In SAS©wird das Intervall $[0, 1]$ in Intervalle der Länge 0.002 eingeteilt, ein Paar wird als gebunden betrachtet, wenn $\hat{\pi}_i, \hat{\pi}_j$ im selben Intervall liegen.

Für beobachtete Paare bezeichne

N	die Anzahl von Paaren mit unterschiedlichem Response, d.h. $y_i \neq y_j$,
N_c	die Anzahl dieser Paare, die konkordant sind,
N_d	die Anzahl dieser Paare, die diskordant sind.

Daraus lassen sich die in Tabelle 3.6 in SAS©verfügbaren Zusammenhangsmaße berechnen.

Da die Anzahl der insgesamt möglichen Paare bei n Beobachtungen $n(n-1)/2$ beträgt, erhält man für Kendall's τ_a den Wertebereich $-1 \leq \tau_a \leq 1$. Das Maß τ_a wächst mit der Anzahl der konkordanten und fällt mit der Anzahl der diskordanten Paare. Für τ_a sind allerdings im vorliegenden Kontext keine extremen Werte zu erwarten, da der Nenner die Anzahl sämtlicher möglicher Paare enthält, d.h. insbesondere auch Paare mit $y_i = y_j$, die in den Beobachtungen gebunden sind. Bei dem hier betrachteten dichotomen Response tritt dieser Fall jedoch sehr häufig ein. Für Kendalls τ_a sind daher Werte zu erwarten, die nicht stark von 0 abweichen. Goodman & Kruskals γ hingegen berücksichtigt keine Bindungen, der Nenner gibt mit $N_c + N_d$ die Anzahl der konkordanten und diskordanten Paare wieder. In Somers D ist der Nenner mit der Anzahl der Paare mit unterschiedlichem y etwas größer. Hier kommt die Anzahl der Bindungen im Response hinzu. Für eine ausführliche Darstellung von Rangkorrelationsmaßen siehe Benninghaus (1990).

Beispiel 3.7 : Dauer der Arbeitslosigkeit
In Beispiel 3.2 (Seite 75) wird der Zusammenhang zwischen den Variablen Geschlecht, kategoriales Alter, Schulbildung, Berufsausbildung und Nationalität logistisch modelliert durch $P(y = 1|x) = F(x'\beta)$, wobei F die logistische Verteilung ist. Anstatt F lassen sich auch andere sogenannte Linkfunktionen einsetzen (vgl. Abschnitt 4.2). In Tabelle 3.7 sind Vergleichsmaße angegeben für die logistische Linkfunktion, die Normalverteilung (Probit-Modell), die Minimum-Extremwertverteilung $F(\eta) = 1 - \exp(-\exp(\eta))$ und die Maximum-Extremwerteverteilung $F(\eta) = \exp(-\exp(-\eta))$. In diesem Datensatz ergeben sich kaum Unterschiede für die verschiedenen Linkfunktionen. Die Korrelationen sind durchwegs klein. □

3.7 Ergänzungen und Literatur

Anpassungstests

Da für stetige Einflußgrößen der lokale Stichprobenumfang meist $n_i = 1$ beträgt, sind Pearson-Statistik und Devianz nicht zur Beurteilung der Anpassungsgüte über Teststatistiken geeignet. Ein Vorschlag von Hosmer & Lemeshow (1989) zur Gewinnung einer Teststatistik besteht darin, die stetige Einflußgröße in Intervalle ein-

	Logit	Probit	Minimum-Extremwert-verteilung	Maximum-Extremwert-verteilung
AIC	1225.583	1225.880	1225.880	1227.060
Somers D	0.059	0.057	0.057	0.060
γ-Koeffizient	0.059	0.057	0.057	0.061
Kendalls τ_a	0.030	0.028	0.028	0.030
Konkordante Paare	52.9%	52.3%	52.3%	52.5%
Diskordante Paare	46.6%	46.6%	46.6%	46.5%

Tabelle 3.7: Anpassungsgüte zum Beispiel Arbeitslosigkeit

zuteilen, die Beobachtungen in den Intervallen zusammenzufassen und als gruppierte Beobachtungen zu betrachten. Naturgemäß lassen sich damit innerhalb dieser Intervalle keine Abweichungen vom postulierten Modell mehr feststellen.

In Le Cessie & Houwelingen (1995) werden Anpassungstests auf Modellen mit zufälligen Effekten aufgebaut. Likelihood-Quotienten-Tests mit glatten Alternativen werden von Azzalini, Bowman & Härdle (1989) und Härdle & Mammen (1993) betrachtet. Einen Überblick über glatte Tests gibt Hart (1997).

Robuste Schätzung

Robuste Schätzverfahren sollten wenig sensitiv reagieren auf die Veränderungen weniger Beobachtungen (in der abhängigen oder unabhängigen Variable). Pregibon (1982) betrachtet robustifizierte Schätzverfahren, die auf einer Transformation der Devianz bzw. Kullback-Leibler-Distanz beruhen. Die Maximum Likelihood-Schätzung entspricht nach Gleichung (3.7) der Minimierung der Devianz $D = 2\sum_i(l_i(p_i) - l_i(\hat{\pi}_i))$. Pregibon minimiert stattdessen die Funktion $\sum_i \lambda(l_i(p_i) - l_i(\pi_i))$, wobei λ eine monoton wachsende Funktion ist, z.B. Hubers Funktion $\lambda(x) = x$ für $x \leq c, \lambda(x) = 2\sqrt{xc} - c$ für $x > c$. Carroll & Pederson (1993) monieren die fehlende Konsistenz und betrachten eine generelle Klasse von Schätzern, die auf der Lösung von Gleichungen der Art $\sum_i w_i \boldsymbol{x}_i(p_i - \pi_i - c(\boldsymbol{x}_i, \beta))$ aufbauen, wobei $c(\boldsymbol{x}_i, \beta)$ ein verzerrungsminimierender Faktor ist. Eine gründliche Reflektion von Robustheit und Ausreißern in den Beobachtungen findet sich in Copas (1988).

Kapitel 4

Alternative Modellierung von Response und Einflußgrößen

In Kapitel 2 wurde das binäre Regressionsmodell bereits in der allgemeinen Form

$$\pi(\boldsymbol{x}) = F(\boldsymbol{x}'\boldsymbol{\beta})$$

eingeführt. Die wesentlichen Komponenten dieses Modells sind

- die Responsefunktion F
- die Festlegung des linearen Prädiktors $\eta = \boldsymbol{x}'\boldsymbol{\beta}$.
- die zugrundeliegende Annahme einer Binomialverteilung der abhängigen Variable

Wenn die Responsefunktion F als logistische Verteilungsfunktion gewählt wird, erhält man das in Kapitel 2 behandelte Logit-Modell. Diese Wahl ermöglicht zwar eine einfache Interpretation der Parameter, muß aber den Daten nicht gerecht werden. Beispielsweise kann die mit dem Einkommen wachsende Wahrscheinlichkeit, einen Pkw zu besitzen, einer völlig anderen Wachstumsfunktion folgen. Im folgenden werden in Abschnitt 4.1 und Abschnitt 4.2 generellere Modellierungsansätze behandelt, die zu anderen Responsefunktionen F führen. Für den linearen Prädiktor $\eta = \boldsymbol{x}'\boldsymbol{\beta}$ wurden in Kapitel 2 nur einfache Haupteffekt-Modelle betrachtet. Die Bestimmung der Komplexität dieses Terms, beispielsweise ob und wie Interaktionen zwischen Einflußgrößen zu modellieren sind, wird in den darauffolgenden Abschnitten behandelt. Wenn sowohl Responsefunktion als auch der lineare Prädiktor den zu erwartenden Response adäquat beschreiben, das Modell jedoch trotzdem eine schlechte Anpassung aufweist, sind Zweifel an der prinzipiell zugrundeliegenden Annahme (bedingt) unabhängiger binomialverteilter Responsegrößen angebracht. In den letzten Abschnitten werden dazu Alternativen dargestellt.

4.1 Konzeptioneller Hintergrund binärer Regressionsmodelle

Im folgenden wird die Struktur binärer Regressionsmodelle motiviert durch

- Schwellenwertkonzepte und
- die entscheidungstheoretisch orientierte Nutzenmaximierung.

Beide Konzepte sind im binären Fall eng verwandt, im mehrkategorialen Fall (Kapitel 5) wird der zweite Ansatz der Nutzenmaximierung wieder aufgegriffen.

4.1.1 Binäre Regressionsmodelle als Schwellenwertmodelle

In vielen Fällen läßt sich begründet annehmen, daß hinter der beobachtbaren Dichotomie '$y = 0$' oder '$y = 1$' eine latente (nicht beobachtbare) stetige Variable steht. In Anwendungen logistischer Modelle im Bereich der Biometrie werden häufig die Ereignisse '*Tod*' bzw. '*Überleben*' eines Versuchstieres in Abhängigkeit von der Giftdosis betrachtet. Die zugrundeliegende Variable, die Tod oder Nicht-Tod bestimmt, läßt sich hier als die (nicht unmittelbar beobachtbare) Schädigung des Organismus verstehen. Liegt die Schädigung über einer bestimmten Schwelle, tritt das Ereignis *Tod* ein.

In Marketingstudien, in denen das interessierende Ereignispaar gegeben ist durch '*Produkt A wird gegenüber Produkt B präferiert*' bzw. '*A wird nicht gegenüber B präferiert*', läßt sich die dahinterstehende Variable als die (nie direkt beobachtbare) Differenz an Attraktivität zwischen Produkt A und B begreifen. Die Präferenzentscheidung in einer Studie bzw. Befragung erfolgt, wenn die Differenz an Attraktivität eine bestimmte Schwelle über- bzw. unterschreitet. Völlig analog sind in der mikroökonomischen Literatur häufig betrachtete dichotome Entscheidungsprobleme strukturiert. Welche Einflußgrößen bestimmen beispielsweise, ob jemand mit dem Bus oder einem privaten Verkehrsmittel wie dem Automobil zur Arbeitsstätte gelangt? Als dem Entscheidungsproblem zugrundeliegend kann man sich wiederum die Differenz an Attraktivität (für den einzelnen Entscheidungsträger) vorstellen.

Im folgenden wird zuerst von einer latenten Variablen $\tilde{Y}$ ausgegangen, die der Polarität zwischen den beobachtbaren Alternativen '$y = 1$' bzw. '$y = 0$' zugrundeliegt. Welchen Wert $\tilde{Y}$ besitzt, ist wiederum linear durch die Einflußgrößen bestimmt. Man nimmt also an, daß die Einflußgrößen auf die (latente) Schädigung des Organismus bzw. auf die unbeobachtbare Attraktivitätsdifferenz zwischen zwei Entscheidungsalternativen wirkt. Eine latente Schwelle entscheidet, welche der beiden Alternativen tatsächlich realisiert wird. Die in mikroökonomischen Problemstellungen präferierte Vorstellung von Random Utilities wird im Anschluß daran behandelt.

Formal wird für das Schwellenwertmodell angenommen:

(1) *Existenz einer latenten Variablen $\tilde{Y}$, deren Erwartungswert analog zur linearen Regression als Linearkombination der erklärenden Variablen bestimmt ist, von der Form*

$$\tilde{Y} = \alpha_0 + \alpha_1 x_1 + \cdots + \alpha_p x_p + \varepsilon,$$

wobei ε eine Störgröße ist, die dem Zufallscharakter Rechnung trägt und $\alpha_0, \alpha_1, \ldots, \alpha_p$ feste Gewichte (Parameter) darstellen. Insbesondere geht in ε ein, daß die zur Erklärung herangezogenen Variablen $x_1, \ldots, x_p$ nicht die Gesamtheit der tatsächlich wirksamen Variablen darstellen.

(2) *Die Störvariable besitzt die Verteilungsfunktion F.*

(3) *Die Verknüpfung zwischen latenter Variablen $\tilde{Y}$ und der tatsächlich betrachteten Dichotomie '$y = 1$' oder '$y = 0$' ist durch eine Schwelle θ gegeben mit*

$$y = 1 \Longleftrightarrow \tilde{Y} = \alpha_0 + \alpha_1 x_1 + \cdots + \alpha_p x_p + \varepsilon \leq \theta$$

bzw.

$$y = 0 \Longleftrightarrow \tilde{Y} = \alpha_0 + \alpha_1 x_1 + \cdots + \alpha_p x_p + \varepsilon > \theta,$$

wobei θ eine unbekannte auf dem latenten Kontinuum der Variable $\tilde{Y}$ liegende Schwelle darstellt.

Aus diesen Annahmen ergibt sich unmittelbar

$$\begin{aligned}\pi(\boldsymbol{x}) = P(y=1|x) = P(\tilde{Y} \leq \theta) &= P(\varepsilon \leq \theta - \alpha_0 - \alpha_1 x_1 - \cdots - \alpha_p x_p) \\ &= F(\theta - \alpha_0 - x_1\alpha_1 - \cdots - x_p\alpha_p).\end{aligned}$$

Mit $\beta_0 = \theta - \alpha_0, \beta_i = -\alpha_i, i = 1, \ldots, p$ erhält man das generelle Modell

$$\begin{aligned}\pi(\boldsymbol{x}) &= F(\beta_0 + x_1\beta_1 + \cdots + x_p\beta_p). \\ &= F(\boldsymbol{x}'\boldsymbol{\beta}),\end{aligned} \tag{4.1}$$

wobei $\boldsymbol{x}' = (1, x_1, \ldots, x_p)$, $\boldsymbol{\beta}' = (\beta_0, \ldots, \beta_p)$.

Die Zusammenfassung der Schwelle θ und des konstanten Terms α_0 der latenten Variablen zu einem Parameter β_0 ist dadurch begründet, daß sich nicht beide Parameter identifizieren lassen. Eine Verschiebung der unbekannten Schwelle zu $\theta + \delta$ und eine Verschiebung der latenten Variable um δ (also $\alpha_0 + \delta$ statt α_0) führt zur selben Differenz $\theta - \alpha_0$. Es läßt sich nur die relative Lage der latenten Variable zu einer Schwelle auf dem latenten Kontinuum bestimmen. Wie bereits im logistischen Modell geben die Koeffizienten $\beta_1, \ldots, \beta_p$ wieder, wie sich die Einflußgrößen $x_1, \ldots, x_p$ auf $\pi(\boldsymbol{x})$ auswirken.

Zur Veranschaulichung des Schwellenmechanismus betrachte man die Abbildung 4.1. Dort ist die logistische Dichte der latenten Variablen $\tilde{Y} = \alpha_0 + x\alpha$ für zwei Ausprägungen x_1, x_2 der Einflußgröße dargestellt. Wie man deutlich sieht, wächst die Wahrscheinlichkeit für das Ereignis '$y = 0$' mit wachsendem $\tilde{Y}$. Ist $\alpha > 0 (\beta = -\alpha < 0)$ wird für wachsendes $x (x_2 > x_1)$ die Wahrscheinlichkeit für die zweite Responsekategorie ($y = 0$) wachsen, die Wahrscheinlichkeit für die erste Responsekategorie ($y = 1$) abnehmen. Für $\alpha < 0$ tritt jeweils der gegenteilige Effekt ein. Der Parameter α zeigt somit, ob sich die Wahrscheinlichkeit der zweiten Responsekategorie mit wachsendem x gleichsinnig ($\alpha > 0$) oder gegensinnig ($\alpha < 0$) verhält. Für den Parameter $\beta = -\alpha$ gilt dieselbe Interpretation für die erste Responsekategorie (gleichsinnig für $\beta > 0$, gegensinnig bei $\beta < 0$.)

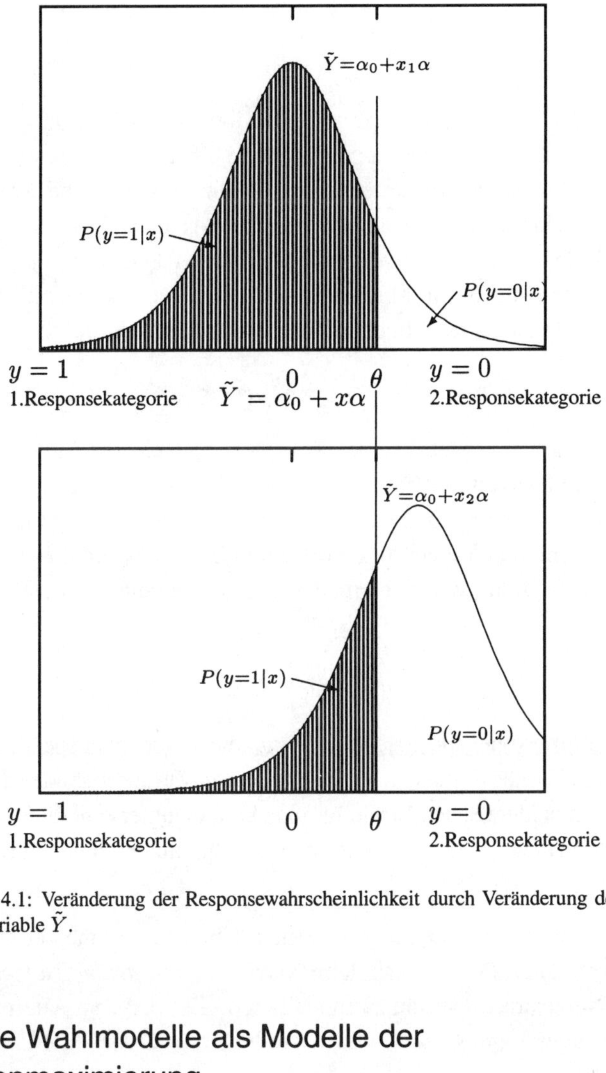

Abbildung 4.1: Veränderung der Responsewahrscheinlichkeit durch Veränderung der latenten Variable $\tilde{Y}$.

4.1.2 Binäre Wahlmodelle als Modelle der Nutzenmaximierung

Eine umfangreiche mikroökonomische Literatur beschäftigt sich mit Auswahlsituationen, in denen ein Individuum vor einer binären Entscheidung A oder B steht. Diese Wahlmöglichkeit kann den Transportmodus betreffen, '*Bus oder Auto*' oder die Auswahl zwischen zwei Konkurrenzprodukten A oder B.

In der Mikroökonometrie geht man bei der Modellierung des Entscheidungsverhaltens häufig davon aus, daß jede dieser Wahlalternativen für die Person einen bestimmten Nutzen (Utility) aufweist. Für jede der beiden Alternativen hat man eine

Nutzenfunktion

$$U_i = u_i + \varepsilon_i, \qquad i = 1, 2.$$

Der Nutzen U_i ist eine Zufallsvariable (Random Utility), die sich aus einer Konstanten u_i (der systematischen Komponente) und einer Störgröße ε_i (zufällige Komponente, Zufallsvariable) zusammensetzt. In die systematische Komponente gehen sowohl Charakteristika der wählenden Person als auch Charakteristika der Wahlalternativen ein. Sei beispielsweise x das Alter der Person und w_1, w_2 die Fahrzeit zur Arbeitsstelle im Wahlproblem '*Bus oder Auto*'. Die systematische Komponente wird als in den Parametern linearer Term modelliert, z.B. durch

$$u_i = \gamma_{i0} + x\gamma_{i1} + x^2\gamma_{i2} + w_i\alpha, \quad i = 1, 2.$$

Neben der alternativenspezifischen Konstante β_{i0} geht das Alter linear und quadratisch ein, die Fahrzeit nur linear. Die Koeffizienten bestimmen, welche Bedeutung das entsprechende Merkmal für den Nutzen aufweist. Völlig analog zu vorhergehenden Abschnitten können in den linearen Term Faktoren, also kategoriale Einflußgrößen als Dummy-Variablen eingehen. Allgemein sei u_i, $i = 1, 2$, bestimmt durch

$$u_i = \gamma_{i0} + \boldsymbol{x}'\boldsymbol{\gamma}_i + \boldsymbol{w}_i'\boldsymbol{\alpha},$$

wobei $\boldsymbol{x}$ die personenspezifischen und $\boldsymbol{w}_i$ die alternativenspezifischen Merkmale enthält. Die Zufallsvariable ε_i repräsentiert den Zufallscharakter des Experiments. Bei gegebenen identischen Einflußgrößen können unterschiedliche Personen unterschiedlich wählen — ein Effekt der naturgemäß unzureichenden Erfassungen aller möglichen Einflüsse.

Geht man von der Existenz dieser latenten Nutzenfunktionen aus, ist es natürlich, die Auswahl einer Person nach dem *Prinzip des maximalen Nutzens* als ihre individuelle Nutzenmaximierung zu modellieren. Es wird also Alternative 2 gewählt, wenn die zugehörige Nutzenfunktion größer ist als der zu Alternative 1 gehörende Nutzen, d.h.

$$y = 2 \Longleftrightarrow U_1 < U_2$$

bzw.

$$y = 1 \Longleftrightarrow U_1 \geq U_2$$

wobei $y = 1, 2$ für die *beobachtbare* Wahl der Alternativen 1 bzw. 2 steht. Eine äquivalente Darstellung des Auswahlprozesses ist gegeben durch

$$y = 1 \Longleftrightarrow U_2 - U_1 \leq 0.$$

Eine Betrachtung dieser Differenz ergibt

$$\begin{aligned}\tilde{Y} = U_2 - U_1 &= \gamma_{20} - \gamma_{10} + \boldsymbol{x}'(\boldsymbol{\gamma}_2 - \boldsymbol{\gamma}_1) + (\boldsymbol{w}_2 - \boldsymbol{w}_1)'\boldsymbol{\alpha} + \varepsilon_2 - \varepsilon_1 \\ &= \gamma_0 + \tilde{\boldsymbol{x}}'\boldsymbol{\gamma} + \varepsilon,\end{aligned}$$

wobei $\gamma_0 = \gamma_{20} - \gamma_{10}$ und die Einflußgrößen zu einem Vektor $\tilde{\boldsymbol{x}}' = (\boldsymbol{x}', \boldsymbol{w}_2' - \boldsymbol{w}_1')$ zusammengefaßt sind mit dem Gewichtsvektor $\boldsymbol{\gamma}' = (\boldsymbol{\gamma}_2' - \boldsymbol{\gamma}_1', \boldsymbol{\alpha}')$.

Nimmt man nun die Verteilungsfunktion F *für die Differenz* der Störgrößen $\varepsilon = \varepsilon_2 - \varepsilon_1$ an, erhält man unmittelbar

$$\begin{aligned}P(y = 1|x) = P(\tilde{U} \leq 0) &= P(\varepsilon \leq -\gamma_0 - \tilde{\boldsymbol{x}}'\boldsymbol{\gamma}) \\ &= F(\boldsymbol{x}'\boldsymbol{\beta}),\end{aligned}$$

wobei $\boldsymbol{x}' = (1, \tilde{\boldsymbol{x}})$, $\boldsymbol{\beta} = (-\gamma_0, -\boldsymbol{\gamma}')$. Man erhält somit das Modell (4.1).

Diese Ableitung aus dem Prinzip des maximalen Nutzens ist völlig äquivalent zur Ableitung als Schwellenwertmodell. Um den Zusammenhang nochmals deutlich zu machen, werden in der folgenden Bemerkung die Postulate des Schwellenwertmodells den hier getroffenen Annahmen gegenübergestellt.

Bemerkung:

1. *Während bei der Schwellenwertmodellierung sofort von der zugrundeliegenden latenten Variable $\tilde{Y}$ ausgegangen wird, erhält man diese Variable im Nutzenkonzept aus der Differenz der beiden Nutzenfunktionen $\tilde{Y} = U_2 - U_1$.*
2. *Der Annahme der Verteilungsfunktion F für die zufällige Komponente von $\tilde{Y}$ entspricht im Nutzenkonzept die Verteilung der Differenz der Zufallskomponenten $\varepsilon_2 - \varepsilon_1$. Nimmt man beispielsweise Normalverteilung an mit $\varepsilon_i \sim N(\mu_i, \sigma_i^2)$, $i = 1, 2$ und $cov(\varepsilon_1, \varepsilon_2) = \sigma_{12}$, erhält man $\varepsilon_2 - \varepsilon_1 \sim N(\mu_2 - \mu_1, \sigma_1^2 + 2\sigma_{12} + \sigma_2^2)$. Da Modelle desselben Verteilungstyps aber mit unterschiedlichen Erwartungswerten bzw. Varianzen äquivalent sind, führt die Annahme $\varepsilon_2 - \varepsilon_1 \sim N(0, 1)$ zum selben Modelltyp.*
3. *Die bei der Schwellenwertmodellierung postulierte Schwelle θ hat sich als nicht identifizierbar erwiesen. Daher läßt sich θ auch durch $\theta = 0$ wählen, was bei der Differenzbildung der Nutzenfunktionen deren Maximierung entspricht, d.h. $U_2 - U_1 > 0$ wenn $U_2 > U_1$.*

4.2 Modelltypen

Das generelle Modell

$$\pi(x) = F(\boldsymbol{x}'\boldsymbol{\beta})$$

wurde im vorhergehenden sowohl als Schwellenwertmodell als auch als Modell der Nutzenmaximierung abgeleitet. Die Festlegung der Funktion F bestimmt nun den Typ des Modells.

4.2.1 Probit-Modell

Wählt man für F statt der logistischen Verteilung die Verteilungsfunktion der Standardnormalverteilung, erhält man das sogenannte Probit-Modell, das gelegentlich auch als Normit-Modell bezeichnet wird.

Probit-Modell

$$\pi(\boldsymbol{x}) = \Phi(\boldsymbol{x}'\boldsymbol{\beta})$$

bzw.

$$\Phi^{-1}(\pi(\boldsymbol{x})) = \boldsymbol{x}'\boldsymbol{\beta}$$

mit $\Phi(\eta) = \frac{1}{\sqrt{2\pi}} \int\limits_{-\infty}^{\eta} e^{-x^2/2} dx.$

Die damit postulierte Form, wie der lineare Term $\boldsymbol{x}'\boldsymbol{\beta}$ die Responsewahrscheinlichkeit bestimmt, ist (bis auf die Varianz) der des logistischen Modells sehr ähnlich (siehe Abb. 4.5). Ein Nachteil des Modells ist, daß Φ nur als Integralfunktion angebbar ist. Die unmittelbar durch $\boldsymbol{x}'\boldsymbol{\beta}$ bestimmte transformierte Wahrscheinlichkeit $\Phi^{-1}(\pi(\boldsymbol{x}))$ (die sogenannten Probits) sind nicht mehr als logarithmierte Chancen interpretierbar.

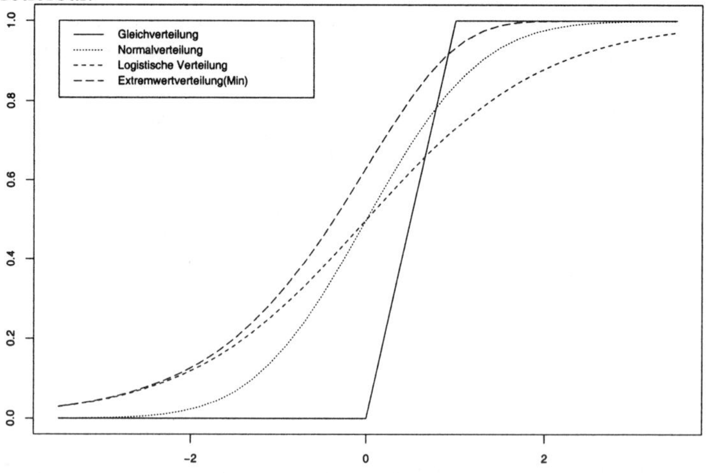

Abbildung 4.2: Responsefunktionen (zugrundeliegende Verteilungsfunktionen) binärer Regressionsmodelle

4.2.2 Lineares Modell

Eine andere Wahl der Verteilungsfunktion ergibt sich aus der Gleichverteilung über dem Intervall $(0, 1)$, d.h. der Verteilungsfunktion

$$F(\eta) = \begin{cases} 0 & \eta < 0 \\ \eta & \eta \in [0,1] \\ 1 & \eta > 1 \end{cases} \tag{4.2}$$

Postuliert man, daß die Wahrscheinlichkeiten im Intervall (0,1) liegen, erhält man das lineare Modell $\pi(x) = \boldsymbol{x}'\boldsymbol{\beta}$, das unmittelbar dem linearen Modell der metrischen Regressionanalyse entspricht.

$$\boxed{\pi(\boldsymbol{x}) = \boldsymbol{x}'\boldsymbol{\beta}}$$

Der lineare Prädiktor $\boldsymbol{x}'\boldsymbol{\beta}$, der wiederum die Variablen bzw. Dummy-Variablen enthält, wirkt hier unmittelbar auf die Wahrscheinlichkeit. Die Parameter dieses Modells lassen sich daher unmittelbar als Differenzen von Wahrscheinlichkeiten ausdrücken. Betrachtet man den Fall einer kategorialen Einflußgröße $A \in \{1, \ldots, I\}$, läßt sich das Modell darstellen durch

$$\pi(A = i) = \beta_0 + \beta_i, \quad i = 1, \ldots, I.$$

Die Nebenbedingung $\beta_I = 0$, die der (0–1)-Kodierung mit Referenzkategorie I entspricht, liefert unmittelbar

$$\begin{aligned} \beta_0 &= \pi(I), \\ \beta_i &= \pi(i) - \pi(I), \qquad i = 1, \ldots, I, \end{aligned}$$

so daß β_0 der Auftretenswahrscheinlichkeit von '$y = 1$' in der Referenzkategorie $A = I$ entspricht und β_i die Veränderung der Auftretenswahrscheinlichkeit beim Übergang zur Kategorie $A = i$.

Die der *Effektkodierung* entsprechende Nebenbedingung $\sum_i \beta_i = 0$ liefert

$$\beta_0 = \frac{1}{I} \sum_{i-1}^{I} \pi(i), \qquad \beta_i = \pi(i) - \beta_0,$$

so daß β_0 die 'mittlere' Auftretenswahrscheinlichkeit ist und β_i jeweils die Abweichung davon.

Die einfache Interpretierbarkeit der Parameter macht das Modell attraktiv. Dem steht jedoch der starke Nachteil gegenüber, daß das Modell im seinem Gültigkeitsbereich stark eingeschränkt ist. Für extreme Einflußgrößen $\boldsymbol{x}$ und $\boldsymbol{\beta} \neq 0$ wird der lineare Ansatz $\pi(x) = \boldsymbol{x}'\boldsymbol{\beta}$ immer zu Wahrscheinlichkeiten führen, die kleiner als Null bzw. größer als Eins sind. Das Modell kann daher nur in einem beschränkten Bereich der Einflußgrößen gelten.

4.2.3 Extremwertverteilungsmodelle

Eine weitere übliche Wahl stellt die (Minimum-) Extremwertverteilung $F(\eta) = 1 - \exp(-\exp(\eta))$ dar.

Komplementäres log-log Modell
(Minimum-Extremwert-Modell)

$$\pi(\boldsymbol{x}) = 1 - \exp(-\exp(\boldsymbol{x}'\boldsymbol{\beta})) \tag{4.3}$$

bzw.

$$\log(-\log(1 - \pi(\boldsymbol{x}))) = \boldsymbol{x}'\boldsymbol{\beta}$$

Die Bezeichnung log-log Modell bezieht sich auf die zweite Form, in der deutlich wird, auf welche Transformation der Wahrscheinlichkeit der lineare Prädiktor wirkt. Im Gegensatz zur logistischen und zur Normalverteilung ist die (Minimum-) Extremwertverteilung nicht symmetrisch sondern *linksschief.*

Für symmetrische Verteilungen gilt $F(\eta) = 1 - F(-\eta)$. Daraus folgt für symmetrische Verteilungen, wenn $\pi(\boldsymbol{x}) = F(\boldsymbol{x}'\boldsymbol{\beta})$ gilt, erhält man für die Gegenwahrscheinlichkeit

$$P(Y = 2|\boldsymbol{x}) = 1 - \pi(\boldsymbol{x}) = 1 - F(\boldsymbol{x}'\boldsymbol{\beta}) = F(-\boldsymbol{x}'\boldsymbol{\beta}) = F(\boldsymbol{x}'(-\boldsymbol{\beta})).$$

Für die Gegenwahrscheinlichkeit gilt somit ein Regressionsmodell vom selben Typ nur mit dem Parametervektor $-\boldsymbol{\beta}$ anstatt $\boldsymbol{\beta}$. Dies gilt allerdings nicht mehr für asymmetrische Verteilungen wie die (Minimum-) Extremwertverteilung. Wählt man für die Gegenwahrscheinlichkeit ein Modell vom Typ (4.3), erhält man

$$1 - \pi(\boldsymbol{x}) = 1 - \exp(-\exp(\boldsymbol{x}'\boldsymbol{\alpha}))$$

und damit

$$\pi(\boldsymbol{x}) = \exp(-\exp(\boldsymbol{x}'\boldsymbol{\alpha})).$$

Durch die einfache Transformation $\boldsymbol{\beta} = -\boldsymbol{\alpha}$ ergibt sich

$$\pi(\boldsymbol{x}) = \exp(-\exp(-\boldsymbol{x}'\boldsymbol{\beta})).$$

bzw.

$$\pi(\boldsymbol{x}) = F(\boldsymbol{x}'\boldsymbol{\beta})$$

mit der (Maximum-) Extremwertverteilung $F(\eta) = \exp(-\exp(-\eta))$. Die Transformation $\boldsymbol{\beta} = -\boldsymbol{\alpha}$ dient hier nur dem Zweck auf der rechten Seite wiederum eine Verteilungsfunktion mit dem Argument $\eta = \boldsymbol{x}'\boldsymbol{\beta}$ zu erhalten.

Das Modell entspricht damit dem komplementären log-log Modell, angewandt auf das Gegenereignis. Die Anwendung auf das ursprüngliche Ereignis führt allerdings zu einer anderen Modellierung mit möglicherweise durchaus anderer Anpassungsgüte. Da im folgenden Modelle verglichen werden, die ein festes Ereignis (beispielsweise Arbeitslosigkeit) modellieren, wird es im folgenden, separat aufgeführt, als Maximum-Extremwert-Modell bezeichnet.

Maximum-Extremwert-Modell

$$\pi(\boldsymbol{x}) = \exp(-\exp(-\boldsymbol{x}'\boldsymbol{\beta}))$$

4.2.4 Komplementäres Log-Modell oder Exponentialmodell

Wählt man für F die Verteilungsfunktion der Exponentialverteilung $F(\eta) = 1 - \exp(-\eta)$, $\eta > 0$, erhält man das folgende Modell

Exponentialmodell oder komplementäres log-Modell

$$\pi(\boldsymbol{x}) = 1 - \exp(-\boldsymbol{x}'\boldsymbol{\beta}) \tag{4.4}$$

bzw.

$$-\log(1 - \pi(\boldsymbol{x})) = \boldsymbol{x}'\boldsymbol{\beta}.$$

Die letzte Form, in der die Komplementärwahrscheinlichkeit $1 - \pi(\boldsymbol{x})$ auftritt, ist der Grund für die Bezeichnung komplementäres log-Modell. Die zugrundeliegende

Dichte der latenten Variable ist die der Exponentialverteilung $f(x) = e^{-x},\ x > 0$, und damit eine stark rechtsschiefe Verteilung. Im Gegensatz zu den meisten bisher betrachteten Linkfunktionen sind hier Dichte und Verteilungsfunktion F nicht durchweg positiv (vgl. Abbildung 4.3). Die Dichte besitzt eine Sprungstelle und fällt danach kontinuierlich ab, die Verteilungsfunktion beginnt erst ab dieser Stelle anzusteigen. Die latente Variable, die als exponentialverteilt angesehen wird, besitzt somit eine natürliche Schwelle. Werte können erst auftreten, wenn diese überschritten wird.

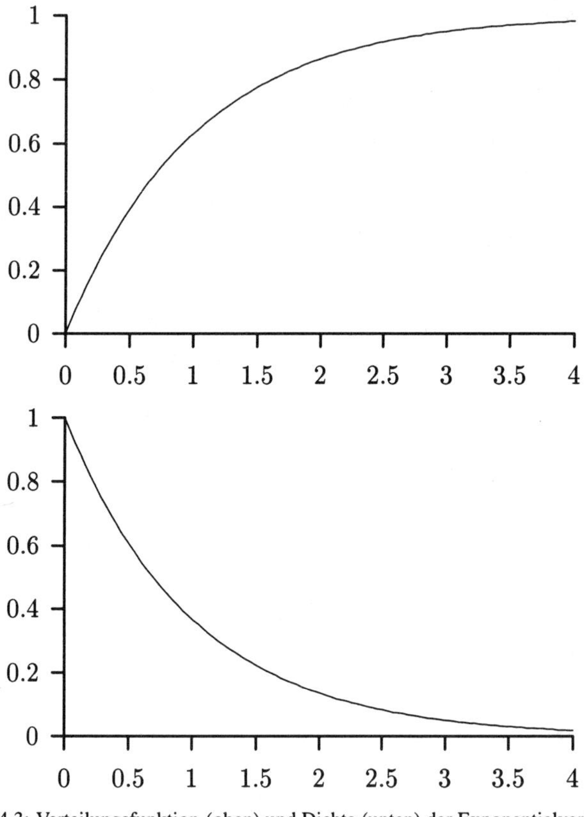

Abbildung 4.3: Verteilungsfunktion (oben) und Dichte (unten) der Exponentialverteilung

In der Motivation als Schwellenwertmodell (Abschnitt 4.1.1) wird die latente Variable $\tilde{Y} = \alpha_0 + \alpha_1 x_1 + \cdots + \alpha_p x_p + \varepsilon$ zugrundegelegt. Da die Exponentialverteilung eine klassische Wartezeitverteilung ist, läßt sich bei Annahme einer exponentialverteilten Störung ε der Term $\alpha_0 + \alpha_1 x_1 + \cdots + \alpha_p x_p$ als kovariablenabhängige Wartezeit vorstellen. Die darüber hinausgehende Variation wird durch die Exponentialverteilung bestimmt.

Das Modell bezieht seine Relevanz aus dieser Motivation, die im folgenden noch auf zwei Arten modifiziert wird.

(1) Man betrachtet ein Phänomen, das entweder nicht oder häufiger auftreten kann. Beispielsweise kann die Anzahl der PKW's in einem Haushalt Null oder eine beliebige natürliche Zahl sein. In der Medizin können interessierende Phänomene das Nicht-Auftreten bzw. das gleichzeitige Auftreten mehrerer Symptome oder Tumoren sein. Interessiert man sich nicht für die Anzahl selbst, sondern nur dafür, ob das Phänomen überhaupt auftritt oder nicht, reduziert sich die Beobachtung auf ein dichotomes Phänomen. Für die Anzahl Z läßt sich häufig die Annahme einer Poisson-Verteilung treffen, d.h. $Z \sim P(\lambda)$ mit der Wahrscheinlichkeitsfunktion $P(Z = z) = e^{-\lambda}\lambda^x/x!$, $x = 0, 1, 2, \ldots$ (vgl. Appendix A). Die Reduktion auf eine dichotome Variable y erfolgt durch

$$y = \begin{cases} 1 & Z > 0 \\ 0 & Z = 0, \end{cases}$$

so daß $y = 1$ gilt, wenn das Phänomen eintritt und zwar unabhängig davon wie oft. Man erhält unmittelbar

$$\pi = P(y = 1) = 1 - P(y = 0) = 1 - e^{-\lambda}.$$

Hängt der Erwartungswert durch $\lambda = \boldsymbol{x}'\boldsymbol{\beta}$ von den Kovariablen ab, erhält man das Modell 4.4.

(2) Sei T die Wartezeit bis zu einem Ereignis. Ein mögliches Verteilungsmodell für Wartezeiten ist die Exponentialverteilung, $T \sim E(\lambda)$, mit der Verteilungsfunktion $F(x) = 1 - (\exp(-\lambda x))$ (siehe Anhang A). Sei nun τ ein Zeitpunkt, an dem überprüft wird, ob das Ereignis eingetreten ist oder nicht. Durch die Reduktion

$$y = \begin{cases} 1 & T < \tau \\ 0 & T \geq \tau, \end{cases}$$

wird mit $y = 1$ erfaßt, ob das Ereignis bis zum Zeitpunkt τ eingetreten ist. Parametrisiert man $\lambda = \boldsymbol{x}'\boldsymbol{\gamma}$ ergibt sich unmittelbar

$$P(y = 1) = P(T < \tau) = 1 - \exp(-\tau \boldsymbol{x}'\boldsymbol{\gamma}) = 1 - \exp(-\boldsymbol{x}'\boldsymbol{\beta}),$$

wobei $\boldsymbol{\beta} = \tau\boldsymbol{\gamma}$.

Aus beiden Vorstellungen, Zählverteilung bei der registriert wird, ob ein Ereignis zumindest einmal eingetreten ist oder Wartezeit, bei der registriert wird, ob ein Ereignis innerhalb einer bestimmten Zeitspanne eingetreten ist, ergibt sich das Exponentialmodell. Die beiden Vorstellungen sind natürlich eng miteinander verknüpft, da die Exponentialverteilung die Wartezeit eines Poissonprozesses ist (z.B. Grimmet & Stirzaker (1992)). Diese Motivation zeigt auch, daß das Modell in vielen Anwendungsfällen angebracht ist. Zeitliche Prozesse liegen beispielsweise zugrunde, wenn in der Medizin ein Rückfall innerhalb einer 3- oder 5-Jahresgrenze erhoben wird, oder wenn in Beispiel 10.1 betrachtet wird, ob eine Firma innerhalb von 5 Jahren vom Markt verschwindet.

Bei der Schätzung des Modells läßt sich die einfachere Link-Funktion $g(y) = \log(y)$ zugrundelegen, wenn man die Gegenwahrscheinlichkeit betrachtet, d.h. in den Daten bei $y \in \{0, 1\}$ die Werte 0 und 1 vertauscht.

Gelegentlich ergeben sich Schätzprobleme wegen der Nichtdifferenzierbarkeit von F im Punkt 0. Man vergleiche dazu Wacholder (1986), Baumgarten, Seliske & Goldberg (1989). Anwendungen des Modells finden sich bei Wacholder (1986), Guess & Crump (1978), Whittemore (1983), Cornell & Speckman (1967). Einen Überblick gibt Piegorsch (1992).

4.2.5 Responsefunktion und Eindeutigkeit der Modelle

Um die Unterschiedlichkeit der Modelle zu verdeutlichen werden im folgenden zuerst die zugrundeliegenden Dichten betrachtet. Bei der Herleitung als Schwellenwertmodell geht man von der latenten Variablen $\tilde{U} = \alpha_0 + \alpha_1 x_1 + \cdots + \alpha_p x_p + \epsilon$ aus. Die Modelle unterscheiden sich hinsichtlich der Verteilungsannahme für den zufälligen Term ϵ. Abbildung 4.4 zeigt die unterschiedlichen Dichtefunktionen von ϵ, die den Modellvarianten zugrundeliegen. Abbildung 4.2 zeigt die zugehörigen Verteilungsfunktionen. Die Dichten liegen auf dem latenten Kontinuum und eine Schwelle entscheidet, welcher Response erfolgt. Für die Verteilungsfunktionen hat man bereits eine unmittelbare Koppelung an die Responsewahrscheinlichkeit durch die Modellform $\pi(x) = F(\boldsymbol{x}'\boldsymbol{\beta})$. Hier wird deutlich, wie der lineare Prädiktor $\boldsymbol{x}'\boldsymbol{\beta}$ zur Wahrscheinlichkeit transformiert wird.

Unmittelbar auffallend ist die Verschiebung der Gleichverteilung. Die Gleichverteilung besitzt einen Erwartungswert 0.5, während logistische und Normalverteilung den Erwartungswert 0 besitzen (für die Extremwertverteilung ist der Erwartungswert -0.577). Da diese Verschiebung durch eine Verschiebung der Schwelle (die nur im Bezug zur Konstanten identifizierbar ist) aufgehoben werden kann, ist dieser Unterschied sekundär. Dasselbe gilt für die unterschiedlichen Varianzen (1/12 für die Gleichverteilung, 1 für die Normalverteilung, $2\pi/3$ für die logistische und $2\pi/6$ für

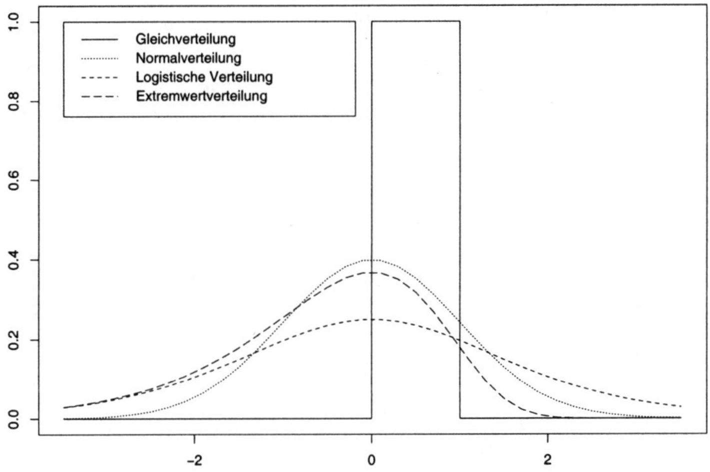

Abbildung 4.4: Einige Verteilungsdichten, die binären Regressionsmodellen zugrundeliegen (Gleichverteilung, Standard-Normalverteilung, Logistische Verteilung, Minimum-Extremwert-Verteilung)

die Extremwertverteilung). Um dies deutlich zu machen betrachte man das Modell

$$\pi(x) = F(\boldsymbol{x}'\boldsymbol{\beta}), \tag{4.5}$$

wobei zur Verteilungsfunktion F der Erwartungswert μ und die Varianz gehören, sowie das 'normierte' Modell

$$\pi(x) = \tilde{F}(\boldsymbol{x}'\tilde{\boldsymbol{\beta}}) \tag{4.6}$$

mit $\tilde{F}(\eta) = F(\sigma\eta + \mu)$. Die beiden Modelle unterscheiden sich nur durch eine lineare Transformation. Wenn F die Verteilung von ϵ ist, stellt $\tilde{F}$ die 'normierte' Verteilung von $(\epsilon - \mu)/\sigma$ dar. Ausgehend von Modell (4.6) ergibt sich

$$\begin{aligned}\pi(x) &= \tilde{F}(\boldsymbol{x}'\tilde{\boldsymbol{\beta}}) = F(\sigma(\tilde{\beta}_0 + \tilde{\beta}_1 x_1 + \cdots + \tilde{\beta}_p x_p) + \mu) \\ &= F(\sigma\tilde{\beta}_0 + \mu + \sigma\tilde{\beta}_1 x_1 + \cdots + \sigma\tilde{\beta}_p x_p) \\ &= F(\boldsymbol{x}'\boldsymbol{\beta})\end{aligned}$$

wobei $\boldsymbol{\beta}' = (\sigma\tilde{\beta}_0 + \mu, \sigma\tilde{\beta}_1, \ldots, \sigma\tilde{\beta}_p)$. Daraus ist ersichtlich, daß Modell (4.6) sich durch Umparametrisieren in Modell (4.5) verwandeln läßt. Die Modelle sind äquivalent in dem Sinne, daß die Gültigkeit des einen Modells die Gültigkeit des jeweils anderen Modells impliziert. Alternativ läßt sich dieser Effekt mit den latenten Variablen veranschaulichen. Der Schwellenwertmechanismus in Abschnitt 4.1.1 (S. 118) postuliert

$$y = 1 \iff \tilde{Y} = \alpha_0 + \alpha_1 x_1 + \cdots + \alpha_p x_p + \varepsilon \quad \leq \quad 0 \tag{4.7}$$

Die Annahme einer Verteilungsfunktion F für ε liefert das Modell $\pi(\boldsymbol{x}) = F(\boldsymbol{x}'\boldsymbol{\beta})$ mit $\boldsymbol{\beta}' = (\theta - \alpha_0, -\alpha_1, \ldots, -\alpha_p)$. Normiert man ε mit $\mu = E(\varepsilon)$, $\sigma^2 = var(\varepsilon)$ zu $(\varepsilon - \mu)/\sigma$, läßt sich (4.7) darstellen durch

$$y = 1 \quad \Longleftrightarrow \quad \tilde{Y} = \frac{\alpha_0}{\sigma} + \frac{\alpha_1}{\sigma}x_1 + \cdots + \frac{\alpha_p}{\sigma}x_p + \frac{\varepsilon - \mu}{\sigma} \quad \leq \quad \frac{\theta - \mu}{\sigma}.$$

Man erhält unmittelbar

$$\pi(\boldsymbol{x}) = \tilde{F}(x'\tilde{\beta}),$$

wobei $\tilde{F}$ die Verteilungsfunktion der standardisierten Störung $(\varepsilon - \mu)/\sigma$ ist und

$$\begin{aligned} \tilde{\beta} &= \left(\frac{\theta - \alpha_0 - \mu}{\sigma}, -\frac{\alpha_1}{\sigma}, \ldots, -\frac{\alpha_p}{\sigma}\right) \\ &= \left(\frac{\beta_0 - \mu}{\sigma}, \frac{\beta_1}{\sigma}, \ldots, \frac{\beta_p}{\sigma}\right). \end{aligned}$$

Da Modelle desselben Verteilungstyps aber mit unterschiedlichem ersten und zweiten Moment äquivalent sind, empfiehlt sich der Vergleich zwischen den Modelltypen für eine standardisierte Form, beispielsweise mit Erwartungswert 0 und Varianz 1. Abbildung 4.5 zeigt die Responsefunktionen für diese normierte Form. Abbildung 4.6 zeigt die Transformation $F^{-1}(\pi)$ für die normierte Verteilungsfunktion, also die Transformation auf die der lineare Prädiktor wirkt.

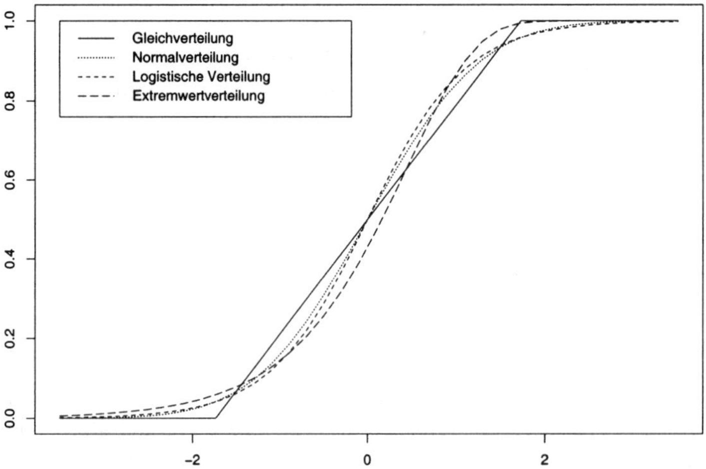

Abbildung 4.5: Responsefunktion für normierte Verteilungsfunktionen (Erwartungswert: 0, Varianz: 1)

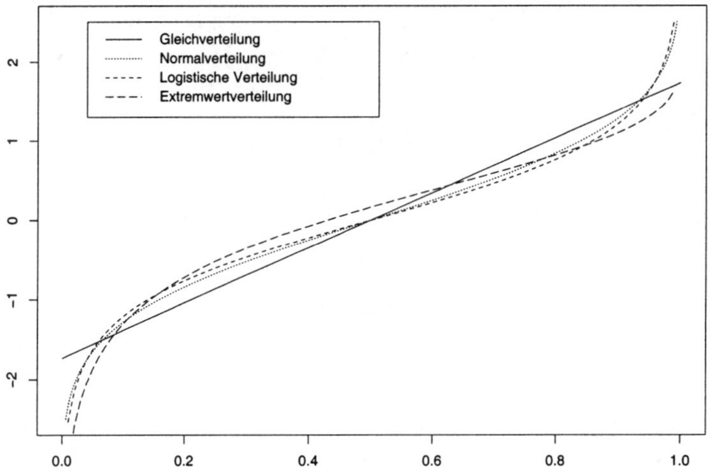

Abbildung 4.6: Linkfunktionen $F^{-1}(\pi)$ für normierte Verteilungsfunktionen F

Will man Parameter vergleichen, sollte man unbedingt die normierte Form benutzen. Bezeichne $F_{\mu,\sigma}$ die Verteilungsfunktion mit Erwartungswert μ und Standardabweichung σ und $Y_{\mu,\sigma}$ bzw. $Y_{0,1}$ die entsprechenden Zufallsvariablen. Dann gilt

$$F_{\mu,\sigma}(y) = P(Y_{\mu,\sigma} \leq y) = P\left(\frac{Y_{\mu,\sigma} - \mu}{\sigma} \leq \frac{y-\mu}{\sigma}\right) = F_{0,1}\left(\frac{y-\mu}{\sigma}\right),$$

so daß gilt $F_{0,1}(\eta) = F_{\mu,\sigma}(\sigma\eta + \mu)$. Will man die Parameter $\boldsymbol{\beta}$ des Probit-Modells

$$\pi(x) = \Phi(\boldsymbol{x}'\boldsymbol{\beta})$$

(Φ für die Standardnormalverteilungsfunktion) mit den Parametern des logistischen Modells

$$\pi(x) = F(\boldsymbol{x}'\boldsymbol{\beta}), \tag{4.8}$$

mit $F(\eta) = \exp(\eta)/(1 + \exp(\eta))$ vergleichen, ist zu berücksichtigen, daß F die Varianz $\sigma^2 = \pi^2/3$ besitzt. Für den Vergleich der Parameter sollte man daher das "standardisierte" Logit-Modell

$$\pi(x) = F_{0,1}(\boldsymbol{x}'\tilde{\beta}) = F(\sigma\boldsymbol{x}'\tilde{\beta})$$

zugrundelegen. Zwischen den durch (4.8) geschätzten und den standardisierten Parametern $\tilde{\beta}$ gilt dann die Beziehung

$$\boldsymbol{\beta} = \sigma\tilde{\boldsymbol{\beta}} \qquad \text{bzw.} \qquad \tilde{\boldsymbol{\beta}} = \boldsymbol{\beta}/\sigma.$$

Die durch das Logit-Modell geschätzten Parameter β sind daher um etwa $\sigma = \pi/\sqrt{3}$ größer als die Parameter des Probit-Modells, das dem standardisierten Logit-Modell approximativ entspricht. Im folgenden Beispiel werden Schätzungen für verschiedene Modelle verglichen. Eine ähnliche Untersuchung findet sich im Abschnitt 6.4 für ordinale Modelle.

	Logit	Probit	Min.-Extr.-Modell	Max.-Extr.-Modell	Exponential-Modell
Erwartungswert	0	0	-0.5772	0.5772	1
Varianz	$\pi^2/3$	1	$\pi^2/6$	$\pi^2/6$	1

Tabelle 4.1: Erwartungswert und Varianz verschiedener Responsefunktionen

Beispiel 4.1 : Dauer der Arbeitslosigkeit
In Beispiel 2.10 (Seite 59) wurde der Zusammenhang zwischen den Variablen Geschlecht, Nationalität, Alter und Quartal und der kurzfristigen Arbeitslosigkeit logistisch modelliert. Die Tabellen 4.2 und 4.3 geben die Parameter in unnormierter und in normierter Form wieder. Normiert wurde auf die 'standardisierte' Verteilungsform mit Erwartungswert 0 und Varianz 1, die für das Probit-Modell bereits vorliegt. Für die übrigen Modelle wurde mit dem entsprechenden μ *und* σ *die Transformation* β_0*(normiert)=* $(\beta_0 - \mu)/\sigma$, β_i*(normiert)=* β_i/σ *angewandt.*

Wie sich aus den Tabellen unschwer erkennen läßt, sind die normierten Parameter gut vergleichbar. Während die unnormierten Parameter große Unterschiede aufweisen, sind die aus den normierten Parametern folgenden Ergebnisse über die verschiedenen Modelle hinweg stabil. Die Güte der Anpassung der Modelle wurde bereits in Beispiel 3.7 Tabelle 3.7 untersucht. □

In dem voranstehenden Beispiel sind die Parameterschätzungen vergleichbar und die Modelle weisen eine vergleichbare Anpassungsgüte auf (vergleiche Tabelle 3.7). Die Link- bzw. Responsefunktion läßt sich daher unter dem Gesichtspunkt einfacher Interpretierbarkeit wählen. Eine durch Daten gesteuerte Wahl ist prinzipiell schwierig bei der Diskrimination zwischen Logit- und Probitmodell, da die normierten Responsefunktionen sehr ähnlich sind (vergleiche Abildung 4.5). Chambers & Cox (1967) zeigen, daß die Diskrimination zwischen diesen beiden Modellen selbst für große Stichprobenumfänge von 1000 Beobachtungen nur schwer möglich ist.

4.3 Die Modellierung von Interaktionswirkungen

Die zweite wichtige Modellkomponente ist der lineare Prädiktor

$$\eta = \boldsymbol{x}'\boldsymbol{\beta} = x_1\beta_1 + \cdots + x_p\beta_p,$$

	Probit-Modell	Logit-Modell		Minimum-Extremwert-Modell		Maximum-Extremwert-Modell	
		Schätzung	normiert $\hat{\beta}_i/(\pi/\sqrt{3})$	Schätzung	normiert $\hat{\beta}_i/(\pi/\sqrt{6})$	Schätzung	normiert $\hat{\beta}_i/(\pi/\sqrt{6})$
$INTERCPT$	−0.011 (0.957)	−0.016 (0.962)	−0.009	−0.318 (0.123)	0.202	−0.345 (0.216)	−0.181
$AGE - 40$	−0.018 (0.000)	−0.029 (0.000)	−0.016	−0.018 (0.000)	−0.014	−0.022 (0.000)	−0.017
SEX	0.426 (0.000)	0.704 (0.000)	0.388	0.427 (0.000)	0.333	0.556 (0.000)	0.4334
NAT	0.217 (0.054)	0.355 (0.053)	0.196	0.230 (0.051)	0.179	0.264 (0.063)	0.205
$LEVEL1$	−0.165 (0.384)	−0.233 (0.458)	−0.129	−0.223 (0.214)	−0.174	−0.134 (0.603)	−0.105
$LEVEL2$	−0.200 (0.270)	−0.304 (0.313)	−0.167	−0.234 (0.173)	−0.182	−0.215 (0.386)	−0.168
$LEVEL3$	−0.358 (0.074)	−0.564 (0.088)	−0.311	−0.393 (0.045)	−0.306	−0.417 (0.119)	−0.325

Tabelle 4.2: Parameterschätzungen für alternative Modelle (p-Werte in Klammern)

in dem die Wirkungsweise der Einflußgrößen festgelegt wird. Wie bereits in Kapitel 2, Abschnitt 2.4 auf Seite 58 bemerkt wurde, sind als Komponenten in $\boldsymbol{x}$ möglich:

$x_i, x_i^2, x_i^3, \ldots,$	Haupteffekte und Potenzen zur metrischen Variable x_i.
$x_{A(i)}, \ldots, x_{A(I-1)},$	Haupteffekte (Dummy-Variablen) zur kategorialen Variable $A \in \{1, \ldots, I\}$,
$x_{A(i)} \cdot x_{B(j)}$, $i = 1, \ldots, I-1$, $j = 1, \ldots, J-1$	Zwei-Faktor-Interaktionen (Produkte von Dummy-Variablen) zu den kategorialen Variablen $A \in \{1, \ldots, I\}, B \in \{1, \ldots, J\}$
$x_i x_{B(j)}, j = 1, \ldots, J,$	Interaktion zwischen metrischer Variable x_i und kategorialem Merkmal $B \in \{1, \ldots, J\}$

4.3.1 Interaktionsmodell für gemischte Variablen

Beispiel 4.2 : Besitz eines Pkw
Wie die Abbildung 2.5 (Seite 34) zeigt, variiert die Wahrscheinlichkeit, einen Pkw zu besitzen mit dem Einkommen. Es ist nun von Interesse, zu untersuchen, ob die Variation über das Einkommen für alte und neue Bundesländer identisch ist. Neben der Einflußgröße Einkommen wird also die binäre Größe Bundesland (alt/neu) als weitere Kovariable betrachten.

□

	Probit-Modell	Logit-Modell		Minimum-Extremwert-Modell		Maximum-Extremwert-Modell	
		Schätzung	normiert $\hat{\beta}_i/(\pi\sqrt{3})$	Schätzung	normiert $\hat{\beta}_i/(\pi/\sqrt{6})$	Schätzung	normiert $\hat{\beta}_i/(\pi/\sqrt{6})$
INTERCPT	−0.565 (0.027)	−0.954 (0.023)	−0.526	−1.010 (0.000)	−0.337	−0.279 (0.379)	−0.667
AGEKAT1	0.854 (0.000)	1.398 (0.000)	0.771	0.970 (0.000)	0.756	0.984 (0.000)	0.767
AGEKAT2	0.614 (0.001)	1.002 (0.001)	0.552	0.738 (0.001)	0.575	0.660 (0.001)	0.515
AGEKAT3	0.681 (0.000)	1.111 (0.000)	0.613	0.801 (0.000)	0.625	0.750 (0.001)	0.585
SEX	0.430 (0.000)	0.712 (0.000)	0.393	0.434 (0.000)	0.338	0.557 (0.000)	0.434
NAT	0.225 (0.047)	0.368 (0.047)	0.203	0.240 (0.042)	0.187	0.267 (0.061)	0.208
LEVEL1	−0.132 (0.488)	−0.187 (0.555)	−0.103	−0.182 (0.313)	−0.142	−0.100 (0.699)	−0.078
LEVEL2	−0.201 (0.269)	−0.313 (0.304)	−0.172	−0.230 (0.183)	−0.180	−0.222 (0.372)	−0.173
LEVEL3	−0.350 (0.082)	−0.561 (0.093)	−0.310	−0.384 (0.051)	−0.300	−0.401 (0.135)	−0.312

Tabelle 4.3: Parameterschätzungen für alternative Modelle (p-Werte in Klammern)

Die einfachste Modellbildung für das Einkommen E und die binäre Größe Bundesland $B \in \{1, 2\}$ hat die Form

$$\text{Logit }(E, B) = \log\left(\frac{P(y=1|E,B)}{P(y=0|E,B)}\right) = \beta_0 + \beta_B x_B + \beta_E E. \qquad (4.9)$$

Unabhängig davon, welche Kodierung in x_B für das Bundesland gewählt wird, impliziert dieses "Haupteffekt-Modell" die starke Forderung, daß die Steigung der Logits über das Einkommen, also β_E, nicht vom Bundesland abhängt. Das heißt, die Logits über das Einkommen betrachtet, sollten für die Subpopulationen alte und neue Bundesländer parallel zueinander verlaufen. Ist das nicht der Fall, ist von einer Interaktion zwischen Einkommen und Bundesland auszugehen. Im folgenden werden verschiedene Möglichkeiten betrachtet, diese Interaktion in das Modell einzubeziehen.

Die erste Möglichkeit besteht darin, die Interaktion als Produkt zwischen einer Dummy-Variable für das Bundesland und der metrischen Größe Einkommen E darzustellen. Das Modell

$$\text{Logit }(E, B) = \beta_0 + \beta_B x_B + \beta_E E + \beta_{BE} x_B E \qquad (4.10)$$

liefert in der (0–1)-Kodierung von x_B für die Subpopulationen die Modelle

$$\begin{aligned} B=1: \quad & \text{Logit}\,(E,B) &= \beta_0 + \beta_B + (\beta_E + \beta_{BE})E \\ B=2: \quad & \text{Logit}\,(E,B) &= \beta_0 + \beta_E E. \end{aligned}$$

Der Koeffizient β_E gibt damit die Steigung der Logits (in Abhängigkeit von E) in der Referenzpopulation (Bundesländer, $B = 2$, $x_B = 0$) wieder, entsprechend ist β_0 der Achsenabschnitt in der Referenzpopulation. In der ersten Population (alte Bundesländer, $B = 1$) kommt zum Achsenabschnitt der Koeffizient β_B hinzu, die Steigung verändert sich um die Interaktion β_{BE}.

Eine interessante Hypothese ist nun, ob die Steigungen in beiden Subpopulationen identisch sind, d.h. Null- und Alternativhypothese sind bestimmt durch

$$H_0: \beta_{BE} = 0 \qquad H_1: \beta_{BE} \neq 0 \tag{4.11}$$

Sind die Steigungen identisch, ist weiterhin von Interesse, ob sich die Subpopulationen insgesamt unterscheiden, d.h. man untersucht darüberhinaus die Hypothesen

$$H_0: \beta_B = 0 \qquad H_1: \beta_B \neq 0 \tag{4.12}$$

und ob das Einkommen einen Einfluß besitzt, d.h.

$$H_0: \beta_E = 0 \qquad H_1: \beta_E \neq 0. \tag{4.13}$$

Als globale Hypothese läßt sich auch betrachten, ob überhaupt ein Einfluß von B oder E vorliegt

$$H_0: \beta_B = \beta_E = \beta_{BE} = 0 \qquad H_1: \beta_B \neq 0 \text{ oder } \beta_E \neq 0 \text{ oder } \beta_{BE} \neq 0. \tag{4.14}$$

In der Effekt-Kodierung für x_B ergeben sich

$$\begin{aligned} B=1: \quad & \text{Logit}\,(E,x_B) &= \beta_0 + \beta_B + (\beta_E + \beta_{BE})E \\ B=2: \quad & \text{Logit}\,(E,x_B) &= \beta_0 - \beta_B + (\beta_E - \beta_{BE})E. \end{aligned}$$

Die Koeffizienten β_0 und β_E geben jetzt Achsenabschnitt und Steigung der über die Populationen gemittelten Logits wieder

$$\frac{1}{2}(\text{ Logit}\,(E, B=1) + \text{ Logit}\,(E, B=2)) = \beta_0 + \beta_E E.$$

Die Koeffizienten β_B und β_{BE} geben die symmetrischen Abweichungen von diesen mittleren Werten wieder. Die Hypothesen (4.11), (4.12), (4.13) und (4.14) bleiben trotz Änderung der Kodierung in ihrer Form erhalten.

Bemerkung:

Festzuhalten ist, daß (0–1)-Kodierung und Effekt-Kodierung äquivalente Modelle liefern. Bezeichne

$$\text{Logit}\,(E,B) = \beta_0 + \beta_B x_B + \beta_E E + \beta_{BE} x_B E$$

das Modell in (0–1)-Kodierung und

$$\text{Logit}\,(E,B) = \tilde{\beta}_0 + \tilde{\beta}_B x_B + \tilde{\beta}_E E + \tilde{\beta}_{BE} x_B E$$

das Modell in Effekt-Kodierung. Dann erhält man durch einfache Umformungen

$$\begin{aligned} \beta_0 &= \tilde{\beta}_0 - \tilde{\beta}_B, & \beta_E &= \tilde{\beta}_E - \tilde{\beta}_{BE}, \\ \beta_B &= 2\tilde{\beta}_B, & \beta_{BE} &= 2\tilde{\beta}_{BE}. \end{aligned} \tag{4.15}$$

Beispiel 4.3 : Besitz eines Pkw
Das Haupteffekt-Modell (4.9) wurde bereits in Beispiel 2.11 (Seite 64) betrachtet. Die Parameterschätzungen ergaben sich durch

	Parameter	Standardfehler	p-Wert
β_0	1.845	0.070	0.0001
β_B	−0.245	0.073	0.0008
β_E	1.080	0.035	0.0001

Für das Modell mit Interaktionseffekten (4.10) erhält man nun

	Parameter	Standardfehler	p-Wert
β_0	2.049	0.101	0.0001
β_B	−0.496	0.113	0.0001
β_E	1.270	0.072	0.0001
β_{BE}	−0.250	0.082	0.0023

Der Interaktionsparameter β_{BE} erweist sich mit dem Wald-Test als hochsignifikant (p-Wert 0.0023). Die Devianzanalyse ergibt ebenso einen hochsignifikanten Interaktionseffekt, wie sich aus den Devianzen in der folgenden Tabelle zeigt.

Modell	Devianz	Differenz	FG
B,E	6716.970	6.996	1
B,E,B.E	6709.974		

Damit erhält man als Steigungen, geschichtet nach dem Bundesland

$$\begin{aligned} B &= 1(\textit{alte Bundesländer}) & \beta_E + \beta_{BE} &= 1.020 \\ B &= 2(\textit{neue Bundesländer}) & \beta_E &= 1.270. \end{aligned}$$

In den neuen Bundesländern ist somit der Zuwachs an Wahrscheinlichkeit, einen Pkw zu besitzen, bei wachsendem Einkommen stärker als in den neuen Bundesländern. In Abbildung 4.7 sind die geschätzen Wahrscheinlichkeiten wiedergegeben. □

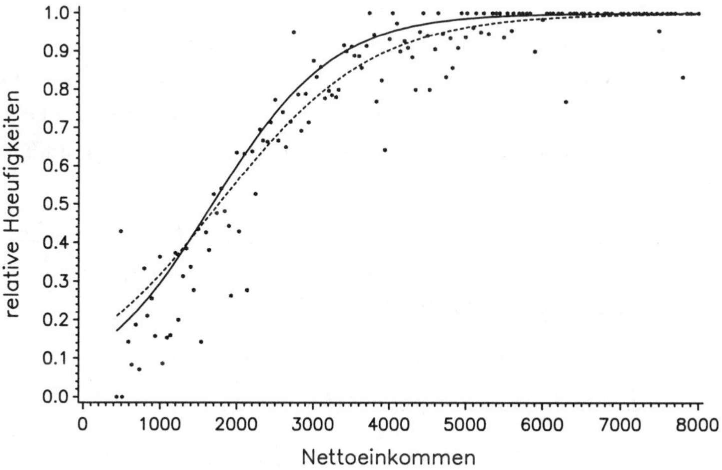

Abbildung 4.7: Wahrscheinlichkeit, einen Pkw zu besitzen, aufgeschlüsselt nach alten (gestrichelt) und neuen (durchgezogen) Bundesländern

In Modell (4.10) wurde zu den Haupteffekten $\beta_B x_B$ und $\beta_E E$ ein Interaktionseffekt $\beta_{BE} x_B E$ hinzugenommen. Eine Alternative dazu besteht darin, für jede Population eine separates Modell zu betrachten. Gelte in der Population i

$$\text{Logit}_{B=i}(E) = \beta_{0i} + \beta_{E,i} E, \qquad i = 1, 2. \tag{4.16}$$

Damit lassen sich separat für jede Population der Achsenabschnitt β_{0i} und die Steigung $\beta_{E,i}$ schätzen und untersuchen. Die Parameter gelten nun spezifisch für die Population i. Für den Vergleich von Populationen ist es allerdings hilfreich, ein gemeinsames Modell für die Einflußgrößen Bundesland und Einkommen zu formulieren. Ein gemeinsames Modell läßt sich auch in der Parametrisierung (4.16) formulieren mit

$$\begin{aligned} \text{Logit}\,(E, B) &= (\beta_{01} + \beta_{E1} E) x_{B(1)} + (\beta_{02} + \beta_{E2} E) x_{B(2)} && (4.17)\\ &= \beta_{01} x_{B(1)} + \beta_{02} x_{B(2)} + \beta_{E1} x_{B(1)} E + \beta_{E2} x_{B(2)} E, && (4.18) \end{aligned}$$

wobei $x_{B(i)}$ (0–1)-kodierte Dummy-Variablen darstellen, d.h. gegeben sind durch

$$x_{B(1)} = \begin{cases} 1 & B = 1 \\ 0 & B = 2, \end{cases} \qquad x_{B(2)} = \begin{cases} 0 & B = 1 \\ 1 & B = 2. \end{cases}$$

Wie man durch Einsetzen sieht, ergeben sich aus dem gemeinsamen Modell (4.17) für $B = 1, 2$ die Modelle (4.16). Die Einflußterme der separaten Modelle (4.16) werden in (4.17) nur mit der entsprechenden (0–1)-Indikatorfunktion gewichtet. Das Modell besitzt damit eine verschachtelte (genestete) Struktur. Die einzelnen

Modelle aus (4.16) bilden die Komponenten innerhalb der durch die Variable B vorgegebenen Struktur. Die Effekte sind daher auch konditional zu interpretieren, d.h. unter der Bedingung $B = i$. Die Verschachtelung läßt sich abkürzen durch E/B (man vgl. den Nesting-Operator in Abschnitt 1.3 in Kapitel 1). Das sich ergebende Modell (4.18) besitzt keinen konstanten Term, jeder Term enthält einen Regressor.

Die interessierenden Hypothesen (4.11), (4.12), (4.13) und (4.14) besitzen in dieser Parametrisierung eine etwas andere Form. Das Problem identischer Steigungen (entsprechend (4.11)) führt zu dem Hypothesenpaar

$$H_0 : \beta_{E1} = \beta_{E2} \qquad H_1 : \beta_{E1} \neq \beta_{E2}.$$

Identische Achsenabschnitte (entsprechend (4.12)) ergeben

$$H_0 : \beta_{01} = \beta_{02} \qquad H_1 : \beta_{01} \neq \beta_{02}.$$

Das Fehlen einer Variation über das Einkommen (entsprechend (4.13)) führt zu

$$H_0 : \beta_{E1} = \beta_{E2} \qquad H_1 : \beta_{E1} \neq 0. \text{ oder } \beta_{E2} \neq 0$$

Das Problem der Wirkung von B *und* E (entsprechend (4.14)) führt zu

$$\begin{aligned} &H_0 : \beta_{01} = \beta_{02}, \beta_{E1} = \beta_{E2} = 0 \\ &H_1 : \beta_{01} \neq \beta_{02} \qquad \text{oder} \qquad \beta_{E1} \neq 0 \text{ oder } \beta_{E2} \neq 0 \end{aligned}$$

Hypothesen dieser Art sind lineare Hypothesen im Sinne von Abschnitt 3.4 (Seite 94) und können mit den dort entwickelten Verfahren überprüft werden.

Bemerkungen:

(1) *Das generelle Modell (4.10) mit Interaktionswirkung ist äquivalent zu dem aus den separaten Modellen zusammengesetzten Modell (4.17). Durch Gleichsetzen von Steigung und Achsenabschnitt erhält man für die (0–1)-Kodierung unmittelbar* $\beta_{01} = \beta_0 + \beta_B$, $\beta_{E1} = \beta_E + \beta_{BE}$, $\beta_{02} = \beta_0$, $\beta_{EB} = \beta_E$. *Aus (4.15) ergeben sich die Transformationen für die Effekt-Kodierung.*

(2) *In den betrachteten Modellen wird durchgehend angenommen, daß die Logits in jeder Subpopulation linear vom Einkommen abhängen. Völlig analog läßt sich allgemeiner von einer polynomialen Wirkung von E ausgehen. Modell (4.10) besitzt beispielsweise mit einem Polynom 3. Grades die Form*

$$\begin{aligned} \text{Logit}\,(E,B) = \beta_0 + \beta_B x_B + \beta_E^{(1)} E + \beta_E^{(2)} E^2 + \beta_E^{(3)} E^3 \\ + \beta_{BE}^{(1)} x_B E + \beta_{BE}^{(2)} x_B E^2 + \beta_{BE}^{(2)} x_B E^3 \end{aligned}$$

Entsprechend haben die Modelle vom Typ (4.16) die Form

$$\text{Logit}_{\,B=i}(E) = \beta_{0i} + \beta_{Ei}^{(1)} E + \beta_{Ei}^{(2)} E^2 + \beta_{Ei}^{(3)} E^3$$

und (4.17) wird zu

$$\begin{aligned} \text{Logit}\,(E,B) = x_{B(1)}(\beta_{01} + \beta_{E1}^{(1)} E + \beta_{E1}^{(2)} E^2 + \beta_{E1}^{(3)} E^3) \\ + x_{B(2)}(\beta_{02} + \beta_{E2}^{(1)} E + \beta_{E2}^{(2)} E^2 + \beta_{E3}^{(3)} E^3). \end{aligned}$$

4.3.2 Mehrfaktorielle Modellierung mit Interaktion

Seien nun zwei Einflußfaktoren $A \in \{1, \ldots, I\}$, $B \in \{1, \ldots, J\}$ wirksam. Eine Formulierung des Modells mit Faktoreffekten ist gegeben durch

$$\log\left(\frac{P(y=1|A=i,B=j)}{P(y=0|A=i,B=j)}\right) = \beta_0 + \beta_{A(i)} + \beta_{B(j)} + \beta_{AB(ij)},$$

wobei

$\beta_{A(i)}$	die Haupteffekte des Faktors A,
$\beta_{B(j)}$	die Haupteffekte des Faktors B,
$\beta_{AB(ij)}$	die Interaktionseffekte zwischen den Faktoren A und B

bezeichnet. Der Interaktioneffekt $\beta_{AB(ij)}$ enthält das über die additive Wirkung der Haupteffekte hinausgehende Zusammenwirken der beiden Faktoren A und B im Hinblick auf die Responsewahrscheinlichkeit. Zur Einschränkung der Parameterzahl lassen sich als Nebenbedingungen wählen:

$$\begin{aligned} &\beta_{A(I)} = 0, \quad \beta_{B(J)} = 0, \\ &\beta_{AB(iJ)} = 0 \quad \text{für } i = 1, \ldots, I \\ &\beta_{AB(Ij)} = 0 \quad \text{für } j = 1, \ldots, J. \end{aligned} \tag{4.19}$$

Das Modell läßt sich wiederum als Regressionsmodell mit Dummy-Variablen darstellen. Seien $x_{A(i)}, i = 1, \ldots, I-1$ die Dummy-Variablen zu A und $x_{B(j)}, j = 1, \ldots, J-1$ die Dummy-Variablen zu B. Das Logit-Regressionsmodell besitzt nun für $\pi(\boldsymbol{x}) = \pi(A, B)$ die allgemeine Form

$$\begin{aligned} \log\left(\frac{\pi(\boldsymbol{x})}{1-\pi(\boldsymbol{x})}\right) &= \beta_0 + \sum_{i=1}^{I-1} x_{A(i)}\beta_{A(i)} + \sum_{j=1}^{J-1} x_{B(j)}\beta_{B(j)} \\ &+ \sum_{i=1}^{I-1}\sum_{j=1}^{J-1} x_{A(i)}x_{B(j)}\beta_{AB(ij)}, \end{aligned} \tag{4.20}$$

wobei $\beta_{A(1)}, \ldots, \beta_{A(I-1)}, \beta_{B(1)}, \ldots, \beta_{B(J-1)}$ wiederum die Haupteffekte zu A und B darstellen und $\beta_{AB(ij)}$ die Interaktionseffekte.

Zur Interpretation ist es wiederum sinnvoll, die explizite Form der Parameter zu betrachten. Für die (0–1)-Kodierung der Faktoren erhält man

$$\begin{aligned} \beta_0 &= Logit(I, J), \\ \beta_{A(i)} &= Logit(i, J) - Logit(I, J), \\ \beta_{B(j)} &= Logit(I, j) - Logit(I, J), \\ \beta_{AB(ij)} &= \{Logit(i, j) - Logit(i, J)\} - \{Logit(I, j) - Logit(I, J)\}, \end{aligned}$$

wobei $Logit(i,j) = \log(\pi(A=i, B=j)/(1-\pi(A=i,B=j))$ als Abkürzung für die Logits in der Faktorkombination $(A = i, B = j)$ steht. Eine einfache Interpretation ergibt sich durch Umformen in die Chancen. Bezeichne $\gamma(i,j)$ die einfachen Chancen der Faktorkombination $(A, B) = (i, j)$, d.h.

$$\gamma(i,j) = \frac{\pi(i,j)}{1-\pi(i,j)}.$$

Die Haupteffekte von A ergeben sich durch

$$\beta_{A(i)} = \log\left(\frac{\gamma(i,J)}{\gamma(I,J)}\right) = \log\left(\frac{\pi(i,J)/(1-\pi(i,J))}{\pi(I,J)/(1-\pi(I,J))}\right),$$

also die (logarithmierten) *relativen Chancen* beim Übergang von $A = i$ zur Referenzkategorie $A = I$ bei fester Ausprägung $B = J$. Die Chancen resultieren somit aus den Zellen $(i, J), (I, J)$ der Abbildung 4.8.

$y = 1$

	B: 1	...	J
A: 1			
⋮			
i			$\pi(i,J)$
⋮			
I			$\pi(I,J)$

$y = 0$

	B: 1	...	J
A: 1			
⋮			
i			$1-\pi(i,J)$
⋮			
I			$1-\pi(I,J)$

Tabelle 4.4: Responsewahrscheinlichkeiten, die den Haupteffekt $\beta_{A(i)}$ in (0–1)-Kodierung bestimmen

Bemerkung:

Die relativen Chancen gelten somit für die Referenzpopulation $B = J$. Will man die relativen Chancen zwischen $A = i$ und $A = J$ für eine andere Kategorie $B = j$ bestimmen, ergeben sich diese aus der einfachen Ableitung

$$\begin{aligned}\log\left(\frac{\pi(i,j)/(1-\pi(i,j))}{\pi(I,j)/(1-\pi(I,j))}\right) &= \log\left(\frac{\pi(i,j)}{1-\pi(i,j)}\right) - \log\left(\frac{\pi(I,j)}{1-\pi(I,j)}\right)\\ &= \beta_0 + \beta_{A(i)} + \beta_{B(j)} + \beta_{AB(i,j)}\\ &\quad - [\beta_0 + \beta_{A(I)} + \beta_{B(j)} + \beta_{AB(I,j)}]\\ &= \beta_{A(i)} + \beta_{AB(i,j)}.\end{aligned}$$

Die relativen Chancen zwischen $A = i$ und $A = J$ für $B = j$ ergeben sich also durch Addition des entsprechenden Interaktionsterms. Wäre der Interaktionsterm Null würden die relativen Chancen nicht von B abhängen.

Für die Haupteffekte von B erhält man analog

$$\beta_{B(j)} = \log \left(\frac{\pi(I,j)/(1-\pi(I,j))}{\pi(I,J)/(1-\pi(I,J))} \right),$$

d.h. die logarithmierten relativen Chancen beim Übergang von $B = j$ zur Referenzkategorie $B = J$ bei fester Kategorie $A = I$. Die Wettchancen resultieren somit aus den Zellen der Abbildung 4.8

y=1

A \ B	1	...	j	...	J
1					
⋮					
I			$\pi(I,j)$		$\pi(I,J)$

y=0

A \ B	1	...	j	...	J
1					
⋮					
I			$1-\pi(I,j)$		$1-\pi(I,J)$

Abbildung 4.8: Responsewahrscheinlichkeit, die $\beta_{B(j)}$ in (0–1)-Kodierung bestimmen

Eine essentiell neue Qualität besitzt der Interaktionseffekt. Durch Umformen erhält man

$$\beta_{AB(ij)} = \log \left(\frac{\gamma(i,j)/\gamma(i,J)}{\gamma(I,j)/\gamma(I,J)} \right).$$

Während relative Chancen zwei Chancen zueinander ins Verhältnis setzen, werden jetzt zwei relative Chancen zueinander ins Verhältnis gesetzt. Im Zähler finden sich die relativen Chancen von $B = j$ zu $B = J$ für festes $A = i$, im Nenner die relativen Chancen von $B = j$ zu $B = J$ für festes $A = I$. Bezeichne A das Ausbildungsniveau und B das Geschlecht (1: männlich 2: weiblich). Dann enthält der Zähler die relativen Chancen von männlicher zu weiblicher Population im $i$ten Ausbildungsniveau, der Nenner enthält dieselben relativen Chancen für das Ausbildungsniveau I.

Werden die relativen Chancen der männlichen zur weiblichen Bevölkerung nicht durch das Ausbildungsniveau *modifiziert*, erhält man $\beta_{AB(ij)} = 0$. Die Interaktionen enthalten genau diese Modifikation, gilt $\beta_{AB(ij)} \neq 0$, wird die Wirkung des Geschlechts in verschiedenen Ausbildungsstufen unterschiedlich sein (im Verhältnis relativer Chancen gemessen). Umgekehrt wird für $\beta_{AB(ij)}$ die Wirkungsweise des Ausbildungsniveaus durch das Geschlecht modifiziert.

Wegen des Vergleichs von relativen Chancen, also Chancen zweiter Ordnung wird $\exp(\beta_{AB(ij)})$ auch als Chance dritter Ordnung bezeichnet. Die Chancen sind im

Chancen erster Ordnung (odds)

$$\gamma(\boldsymbol{x}) = \frac{\pi(\boldsymbol{x})}{1-\pi(\boldsymbol{x})} \qquad \text{Chancen für Population } x$$

$\gamma = 1$: Chancen stehen eins zu eins

Chancen zweiter Ordnung (odds ratio)

$$\gamma(\boldsymbol{x}_1|\boldsymbol{x}_2) = \frac{\gamma(\boldsymbol{x}_1)}{\gamma(\boldsymbol{x}_2)}$$

Verhältnis der Chancen zwischen Population x_1 und x_2

$\gamma(\boldsymbol{x}_1|\boldsymbol{x}_2) = 1$: Chancen in beiden Populationen gleich

Chancen dritter Ordnung

$$\gamma(\boldsymbol{x}_1|\boldsymbol{x}_2||\boldsymbol{x}_3|\boldsymbol{x}_4) = \frac{\gamma(\boldsymbol{x}_1)/\gamma(\boldsymbol{x}_2)}{\gamma(\boldsymbol{x}_3)/\gamma(\boldsymbol{x}_4)}$$

Verhältnis zwischen den relativen Chancen $\gamma(\boldsymbol{x}_1|\boldsymbol{x}_2)$ und $\gamma(\boldsymbol{x}_3|\boldsymbol{x}_4)$

$\gamma(\boldsymbol{x}_1|\boldsymbol{x}_2||\boldsymbol{x}_3|\boldsymbol{x}_4) = 1$: relative Chancen sind identisch

folgenden nochmals separat zusammengestellt. In der Schreibweise der Chancen dritter Ordnung gilt

$$\exp \beta_{AB(ij)} = \gamma((i,j)|(i,J)||(I,j)|(I,J))$$

wobei in γ das Verhältnis des Zählers vor || und das Verhältnis des Nenners nach || angegeben ist.

Beispiel 4.4 : Arbeitslosigkeit, Geschlecht und Alter
Betrachtet wird im folgenden der Zusammenhang zwischen Geschlecht (G), Alter (A) und der Dauer der Arbeitslosigkeit. Einen ersten Eindruck erhält man durch die Betrachtung der Kontingenztafel zusammen mit den empirischen Chancen und den logarithmierten empirischen Chancen (Tabelle 4.5). Zum Vergleich werden die mittleren Chancen für männliche und weibliche Population sowie für die einzelnen Ausbildungsniveaus in Tabelle 4.6 angegeben. Es fällt unmittelbar auf, daß die altersspezifische Chancenstruktur in der männlichen Population anders aussieht als in der weiblichen Population. Es ist daher notwendig, die Interaktionswirkung der Faktoren Geschlecht und Ausbildungsniveau zu berücksichtigen. Die Parameter der (0–1)-Kodierung sind gegeben durch den SAS©-Output.

Geschlecht	Alter (kategorial)	Dauer der Arbeitslosigkeit 1	2	Chancen	logarithmierte Chancen	Relative Häufigkeiten 1	2
m	1	251	82	3.061	1.119	0.754	0.246
	2	76	29	2.621	0.964	0.724	0.276
	3	58	26	2.231	0.802	0.690	0.310
	4	18	30	0.600	−0.511	0.375	0.625
w	1	172	100	1.720	0.542	0.632	0.368
	2	30	40	0.750	−0.288	0.429	0.571
	3	27	23	1.174	3.235	0.540	0.460
	4	9	12	0.750	−0.288	0.428	0.572

Tabelle 4.5: Chancen und logarithmierte Chancen für die Einflußgrößen Geschlecht und Ausbildungsniveau

Geschlechtsspezifische Chancen	Altersspezifische Chancen
m 2.413 (0.881)	1 2.324 (0.843)
	2 1.536 (0.429)
w 1.360 (0.307)	3 1.735 (0.551)
	4 0.643 (-0.442)

Tabelle 4.6: Chancen und logarithmierte Chancen (in Klammern) wenn jeweils nur Geschlecht oder Ausbildungsniveau betrachtet werden

```
                     Analysis of Maximum Likelihood Estimates

                 Parameter Standard   Wald        Pr >     Standardized  Odds
Variable      DF Estimate    Error  Chi-Square Chi-Square    Estimate    Ratio

INTERCPT       1   -0.2877   0.4410    0.4256     0.5141                  .  .
SEX            1   -0.2231   0.5323    0.1757     0.6751      -0.060754 0.800
AGEKAT(1)      1    0.8300   0.4585    3.2765     0.0703       0.222732 2.293
AGEKAT(2)      1   -24E-18   0.5028    0.0000     1.0000 -5.06303E-18 1.000
AGEKAT(3)      1    0.4480   0.5244    0.7300     0.3929       0.084798 1.565
SEX*AGEKAT(1) 1     0.7996   0.5615    2.0274     0.1545       0.208739 2.225
SEX*AGEKAT(2) 1     1.4743   0.6239    5.5829     0.0181       0.251186 4.368
SEX*AGEKAT(3) 1     0.8651   0.6477    1.7840     0.1817       0.133410 2.375
```

Als Referenzkategorie wurde jeweils die letzte Kategorie gewählt. Eine strukturierte Darstellung der Parameter folgt dem Schema

β_0	$\beta_{A(1)}$	$\beta_{A(2)}$	$\beta_{A(3)}$	$\beta_{A(4)}$
$\beta_{G(1)}$	$\beta_{GA(11)}$	$\beta_{GA(12)}$	$\beta_{GA(13)}$	$\beta_{GA(14)}$
$\beta_{G(2)}$	$\beta_{GA(21)}$	$\beta_{GA(22)}$	$\beta_{GA(23)}$	$\beta_{GA(24)}$

Hier werden die Haupteffekte als Ränder angegeben, innerhalb der Tabelle finden sich die Interaktionseffekte. Man erhält für die (0–1)-Kodierung

−0.288	0.830	0.000	0.448	0
−0.223	0.800	1.474	0.865	0
0	0	0	0	0

Bei der Interpretation wird davon augegangen, daß die Interaktionseffekte nicht vernachlässigbar sind (p-Wert für $SEX * AGEKAT(3) = 0.018$*). Sei zuerst die relative Chance zwischen männlicher und weiblicher Population betrachtet. Wegen der (0–1)-Kodierung sind die logarithmierten relativen Chancen von männlicher gegenüber weiblicher Population in der Referenzkategorie* $A = 4$ *(über 50 Jahre) durch den Haupteffekt* $\beta_{G(1)} = -0.223$ *gegeben. Die zugehörige relative Chance ist 0.800, was für schlechtere Chancen der Männer in der Subpopulation* $A = 4$ *spricht. Zu beachten ist allerdings der hohe* p*-Wert (0.675), der auf einen nicht signifikanten Effekt verweist. Da sich die logarithmierten relativen Chancen durch* $\beta_{G(1)} + \beta_{GA(1,i)}$ *ergeben, erhält man für die Subpopulation* $A = 1$ $-0.223 + 0.800 = 0.577$ *was einer relativen Chance von 1.780 entspricht. Die relativen Chancen für Männer sind hier deutlich erhöht, ebenso für* $A = 2$ *und 3 mit den relativen Chancen 3.493 und 1.900. Die positiven Interaktionseffekte für* $A = 1, 2, 3$ *bewirken, daß die Summe* $\beta_{G(1)} + \beta_{GA(1,i)}$ *durchwegs positiv, d.h. positiv für die männliche Population ausfällt.*

Analog lassen sich die Haupteffekte von A *als logarithmiertes Chancenverhältnis zwischen* $A = j$ *und* $A = 4$ *in der Referenzpopulation* $G = 2$ *interpretieren. Man sieht aus den Haupteffekten* $\beta_{A(j)}$*, daß nur in der jüngsten Population* $A = 1$ *und eventuell* $A = 3$ *von einer besseren Chance als in* $A = 4$ *auszugehen ist. Für die männliche Population gibt* $\beta_{A(j)} + \beta_{GA(1,j)}$ *das logarithmierte Chancenverhältnis zwischen* $A = j$ *und* $A = 4$ *wieder. Man erhält für* $A = 1, 2, 3$ *die logarithmierten Chancen 1.630, 1.474, 1.313 mit den zugehörigen relativen Chancen 5.103, 4.367, 3.717. Während für Männer niedrigeres Alter eine deutliche Chancenverbesserung zeigt, ist dieser Effekt in der weiblichen Population nur für* $A = 1$ *deutlich.*

Bei der Interpretation der Haupteffekte ist somit immer darauf zu achten, daß sie sich auf die Referenzkategorien der jeweils anderen Variablen beziehen. Der Interaktionseffekt selbst läßt sich als Chance 3.Ordnung interpretieren. Beispielsweise entspricht der Interaktionseffekt $G.A(1)$ *dem Logarithmus des Chancenverhältnisses (der Chance 3. Ordnung)*

$$\frac{(m,1)/(m,4)}{(w,1)/(w,4)} = e^{0.8} = 2.226,$$

d.h. die relativen Chancen (2. Ordnung) im Verhältnis von Niveau 1 zu 4 sind in der männlichen Population etwa das Doppelte derer in der weiblichen Population. □

Zu Modell (4.19) lassen sich alternativ die symmetrischen Nebenbedingungen

$$\sum_{i=1}^{I} \beta_{A(i)} = 0, \qquad \sum_{j=1}^{J} \beta_{B(j)} = 0,$$
$$\sum_{i=1}^{I} \beta_{AB(ij)} = \sum_{j=1}^{J} \beta_{AB(ij)} = 0 \qquad \text{für alle } i, j.$$

```
                          Analysis of Maximum Likelihood Estimates

                     Parameter Standard    Wald        Pr >     Standardi-
zed    Odds
Variable      DF  Estimate    Error  Chi-Square Chi-Square    Estima-
te     Ratio

INTERCPT       1   0.3126   0.0933    11.2193     0.0008            .      .
SEX            1   0.2808   0.0933     9.0513     0.0026     0.152903  1.324
AGEKAT(1)      1   0.5179   0.1127    21.1029     0.0001     0.178027  1.679
AGEKAT(2)      1   0.0253   0.1482     0.0290     0.8647     0.006776  1.026
AGEKAT(3)      1   0.1687   0.1604     1.1060     0.2930     0.041843  1.184
SEX*AGEKAT(1) 1  0.00741   0.1127     0.0043     0.9476     0.003380  1.007
SEX*AGEKAT(2) 1   0.3448   0.1482     5.4131     0.0200     0.094735  1.412
SEX*AGEKAT(3) 1   0.0402   0.1604     0.0628     0.8021     0.010077  1.041
```

Tabelle 4.7: Logit-Modell für die Dauer der Arbeitslosigkeit in Effekt-Kodierung

wählen. Das Logit-Modell (4.13) besitzt dann effektkodierte Dummy-Variablen. Die explizite Form der Parameter ergibt sich jetzt durch

$$\begin{aligned}
\beta_0 &= \frac{1}{IJ}\sum_{i=1}^{I}\sum_{j=1}^{J} \text{Logit}\,(i,j),\\
\beta_{A(i)} &= \frac{1}{J}\sum_{j=1}^{J} \text{Logit}\,(i,j) - \beta_0,\\
\beta_{B(j)} &= \frac{1}{I}\sum_{i=1}^{I} \text{Logit}\,(i,j) - \beta_0,\\
\beta_{AB(ij)} &= \text{Logit}\,(i,j) - \beta_i^A - \beta_j^B - \beta_0.
\end{aligned}$$

Der globale Effekt β_0 stellt also die über alle Faktorbedingungen (Subpopulationen) gemittelten logarithmierten Chancen dar, $\beta_{A(i)}$ ist die über die Faktorstufen von B gemittelte Abweichung der Ausprägung $A(i)$ von β_0, analog dazu ist $\beta_{B(j)}$ die Abweichung von $B(i)$. Der Interaktionseffekt gibt die über die Anpassung der Faktorstufen $A(i)$ und $B(i)$ hinausgehende Modifikation der Logits wieder.

Beispiel 4.5 : Dauer der Arbeitslosigkeit
Für die Effekt-Kodierung erhält man die Werte in Tabelle 4.7 Die Parameter der Effekt-Kodierung summieren sich jeweils zu Null. In strukturierter Form erhält man die folgende Tabelle.

0.313	0.518	0.025	0.169	−0.712	0
0.281	0.007	0.345	0.040	−0.298	0
−0.281	−0.007	−0.345	−0.040	0.298	0
0	0	0	0	0	0

Die Parameter $\beta_{G(2)}, \beta_{A(4)}, \beta_{GA(2,i)}, i = 1, \ldots, 4$, bestimmen sich jeweils aus der Nullsummenbedingung. Die Parameter geben nun im Unterschied zur (0–1)-Kodierung nicht den Kontrast zu einer Referenzkategorie wieder sondern das 'mittlere Niveau' der logarithmierten Chancen, das zu β_0 hinzukommt. Entsprechend zeigen sich in dieser Kodierung deutlicher die Effekte die bei Vernachlässigung des jeweils anderen Faktors auftreten. Die 'mittleren' logarithmierten Chancen von 0.313 erhöhen sich in der männlichen Population um den Haupteffekt 0.281, erniedrigen sich in der weiblichen Population um den Wert -0.281. Entsprechend besitzt die Altersklasse 1 den größten, und $A = 4$ den niedrigsten Wert. Allerdings sind Tendenzen von Geschlecht und Altersklasse, die sich in den Haupteffekten ausdrücken, nicht ohne die Interaktionen zu interpretieren. Die logarithmierten Chancen für Männer der Ausbildungsgruppe 2 werden durch die Summe vom globalen Niveau 0.313 und den Haupteffekten 0.281 und 0.025 zu niedrig angesetzt, tatsächlich müssen sie noch um die Interaktion 0.345 erhöht werden. Für Frauen sind sie entsprechend um 0.345 zu reduzieren. Die Tendenzen der Haupteffekte ist ähnlich den Tendenzen, die man bei der Vernachlässigung der jeweils zweiten Variable in Tabelle 4.6 findet. Allerdings ist zu bedenken, daß die Mittelung über logarithmierte Chancen, die den Parametern zugrundeliegt, nicht äquivalent ist zur Mittelung durch Vernachlässigen des zweiten Faktors. Bei der Auswertung mit Interaktionseffekt wird explizit berücksichtigt, daß die Haupteffekte allein ein verzerrtes Bild wiedergeben, die Summe der Haupteffekte ist jeweils um den Interaktionseffekt zu ergänzen.

□

Interaktion im linearen Modell

Für andere Linkfunktionen ergeben sich entsprechend andere Interpretationen der Interaktionseffekte. Ein Modell, das sehr einfache zu interpretierende Werte liefert ist das in Abschnitt 4.2.2 behandelte lineare Modell $P(y = 1|\boldsymbol{x}) = \boldsymbol{x}'\beta$. Das entsprechende Modell für zwei Einflußfaktoren $A \in \{1, \ldots, I\}$, $B \in \{1, \ldots, J\}$ mit Interaktionsterm ist gegeben durch

$$\pi(i,j) = P(y = 1|A = i, B = j) = \beta_0 + \beta_{A(i)} + \beta_{B(j)} + \beta_{AB(ij)}. \tag{4.21}$$

Die Dummy-Kodierung mit den Referenzkategorien I bzw. J ($\beta_{A(I)} = 0$, $\beta_{B(J)} = 0$, $\beta_{AB(iJ)} = 0$, $\beta_{AB(Ij)} = 0$) liefert

$$\begin{aligned}
\beta_0 &= \pi(I,J), \\
\beta_{A(i)} &= \pi(i,J) - \pi(I,J), \qquad \beta_{B(j)} = \pi(I,j) - \pi(I,J), \\
\beta_{AB(ij)} &= \{\pi(i,j) - \pi(i,J)\} - \{\pi(I,j) - \pi(I,J)\}.
\end{aligned}$$

Die Effektkodierung ($\sum_i \beta_{A(i)} = \sum_j \beta_{B(j)} = \sum_i \beta_{AB(ij)} = \sum_j \beta_{AB(ij)} = 0$) liefert

$$\beta_0 = \frac{1}{IJ}\sum_{i=1}^{I}\sum_{j=1}^{J}\pi(i,j), \qquad \beta_{A(i)} = \frac{1}{J}\sum_{j=1}^{J}\pi(i,j) - \beta_0,$$

$$\beta_{B(j)} = \frac{1}{I}\sum_{i=1}^{I}\pi(i,j) - \beta_0, \qquad \beta_{AB(ij)} = \pi(i,j) - \beta_i^A - \beta_j^B - \beta_0.$$

In der Form (4.21) entspricht die Konstante der mittleren Auftretenswahrscheinlichkeit. Der Haupteffekt $\beta_{A(i)}$ ist die Abweichung der über die Kategorie von $B = j$ gemittelten Auftretenswahrscheinlichkeit von der Basiswahrscheinlichkeit β_0. Völlig analog ist $\beta_{B(j)}$ definiert. Der Interaktionseffekt gibt die darüber hinausgehende Abweichung wieder.

Beispiel 4.6 : Dauer der Arbeitslosigkeit
Man betrachte die Tabelle 4.5 (Seite 143), in der Geschlecht (x_G, dichotom), Ausbildungsniveau (L, vier Kategorien) und die Dauer der Arbeitslosigkeit wiedergegeben sind. Ersetzt man die Wahrscheinlichkeiten durch die relativen Häufigkeiten, ergeben sich die Parameter unmittelbar durch einfache Berechnung. Die Ergebnisse für Effektkodierung finden sich in Tabelle 4.8 □

		A1	A2	A3	A4
	0.572	0.121	0.005	0.043	−0.171
m	0.064	−0.003	0.083	0.011	−0.090
w	−0.064	0.003	−0.083	−0.011	0.090

Tabelle 4.8: Strukturierte Darstellung der Parameter für das lineare Modell zur Dauer der Arbeitslosigkeit (Effektkodierung)

Für die bisher betrachteten saturierten Modelle, die nur eine Umparametrisierung der Auftretenswahrscheinlichkeiten darstellen, ist die Anwendung des Modells unproblematisch. Probleme der Schätzung und der Zulässigkeit treten jedoch auf, wenn man zu unsaturierten Modellen übergeht. Bezieht man beispielsweise nur die Haupteffekte ein, können Schätzungen resultieren, die zu $\pi(x) \notin (0,1)$ führen. Ebenso können bei der Einbeziehung metrischer Variablen für extreme Regressoren Schätzungen für Wahrscheinlichkeiten auftreten, die nicht mehr im Intervall (0,1) liegen.

Sind jedoch die Regressoren derart, daß moderate Wahrscheinlichkeiten zwischen 0.2 und 0.8 auftreten, so ist das Modell kaum vom Logit-Modell unterscheidbar (siehe auch nächster Abschnitt). Wegen der einfachen Interpretierbarkeit kann die lineare Modellbildung in derartigen Fällen durchaus vorteilhaft sein.

4.4 Abweichung von der Binomialverteilung: Überdispersion

Wenn sowohl Responsefunktion als auch linearer Prädiktor den Erwartungswert π_i durch $\pi_i = F(x_i'\beta)$ adäquat zu beschreiben scheinen, trotzdem aber die Anpassungstests eine schlechte Modellanpassung signalisieren, sind Zweifel an der zugrundeliegenden Annahme der Binomialverteilung angebracht.

In dem in Kapitel 3 dargestellten Schätztheorie wird davon ausgegangen, daß für festen Einflußgrößenvektor $\boldsymbol{x}_i$ jeweils n_i unabhängige Beobachtungen $y_{i1}, \ldots, y_{i,n_i}$ vorliegen, wobei $y_{is} \in \{0, 1\}$, d.h. $y_{is} \sim B(1, n_i)$. Die Zusammenfassung der n_i Einzel-Beobachtungen liefert die Anzahl der Ereignisse (für festen Meßpunkt x_i)

$$y_i = \sum_{s=1}^{n_i} y_{is}$$

bzw. die relativen Häufigkeiten

$$p_i = \frac{y_i}{n_i}.$$

Im allgemeinen wird nicht nur vorausgesetzt, daß die Einzelbeobachtungen $y_{i1}, \ldots, y_{i,n_i}$ (gegeben $\boldsymbol{x}_i$) unabhängig sind, sondern darüber hinaus, daß die gesamte Meßreihe $y_{11}, \ldots, y_{1,n_1}, \ldots, y_{g1}, \ldots, y_{g,n_g}$ (gegeben $\boldsymbol{x}_1, \ldots, \boldsymbol{x}_g$) aus unabhängigen Beobachtung besteht. Kritisch ist diese Annahme insbesondere dann, wenn die n_i Beobachtungen der $i$ten Meßreihe $y_{i1}, \ldots, y_{i,n_i}$ an einer festen Einheit erhoben werden.

In der medizinisch-biologischen Forschung ist ein klassisches Beispiel der (binär erhobene) Schädigungsgrad der einzelnen Jungtiere eines Wurfes der Größe n_i. Die n_i Jungtiere sind jeweils durch die gemeinsame Mutter verbunden. Analog dazu sind bei n_i Befragungen in der $i$ten Firma (bzw. Familie, Straße, ...) diese über die Einheit Firma (bzw. Familie, Straße, ...) verbunden. In derartigen Fällen ist die Unabhängigkeit sämtlicher Beobachtungen (wegen der verbundenen Messungen an einer Einheit) zweifelhaft. Zum anderen ist damit zu rechnen, daß diese Einheiten untereinander eine Heterogenität aufweisen, die nicht berücksichtigt wurde.

Unter der Annahme der Unabhängigkeit sämtlicher Beobachtungen gilt

$$y_i \sim B(n_i, \pi_i)$$

und damit

$$E(y_i) = n_i \pi_i, \qquad var(y_i) = n_i \pi_i (1 - \pi_i).$$

Im folgenden wird gezeigt, wie sich sowohl aus der Korreliertheit der Beobachtungen einer Einheit als auch aus der Heterogenität motivieren läßt, daß die Varianz die Form

$$var(y_i) = n_i \pi_i (1 - \pi_i) \phi$$

besitzt, wobei ϕ einen Dispersionsparameter darstellt. Für $\phi > 1$ ist die Varianz größer als für die Binomialverteilung und man spricht von *Überdispersion* (overdispersion), der weit seltenere Fall $\phi < 1$ entspricht der *Unterdispersion* (underdispersion).

4.4.1 Korrelierte binäre Beobachtungen

Eine naheliegende Annahme besteht darin, daß die n_i Beobachtungen $y_{i1}, \ldots, y_{in_i}$ an der $i$ten Einheit, für die $y_{is} \sim B(1, \pi_i)$ gilt, untereinander korreliert sind. Es gelte für die Korrelation

$$\rho = \rho(y_{ir}, y_{is}) = \frac{cov(y_{ir}, y_{is})}{\sqrt{var(y_{ir})var(y_{is})}}, \qquad r \neq s.$$

Aus der grundlegenden Formel

$$var(y_i) = var\left(\sum_{r=1}^{n_i} y_{ir}\right) = \sum_{r=1}^{n_i} var(y_{ir}) + \sum_{s \neq r} cov(y_{ir}, y_{is})$$

erhält man durch Einsetzen von $var(y_{ir}) = \pi_i(1 - \pi_i)$ und $cov(y_{ir}, y_{is}) = \rho\sqrt{var(y_{ir})var(y_{is})}$ unmittelbar

$$var(y_i) = n_i\pi_i(1 - \pi_i)[1 + (n_i - 1)\rho] = n_i\pi_i(1 - \pi_i)\phi$$

mit dem Dispersionsparameter

$$\phi = 1 + (n_i - 1)\rho. \tag{4.22}$$

Man sieht unmittelbar

- für $n_i = 1$, d.h. nur eine Beobachtung an jeder Einheit, gilt $\phi = 1$, da keinerlei Korrelation modelliert wird.
- für positive Korrelation $\rho > 0$ (und $n_i > 1$) erhält man mit $\phi > 1$ Überdispersion, d.h. eine größere Varianz als die der Binomialverteilung.
- für negative Korrelation $\rho < 0$ (und $n_i > 1$) erhält man Unterdispersion $\phi < 1$, allerdings folgt aus $\phi \geq 0$, daß $\rho \geq -1/(n_i - 1)$, d.h. die modellierbare negative Korrelation ist stark eingeschränkt (für großes n_i gilt nahezu $\rho \geq 0$).

4.4.2 Variabilität durch latente Variablen: verteilungsunspezifische Modellierung

Durch ein binäres Regressionsmodell wird der Zusammenhang zwischen einer Auftretenswahrscheinlichkeit π_i und Regressoren formuliert. Der Grundidee des auf Williams (1982) zurückgehenden Ansatzes besteht darin, daß die Summe y_i nicht der durch π_i festgelegten Binomialverteilung folgt, sondern einer Binomialverteilung, die aus einem Zufallsvorgang resultiert, der den Wert π_i nur erwarten läßt. Genauer nimmt man an:

(1) Eine latente Zufallsvariable $D_i \in [0, 1]$, für die gilt

$$E(D_i) = \pi_i, \quad var(D_i) = \delta\pi_i(1 - \pi_i), \quad \delta \geq 0, \tag{4.23}$$

wird realisiert.

(2) Gegeben $D = \vartheta_i$ folgt die Summe y_i einer Binomialverteilung

$$y_i | D_i = \vartheta_i \sim B(n_i, \vartheta_i),$$

d.h. insbesondere gilt bedingt

$$E(y_i | D_i = \vartheta_i) = n_i \pi_i, \quad var(y_i | D_i = \vartheta_i) = n_i \pi_i (1 - \pi_i).$$

Die Daten y_i folgen somit nicht der durch π_i festgelegten Binomialverteilung sondern einer 'verrauschten' Version der Binomialverteilung, die um π_i variiert.

Durch Ableitung ergibt sich der Zusammenhang zwischen der Zufallsvariable y_i und der durch einen Regressionsansatz modellierten Auftretenswahrscheinlichkeit π_i durch

$$E(y_i) = n_i \pi_i, \qquad var(y_i) = n_i \pi_i (1 - \pi_i) \phi$$

mit

$$\phi = 1 + (n_i - 1)\delta. \tag{4.24}$$

Die Zufallsvariable y_i besitzt also den einer Binomialverteilung entsprechenden Erwartungswert, allerdings (für $n_i > 1$) eine größere Varianz, wenn $\delta > 0$ gilt. Für $\delta = 0$ besitzt die latente Variable keine Variation um π_i ($var(D_i) = 0$) und entsprechend erhält man mit $\phi = 1$ das übliche Regressionsmodell.

Trotz unterschiedlicher Verteilungsannahmen erhält man aus korrelierten Beobachtungen und dem Variationsansatz eine nahezu äquivalente Darstellung von Erwartungswert und Varianz der Beobachtungen.

Dispersionsmodellierung

$$E(y_i) = n_i \pi_i, \qquad var(y_i) = n_i \pi_i (1 - \pi_i) \phi$$

mit

$\phi = 1 + (n_i - 1)\rho$ bei korrelierten Beobachtungen mit Korrelationskoeffizient ρ.	$\phi = 1 + (n_i - 1)\delta$ bei Variation der Auftretenswahrscheinlichkeit mit $var(D_i) = \delta\pi_i(1 - \pi_i)$.

Hinsichtlich der Varianzmodellierung ist festzuhalten, daß das Variationsmodell (4.24) wegen $\delta \geq 0$ nur Überdispersion erfassen kann, während das Modell der korrelierten Beobachtungen (mit der Einschränkung $\rho \geq -1/(n_i - 1)$) auch Unterdispersion zuläßt.

4.4.3 Variabilität durch latente Variable: das Beta-Binomial-Modell

Für die Zufallsvariable D_i, die die Variation um π_i generiert, läßt sich auch eine feste Verteilung annehmen. Eine sich anbietende Verteilung mit dem Träger (0,1) ist die Beta-Verteilung (siehe Appendix), d.h. $D_i \sim$ Beta (a_i, b_i), wobei a_i und b_i die Parameter der Beta-Verteilung darstellen. Für die Parameter dieser Verteilung gilt

$$\begin{aligned} E(D_i) &= \mu_i = \frac{a_i}{a_i + b_i}, \\ var(D_i) &= \mu_i(1 - \mu_i)/(a_i + b_i + 1). \end{aligned}$$

Man nimmt nun wie in (4.23) an, daß gilt

$$E(D_i) = \pi_i = F(\boldsymbol{x}_i'\boldsymbol{\beta}).$$

Damit gilt

$$var(D_i) = \delta_i \pi_i (1 - \pi_i),$$

wobei der Dispersionsparameter gegeben ist durch

$$\delta_i = 1/(a_i + b_i + 1).$$

Im Vergleich zu (4.23) ist der Ansatz restriktiver, da eine feste Verteilungsform gewählt wird, zum anderen weniger restriktiv, indem der Dispersionsparameter von i abhängen darf.

Die Verteilung von y_i ergibt sich nun als Mischung der Binomialverteilung $y_i | D_i = \vartheta_i \sim B(n_i, \vartheta_i)$ und der Beta-Verteilung $D_i \sim$ Beta (a_i, b_i). Daraus ergibt sich für y_i die *Beta-Binomial-Verteilung*

$$\begin{aligned} P(y_i; n_i, a_i, b_i) &= \int P(y_i | D_i = \vartheta_i) p(\vartheta_i) d\vartheta_i \\ &= \int \binom{n_i}{y_i} \vartheta_i^{y_i} (1 - \vartheta_i)^{n_i - y_i} \frac{\Gamma(a_i + b_i)}{\Gamma(a_i)\Gamma(b_i)} \vartheta_i^{a_i - 1} (1 - \vartheta_i)^{b_i - 1} d\vartheta_i \\ &= \binom{n_i}{y_i} \frac{(a_i + y_i - 1)_{y_i} (b_i + n_i - y_i - 1)_{n_i - y_i}}{(a_i + b_i + n_i - 1)_{n_i}}, \end{aligned} \quad (4.25)$$

wobei $(k)_r = k(k-1)\dots(k-r+1)$ bezeichnet.

Ersetzt man entsprechend den Annahmen $\pi_i = a_i/(a_i+b_i)$, $\delta_i = 1/(a_i+b_i+1)$ die Parameter a_i, b_i durch $a_i = \pi_i(1-\delta_i)/\delta_i$, $b_i = (1-\delta_i)/\delta_i - \pi_i(1-\delta_i)/\delta_i$, hängt die Auftretenswahrscheinlichkeit (4.25) nur noch von $\pi_i = F(\boldsymbol{x}_i'\boldsymbol{\beta})$ und δ_i ab. Die logarithmierte Likelihood $l = \sum_i P(y_i; n_i, a_i, b_i)$ läßt sich dann durch numerische Verfahren bzgl. der zu schätzenden Parameter β, δ_i, $i = 1, \dots, g$ maximieren. Eine Vereinfachung des Modells ergibt sich durch die Annahme konstanter Dispersion $\delta = \delta_1 = \dots = \delta_g$.

Ein Programmpaket, das die Anpassung des Beta-Binomial-Modells berechnet ist EGRET©. Details zum Beta-Binomial-Modell, insbesondere zur Maximum-Likelihood-Schätzung finden sich bei Williams (1975), Crowder (1987). Moore (1987) vergleicht das Modell mit der Quasi-Likelihood-Methode, siehe dazu auch Williams (1982).

4.4.4 Generalisierte Schätzgleichungen und Quasi-Likelihood

Sowohl die Annahme korrelierter Beobachtungen als auch die verteilungsunspezifische Modellierung durch latente Variablen legen ein Modell der folgenden Art nahe

$$E(y_i|\boldsymbol{x}_i) = n_i\pi_i = n_i h(\boldsymbol{x}_i'\boldsymbol{\beta}), \tag{4.26}$$

$$var(y_i|\boldsymbol{x}_i) = n_i\pi_i(1-\pi_i)\phi. \tag{4.27}$$

Der relativ generelle Ansatz der Quasi-Likelihood (Wedderburn, 1974, McCullagh & Nelder, 1989) geht bei der Schätzung unabhängig von der wahren zugrundeliegenden Verteilung nur davon aus, daß Erwartungswert und Varianz durch (4.26) und (4.27) richtig spezifiziert sind. Als approximativ erwartungsgetreuer Schätzer für ϕ ergibt sich mit Pearsons χ^2_P-Statistik

$$\hat{\phi} = \frac{\chi^2_P}{(g-p)} = \frac{1}{g-p}\sum_{i=1}^{g} \frac{(p_i - \hat{\pi}_i)^2}{\hat{\pi}_i(1-\hat{\pi}_i)/n_i},$$

wobei von gruppierten Daten ausgegangen wird. Für ungruppierte Daten erhält man aus der Zwei-Punkte-Verteilung von $y \in \{0,1\}$ prinzipiell $\phi = 1$. Für die Kovarianz von $\hat{\boldsymbol{\beta}}$ ergibt sich nun die Approximation $cov(\hat{\boldsymbol{\beta}}) \approx \hat{\phi}\boldsymbol{F}(\hat{\boldsymbol{\beta}})^{-1}$, wobei $\boldsymbol{F}(\hat{\boldsymbol{\beta}})$ die geschätzte Fisher-Matrix (Abschnitt 3.1.1) ist. Der alternative, auf der Devianz beruhende Schätzer $\tilde{\phi} = D/(g-p)$ ist vergleichbar mit $\hat{\phi}$ nur, wenn alle n_i einigermaßen groß sind. Während $\hat{\phi}$ auch für den Fall kleiner lokaler Stichprobenumfänge konsistent ist, gilt das für $\tilde{\phi}$ nicht (vgl. McCullagh & Nelder, 1989).

Etwas schwächer läßt sich mit dem Konzept der generalisierten Schätzgleichung (GEE, generalized estimating function) annehmen, daß der Erwartungswert (4.26) richtig spezifiziert ist, die Varianzform (4.27) jedoch nur eine "Arbeits-Varianz" darstellt (vgl. Gourieroux, Monfort & Trognon, 1985). Bei Gültigkeit einer Binomialverteilung (ohne Überdispersion) erhält man als Schätzgleichung (vgl. Abschnitt 11.2.1) für gruppierte Beobachtungen

$$\sum_{i=1}^{g} \boldsymbol{x}_i \frac{h'(\boldsymbol{x}_i'\boldsymbol{\beta})}{var(p_i)}(p_i - h(\boldsymbol{x}_i'\boldsymbol{\beta})) = 0, \tag{4.28}$$

wobei die Varianz der relativen Häufigkeit p_i durch $var(p_i) = h(\boldsymbol{x}_i'\boldsymbol{\beta})(1 - h(\boldsymbol{x}_i'\boldsymbol{\beta}))/n_i$ bestimmt ist. Gleichung (4.28) wird nun als generalisierte Schätzgleichung bzw. Quasi-Score-Funktions-Gleichung betrachtet mit der Arbeitsvarianz $var(p_i) = \phi v(p_i)$, wobei $v(p_i)$ eine wählbare Form der Variabilität bezeichnet. Für die (4.27) entsprechende Variabilität $v(p_i) = h(x_i'\beta)(1 - h(x_i'\beta))/n_i$ ergibt sich für $\boldsymbol{\beta}$ der Maximum Likelihood-Schätzer ohne Dispersionsmodellierung, da der Faktor ϕ in der Gleichung (4.28) vernachlässigbar ist. Unterschiede ergeben sich jedoch auch in diesem Fall hinsichtlich der Varianz des Schätzers, in dem ϕ zu berücksichtigen ist. Die aus (4.28) resultierende Parameterschätzung ist jedoch (unter Regularitätsbedingungen) konsistent unter der Annahme richtiger Erwartungswertspezifikation (4.26). Unter Regularitätsbedingungen gilt ferner die asymtotische Normalverteilung für die Lösung $\hat{\boldsymbol{\beta}}$ von (4.28)

$$\hat{\boldsymbol{\beta}} \sim N(\boldsymbol{\beta}, \hat{\boldsymbol{F}}^{-1}\hat{\boldsymbol{V}}\hat{\boldsymbol{F}}^{-1})$$

wobei die "Sandwich-Matrix" $\hat{\boldsymbol{F}}^{-1}\hat{\boldsymbol{V}}\hat{\boldsymbol{F}}^{-1}$ bestimmt ist durch

$$\hat{\boldsymbol{F}} = \sum_{i=1}^{g} \boldsymbol{x}_i\boldsymbol{x}_i' \frac{h'(\boldsymbol{x}_i'\hat{\boldsymbol{\beta}})^2}{v\hat{a}r(p_i)}$$

$$\hat{\boldsymbol{V}} = \sum_{i=1}^{g} \boldsymbol{x}_i\boldsymbol{x}_i' \frac{h'(\boldsymbol{x}_i'\hat{\boldsymbol{\beta}})^2}{v\hat{a}r(p_i)^2}(p_i - h(\boldsymbol{x}_i'\hat{\boldsymbol{\beta}}))^2$$

mit $v\hat{a}r(p_i) = \hat{\phi}v(h(\boldsymbol{x}_i'\hat{\boldsymbol{\beta}}))$.

$\hat{F}$ entspricht dabei einer Schätzung der Fisher-Matrix unter Annahme der spezifizierten Arbeitsvarianz während in $\hat{V}$ die tatsächlichen Residuen $p_i - h(\boldsymbol{x}_i'\hat{\beta})$ eingehen. Die Effizienz der Schätzung hängt davon ab, wie nahe die spezifizierte Varianz $var(p_i) = \phi v(\pi_i)$ bei der tatsächlichen Varianz liegt. Weitere Ausführungen sowie Tests zu linearen Hypothesen finden sich in Fahrmeir & Tutz (1994), vgl. auch Liang & McCullagh (1993), die einen Vergleich verschiedener Ansätze der Dispersionsmodellierung geben und Poortema (1999), der einen Überblick über Dispersionsmodellierung gibt.

4.4.5 Vernachlässigte Einflußgrößen und zufällige Effekte

Die Wirkungsstärke von Einflußgrößen hängt von der Größe des entsprechenden Koeffizienten im linearen Term ab. Es ist daher sinnvoll, sich klarzumachen, wie sich dieser Koeffizient verhält, wenn Einflußgrößen in der Analyse vernachlässigt werden. Sei als erstes das klassische lineare Modell mit metrischer abhängiger Variable y betrachtet. Gelte nun statt $E(y_i|\boldsymbol{x}_i) = \beta_0 + \boldsymbol{x}_i'\beta$ tatsächlich

$$E(y_i|\boldsymbol{x}_i, b_i) = \beta_0 + \boldsymbol{x}_i'\beta + b_i. \tag{4.29}$$

Der zusätzliche Wert b_i steht für den Effekt einer oder mehrerer weggelassener Variablen. Neben der Einflußgröße x_i besitzt die Population eine zusätzliche Heterogenität, die im additiven Effekt b_i zum Ausdruck kommt. Der Einfachheit halber sei b_i für gegebenes $\boldsymbol{x}_i$ in der Population normalverteilt mit $b_i \sim N(0, \sigma^2)$. Die Forderung $E(b_i) = 0$ ist unerheblich, da jeder Erwartungswert, der von Null verschieden ist, nur die Konstante verändert. Der Erwartungswert von y_i bei gegebenem $\boldsymbol{x}_i$ (nicht aber b_i) ergibt sich durch die Erwartungswertbildung nach b_i und wegen $E_{b_i}(b_i) = 0$ erhält man

$$E(y_i|\boldsymbol{x}_i) = \beta_0 + \boldsymbol{x}_i'\beta. \tag{4.30}$$

Das heißt, wenn tatsächlich das heterogene Modell (4.29) zugrundeliegt, gilt das Modell (4.30) mit denselben Koeffizienten, wobei Modell (4.30) das zur Schätzung verwendete Modell ist. Für die Konsistenz der Schätzung (wohl aber für die Genauigkeit) ist die Verwendung des Modells (4.30) unproblematisch.

Anders verhält es sich für nichtlineare Modelle, beispielsweise das logistische, das als Repräsentant nichtlinearer Modelle betrachtet wird. Gelte nun mit derselben Variable $b_i \sim N(0, \sigma^2)$ das wahre Modell

$$P(y_i = 1|\boldsymbol{x}_i, b_i) = F(\beta_0 + \boldsymbol{x}_i'\boldsymbol{\beta} + b_i) \tag{4.31}$$

mit der logistischen Funktion F. In (4.31) ist die Wirkung der zusätzlichen Variablen explizit in b_i berücksichtigt. Das Problem tritt auf, wenn *für die Schätzung* das Modell

$$P(y_i = 1|\boldsymbol{x}_i) = F(\beta_0 + \boldsymbol{x}_i\boldsymbol{\beta}) \tag{4.32}$$

zugrundegelegt wird. Um die auftretende Verzerrung deutlich zu machen, geht man von der Gültigkeit des Modells (4.31) aus. Die Taylor-Entwicklung (siehe Appendix B.2) zweiter Ordnung im Punkt $\eta = \beta_0 + \boldsymbol{x}_i'\boldsymbol{\beta}$ liefert

$$F(\eta + b_i) \approx F(\eta) + F'(\eta)b_i + \frac{1}{2}F''(\eta)b_i^2,$$

wobei F', F'' die erste und zweite Ableitung bezeichnen. Damit erhält man durch Erwartungswertbildung

$$\begin{aligned} P(y_i = 1|\boldsymbol{x}_i) &= E_{b_i} P(y_i = 1|\boldsymbol{x}_i, b_i) \\ &\approx F(\eta) + \frac{1}{2} F''(\eta) var(b_i) \\ &= F(\eta) + \frac{1}{2} F(\eta)(1 - F(\eta))(1 - 2F(\eta)) var(b_i). \end{aligned}$$

Dabei wurde $E(b_i) = 0$ und damit $E(b_i)^2 = var(b_i)$ verwendet. Insgesamt gilt mit $\sigma^2 = var(b_i)$

$$\begin{aligned} P(y_i = 1|\boldsymbol{x}_i) &\approx F(\beta_0 + \boldsymbol{x}_i'\boldsymbol{\beta}) \\ &+ \frac{1}{2} F(\beta_0 + \boldsymbol{x}_i'\boldsymbol{\beta})(1 - F(\beta_0 + \boldsymbol{x}_i'\boldsymbol{\beta}))(1 - 2F(\beta_0 + \boldsymbol{x}_i'\boldsymbol{\beta}))\sigma^2 \end{aligned} \tag{4.33}$$

Während das Schätzmodell (4.32) einen durch F transformierten linearen Einfluß postuliert, gilt tatsächlich (approximativ) ein Zusammenhang zwischen $\boldsymbol{x}_i$ und y_i von der Form (4.33). Zur Abschätzung des auftretenden Effektes betrachte man Abbildung 4.9. Dort ist die Funktion auf der rechten Seite von (4.33) für $\sigma^2 = 1$ und $\sigma^2 = 4$ dargestellt. Als Argument dient $\pi = F(\beta_0 + \boldsymbol{x}_i'\boldsymbol{\beta})$, also das bei der Schätzung postulierte Modell. Abbildung 4.9 zeigt, daß Wahrscheinlichkeiten unter 0.5 nach oben, Wahrscheinlichkeiten über 0.5 nach unten verzerrt werden. Daraus resultiert, daß die tatsächliche Wahrscheinlichkeit näher bei mittleren Wahrscheinlichkeiten um 0.5 liegt, also weniger Variabilität aufweist. Die Schätzung, die sich an der tatsächlichen Wahrscheinlichkeit orientiert, wird also eine (betragsmäßig) geringere Steigung $\hat{\boldsymbol{\beta}}$ aufweisen als tatsächlich vorliegt. Das heißt die Schätzwerte für den Steigungskoeffizienten sind tendenziell (betragsmäßig) zu klein, der Schätzer ist verzerrt in Richtung Null. Dieser Effekt verstärkt sich mit wachsender Varianz σ^2.

Modell (4.31) ist ein Beispiel für ein Modell mit zufälligen Effekten. Modelle dieser Art lassen sich als Zwei-Stufen-Modelle auffassen. In der *ersten Stufe* wird die Form des Responses, gegeben die Kovariaten *und* die unbeobachteten Einflußgrößen, spezifiziert durch

$$P(y_i = 1|\boldsymbol{x}_i, b_i) = F(\beta_0 + \boldsymbol{x}_i'\boldsymbol{\beta} + b_i).$$

In der *zweiten Stufe* wird die Verteilung des zufälligen Effektes b_i spezifiziert, beispielsweise als Normalverteilung

$$b_i \sim N(0, \sigma^2)$$

mit unbekannter Varianz σ^2. Beide Stufen zusammengenommen ergeben das *Modell mit zufälligen Effekten.* Das Modell wird auch als ein Mischungsmodell bezeichnet, da das Verhalten des Responses sich aus einer Mischung verschiedener Populationen ergibt, die durch den unbeobachtbaren Effekt b_i charakterisiert sind.

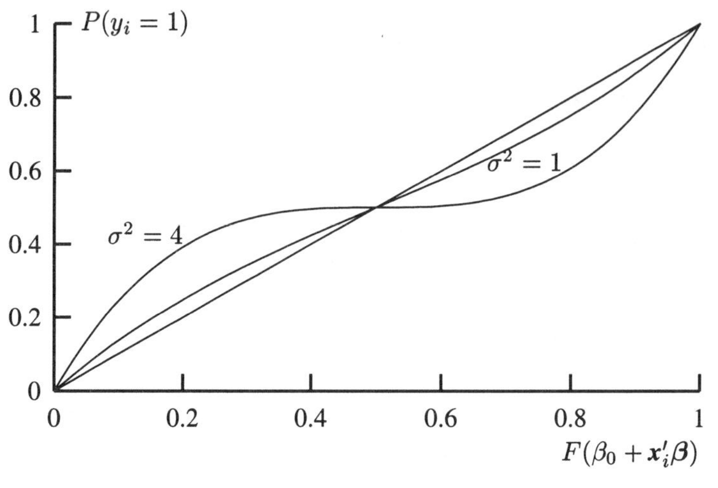

Abbildung 4.9: Abhängigkeit der tatsächlichen Wahrscheinlichkeit von der modellierten.

Die Parameter $\beta_0, \boldsymbol{\beta}$ und σ^2 lassen sich allerdings nur mit etwas fortgeschritteneren Verfahren z.B. unter Zuhilfenahme der Gauss-Hermite-Quadratur und des EM-Algorithmus schätzen. Schätzverfahren finden sich in Fahrmeir & Tutz (1994), Stiratelli, Laird & Ware (1984), Zeger & Karim (1991), Breslow & Clayton (1993) und Drum & McCullagh (1993).

4.5 Ergänzende Bemerkungen

Familien von Linkfunktionen

Es gibt mehrere Ansätze die verschiedenen Linkfunktionen in einer Familie zu parametrisieren. Aranda-Ordaz (1983) betrachtet die Familie der Verteilungsfunktionen

$$F(x) = 1 - \exp(-(1 + \alpha x)^{1/\alpha}), \quad \alpha > 0.$$

für $\alpha \to 0$ ergibt sich die Minimum-Extremwert-Verteilung $F(x) = 1 - \exp(-\exp(x))$, für $\alpha = 1$ erhält man die Exponentialverteilung $F(x) = 1 - \delta \exp(-\alpha)$, wobei $\delta = e^{-1}$.

Die Modellklasse wird im Kontext der Verweildaueranalyse abgeleitet und läßt sich verstehen als eine Version stetiger Verweildauern, in denen die Kovariablen multiplikativ oder additiv auf die Ausfallwahrscheinlichkeit wirken können. Alternative

Familien von Linkfunktionen finden sich bei Prentice (1976), Van Copenhaver & Mielke (1977) und Pregibon (1980), Stukel (1988), Czado (1992).

Alternative Modelle der Wirksamkeit

Für den Fall einer eindimesionalen Einflußgröße besitzt der lineare Einflußterm die einfache Form $\eta = \beta_0 + \boldsymbol{x}'\boldsymbol{\beta}$. Die Wahrscheinlichkeit des Modells $\pi(x) = F(\eta)$ kann zwischen 0 und 1 variieren. Modelliert man mit $\pi(x)$ beispielsweise die Mortalität, so ist unabhängig von der Einflußgröße x von einer Grundmortalität auszugehen. Durch Einführung eines zusätzlichen Parameters $\gamma > 0$ läßt sich dies durch eine Erweiterung des Modells zu $\pi(x) = \gamma + (1 - \gamma)F(\eta)$ berücksichtigen. Derartige Ansätze finden sich z.B. bei Preisler (1989).

Eine andere Modellmodifikation geht anstatt von einem Grundlevel davon aus, daß die Einflußgröße x erst ab einer bestimmten Schwelle τ wirksam wird. Der lineare Prädiktor besitzt dann die Form $\eta = \beta_0 + (x - \tau)_+\beta$, wobei $(x - \tau)_+ = 0$, wenn $x < \tau$ und $(x - \tau)_+ = x - \tau$, wenn $x \geq \tau$ gilt. Modelle dieser Art finden sich z.B. bei Küchenhoff & Carroll (1997), Küchenhoff (1998).

Kapitel 5

Multinomiale Modelle für ungeordnete Kategorien

5.1 Modellbildung bei mehrkategorialer abhängiger Variable

Im folgenden werden Modelle behandelt für den Fall einer abhängigen Variablen mit k Responsekategorien. Der Einfachheit halber werden diese mit $1, \ldots, k$ bezeichnet, d.h. $Y \in \{1, \ldots, k\}$. Für die Auswahl eines Modells ist es entscheidend, von welchem Typ die abhängige Variable ist. Im Fall einer Nominalskala stellen die Zahlenwerte nur Ettiketten dar, im Fall einer Ordinalskala sind die Kategorien zumindest geordnet. Bei der Analyse des Wahlverhaltens mit den Kategorien "CDU/CSU", "SPD", "Grüne", "FDP" und "andere Parteien" ist von ungeordneten Kategorien auszugehen, die Zuordnung von Zahlen zu Parteien ist beliebig. Entsprechend sind in Abbildung 5.1 die Kategorien in einem Kreis angeordnet. Adäquate Modelle sollten so geartet sein, daß die Gültigkeit des Modells nicht von der Kategorienzuordnung abhängt.

Anders liegen die Verhältnisse bei einem ordinalen Response, beispielsweise wenn die Schmerzintensität in den Kategorien "kein Schmerz", "leichte Schmerzen", "starke Schmerzen", "sehr starke Schmerzen" erfolgt (vgl. Abb. 5.2). Die Ordnung der Responsekategorien legt Modelle nahe, die keine beliebige Vertauschung der Kategorien zulassen. Derartige Modell nutzen explizit die in der Ordnung der Kategorien verfügbare Information.

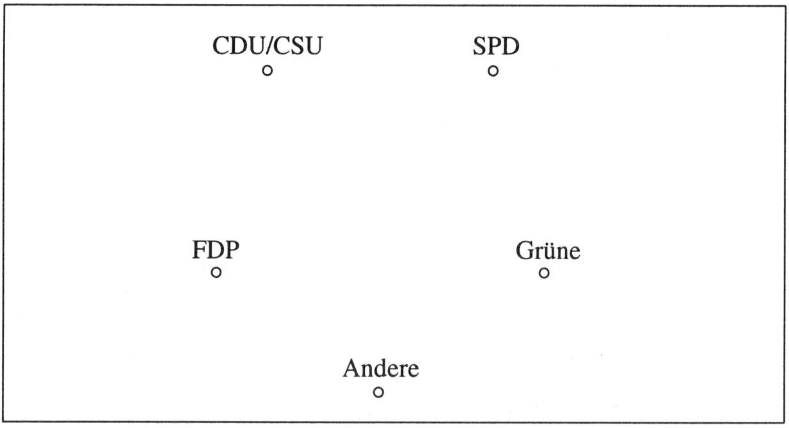

Abbildung 5.1: Nominale Responsekategorien am Beispiel Wahlverhalten

Eine weiterer Typ von Responsekategorien, der nicht durch das Skalenniveau bestimmt ist, liegt dann vor, wenn die Wahl der Responsekategorie sukzessive erfolgt bzw. wenn die Responsekategorien in Untergruppen zerfallen. Ein typisches Beispiel ist die Antwortverweigerung bzw. die Kategorie "unentschieden". Sind die Antwortkategorien auf die Frage "Sind Sie für die Reduktion des Spitzensteuersatzes" durch "dafür", "dagegen", "unentschieden" gegeben, ist es fragwürdig von einer Ordinalskala mit der Mittelkategorie "unentschieden" auszugehen. Vielmehr entspricht diese Kategorie häufig einer Antwortverweigerung. Ein Beispiel von analoger Struktur liegt vor, wenn in medizinischen Studien der Response gegeben ist durch die Kategorie "keine Infektion", "Infektion Typ A", "Infektion Typ B", "Infektion Typ C". Die Responsekategorien nur als ungeordnet zu betrachten, heißt bei der Modellbildung zuwenig Struktur zu verwenden, da die Kategorie "keine Infektion" sich strukturell von den unterschiedlichen Typen von Infektionen unterscheidet. Die Responsekategorien stellen vielmehr eine verzweigte Struktur wie in Abbildung 5.3 dar.

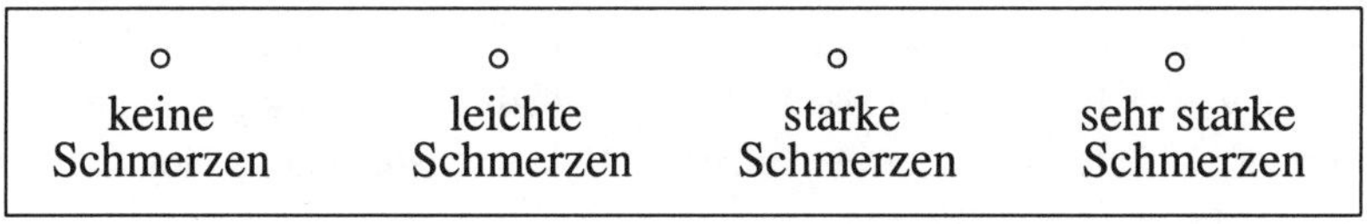

Abbildung 5.2: Ordinale Responsekategorien am Beispiel Schmerz

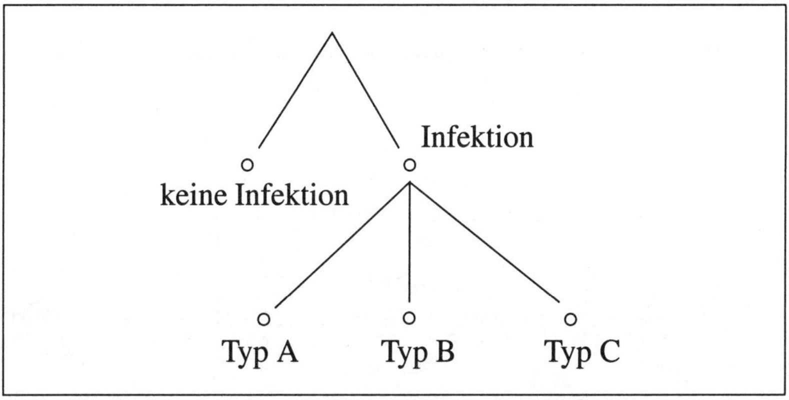

Abbildung 5.3: Verzweigte Responsekategorien am Beispiel Infektionen

Da Modelle mit Verzweigungsstruktur in den Untergruppen von Kategorien auf Modelle für ungeordnete bzw. geordnete Kategorien zurückgreifen, werden sie im folgenden nur kurz behandelt (siehe Abschnitt 5.5). Der größte Teil von Kapitel 5 gilt Modellen für ungeordnete Kategorien ohne Verzweigungsstruktur. Im darauffolgenden Kapitel 6 werden Modelle für geordnete Responsekategorien und der Zusammenhang zu metrischen Regressionsmodellen ausführlich behandelt.

5.2 Das multinomiale Logit-Modell

Das binäre Logit-Modell für den Fall zweier Kategorien $Y \in \{1, 2\}$ hat die Form

$$P(Y = 1|\boldsymbol{x}) = \frac{\exp(\boldsymbol{x}'\boldsymbol{\beta})}{1 + \exp(\boldsymbol{x}'\boldsymbol{\beta})}$$

bzw.

$$\log\left(\frac{P(Y = 1|\boldsymbol{x})}{P(Y = 2|\boldsymbol{x})}\right) = \boldsymbol{x}'\boldsymbol{\beta}, \qquad (5.1)$$

wobei der Einfachheit halber in $\boldsymbol{x}$ bereits ein konstanter Term enthalten ist und die Einflußgrößen in adäquater Kodierung vorliegen. Der Einflußgrößenvektor $\boldsymbol{x}$ hat also die Form $\boldsymbol{x}' = (1, x_1, \dots, x_p)$, wobei die Komponenten x_i metrische Größen sein können, für Dummy-Variablen stehen, die ein kategoriales Merkmal kodieren, oder einen Interaktionsterm darstellen.

Der allgemeinere Fall mit k Kategorien läßt sich auf den binären Fall zurückführen, wenn man von (5.1) ausgehend das Verhältnis jeweils zweier Kategorien betrachtet. Wählt man als Referenzkategorie die letzte ($Y = k$), läßt sich das logarithmierte Chancenverhältnis modellieren durch

$$\log\left(\frac{P(Y = r|\boldsymbol{x})}{P(Y = k|\boldsymbol{x})}\right) = \boldsymbol{x}'\boldsymbol{\beta}_r, \qquad (5.2)$$

wobei der Gewichtsvektor $\boldsymbol{\beta}_r$ jetzt spezifisch für die betrachtete Kategorie r ist.

Die einfachste Form des multinomialen Logit-Modells ergibt sich, wenn Modell (5.2) für $r = 1, \dots, q = k - 1$ angesetzt wird.

Multinomiales Logit-Modell mit Referenzkategorie k

$$\log\left(\frac{P(Y = r|\boldsymbol{x})}{P(Y = k|\boldsymbol{x})}\right) = \boldsymbol{x}'\boldsymbol{\beta}_r, \qquad r = 1, \dots, k - 1, \qquad (5.3)$$

bzw.

$$P(Y = r|\boldsymbol{x}) = \frac{\exp(\boldsymbol{x}'\boldsymbol{\beta}_r)}{1 + \sum_{s=1}^{k-1} \exp(\boldsymbol{x}'\boldsymbol{\beta}_s)}, \qquad r = 1, \dots, k - 1,$$

$$P(Y = k|\boldsymbol{x}) = \frac{1}{1 + \sum_{s=1}^{k-1} \exp(\boldsymbol{x}'\boldsymbol{\beta}_s)}. \qquad (5.4)$$

Die Darstellung (5.4) des Logit-Modells ergibt sich durch einfache Ableitung. Aus (5.3) erhält man unmittelbar

$$P(Y = r|\boldsymbol{x}) = P(Y = k|\boldsymbol{x}) \exp(\boldsymbol{x}'\boldsymbol{\beta}_r), \qquad r = 1, \ldots, q,$$

und daraus

$$P(Y = 1|\boldsymbol{x}) + \cdots + P(Y = k-1|\boldsymbol{x}) = P(Y = k|\boldsymbol{x}) \sum_{s=1}^{k-1} \exp(\boldsymbol{x}'\boldsymbol{\beta}_s)$$

bzw.

$$1 = P(Y = 1|\boldsymbol{x}) + \cdots + P(Y = k|\boldsymbol{x}) = P(Y = k|\boldsymbol{x}) \left\{ 1 + \sum_{s=1}^{k-1} \exp(\boldsymbol{x}'\boldsymbol{\beta}_s) \right\}.$$

Daraus folgt

$$P(Y = k|\boldsymbol{x}) = \frac{1}{1 + \sum_{s=1}^{k-1} \exp(\boldsymbol{x}'\boldsymbol{\beta}_s)}$$

und aus (5.3) ergeben sich die übrigen Wahrscheinlichkeiten.

Die grundlegende Form des Logit-Modells ist durch

$$P(Y = r|x) = \frac{\exp(\boldsymbol{x}'\boldsymbol{\beta}_r)}{\sum_{s=1}^{k} \exp(\boldsymbol{x}'\boldsymbol{\beta}_s)} \tag{5.5}$$

gegeben. Es ist allerdings offensichtlich, daß die Parameter in (5.5) nicht identifizierbar sind. Ersetzt man $\boldsymbol{\beta}_r$ durch $\boldsymbol{\beta}_r + \boldsymbol{c}$, wobei $\boldsymbol{c}$ ein Vektor von Konstanten ist, bleibt die Modellform erhalten. Es ist daher notwendig, eine *Nebenbedingung* für die Parameter $\boldsymbol{\beta}_1, \ldots, \boldsymbol{\beta}_k$ einzuführen.

Varianten von Nebenbedingungen:

(1) *Die Nebenbedingung $\boldsymbol{\beta}_k' = (0, \ldots, 0)$ ist äquivalent zur Auszeichnung der Kategorie k als Referenzkategorie. Wegen $\exp(\boldsymbol{x}'\boldsymbol{\beta}_k) = \exp(0) = 1$ läßt sich dann das Modell auch darstellen durch*

$$P(Y = r|\boldsymbol{x}) = \frac{\exp(\boldsymbol{x}'\boldsymbol{\beta}_r)}{\sum_{s=1}^{k} \exp(\boldsymbol{x}'\boldsymbol{\beta}_s)} = \frac{\exp(\boldsymbol{x}'\boldsymbol{\beta}_r)}{1 + \sum_{s=1}^{k-1} \exp(\boldsymbol{x}'\boldsymbol{\beta}_s)}, \qquad r = 1, \ldots, k.$$

Dies entspricht der Form (5.3) bzw. (5.4).

(2) *Anstatt der letzten Kategorie kann man jede beliebige Referenzkategorie auszeichnen. Sei r_0 eine fest gewählte Kategorie. Dann gilt nach (5.5) für $r = 1, \ldots, k$*

$$\log \left(\frac{P(Y = r|\boldsymbol{x})}{P(Y = r_0|\boldsymbol{x})} \right) = \boldsymbol{x}'(\boldsymbol{\beta}_r - \boldsymbol{\beta}_{r_0}).$$

Definiert man $\boldsymbol{\delta}_r = \boldsymbol{\beta}_r - \boldsymbol{\beta}_{r_0}$ *erhält man das multinomiale Logit-Modell mit Referenzkategorie* r_0 *durch*

$$\log\left(\frac{P(Y=r|\boldsymbol{x})}{P(Y=r_0|\boldsymbol{x})}\right) = \boldsymbol{x}'\boldsymbol{\delta}_r, \qquad r = 1,\ldots,k$$

bzw.

$$P(Y=r|\boldsymbol{x}) = \frac{\exp(\boldsymbol{x}'\boldsymbol{\delta}_r)}{\sum_{s=1}^{k}\exp(\boldsymbol{x}'\boldsymbol{\delta}_r)}$$

mit der zusätzlichen Festlegung $\delta'_{r_0} = (0,\ldots,0)$, *d.h. der Gewichtsvektor der Referenzkategorie ist jeweils der Nullvektor. Die Interpretation einzelner Parameter bezieht sich nun auf den Vergleich von Kategorie* r *mit Kategorie* r_0. *Man beachte, daß für den Vergleich zwischen zwei Kategorien* r *und* t *unabhängig von der gewählten Referenzkategorie gilt*

$$\log\left(\frac{P(Y=r|\boldsymbol{x})}{P(Y=t|\boldsymbol{x})}\right) = \boldsymbol{x}'(\boldsymbol{\beta}_r - \boldsymbol{\beta}_t) = \boldsymbol{x}'(\boldsymbol{\delta}_r - \boldsymbol{\delta}_t),$$

da wegen $\boldsymbol{\delta}_r = \boldsymbol{\beta}_r - \boldsymbol{\beta}_{r_0}$ *die Gleichung* $\boldsymbol{\delta}_r - \boldsymbol{\delta}_t = \boldsymbol{\beta}_r - \boldsymbol{\beta}_t$ *gilt.*

(3) Eine symmetrische Form der Nebenbedingung ist durch $\sum_{s=1}^{k}\boldsymbol{\beta}'_s = (0,\ldots,0)'$ *gegeben, d.h. jede Komponente von* $\boldsymbol{\beta}_s$ *ergibt als Summe 0. Entsprechend sind die Parameter als Abweichung von einem mittleren Responseniveau zu interpretieren. Betrachtet man als 'mittlere' Responsewahrscheinlichkeit das geometrische Mittel (Frohn, 1994)*

$$GM(\boldsymbol{x}) = \sqrt[k]{\prod_{s=1}^{k} P(Y=s|\boldsymbol{x})},$$

ergibt sich allgemein unter Verwendung von (5.5)

$$\frac{P(Y=r|\boldsymbol{x})}{GM(\boldsymbol{x})} = \frac{\exp(\boldsymbol{x}'\boldsymbol{\beta}_r)}{\sqrt[k]{\prod_{s=1}^{k}\exp(\boldsymbol{x}'\boldsymbol{\beta}_s)}}.$$

und damit

$$\log[P(Y=r|\boldsymbol{x})/GM(\boldsymbol{x})] = \boldsymbol{x}'\boldsymbol{\beta}_r - \frac{1}{k}\sum_{s=1}^{k}\boldsymbol{x}'\boldsymbol{\beta}_s.$$

Wegen der Nebenbedingung erhält man

$$\log[P(Y=r|\boldsymbol{x})/GM(\boldsymbol{x})] = \boldsymbol{x}'\boldsymbol{\beta}_r.$$

Für den einfachsten Fall, wenn $\boldsymbol{x}$ *nur eine Konstante enthält (d.h.* $\boldsymbol{x} = 1$ *gilt), ergibt sich* $\boldsymbol{\beta}_r$ *unmittelbar als das logarithmierte Verhältnis zwischen der Auftretenswahrscheinlichkeit von* r *und dem geometrischen Mittel der Wahrscheinlichkeiten. Im generellen Fall eines Vektors* $\boldsymbol{x}$ *gibt* $\boldsymbol{\beta}_r$ *die Veränderung dieses Verhältnisses durch* $\boldsymbol{x}$ *wieder.*

Multinomiales Logit-Modell

$$P(Y = r|\boldsymbol{x}) = \frac{\exp(\boldsymbol{x}'\boldsymbol{\beta}_r)}{\sum\limits_{s=1}^{k} \exp(\boldsymbol{x}'\boldsymbol{\beta}_s)}$$

Alternative Identifizierbarkeitsbedingungen:

$\boldsymbol{\beta}'_k = (0, \ldots, 0)$	Referenzkategorie k
$\boldsymbol{\beta}'_{r_0} = (0, \ldots, 0)$	Referenzkategorie r_0
$\sum\limits_{s=1}^{k} \boldsymbol{\beta}'_s = (0, \ldots, 0)$	symmetrische Bedingung

Das Logit-Modell mit Referenzkategorie r_0 stellt in Analogie zum binären Fall eine Parametrisierung der Chancen bzw. der logarithmierten Chancen dar. Allerdings lassen sich zu den k Kategorien der abhängigen Variable Y $k-1$ Chancen bzw. logarithmierte Chancen angeben. Da für die Chancen für r_0 gegenüber r_0 trivialerweise $\gamma_{r_0,r_0}(\boldsymbol{x}) = 1$ gilt, genügt es die $k - 1$ Chancen $\gamma_{r,r_0}(\boldsymbol{x})$, $r \neq r_0$, bzw. die Logits Logit $_{r,r_0}(\boldsymbol{x})$, $r \neq r_0$ zu parametrisieren. Das Logit-Modell mit Referenzkategorie r_0 spezifiziert die Chancen durch

$$\frac{P(Y = r|\boldsymbol{x})}{P(Y = r_0|\boldsymbol{x})} = \exp(\boldsymbol{x}'\boldsymbol{\beta}_r), \; r \neq r_0 \tag{5.6}$$

und die Logits durch

$$\log\left(\frac{P(Y = r|\boldsymbol{x})}{P(Y = r_0|\boldsymbol{x})}\right) = \boldsymbol{x}'\boldsymbol{\beta}_r, \; r \neq r_0. \tag{5.7}$$

Chancen für r gegenüber r_0

$$\gamma_{r,r_0}(\boldsymbol{x}) = \frac{P(Y = r|\boldsymbol{x})}{P(Y = r_0|\boldsymbol{x})}$$

Logits bzw. logarithmierte Chancen für r gegenüber r_0

$$\text{Logit}_{\,r,r_0}(\boldsymbol{x}) = \log\left(\frac{P(Y = r|\boldsymbol{x})}{P(Y = r_0|\boldsymbol{x})}\right)$$

Parameterinterpretation für das multinomiale Logit-Modell

Für die Interpretation der Parameter genügt es, sich auf zwei Merkmale, ein metrisches Merkmal x_M und ein kategoriales Merkmal K, zu beschränken. Das kategoriale Merkmal K besitze die möglichen Ausprägungen $1, \ldots, I$, so daß $I - 1$ Dummy-Variablen $x_{K(1)}, \ldots, x_{K(I-1)}$ notwendig sind. Die linearen Prädiktoren $\boldsymbol{x}'\boldsymbol{\beta}_1, \ldots, \boldsymbol{x}'\boldsymbol{\beta}_k$ besitzen dann (ohne Interaktionen) die einfache Form

$$\eta_r(x) = \boldsymbol{x}'\boldsymbol{\beta}_r = \beta_{0r} + x_M\beta_{M,r} + x_{K(1)}\beta_{K(1),r} + \cdots + x_{K(I-1)}\beta_{K(I-1),r},$$

wobei $\beta_{M,r}$ den Parameter der metrischen Variable und $\beta_{K(i),r}$ den Parameter der kategorialen Variable für $K = i$ bezeichnet. Beide sind spezifisch für die Responsekategorie r, die daher auch als zusätzlicher Index erscheint. Für die beiden Darstellungen (5.6) und (5.7) erhält man die *Chancen*

$$\frac{P(Y = r|\boldsymbol{x})}{P(Y = r_0|\boldsymbol{x})} = e^{\beta_{0r}} e^{x_M\beta_{M,r}} e^{x_{K(1)}\beta_{K(1),r}} \cdots e^{x_{K(I-1)}\beta_{K(I-1),r}}$$

und die *Logits*

$$\log\left(\frac{P(Y = r|\boldsymbol{x})}{P(Y = r_0|\boldsymbol{x})}\right) = \beta_{0r} + x_M\beta_{M,r} + x_{K(1)}\beta_{K(1),r} + \cdots + x_{K(I-1)}\beta_{K(I-1),r}.$$

Für die Interpretation der Konstanten β_{0r} ist es notwendig, bei der kategorialen Variablen K zwischen (0–1)- und Effektkodierung zu unterscheiden. Für die (0–1)-Kodierung ergibt sich β_{0r} als die logarithmierte Chance bei $x_M = 0$, $x_K = I$, d.h. die kategoriale Variable liegt in der Referenzkategorie vor. Für die Effektkodierung stellt β_{0r} die mittlere logarithmierte Chance bei $x_M = 0$, gemittelt über alle Ausprägungen von K dar. Für die Einflußgrößenparameter erhält man unmittelbar die im separaten Kasten auf Seite 167 angegebene Interpretation.

Für die symmetrische Nebenbedingung erhält man dieselbe Interpretation, nur beziehen sich Logits bzw. Chancen auf das Verhältnis von Kategorie r zur "mittleren Responsewahrscheinlichkeit" $GM(\boldsymbol{x})$.

Anzumerken ist für die (0–1)-Kodierung von K der Begriff der relativen Chancen. Der Parameter $e^{\beta_{K(i),r}}$ entspricht den *relativen Chancen für* r *gegenüber* r_0 *zwischen* $K = i$ *und* $K = I$, die gegeben sind durch

$$\frac{P(Y = r|K = i)/P(Y = r_0|K = i)}{P(Y = r|K = I)/P(Y = r_0|K = I)} = e^{\beta_{K(i)}}.$$

Da damit Chancen zwischen $K = i$ und $K = I$ zueinander in Beziehung gesetzt werden, handelt es sich um relative Chancen oder *Chancen zweiter Ordnung*.

Parameterinterpretation im Haupteffektmodell

Bei festgehaltenen übrigen Einflußgrößen enthält

- für metrische Größe x_M
  - $\beta_{M,r}$ die additive Wirkung auf die Logits für r gegenüber r_0 pro Einheit der Einflußgröße x_M.
  - $e^{\beta_{M,r}}$ die multiplikative Wirkung auf die Chancen für r gegenüber r_0 pro Einheit der Einflußgröße x_M.
- für kategoriale Größe $K \in \{1, \ldots, I\}$ in (0–1)-Kodierung
  - $\beta_{K(i),r}$ die additive Wirkung auf die Logits für r gegenüber r_0 beim Übergang von $K = I$ zu $K = i$.
  - $e^{\beta_{K(i),r}}$ die multiplikative Wirkung auf die Chancen für r gegenüber r_0 beim Übergang von $K = I$ zu $K = i$, d.h. die relative Chance für r gegenüber r_0 zwischen $K = i$ und $K = I$.
- für kategoriale Größe $K \in \{1, \ldots, I\}$ in Effekt-Kodierung
  - $\beta_{K_{(i)}r}$ die additive Wirkung auf die Logits für r gegenüber r_0 als Abweichung von den über alle Ausprägungen von K gemittelten Logits.
  - $e^{\beta_{K(i),r}}$ die multiplikative Wirkung auf die Chancen für r gegenüber r_0, wobei das Produkt der Chancen auf 1 normiert ist.

Die Interpretation bei der Effektkodierung von K beruht auf den Formeln

$$\beta_{K_{(i)},r} = \text{Logit}_{\,r,r_0}(x_M, K = i) - \frac{1}{I}\sum_{j=1}^{I} \text{Logit}_{\,(r,r_0)}(x_M, K = j)$$

bzw.

$$e^{\beta_{K(i),r}} = \frac{P(Y = r|x_M, K = i)}{P(Y = r_0|x_M, K = i)} / e^{\beta_{0,r}} e^{x_M \beta_{M,r}},$$

wobei $\prod_{i=1}^{I} e^{\beta_{K(i),r}} = 1$ gilt.

Alle Parameter beziehen sich auf die Chance bzw. Logits zwischen r und der gewählten Referenzkategorie r_0. Will man die Wirkung von Einflußgrößen auf andere Chancen, beispielsweise zwischen r und t bestimmen, geht man über zur umparametrisierten Form

$$\log\left(\frac{P(Y=r|\boldsymbol{x})}{P(Y=t|\boldsymbol{x})}\right) = \boldsymbol{x}'(\boldsymbol{\beta}_r - \boldsymbol{\beta}_t) = \boldsymbol{x}'\tilde{\boldsymbol{\beta}}_r.$$

Der Parameter $\tilde{\boldsymbol{\beta}}_r = \boldsymbol{\beta}_r - \boldsymbol{\beta}_t$ entspricht dem Modell mit Referenzkategorie t, da $\tilde{\boldsymbol{\beta}}_t = 0$ gilt. Man beachte, daß der Kontrast zwischen Kategorie r und t auch für die symmetrische Nebenbedingung durch

$$\log\left(\frac{P(Y=r|x)}{P(Y=t|x)}\right) = \boldsymbol{x}'(\boldsymbol{\beta}_r - \boldsymbol{\beta}_t)$$

gegeben ist.

In einfachen Beispielen mit nur einer kategorialen Kovariable ist es häufig einfacher, den konstanten Term β_{0r} zu unterdrücken und dafür für jede Ausprägung der Kovariable eine Dummy-Variable einzuschließen. Im folgenden wird die Parteipräferenz in Abhängigkeit vom Geschlecht in beiden Varianten, mit und ohne konstanten Term betrachtet.

Beispiel 5.1 : Parteipräferenz ohne konstanten Term
Bei der Erhebung der Parteipräferenz in den neuen Bundesländern (siehe C.5, Anhang C) ergab sich folgende nach Geschlecht aufgeschlüsselte Kontingenztafel.

	CDU/ CSU 1	SPD 2	FDP 3	Grüne 4	PDS 5	Andere 6	
m	190	211	22	57	90	38	608
w	168	183	16	62	103	13	545

Für die relativen Häufigkeiten bezogen auf das jeweilige Geschlecht ergibt sich daraus die folgende Tafel.

	CDU/ CSU 1	SPD 2	FDP 3	Grüne 4	PDS 5	Andere 6	
m	0.312	0.347	0.036	0.093	0.148	0.062	1
w	0.308	0.335	0.029	0.113	0.188	0.023	1

Während die Präferenzen über die Parteien hinweg stark variieren, scheint der geschlechtsspezifische Effekt relativ wenig ausgeprägt zu sein, er ist – in Differenzen der relativen Häufigkeit gemessen – am stärksten für die PDS und "andere Parteien". Betrachtet wird das Modell

$$\log\left(\frac{P(Y=r|x)}{P(Y=2|x)}\right) = x_m\beta_{m,r} + x_w\beta_{w,r},$$

wobei

$$x_m = \begin{cases} 1 & \text{männlich} \\ 0 & \text{weiblich} \end{cases} \qquad x_w = \begin{cases} 1 & \text{weiblich} \\ 0 & \text{männlich.} \end{cases}$$

Als Referenzkategorie dient $r_0 = 2(SPD)$*, die sich als am stärksten präferierte Partei erweist. Die Interpretation der Parameter erschließt sich sofort aus den Gleichungen*

$$\frac{P(Y=r|m)}{P(Y=2|m)} = e^{\beta_{m,r}}, \qquad \frac{P(Y=r|w)}{P(Y=2|w)} = e^{\beta_{w,r}}.$$

Man erhält die folgenden Schätzwerte, indem bedingte Wahrscheinlichkeiten durch relative Häufigkeiten ersetzt werden.

	$\hat\beta_{m,1}$	$\hat\beta_{m,2}$	$\hat\beta_{m,3}$	$\hat\beta_{m,4}$	$\hat\beta_{m,5}$	$\hat\beta_{m,6}$
β_i	−0.105	0	−2.261	−1.309	−0.852	−1.714
e_i^β	0.900	1	0.104	0.270	0.426	0.186

	$\hat\beta_{w,1}$	$\hat\beta_{w,2}$	$\hat\beta_{w,3}$	$\hat\beta_{w,4}$	$\hat\beta_{w,5}$	$\hat\beta_{w,6}$
β_i	−0.085	0	−2.436	−1.082	−0.574	−2.644
e^{β_i}	0.918	1	0.087	0.338	0.563	0.071

Die Werte $e^{\beta_{m,r}}$ *bzw.* $e^{\beta_{w,r}}$ *geben unmittelbar die Chancen von Kategorie* r *gegenüber* $r_0 = 2(SPD)$ *wieder. Man sieht, daß die Chancen für die CDU sowohl in der männlichen als auch in der weiblichen Population reduziert sind, bei Männern mit 0.900 allerdings etwas stärker als bei Frauen. Die Chancen (im Vergleich zur SPD) sind in der männlichen Population am stärksten reduziert für Kategorie 3(FDP), in der weiblichen Population am stärksten für Kategorie 6(andere). Die stärksten verhältnismäßigen Unterschiede zwischen männlicher und weiblicher Population ergeben sich für die Kategorie 6 (0.186 zu 0.071).* □

Beispiel 5.2 : Parteipräferenz mit konstantem Term
Betrachtet werden die Daten des vorhergehenden Beispiels, allerdings mit nur einer Dummy-Variablen. Für das Logit-Modell wird Geschlecht (0–1)-kodiert mit

$$x_G = \begin{cases} 1 & \text{männlich} \\ 0 & \text{weiblich} \end{cases}$$

und als Referenzkategorie wird mit $r_0 = 2\ (SPD)$ *wiederum die am stärksten präferierte Partei gewählt. Das Modell besitzt dann die Form*

$$\log\left(\frac{P(Y=r|x_G)}{P(Y=2|x_G)}\right) = \beta_{0r} + x_G\beta_{G,r}, \quad r = 1,\ldots,6,$$

bzw.

$$\frac{P(Y=r|m)}{P(Y=2|m)} = e^{\beta_{0r}}e^{\beta_{G,r}}, \qquad \frac{P(Y=r|w)}{P(Y=2|w)} = e^{\beta_{0r}}$$

wobei m und w für die Population der Männer bzw. Frauen steht. Für die Parameter β_{0r} und die zugehörigen Chancen e^{β_r} ergibt sich

	β_{0r}	$e^{\beta_{0r}}$
$\hat{\beta}_{01}$	-0.085	0.918
$\hat{\beta}_{02}$	0	1
$\hat{\beta}_{03}$	-2.436	0.087
$\hat{\beta}_{04}$	-1.082	0.338
$\hat{\beta}_{05}$	-0.574	0.563
$\hat{\beta}_{06}$	-2.644	0.071
$\hat{\beta}_{G.1}$	-0.019	0.981
$\hat{\beta}_{G.2}$	0	1
$\hat{\beta}_{G.3}$	0.176	1.192
$\hat{\beta}_{G.4}$	-0.226	0.797
$\hat{\beta}_{G.5}$	-0.277	0.758
$\hat{\beta}_{G.6}$	0.930	2.534

Da die (0–1)-Kodierung zugrundeliegt, geben die Parameter β_{0r} die Logits der Referenzpopulation ($x_G = 0$, weiblich) an und $e^{\beta_{0r}}$ die entsprechenden Chancen jeweils im Vergleich zur Population $r_0 = 2(SPD)$ an. Die Chancen von "CDU/CSU" gegenüber "SPD" betragen somit in der weiblichen Population 0.918. Die geschlechtsspezifischen Parameter $\beta_{G,r}$ geben die additive Veränderung der Logits

$$\log\left(\frac{P(Y=r|G=1)}{P(Y=r_0|G=1)}\right) - \log\left(\frac{P(Y=r|G=2)}{P(Y=r_0|G=2)}\right) = \beta_{G,r}$$

an, d.h. die Veränderung der logarithmierten Chancen für r gegenüber $r_0 = 2(SPD)$ beim Übergang von der weiblichen ($G = 2$) zur männlichen ($G = 1$) Population. Entsprechend gibt $e^{\beta_{G,r}}$ das Chancenverhältnis bzw. die relativen Chancen

$$\frac{P(Y=r|G=1)/P(Y=r_0|G=1)}{P(Y=r|G=2)/P(Y=r_0|G=2)} = e^{\beta_{G,r}}$$

wieder, d.h. die relativen Chancen von r gegenüber $r_0 = 2(SPD)$ zwischen männlicher und weiblicher Population. Der Wert $e^{\beta_{G,6}} = 2.534$ besagt, daß in der männlichen Population die Chance von "anderen Parteien" gegenüber "SPD" etwa das 2.5-fache der Chance in der weiblichen Population beträgt. Die (betragsmäßig) stärksten geschlechtsspezifischen Effekte (in Abweichung von 0) sind $\beta_{G.6} = 0.930$ und $\beta_{G.5} = -0.277$.

Das Chancenverhältnis bezieht sich immer auf die Chancen zwischen r und $r_0 = 2$. Die logarithmierten relativen Chancen im Verhältnis zu Kategorie t erhält man für die Logits aus $\beta_{G,r} - \beta_{G,t}$, für die relativen Chancen durch $e^{\beta_r - \beta_t} = e^{\beta_r}/e^{\beta_t}$. Die folgenden Tabelle gibt die logarithmierten relativen Chancen für die in den Zeilen gegebenen Parteien gegenüber den in den Spalten spezifizierten Parteien wieder, wobei die Differenz zwischen weiblicher und männlicher Population betrachtet wird.

	1 CDU	2 SPD	3 FDP	4 Grüne	5 PDS	6 Andere
	$\beta_{G,r} - \beta_{G,1}$	$\beta_{G,r}$	$\beta_{G,r} - \beta_{G,3}$	$\beta_{G,r} - \beta_{G,4}$	$\beta_{G,r} - \beta_{G,5}$	$\beta_{G,r} - \beta_{G,6}$
1 *CDU*	0	−0.019	−0.195	0.207	0.258	−0.949
2 *SPD*	0.019	0	−0.176	0.226	0.277	−0.930
3 *FDP*	0.195	0.176	0	0.402	0.453	−0.754
4 Grüne	−0.207	−0.226	−0.402	0	0.059	−1.156
5 *PDS*	−0.258	−0.277	−0.453	−0.051	0	−1.207
6 Andere	0.949	0.930	0.754	1.156	1.207	0

Der stärkste Geschlechtseffekt liegt mit -1.207 *bei den Chancen für* $r = 5(PDS)$ *gegenüber* $r = 6$*(Andere) bzw. mit 1.207 bei den Chancen für* $r = 6$ *gegenüber* $r = 5$. *Die zugehörige relative Chance*

$$\frac{P(Y=5|G=1)/P(Y=6|G=1)}{P(Y=5|G=2)/P(Y=6|G=2)} = e^{-1.207} = 0.299$$

besagt, daß die Chancen "PDS" gegenüber "andere Parteien" zu präferieren, in der männlichen Population nur das 0.3-fache der Chancen in der weiblichen Population betragen. □

Ein Beispiel mit Interaktionseffekten

Im folgenden Beispiel wird die Interaktion zwischen einer metrischen Variable (Alter) und einer kategorialen Variable (Geschlecht) modelliert.

Beispiel 5.3 : Parteipräferenz in Abhängigkeit von Alter und Geschlecht, alte Bundesländer
Bei der Erhebung der Parteipräferenz in den alten Bundesländern in Abhängigkeit von Alter und Geschlecht ergibt sich für kategorisiertes Alter (1: unter 30 Jahre, 2: 31–40 Jahre, 3: 41–50 Jahre und 4: älter als 50 Jahre) die folgende Übersicht.

		Präferierte Partei			
Geschlecht	Alter	CDU/CSU	FDP	Grüne/Bündnis 90	SPD
m	1	114	10	53	224
	2	134	9	42	226
	3	114	8	23	174
	4	339	30	13	414
w	1	42	5	44	161
	2	88	10	60	171
	3	90	8	31	168
	4	413	23	14	375

Betrachtet wird das multinomiale Logit-Modell mit den Einflußgrößen Geschlecht (S) *und Alter* (A) *in metrischer Form, zentriert um 50 Jahre, d.h. Alter ist in Jahren angegeben mit* $A = Alter - 50$. *Als Referenzkategorie wird Kategorie 4* (SPD) *verwandt.*

Das Modell hat somit die Form

$$\log\left(\frac{P(Y=r|x_S,A)}{P(Y=4|x_S,A)}\right) = \beta_{0r} + x_S\beta_{Sr} + A\beta_{A,r} + x_S * A\beta_{S*A,r}$$

wobei das Geschlecht mit

$$x_S = \begin{cases} 1 & \textit{männlich} \\ -1 & \textit{weiblich} \end{cases}$$

in Effektkodierung eingeht. Die Schätzungen sind in Tabelle 5.1 wiedergegeben (zur Schätzmethode siehe Abschnitt 5.7).

ANALYSIS OF MAXIMUM-LIKELIHOOD ESTIMATES

Effect	Parameter	Estimate	Standard Error	Chi-Square	Prob
INTERCEPT	1	-1.4040	0.1183	140.97	0.0000
	2	-3.5679	0.3325	115.11	0.0000
	3	0.1982	0.2012	0.97	0.3245
SEX	4	0.4325	0.1183	13.38	0.0003
	5	0.2319	0.3325	0.49	0.4857
	6	-0.1985	0.2012	0.97	0.3239
AGE	7	0.0205	0.00222	85.31	0.0000
	8	0.0126	0.00624	4.05	0.0442
	9	-0.0525	0.00515	104.14	0.0000
AGE*SEX	10	-0.00838	0.00222	14.22	0.0002
	11	-0.00338	0.00624	0.29	0.5882
	12	0.000953	0.00515	0.03	0.8531

Tabelle 5.1: Multinomiales Modell für Parteipräferenzen

Die p-Werte in Tabelle 5.1 legen nahe, daß die Interaktion zwischen Alter und Geschlecht zumindest für eine Kategorie nicht zu vernachlässigen ist. Die Tabelle 5.2 zeigt die Ergebnisse der Signifikanztests für die einzelnen Komponenten in Form einer Devianzanalyse, d.h. das Modell wird sukzessive verkleinert (vgl. Abschnitt 3.5). Dies bestätigt, daß mit einem Interaktionseffekt zu rechnen ist. Die Frage nach der Relevanz der Einflußgrößen erübrigt sich damit; wenn Einflußgrößen in der Interaktion relevant sind, sind sie auch nicht vernachlässigbar.

Source	DF	Chi-Square	Prob
INTERCEPT	3	238.98	0.0000
SEX	3	16.25	0.0010
AGE	3	222.70	0.0000
AGE*SEX	3	14.78	0.0020

Tabelle 5.2: Devianzanalyse für Parteipräferenzen

Um sich den Einfluß der Kovariablen Alter zu verdeutlichen, ist es hilfreich, sich das Modell für die beiden Geschlechtskategorien separat anzusehen. Für $x_S = 1$ (männlich) erhält man

$$\log\left(\frac{P(Y=r|x_S=1,A)}{P(Y=4|x_S=1,A)}\right) = \beta_{0r} + \beta_{Sr} + A(\beta_{Ar} + \beta_{S*A,r})$$

für $x_S = -1$ (weiblich) ergibt sich

$$\log\left(\frac{P(Y=r|x_S=-1,A)}{P(Y=4|x_S=-1,A)}\right) = \beta_{0r} - \beta_{Sr} + A(\beta_{Ar} - \beta_{S*A,r})$$

Aus diesen Gleichungen ist ersichtlich, daß der Steigungsparameter für Alter in den Subpopulationen männlich/weiblich unterschiedlich ist. Man erhält für die Steigungsparameter $\beta_{Ar} \pm \beta_{S*A,r}$ die Tabelle:

	Steigung	
	Männer	*Frauen*
r=1	0.012	0.028
r=2	0.012	0.012
r=3	−0.051	−0.053

Bereits aus dem Haupteffekt $\beta_{A1} = 0.020$ ist ersichtlich, daß die Präferenz für $CDU/CSU(Y=1)$ gegenüber $SPD(Y=4)$ mit zunehmendem Alter zunimmt. Aus der letzten Tabelle ergibt sich, daß die Zunahme für Frauen wesentlich stärker ist als für Männer. Um die Stärke des Effekts zu sehen, empfiehlt sich wiederum die Betrachtung der Chancen selbst, die sich durch

$$\frac{P(Y=r|x_S=\pm 1,A)}{P(Y=r|x_S=\pm 1,A} = e^{\beta_{0r}} e^{\pm\beta_{Sr}} e^{A(\beta_{Ar}\pm\beta_{S*A,r})}$$

ergibt. Der Faktor, der die Zunahme der Chancen pro zusätzliches Jahr an Lebensalter (ausgehend von 50 Jahren) ist somit durch $e^{\beta_{Ar}\pm\beta_{S*A,r}}$ gegeben. Damit erhält man die Tabellen für die Chancen pro zusätzlichem Jahr und die Chancen für zusätzliche 10 Jahre (d.h. $e^{10(\beta_{Ar}\pm\beta_{S*A,r})}$)

Chancen für ein zusätzliches Jahr	
Männer	*Frauen*
1.012	1.028
1.012	1.012
0.950	0.948

Chancen für zehn zusätzliche Jahr	
Männer	*Frauen*
1.127	1.320
1.127	1.127
0.599	0.588

Daraus ergibt sich, daß bei Zunahme um 10 Jahre die Chancen für $CDU/CSU(Y=1)$ gegenüber $SPD(Y=4)$ für Männer von $e^{\beta_{01}+\beta_{S1}} = 0.378$ auf 0.426, für Frauen von 0.159 auf 0.209 steigen. Die Chancen für Grüne/Bundnis 90 $(Y=3)$ gegenüber $SPD(Y=4)$ fallen für Männer von $e^{\beta_{02}+\beta_{S2}} = 0.035$ auf 0.045, für Frauen von 0.022 auf den nahezu gleichen Wert 0.025. Wie sich aus den p-Werten in Tabelle 5.1 zeigt, ist von geschlechtsspezifischen Steigungen nur bei dem Verhältnis von CDU/CSU zu SPD auszugehen.

Der Faktor $e^{\beta_{Sr}}$ bzw. $e^{-\beta_{Sr}}$ entspricht der Veränderung durch das Geschlecht, wenn $A = 0$ vorliegt (d.h. wegen der Zentrierung für das Alter um 50 Jahre). Man erhält für das Chancenverhältnis von Grüne zu SPD $e^{\beta_{S3}} = 0.826, e^{-\beta_{S3}} = 1.210$, d.h. für Männer erhält man eine Verschlechterung, für Frauen eine Verbesserung des mittleren Chancenverhältnisses $e^{\beta_{03}}$.

□

5.3 Das multinomiale Modell mit kategorienspezifischen Charakteristiken

Die Einflußgrößen $\boldsymbol{x}$ des einfachen multinomialen Logit-Modells (5.3) bzw. (5.4) hängen nicht von der Kategorie ab. Stehen die Responsekategorien für Wahlalternativen, so sind in $\boldsymbol{x}$ nur Merkmale enthalten, die den Entscheidungsträger charakterisieren, also beispielsweise Alter, Geschlecht oder weitere sozio-ökonomische Variablen. Wahlalternativen lassen sich jedoch häufig selbst durch Merkmale charakterisieren. Ein klassisches Beispiel ist die Wahl des Transportmodus, da – abhängig von der Entscheidung für Bus, Bahn oder Fahrrad – unterschiedliche Fahrdauern und Fahrpreise resultieren. Im weiteren sollen diese kategorienspezifischen Variablen in die Modellierung einbezogen werden. Seien $\boldsymbol{w}_1, \dots, \boldsymbol{w}_k$ Merkmalskombinationen, die die Kategorien $1, \dots, k$ charakterisieren. Eine Möglichkeit, diese alternativen- oder kategorienspezifischen Merkmale in das Modell (mit Referenzkategorie k) einzubeziehen, ist von der Form

$$\log\left(\frac{P(Y=r|\boldsymbol{x},\{\boldsymbol{w}_j\})}{P(Y=k|\boldsymbol{x},\{\boldsymbol{w}_j\})}\right) = \boldsymbol{x}'\boldsymbol{\beta}_r + (\boldsymbol{w}_r - \boldsymbol{w}_k)'\boldsymbol{\alpha}, \qquad (5.8)$$

wobei $\{\boldsymbol{w}_j\}$ für sämtliche kategorienspezifischen Merkmale $\boldsymbol{w}_1, \dots, \boldsymbol{w}_k$ steht. Der Vergleich zwischen Kategorie r und der Referenzkategorie k enthält zusätzlich zu dem bereits vertrauten Term $\boldsymbol{x}'\boldsymbol{\beta}_r$ den Vergleichsterm $(\boldsymbol{w}_r - \boldsymbol{w}_k)'\boldsymbol{\alpha}$ mit einem von der Kategorie unabhängigen Parametervektor $\boldsymbol{\alpha}$.

Ist $\boldsymbol{w}_r$ beispielsweise die Zeitdauer der Alternative r, so enthält $\boldsymbol{w}_r - \boldsymbol{w}_k$ die relevante Zeitdifferenz beim Vergleich zwischen Alternative r und k. Der Parameter $\boldsymbol{\alpha}$ gibt wieder, welches Gewicht dieser Zeitdifferenz zukommt. Allgemeiner kann dieser Term auch Interaktionen enthalten. Sei beispielsweise x ein Indikator für Geschlecht mit $x = 1$ (männlich) und $x = 0$ (weiblich) und der kategorienspezifische Vektor $\boldsymbol{w}_r$ sei bestimmt durch

$$\boldsymbol{w}_r = (\text{Preis } r\text{te Kategorie}, x \times \text{Preis } r\text{te Kategorie}),$$

dann erhält man als zusätzlichen Einflußterm

$$(w_{r1} - w_{k1})\alpha_1 + (w_{r2} - w_{k2})\alpha_2$$

und damit in der männlichen Subpopulation

$$\text{Preisdifferenz } \times \alpha_1 + \text{Preisdifferenz } \times \alpha_2$$

und in der weiblichen Subpopulation

$$\text{Preisdifferenz } \times \alpha_1.$$

Der Interaktionsterm bewirkt somit, daß das der Preisdifferenz zukommende Gewicht geschlechtsspezifisch ist, nämlich $\alpha_1 + \alpha_2$ in der männlichen und α_1 in der weiblichen Population. Der mit $\boldsymbol{\alpha}$ gewichtete Term muß somit nicht ausschließlich kategorienspezifische Variablen enthalten.

Allgemeiner läßt sich das Modell in der folgenden Form darstellen, wobei die kategorienspezifischen Merkmale $\boldsymbol{w}_1, \ldots, \boldsymbol{w}_k$ den Vektor $\boldsymbol{v}_r$ für den Vergleich zwischen Kategorie r und k in geeigneter Form (evtl. durch Interaktionen zwischen $\boldsymbol{x}$ und $\boldsymbol{w}_r$) bestimmen.

Multinomiales Logit-Modell mit kategorienspezifischen Merkmalen (Referenzkategorie k)

$$P(Y = r|\boldsymbol{x}, \{\boldsymbol{w}_j\}) = \frac{\exp(\boldsymbol{x}'\boldsymbol{\beta}_r + \boldsymbol{v}_r'\boldsymbol{\alpha})}{1 + \sum_{s=1}^{k-1} \exp(\boldsymbol{x}'\boldsymbol{\beta}_s + \boldsymbol{v}_s'\boldsymbol{\alpha})}, \qquad r = 1, \ldots, k-1 \tag{5.9}$$

$$P(Y = k|\boldsymbol{x}, \{\boldsymbol{w}_j\}) = \frac{1}{1 + \sum_{s=1}^{k-1} \exp(\boldsymbol{x}'\boldsymbol{\beta}_s + \boldsymbol{v}_s'\boldsymbol{\alpha})} \tag{5.10}$$

bzw.

$$\log\left(\frac{P(Y = r|\boldsymbol{x}, \{\boldsymbol{w}_i\})}{P(Y = k|\boldsymbol{x}, \{\boldsymbol{w}_i\})}\right) = \boldsymbol{x}'\boldsymbol{\beta}_r + \boldsymbol{v}_r'\boldsymbol{\alpha}, \qquad r = 1, \ldots, k-1 \tag{5.11}$$

Eine geschlossene Darstellung für alle Kategorien erhält man durch

$$P(Y = r|\boldsymbol{x}, \{\boldsymbol{w}_j\}) = \frac{\exp(\boldsymbol{x}'\boldsymbol{\beta}_r + \boldsymbol{v}_r'\boldsymbol{\alpha})}{\sum_{s=1}^{k} \exp(\boldsymbol{x}'\boldsymbol{\beta}_s + \boldsymbol{v}_s'\boldsymbol{\alpha})}, \qquad r = 1, \ldots, k, \tag{5.12}$$

wobei sich die Referenzkategorie k durch die zusätzliche Festlegung $\boldsymbol{\beta}_k' = (0, \ldots, 0)$, $\boldsymbol{v}_k' = (0, \ldots, 0)$ ausdrückt.

Das Modell mit kategorienspezifischen Merkmalen wurde von McFadden (1974) im Rahmen von Wahlmodellen abgeleitet und als ***bedingtes Logit-Modell*** (conditional logit model) bezeichnet. Das Modell enthält zwar durch die Einbeziehung alternativenspezifischer Charakteristika erweiterte Analysemöglichkeiten, die formale Modellstruktur ist jedoch die des multinomialen Logit-Modells. Der im multinomialen Logit-Modell (5.3) benutzte Einflußgrößenvektor ist nur zu ersetzen durch den entsprechenden Vektor, der die alternativenspezifischen Merkmale enthält. Dies wird insbesondere deutlich, wenn das Modell für sämtliche $k-1$ Wahrscheinlichkeiten in geschlossener Form dargestellt wird (siehe nächster Abschnitt). Eine Ableitung des Modells aus der Nutzenmaximierung findet sich in Abschnitt 5.6.1, ein Beispiel mit kategorienspezifischem Charakteristika wird im Rahmen der Paarvergleichsmodelle gegeben (Beispiel 5.5, Seite 186).

5.4 Das multinomiale Logit-Modell als verallgemeinertes lineares Modell

Bezeichne der Einfachheit halber $\pi_r = P(Y = r|\boldsymbol{x}, \{\boldsymbol{w}_j\})$. Wegen $\pi_1 + \cdots + \pi_k = 1$ genügt es die ersten $q = k - 1$ Wahrscheinlichkeiten zu betrachten. Wie man unmittelbar sieht, lassen sich die $k - 1$ Gleichungen in (5.11) auch in Matrizenschreibweise darstellen durch

$$\begin{pmatrix} \log(\pi_1/(1-\pi_1-\cdots-\pi_q)) \\ \vdots \\ \log(\pi_q/(1-\pi_1-\cdots-\pi_q)) \end{pmatrix} = \begin{pmatrix} \boldsymbol{x}' & & 0 & \boldsymbol{v}_1' \\ & \ddots & & \vdots \\ 0 & & \boldsymbol{x}' & \boldsymbol{v}_q' \end{pmatrix} \begin{pmatrix} \boldsymbol{\beta}_1 \\ \vdots \\ \boldsymbol{\beta}_q \\ \boldsymbol{\alpha} \end{pmatrix}. \tag{5.13}$$

Der Einflußterm auf die $r$te Zeile mit $\log(\pi_r/(1-\pi_1-\cdots-\pi_q))$ ist hier anstatt durch $\boldsymbol{x}'\boldsymbol{\beta}_r + \boldsymbol{v}_r'\boldsymbol{\alpha}$ durch

$$(0,\ldots,0,\boldsymbol{x}',0,\ldots,\boldsymbol{v}_r')\boldsymbol{\beta}$$

dargestellt, wobei $\boldsymbol{\beta}' = (\boldsymbol{\beta}_1',\ldots,\boldsymbol{\beta}_q',\boldsymbol{\alpha}')$. Der effektive Einflußgrößenvektor ist somit

$$z_r = (0,\ldots,0,\boldsymbol{x}',0,\ldots,\boldsymbol{v}_r'), \tag{5.14}$$

der mit einem Gesamtvektor $\boldsymbol{\beta}$ multipliziert wird. Für das multinomiale Logit-Modell (5.3) hat dieser Einflußgrößenvektor die verkürzte Form

$$z_r = (0,\ldots,0,\boldsymbol{x}',0,\ldots,0). \tag{5.15}$$

In die Bedingung des multinomialen Logit-Modells läßt sich anstatt $\boldsymbol{x}$ der effektive Einflußgrößenvektor z_r aus (5.15) setzen, genauso wie im erweiterten Modell anstatt $\boldsymbol{x}, \{\boldsymbol{w}_j\}$ der effektive Einflußgrößenvektor z_r aus (5.14) gewählt werden kann. Die Modelle unterscheiden sich dann nur noch bzgl. des Aufbaus von z_r.

Die Formulierung des Logit-Modells in der Form (5.13) entspricht der Darstellung als verallgemeinertes lineares Modell, das — ausgehend von einer Multinomialverteilung — postuliert, daß eine Transformation der Auftretenswahrscheinlichkeiten eine lineare Form besitzt. Die generelle Form des Modells ist vom Typ

$$g(\boldsymbol{\pi}) = \boldsymbol{Z}\boldsymbol{\beta}, \tag{5.16}$$

wobei $\boldsymbol{\pi}' = (\pi_1, \ldots, \pi_q)$, $\boldsymbol{\beta}' = (\boldsymbol{\beta}_1, \ldots, \boldsymbol{\beta}_q, \boldsymbol{\alpha})$ und $\boldsymbol{Z}$ die in (5.13) dargestellte Designmatrix ist. Die Abbildung $g : \mathbb{R}^q \to \mathbb{R}^q$ transformiert diesen Wahrscheinlichkeitsvektor. Für die Komponenten in $g = (g_1, \ldots, g_q)$ gilt

$$g_r(\pi_1, \ldots, \pi_q) = \log\left(\frac{\pi_r}{1 - \pi_1 - \cdots - \pi_q}\right).$$

Bezeichnet $h = g^{-1}$ die Umkehrfunktion, kann man (5.16) durch

$$\boldsymbol{\pi} = h(\boldsymbol{Z}\boldsymbol{\beta})$$

darstellen. Für $h = (h_1, \ldots, h_q) : \mathbb{R}^q \to \mathbb{R}^q$ ergeben sich dann die Komponenten

$$h_r(\eta_1, \ldots, \eta_q) = \frac{\exp(\eta_r)}{1 + \sum_{s=1}^{q} \exp(\eta_s)}.$$

Bemerkungen:

(1) Alternative Formulierungen des bedingten Logit-Modells ergeben sich in Analogie zu Abschnitt 5.2. Ausgehend von der generellen Form

$$P(Y = r|\boldsymbol{x}, \{\boldsymbol{w}_j\}) = \frac{\exp(\boldsymbol{x}'\boldsymbol{\beta}_r + \boldsymbol{v}_r'\boldsymbol{\alpha})}{\sum_{s=1}^{k} \exp(\boldsymbol{x}'\boldsymbol{\beta}_s + \boldsymbol{v}_s'\boldsymbol{\alpha})}$$

ergibt sich die Referenzkategorie k durch die Bedingungen

$$\begin{aligned} \boldsymbol{\beta}_k' &= (0, \ldots, 0), \\ \boldsymbol{v}_k' &= (0, \ldots, 0) \quad \textit{bzw.} \quad \boldsymbol{v}_r = \boldsymbol{w}_r - \boldsymbol{w}_k,\ r = 1, \ldots, k, \end{aligned}$$

und eine beliebige Referenzkategorie r_0 durch die Bedingungen

$$\begin{aligned} \boldsymbol{\beta}_{r_o}' &= (0, \ldots, 0), \\ \boldsymbol{v}_{r_0}' &= (0, \ldots, 0) \quad \textit{bzw.} \quad \boldsymbol{v}_r = \boldsymbol{w}_r - \boldsymbol{w}_{r_o},\ r = 1, \ldots, k. \end{aligned}$$

Die symmetrische Nebenbedingung besitzt nun die Form

$$\begin{aligned} &\sum_{s=1}^{k} \boldsymbol{\beta}_s = 0, \\ &\sum_{s=1}^{k} \boldsymbol{v}_s = 0, \quad \textit{bzw.} \quad \boldsymbol{v}_r = \boldsymbol{w}_r - \frac{1}{k}\sum_{s=1}^{k} \boldsymbol{w}_s,\ r = 1, \ldots, k. \end{aligned}$$

Kurze Ableitung zeigt, daß für diese Nebenbedingung

$$\log\left(\frac{P(Y=r|\boldsymbol{x},\{\boldsymbol{w}_j\})}{GM}\right)=\boldsymbol{x}'\boldsymbol{\beta}_r+\boldsymbol{v}_r'\boldsymbol{\alpha}$$

gilt, wobei GM *wiederum das geometrische Mittel* $GM=\sqrt[k]{\prod_{s=1}^{k}P(Y=s|\boldsymbol{x},\{\boldsymbol{w}_j\})}$ *bezeichnet. Man vergleiche dazu auch Frohn (1994).*

(2) *Zu beachten ist, daß die Nebenbedingungen sich explizit auf den kategorienspezifischen Parameter* $\boldsymbol{\beta}_r$ *beziehen, seine Interpretation daher von der Art der Nebenbedingung abhängt. Dies gilt nicht für den Parameter* $\boldsymbol{\alpha}$*, der die alternativenspezifischen Merkmale gewichtet, er ist unabhängig von der Art der entsprechenden Nebenbedingung, die sich nicht auf den Parameter, sondern auf die Form des Einflußgrößenvektors* $\boldsymbol{v}_r$ *bezieht.*

5.5 Einfache Verzweigungsmodelle

Bereits in der Einleitung dieses Kapitels wurden verschiedene Arten von Responsekategorien betrachtet. Im einfachsten Fall ungeordneter Kategorien läßt sich das multinomiale Logit-Modell ohne weitere Struktur anwenden. Hingegen in Fällen, in denen eine Gruppe von Responsekategorien sich inhaltlich vom Rest unterscheidet oder nur innerhalb der Gruppe ein ordinaler Response vorliegt, benutzt das multinomiale Logit-Modell nicht die gesamte Information. Ein Beispiel für eine derartige Struktur ist die in Abbildung 5.3 (Seite 161) dargestellte Infektionsproblematik mit den Basis-Kategorien der ersten Ebene "keine Infektion" und "Infektion", wobei sich die Infektion in der zweiten Ebene weiter aufspaltet in Infektionen vom Typ A, B oder C. Die einfachste mögliche Verschachtelungsstruktur liegt dem folgenden Beispiel mit trichotomem Response zugrunde.

Beispiel 5.4 : IFO-Konjunktur-Test
Der vom Münchener IFO-Institut durchgeführte Konjunkturtest liefert Konjunkturindikatoren durch Befragung von Firmen hinsichtlich ihrer Investitionstätigkeit, Auftragserwartung, erwartete Preisveränderungen und vieler weiterer Variablen. Die meisten Antworten erfolgen in Kategorien wie "zunehmend", "gleichbleibend", "abnehmend". Die Analyse beschränkt sich hier auf die Zielvariable "erwartete Produktionstätigkeit im Laufe der nächsten 3 Monate". Es gibt einige Hinweise darauf, daß die Kategorie "gleichbleibend" inhaltlich als Kategorie "nicht einschätzbar" benutzt wird (Ronning, 1987). Dies legt nahe, diese Kategorie zu separieren entsprechend Abbildung 5.4. Dort wird als erste Entscheidungsstufe die Dichotomie Nichtentscheidung (gleichbleibend bzw. nicht einschätzbar) und Formulierung einer Zukunftseinschätzung (zunehmend oder abnehmend) betrachtet. Erst auf der zweiten Entscheidungsebene wird (gegeben eine Entscheidung findet statt) die Aufspaltung in "zunehmend" oder "abnehmend" modelliert. Als Einflußgrößen werden der Auftragsbestand (A)*, die erwartete Geschäftslage* (G) *und die Produktionspläne der vorhergehenden Erhebung*

(P) *einbezogen. Alle Variablen sind trichotom mit der Struktur "zunehmend", "gleichbleibend", "abnehmend". Entsprechend werden jeweils Dummy-Variablen für die ersten beiden Ausprägungen eingeführt.* □

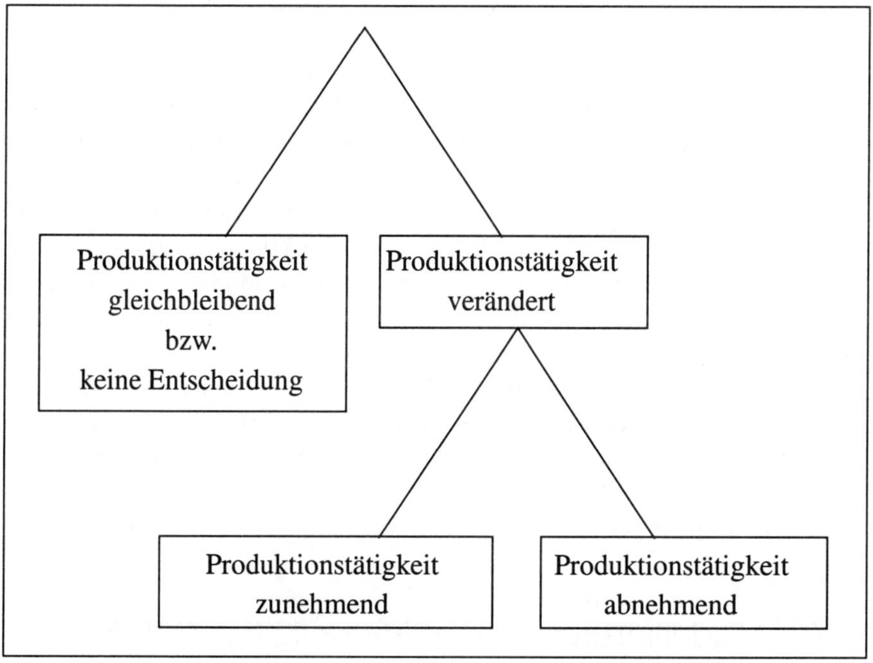

Abbildung 5.4: Verzweigung der Einschätzung zukünftiger Produktionstätigkeit (IFO-Konjunkturtest)

Im Beispiel IFO-Konjunkturtest sind die Responsekategorien $Y \in \{1, 2, 3\}$ durch "zunehmende Produktionstätigkeit"(1), "gleichbleibende Produktionstätigkeit" (2) und "abnehmende Produktionstätigkeit"(3) bestimmt. Ein der Verzweigungsstruktur in Abbildung 5.4 entsprechendes Modell formuliert im ersten Schritt die Dichotomie $\{1, 3\}$, $\{2\}$ und im zweiten Schritt – gegeben $y \in \{1, 3\}$ – die Dichotomie $\{1\}, \{3\}$. Die entsprechenden dichotomen Logit-Modelle sind gegeben durch

$$\begin{aligned} P(Y \in \{1,3\}|\boldsymbol{x}) &= F(\beta_{01} + \boldsymbol{x}'\boldsymbol{\beta}_1) \\ P(Y = 1|Y \in \{1,3\}, \boldsymbol{x}) &= F(\beta_{02} + \boldsymbol{x}'\boldsymbol{\beta}_2). \end{aligned}$$

Zu beachten ist, daß das zweite Sub-Modell ein bedingtes Modell ist, wobei die Bedingung nicht nur Kovariablen sondern Responsekategorien enthält. Die absoluten

Wahrscheinlichkeiten ergeben sich nach einfacher Ableitung zu

$$\begin{aligned}
P(Y=1|\boldsymbol{x}) &= F(\beta_{01}+\boldsymbol{x}'\boldsymbol{\beta}_1)F(\beta_{02}+\boldsymbol{x}'\boldsymbol{\beta}_2)\\
P(Y=2|\boldsymbol{x}) &= 1-F(\beta_{01}+\boldsymbol{x}'\boldsymbol{\beta}_1)\\
P(Y=3|\boldsymbol{x}) &= F(\beta_{01}+\boldsymbol{x}'\beta_1)(1-F(\beta_{02}+\boldsymbol{x}'\boldsymbol{\beta}_2)).
\end{aligned}$$

Als Einflußgrößen werden in Beispiel 5.4 Auftragsbestand (A), erwartete Geschäftslage (G) und Produktionspläne (P) betrachtet. Diese können in beiden Entscheidungsebenen sowohl als Haupteffekte A, G, P, als auch als 2–Faktor bzw. 3-Faktor-Interaktionseffekte $A.G, A.P, G.P$ bzw. $A.G.P$ auftreten. In Tabelle 5.3 sind die Devianzen für verschiedene Modelle wiedergegeben. Der Index bezeichnet dabei jeweils, ob die Interaktion im ersten oder zweiten Entscheidungsschritt einbezogen wird. Als akzeptables Modell resultiert daraus ein Modell, das auf der ersten Entscheidungsebene alle Interaktionen einschließt, in der zweiten jedoch höchstens die Interaktion $A.G$ notwendig macht. Man erhält damit für die essentielle Entscheidung zwischen Zunahme und Abnahme, gegeben es erfolgt eine Veränderung der Produktionstätigkeit, ein relativ einfaches Modell. Tabelle 5.4 gibt die Schätzungen wieder, wenn im zweiten Schritt nur Haupteffekte verwendet werden. Weitere Auswertungen des Datensatzes finden sich bei Morawitz & Tutz (1990). Man vergleiche auch das genestete Logit-Modell in Abschnitt 5.6.5.

5.6 Modellierung als Wahlmodelle der Nutzenmaximierung

Die Modelle der vorhergehenden Abschnitte lassen sich motivieren durch die Vorstellung latent wirkender Nutzenfunktionen, deren – naturgemäß ebenso latent bleibender – Maximierung den beobachtbaren Response bestimmt. Insbesondere in ökonomischen Fragestellungen ist diese Motivation ein zusätzliches Argument für die Anwendung der Modelle im Bereich des Wahlverhaltens. Im folgenden werden Wahlmodelle relativ allgemein eingeführt und Alternativen zum Logit-Modell kurz skizziert. Etwas ausführlicher betrachtet werden Paarvergleichsmodelle, die nützliche Instrumente der Reizskalierung darstellen, sei es in psychometrischen Studien, in denen Sinnesreize betrachtet werden oder in Marketingstudien, bei denen die Reize meist alternative Produkte repräsentieren.

5.6.1 Probabilistische Wahlmodelle

Sei im weiteren $K = \{1, \ldots, k\}$ die Menge aller möglichen Entscheidungen. Neben der Auswahlmenge K selbst sind häufig Untermengen von Entscheidungen

Modell	Likelihood	Devianz	FG	p-Wert
Saturiertes Modell	−12277.121			
Modell ohne 3-Faktor-Interaktion $A.P.G_1$	−12284.613	14.983	8	0.0595
ohne $A.P.G_1$, $A.P_1$	−12318.849	83.455	20	0.0000
ohne $A.P.G_1$, $P.G_1$	−12348.462	142.681	20	0.0000
ohne $A.P.G_1$, $A.G_1$	−12348.604	142.966	20	0.0000
Modell ohne 3-Faktor-Interaktion $A.P.G_2$	−12288.186	22.130	16	0.1390
ohne $A.P.G_2$, $A.P_2$	−12289.472	24.702	20	0.2131
ohne $A.P.G_2$, $P.G_2$	−12291.580	28.917	20	0.0894
ohne $A.P.G_2$, $A.G_2$	−12294.236	34.230	20	0.0246
ohne $A.P.G_2$, $A.P_2, P.G_2$	−12292.915	31.588	24	0.1375
ohne $A.P.G_2$, $A.P_2, A.G_2$	−12294.943	35.644	24	0.0594
ohne $A.P.G_2$, $P.G_2, A.G_2$	−12297.858	41.474	24	0.0147
ohne $A.P.G_2$, $A.G_2, P.G_2, A.G_2$	−12298.516	42.790	28	0.0364
Modell ohne Interaktionen	−12526.993	499.745	40	0.0000

Tabelle 5.3: Devianzen zu Modellen unterschiedlicher Komplexität

interessant. Man möchte auch modellieren, wie sich ein Individuum entscheidet, wenn ihm nur eine eingeschränkte Menge zur Auswahl angeboten wird.

Zur Untermenge $B \subset K$ bezeichne $P_B(r)$ die Wahrscheinlichkeit r zu wählen, wenn die Menge B zur Auswahl angeboten wird. P_B ist also ein Wahrscheinlichkeitsmaß mit $\sum_{r \in B} P_B(r) = 1$. Unter einem *System von Wahlwahrscheinlichkeiten* versteht man die Zusammenfassung

$$(K, \mathcal{B}, \{P_B, B \in \mathcal{B}\}),$$

wobei $\mathcal{B}$ das System von Untermengen von K bezeichnet, die zur Auswahl angeboten werden. Das einfachste System ist das sogenannte *vollständige* System von Wahlwahrscheinlichkeiten, wenn $\mathcal{B} = \{B | B \subset K\}$ die Potenzmenge von K darstellt, d.h. alle Untermengen von K modelliert werden. Im Fall $\mathcal{B} = \{B \subset M | \, |B| = 2\}$, d.h. wenn nur Paare zur Auswahl angeboten werden, spricht man von einem Paarvergleichssystem. Der Spezialfall $\mathcal{B} = \{K\}$ ist charakterisiert durch die alleinige Vorgabe der Gesamtmenge, spezielles Auswahlverhalten in Untermengen wird nicht betrachtet.

Während vollständige Systeme insbesondere dann von Interesse sind, wenn die Erweiterung oder Verkleinerung angebotener Wahlmöglichkeiten untersucht werden

Effekt	MLE	Varianz	p-Wert
$(0)_1$	3.080	0.002	0.000
$(A1)_1$	−0.884	0.008	0.000
$(A2)_1$	−0.888	0.006	0.000
$(P1)_1$	−2.250	0.010	0.000
$(P2)_1$	−1.904	0.010	0.000
$(G1)_1$	−1.919	0.009	0.000
$(G2)_1$	−1.725	0.006	0.000
$(A1 * P1)_1$	0.122	0.028	0.470
$(A2 * P1)_1$	1.047	0.045	0.000
$(A1 * P2)_1$	0.689	0.042	0.000
$(A2 * P2)_1$	0.009	0.020	0.949
$(P1 * G1)_1$	0.455	0.031	0.009
$(P2 * G1)_1$	1.209	0.077	0.000
$(P1 * G2)_1$	1.563	0.089	0.000
$(P2 * G2)_1$	0.099	0.019	0.478
$(A1 * G1)_1$	−0.307	0.021	0.036
$(A2 * G1)_1$	0.825	0.028	0.000
$(A1 * G2)_1$	1.109	0.033	0.000
$(A2 * G2)_1$	−0.217	0.011	0.044
$(A1 * P1 * G1)_1$	0.386	0.072	0.151
$(A2 * P1 * G1)_1$	−0.809	0.133	0.026
$(A1 * P2 * G1)_1$	0.004	0.180	0.991
$(A2 * P2 * G1)_1$	−0.388	0.151	0.318
$(A1 * P1 * G2)_1$	−1.014	0.254	0.044
$(A2 * P1 * G2)_1$	0.101	0.181	0.811
$(A1 * P2 * G2)_1$	−0.255	0.106	0.434
$(A2 * P2 * G2)_1$	0.062	0.034	0.735
$(0)_2$	−0.102	0.007	0.248
$(A1)_2$	−1.585	0.021	0.000
$(A2)_2$	1.433	0.015	0.000
$(P1)_2$	−2.858	0.036	0.000
$(P2)_2$	2.132	0.020	0.000
$(G1)_2$	−1.948	0.019	0.000
$(G2)_2$	3.017	0.021	0.000

Tabelle 5.4: Schätzungen für das Modell mit Haupteffekten im zweiten Schritt

soll, ist der Fall $\mathcal{B} = \{K\}$ in nichtvariierenden Wahlsituationen relevant. Paarvergleichssysteme sind insbesondere unter dem Gesichtspunkt experimenteller Realisierbarkeit von Bedeutung. Sollen im Marketingbereich eine Vielzahl von Produkten miteinander verglichen werden, ist es oft notwendig, Versuchspersonen nur aus vorgegebenen Paaren wählen zu lassen. Vollständige Systeme in Experimenten zu realisieren, überfordert Versuchspersonen sowohl hinsichtlich des Zeitaufwandes als auch hinsichtlich der kognitiven Anforderungen.

Der probabilistische Charakter des Wahlverhaltens bei vorgegebener Alternativenmenge B läßt sich auf die Annahme gründen, daß im Entscheidungsträger bei jeder Entscheidung zufällige Nutzenfunktionen $U_r, r \in B$, realisiert werden und die Entscheidung zugunsten des resultierenden Maximums fällt. Der Begriff der Utility oder Nutzenfunktion ist hierbei weit zu fassen. Im ursprünglichen Gesetz des Paarvergleichs von Thurstone (1927) zur Untersuchung psychophysischer Gesetzmäßigkeiten ist U_r eher als diskriminierender Prozeß denn als Nutzen zu betrachten. U_r kann z.B. der subjektiven Helligkeit eines Lichtreizes entsprechen, wobei von zwei zur Wahl angebotenen Lichtreizen, derjenige mit dem größeren Wert als der hellere ausgewählt wird. Ähnliches gilt bei der Attraktivität von Produktverpackungen, U_r ist die latente subjektive Attraktivität, weniger ein direkter Nutzen.

Nicht jedes System von Wahlwahrscheinlichkeiten läßt sich durch die Wirkung latenter Nutzenfunktionen darstellen. Zur Abgrenzung heißt ein System von Wahlwahrscheinlichkeiten $(K, \mathcal{B}, \{P_B\})$ *Random Utility-Modell* (Zufallsnutzen-Modell), wenn Zufallsvektoren $U_r, r \in M$ existieren, derart daß

$$P_B(r) = P(U_r = \max_{s \in B}\{U_s\}). \qquad (5.17)$$

Gleichung (5.17) repräsentiert das *Prinzip des maximalen zufälligen Nutzens* bei dargebotener Auswahlmenge B.

Damit ein Random Utility-Modell vorliegt, sind elementare Forderungen an die Zufallsvariablen U_r notwendig. So fordert man die Existenz der Erwartungswerte, so daß die Darstellung

$$U_r = u_r + \varepsilon_r \qquad \text{mit} \quad E(\varepsilon_r) = 0 \qquad (5.18)$$

für alle $r \in K$ gilt, wobei u_r der feste Erwartungswert von U_r ist und ε_r die zufällige Störung. Im weiteren wird davon ausgegangen, daß der Vektor aller Utilities $\boldsymbol{U}' = (U_1, \ldots, U_k)$ stetig verteilt ist mit existierender Kovarianzmatrix $\boldsymbol{\Sigma}$. Damit gilt $\boldsymbol{\varepsilon}' = (\varepsilon_1, \ldots, \varepsilon_k) \sim V(\mathbf{0}, \boldsymbol{\Sigma})$, wobei über die Verteilungsform V noch keine Annahmen gemacht werden.

Die Nichtidentifizierbarkeit der Parameter u_i ergibt sich unmittelbar aus Modell (5.17), da durch Addition einer beliebigen Konstante zu jedem U_i (bzw. u_i) die Wahrscheinlichkeit unverändert bleibt. Man erhält für $B = \{i_1, \ldots, i_m\}$, $i_1 <$

$\cdots < i_m$,

$$\begin{aligned} P_B(i_r) &= P(U_{i_r} \geq U_j \quad \text{für } j \in B,\ j \neq i_r) \\ &= P(U_{i_r} \geq U_{i_1}, \ldots, U_{i_r} \geq U_{i_m}) \\ &= P(u_{i_r} - u_{i_1} \geq \varepsilon_{i_1} - \varepsilon_{i_r}, \ldots, u_{i_r} - u_{i_m} \geq \varepsilon_{i_m} - \varepsilon_{i_r}) \\ &= \int_{-\infty}^{u_{i_r}-u_{i_1}} \cdots \int_{-\infty}^{u_{i_r}-u_{i_m}} f_{B,r}(\varepsilon_{i_1 i_r}, \ldots, \varepsilon_{i_m i_r}) d\varepsilon_{i_1 i_r} \ldots d\varepsilon_{i_m i_r} \\ &= F_{B,r}(u_{i_r} - u_{i_1}, \ldots, u_{i_r} - u_{i_m}), \end{aligned} \tag{5.19}$$

wobei

$\varepsilon'_{B,r} = (\varepsilon_{i_1 i_r}, \ldots, \varepsilon_{i_m i_r})$ mit $\varepsilon_{i_s i_r} = \varepsilon_{i_s} - \varepsilon_{i_r}$, der $(m-1)$-dimensionale Vektor der Differenzen der Störgrößen (gebildet jeweils zur $r$ten Störgröße) ist,

$f_{B,r}$ die gemeinsame Dichte von $\varepsilon_{B,r}$ ist, und

$F_{B,r}$ die gemeinsame Verteilungsfunktion von $\varepsilon_{B,r}$ bezeichnet.

Zu beachten ist, daß $f_{B,r}$ und $F_{B,r}$ Dichte und Verteilungsfunktion der *Differenzen von Störungen* darstellen und nicht die Verteilung der Störungen selbst beschreiben. Durch die Differenzbildung besitzt $f_{B,r}$ und $F_{B,r}$ nur $m-1$ Komponenten.

Vor einer Betrachtung verschiedener Wahlsysteme sei das hier zentrale multinomiale Logit-Modell als Wahlmodell maximalen Nutzens dargestellt. Nimmt man für die Störverteilungen ε_r unabhängige Maximum-Extremwertverteilung mit $F(x) = \exp(-\exp(-x))$ an, ergibt sich das logistische Modell

$$P(Y = r) = P_K(r) = \frac{\exp(u_r)}{\sum_{i=1}^{k} \exp(u_i)}. \tag{5.20}$$

Man spezifiziert nun den systematischen Anteil u_r durch

$$u_r = \gamma_{r0} + \boldsymbol{x}'\boldsymbol{\gamma}_r + \boldsymbol{w}'_r\boldsymbol{\alpha},$$

wobei $\boldsymbol{x}$ ein Vektor von Einflußgrößen ist, der ausschließlich die wählende Person repräsentiert und $\boldsymbol{w}_r$ Charakteristika enthält, die spezifisch für die Person und die Wahlalternativen sind. Bei der Wahl des Transportmodus kann in $\boldsymbol{x}$ beispielsweise das Geschlecht und das Alter (Charakteristika des Wählenden) enthalten sein, in $\boldsymbol{w}_r$ können der Fahrpreis und die Dauer der Fahrt (Charakteristika einer Person in Kombination mit Wahlalternativen) sowie Dummy-Variablen für die Alternativen Bus, Bahn, Fahrrad, d.h. Variablen, die nur die Alternativen, nicht die Person charakterisieren, einbezogen werden.

Das generelle Logit-Modell (5.8) ergibt sich durch Differenzbildung, da aus (5.20) folgt

$$\begin{aligned}\log\left(\frac{P(Y=r)}{P(Y=k)}\right) &= u_r - u_k \\ &= \boldsymbol{x}'\boldsymbol{\gamma}_r - \boldsymbol{x}'\boldsymbol{\gamma}_k + \boldsymbol{w}_r'\boldsymbol{\alpha} - \boldsymbol{w}_k'\boldsymbol{\alpha} \\ &= \boldsymbol{x}'\boldsymbol{\beta}_r + (\boldsymbol{w}_r - \boldsymbol{w}_k)'\boldsymbol{\alpha},\end{aligned}$$

wobei $\boldsymbol{\beta}_r' = (\boldsymbol{\gamma}_r - \boldsymbol{\gamma}_k)'$.

5.6.2 Paarvergleichsmodelle

Der einfachste Fall eines Wahlmodells liegt vor, wenn die Alternativenmenge B nur zwei Elemente enthält. Für $B = \{r, s\}$ erhält man entsprechend (5.19)

$$\begin{aligned}P_{\{r,s\}}(r) &= P(U_r \geq U_s) = P(u_r - u_s \geq \varepsilon_s - \varepsilon_r) \\ &= \int\limits_{-\infty}^{u_r - u_s} f(\varepsilon)d\varepsilon = F(u_r - u_s)\end{aligned}$$

wobei f die Dichte und F die Verteilungsfunktion von $\varepsilon = \varepsilon_s - \varepsilon_r$ bezeichnet. In diesem Abschnitt wird davon ausgegangen, daß die Störungen alle *dieselbe* Dichte und Verteilungsfunktion besitzen. Dadurch ist F eindeutig festgelegt und hängt nicht mehr von der betrachteten Menge $B = \{r, s\}$ ab, für F und f ist daher auch kein Index notwendig. Ein einfaches Beispiel liefern *unabhängige normalverteilte* Störgrößen $\varepsilon_r \sim N(0, \sigma_0^2)$, $r = 1, \ldots, k$. Für die Differenzverteilung erhält man $\varepsilon_r - \varepsilon_s \sim N(0, 2\sigma_0^2)$ und damit

$$P_{\{r,s\}}(r) = \Phi_{0,2\sigma_0^2}(u_r - u_s) = \Phi_{0,1}\left(\frac{u_r - u_s}{\sigma_0\sqrt{2}}\right),$$

wobei Φ_{μ,σ^2} allgemein die Verteilungsfunktion der Normalverteilung mit Erwartungswert μ und Varianz σ^2 bezeichnet. Mit $\tilde{u}_r = u_r/\sigma_0\sqrt{2}$ ergibt sich das einfache Modell mit standardisierter Normalverteilung

$$P_{\{r,s\}}(r) = \Phi_{0,1}(\tilde{u}_r - \tilde{u}_s). \tag{5.21}$$

Wenn $\varepsilon_r, \varepsilon_s$ die Verteilungsfunktion G besitzen, ist die resultierende Differenzenverteilung F von $\varepsilon_r - \varepsilon_s$ immer symmetrisch, d.h. es gilt $F(x) = 1 - F(-x)$. Mit $P_{\{r,s\}}(r) = F(u_r - u_s)$ und $P_{\{r,s\}}(s) = F(u_s - u_r)$ ergibt sich daher notwendigerweise $P_{\{r,s\}}(r) + P_{\{r,s\}}(s) = 1$.

Verzichtet man auf die Unabhängigkeit der Störgrößen, und fordert nur $\varepsilon_r \sim N(0, \sigma_0^2)$, $r = 1, \ldots, k$, und jeweils gleiche Kovarianz $cov(\varepsilon_r, \varepsilon_s) = \gamma$, $r, s =$

$1, \ldots, k$, ergibt sich als Differenzverteilung $\varepsilon_r - \varepsilon_s \sim N(0, 2\sigma_0^2 + 2\gamma)$. Das damit resultierende Modell

$$P_{\{r,s\}}(r) = \Phi_{0,2\sigma_0^2+2\gamma}(u_r - u_s) = \Phi_{0,1}\left(\frac{u_r - u_s}{\sqrt{2\sigma_0^2 + 2\gamma}}\right)$$

wird durch die Umparametrisierung $\tilde{u}_r = u_r/\sqrt{2\sigma_0^2 + 2\gamma}$ zu

$$P_{\{r,s\}}(r) = \Phi_{0,1}(\tilde{u}_r - \tilde{u}_s)$$

und ist damit nicht von (5.21) unterscheidbar. Für Paarvergleichsmodelle ist die Unabhängigkeit der Störgrößen unerheblich, die resultierenden Modelle sind äquivalent.

Ein weiteres häufig benutztes Modell basiert auf der Annahme der doppelten Extremwertverteilung für die Störungen. Wählt man für ε_r die (Maximum-) Extremwertverteilung $G(x) = \exp(-\exp(-x))$, erhält man für die Verteilung von $\varepsilon_r - \varepsilon_s$ die logistische Verteilung $F(x) = \exp(x)/(1 + \exp(x))$ und damit das *logistische Paarvergleichsmodell*

$$P_{\{r,s\}}(r) = \frac{\exp(u_r - u_s)}{1 + \exp(u_r - u_s)}, \tag{5.22}$$

das nach Bradley & Terry (1952) und Luce (1959) häufig als BTL-(Bradley-Terry-Luce) Modell bezeichnet wird. Weitere Literaturhinweise zu Paarvergleichsmodellen finden sich in Abschnitt 5.8.

Beispiel 5.5 : Paarvergleich Sportler, Politiker, Schauspieler
Rumelhart & Greeno (1971) befragten in einem Paarvergleichsexperiment 234 College Studenten hinsichtlich ihrer Präferenz für neun bekannte Persönlichkeiten. Für jedes der 36 Paare lautete die Frage "Mit wem würden Sie es vorziehen, eine Stunde Konversation zu betreiben?". Tabelle 5.5 gibt die Daten wieder. Die Utility u_r, $r = 1, \ldots, k$, *sei bestimmt durch*

$$u_r = \boldsymbol{w}_r' \boldsymbol{u},$$

wobei $\boldsymbol{w}_r' = (0, \ldots, 1, \ldots, 0)$ *ein* $(k-1)$*-dimensionaler Indikatorvektor ist, der an der* r*-ten Stelle eine 1 besitzt. Durch* $\boldsymbol{w}_r$ *wird die* r*-te Alternative, d.h. die* r*te Person kodiert, der Vektor* $\boldsymbol{u} = (u_1, \ldots, u_{k-1})$ *enthält die entsprechenden Utilities, wobei* u_k *implizit durch* $u_k = 0$ *festgelegt ist. Die Darstellung entspricht der des multinomialen Modells, mit kategorienspezifischen Charakteristiken (5.8). Das verwendete Modell ist das logistische Paarvergleichsmodell*

$$P_{\{r,s\}}(r) = \frac{\exp(u_r - u_s)}{1 + \exp(u_r - u_s)} = \frac{\exp((\boldsymbol{w}_r - \boldsymbol{w}_s)'\boldsymbol{u})}{1 + \exp((\boldsymbol{w}_r - \boldsymbol{w}_s)'\boldsymbol{u})}.$$

Wie aus Tabelle 5.6 ersichtlich ist, präferieren College-Studenten eindeutig Sportler und Brigitte Bardot.

In einer Verfeinerung des Modells wird die Präferenz aufgespalten in einen personenspezifischen und einen berufsspezifischen Teil. Die Utility wird dargestellt durch

$$u_r = w_{r1}\gamma_r + w_{r2}\gamma_2 + \delta_r$$

wobei

$$w_{r1} = \begin{cases} 1 & \textit{Politiker} \\ 0 & \textit{sonst} \end{cases}, \qquad w_{r2} = \begin{cases} 1 & \textit{Sportler} \\ 0 & \textit{sonst} \end{cases},$$

Kodierungen der Berufsgruppe mit der Referenzkategorie 'Schauspieler' darstellen und δ_r der über die Berufsgruppe hinausgehende personenspezifische Effekt ist. Der personenspezifische Effekt ist ein konditionaler Effekt, gegeben die Berufsgruppe.

Als Referenzkategorien (gegeben die Berufsgruppe) werden für die Politiker $\delta_2 = 0$, für die Sportler $\delta_5 = 0$ und für die Schaupieler $\delta_9 = 0$ gesetzt. Aus Tabelle 5.7 ist ersichtlich, daß sich Politiker nicht signifikant von Schauspielern unterscheiden, Sportler hingegen deutlich präferiert werden. Die darüber hinausgehenden personenspezifischen Parameter ergeben ein ähnliches Bild wie die Präferenzen in Tabelle 5.6. Weitere Beispiele finden sich bei Tutz (1989).

	1	2	3	4	5	6	7	8	9	Σ
1	–	159	163	175	183	179	173	160	142	1334
2	75	–	138	164	172	160	156	122	122	1109
3	71	96	–	145	157	140	138	122	120	989
4	59	70	89	–	176	115	124	86	61	780
5	51	62	77	58	–	77	95	72	61	553
6	55	74	94	119	157	–	134	92	71	796
7	61	78	96	110	139	100	–	67	48	699
8	74	112	112	148	162	142	167	–	87	1004
9	92	112	114	173	173	163	186	147	–	1160

Tabelle 5.5: Paarvergleich für die Präferenz der Politiker Harald Wilson(1), Charles de Gaulle (2), Lynden B. Johnson (3), der Sportler Johnny Unitas (4), Carl Yastrazemski (5), A. Foyt (6) und den Schauspielerinnen Brigitte Bardot (7), Elizabeth Taylor (8), Sophia Loren (9)

□

5.6.3 Unabhängige Störgrößen in probabilistischen Wahlmodellen

Setzt man allgemein voraus, daß die Störvariablen $\varepsilon_1, \ldots, \varepsilon_n$ unabhängig identisch verteilt sind mit eindimensionaler Verteilungsfunktion G, erhält man ein sogenanntes *Thurstone-Modell*. Da dann alle Differenzen $\varepsilon_i - \varepsilon_j$ derselben Verteilung folgen,

	Persönlichkeiten	u_i	Standardfehler
	1 WI	-0.382	0.066
Politiker	2 GA	0.106	0.064
	3 JO	0.350	0.064
	4 UN	0.772	0.065
Sportler	5 YA	1.260	0.067
	6 FO	0.739	0.065
	7 BB	0.940	0.065
Schauspieler	8 ET	0.319	0.066
	9 SL	0.000	0.064

Tabelle 5.6: Utilities für Paarvergleichsdaten

Effekte	Effekte	Standardfehler
γ_1 (Politiker)	0.087	0.093
γ_2 (Sportler)	1.250	0.078
δ_1 (WI)	-0.491	0.067
δ_3 (JO)	0.246	0.064
δ_4 (UN)	-0.491	0.066
δ_6 (FO)	-0.518	0.067
δ_7 (BB)	0.935	0.065
δ_8 (ET)	0.317	0.065

Tabelle 5.7: Berufs- und personenspezifische Effekte für Paarvergleichsdaten

läßt sich in $F_{B,r}$ und $f_{B,r}$ der Index r unterdrücken, $F_{B,r}$ und $f_{B,r}$ hängen auch nicht mehr von der betrachteten Menge B, sondern nur noch von deren Mächtigkeit ab. Für $|B| = m$ ergeben sich wie im Paarvergleich für $F_{B,r}$ und $f_{B,r}$ (bedingt durch die Differenzbildung) $(m-1)$-dimensionale Funktionen, die im weiteren nur noch durch ihre Dimension mit F_{m-1} bzw. f_{m-1} bezeichnet werden.

Im allgemeinen Fall mit m-elementiger Untermenge $B = \{i_1, \ldots, i_m\}$ und $var(\varepsilon_{i_r}) = \sigma_0^2$ erhält man für die Kovarianz von Differenzen

$$\begin{aligned} cov(\varepsilon_i - \varepsilon_r, \varepsilon_j - \varepsilon_r) &= E(\varepsilon_i - \varepsilon_r)(\varepsilon_j - \varepsilon_r) \\ &= E(\varepsilon_i\varepsilon_j - \varepsilon_i\varepsilon_r - \varepsilon_r\varepsilon_j + \varepsilon_r^2) = E(\varepsilon_r^2) = \sigma_0^2. \end{aligned}$$

Wegen $var(\varepsilon_{i_s} - \varepsilon_{i_r}) = 2\sigma_0^2$ für $s \neq r$ besitzt der Differenzenvektor $\varepsilon_{B,r}$ die

Kovarianzmatrix

$$\mathbf{\Sigma}_B = \begin{pmatrix} 2\sigma_0^2 & \sigma_0^2 & \cdots & \\ \sigma_0^2 & 2\sigma_0^2 & & \\ \vdots & & \ddots & \\ & & & 2\sigma_0^2 \end{pmatrix}.$$

Normalverteilte Störgrößen

Nimmt man nun unabhängige normalverteilte Störgrößen $\varepsilon_{ir} \sim N(0, \sigma_0^2)$ an, erhält man das zugehörige Wahlmodell

$$P_B(r) = \mathbf{\Phi}_{\mathbf{0},\mathbf{\Sigma}_B}(u_r - u_{i_r}, \ldots, u_r - u_{i_m}),$$

wobei $\mathbf{\Phi}_{\mathbf{0},\mathbf{\Sigma}_B}$ die $m-1$ dimensionale Normalverteilungsfunktion mit Erwartungswertvektor $\mathbf{0}$ und Kovarianzmatrix $\mathbf{\Sigma}_B$ bezeichnet. Das Modell ist als *Thurstone Modell 'Case V'* bekannt.

Gumbel-Verteilung und die Unabhängigkeit von irrelevanten Alternativen

Folgt ε_{ir} der Maximum Extremwert- oder Gumbel-Verteilung, ergibt sich für die Verteilung von $\varepsilon_{i_1} - \varepsilon_{i_r}, \ldots, \varepsilon_{i_m} - \varepsilon_{i_r}$ die Funktion

$$F_{m-1}(x_1, \ldots, x_{m-1}) = \frac{1}{1 + \sum\limits_{i=1}^{m-1} \exp(-x_i)}$$

und man erhält das *logistische Modell*

$$P_B(r) = \frac{1}{1 + \sum\limits_{\substack{j \in B \\ j \neq r}} \exp(-(u_r - u_j))} = \frac{\exp(u_r)}{\sum\limits_{j \in B} \exp(u_j)}. \tag{5.23}$$

(vgl. Yellott, 1977). Modell (5.23) ist bei vollständigen Wahlexperimenten als *Lucesches Wahl-Axiom* (Luce, 1959) bekannt. Häufig findet man das Modell in der umparametrisierten Form

$$P_B(r) = \frac{v_r}{\sum\limits_{j \in B} v_r}, \tag{5.24}$$

wobei $v_i = \exp(u_i)$ die neuen Parameter darstellen.

Als Wahrscheinlichkeit, eine Menge $B_0 \subset B$ zu vorgegebener Alternativenmenge B zu wählen, erhält man allgemeiner

$$P_B(B_0) = \sum_{j \in B_0} P_B(j) = \frac{\sum\limits_{j \in B_0} v_j}{\sum\limits_{j \in B} v_j}.$$

Für die Auswahl von B bei vorgegebener Menge aller Alternativen K erhält man speziell

$$P_K(B) = \frac{\sum\limits_{j \in B} v_j}{\sum\limits_{j \in K} v_j}.$$

Damit bestimmt man die *bedingte* Wahrscheinlichkeit, r zu wählen, gegeben die Teilmenge B, bei angebotener Teilmenge K. Nach den Regeln der bedingten Wahrscheinlichkeit erhält man

$$P_K(r|B) = \frac{P_K(r)}{P_K(B)} = \frac{v_r}{\sum\limits_{j \in B} v_j}. \tag{5.25}$$

Die bedingte Wahrscheinlichkeit (5.25) besitzt also dieselbe Form wie die Auswahlwahrscheinlichkeit $P_B(r)$ in (5.24). Dies läßt sich interpretieren als ein Entscheidungsverhalten, bei dem unter Vorgabe einer Wahlmenge B der Entscheidungsträger genauso handelt als ob er die bedingte Wahrscheinlichkeit für r, gegeben B, ausgehend von der vorgegebenen Gesamtmenge K bilden würde. Dieses Entscheidungsverhalten ergibt sich, da im logistischen Modell (5.23) für alle $B \subset K$, $i \in B$ gilt

$$P_B(i) = P_K(i|B) = \frac{P_K(i)}{P_K(B)}. \tag{5.26}$$

Die sich daraus für alle Untermengen $B \subset K$ ergebende Eigenschaft

$$\frac{P_B(i)}{P_B(j)} = \frac{v_i}{v_j} = \frac{P_K(i)}{P_K(j)} \tag{5.27}$$

wird häufig als "Unabhängigkeit von irrelevanten Alternativen" charakterisiert. Das Verhältnis der Auswahlwahrscheinlichkeiten zwischen zwei Alternativen hängt nach (5.27) nur von den beiden Alternativen ab, unabhängig davon, in welchem Kontext (welcher Menge B) sie dargeboten werden.

Unter dem Aspekt der Skalierbarkeit von Reizen, zwischen denen zu wählen ist, ist diese Eigenschaft von großem Vorteil. Handelt es sich jedoch um komplexeres

Reizmaterial, folgen daraus gelegentlich unrealistische Bedingungen. Das folgende Beispiel greift das "red bus/blue bus" Paradoxons auf, das McFadden bzw. Debreu zugeschrieben wird. In Debreu (1960) wird allerdings ein anderes Beispiel gegeben.

Beispiel 5.6 : Fiktive Wahl des Transportmodus
Bei der Wahl eines Transportmittels gebe es die Möglichkeiten Bahn (1), roter Bus (2) und blauer Bus (3). Die Präferenz für Bahn oder Bus sei ausgeglichen, so daß bei Anbieten der Alternativen Bahn oder einer der Busse gilt:

$$P_{\{\text{Bahn, roter Bus}\}}(Bahn) = 0.5$$
$$P_{\{\text{Bahn, blauer Bus}\}}(Bahn) = 0.5$$

Für die Wahl zwischen den beiden Bussen sei unter der Annahme der Irrelevanz der Farbe angenommen.

$$P_{\{\text{roter Bus, blauer Bus}\}}(roter\ Bus) = 0.5.$$

Gilt das Lucesche Wahl-Axiom (5.26) bzw. (5.27), so ist unabhängig von den angebotenen Alternativen das Wahrscheinlichkeitsverhältnis zwischen zwei Alternativen konstant, d.h. es gilt

$$\frac{P_B(Bahn)}{P_B(roter\ Bus)} = \frac{P_B(Bahn)}{P_B(blauer\ Bus)} = \frac{P_B(roter\ Bus)}{P_B(blauer\ Bus)} = 1$$

für jede Menge B. Insbesondere gilt es für die Menge aller Alternativen $B = \{1, 2, 3\}$. Daraus folgen aber bei Anbieten aller Alternativen die unrealistischen Wahrscheinlichkeiten

$$P_{\{1,2,3\}}(Bahn) = P_{\{1,2,3\}}(roter\ Bus) = P_{\{1,2,3\}}(blauer\ Bus) = \frac{1}{3}.$$

Die starke Ähnlichkeit der Alternativen roter Bus/blauer Bus wird nicht berücksichtigt und die Wahrscheinlichkeit, die Bahn zu wählen, wenn alle drei Alternativen angeboten werden, ist unrealistisch niedrig. □

Das Lucesche Wahl-Axiom ist nicht nur eine Konsequenz aus der Annahme der Extremwertverteilung im Random Utility-Modell. Wie Yellott (1977) gezeigt hat, ist dieser Verteilungstyp sogar eindeutig durch das Wahl-Axiom in vollständigen Experimenten festgelegt, genau dann, wenn K mehr als zwei Alternativen enthält.

Beispiele wie das "red bus/blue bus" Paradoxon haben zur Entwicklung des genesteten Logit-Modells (Abschnitt 5.6.5) geführt. Allerdings ist festzuhalten, daß die Paradoxie aus der Annahme resultiert, daß die zugrundeliegenden latenten Nutzenfunktionen für jede Vorgabe von Alternativen dieselben sind. Erlaubt man, daß die Nutzenfunktionen (und insbesondere ihre Erwartungswerte) andere sind, wenn andere Alternativen vorgegeben werden, verschwinden derartige Paradoxien.

Einfache Skalierbarkeit

Das Wahl-Axiom wird in (5.23) durch feste Parameter $u_1, \ldots, u_k$ bestimmt, die eindeutig sind bis auf eine additive Konstante (Differenzenskala). Die alternative Parametrisierung (5.24) enthält feste Parameter, die konstant sind bis auf eine multiplikative Konstante (Verhältnisskala). Derartige Modelle, die durch feste Parameter bestimmt sind, heißen – obwohl aus Annahmen über eine Random Utility abgeleitet – *Modelle mit konstanter Utility*. Eine wichtige Eigenschaft, die ein Teil dieser Modellklasse aufweist und die sich als Verallgemeinerung des Konzepts der Unabhängigkeit von irrelevanten Alternativen auffassen läßt, ist die *einfache Skalierbarkeit* (Krantz, 1964).

Ein System von Wahlwahrscheinlichkeiten heißt *einfach skalierbar*, wenn

- eine Abbildung $v : K \to \mathbb{R}$ existiert
- für $m = 2, \ldots, k$ Abbildungen $F_m : \mathbb{R}^r \to \mathbb{R}$ existieren, derart daß für $B \subset K$ mit $B = \{i_1, \ldots, i_m\}$ für $P_B(i_1) \in (0, 1)$

  $$P_B(i_1) = F_m(v(i_1), \ldots, v(i_m)),$$

  gilt, wobei F_m streng monoton wachsend für die erste und streng monoton fallend für die übrigen Komponenten ist. Für $P_B(i_1) \in \{0, 1\}$, wird statt strenger Monotonie nur Monotonie gefordert.

Das Wahl-Axiom ist einfach skalierbar, wie man aus

$$P_B(i_1) = \frac{v_{i_1}}{\sum\limits_{j=1}^{r} v_{i_j}} = F_m(v_{i_1}, v_{i_2}, \ldots, v_{i_m})$$

und $v_j > 0$ für alle j unmittelbar sieht. Wie Tversky (1972b) zeigt, ist die einfache Skalierbarkeit äquivalent zur *Ordnungsunabhängigkeit*, die in einem Wahlsystem gilt, wenn für alle $a, b \in B \backslash C$ und $c \in C$ $(B, C \subset K)$ gilt

$$P_B(a) \geq P_B(b) \Leftrightarrow P_{C \cup \{a\}}(c) \leq P_{C \cup \{b\}}(c). \tag{5.28}$$

Als schwächere Fassung der Unabhängigkeit von irrelevanten Alternativen impliziert (5.28), daß die Anordnung von a und b hinsichtlich der Wahlwahrscheinlichkeiten nicht vom Kontext abhängt. Wenn a in einer gegebenen Untermenge gegenüber b präferiert wird, gilt das auch für jede andere Untermenge. Damit wird zwar eine wünschenswerte Anordnung der Wahlmöglichkeiten hinsichtlich ihrer Präferenz möglich, andererseits leiden diese Modelle unter der Schwäche, Wahlmöglichkeiten mit möglicherweise irrelevanten Attributen wie der Farbe von Transportmitteln nicht gerecht zu werden.

5.6.4 Modell der Elimination von Aspekten

Eine Modellklasse, die diese Schwäche vermeidet, stellen die auf Tversky (1972a,b) zurückgehenden Eliminationsmodelle dar. Tversky geht von einem sukzessivem

Ausschlußvorgang aus. Sei $\mathcal{B}$ ein System von Untermengen dann läßt sich ein Ausschlußmodell darstellen als eine Abbildung

$$\begin{aligned} Q : \mathcal{B} \times \mathcal{B} &\longmapsto [0,1] \\ A \times B &\longmapsto Q_A(B) \end{aligned}$$

wobei $Q_A(B)$ die Wahrscheinlichkeit darstellt, daß bei angebotener Menge A von Wahlmöglichkeiten die Entscheidung in der Teilmenge $B \subset A$ durch Ausschluß von $A \backslash B$ gesucht wird. Schrittweise werden diesen Übergangswahrscheinlichkeiten entsprechend Möglichkeiten eliminiert.

Ein sukzessives Wahlsystem heißt *Modell der Elimination nach Aspekten* (EBA-Modell), wenn eine der folgenden äquivalenten Bedingungen (Tversky 1972a,b) erfüllt ist:

(1)

$$\frac{Q_A(B)}{Q_A(C)} = \frac{\sum\limits_{\tilde{B}:\tilde{B}\cap A=B} Q_K(\tilde{B})}{\sum\limits_{\tilde{C}:\tilde{C}\cap A=C} Q_K(\tilde{C})} \tag{5.29}$$

für alle A, B, C, sofern die Nenner positiv sind.

(2) Es existiert zu jedem $A \subset K$ ein Wert $u(A)$, so daß für $a \in A \subset K$ gilt

$$P_A(a) = \frac{\sum\limits_{B} u(B) P_{A\cap B}(a)}{\sum\limits_{\tilde{A}:\tilde{A}\cap A\neq 0} u(\tilde{A})}. \tag{5.30}$$

(3) Zu jedem $a \in K$ existiert eine endliche nichtleere Menge $\bar{a} \subset N$ von Aspekten. Sei für $B \subset A$ $\bar{B} := \bigcup\limits_{a\in B} \bar{a}$ und $B(\alpha) = \bigcup\limits_{\substack{a\in B \\ \alpha\in\bar{a}}} a$. Es existiert eine Funktion

$$v : \bar{M} \to \mathbb{R}$$

so daß für alle $a \in A \subset M$ gilt

$$P_A(a) = \frac{\sum\limits_{\alpha\in\bar{a}} v(\alpha) P_{A(\alpha)}(a)}{\sum\limits_{\alpha\in\bar{A}} v(\alpha)}$$

Der Grundgedanke besteht darin, daß jeder Wahlmöglichkeit a eine bestimmte endliche Aspektmenge $\bar{a}$ zukommt (bei einem Restaurant z.B. Fisch zu führen, guten Service zu bieten). Jeder Aspekt α besitzt ein bestimmtes Gewicht $v(\alpha)$ und bei jeder Reduktion der Auswahlmenge wird ein Aspekt α mit einer zu $v(\alpha)$ proportionalem Wahrscheinlichkeit gewählt und alle Alternativen, die diesen Aspekt nicht besitzen, ausgeschlossen. $u(B)$ für $B \subset M$ entspricht dem summierten Gewicht aller Aspekte, die jedes Element aus B besitzt und die kein Element aus $M \backslash B$ besitzt.

5.6.5 Verzweigungsmodelle und das genestete Logit-Modell

Einfache Verzweigungsmodelle wurden bereits im Abschnitt 5.5 betrachtet. Im folgenden werden Modelle dieser Struktur aus der Modellierung latenter Nutzenfunktionen abgeleitet. Eine Wahlsituation bestehe aus zwei Stufen. In der ersten Stufe wird aus den Alternativen $1, \ldots, m$ eine Alternative i gewählt, in der zweiten Stufe wird aus den sich aus i ergebenden Möglichkeiten $1, \ldots, m_i$ die endgültige Wahl getroffen. Ein von Maddala (1983) gewähltes Beispiel ist die Wahl einer Stadt in der ersten Stufe und des Stadtteil in der zweiten Stufe. Ein weiteres Beispiel ist die Wahl eines Studienfaches im ersten, des Studienorts im zweiten Schritt. Im folgenden wird das Logit-Modell für diese genestete Struktur betrachtet. Man legt der nun durch einen Doppelindex gekennzeichneten Alternative (i, j) die Utility

$$U_{ij} = u_{ij} + \varepsilon_{ij}, \qquad u_{ij} = \boldsymbol{x}'_{ij}\boldsymbol{\alpha} + \boldsymbol{z}_i\boldsymbol{\delta},$$

zugrunde, wobei ε_{ij} die Störvariable bezeichnet, $\boldsymbol{x}_{ij}$ von den Alternativen beider Stufen und $\boldsymbol{z}_i$ nur von der ersten Stufe abhängt. Bezeichnet $Y_1 \in \{1, \ldots, m\}$ und $Y_2|y_1 = i \in \{1, \ldots, m_i\}$ die sukzessive Auswahl, so gilt $P((i,j)) = P(Y_2 = j| Y_1 = i)P(Y_1 = i)$. Legt man für ε_{ij} die Maximum-Extremwertverteilung zugrunde, ergibt sich das Logit-Modell

$$P((i,j)) = \frac{\exp(\boldsymbol{x}'_{ij}\boldsymbol{\alpha} + \boldsymbol{z}'_i\boldsymbol{\delta})}{\sum\limits_{r=1}^{m}\sum\limits_{s=1}^{m_i}\exp(\boldsymbol{x}'_{rs}\boldsymbol{\alpha} + \boldsymbol{z}_r\boldsymbol{\delta})}. \tag{5.31}$$

Unter Verwendung von $P(Y_1 = i)$ (siehe unten) ergibt sich

$$\begin{aligned} P(Y_2 = j|Y_1 = i) &= P((i,j))/P(Y_1 = i) \\ &= \frac{\exp(\boldsymbol{x}'_{ij}\boldsymbol{\alpha} + \boldsymbol{z}'_i\boldsymbol{\delta})}{\sum\limits_{j=1}^{m_i}\exp(\boldsymbol{x}'_{ij}\boldsymbol{\alpha} + \boldsymbol{z}'_i\boldsymbol{\delta})} = \frac{\exp(\boldsymbol{x}'_{ij}\boldsymbol{\alpha})}{\sum\limits_{s=1}^{m_i}\exp(\boldsymbol{x}'_{is}\boldsymbol{\alpha})}. \end{aligned} \tag{5.32}$$

Für die bedingte Entscheidung erhält man somit wiederum ein Logit-Modell. Für $P(Y_1 = i)$ gilt

$$\begin{aligned} P(Y_1 = i) &= \sum_{j=1}^{m_i} \frac{\exp(\boldsymbol{x}_{ij}'\boldsymbol{\alpha} + \boldsymbol{z}_i'\boldsymbol{\delta})}{\sum\limits_{r=1}^{m}\sum\limits_{s=1}^{m_i} \exp(\boldsymbol{x}_{rs}'\boldsymbol{\alpha} + \boldsymbol{z}_r'\boldsymbol{\delta})} \\ &= \frac{\exp(\boldsymbol{z}_i'\boldsymbol{\delta}) \sum\limits_{j=1}^{m_i} \exp(\boldsymbol{x}_{ij}'\boldsymbol{\alpha})}{\sum\limits_{r=1}^{m} \exp(\boldsymbol{z}_r'\boldsymbol{\delta}) \sum\limits_{s=1}^{m_i} \exp(\boldsymbol{x}_{rs}'\boldsymbol{\alpha})}. \end{aligned}$$

Durch die Substitution $I_r = \log(\sum_{s=1}^{m_i} \exp(\boldsymbol{x}_{rs}'\boldsymbol{\alpha}))$ ergibt sich die einfachere Form

$$P(Y_1 = i) = \frac{\exp(I_i + \boldsymbol{z}_i'\boldsymbol{\delta})}{\sum\limits_{r=1}^{m} \exp(I_r + \boldsymbol{z}_r'\boldsymbol{\delta})}, \tag{5.33}$$

die wiederum einem Logit-Modell mit den sogenannten Einschlußwerten (inclusive values) $I_1, \ldots, I_t$ als Konstanten entspricht. Das Logit-Modell (5.31) ist damit aufgepalten in die beiden Komponenten (5.32) und (5.33).

Das *genestete Logit-Modell* von McFadden (1978) ist eine Erweiterung dieser Modellstruktur, die für die Einschlußwerte andere Gewichte zuläßt. Die Modellkomponente (5.33) wird erweitert zu

$$P(Y_1 = i) = \frac{\exp((1-\sigma)I_i + \boldsymbol{z}_i'\boldsymbol{\delta})}{\sum\limits_{r=1}^{m} \exp((1-\sigma)I_r + \boldsymbol{z}_r'\boldsymbol{\delta})}, \qquad \sigma \in [0, 1].$$

McFadden (1978) zeigt, daß sich dieses Modell als Modell maximalen Nutzens darstellen läßt, wenn statt unabhängigen Störungen mit Extremwert-Verteilung die generalisierte Extremwert-Verteilung zugrunde gelegt wird.

Das generalisierte Extremwertmodell legt für die Störungen $\varepsilon_1, \ldots, \varepsilon_k$ die k-dimensionale Verteilungsfunktion

$$F(\varepsilon_1, \ldots, \varepsilon_k) = \exp(-G(e^{-\varepsilon_1}, \ldots, e^{-\varepsilon_k})),$$

zugrunde, wobei gilt:

(1) $G(y_1, \ldots, y_k) \geq 0 \qquad$ für $y_i \geq 0$

(2) $\lim\limits_{y_i \to \infty} G(y_1, \ldots, y_k) = \infty \qquad i = 1, \ldots, k$

(3) $G(\alpha y_1, \ldots, \alpha y_k) = \alpha^{\psi} G(y_1, \ldots, y_k), \qquad$ G ist homogen vom Grad ψ

(4) $\partial s_G(y_1,\ldots,y_k)/(\partial y_{i_1},\ldots,\partial y_{i_s}) \begin{matrix} \geq 0 & s \text{ ungerade} \\ \leq 0 & s \text{ gerade.} \end{matrix}$

Die Wahrscheinlichkeiten des generellen Extremwertmodells ergeben sich zu

$$P(Y=r) = e^{u_r}\frac{\partial G}{\partial y_r}(e^{u_1},\ldots,e^{u_k})/G(e^{u_1},\ldots,e^{u_k}). \tag{5.34}$$

Als Spezialfall erhält man für $G(y_1,\ldots,y_k) = y_1+\cdots+y_k$ die Verteilungsfunktion

$$\begin{aligned} F(\varepsilon_1,\ldots,\varepsilon_k) &= \exp(-e^{-\varepsilon_1} - \cdots - e^{-\varepsilon_k}) = \prod_{i=1}^{k}\exp(-\exp(-\varepsilon_i)) \\ &= \prod_{i=1}^{k} F_{ME}(\varepsilon_i). \end{aligned}$$

Die Verteilungsfunktion F zerfällt somit in unabhängige Komponenten, die der Maximum-Extremwert- oder Gumbel-Verteilung $F_{ME}(\varepsilon) = \exp(-\exp(-\varepsilon))$ folgen. Das Prinzip der maximalen Utility führt für diesen Fall (Abschnitt 5.6.3) zum logistischen Modell.

Eine generellere Form von G für den Fall einer *zweistufigen* Entscheidung ist durch

$$G(y_{11},\ldots,y_{m,m_m}) = \sum_{i=1}^{m} a_i\left(\sum_{j=1}^{m_i} y_{ij}^{1/(1-\sigma_i)}\right)^{1-\sigma_i} \tag{5.35}$$

bestimmt, wobei $a_i > 0, \sigma_i \in [0,1]$ angenommen wird.

Beispiel 5.7 : Fiktive Wahl des Transportmodus
In Beispiel 5.6 wurden bei der Wahl des Transportmittels die Möglichkeiten Bahn (1), roter Bus (2) und blauer Bus (3) betrachtet. Als zweistufige Entscheidung modelliert, läßt sich als Spezialfall von (5.35)

$$G(y_1,y_2,y_3) = y_1 + (y_2^{1/(1-\sigma)} + y_3^{1/(1-\sigma)})^{1-\sigma}$$

wählen, das sich aus $a_1 = a_2 = 1, \sigma_1 = 0, \sigma_2 = \sigma$ *ergibt. Anstatt der zweistufigen Schreibweise* y_1, y_{21}, y_{22} *wurde hier die Bezeichnung* y_1, y_2, y_3 *gewählt. Für die Wahlwahrscheinlichkeiten bei Anbieten sämtlicher Alternativen ergibt sich nach (5.34)*

$$\begin{aligned} P_{\{1,2,3\}}(Y=1) &= \frac{e^{u_1}}{G(e^{u_1},e^{u_2},e^{u_3})} \\ P_{\{1,2,3\}}(Y=2) &= \frac{e^{u_2/(1-\sigma)}}{(e^{u_2/(1-\sigma)}+e^{u_3/(1-\sigma)})^{\sigma}G(e^{u_1},e^{u_2},e^{u_3})} \\ P_{\{1,2,3\}}(Y=3) &= \frac{e^{u_3/(1-\sigma)}}{(e^{u_2/(1-\sigma)}+e^{u_3/(1-\sigma)})^{\sigma}G(e^{u_1},e^{u_2},e^{u_3})}. \end{aligned}$$

Werden nur die Alternativen 1 und 2 angeboten, erhält man

$$P_{\{1,2\}}(Y=1) = \frac{e^{u_1}}{e^{u_1}+e^{u_2}}, \qquad P_{\{1,2\}}(Y=2) = 1 - P_{\{1,2\}}(Y=1).$$

Bei Anbieten der Alternativen 2 und 3 ergibt sich

$$P_{\{2,3\}}(Y=2) = \frac{e^{u_2/(1-\sigma)}}{e^{u_2/(1-\sigma)}+e^{u_3/(1-\sigma)}}, \qquad P_{\{2,3\}}(Y=3) = 1 - P_{\{2,3\}}(Y=2).$$

Anders als im Fall irrelevanter Alternativen gilt nun

$$\frac{P_{\{1,2,3\}}(Y=1)}{P_{\{1,2,3\}}(Y=2)} \neq \frac{P_{\{1,2\}}(Y=1)}{P_{\{1,2\}}(Y=2)}.$$

□

Das genestete Logit-Modell läßt sich als Spezialfall von (5.35) ableiten, wobei $a_i = a$ und $\sigma_i = \sigma$ gesetzt wird. Man erhält dann die Modellkomponenten

$$P(Y_2 = j | Y_1 = i) = \frac{\exp(\boldsymbol{x}'_{ij}\boldsymbol{\alpha}/(1-\sigma))}{\sum\limits_{s=1}^{m_i} \exp(\boldsymbol{x}'_{is}\boldsymbol{\alpha}/(1-\sigma))}, \tag{5.36}$$

$$P(Y_1 = i) = \frac{\exp((1-\sigma)I_i + \boldsymbol{z}'_i\boldsymbol{\delta})}{\sum\limits_{r=1}^{m} \exp((1-\sigma)I_r + \boldsymbol{z}'_r\boldsymbol{\delta})}, \tag{5.37}$$

mit den Inklusivwerten $I_r = \log(\sum_{s=1}^{m_r} \exp(\boldsymbol{x}'_{ij}\boldsymbol{\alpha}/(1-\sigma)))$.

In (5.36) ist $\boldsymbol{\alpha}$ naturgemäß nur bis auf einen Faktor identifizierbar. Aus (5.37), das die Struktur eines Logitmodells besitzt, lassen sich die Inklusivwerte schätzen, mit diesen Schätzungen läßt sich in einem Zwei-Schritt-Verfahren der Parameter σ aus der Modellkomponente (5.37) schätzen. Verwendet man für die Schätzung in jeder Komponente die Programme zur Schätzung des multinomialen Logit-Modells, ist allerdings mit verzerrten Schätzungen zu rechnen. Korrekturformeln für die Verzerrung gibt McFadden (1981) an. Zur Schätzung vergleiche man Amemiya (1978), Ben-Akiva & Lerman (1985), Hausman & McFadden (1984), Börsch-Supan (1987), Brownstone & Small (1989). Eine gute Einführung in die Modellklasse geben Maier & Weiss (1990), Maddala (1983).

5.7 Schätzen und Testen für multinomiale Modelle

Im folgenden wird das generelle Modell

$$g(\boldsymbol{\pi}_i) = \boldsymbol{Z}_i\boldsymbol{\beta} \qquad \text{bzw.} \qquad \boldsymbol{\pi}_i = h(\boldsymbol{Z}_i\boldsymbol{\beta})$$

zugrundegelegt, wobei $\boldsymbol{\pi}_i' = (\pi_{i1}, \ldots, \pi_{iq})$ den Vektor der Responsewahrscheinlichkeiten bezeichnet, $\boldsymbol{z}_i$ eine aus den Einflußgrößen komponierte Designmatrix darstellt und $\boldsymbol{\beta}$ der zu schätzende Parametervektor ist. Sämtliche hier betrachteten Logit-Modelle (Abschnitt 5.2, 5.3) und Verzweigungsmodelle (Abschnitt 5.5) besitzen diese generelle Struktur (siehe Abschnitt 5.4).

Die Daten sind unabhängige gruppierte Beobachtungen $(\boldsymbol{y}_i, \boldsymbol{x}_i)$, $i = 1, \ldots, g$, wobei $\boldsymbol{y}_i' = (y_{i1}, \ldots, y_{iq})$ die Anzahl der Beobachtungen in den Kategorien $1, \ldots, q$ zusammenfaßt. Diese resultieren aus n_i Beobachtungen, die für gleichen Einflußgrößenvektor $\boldsymbol{x}_i$ erhoben wurden. Alternativ lassen sich die abhängigen Beobachtungen auch durch den Vektor der relativen Häufigkeiten $\boldsymbol{p}_i' = (p_{i1}, \ldots, p_{iq})$ darstellen, wobei $p_{ir} = y_{ir}/n_i$, $r = 1, \ldots, q$. Im folgenden wird die Maximum-Likelihood Schätzung skizziert. Eine ausführliche Darstellung sowie die Schätzung nach dem Kleinste-Quadrate-Prinzip findet sich in Kapitel 11.

5.7.1 Maximum-Likelihood Schätzung

Der Vektor der abhängigen Größen besitzt eine Multinomialverteilung $y_i \sim M(n_i, \boldsymbol{\pi}_i)$ mit der diskreten Dichte bzw. Wahrscheinlichkeitsfunktion

$$\begin{aligned} f(y_{ir}, \ldots, y_{iq}) = & \frac{n_i!}{y_{i1}! \ldots y_{iq}!(n_i - y_{i1} - \cdots - y_{iq})!} \pi_{i1}^{y_{i1}} \cdot \ldots \\ & \cdot \pi_{iq}^{y_{iq}} (1 - \pi_{i1} - \cdots - \pi_{iq})^{n_i - y_{i1} - \cdots - y_{iq}}. \end{aligned}$$

Die Maximum-Likelihood Schätzung zielt ab auf Maximierung der Likelihood bzw. der Log-Likelihood. Mit $c_i = n_i!/(y_{i1}! \ldots y_{iq}!(n_i - y_{i1} - \cdots - y_{iq})!)$ ergibt sich die Likelihood

$$L(\boldsymbol{\beta}) = \prod_{i=1}^{g} c_i \, \pi_{i1}^{y_{i1}} \ldots \pi_{iq}^{y_{iq}} (1 - \pi_{i1} - \cdots - \pi_{iq})^{n_i - y_{i1} - \cdots - y_{iq}}$$

und die Log-Likelihood

$$\begin{aligned} l(\boldsymbol{\beta}) &= \log(L(\boldsymbol{\beta})) \\ &= \sum_{i=1}^{g} y_{i1} \log\left(\frac{\pi_{i1}}{1 - \pi_{i1} - \cdots - \pi_{iq}}\right) + \cdots + y_{iq} \log\left(\frac{\pi_{iq}}{1 - \pi_{i1} - \cdots - \pi_{iq}}\right) \\ &+ n_i \log(1 - \pi_{i1} - \cdots - \pi_{iq}) + \log(c_i). \end{aligned}$$

Alternativ läßt sich diese mit den Vektoren der Auftretenswahrscheinlichkeiten $\boldsymbol{\pi}_i' = (\pi_{i1}, \ldots, \pi_{iq})$ darstellen durch

$$l(\boldsymbol{\beta}) = \sum_{i=1}^{g} l_i(\boldsymbol{\pi}_i), \tag{5.38}$$

wobei

$$l_i(\boldsymbol{\pi}_i) = n_i\{\sum_{r=1}^{q} p_{ir}\log\left(\frac{\pi_{ir}}{1-\pi_{i1}-\cdots-\pi_{iq}}\right) + \log(1-\pi_{i1}-\cdots-\pi_{iq})\} + \log(c_i). \quad (5.39)$$

Beim Maximieren von (5.38) wird für $\boldsymbol{\pi}_i$ das Modell $\boldsymbol{\pi}_i = h(\boldsymbol{Z}_i\boldsymbol{\beta})$ zugrundegelegt. Wesentlich für die asymptotische Verteilung der Maximum-Likelihood Schätzung $\hat{\boldsymbol{\beta}}$ ist die erwartete Informations- oder Fisher-Matrix $\boldsymbol{F}(\boldsymbol{\beta}) = E\left(-\frac{\partial l}{\partial\boldsymbol{\beta}\partial\boldsymbol{\beta}'}\right)$, die sich ergibt als

$$\boldsymbol{F}(\boldsymbol{\beta}) = \sum_{i=1}^{g} \boldsymbol{Z}_i'\boldsymbol{W}_i(\boldsymbol{\beta})\boldsymbol{Z}_i,$$

wobei $\boldsymbol{W}_i(\boldsymbol{\beta}) = \{\frac{\partial g(\boldsymbol{p}_i)}{\partial\boldsymbol{p}'}\boldsymbol{\Sigma}_i(\boldsymbol{\beta})\frac{\partial g(\boldsymbol{p}_i)}{\partial\boldsymbol{p}}\}^{-1}$ die Inverse der (approximativen) Kovarianzmatrix von $g(\boldsymbol{p}_i)$ ist und

$$\boldsymbol{\Sigma}_i(\boldsymbol{\beta}) = \frac{1}{n_i}\begin{pmatrix} \pi_{i1}(1-\pi_{i1}) & -\pi_{i1}\pi_{i2} & \dots & -\pi_{i1}\pi_{iq} \\ & \pi_{i2}(1-\pi_{i2}) & & \\ & & \ddots & \\ -\pi_{iq}\pi_{i1} & & & \pi_{iq}(1-\pi_{iq}) \end{pmatrix}$$
$$= [\,\mathrm{Diag}\,(\boldsymbol{\pi}_i) - \boldsymbol{\pi}_i\boldsymbol{\pi}_i']/n_i$$

die Kovarianzmatrix von $\boldsymbol{p}_i$ darstellt.

Für $n \to \infty$ gilt unter schwachen Bedingungen die Approximation (vgl. Abschnitt 11.2)

Verteilungsapproximation Maximum-Likelihood Schätzer ($n \to \infty$)

$$\hat{\boldsymbol{\beta}} = N(\boldsymbol{\beta}, \boldsymbol{F}(\hat{\boldsymbol{\beta}})^{-1})$$

mit

$$\boldsymbol{F}(\hat{\boldsymbol{\beta}}) = \boldsymbol{Z}_i'\boldsymbol{W}_i(\hat{\boldsymbol{\beta}})\boldsymbol{Z}_i$$

5.7.2 Anpassungstests und Residuen

Bei der Betrachtung der Residuen, d.h. der Diskrepanz zwischen Beobachtungen und Schätzungen, ist nun zu berücksichtigen, daß diese Größen vektorwertig sind.

Auf der einen Seite sind die Ausgangsdaten durch den Vektor der relativen Häufigkeiten $\boldsymbol{p}_i' = (p_{i1}, \ldots, p_{iq})$ gegeben, auf der anderen Seite erhält man die modellkonformen (ML-) Schätzungen $\hat{\boldsymbol{\pi}}_i = (\hat{\pi}_{i1}, \ldots, \hat{\pi}_{iq})$. Das *quadrierte Pearson-Residuum* zur $i$ten Beobachtung ist nun mit $\hat{\pi}_{ik} = 1 - \hat{\pi}_{i1} - \cdots - \hat{\pi}_{iq}$, $p_{ik} = 1 - p_{i1} - \cdots - p_{iq}$ bestimmt durch

$$\chi_P^2(\boldsymbol{p}_i, \hat{\boldsymbol{\pi}}_i) = n_i \sum_{r=1}^{k} \frac{(p_{ir} - \hat{\pi}_{ir})^2}{\hat{\pi}_{ir}}.$$

Für den binären Fall $k = 2 (q = 1)$ erhält man das in Abschnitt 3.3 betrachtete Residuum

$$\chi_P^2(\boldsymbol{p}_i, \hat{\boldsymbol{\pi}}_i) = n_i \left\{ \frac{(p_{i1} - \hat{\pi}_{i1})^2}{\hat{\pi}_{i1}} + \frac{(p_{i2} - \hat{\pi}_{i2})^2}{\hat{\pi}_{i2}} \right\} = n_i \frac{(p_{i1} - \hat{\pi}_{i1})^2}{\hat{\pi}_{i1}(1 - \pi_{i1})}.$$

Die zugehörige *Pearson-Anpassungsstatistik* ergibt sich durch

$$\chi_P^2 = \sum_{i=1}^{g} \chi_P^2(\boldsymbol{p}_i, \hat{\boldsymbol{\pi}}_i) = \sum_{i=1}^{g} (\boldsymbol{p}_i - \hat{\boldsymbol{\pi}}_i)' \boldsymbol{\Sigma}_i^{-1}(\hat{\boldsymbol{\beta}})(\boldsymbol{p}_i - \hat{\boldsymbol{\pi}}_i),$$

wobei die letzte Form nur eine Umformung darstellt, die die geschätzte Kovarianzmatrix $\boldsymbol{\Sigma}_i^{-1}(\hat{\boldsymbol{\beta}})$ der Beobachtungen explizit enthält. Es läßt sich einfach ableiten, daß $\chi_P^2(\boldsymbol{p}_i, \hat{\boldsymbol{\pi}}_i) = (\boldsymbol{p}_i - \hat{\boldsymbol{\pi}}_i)' \boldsymbol{\Sigma}_i^{-1}(\hat{\boldsymbol{\beta}})(\boldsymbol{p}_i - \hat{\boldsymbol{\pi}}_i)$ gilt.

Die zweite Anpassungsstatistik ist die *Devianz* oder *Likelihood-Quotientenstatistik*

$$D = 2 \sum_{i=1}^{g} n_i \sum_{r=1}^{k} p_{ir} \log\left(\frac{p_{ir}}{\hat{\pi}_{ir}}\right),$$

die sich alternativ darstellen läßt durch

$$D = -2 \sum_{i=1}^{g} (l_i(\hat{\boldsymbol{\pi}}_i) - l_i(\boldsymbol{p}_i)),$$

wobei $l_i(\hat{\boldsymbol{\pi}}_i)$, $l_i(\boldsymbol{p}_i)$ die Likelihoodbeiträge der einzelnen Beobachtungen entsprechend (5.39), bezeichnet. Dabei entspricht $l_i(\hat{\boldsymbol{\pi}}_i)$ dem Beitrag nach Maximierung unter der Modellannahme, und $l_i(\boldsymbol{p}_i)$ dem Beitrag nach Maximierung ohne Modellannahme, d.h. nur unter der Annahme der Multinomialverteilung. Das entsprechende quadrierte *Devianz-Residuum* ist gegeben durch

$$\chi_D^2(\boldsymbol{p}_i, \hat{\boldsymbol{\pi}}_i) = 2 n_i \sum_{r=1}^{k} p_{ir} \log\left(\frac{p_{ir}}{\hat{\pi}_{ir}}\right).$$

Die Pearson-Statistik und die Devianz sind unter Gültigkeit des Modells wiederum asymptotisch χ^2-verteilt mit $g(k-1) - p$ Parametern, wobei p für die Anzahl der geschätzten Parameter in $\boldsymbol{\beta}$ steht. Die zugrundeliegende Asymptotik ist die fixed-cells-Asymptotik mit $n_i/n \to \lambda_i \in (0,1)$, d.h. für wachsende lokale Stichprobenumfänge. Die Teststatistiken sind nur für gruppierte Daten geeignet (vgl. Abschnitt 11.2).

Anpassungstests

Pearson-Statistik

$$\chi_P^2 = \sum_{i=1}^{g} \chi_P^2(\boldsymbol{p}_i, \hat{\boldsymbol{\pi}}_i)$$

mit $$\chi_P^2(\boldsymbol{p}_i, \hat{\boldsymbol{\pi}}_i) = n_i \sum_{r=1}^{k} (p_{ir} - \hat{\pi}_{ir})^2 / \hat{\pi}_{ir}$$

Devianz

$$\chi_D^2 = \sum_{i=1}^{g} \chi_D^2(\boldsymbol{p}_i, \hat{\boldsymbol{\pi}}_i)$$

mit $$\chi_D^2(\boldsymbol{p}_i, \hat{\boldsymbol{\pi}}_i) = 2n_i \sum_{r=1}^{k} \pi_{ir} \log\left(\frac{p_{ir}}{\hat{\pi}_{ir}}\right)$$

Modellanpassung ungenügend für großen Wert, d.h. bei Überschreiten des $(1-\alpha)$-Quantils $\chi_{1-\alpha}^2(g(k-1)-p)$.

Tabelle 5.8: Anpassungstests

Die *quadrierten* Residuen geben nur die *gesamte* Abweichung zwischen Beobachtungen und modellbasierter Schätzung am Meßpunkt $\boldsymbol{x}_i$ wieder. Zur Aufschlüsselung in die einzelnen Kategorien betrachtet man das vektorielle Pearson-Residuum

$$\boldsymbol{r}_i^P = \boldsymbol{\Sigma}_i^{-1/2}(\hat{\boldsymbol{\beta}})(\boldsymbol{p}_i - \hat{\boldsymbol{\pi}}_i),$$

wobei $\boldsymbol{\Sigma}_i^{-1/2}$ die rechte Wurzel aus $\boldsymbol{\Sigma}_i^{-1}$ darstellt (vgl. Anhang B.1). Eine studentisierte Version des Pearson-Residuums, bei dem die Kovarianz von $\boldsymbol{r}_i^P$ berücksichtigt wird, ist gegeben durch

$$\boldsymbol{r}_{i,s}^P = (\boldsymbol{I} - \boldsymbol{H}_{ii})^{-1/2} \boldsymbol{r}_i^P,$$

wobei $\boldsymbol{I}$ die $(g \times g)$-Einheitsmatrix darstellt und $\boldsymbol{H}_{ii}$ bestimmt ist durch $\boldsymbol{H}_{ii} = \boldsymbol{W}_i^{T/2}(\hat{\boldsymbol{\beta}})\boldsymbol{Z}_i\boldsymbol{F}^{-1}(\hat{\boldsymbol{\beta}})\boldsymbol{Z}_i'\boldsymbol{W}_i^{1/2}(\hat{\boldsymbol{\beta}})$. Details dazu finden sich in Fahrmeir & Tutz (1994).

5.7.3 Einflußgrößenanalyse

In Kapitel 3 wurde dargestellt, wie sich der Einfluß einzelner Größen entweder durch Hypothesentests oder die Devianzanalyse untersuchen läßt. Beide Verfahren sind für den mehrkategorialen Fall unmittelbar anwendbar. Zu berücksichtigen ist nur, wie sich inhaltliche Hypothesen wie "Kein Einfluß von Variable x" in lineare Hypothesen transformierten.

Für ein einfaches binäres Logit-Modell mit zwei metrischen Einflußgrößen x_1, x_2, bestimmt durch

$$\log\left(\frac{P(Y=1|\boldsymbol{x})}{P(Y=2|\boldsymbol{x})}\right) = \beta_0 + x_1\beta_1 + x_2\beta,$$

ist die lineare Hypothese $H_0 : \boldsymbol{C}\beta = \zeta$ zur inhaltlichen Hypothese "x_1 hat keinen Einfluß" von der Form $H_0 : \beta_1 = 0$ bzw.

$$H_0 : (0,1,0)\begin{pmatrix}\beta_0\\ \beta_1\\ \beta_2\end{pmatrix} = 0.$$

Für ein trichotomes Logit-Modell

$$\log\left(\frac{P(Y=r|\boldsymbol{x})}{P(Y=3|\boldsymbol{x})}\right) = \beta_{0r} + x_1\beta_{1r} + x_2\beta_{2r}$$

ist die entsprechende Hypothese $H_0 : \beta_{11} = \beta_{12} = 0$ bzw. in linearer Form

$$H_0 : \begin{pmatrix} 0 & 0 & 1 & 0 & 0 & 0\\ 0 & 0 & 0 & 1 & 0 & 0\end{pmatrix}\begin{pmatrix}\beta_{01}\\ \beta_{02}\\ \beta_{11}\\ \beta_{12}\\ \beta_{21}\\ \beta_{22}\end{pmatrix} = \begin{pmatrix}0\\0\end{pmatrix}.$$

In analoger Art und Weise lassen sich Hypothesen über die simultane Vernachlässigbarkeit mehrerer Variablen bzw. über die Gleichheit von Parametern als lineare Hypothesen formulieren.

5.8 Ergänzungen und weitere Literatur

Paarvergleichsmodelle

Einen Überblick über die Entwicklung von Paarvergleichsmodellen findet sich bei Bradley (1976, 1984). Interessante grundlagenorientierte Artikel sind Yellott (1977) und Colonius (1980). Gaul (1978), Böckenholt & Gaul (1986) und Dillon, Kumar & de Borrero (1993) reflektieren den marketingorientierten Zugang. Erweiterungen auf ordinale Responsekategorien finden sich bei Agresti (1992), Lukas (1991), Tutz (1986, 1989) und Böckenholt & Dillon (1997).

Überdispersion

Für binäre Daten wurde das Phänomen der Überdispersion in Abschnitt 4.4 behandelt. Die dort betrachtete Modellierung durch konjugierte Verteilungen im Beta-Binomial-Modell läßt sich in Form des Dirichlet-Multinomial-Modells auf den mehrkategorialen Fall erweitern (siehe Mosiman, 1962, Brier, 1980, Koehler & Wilson, 1986). Eine alternative Modellierung als Mischung endlich vieler Multinomialverteilungen betrachten Morel & Nagaraj (1993). Siehe auch den Überblick von Poortema (1999). Für binären Response geben Hinde & D'emetrio (1998) einen guten Überblick.

Diagnostik

Lesaffre & Albert (1989) betrachten den Einfluß von Beobachtungen auf die Güte einer Prognoseregel als Kriterium für einflußreiche Beobachtungen. Maße, die auf dem Weglassen von Beobachtungen (case deletion) beruhen, finden sich bei Hennevogl & Kranert (1988), Fahrmeir & Tutz (1994).

Kapitel 6

Regression mit ordinaler abhängiger Variable

Im folgenden wird für die abhängige Variable $Y \in \{1, \dots, k\}$ ordinales Skalenniveau vorausgesetzt, d.h. die möglichen Kategorien $1, \dots, k$ sind geordnet. Variablen dieser Art sind quantitativ in dem Sinn, daß sich Werte auf der "Skala" $1, \dots, k$ miteinander vergleichen lassen in der Form "A besitzt einen größeren (kleineren) Wert als B". Allerdings wird nicht von metrischem Skalenniveau (Intervallskala, Verhältnisskala) ausgegangen, d.h. die Abstände zwischen zwei Ausprägungen sind nicht sinnvoll interpretierbar. Es lassen sich verschiedene Varianten kategorial-ordinaler Variablen unterscheiden:

Gruppiert-stetige Variablen entstehen durch Klasseneinteilung prinzipiell stetig meßbarer Größen. Eine Variable wie Einkommen wird häufig nur in Einkommensklassen erhoben, da bei Befragungen eine exakte Zahl meist unzuverlässiger angegeben wird als eine grobe Klassierung. Ein weiteres Beispiel ist die Dauer der Arbeitslosigkeit in der Einteilung Kurzzeit-, mittelfristige, Langzeitarbeitslosigkeit, die sich auf entsprechende Zeitintervalle beziehen. Eine Besonderheit derartiger Kategorien ist, daß das letzte Zeitintervall meist nach oben offen ist. Es ist damit offensichtlich, daß die daraus resultierenden Kategorien 1, 2 und 3 nicht als gleichabständig betrachtet werden können, da die Kategorien qualitativ völlig unterschiedlich sind.

Ordinale Beurteilungen resultieren häufig bei Befragungen, beispielsweise wenn die Befindlichkeit einer Person in Kategorien wie "ausgezeichnet", "gut", "mittelmäßig", "schlecht" erhoben wird. In sogenannten Ratingskalen wird der Grad der Zustimmung zu einem Statement über eine Partei, ein Produkt oder eine Meinung häufig direkt in Skalenwerten angegeben, die beispielsweise von 1 bis 6 reichen. Ein bekannter Index ist das Standard & Poor Rating der Kreditwürdigkeit von Firmen oder Städten. Das Rating reicht von *BB* für die niedrigste Stufe der Kreditwürdigkeit bis *AAA* für die höchste Stufe der Kreditwürdigkeit. In derartigen Fällen wird davon ausgegangen, daß komplexe Information so verarbeitet wird, daß das resultierende Urteil mindestens Ordinalskalenniveau aufweist. Die Antwortkategorien werden direkt erhoben ohne das Konstrukt einer zugrundeliegenden stetigen Variablen.

In den folgenden Beispielen liegt eine gruppiert-stetige bzw. eine ordinale Beurteilungsvariable vor.

Beispiel 6.1 : Dauer der Arbeitslosigkeit
Etwas differenzierter als in Kapitel 2 wird die Dauer der Arbeitslosigkeit in drei Kategorien eingeteilt. $Y = 1$ *steht für Kurzzeitarbeitslosigkeit (*$\leq$ *6 Monate),* $Y = 2$ *steht für mittelfristige Arbeitslosigkeit (zwischen 7 und 12 Monaten), und* $Y = 3$ *steht für langfristige Arbeitslosigkeit (länger als 12 Monate).* □

Beispiel 6.2 : Evaluation von Hochschulen
Die Beurteilung der Qualität deutscher Universitäten, die vom Nachrichtenmagazin SPIEGEL regelmäßig versucht wird, basiert auf Fragen wie "Haben Sie den Eindruck, daß sich die Hochschullehrer auf ihre Lehrveranstaltungen ausreichend vorbereiten" (vgl. SPIEGEL 50/1989). Die Antwort erfolgt auf einer Rating-Skala von 1 bis 6 mit den Polen "sehr wenige" bis "sehr viele ausreichend vorbereitet". In einer Wiederholung der Befragung an 16 Fachbereichen der Universität Regensburg mit insgesamt 429 Studenten ergab sich die Kontingenztabelle 6.1. □

Beispiel 6.3 : Klinische Schmerzstudie
In einer klinischen Studie wird die Wirkung eines Sprays auf die Verringerung der

Fachbereich	Skalenwert 1	2	3	4	5	6	
1	0	5	16	13	13	3	50
2	0	7	7	6	3	0	23
3	0	1	3	3	14	6	27
4	1	0	2	6	9	3	21
5	1	4	10	5	8	0	28
6	0	7	4	7	4	1	23
7	1	0	2	5	7	2	17
8	0	3	2	9	8	1	23
9	5	12	4	10	4	0	35
10	1	3	1	1	5	0	11
11	3	0	9	7	8	4	31
12	0	4	5	6	12	1	28
13	1	12	10	11	12	3	49
14	0	6	4	7	4	1	22
15	0	1	1	8	8	2	20
16	0	0	2	5	12	2	21
	13	65	82	109	131	29	429

Tabelle 6.1: Antworten auf die Frage "Haben Sie den Eindruck, daß sich die Hochschullehrer auf ihre Lehrveranstaltung ausreichend vorbereiten", auf der Skala "sehr wenige" (1) bis "sehr viele" (6)

Druckschmerzen im Knie nach zehntägiger Behandlung von Sportverletzungen untersucht (vgl. Spatz, 1994). Als Einflußgrößen werden die Therapie (1: Spray, 2: Placebo), das Geschlecht des Patienten (1: männlich, 2: weiblich) und sein Alter betrachtet. Die abhängige Variable ist die Stärke des Schmerzes unter normierter Belastung in Kategorien von 1 bis 5, wobei 1 für den geringsten und 5 für den stärksten Schmerz steht. □

Ordinale Modelle sind nach zwei Seiten abzugrenzen, zum einen zu den nominalen Modellen und zum anderen zu den auf stärkeren Annahmen beruhenden metrischen Regressionsmodellen. Prinzipiell ist es zulässig, die Ordnungsstruktur zu ignorieren und die kategorial-nominalen Modelle des vorhergehenden Kapitels anzuwenden. Der große Nachteil ist, daß auf eine wesentliche Information, nämlich die Ordnung der Kategorien, verzichtet wird. Ordinale Modelle sind wesentlich parameterökonomischer und einfacher zu interpretieren. Dieser Vorteil wird bereits bei mehr als zwei Kategorien wirksam; bei hoher Kategorienzahl sind kategorial-nominale Modelle wegen der hohen Parameterzahl häufig nicht mehr schätzbar.

Man betrachte das einfache Beispiel der Kontingenztafel 6.1. Das multinomiale Logit-Modell aus dem vorhergehenden Kapitel besitzt dafür die Form

$$\log\left(\frac{P(Y=r|F=i)}{P(Y=6|F=i)}\right) = \beta_{0r} + \beta_{ir}, \qquad \begin{array}{l} r = 1,\dots,5 \\ i = 1,\dots,16, \end{array} \tag{6.1}$$

wobei $\beta_{1r}, \ldots, \beta_{16,r}$, $r = 1, \ldots, 5$ die zu den Fachbereichen und Kategorien gehörenden Parameter sind. Der Parameter β_{ir} enthält die im $i$ten Fachbereich vorherrschende Präferenz für Kategorie r. Ein Vergleich der Fachbereiche wird jeweils auf allen zu einem Fachbereich gehörendem Parametern $\beta_{i1}, \ldots, \beta_{i,5}$ beruhen. Die wesentlich einfachere Vorstellung einer fachspezifischen Niveauverschiebung des Urteils, die durch einen einzigen fachspezifischen Parameter β_i gekennzeichnet ist, liefert das ordinale Schwellenwertmodell in Abschnitt 6.1, das explizit das ordinale Skalenniveau benutzt.

Das einfache Logit-Modell (6.1) läßt sich auch zugrundelegen für den einfachen in der Kontingenztafelanalyse üblichen χ^2-Homogenitätstest, der untersucht, ob der Fachbereich das Urteil überhaupt beeinflußt. Der Test ist äquivalent zur Anpassung des Modells $\log(P(Y = r|F = i)/P(Y = 6|F = i)) = \beta_{0r}$, in dem postuliert wird, daß die Responsewahrscheinlichkeiten nicht von $F = i$ abhängen. Wird dieses Modell verworfen, weiß man nur, daß das Urteil fachspezifisch ist, eine einfache Quantifizierung der Unterschiede wird dadurch nicht erreicht.

Die zweite Abgrenzung gilt der metrischen Regression, d.h. dem klassischen Regressionsmodell $y_i = \boldsymbol{x}_i'\boldsymbol{\beta} + \varepsilon$. Hier liegt die Annahme zugrunde, daß y_i eine quantitative auf Intervall- oder Verhältnisskalenniveau gemessene Variable ist. Ist die Kategorienzahl einigermaßen groß, wird häufig auch für ordinale Kategorien aus Gründen der Einfachheit und der Verfügbarkeit von Programmpaketen das metrische Regressionsmodell angewandt. Die Gefahr von Artefakten durch unbegründete Annahmen ist damit erheblich. Die Annahme, daß beispielsweise der Response in Tabelle 6.1 auf metrischem Skalenniveau erfolgt ist wenig realistisch. Insbesondere dann, wenn die letzte Kategorie einem offenen Intervall entspricht wie im Arbeitslosenbeispiel 6.2, ist – auch bei feinerer Klassenbildung – ein metrischer Response nicht gegeben.

Eine ordinale Modellierung hat gegenüber der metrischen Regression erhebliche Vorteile:

- Die Annahmen über das Skalenniveau sind schwächer. Die häufig ungerechtfertigte Annahme eines metrischen Responses wird vermieden.
- In der metrischen Regression wird mit der Annahme, daß y_i, gegeben x_i, normalverteilt ist, eine symmetrische Verteilung von $y_i|x_i$ unterstellt. In ordinalen Modellen ist dies i.a. nicht der Fall.
- Die Fehlerverteilung des metrischen Modells kann für katgoriale Daten mit wenigen Kategorien prinzipiell nicht adäquat sein. Man betrachte dazu Abbildung 6.1. Kein lineares Modell mit einem Fehlerterm mit $E(\varepsilon) = 0$ kann als adäquat betrachtet werden, da für niedrige und große x-Werte nur positive bzw. negative Residuen auftreten können.

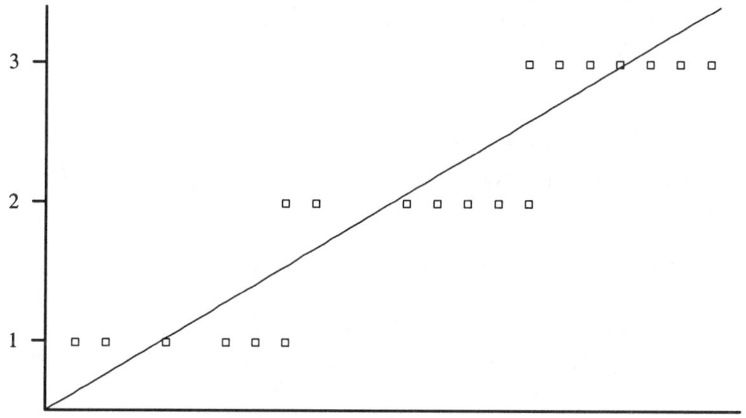

Abbildung 6.1: Daten und lineares Regressionsmodell für drei Responsekategorien

- Ordinale Modelle wie das sequentielle Modell in Abschnitt 6.2 lassen es zu, daß Übergänge in Verweildaueruntersuchungen einflußgrößenspezifisch modelliert werden. Einflußgrößen wie Alter oder Geschlecht können auf den Übergang von Kurzzeitarbeitslosigkeit zur mittelfristigen Arbeitslosigkeit anders wirken als auf den Übergang von mittelfristigen zu Langzeitarbeitslosigkeit. In einem einfachen metrischen Regressionsmodell mit y als der Dauer der Arbeitslosigkeit (beispielsweise in Monaten) ist eine derartige dauerspezifische Modellierung von Einflußgrößen nicht möglich.

Weitere Vergleiche zwischen ordinalen und metrischen Regressionsmodellen finden sich in Abschnitt 6.4.

6.1 Das Schwellenwert- oder kumulative Modell

Das Schwellenwertmodell, propagiert von McCullagh (1980), ist das am häufigsten angewandte ordinale Regressionsmodell. Es zeichnet sich durch eine einfache Interpretierbarkeit der Parameter aus und wird von den meisten gängigen Programmpaketen zur Verfügung gestellt.

6.1.1 Ableitung des Modells

Ähnlich wie sich nominale Modelle durch die Maximierung latenter Nutzenfunktionen motivieren lassen, läßt sich das Schwellenwertmodell durch die Existenz einer dahinterstehenden metrischen Variable $\tilde{Y}$ motivieren. Die kategoriale Variable Y kann als kategorisierte Version von $\tilde{Y}$ aufgefaßt werden. Im einzelnen fordert man:

(1) Existenz einer latenten metrischen Variable $\tilde{Y}$, deren Erwartungswert als Linearkombination der erklärenden Variablen bestimmt ist, d.h.

$$\tilde{Y} = -\boldsymbol{x}'\boldsymbol{\alpha} + \varepsilon,$$

wobei ε eine Störgröße ist mit $E(\varepsilon) = 0$. Die Parameter $\boldsymbol{\alpha}' = (\alpha_1, \ldots, \alpha_p)$ bestimmen den Einfluß des Variablenvektors $\boldsymbol{x}' = (x_1, \ldots, x_p)$, der hier keine Konstante enthält.

(2) Die Störvariable ε besitzt die Verteilungsfunktion F.

(3) Die Verknüpfung zwischen der beobachtbaren Variable Y und der zugrundeliegenden latenten Variable $\tilde{Y}$ erfolgt nach dem Schwellenwertkonzept

$$Y = r \Leftrightarrow \theta_{r-1} < \tilde{Y} \leq \theta_r,$$

wobei $-\infty = \theta_0 < \theta_1 < \ldots < \theta_q < \theta_k = \infty$ Schwellenwerte auf dem latenten Kontinuum sind.

Die in (1) postulierte Variable $\tilde{Y}$ liegt dem beobachteten Prozeß zugrunde, ist aber selbst nicht direkt beobachtbar. Entsprechen die beobachtbaren Kategorien einer Klassifizierung der Dauer von Arbeitslosigkeit, ist $\tilde{Y}$ als die individuelle Attraktivität (oder der Mangel an Attraktivität) auf dem Arbeitsmarkt vorstellbar. In Ratingskalen mit den Polen "stimme nicht zu" und "stimme voll zu" ist $\tilde{Y}$ als die nicht direkt beobachtbare Einstellung zu dem fraglichen Statement aufzufassen. Bei Befindlichkeitsskalen in biometrischen Fragestellungen mit abgestuften Kategorien zwischen "sehr schlecht" und "sehr gut" kann man sich die individuelle Befindlichkeit als auf einem latenten Kontinuum liegend vorstellen. Beobachtbar ist nun nicht die latente Variable $\tilde{Y}$ selbst, sondern eine kategorisierte, vergröberte Version von $\tilde{Y}$. Dies kommt in (3) zum Ausdruck, die Kategorien ergeben sich durch eine Unterteilung des latenten Kontinuums an den Schwellen $\theta_1, \ldots, \theta_{k-1}$. Ist das individuelle, nicht beobachtbare Wohlbefinden unter der Schwelle θ_1, erfolgt ein Response in der Beobachtungskategorie "sehr schlecht", zwischen θ_1 und θ_2 erfolgt eine Beobachtung in der nächsthöheren Kategorie usw.

Zur Veranschaulichung sei der Knieschmerz in 5 Kategorien (Beispiel 6.3) betrachtet. Betrachtet man als Kovariablen in $\boldsymbol{x}$ die Therapie x_T (1: Therapie, 0: Placebo) das Geschlecht x_G (1: männlich, 0: weiblich) und das um 30 Jahre zentrierte Alter A, erhält man die geschätzten Parameter $\alpha_T = 0.944, \alpha_G = -0.050, \alpha_A = -0.016$. Man erhält somit für die latente Variable den geschätzten Erwartungswert $E(\tilde{Y}|\boldsymbol{x}) = -0.944x_T + 0.050x_G + 0.016x_A$. Für eine weibliche 30-jährige Person ergibt sich damit in der Therapiepopulation

$$E(\tilde{Y}|x_T = 1, x_G = 0, x_A = 0) = -0.944,$$

in der Placebopopulation

$$E(\tilde{Y}|x_T = 0, x_G = 0, x_A = 0) = 0.$$

Der Erwartungswert der Therapiepopulation ist somit um einiges niedriger als in der Placebopopulation. In Abbildung 6.2 ist für eine weibliche Person des Durchschnittsalters die Verteilung von $\tilde{Y} = -0.944x_T + 0.050x_G + 0.016x_A + \varepsilon$ einmal in der Therapiepopulation und einmal in der Placebopopulation dargestellt. Zugrundegelegt ist eine logistisch verteilte Störvariable ε (vgl. Abschnitt 6.1.2). Die Verteilung der Therapiepopulation ist deutlich nach links verschoben mit entsprechend höheren Wahrscheinlichkeiten für niedrige Kategorien, die für geringeren Schmerz stehen. Die Fläche unter den Kurven entspricht der Auftretenswahrscheinlichkeit in den einzelnen Kategorien.

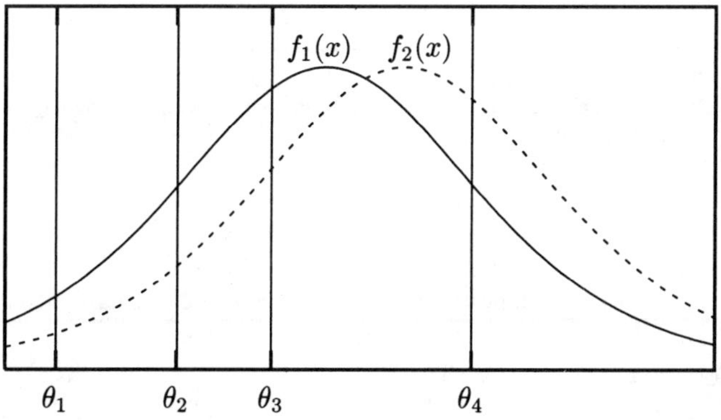

Abbildung 6.2: Dichten der latenten Größe $\tilde{Y}$ für Therapiegruppe (durchgehende Kurve), und Placebogruppe (gestrichelte Kurve) des Beispiels Knieschmerz

Besonders einfach wird der lineare Term für das Beispiel 6.2 der Evaluation von Fachbereichen. Der Kovariablenvektor enthält hier nur Dummy-Variablen für die einzelnen Fachbereiche, also Variablen x_i mit $x_i = 1$ wenn Fachbereich i zugrundeliegt und $x_i = 0$ sonst. Der Erwartungswert der lokalen Variable für die 16 Fachbereiche läßt sich somit darstellen durch

$$E(\tilde{Y}|F = i) = -(x_1\alpha_1 + \cdots + x_{15}\alpha_{15}),$$

wobei $\alpha_{16} = 0$ gesetzt ist bzw. einfacher durch

$$E(\tilde{Y}|F = i) = -\alpha_i.$$

Man erhält somit für jeden Fachbereich genau *einen* Parameter, der spezifiziert, wo auf dem Urteils-Kontinuum der Fachbereich angesiedelt ist. Tabelle 6.2 gibt die

Schätzungen wieder und Abbildung 6.3 zeigt die Verteilung auf dem lokalen Kontinuum für die beiden extremen Fachbereiche $\alpha_3 = -1.524$ und $\alpha_9 = 1.543$. Fachbereich 3 liegt auf dem Kontinuum der Einschätzung der Vorbereitung der Hochschullehrer extrem niedrig, Fachbereich 9 extrem hoch.

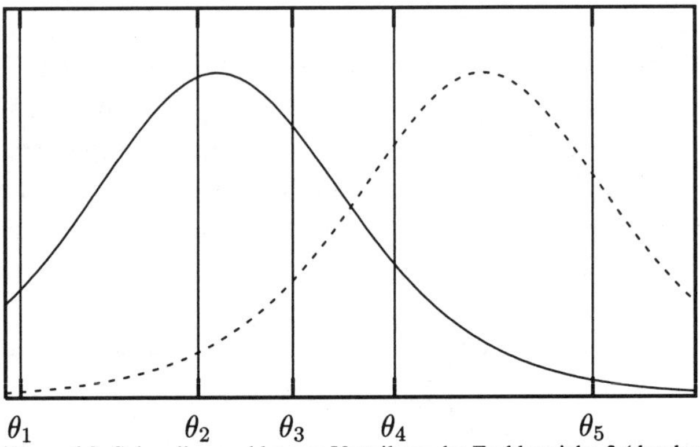

Abbildung 6.3: Schwellen und latente Verteilung der Fachbereiche 3 (durchgezogenen Kurve) und 9 (gestrichelte Kurve)

	Schätzer	Standardfehler		Schätzer	Standardfehler
θ_1	-3.822	0.290	α_6	0.688	0.361
θ_2	-1.751	0.138	α_7	-0.715	0.427
θ_3	-0.661	0.110	α_8	-0.220	0.363
θ_4	0.515	0.110	α_9	1.543	0.305
θ_5	2.819	0.202	α_{10}	0.434	0.511
α_1	0.156	0.253	α_{11}	-0.062	0.315
α_2	1.028	0.362	α_{12}	-0.197	0.332
α_3	-1.524	0.359	α_{13}	0.475	0.255
α_4	-0.910	0.390	α_{14}	0.587	0.367
α_5	0.561	0.329	α_{15}	-0.730	0.395

Tabelle 6.2: Schätzungen der Fachbereichsdaten

Das zugrundeliegende Prinzip läßt sich noch anschaulicher machen für einen einfachen Regressor wie Alter im Hinblick auf die Dauer der Arbeitslosigkeit (Beispiel 6.1, Seite 206). In Abbildung 6.4 sind auf der Abszisse die Werte des Regressors x wiedergegeben, auf der Ordinate die Werte der latenten Variable. Der Erwartungswert der latenten Variable $E(\tilde{Y}|x) = -(\alpha_0 + x'\alpha)$ ist als Gerade eingezeichnet ($\alpha = 0.029$). Die Dichte der latenten Variable $\tilde{Y}$ ist für $x = 16$, $x = 39$ und $x = 62$ dargestellt. Die Schwellenwerte 'zerhacken' diese Dichte in k Teilstücke, die den Auftretenswahrscheinlichkeiten von Y entsprechen. Die Einflußgröße $\boldsymbol{x}$ bewirkt eine Verschiebung der latenten Variable, so daß mit zunehmendem Alter, die Wahrscheinlichkeit für Kategorie 1 (Kurzzeitarbeitslosigkeit) abnimmt, die für Kategorie 3 (Langzeitarbeitslosigkeit) zunimmt.

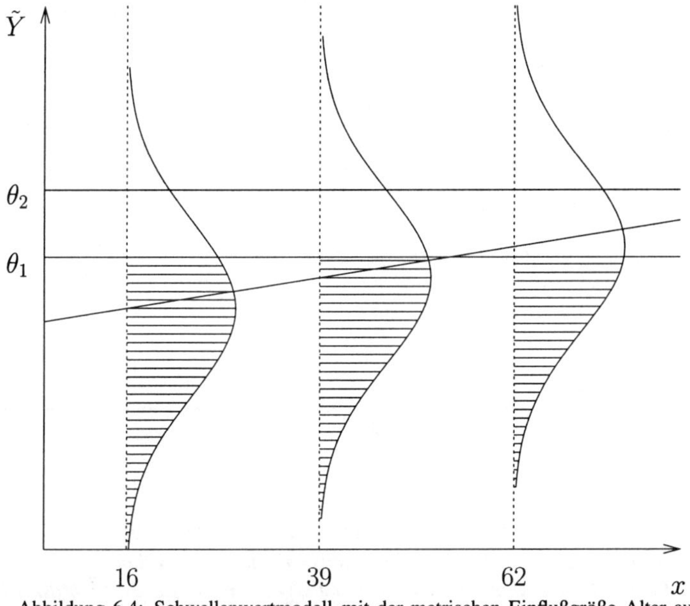

Abbildung 6.4: Schwellenwertmodell mit der metrischen Einflußgröße Alter auf die Dauer der Arbeitslosigkeit in 3 Kategorien

Modellformulierung

Aus den Postulaten (1)–(3) ergibt sich unmittelbar

$$\begin{aligned} P(Y=r|\boldsymbol{x}) &= P(\theta_{r-1} < \tilde{Y} \leq \theta_r|\boldsymbol{x}) \\ &= P(\tilde{Y} \leq \theta_r|\boldsymbol{x}) - P(\tilde{Y} \leq \theta_{r-1}|\boldsymbol{x}) \\ &= P(\varepsilon \leq \theta_r + \boldsymbol{x}'\boldsymbol{\alpha}) - P(\varepsilon \leq \theta_{r-1} + \boldsymbol{x}'\boldsymbol{\alpha}) \\ &= F(\theta_r + \boldsymbol{x}'\boldsymbol{\alpha}) - F(\theta_{r-1} + \boldsymbol{x}'\boldsymbol{\alpha}). \end{aligned}$$

Mit $\alpha_{0r} = \theta_r$ erhält man das Schwellenwertmodell durch

$$P(Y=r|\boldsymbol{x}) = F(\alpha_{0r} + \boldsymbol{x}'\boldsymbol{\alpha}) - F(\alpha_{0,r-1} + \boldsymbol{x}'\boldsymbol{\alpha}), \quad r = 1, \dots, k, \tag{6.2}$$

bzw.

$$P(Y \leq r|\boldsymbol{x}) = F(\alpha_{0r} + \boldsymbol{x}'\boldsymbol{\alpha}), \quad r = 1, \dots, k. \tag{6.3}$$

Die letztere Form (6.3) motiviert den Begriff "kumulatives Modell". Die kumulierten Wahrscheinlichkeiten $P(Y=1|\boldsymbol{x}) + \cdots + P(Y=r|\boldsymbol{x}) = P(Y \leq r|\boldsymbol{x})$ besitzen wiederum die Form eines binären Wahrscheinlichkeitmodells.

Schwellenwert- bzw. kumulatives Modell

$$P(Y \leq r|\boldsymbol{x}) = F(\alpha_{0r} + \boldsymbol{x}'\boldsymbol{\alpha}), \quad r = 1, \ldots, k,$$

bzw.

$$P(Y = r|\boldsymbol{x}) = F(\alpha_{0r} + \boldsymbol{x}'\boldsymbol{\alpha}) - F(\alpha_{0,r-1} + \boldsymbol{x}'\boldsymbol{\alpha}),$$

wobei $-\infty = \alpha_{00} < \alpha_{01} < \ldots < \alpha_{0,k-1} < \alpha_{0k} = \infty$,
bzw.

$$P(Y = 1|\boldsymbol{x}) = F(\alpha_{01} + \boldsymbol{x}'\boldsymbol{\alpha})$$
$$P(Y = r|\boldsymbol{x}) = F(\alpha_{0r} + \boldsymbol{x}'\boldsymbol{\alpha}) - F(\alpha_{0,r-1} + \boldsymbol{x}'\boldsymbol{\alpha}), \; r = 2, \ldots, k-1$$
$$P(Y = k|\boldsymbol{x}) = 1 - F(\alpha_{0,k-1} + \boldsymbol{x}'\boldsymbol{\alpha})$$

Bemerkungen:

(1) *Allgemeiner ließe sich die latente Variable auch mit einer Konstanten durch* $\tilde{Y} = -(\alpha_0 + \boldsymbol{x}'\boldsymbol{\alpha}) + \varepsilon$ *modellieren. Allerdings wären dann die Schwellen* $\theta_1, \ldots, \theta_{k-1}$ *und* α_0 *nicht mehr separat identifizierbar. Durch die Wahl* $\alpha_0 = 0$ *ist die Identifizierbarkeit gesichert, alternativ ließe sich* $\alpha_{0r} = \theta_r - \alpha_0$ *wählen.*

(2) *Die Verteilungsfunktion* F *wird als voll spezifiziert vorausgesetzt. Läßt man stattdessen in* F *noch zusätzlich Lage- und Skalenparameter zu, müssen weitere Identifikationsbedingungen eingeführt werden. Betrachten wir anstatt der voll spezifizierten Standardnormalverteilungsfunktion* Φ *die Normalverteilung* $\Phi_{\mu,\sigma}$ *mit Erwartungswert* μ *und Varianz* σ^2*. Dann gilt* $\Phi_{\mu,\sigma}(u) = \Phi\left(\frac{u-\mu}{\sigma}\right)$*. Wird für die Störvariable* $\varepsilon \sim \Phi_{\mu,\sigma}$ *postuliert, erhält man das kumulative Modell*

$$P(Y \leq r|\boldsymbol{x}) = \Phi_{\mu,\sigma}(\theta_r + \boldsymbol{x}'\boldsymbol{\alpha}) = \Phi\left(\frac{\theta_r - \mu + \boldsymbol{x}'\boldsymbol{\alpha}}{\sigma}\right).$$

Für dieses Modell sind die Parameter nicht identifizierbar. Wählt man als Identifizierbarkeitsbedingung $\mu = 0, \sigma = 1$*, erhält man mit* $P(Y \leq r|\boldsymbol{x}) = \Phi(\theta_r + \boldsymbol{x}'\boldsymbol{\alpha})$ *Modell (6.3), wenn dort* $F = \Phi$ *vorausgesetzt wird. Die freien Parameter sind* $\theta_1, \ldots, \theta_q, \boldsymbol{\alpha}$*. Alternativ wird gelegentlich* $\theta_1 = 0, \sigma = 1$ *gesetzt. Man erhält* $P(Y \leq 1|\boldsymbol{x}) = \Phi(-\mu + \boldsymbol{x}'\boldsymbol{\alpha}), P(Y \leq r|\boldsymbol{x}) = \Phi(\theta_r - \mu + \boldsymbol{x}'\boldsymbol{\alpha}), r = 2, \ldots, k$ *mit den freien Parametern* $\mu, \theta_2, \ldots, \theta_k, \boldsymbol{\alpha}$*.*

6.1.2 Spezielle kumulative Modelle

Die generelle Struktur des Schwellenwertmodells (6.2) bzw. (6.3) bedarf noch einer Festlegung der Verteilungsfunktion F. Daraus ergeben sich verschiedene Modellvarianten.

Kumulatives Logit-Modell

Wählt man F als logistische Funktion $F(u) = \exp(u)/\left(1+\exp(u)\right)$, ergibt sich das kumulative Logit-Modell.

Kumulatives Logit-Modell "Proportional odds model"

$$P(Y \le r|\boldsymbol{x}) = \exp(\alpha_{0r} + \boldsymbol{x}'\boldsymbol{\alpha})/\left(1+\exp(\alpha_{0r} + \boldsymbol{x}'\boldsymbol{\alpha})\right)$$

bzw.

$$\log\left(\frac{P(Y \le r|\boldsymbol{x})}{P(Y > r|\boldsymbol{x})}\right) = \alpha_{0r} + \boldsymbol{x}'\boldsymbol{\alpha} \tag{6.4}$$

Die zweite Form des Modells ergibt sich durch einfache Umformung mit $F^{-1}\left(P(Y \le r|\boldsymbol{x})\right)$, da $F^{-1}(\eta) = \log\left(\eta/(1-\eta)\right)$. Sie macht deutlich, daß die *kumulierten logarithmierten Chancen* $\log\left(P(Y \le r|\boldsymbol{x})/P(Y > r|\boldsymbol{x})\right)$ linear spezifiziert sind. Insbesondere impliziert das Modell, daß jede Dichotomie zwischen $Y \le r$ und $Y > r$ durch denselben Steigungsparameter $\boldsymbol{\alpha}$ bestimmt ist. Eine Folge daraus ist die sogenannte *stochastische Ordnung* der Kategorien. Sie läßt sich ausdrücken durch

$$\log\left(\frac{P(Y \le r|\boldsymbol{x})}{P(Y > r|\boldsymbol{x})}\right) - \log\left(\frac{P(Y \le s|\boldsymbol{x})}{P(Y > s|\boldsymbol{x})}\right) =$$
$$\log\left(\frac{P(Y \le r|\boldsymbol{x})/P(Y > r|\boldsymbol{x})}{P(Y \le s|\boldsymbol{x})/P(Y > s|\boldsymbol{x})}\right) = \alpha_{0r} - \alpha_{0s}. \tag{6.5}$$

Das Verhältnis der kumulierten Chancen $P(Y \le r|\boldsymbol{x})/P(Y > r|\boldsymbol{x})$ zu den kumulierten Chancen $P(Y \le s|\boldsymbol{x})/P(Y > s|\boldsymbol{x})$ hängt damit nicht vom Einflußgrößenvektor $\boldsymbol{x}$ ab. Die kumulierten Chancen sind proportional, daher der Name *Proportional odds model*. Steht beispielsweise r für die Monate der Arbeitslosigkeitsdauer, heißt das, das Verhältnis der Chance, innerhalb von r Monaten eine Arbeit anzunehmen bzw. nicht anzunehmen im Verhältnis zur Chance innerhalb von s Monaten eine Arbeit anzunehmen bzw. nicht anzunehmen, hängt nicht von Einflußgrößen wie Geschlecht oder Alter ab. Das Verhältnis ändert sich zwar über die Dauer der Arbeitslosigkeit (über r) hinweg, ist aber stabil über die Populationen.

Das Schwellenwertmodell läßt sich auch unabhängig von dem postulierten Zusammenhang mit einer latenten Variablen interpretieren. Unterteilt man die Kategorien

$\{1, \ldots, k\}$ in die disjunkten Untermengen $\{1, \ldots, r\}, \{r+1, \ldots, k\}$ und betrachtet die dichotome Variable Y_r

$$Y_r = \begin{cases} 1 & Y \in \{1, \ldots, r\} \\ 0 & Y \in \{r+1, \ldots, k\} \end{cases}$$

so gilt wegen

$$P(Y_r = 1|\boldsymbol{x}) = F(\alpha_{0r} + \boldsymbol{x}'\boldsymbol{\alpha})$$

für Y_r ein binäres Regressionsmodell, dessen Parameter wie in Kapitel 2 interpretierbar sind. Allerdings ist zu beachten, daß das kumulative Modell die Gültigkeit dieses binären Modells für die Variablen $Y_1, \ldots, Y_q$ postuliert, wobei derselbe Parametervektor $\boldsymbol{\alpha}$ für jede dichotome Variable zugrundeliegt. Eine Folgerung dieser simultanen Gültigkeit für denselben Parametervektor ist die sog. *stochastische Ordnung der Kategorien*. Darunter versteht man allgemein, daß

$$F^{-1}(P(Y \leq r|\boldsymbol{x})) - F^{-1}(P(Y \leq s|\boldsymbol{x})) = \alpha_{0r} - \alpha_{0s}$$

nicht von $\boldsymbol{x}$ abhängt. Für das kumulative Logit-Modell ist diese Eigenschaft in (6.5) ausgedrückt.

Beispiel 6.4 : Klinische Schmerzstudie
Bei Anwendung des kumulativen Logit-Modells auf die klinische Studie mit fünf Kategorien aus Beispiel 6.3 wird die Therapie (T) (0–1)-kodiert (1: eingesetzte Therapie, 0: Placebo), ebenso das Geschlecht (G) (1: männlich, 0: weiblich). Das Alter in Jahren wird metrisch einbezogen. Im folgenden ist der SAS-Output wiedergegeben, wenn Alter als metrische Kovariable einbezogen wird. Dabei ist das Alter um 30 zentriert (Mittelwert 29.53 Jahre).

The LOGISTIC Procedure
Analysis of Maximum Likelihood Estimates

Variable	DF	Parameter Estimate	Standard Error	Wald Chi-Square	Pr > Chi-Square	Standardized Estimate	Odds Ratio
INTERCP1	1	-1.5032	0.2916	26.5799	0.0001	.	.
INTERCP2	1	-0.3184	0.2596	1.5040	0.2201	.	.
INTERCP3	1	0.6366	0.2657	5.7399	0.0166	.	.
INTERCP4	1	2.6237	0.4458	34.6424	0.0001	.	.
THERAPIE	1	0.9438	0.3292	8.2201	0.0041	0.287487	2.570
SEX	1	0.0499	0.3514	0.0201	0.8871	0.013912	1.051
AGE	1	0.0159	0.0166	0.9147	0.3389	0.094505	1.016

Aus den p-Werten ergibt sich, daß die Therapie hochsignifikant ist und das Geschlecht keinen Einfluß besitzt. Ebenso scheint das Alter keinen Einfluß zu besitzen. Dabei ist allerdings zu bedenken, daß Alter hier nur als linearer Einfluß einbezogen ist. In der folgenden Auswertung (Abbildung 6.5), in der sowohl $ALTER$ als auch eine quadratische Form $ALTER**2$ einbezogen ist, zeigt sich, daß Alter durchaus die Stärke der Schmerzen zu modifizieren scheint, *da der quadratische Effekt des Alters mit einem p-Wert von 0.003 hoch signifikant ist. Um die Relevanz der Kovariablen weiter zu klären, ist in Tabelle 6.3 eine Devianzanalyse durchgeführt. Auch hieraus ergibt sich, daß Therapie und Alter innerhalb dieses Modells einen Einfluß besitzen, Geschlecht hingegen vernachlässigbar ist. Man vergleiche auch Beispiel 6.5 und die Untersuchung verschiedener Linkfunktionen in Abschnitt 6.4.* □

The LOGISTIC Procedure

Response Profile

Ordered Value	RESP	Count	Total Weight
1	1	33	36.000000
2	2	28	34.000000
3	3	20	25.000000
4	4	19	26.000000
5	5	5	6.000000

Score Test for the Proportional Odds Assumption

Chi-Square = 33.5548 with 12 DF (p=0.0008)

The LOGISTIC Procedure

Model Fitting Information and Testing Global Null Hypothesis BETA=0

Criterion	Intercept Only	Intercept and Covariates	Chi-Square for Covariates
AIC	388.752	378.884	.
SC	399.368	400.116	.
-2 LOG L	380.752	362.884	17.868 with 4 DF (p=0.0013)
Score	.	.	16.292 with 4 DF (p=0.0027)

Analysis of Maximum Likelihood Estimates

Variable	DF	Parameter Estimate	Standard Error	Wald Chi-Square	Pr > Chi-Square	Standardized Estimate	Odds Ratio
INTERCP1	1	-2.1211	0.3659	33.5991	0.0001	.	.
INTERCP2	1	-0.8602	0.3216	7.1533	0.0075	.	.
INTERCP3	1	0.1476	0.3159	0.2184	0.6403	.	.
INTERCP4	1	2.1648	0.4708	21.1459	0.0001	.	.
THERAPIE	1	0.9445	0.3318	8.1011	0.0044	0.287714	2.572
SEX	1	-0.0829	0.3574	0.0539	0.8165	-0.023141	0.920
AGE_Z	1	-0.00171	0.0179	0.0091	0.9238	-0.010183	0.998
AGE_Z2	1	0.00622	0.00207	9.0589	0.0026	0.340723	1.006

Abbildung 6.5: Kumulatives Logit-Modell für Kniedaten

Modell	Devianz	FG	Hypothese	konditionale Devianz	FG
$1_k, T, G, A, A^2$	260.875	304			
$1_k, G, A, A^2$	268.845	305	$T = 0$	7.97	1
$1_k, T, A, A^2$	260.923	305	$G = 0$	0.048	1
$1_k, T, G$	271.116	306	$A = 0$	10.241	2

Tabelle 6.3: Devianz-Analyse für kumulative Logit-Modelle (klinische Schmerzstudie), 1_k steht für die Konstanten $\alpha_{01}, \ldots, \alpha_{0k}$

Kumulatives Extremwert- und weitere Modelle

Ein weiteres Modell, das unter dem Namen "proportional Hazards-Modell" Eingang in die Literatur gefunden hat, ergibt sich aus der Wahl $F(u) = 1 - \exp(-\exp(u))$, d.h. der Minimum-Extremwertverteilung.

Kumulatives Extremwertmodell
"Proportional Hazards-Modell"

$$P(Y \leq r|\boldsymbol{x}) = 1 - \exp\left(-\exp(\alpha_{0r} + \boldsymbol{x}'\boldsymbol{\alpha})\right)$$

bzw.

$$P(Y = r|Y \geq r, \boldsymbol{x}) = 1 - \exp\left(-\exp(\tilde{\alpha}_{0r} + \boldsymbol{x}'\boldsymbol{\alpha})\right)$$

bzw.

$$\log\left(-\log\left(P(Y > r|\boldsymbol{x})\right)\right) = \alpha_{0r} + \boldsymbol{x}'\boldsymbol{\alpha}$$

Die alternativen Darstellungen ergeben sich durch einfaches Umformen. Der zweiten Form liegt eine Umparametrisierung zugrunde. Während die Variablengewichte $\boldsymbol{\alpha}$ unverändert sind, ergeben sich die Konstanten aus der Umparametrisierung

$$\tilde{\alpha}_{0r} = \log\left\{\exp(\alpha_{0r}) - \exp(\alpha_{0,r-1})\right\}$$

bzw.

$$\alpha_{0r} = \log\left(\sum_{i=1}^{r} \exp(\tilde{\alpha}_{0i})\right).$$

Während die Konstanten α_{0r} die Ungleichung $\alpha_{01} < \cdots < \alpha_{0q}$ erfüllen müssen, unterliegen die Konstanten $\tilde{\alpha}_{0r}, r = 1, \ldots, q$, keiner derartigen Einschränkung. Die Bezeichnung "proportional Hazards-Modell" ist darauf zurückzuführen, daß sich das Modell als gruppiertes Cox-Modell ableiten läßt, das im Kontext der Verweildaueranalyse auch als "Modell der proportionalen Hazardfunktionen" bezeichnet wird. Für eine Ableitung siehe Kalbfleisch & Prentice (1980).

In Analogie zu den binären Regressionsmodellen lassen sich für F wiederum andere geeignete Verteilungsfunktionen, wie die Standardnormalverteilungsfunktion Φ (z.B. Terza, 1985, McKelvey & Zavanoia, 1975) oder die identische Funktion wählen.

Kumulatives Probit-Modell

$$P(Y \leq r|\boldsymbol{x}) = \Phi(\alpha_{0r} + \boldsymbol{x}'\boldsymbol{\alpha}) \tag{6.6}$$

Kumulatives lineares Modell

$$P(Y \leq r|\boldsymbol{x}) = \alpha_{0r} + \boldsymbol{x}'\boldsymbol{\alpha}$$

6.1.3 Verallgemeinerte Schwellenwertmodelle: kategorienspezifische Parameter

Programmpakete wie SAS©bieten eine allgemeinere Form des kumulativen Modells an, die dadurch charakterisiert ist, daß die Parameter kategorienspezifisch sind, d.h. anstatt $\boldsymbol{\alpha}$ ist bei Betrachtung der Dichotomie $Y \leq r, Y > r$ das Gewicht durch $\boldsymbol{\alpha}_r$ gegeben, also spezifisch für die betrachtete Dichotomie.

Verallgemeinertes kumulatives Modell

$$P(Y \leq r|\boldsymbol{x}) = F(\alpha_{0r} + \boldsymbol{x}'\boldsymbol{\alpha}_r)$$

bzw.

$$P(Y = r|\boldsymbol{x}) = F(\alpha_{0r} + \boldsymbol{x}'\boldsymbol{\alpha}_r) - F(\alpha_{0,r-1} + \boldsymbol{x}'\boldsymbol{\alpha}_{r-1})$$

Eine Motivation als Schwellenwert-Modell ist noch möglich, basiert aber auf modifizierten Annahmen. Man reduziert die latente Variable $\tilde{Y}$ auf die Störgröße $\tilde{Y} = \varepsilon$, läßt dafür aber die Schwellenwerte von der Einflußgröße $\boldsymbol{x}$ bestimmen in der Form

$$\theta_r = \alpha_{0r} + \boldsymbol{x}'\boldsymbol{\alpha}_r.$$

Damit ergibt sich unmittelbar

$$P(Y \leq r|\boldsymbol{x}) = P(\tilde{Y} \leq \theta_r) = P(\varepsilon \leq \alpha_{0r} + \boldsymbol{x}'\boldsymbol{\alpha}_r) = F(\alpha_{0r} + \boldsymbol{x}'\boldsymbol{\alpha}_r).$$

Die Einflußgrößen $\boldsymbol{x}$ spezifizieren somit keine Verschiebung auf dem latenten Kontinuum sondern bestimmen individuell durch kategorienspezifische Gewichte $\boldsymbol{\alpha}_r$ die Schwellen selbst.

Die größere Flexibilität des Modells hat allerdings einige gravierende Nachteile zur Folge:

- Die Bedingungen für die Gültigkeit des Modells als Voraussetzung für die Existenz von Schätzern sind wesentlich komplexer. Wegen $P(Y \leq r|\boldsymbol{x}) \leq P(Y \leq r+1|\boldsymbol{x})$ muß zumindest $\alpha_{0r} + \boldsymbol{x}'\boldsymbol{\alpha}_r \leq \alpha_{0,r+1} + \boldsymbol{x}'\boldsymbol{\alpha}_{r+1}$ für alle $\boldsymbol{x}$ gelten. Häufig existiert für einen komplexen Kovariablenvektor kein Schätzer.
- Die Interpretation der Parameter als Verschiebungskonstanten auf dem latenten Kontinuum geht verloren.
- Die Parameterökonomie geht verloren. Die Anzahl der Parameter wächst mit der Anzahl der Kategorien in der Form $(k-1)*$ *Länge des Vektors* $\boldsymbol{x}$, während im einfachen kumulativen Modell die Anzahl der Parameter durch $k-1+$ *Länge des Vektors* $\boldsymbol{x}$ bestimmt ist.

Eine überprüfbare Hypothese innerhalb des allgemeineren Modells ist die Gleichheit der Gewichte bzw. Steigungen

$$H_0 : \boldsymbol{\alpha}_1 = \boldsymbol{\alpha}_2 = \ldots = \boldsymbol{\alpha}_q.$$

Damit wird überprüft, ob der Einfluß der Variablen für jede Dichotomie $Y \leq r$ gegen $Y > r$ identisch ist. Für das kumulative Logit-Modell wird dadurch die Proportionalität der kumulierten Logits (vgl. 6.5) überprüft. Gilt diese Hypothese, ergibt sich das parameterökonomischere einfache kumulative Modell. SAS©testet die Nullhypothese durch den Score-Test (vgl. Abschnitt 3.4). Die Gleichheit der Gewichte kann natürlich auch nur für einen Teilvektor gelten, so daß der Vektor $\boldsymbol{x}$ zerfällt in die Subvektoren $\boldsymbol{x}_1$ und $\boldsymbol{x}_2$ mit kategorienspezifischen bzw. nicht kategorienspezifischen Gewichten. Das entsprechende Modell besitzt dann die Form

$$P(Y \leq r|\boldsymbol{x}) = F(\alpha_{0r} + \boldsymbol{x}_1'\boldsymbol{\alpha}_r + \boldsymbol{x}_2'\boldsymbol{\alpha}).$$

Während $\boldsymbol{x}_1$ *kategorienspezifische* Gewichte besitzt, gehören zu $\boldsymbol{x}_2$ die *globalen* Gewichte $\boldsymbol{\alpha}$. Die Einflußgrößen $\boldsymbol{x}_2$ bewirken somit eine Verschiebung auf dem latenten Kontinuum (was einer identischen Wirkung auf *alle* Schwellen entspricht), während die Einflußgrößen $\boldsymbol{x}_1$ individuell auf die einzelnen Schwellen wirken.

Beispiel 6.5 : Klinische Schmerzstudie
Der in Abbildung 6.5 Seite 217 wiedergegebene SAS©-Output enthält als erstes eine Zusammenfassung der Daten, in der die Häufigkeiten der einzelnen Responsekategorien angegeben sind. Im Anschluß daran wird die Proportionalität der Chancen untersucht. Wie sich unmittelbar zeigt, wird für die klinische Schmerzstudie die Proportionalität der Chancen hochsignifikant abgelehnt (p-Wert 0.0008). Man vergleiche dazu auch Beispiel 6.7. □

6.2 Das sequentielle Modell

In vielen Anwendungsfällen sind die geordneten Kategorien $1, \ldots, k$ der abhängigen Variablen Y dadurch gekennzeichnet, daß sie nur sukzessive erreichbar sind. Wird beispielsweise die Dauer der Arbeitslosigkeit in drei Kategorien erfaßt mit '1' für Kurzzeitarbeitslosigkeit, '2' für mittelfristige und '3' für Langzeitarbeitslosigkeit, so ist offensichtlich, daß Kategorie 3 nur erreicht wird, wenn zuvor der durch Kategorie 2 gekennzeichnete Zustand vorlag. Eine analoge Struktur liegt vor, wenn die in einem Haushalt vorhandene Anzahl eines Konsumgutes, z.B. die Anzahl der Autos, analysiert wird. In einem Haushalt können nur dann drei Autos zur Verfügung stehen, wenn zuvor eines und dann zwei Autos vorhanden waren (wobei die Dauer der vorhergehenden Zustände beliebig kurz sein kann).

Die in diesem Abschnitt behandelten Modelle gehen von Daten dieses Typs aus. Die Kategorien $1, \ldots, k$ sind prinzipiell nur in dieser Reihenfolge erreichbar. Beobachtet wird nur der Endzustand selbst, nicht aber die vorhergehenden Zustandsübergänge. In Verallgemeinerung des Beispiels der Dauer von Arbeitslosigkeit ist festzuhalten, daß dieser Datentyp immer dann vorliegt, wenn kategorisierte Verweildauern analysiert werden. Sei T die Verweildauer in einem Zustand (Arbeitslosigkeit, Funktionsfähigkeit eines Gerätes) und sei die Beobachtungsdauer nur in Intervallen $[a_0, a_1), [a_1, a_2), \ldots, [a_{q-1}, a_q), [a_q, \infty)$ erhoben. Betrachtet man als abhängige Variable das Intervall, d.h. $Y = r$, wenn $T \in [a_{r-1}, a_r)$, erhält man für Y immer Daten des hier postulierten Typs.

Obwohl prinzipiell das kumulative Modell anwendbar ist, ist es bei derartigen Problemstellungen meist adäquater, die sukzessive Erreichbarkeit der Kategorien explizit in die Modellierung eingehen zu lassen. Dies läßt sich erreichen, indem explizit der Übergang bzw. Nichtübergang von Kategorie r zur nächsthöheren $r + 1$ modelliert wird. Damit wird das Problem auf eine dichotome Fragestellung (Übergang oder kein Übergang) zurückgeführt, und prinzipiell lassen sich binäre Regressionsmodelle anwenden.

6.2.1 Ableitung des Modells

Eine Motivation des sequentiellen Modells läßt sich analog dem kumulativen Modell an latenten Variablen festmachen, indem man die folgenden Postulate unterstellt:

(1) Existenz metrischer latenter Variablen

$$U_r = -\boldsymbol{x}'\boldsymbol{\alpha} + \varepsilon_r, \quad r = 1, \ldots, k,$$

die den Übergang von Kategorie r nach Kategorie $r+1$ vermitteln.

(2) Die unabhängigen Störvariablen ε_r besitzen die Verteilungsfunktion F.

(3) Die Verknüpfung zwischen der beobachteten Variablen Y und den latenten Variablen beruht auf einem sequentiellen Mechanismus. Der Beginn erfolgt in Kategorie 1 und modelliert wird als erstes der potentielle Übergang in Kategorie 2. Es gilt

$$Y = 1 \quad \text{wenn} \quad U_1 \leq \theta_1 \qquad \text{bzw.} \qquad Y > 1 \quad \text{wenn} \quad U_1 > \theta_1.$$

Gilt $Y = 1$, stoppt der Prozeß, gilt jedoch $Y > 1$ d.h. $Y \geq 2$, wird der Übergang nach Kategorie 3 bestimmt durch

$$Y = 2|Y \geq 2 \quad \text{wenn} \quad U_2 \leq \theta_2 \quad \text{bzw.} \quad Y > 2|Y \geq 2 \quad \text{wenn} \quad U_2 > \theta_2.$$

Gilt nicht $Y = 2$, wird der Prozeß fortgesetzt. Allgemein gilt im $r$ten Schritt

$$\begin{aligned} Y = r|Y \geq r \quad &\text{wenn} \quad U_r \leq \theta_r \\ \text{bzw.} \quad Y > r|Y \geq r \quad &\text{wenn} \quad U_r > \theta_r. \end{aligned}$$

Bezeichnet Y beispielsweise die Anzahl eines bestimmten Kosumgutes in einem Haushalt, läßt sich U_r als der (durch $\boldsymbol{x}$ bestimmte) Nutzen interpretieren bei der Anschaffung des $r$ten Exemplares dieses Konsumgutes.

Wegen $P(Y = r|Y \geq r, \boldsymbol{x}) = P(U_r \leq \theta_r) = P(\varepsilon_r \leq \theta_r + \boldsymbol{x}'\boldsymbol{\alpha}) = F(\theta_r + \boldsymbol{x}'\boldsymbol{\alpha})$ erhält man mit der Parametrisierung $\alpha_{0r} = \theta_r$ unmittelbar das sequentielle Modell.

Sequentielles Modell

$$P(Y = r|Y \geq r, \boldsymbol{x}) = F(\alpha_{0r} + \boldsymbol{x}'\boldsymbol{\alpha})$$

bzw.

$$P(Y = r|\boldsymbol{x}) = F(\alpha_{0r} + \boldsymbol{x}'\boldsymbol{\alpha}) \prod_{i=1}^{r-1} (1 - F(\alpha_{0i} + \boldsymbol{x}'\boldsymbol{\alpha})$$

Ohne Rekurs auf latente Variablen läßt sich das sequentielle Modell verstehen als binäres Regressionsmodell für den Übergang von r nach $r+1$, wenn $Y \geq r$ vorliegt. Für die Ereignisse $Y = r|Y \geq r$ bzw. $Y > r|Y \geq r$ wird damit ein binäres Regressionsmodell postuliert.

Für die Auftretenswahrscheinlichkeit $P(Y = r|\boldsymbol{x})$ ergibt sich allgemein

$$P(Y = r|\boldsymbol{x}) = P(Y = r|Y \geq r, \boldsymbol{x}) \prod_{i=1}^{r-1} P(Y > i|Y \geq i, \boldsymbol{x}).$$

6.2.2 Spezielle sequentielle Modelle

Spezielle Varianten des Modells ergeben sich wiederum durch die Festlegung der Verteilungsfunktion F. Die Wahl der logistischen Verteilungsfunktion führt zum sequentiellen Logit-Modell, wobei $\pi_r(\boldsymbol{x}) = P(Y = r|\boldsymbol{x})$.

Sequentielles Logit-Modell ("Continuation ratio logits"-Modell)

$$P(Y = r|Y \geq r, \boldsymbol{x}) = \frac{\exp(\alpha_{0r} + \boldsymbol{x}'\boldsymbol{\alpha})}{1 + \exp(\alpha_{0r} + \boldsymbol{x}'\boldsymbol{\alpha})}$$

bzw.

$$\log\left(\frac{\pi_r(\boldsymbol{x})}{1 - \pi_1(\boldsymbol{x}) - \cdots - \pi_r(\boldsymbol{x})}\right) = \alpha_{0r} + \boldsymbol{x}'\boldsymbol{\alpha}$$

Die zweite Form des Modells zeigt, welche Größe linear parametrisiert wird. Man sieht unmittelbar, daß diese durch

$$\log\left(\frac{P(Y = r|Y \geq r, \boldsymbol{x})}{1 - P(Y = r|Y \geq r, \boldsymbol{x})}\right) \quad = \quad \log\left(\frac{P(Y = r|\boldsymbol{x})}{P(Y > r|\boldsymbol{x})}\right)$$

bestimmt ist. Diese Größe wird auch als "continuation ratio"-Logits bezeichnet. Sie bezeichnet die *(bedingten) logarithmierten Chancen* für ein Verbleiben in Kategorie r im Verhältnis zu einem Nicht-Verbleiben, gegeben mindestens Kategorie r wird erreicht. Damit wird die sukzessive Abfolge des Prozesses, das "Kontinuitätsverhältnis", beschrieben. Alternativ läßt sie sich auch als unbedingte logarithmierte Chance verstehen für ein Auftreten von Kategorie r im Verhältnis zum Auftreten der Kategorien $\{r+1, \ldots, k\}$. Bei der Parameterinterpretation läßt sich explizit Bezug auf diese parametrisierten Größen nehmen.

Wählt man anstatt der logistischen Funktion die Gleichverteilungsfunktion, so erhält man das Modell

$$P(Y = r | Y \geq r, \boldsymbol{x}) = \frac{P(Y = r|\boldsymbol{x})}{P(Y \geq r|\boldsymbol{x})} = \alpha_{0r} + \boldsymbol{x}'\boldsymbol{\alpha}.$$

Hier werden die Chancen eines Responses in Kategorie r im Verhältnis zu den Kategorien $\{r, \ldots, k\}$ unmittelbar linear parametrisiert.

Lineares sequentielles Modell

$$P(Y = r | Y \geq r, \boldsymbol{x}) = \alpha_{0r} + \boldsymbol{x}'\boldsymbol{\alpha}$$

bzw.

$$\frac{\pi_r(\boldsymbol{x})}{\pi_r(\boldsymbol{x}) + \cdots + \pi_k(\boldsymbol{x})} = \alpha_{0r} + \boldsymbol{x}'\boldsymbol{\alpha}$$

Einen Spezialfall stellt das sequentielle Modell mit der Minimum-Extremwertverteilung $F(u) = 1 - \exp(-\exp(u))$ dar. In diesem Fall sind kumulatives und sequentielles Modell identisch. Nur die Konstante α_{0r} ist umparametrisiert. Diese alternative Darstellung wurde bereits im Abschnitt 6.1 behandelt und wird hier nur noch einmal aufgegriffen. Die Äquivalenz von kumulativem und sequentiellem Modellierungsansatz ergibt sich i.a. nur für das Modell der Extremwertverteilung (vgl. Tutz (1990), Abschnitt 3.3.4). Die Äquivalenz in diesem Fall wurde bereits von Läärä & Matthews (1985) bemerkt.

Kumulatives bzw. sequentielles Extremwertmodell
"Proportional Hazards-Modell"

$$P(Y = r|Y \geq r, \boldsymbol{x}) = 1 - \exp\left(-\exp(\tilde{\alpha}_{0r} + \boldsymbol{x}'\boldsymbol{\alpha})\right)$$

bzw.

$$P(Y \leq r|\boldsymbol{x}) = 1 - \exp\left(-\exp(\alpha_{0r} + \boldsymbol{x}'\boldsymbol{\alpha})\right)$$

mit $\alpha_{0r} = \log\left(\sum_{i=1}^{r} \exp(\tilde{\alpha}_{0i})\right), \qquad r = 1, \ldots, q.$

6.2.3 Verallgemeinerte sequentielle Modelle

Die bisherige Darstellung geht davon aus, daß nur die Konstanten α_{0r} von der betrachteten Kategorie abhängen. Der Effekt ist ein parameterökonomisches Modell. Gelegentlich ist dieses Modell jedoch nicht flexibel genug, um eine adäquate Beschreibung der Daten zu liefern. Beispielsweise kann die Wirkung einer Einflußgröße wie Geschlecht auf die Dauer der Arbeitslosigkeit sich verändern über die Kategorien (und damit die Dauer) hinweg.

Eine Verallgemeinerung ergibt sich, wenn die latenten Variablen anstatt durch $U_r = \alpha_0 - \boldsymbol{x}'\boldsymbol{\alpha} + \varepsilon_r$ durch $U_r = \alpha_0 - \boldsymbol{x}'\boldsymbol{\alpha}_r + \varepsilon_r$ spezifiziert werden. Daraus ergibt sich unmittelbar die kategorienspezifische Form des Modells.

Sequentielles Modell mit kategorienspezifischen Parametern

$$P(Y = r|Y \geq r, \boldsymbol{x}) = F(\alpha_{0r} + \boldsymbol{x}'\boldsymbol{\alpha}_r)$$

Alle Ableitungen bleiben identisch, indem $\boldsymbol{\alpha}$ durch den kategorienspezifischen Parameter ersetzt wird. Die Interpretation ist jetzt jedoch lokal. Die Wirkung von $\boldsymbol{x}$ beispielsweise auf die logarithmierten Chancen des Logit-Modells

$$\log\left(\frac{P(Y = r|\boldsymbol{x})}{P(Y > r|\boldsymbol{x})}\right) = \alpha_{0r} + \boldsymbol{x}'\boldsymbol{\alpha}_r$$

gelten nur lokal für die Kategorie r.

Zu beachten ist jedoch, daß die Darstellung des sequentiellen Extremwertmodells als kumulatives Modell nicht mehr möglich ist. Das generelle sequentielle Extremwertmodell

$$P(Y = r|Y \geq r, \boldsymbol{x}) = 1 - \exp\left(-\exp(\tilde{\alpha}_{0r} + \boldsymbol{x}'\boldsymbol{\alpha}_r)\right)$$

ist *nicht* identisch mit dem generellen kumulativen Modell

$$P(Y \leq r|\boldsymbol{x}) = 1 - \exp\left(-\exp(\alpha_{0r} + \boldsymbol{x}'\boldsymbol{\alpha}_r)\right).$$

6.2.4 Schätzung sequentieller Modelle als binäre Modelle

Das sequentielle Modell ist einfach zu schätzen, wenn man den zugrundeliegenden sequentiellen Mechanismus berücksichtigt. Modelliert wird jeweils das Verbleiben in einer Kategorie, gegeben diese Kategorie wird erreicht. Dies aber entspricht einer binären Entscheidung und damit einem binären Modell. Konsequenterweise läßt sich das Modell – nach einfacher Datenaufbereitung – mit Programmpaketen für binäre Modelle schätzen. Im folgenden wird diese Datenaufbereitung dargestellt und im Anschluß daran der theoretische Hintergrund, nämlich eine spezielle Darstellung der Multinomialverteilung, entwickelt.

Datenaufbereitung für die Schätzung als binäres Modell

Betrachtet wird zuerst das einfache sequentielle Modell mit nicht-kategorienspezifischem Gewichtsparameter $\boldsymbol{\alpha}$

$$P(Y = r|Y \geq r, \boldsymbol{x}) = F(\alpha_{0r} + \boldsymbol{x}'\boldsymbol{\alpha}). \tag{6.7}$$

Als Beispiel sei ein Response Y in 5 Kategorien zusammen mit den Kovariablen Geschlecht (G) (1: männlich, 2: weiblich) und Alter in Jahren (A) betrachtet. Eine Beobachtung dieses Datensatzes sei bestimmt durch die Zeile

Y	G	A
4	1	28

Der Response einer männlichen Person von 28 Jahren erfolgte in Kategorie 4 von 5 möglichen Kategorien. In Modell (6.7) wird binär dargestellt, ob ein Response in r erfolgt (gegeben r wird erreicht) oder ob die nächsthöhere Kategorie erreicht wird. Als erstes ist festzuhalten, welche der Kategorien $r = 1, \ldots, k-1$ gerade zur Entscheidung ansteht. Diese $k-1$ möglichen Übergänge werden (0–1)-kodiert und entsprechen den kategorienspezifischen Konstanten α_{0r}, $r = 1, \ldots, k-1$. Kodiert man mit $y = 1$, daß die Entscheidung für die vorliegende Kategorie fällt, und mit $y = 0$, daß die Entscheidung zugunsten einer höheren Kategorie fällt, ergibt sich für die betrachtete Zeile des Datensatzes

Entscheidungssituation	getroffene Entscheidung	y	α_{01}	α_{02}	α_{03}	α_{04}	G	A
Kategorie 1 oder höher:	höher	0	1	0	0	0	1	28
Kategorie 2 oder höher:	höher	0	0	1	0	0	1	28
Kategorie 3 oder höher:	höher	0	0	0	1	0	1	28
Kategorie 4 oder höher:	Kategorie 4	1	0	0	0	1	1	28

Da der Prozeß mit der Entscheidungssituation Kategorie 4 oder höher endet, erhält man aus der ursprünglichen Zeile

y	G	A
4	1	28

die vier Zeilen für das entsprechende binäre Modell.

y	α_{01}	α_{02}	α_{03}	α_{04}	G	A
0	1	0	0	0	1	28
0	0	1	0	0	1	28
0	0	0	1	0	1	28
1	0	0	0	1	1	28

Mit diesem aufbereiteten Daten läßt sich das sequentielle Logit-Modell als binäres Logit-Modell schätzen. Da Geschlecht und Alter identisch bleiben, werden sie in die Aufbereitung des binären Modells direkt übernommen. Der ursprüngliche Datensatz wird also ‘aufgebläht’. Aus jeder ursprünglichen Datenzeile werden maximal 5 Zeilen (im allgemeinen Fall k Zeilen), wobei die genaue Zeilenzahl von der gewählten Kategorie abhängt.

Als weiteres Beispiel seien die folgenden drei ursprünglichen Beobachtungen betrachtet:

Beobachtung	y	G	A
1	2	1	18
2	1	0	20
3	5	0	48

Daraus ergeben sich für binäres $y \in \{1, 0\}$ die folgenden sieben Beobachtungen

	y	α_{01}	α_{02}	α_{03}	α_{04}	G	A
1(1)	0	1	0	0	0	1	18
1(2)	1	0	1	0	0	1	18
2(1)	1	1	0	0	0	0	20
3(1)	0	1	0	0	0	0	48
3(2)	0	0	1	0	0	0	48
3(3)	0	0	0	1	0	0	48
3(4)	0	0	0	0	1	0	48

Zu beachten ist, daß die Wahl der letzten Kategorien (hier $k = 5$) nur zu $k - 1$ (hier 4) Zeilen führt, da die Entscheidung Kategorie k oder höher keine Relevanz hat, da keine höhere Kategorie vorliegt. Um in Kategorie 5 zu gelangen sind nur 4 Übergänge notwendig.

Für die Schätzung des allgemeineren Modells $P(Y = r|Y \geq r, \boldsymbol{x}) = F(\beta_{r0} + \boldsymbol{x}'\boldsymbol{\beta}_r)$ mit kategorienspezifischen Parametern gilt dasselbe Konstruktionsprinzip. Der einzige Unterschied besteht darin, daß die Einflußgrößen bei jeder Entscheidung als spezifisch für dieses Entscheidungsmodell einen eigenen Parameter besitzen und damit im binären Modell als für diese Entscheidung spezifische Variablen dargestellt werden.

Für $k = 5$ erhält man maximal 4 Entscheidungsschritte und damit werden aus den ursprünglichen Variablen G und A die 4 Variablenpaare $G1\ A1, G2\ A2, G3\ A3$, $G4\ A4$, wobei $G1\ A1$ für die erste Entscheidung spezifisch ist, $G2A2$ für die zweite usw.

Die ursprünglichen Daten

Beobachtung	y	G	A
1	2	1	18
2	1	0	20
3	5	0	48

führen in der Aufbereitung für binäres y zu den Daten

	y	α_{01}	$G1$	$A1$	α_{02}	$G2$	$A2$	α_{03}	$G3$	$A3$	α_{04}	$G4$	$A4$
1(1)	0	1	1	18	0	0	0	0	0	0	0	0	0
1(2)	1	0	0	0	1	1	18	0	0	0	0	0	0
2(1)	1	1	0	20	0	0	0	0	0	0	0	0	0
3(1)	0	1	0	48	0	0	0	0	0	0	0	0	0
3(2)	0	0	0	0	1	0	48	0	0	0	0	0	0
3(3)	0	0	0	0	0	0	0	1	0	48	0	0	0
3(4)	0	0	0	0	0	0	0	0	0	0	1	0	48

Die Kovariablen werden nur bei der entsprechenden Entscheidung eingesetzt, die restlichen Kovariablen werden durch Nullen aufgefüllt.

Multinomialverteilung als Produkt von Binomialverteilungen

Das sequentielle Modell parametrisiert das Überschreiten bzw. das Verbleiben in Kategorie r, gegeben diese Kategorie wird zumindest erreicht. Diese Parametrisierung findet eine Entsprechung in der Darstellung der zugrundeliegenden Multinomialverteilung als Produkt von Binomialverteilungen.

Sei der Einfachheit halber $Y \in \{1, 2, 3\}$ unter Vernachlässigung der Kovariablen. In der üblichen vektoriellen Darstellung erhält man für (Y_1, Y_2, Y_3) eine Multinomialverteilung für n Beobachtungen

$$(Y_1, Y_2, Y_3) \sim M\left(n, (\pi_1, \pi_2, \pi_3)\right),$$

wobei $Y_3 = n - Y_1 - Y_2$ und $\pi_3 = 1 - \pi_1 - \pi_2$ gelten. Die Wahrscheinlichkeitsfunktion (beschränkt auf Y_1, Y_2) ist bestimmt durch

$$P(Y_1 = y_1, Y_2 = y_2) = \frac{n!}{y_1! y_2! (n - y_1 - y_2)!} \pi_1^{y_1} \pi_2^{y_2} (1 - \pi_1 - \pi_2)^{n - y_1 - y_2} \tag{6.8}$$

Setzt man

$$\lambda_1 = \pi_1 \quad \text{und} \quad \lambda_2 = \pi_2 / (1 - \pi_1)$$

erhält man

$$\pi_1 = \lambda_1 \quad \text{und} \quad \pi_2 = \lambda_2 (1 - \lambda_1).$$

Einsetzen in (6.8) ergibt

$$\begin{aligned} &P(Y_1 = y_1, Y_2 = y_2) \\ &= \frac{n!}{y_1! y_2! (n - y_1 - y_2)!} \cdot \lambda_1^{y_1} \lambda_2^{y_2} (1 - \lambda_1)^{y_2} \left((1 - \lambda_1)(1 - \lambda_2) \right)^{n - y_1 - y_2} \\ &= \frac{n!}{y_1! y_2! (n - y_1 - y_2)!} \cdot \lambda_1^{y_1} (1 - \lambda_1)^{n - y_1} \lambda_2^{y_2} (1 - \lambda_2)^{n - y_1 - y_2}. \end{aligned}$$

Durch einfaches Erweitern mit $(n - y_1)!$ und Umgruppieren ergibt sich

$$\begin{aligned} &P(Y_1 = y_1, Y_2 = y_2) \\ &= \left(\frac{n!}{y_1!(n - y_1)!} \lambda_1^{y_1} (1 - \lambda_1)^{n - y_1} \right) \cdot \left(\frac{(n - y_1)!}{y_2!(n - y_1 - y_2)!} \lambda_2^{y_2} (1 - \lambda_2)^{n - y_1 - y_2} \right). \end{aligned}$$

Damit hat die Wahrscheinlichkeitsfunktion die Form des Produkts von zwei Binomialverteilungen mit $Y_1 \sim B(n, \lambda_1)$, $Y_2 \sim B(n - Y_1, \lambda_2)$.

Im allgemeinen Fall mit k Kategorien hat man

$$(Y_1, \dots, Y_k) \sim M\left(n, (\pi_1, \dots, \pi_k)\right).$$

Mit den bedingten Wahrscheinlichkeiten

$$\lambda_i = P(Y = i | Y \geq i) = \frac{\pi_i}{1 - \pi_1 - \cdots - \pi_{i-1}}, \qquad i = 1, \dots, q = k - 1$$

bzw.

$$\pi_i = \lambda_i \prod_{j=1}^{i-1} (1 - \lambda_j)$$

erhält man die Wahrscheinlichkeitsfunktion

$$\begin{aligned} &P(Y_1 = y_1, \dots, Y_q = y_q) \\ &= \frac{n!}{y_1! \dots y_q! (n - y_1 - \cdots - y_q)!} \pi_1^{y_1} \dots \pi_q^{y_q} (1 - \pi_1 - \cdots - \pi_q)^{n - y_1 - \cdots - y_q} \\ &= \prod_{i=1}^{q} \frac{(n - y_1 - \cdots - y_{i-1})!}{y_i!(n - y_1 - \cdots - y_i)!} \lambda_i^{y_i} (1 - \lambda_i)^{n - y_1 - \cdots - y_{i-1}}. \end{aligned} \tag{6.9}$$

Damit ergibt sich für $Y_1, \dots, Y_q$ das Produkt der Binomialverteilungen $Y_i \sim B(n - Y_1 - \cdots - Y_{i-1}, \lambda_i)$. Die Produktbildung suggeriert fälschlicherweise Unabhängigkeit der binomialverteilten Zählvariablen $Y_1, \dots, Y_q$. Jedoch ist zu beachten, daß der lokale Stichprobenumfang $n - Y_1 - \cdots - Y_{i-1}$ von den vorhergehenden

Realisationen abhängt. Die Gleichung (6.9) entspricht vielmehr dem immer gültigen Produktsatz

$$
\begin{aligned}
&P(Y_1 = y_1, \ldots, Y_q = y_q) \\
&= P(Y_1 = y_1)P(Y_2 = y_2|Y_1 = y_1)\ldots P(Y_q = y_q|Y_1 = y_1, \ldots Y_{q-1} = y_{q-1}) \\
&= \prod_{i-1}^{q} P(Y_i = y_i|Y_1 = y_1, \ldots, Y_{i-1} = y_{i-1}).
\end{aligned}
$$

Ein interessanter Spezialfall ergibt sich für $n = 1$. Der Vektor $\boldsymbol{y}' = (y_1, \ldots, y_k)$ besitzt dann nur eine "1", alle anderen Werte haben den Wert "0". In der Darstellung (6.9) sind aber nur die Werte bis zur ersten "1" von Relevanz, da danach kein weiterer Beitrag zum Produkt erfolgt. Beispielweise erhält man für den Vektor $\boldsymbol{y}' = (0, 0, 1, 0, 0)$ in (6.9)

$$
\begin{aligned}
&P(Y_1 = 0, Y_2 = 0, Y_3 = 1, Y_4 = 0) \\
&= \lambda_1^0(1-\lambda)^1\lambda_2^0(1-\lambda_2)^1\lambda_3^1(1-\lambda_2)^0(\lambda_4^0(1-\lambda_4)^0) \\
&= (1-\lambda_1)(1-\lambda_2)\lambda_3.
\end{aligned}
$$

Man beachte, daß der Faktor $\lambda_4^0(1-\lambda_4)^0$ irrelevant ist. Dieses Prinzip findet Verwendung bei der Aufbereitung der Beobachtungen für das binäre Modell

Die bedingten Wahrscheinlichkeiten λ_i lassen sich als aktuelles Risiko verstehen, in Kategorie i zu fallen, gegeben diese Kategorie wird zumindest erreicht. Im Kontext der Verweildaueranalyse wird λ_i auch als (diskreter) Hazard bezeichnet. Die Darstellung (6.9) ist hilfreich bei der Maximum-Likelihood-Schätzung. Sie erlaubt es, die Schätzgleichungen und Programme für binäre Regressionsmodelle anzuwenden.

6.3 Schätzen und Testen für ordinale Modelle

Für das kumulative und das sequentielle Modell ist es nicht notwendig, eigene Verfahren zu entwickeln. Bereits in Abschnitt 5.7 wurde Schätzen und Testen für das generelle multivariate Modell

$$
g(\boldsymbol{\pi}_i) = \boldsymbol{Z}_i\boldsymbol{\beta} \qquad \text{bzw.} \qquad \boldsymbol{\pi}_i = h(\boldsymbol{Z}_i\boldsymbol{\beta}) \tag{6.10}
$$

mit $\pi_i' = (\pi_{i1}, \ldots, \pi_{iq})$ und der Linkfunktion g (bzw. der Responsefunktion $h = g^{-1}$) behandelt. Es genügt somit, die Modelle als Spezialfälle von (6.10) darzustellen.

6.3.1 Kumulative Modelle

Das einfache kumulative Modell besitzt die Form

$$P(Y_i \leq r|\boldsymbol{x}_i) = F(\alpha_{0r} + \boldsymbol{x}_i'\boldsymbol{\alpha}). \tag{6.11}$$

Daraus ergibt sich für die Wahrscheinlichkeiten $\pi_{ir} = P(Y_i = r|x_i)$

$$\pi_{ir} = F(\alpha_{0r} + \boldsymbol{x}_i'\boldsymbol{\alpha}) - F(\alpha_{0,r-1} + \boldsymbol{x}_i'\boldsymbol{\alpha})$$

mit $-\infty = \alpha_{00} < \alpha_{01} < \cdots < \alpha_{0k} = \infty$. Bezeichnet man mit $\eta_{ir} = \alpha_{0r} + \boldsymbol{x}_i'\boldsymbol{\alpha}$, $r = 1, \ldots, q$, die auftretenden Argumente, erhält man

$$\pi_{ir} = F(\eta_{ir}) - F(\eta_{i,r-1}).$$

Man beachte, daß diese Argumente Linearkombinationen von $\boldsymbol{x}_i$ sind, d.h. es gilt

$$\eta_{ir} = \alpha_{0r} + \boldsymbol{x}_i'\boldsymbol{\alpha} = (1, \boldsymbol{x}_i') \begin{pmatrix} \alpha_{0r} \\ \boldsymbol{\alpha} \end{pmatrix}.$$

Daraus erhält man unmittelbar

$$\begin{pmatrix} \pi_{i1} \\ \vdots \\ \pi_{iq} \end{pmatrix} = h \left\{ \begin{pmatrix} 1 & & & & \boldsymbol{x}_i' \\ & 1 & & & \vdots \\ & & \ddots & & \vdots \\ & & & \ddots & \vdots \\ & & & 1 & \boldsymbol{x}_i' \end{pmatrix} \begin{pmatrix} \alpha_{01} \\ \alpha_{02} \\ \vdots \\ \alpha_{0q} \\ \boldsymbol{\alpha} \end{pmatrix} \right\},$$

wobei die Komponenten der q-dimensionalen Abbildung

$$h = (h_1, \ldots, h_q) : \mathbb{R}^q \to \mathbb{R}^q$$

gegeben sind durch

$$h_r(\eta_{i1}, \ldots, \eta_{iq}) = F(\eta_{ir}) - F(\eta_{i,r-1}).$$

Die Argumente η_{ir} entsprechen jeweils einer Zeile des Matrixproduktes $\boldsymbol{Z}_i\boldsymbol{\beta}$.

Die Abbildung g als Umkehrabbildung läßt sich am einfachsten aus der Darstellung

$$F^{-1}(P(Y_i \leq r|\boldsymbol{x}_i) = \alpha_{0r} + \boldsymbol{x}_i'\boldsymbol{\alpha}$$

ableiten, wobei F^{-1} die Umkehrabbildung von F bezeichnet. Für das logistische Modell erhält man nach Abschnitt 6.1.2

$$\log\left(\frac{\pi_{i1} + \cdots + \pi_{ir}}{1 - \pi_{i1} - \cdots - \pi_{ir}}\right) = \alpha_{0r} + \boldsymbol{x}_i'\boldsymbol{\alpha}.$$

Daraus erhält man

$$g\left\{\begin{pmatrix}\pi_{i1}\\ \vdots\\ \pi_{iq}\end{pmatrix}\right\} = \begin{pmatrix}1 & & & & \boldsymbol{x}_i'\\ & 1 & & & \vdots\\ & & \ddots & & \vdots\\ & & & \ddots & \vdots\\ & & & 1 & \boldsymbol{x}_i'\end{pmatrix}\begin{pmatrix}\alpha_{01}\\ \alpha_{02}\\ \vdots\\ \alpha_{0q}\\ \boldsymbol{\alpha}\end{pmatrix}$$

mit der Linkfunktion $g = (g_1, \ldots, g_q) : \mathbb{R}^q \to \mathbb{R}^q$ mit den Komponenten

$$g_r(\pi_{i1}, \ldots, \pi_{iq}) = F^{-1}(\pi_{i1} + \cdots + \pi_{ir}).$$

Im Spezialfall des Logitmodells ergibt sich

$$g_r(\pi_{i1}, \ldots, \pi_{iq}) = \log\left(\frac{\pi_{i1} + \cdots + \pi_{ir}}{1 - \pi_{i1} - \cdots - \pi_{ir}}\right).$$

Das einfache Schwellenwertmodell in der Form (6.11) unterliegt den Restriktionen $\alpha_{01} < \cdots < \alpha_{0q}, q = k - 1$. Für die Schätzung der Parameter ist es gelegentlich sinnvoll, das Modell ohne Restriktionen zu formulieren. Eine Umparametrisierung, die das leistet, ist gegeben durch

$$\delta_{01} = \alpha_{01}, \qquad \delta_{0r} = \log(\alpha_{0r} - \alpha_{0,r-1}),$$

bzw.

$$\alpha_{01} = \delta_{01}, \qquad \alpha_{0r} = \delta_{01} + \sum_{i=2}^{r} \exp(\delta_{0i}).$$

Das Modell besitzt dann die Form

$$\begin{aligned}&F^{-1}(P(Y = 1|\boldsymbol{x})) = \delta_{01} + \boldsymbol{x}'\boldsymbol{\alpha},\\ &\log(F^{-1}(P(Y \le r|\boldsymbol{x})) - F^{-1}(P(Y \le r-1|\boldsymbol{x}))) = \delta_{0r}, \quad r = 2, \ldots, q,\end{aligned}$$

wobei die Parameter $\delta_{01}, \ldots, \delta_{0q}$ keinerlei Beschränkung unterliegen. Die Linkfunktion besitzt jetzt die Form

$$\begin{aligned}&g_1(\pi_{i1}, \ldots, \pi_{iq}) = F^{-1}(\pi_{i1}),\\ &g_r(\pi_{i1}, \ldots, \pi_{iq}) = \log(F^{-1}(\pi_{i1} + \cdots + \pi_{ir}) - F^{-1}(\pi_{i1} + \cdots + \pi_{i,r-1})),\end{aligned}$$

und das Modell ist darstellbar durch

$$g\left\{\begin{pmatrix}\pi_{i1}\\ \vdots\\ \pi_{iq}\end{pmatrix}\right\} = \begin{pmatrix}1 & & & x_i'\\ & 1 & & 0\\ & & \ddots & \vdots\\ & & 1 & 0\end{pmatrix}\begin{pmatrix}\delta_{01}\\ \vdots\\ \delta_{0q}\\ \boldsymbol{\alpha}\end{pmatrix}.$$

Das kumulative Modell mit kategorienspezifischen Parametern

$$P(Y_i \leq r|\boldsymbol{x}_i) = F(\alpha_{0r} + \boldsymbol{x}_i'\boldsymbol{\alpha}_r)$$

läßt sich völlig analog behandeln. Die einzigen sich ändernden Größen sind die Linearkombinationen η_{ir}, die jetzt durch

$$\eta_{ir} = \alpha_{0r} + \boldsymbol{x}_i'\boldsymbol{\alpha}_r = (1, \boldsymbol{x}_i') \begin{pmatrix} \alpha_{01} \\ \boldsymbol{\alpha}_r \end{pmatrix}$$

gegeben sind. Entsprechend erhält man eine größere Designmatrix Z_i und einen größeren Vektor. Bei gleicher Link- und Responsefunktion gilt

$$\begin{pmatrix} \pi_{i1} \\ \vdots \\ \pi_{iq} \end{pmatrix} = h \left\{ \begin{pmatrix} 1 & & & \boldsymbol{x}_i' & & \\ & 1 & & & \boldsymbol{x}_i' & \\ & & \ddots & & & \ddots \\ & & 1 & & & \boldsymbol{x}_i' \end{pmatrix} \begin{pmatrix} \alpha_{01} \\ \vdots \\ \alpha_{0q} \\ \boldsymbol{\alpha}_1 \\ \vdots \\ \boldsymbol{\alpha}_q \end{pmatrix} \right\}.$$

Die Anordnung von $(1, \boldsymbol{x}_i')$ in der Designmatrix ist so gewählt, daß sie zur Darstellung des Gesamtvektors $\beta' = (\alpha_{01}, \ldots, \alpha_{0q}, \boldsymbol{\alpha}_1', \ldots, \boldsymbol{\alpha}_q')$ paßt.

6.3.2 Sequentielle Modelle

Die Schätzung sequentieller Modelle läßt sich nach Abschnitt 6.2.4 auf binäre Modelle zurückführen. Die Modelle lassen sich jedoch auch als multivariat darstellen. Das einfache sequentielle Modell besitzt die Form

$$P(Y_i = r|Y_i \geq r, \boldsymbol{x}_i) = F(\alpha_{0r} + \boldsymbol{x}_i'\boldsymbol{\alpha}), \tag{6.12}$$

bzw.

$$P(Y_i = r|x_i) = F(\alpha_{0r} + \boldsymbol{x}_i'\alpha) \prod_{j=1}^{r-1} (1 - F(\alpha_{0j} + \boldsymbol{x}_i'\boldsymbol{\alpha})). \tag{6.13}$$

Die linearen Prädiktoren η_{ir} sind dieselben wie für das kumulative Modell, d.h. $\eta_{ir} = \alpha_{0r} + \boldsymbol{x}_i'\boldsymbol{\alpha}$, so daß die Designmatrizen identisch sind. Die Responsefunktion ergibt sich unmittelbar aus (6.13) mit

$$h = (h_1, \ldots, h_q) : \mathbb{R}^q \to \mathbb{R}^q$$

und den Komponenten

$$h_r(\eta_{i1},\ldots,\eta_{iq}) = F(\eta_{ir})\prod_{j=1}^{r-1}(1-F(\eta_{ij})).$$

Für das sequentielle Modell mit kategorienspezifischen Parametern ergibt sich $\eta_{ir} = \alpha_{0r} + \boldsymbol{x}_i'\alpha_r$ und damit die größere Designmatrix des kategorienspezifischen kumulativen Modells.

Die Linkfunktion ergibt sich aus (6.12) mit

$$g = (g_1,\ldots,g_q) = \mathbb{R}^q \to \mathbb{R}^q$$

und den Komponenten

$$g_r(\pi_{i1},\ldots,\pi_{iq}) = F^{-1}\left(\frac{\pi_{ir}}{1-\pi_{i1}-\cdots-\pi_{i,r-1}}\right).$$

6.4 Ordinale Modelle versus klassisches lineares Regressionsmodell

Das klassische Regressionsmodell für metrisch skalierte abhängige Variable Y besitzt für die Daten $(Y_i, \boldsymbol{x}_i)$ die Form

$$Y_i = \gamma_0 + \boldsymbol{x}_i'\gamma + \varepsilon_i, \tag{6.14}$$

wobei ε_i eine zufällige Störgröße mit Erwartungswert 0 ist. Häufig wird ε_i als normalverteilt mit $\varepsilon_i \sim N(0,\sigma^2)$ vorausgesetzt. Alternativ läßt sich dann die letzte Annahme durch $Y_i \sim N(\gamma_0 + \boldsymbol{x}_i'\gamma, \sigma^2)$ ersetzten, d.h. die abhängige Variable ist normalverteilt, wobei der Erwartungswert linear durch $\gamma_0 + \boldsymbol{x}_i'\gamma$ bestimmt ist und die Varianz unabhängig von den Einflußgrößen durch σ^2 gegeben ist. Modell (6.14) läßt sich – auch ohne Normalverteilungsannahme – in den Erwartungswerten formulieren durch

$$E(Y_i|\boldsymbol{x}_i) = \gamma_0 + \boldsymbol{x}_i'\gamma. \tag{6.15}$$

Die Parameter γ_0, γ des Modells (6.14) bzw. (6.15) werden meist nach dem Kleinste-Quadrate-Prinzip

$$\sum_{i=1}^{n}(Y_i - \gamma_0 - \boldsymbol{x}_i'\gamma)^2 \to \min$$

geschätzt, die Varianzschätzung ergibt sich durch $\sigma^2 = \frac{1}{n-p-1}\sum_{i=1}^{n}(Y_i - \hat{\gamma}_0 - \boldsymbol{x}_i'\hat{\gamma})^2$, wobei p die Länge des Parametervektors γ bezeichnet.

Wird das Modell auf diskrete Daten $Y \in \{1,\dots,k\}$ angewandt, erhält man als geschätzten Erwartungswert $\hat{E}(Y_i|\boldsymbol{x}_i) = \hat{\gamma}_0 + \boldsymbol{x}_i'\hat{\gamma}$ meist einen nicht ganzzahligen Zwischenwert. Da Y nur die Kategorien $1,\dots,k$ annehmen kann, ist die Annahme einer stetigen Störverteilung im Grunde immer falsch. Versteht man sie als Approximation, ist es zumindest sinnvoll, die Kategorien $1,\dots,k$ mit den um die ganzen Zahlen gebildeten Intervallen

$$(-\infty, 1.5), (1.5, 2.5), \dots, (k-0.5, \infty)$$

zu identifizieren. Daraus läßt sich für $r = 2,\dots,k-1$ approximieren

$$\hat{P}(Y_i = r) = \int_{r-0.5}^{r+0.5} f_{Y_i}(x)dx = F_{Y_i}(r+0.5) - F_{Y_i}(r-0.5),$$

wobei f_{Y_i} die Dichte von $Y_i|\boldsymbol{x}_i$ bezeichnet und F_{Y_i} die zugehörige Verteilungsfunktion. Für die erste Kategorie ist die untere Integrationsgrenze auf $-\infty$ zu setzen, für die letzte Kategorie k die obere auf ∞, d.h. $F(Y_i = 1) = F_{Y_i}(1.5) - F_{Y_i}(-\infty) = F_{Y_i}(1.5)$ und $P(Y_i = k) = F_{Y_i}(\infty) - F_{Y_i}(k-0.5) = 1 - F_{Y_i}(k-0.5)$.

Alternativ läßt sich die normierte Verteilungsfunktion $F_{0,1}$ mit Erwartungswert 0 und Varianz 1 zur Berechnung benutzen. Da Y_i den Erwartungswert $\mu_i = \gamma_0 + \boldsymbol{x}_i'\gamma$ und die Varianz σ^2 besitzt, erhält man die Approximation

$$\hat{P}(Y_i = r|\boldsymbol{x}_i) = F_{0,1}\left(\frac{r+0.5-\hat{\gamma}_0-\boldsymbol{x}_i'\hat{\gamma}}{\hat{\sigma}}\right) - F_{0,1}\left(\frac{r-0.5-\hat{\gamma}_0-\boldsymbol{x}_i'\hat{\gamma}}{\hat{\sigma}}\right). \tag{6.16}$$

Bemerkenswert ist, daß $F_{0,1}$ die Verteilungsfunktion der *standardisierten* Störvariablen ε_i/σ darstellt, d.h. bei normalverteilter Störung $\varepsilon_i \sim N(0,\sigma^2)$ ist $F_{0,1}$ die Verteilungsfunktion der Standardnormalverteilung Φ.

Das kumulative ordinale Modell betrachtet nach Abschnitt 6.1.1 (6.14) ein zugrundeliegendes latentes Modell, das hier durch $\tilde{Y}_i = \tilde{\gamma}_0 + \boldsymbol{x}_i'\tilde{\gamma} + \tilde{\varepsilon}_i$ parametrisiert sei. Das latente Kontinuum wird durch Schwellen $-\infty = \theta_0 < \theta_1 < \cdots < \theta_{k-1} < \theta_k = \infty$ unterteilt, so daß

$$Y_i = r \quad \Leftrightarrow \quad \theta_{r-1} < \tilde{Y}_i = \tilde{\gamma}_0 + \boldsymbol{x}_i'\tilde{\gamma} + \tilde{\varepsilon}_i \le \theta_r.$$

Man erhält daraus das kumulative Modell

$$\begin{aligned} P(Y_i = r|\boldsymbol{x}_i) &= F_{\tilde{\varepsilon}}(\theta_r - \tilde{\gamma}_0 - \boldsymbol{x}_i'\tilde{\gamma}) - F_{\tilde{\varepsilon}}(\theta_{r-1} - \tilde{\gamma}_0 - \boldsymbol{x}_i'\tilde{\gamma}) \\ &= F_{\tilde{\varepsilon}}(\alpha_{0r} + \boldsymbol{x}_i'\boldsymbol{\alpha}) - F_{\tilde{\varepsilon}}(\alpha_{0,r-1} + \boldsymbol{x}_i'\boldsymbol{\alpha}), \end{aligned} \tag{6.17}$$

wobei $\alpha_{0r} = \theta_r - \tilde{\gamma}_0$, $\boldsymbol{\alpha} = -\tilde{\boldsymbol{\gamma}}$. Das kumulative Modell besitzt somit eine Unterteilung des latenten Kontinuums mit zu schätzenden Schwellen, während die Approximation (6.16) des klassischen linearen Modells direkt auf den beobachteten Werten aufsetzt.

Wird im kumulativen Modell eine standardisierte Störgröße $\tilde{\varepsilon}_i$ (mit Varianz 1) zugrundegelegt, ist es sinnvoll für das klassische Regressionsmodell die standardisierte Form

$$Y_i/\sigma = \gamma_0/\sigma + \boldsymbol{x}_i'(\boldsymbol{\gamma}/\sigma) + \varepsilon_i/\sigma$$

zu betrachten. Diese ist dann vergleichbar mit der latenten Variablen

$$\tilde{Y}_i = \tilde{\gamma}_0 + \boldsymbol{x}_i\tilde{\boldsymbol{\gamma}} + \tilde{\varepsilon}_i.$$

Damit entspricht der Parametervektor $\boldsymbol{\gamma}/\sigma$ des klassischen linearen Modells dem Parametervektor $\tilde{\boldsymbol{\gamma}}$ bzw. $-\boldsymbol{\alpha}$ des kumulativen Modells. Ein Vergleich von (6.16) und (6.17) zeigt, daß den Parametern α_{0r} die Konstanten des klassischen linearen Modells $(r + 0.5 - \gamma_0)/\hat{\sigma}$ entsprechen.

Somit lassen sich für das kumulative Probit-Modell, das die Normalverteilung $N(0,1)$ für $\tilde{\varepsilon}_i$ annimmt, die Parameter unmittelbar vergleichen mit dem klassischen Regressionsmodell. Beim Vergleich mit dem kumulativen Logit-Modell ist zu berücksichtigen, daß die logistische Verteilungsfunktion die Varianz $\sigma^2 = \pi^2/3$ besitzt, so daß die Parameter des Logit-Modells normiert werden müssen durch $\tilde{\alpha}_{0r} = \alpha_{0r}(\text{normiert}) = \alpha_{0r}/\sigma$, $\tilde{\boldsymbol{\alpha}} = \alpha(\text{normiert}) = \boldsymbol{\alpha}/\sigma$ mit $\sigma = \pi/\sqrt{3}$.

Im folgenden Beispiel wird demonstriert, daß das metrische Regressionsmodell ähnliche Aussagen liefern *kann* wie ordinale Modelle. Der Vorteil der ordinalen Modelle zeigt sich – neben der grundsätzlich besseren Adäquatheit bei kategorialen Daten – in ihrer Flexibilität. Ordinale Modelle erlauben es, verschiedene Link-Funktionen zu verwenden und diejenige mit der besten Datenanpassung zu wählen.

Beispiel 6.6 : Klinische Schmerzstudie
Bei den Daten der klinischen Studie aus Beispiel 6.4 (Seite 216) wird der Schmerz in 5 Kategorien gemessen. Zur Veranschaulichung wird als erstes ein klassisches lineares Regressionsmodell angewandt. Für die geschätzte Standardabweichung ergibt sich $\hat{\sigma} = 1.364$. *Tabelle 6.4 gibt die Schätzungen für Therapie (T, 1: Therapie, 0: Placebo), Geschlecht (G, 1: männlich, 0: weiblich) und das zentrierte Alter* (A) *bzw. das quadrierte zentrierte Alter* (A^2) *wieder.* □

Unter der Annahme eines metrischen Regressionsmodells erweist sich die Therapie als hochsignifikant, ebenso ist das Alter durch seinen quadratischen Term von Einfluß. Zum weiteren sind in Tabelle 6.5 die Schätzungen und standardisierten Schätzungen für mehrere kategoriale Regressionsmodelle gegeben. Die *standardisierten* Therapieeffekte sind in einer vergleichbaren Größenordnung sowohl für die

	$\tilde{\gamma}$	standardisiert $\tilde{\gamma}/\tilde{\sigma}$	Überschreitungs-wahrscheinlichkeit
T	-0.636	-0.466	0.003
G	0.123	0.090	0.591
A	0.005	0.004	0.692
A^2	-0.004	0.003	0.004

Tabelle 6.4: Schätzungen der Schmerzstudie für das metrische Regressionsmodell

ordinalen Modelle (Tabelle 6.5) als auch im Vergleich mit dem metrischen Modell (Tabelle 6.4).

	Probit-Modell		Logit-Modell			Kum. Extremwertmodell		
	$\tilde{\gamma}$	p-Wert	$\tilde{\gamma}$	standardisiert $\tilde{\gamma}/(\pi/\sqrt{3})$	p-Wert	$\tilde{\gamma}$	standardisiert $\tilde{\gamma}/(\pi/\sqrt{6})$	p-Wert
T	-0.522	0.007	-0.944	-0.521	0.004	-0.623	-0.486	0.002
G	0.090	0.668	0.083	0.088	0.817	0.316	0.246	0.139
A	-0.00077	0.942	0.0017	0.0009	0.924	-0.0059	-0.0046	0.57
A^2	-0.0035	0.003	-0.006	-0.003	0.003	-0.0036	-0.0027	0.002

Tabelle 6.5: Kumulative-ordinale Modelle zur Schmerzstudie

Der Geschlechtseffekt erweist sich als durchaus unterschiedlich für die einzelnen Modelle mit dem größten Wert für das kumulative Extremwertmodell. Bei einem p-Wert von 0.139 ist der Effekt hier zumindest in der Nähe der Auffälligkeit. Für den Alterseffekt ergibt sich wiederum nur für das Extremwert-Modell eine stärkere Abweichung, wobei insbesondere das sich ändernde Vorzeichen auffällt. Die durch das metrische Modell, das kumulative Probit- und Logit-Modell gewonnenen Aussagen sind gut vergleichbar. Ein wesentlicher Gesichtspunkt ist allerdings, daß alle Modelle auf einer symmetrischen Verteilung der abhängigen Variable (direkt oder latent) aufbauen. Das kumulative Extremwert-Modell zeigt etwas andere Aussagen. In Tabelle 6.6 sind als Anpassungsmaße für die ordinalen Modelle die Devianz (D), das Akaike- (AIC) und das Schwarzsche Kriterium (SC) wiedergegeben. Es ist offensichtlich, daß das Extremwert-Modell die beste Datenanpassung liefert. Allerdings ist zu berücksichtigen, daß die Proportionalität der Chancen für alle Modelle abgelehnt wird, die Ablehnung ist unter den Modellen am schwächsten für das Extremwert-Modell. Hätte man nur das metrische Regressionsmodell angepaßt, wäre eine derartige Hypothese von Anfang an nicht berücksichtigt worden.

Die Vergleichbarkeit der Ergebnisse von metrischem und ordinalem Regressionsmodell sollte nicht überinterpretiert werden. McKelvey & Zavanoia (1975) betrachten ein Beispiel in dem sich die Ergebnisse erheblich unterscheiden (vgl. auch Winship & Mare, 1984). Die ordinale Modellierung ist bei kategorialen Daten mit kleinem k immer vorzuziehen.

	Logit-Modell	Probit-Modell	Extremwert-Modell
D	362.88	364.55	261.31
AIC	378.88	380.45	377.31
SC	400.11	401.69	398.55
p-Wert Proportionalität	0.0008	0.0025	0.0048

Tabelle 6.6: Anpassungsmaße und p-Wert für den Test auf Proportionalität zur Schmerzstudie

6.5 Kumulatives versus sequentielles Modell

Das einfache kumulative Modell ebenso wie das klassische Regressionsmodell beruhen auf einer Verschiebung des zu erwartenden Responses auf der latenten Skala bzw. direkt auf der beobachtbaren Skala. Das sequentielle Modell hingegen modelliert den Übergang zwischen zwei Kategorien, gegeben diese Kategorie wird mindestens erreicht. Damit läßt sich die übergangsspezifische Wirkung von Einflußgrößen, die von Übergang zu Übergang variieren kann, einfach modellieren.

Potentielle Einflußgrößen, die sich im einfachen kumulativen Modell als nicht wirksam erweisen, können sich in einer differenzierteren Analyse durch das kategorienspezifische sequentielle Modell als einflußreich darstellen. Man vergleiche dazu das folgende Beispiel.

Beispiel 6.7 : Klinische Schmerzstudie
In der hier schon des öfteren betrachteten Schmerzstudie erweist sich das Geschlecht als nicht relevant, wenn das einfache kumulative Modell zugrundegelegt wird (siehe Beispiel 6.3 auf Seite 206). In Tabelle 6.5 ist eine Einflußgrößenanalyse für das kumulative Logit-Modell durchgeführt, die zeigt, daß Geschlecht (G) *vernachlässigbar ist (0.048 bei einem Freiheitsgrad), während Therapie* (T) *und Alter in quadratischer Form* $(A$ *und* $A^2)$ *hochsignifikant sind (10.241 bei 2 Freiheitsgraden).*

Betrachtet man alternativ das sequentielle Logit-Modell, ergeben sich davon abweichende Resultate. In Tabelle 6.7 ist eine Devianz-Analyse für diese Modellklasse durchgeführt, wobei der Index k *auf ein kategorienspezifisches Merkmal verweist.*

Modell	Devianz	FG	Hypothese	konditionale Devianz	FG
$1_k, T_k, G_k, A_k, A_k^2$	229.633	292			
$1_k, T, G_k, A_k, A_k^2$	241.520	295	$T_k = T$	11.887	3
$1_k, G_k, A_k, A_k^2$	251.990	296	$T_k = 0$	22.357	4
$1_k, T_k, G, A_k, A_k^2$	241.232	295	$G_k = G$	11.599	3
$1, T_k, A_k, A_k^2$	242.701	296	$G_k = 0$	13.068	4
$1_k, T_k, G_k, A, A^2$	240.093	298	$A_k = A$	10.460	6
$1_k, T_k, G_k$	249.521	300	$A = 0$	19.888	8

Tabelle 6.7: Devianz-Analyse für sequentielle Logit-Modelle (klinische Schmerzstudie)

	Schätzwert	Standardfehler	p-Wert
$1(1)$	2.567	1.570	0.102
$1(2)$	4.345	1.612	0.07
$1(3)$	4.516	1.678	0.007
$1(4)$	6.039	1.962	0.002
$T(1)$	0.138	0.412	0.737
$T(2)$	2.029	0.514	0.0
$T(3)$	1.103	0.603	0.067
$T(4)$	−0.073	1.075	0.945
$G(1)$	0.606	0.429	0.158
$G(2)$	−1.021	0.598	0.087
$G(3)$	−0.899	0.644	0.163
$G(4)$	−1.748	0.988	0.077
A	−0.281	0.107	0.008
A^2	0.004	0.002	0.004

Tabelle 6.8: Schätzungen des sequentiellen Logit-Modells für klinische Schmerzstudie

Beispielsweise bezeichnet T_k, daß die Therapie als für jeden Übergang spezifisch modelliert wird, während die Einflußgröße T einen globalen, nicht kategorienspezifischen Einfluß bezeichnet. Man sieht aus Tabelle 6.7, daß die Therapie nicht global modellierbar ist (Test

auf $T_k = T$) und auch nicht vernachlässigbar ist (Test auf $T_k = 0$). Dasselbe gilt für das Geschlecht. Die Variable Alter (hier unzentriert) hingegen läßt sich durchaus als global modellieren (10.460 bei 6 Freiheitsgraden) aber nicht vernachlässigen (19.888 bei 8 Freiheitsgraden). In Tabelle 6.8 sind die Schätzungen des reduzierten Modells $1_k + T_k + G_k + A + A^2$ wiedergegeben.

Der Therapieeffekt ist für den ersten Übergang von Kategorie 1 nach 2 (p-Wert 0.737) unerheblich, ebenso für den Übergang von 4 nach 5 (p-Wert 0.445). Ein starker Effekt läßt sich jedoch für die Übergänge von 2 nach 3 und von 3 nach 4 (Effekte $T(2)$ und $T(3)$, d.h. im mittleren Bereich, nachweisen. Interessant ist insbesondere der Geschlechtseffekt, der – im Gegensatz zum kumulativen Modell – nicht vernachlässigbar ist. Starke Effekte finden sich bei $G(2) = -1.021$ und $G(4) = -1.748$, d.h. der Übergang von Kategorie 2 nach 3 und von 4 nach 5 scheint geschlechtsspezifisch zu sein. Das negative Vorzeichen besagt wegen der Dummy-Kodierung mit 1 für männlich und 0 für weiblich, daß Männer eher die Schmerzkategorie 3 anstatt 2 bzw. 5 anstatt 4 wählen.

Die differenzierte Analyse durch das sequentielle Modell zeigt, daß die Therapie nur für bestimmte Übergänge zwischen Kategorien von Relevanz ist. Darüberhinaus ist das Geschlecht nicht vernachlässigbar. Anzumerken ist, daß eine erweiterte Analyse mit dem kumulativen Modell in Form des kategorienspezifischen kumulativen Modells nicht möglich ist. Die ML-Schätzer existieren nicht, da für kategorienspezifische kumulative Modelle starke Existenzbedingungen gelten. Dies ist neben der schwierigeren Interpretierbarkeit ein gravierender Nachteil dieser Modellklasse. □

6.6 Bemerkungen und weitere Literatur

Anpassung, Effizienz, Prognose

Agresti (1986) betrachtet die Anwendung von Assoziationsmaßen vom Typ des Determinationskoeffizienten auf ordinale Responsedaten. Die Effizienz des kumulativen Modells im Vergleich zum einfachen binären Modell wird von Armstrong & Sloan (1989) sowie Steadman & Weissfeld (1998) betrachtet. Untersuchungen zur Prognose mit ordinalen Modellen finden sich bei Rudolfer, Watson & Lessaffre (1995), Campbell, Donner & Webster (1991), Anderson & Phillips (1981).

Weitere Modelle

Genter & Farewell (1985) betrachten eine generalisierte Responsefunktion, die als Spezialfälle das kumulative Probit-Modell, das kumulative Extremwertmodell (log-log Link) und das komplementäre Extremwertmodell enthalten. Sie zeigen, daß diese Modelle sich auch bei moderatem Stichprobenumfang diskriminieren lassen.

Anderson (1984) führte das sogenannte Stereotypen-Modell ein, das in der einfachsten Form durch

$$P(Y = r|x) = F(\beta_{r0} - \phi_r \boldsymbol{x}'\boldsymbol{\beta})$$

gegeben ist, wobei F die logistische Verteilungsfunktion bezeichnet und $\phi_1, \ldots, \phi_n$ Parameter sind, die der Restriktion $1 = \phi_1 > \cdots > \phi_k = 0$ unterliegen. Ein Vergleich zwischen dem Stereotypen-Modell und dem kumulativen Modell findet sich bei Holtbrügge & Schuhmacher (1991). Ein Modell, das eng mit dem Partial-Credit-Modell der Item-Analyse (Masters, 1982) verwandt ist, ist das Modell der Nachbarschafts-Logits

$$\log(P(Y = r|\boldsymbol{x})/P(Y = r - 1|\boldsymbol{x})) = \boldsymbol{x}'\boldsymbol{\beta}_r,$$

das von Agresti (1984) betrachtet wird.

Eine Erweiterung des kumulativen Modells, die für unterschiedliche Poulationen unterschiedliche Variabilität der abhängigen Variable zuläßt, wird von McCullagh (1980) betrachtet. Das Modell

$$P(Y \leq r|x_i) = F((O_r + x_i'\beta)/\tau_i)$$

enthält einen zusätzlichen Skalenparameter, wobei $x_i = 1, x_2 = 0$ die Populationen charakterisiert und τ_1, τ_2 die Dispersion. Man vergleiche auch Best, Rayner & Stephens (1998).

Modelle mit Scores

In der Literatur finden sich Modellierungsansätze, bei denen Kategorien sog. Scores zugeordnet werden. Beispielsweise betrachten Williams & Grizzle (1972) ein Modell der Form $\sum_r s_r P(Y = r|\boldsymbol{x}) = x'\beta$. Die Scores $s_1, \ldots, s_k$ sind dabei metrische Größen, die mehr oder weniger willkürlich gewählt werden. Mit der Einführung der Scores werden Teile der abhängigen Größe als metrisch skaliert betrachtet. Man erhält pseudo-metrische Regressionsmodelle mit fragwürdiger Skalierung. Modelle dieser Art wurden daher nicht behandelt.

Kapitel 7

Zähldaten und die Analyse von Kontingenztafeln: das loglineare Modell

Die in den bisherigen Kapiteln betrachtete abhängige Variable war durchwegs kategorial, d.h. $Y \in \{1, \ldots, k\}$. Summiert man die zu festen Kovariablen $\boldsymbol{x}_i$ beobachteten Häufigkeiten, mit der die einzelnen Kategorien auftreten, erhält man naturgemäß Anzahlen. In diesem Sinn liegen "Zähldaten" vor. Der wesentliche Unterschied zu den im folgenden betrachteten Regressionsmodellen liegt darin, daß in den bisherigen Modellen die Gesamtsumme der Häufigkeiten beschränkt war durch die Anzahl der zum festen Kovariablenvektor $\boldsymbol{x}_i$ erhobenen Beobachtungen. Wenn nur für zehn männliche Probanden, die ein Placebo erhalten haben, der Response "Schmerz" in binärer Form erhoben wird, ist die Summe der auftretenden Fälle, in denen Schmerz auftritt maximal zehn. Eine abhängige Variable anderer Art liegt vor, wenn die abhängige Variable nicht derart deutlich durch eine feste Obergrenze beschränkt ist. Beispiele dafür sind:

- Anzahl der Unternehmenskonkurse (bestimmter Zeitraum, feste Branche),
- Anzahl der AIDS-Fälle (bestimmter Zeitraum, bestimmte geographische Einheit),
- Anzahl der epileptischen Anfälle pro Tag,
- Anzahl der Schadensfälle einer Versicherung pro Tag.

In all diesen Fällen ist die Responsevariable y eine Zählvariable mit $y \in \{0, 1, 2, \ldots\}$. Eine Obergrenze der Anzahlen ist nicht fixiert. Zwar ist die Anzahl der Unternehmen bzw. der Menschen prinzipiell endlich, so daß die Anzahl der Konkurse oder der AIDS-Fälle ebenso eine Obergrenze besitzt, aber diese liegt so hoch, daß sie im Vergleich zu den beobachteten Anzahlen als unendlich groß angesehen werden kann. Für das Beispiel "Anzahl epileptischer Anfälle" pro Tag ist die Obergrenze nicht durch ein Populationsmodell fixiert und damit unbekannt.

		Fächergruppe							
Jahr	Geschlecht	1	2	3	4	5	6	7	8
1992	Männer	176	3	95	268	15	24	36	15
	Frauen	62	1	18	25	2	2	2	5
1993	Männer	216	5	92	316	16	30	44	10
	Frauen	51	0	20	30	1	6	0	4

Tabelle 7.1: Anzahl der Habilitationen mit den Fachergruppen 1: Sprach- und Kulturwissenschaften, 2: Sport, 3: Rechts- Wirtschafts- und Sozialwissenschaften, 4: Mathematik, Naturwissenschaften, 5: Veterinärmedizin, 6: Agrar-, Forst-, Ernährungswissenschaften, 7: Ingenieurwissenschaften, 8: Kunst-, Kunstwissenschaften

Weitere Beispiele

Beispiel 7.1 : Habilitationen in Deutschland
In einer Untersuchung zur Anzahl der Habilitationen an deutschen Hochschulen ergab sich für das Jahr 1993 die Kontingenztabelle 7.1 (Quelle: Wirtschaft und Statistik 5/1995, S. 367). Von Interesse ist die Abhängigkeit der Habilitationszahlen von den Fächergruppen, dem Geschlecht und eventuell dem Jahr. □

Beispiel 7.2 : Konkursverfahren in Berlin
In der folgenden Kontingenztabelle sind die Anzahlen der Konkursverfahren in Berlin für die Jahre 1994–1996 wiedergegeben.

	Monat											
	Jan.	Feb.	März	April	Mai	Juni	Juli	Aug.	Sep.	Okt.	Nov.	Dez.
1994	69	70	93	55	73	68	49	97	97	67	72	77
1995	80	80	108	70	81	89	80	88	93	80	78	83
1996	88	123	108	92	84	89	116	97	102	108	84	73

□

Beispiel 7.3 : Herpes-Encephalitiden
In einer Studie zum Vorkommen zentralnervöser Infektionen in europäischen Ländern (Karimi, Windorfer & Dreesman, 1998) wurde die Häufigkeit der Herpes-Encephalitiden bei Kindern in Bayern und Niedersachsen erfaßt. Tabelle 7.2 zeigt die Häufigkeiten in den Jahren 1980–1993. In den Jahren 1985 und 1986 wurden in Niedersachsen keine Häufigkeiten erfaßt. □

7.1 Die Poisson-Verteilung

Eine klassische Verteilung für Zähldaten ist die Poisson-Verteilung. Eine Zufallsvariable folgt der Poissonverteilung mit Parameter $\lambda, Y \sim P(\lambda)$ wenn die Wahrscheinlichkeitsfunktion bestimmt ist durch

$$P(Y = y) = \begin{cases} \frac{\lambda^y}{y!} e^{-\lambda} & \text{für } y \in \{0, 1, 2, \dots\} \\ 0 & \text{sonst.} \end{cases} \tag{7.1}$$

Die möglichen Werte, die Y annehmen kann, sind damit die Null oder eine natürliche Zahl. Die Verteilung ist durch einen Parameter $\lambda > 0$ spezifiziert, der auch Erwartungswert und Varianz durch $E(Y) = \lambda, var(Y) = \lambda$ bestimmt. Die Gleichheit von Erwartungswert und Varianz impliziert realitätsnah, daß Anzahlen mit größeren Erwartungswerten auch größere Varianz besitzen. Kann eine Versicherung nur 3 Schadensfälle erwarten, ist die Varianz als Abweichung vom Erwartungswert naturgemäß kleiner, als wenn 100 Fälle zu erwarten sind. In Abbildung 7.1 sind

	Bayern	Niedersachsen
1980	1	2
1981	0	1
1982	1	2
1983	2	5
1984	2	4
1985	3	–
1986	8	–
1987	5	6
1988	13	7
1989	12	7
1990	6	7
1991	13	3
1992	10	4
1993	12	2

Tabelle 7.2: Häufigkeiten der Herpes-Encephalitiden bei Kindern (vgl. Karimi, Windorfer & Dreesman, 1998)

verschiedene Poissonverteilungen dargestellt. Man beachte daß in der letzten Abbildung eine andere Skalierung für y gewählt ist. Es wird unmittelbar einsichtig, daß die Poissonverteilung sich für größeren Erwartungswert durch eine Normalverteilung approximieren läßt.

Zur Veranschaulichung der Wahrscheinlichkeitsfunktion betrachtet man das Verhältnis der Wahrscheinlichkeiten für $y-1$ und y, $y \geq 1$,

$$\frac{P(Y=y)}{P(Y=y-1)} = \frac{\lambda^y e^{-\lambda}/y!}{\lambda^{y-1} e^{-\lambda}/(y-1)!} = \frac{\lambda}{y}.$$

Wenn $\lambda < 1$ gilt, ist $\lambda/y < 1$, so daß die Wahrscheinlichkeitsfunktion kontinuierlich abnimmt, $P(Y=0)$ besitzt die größte Wahrscheinlichkeit. Wenn $\lambda > 1$ gilt, werden die Wahrscheinlichkeiten größer bis $[\lambda]$, dem ganzzahligen Anteil von λ. Für $y \geq [\lambda]$ nehmen sie wieder ab. Für nicht ganzzahliges λ ist die Verteilung unimodal mit dem Modus $[\lambda]$, für λ ganzzahlig ist die Verteilung bimodal mit denselben Wahrscheinlichkeiten für $y = \lambda - 1$ und $x = \lambda$.

Die Ableitung der Poisson-Verteilung macht deutlich, unter welchen Umständen sie für viele Zähldaten ein geeignetes Modell darstellt:

(1) *Poisson-Verteilung als Verteilung der seltenen Ereignisse*
In einem klassischen Beispiel betrachtet man ein Garn der Länge L, für das λ Knoten zu erwarten sind. Das Garn wird in n Teilstücke jeweils der Länge

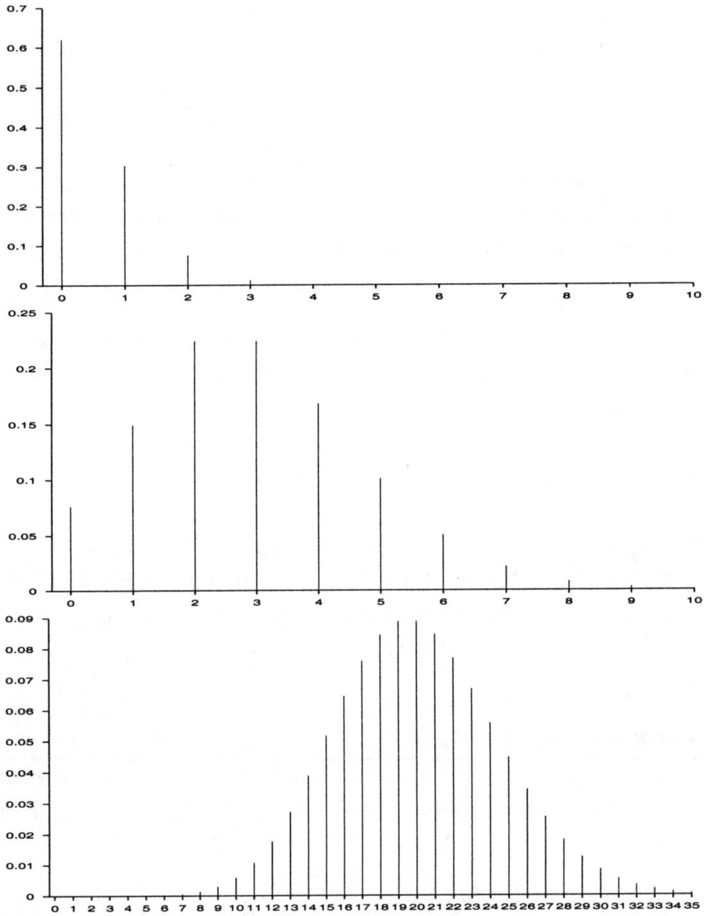

Abbildung 7.1: Wahrscheinlichkeitsfunktion der Poissonverteilung mit Erwartungswert $\lambda = 0.5$ (oben), $\lambda = 3$ (Mitte) und $\lambda = 20$ (unten)

L/n unterteilt und man nimmt an, daß die Ereignisse "Knoten in Teilstück i" für $i = 1, \ldots, n$ voneinander unabhängig sind. Die Zahl n ist dabei so groß gewählt, daß maximal ein Knoten auf einem Teilstück auftritt.

Bezeichnet $Y_i \in \{0, 1\}$ die Zufallsvariable "Knoten auf Teilstück i" erhält man wegen der Unabhängigkeit für die Gesamtzahl $Y = Y_1 + \cdots + Y_n$ eine Binomialverteilung. Die Wahrscheinlichkeit, auf einem Teilstück einen Knoten vorzufinden, ergibt sich aus der Unterteilung der Garnlänge L. Auf der Länge L sind λ Knoten zu erwarten, damit sind auf einem Teilstück λ/n Knoten zu erwarten, somit gilt $Y \sim B(n, \pi = \lambda/n)$.

Es läßt sich zeigen, daß für $n \to \infty$ und $\pi = \lambda/n$ die Wahrscheinlichkeitsfunktion der Binomial-Verteilung gegen die der Poisson-Verteilung konvergiert. Es gilt für jedes $y \in \{0, 1, \dots\}$

$$\lim_{\substack{n\pi=\lambda \\ n\to\infty}} \binom{n}{y} \pi^y (1-\pi)^{n-y} = \frac{\lambda^y}{y!} e^{-\lambda}.$$

Der Grenzübergang erfolgt durch $n \to \infty$, wobei gleichzeitig der Erwartungswert $n\pi = \lambda$ konstant bleibt. Mit $n \to \infty$ gilt somit implizit $\pi \to 0$.

Diese Ableitung aus der Binomialverteilung für immer kleiner werdende Auftretenswahrscheinlichkeiten π ist der Grund für die Bezeichnung *Verteilung der seltenen Ereignisse*. Man beachte jedoch, daß der Erwartungswert λ dabei keinesfalls eine kleine Zahl sein muß.

(2) *Poisson-Verteilung als Anzahl der Beobachtungen in einem festen Zeitintervall*
Die Poisson-Verteilung steht in einem engen Verhältnis zum Poisson-Prozeß $\{N(t), t \geq 0\}$, wobei $N(t)$ die Anzahl der Ereignisse bis zum Zeitpunkt t bezeichnet. Der Prozeß läßt sich durch einige Eigenschaften charakterisieren. Bezeichnet $N(t, t+\Delta t)$ die Anzahl der Ereignisse im Intervall $(t, t+\Delta t)$, so muß gelten:

(a) *Unabhängigkeit der Zuwächse*
Die Anzahl $N(t, t+\Delta t)$ der Ereignisse in $(t, t+\Delta t)$ ist unabhängig von $N(s, s+\Delta s)$, wenn $(t, t+\Delta t)$ und $(s, s+\Delta s)$ disjunkte Intervalle sind, d.h. $(s, s+\Delta s) \cap (t, t+\Delta t) = \emptyset$ gilt.

(b) *Stationarität der Zuwächse*
Die Wahrscheinlichkeit für k Ereignisse im Intervall $(t, t+\Delta t)$ hängt nicht von t, sondern nur von der Intervallänge ab.

(c) *Intensität des Prozesses*
Die Wahrscheinlichkeit, daß genau ein oder kein Ereignis eintritt, ist bestimmt durch

$$P(N(t, t+\Delta t) = 1) = \lambda \Delta t + o(\Delta t),$$
$$P(N(t, t+\Delta t) = 0) = 1 - \lambda \Delta t + o(\Delta t),$$

wobei $o(\Delta t)$ eine Funktion ist mit der Eigenschaft
$\lim_{\Delta t \to 0} o(\Delta t)/\Delta t = 0$.

Als Anzahl der Ereignisse in einem Intervall der Länge Δt ergibt sich die Poisson-Verteilung $P(\lambda \Delta t)$. Die Intensitätsrate λ und die Intervallänge bestimmen somit die Anzahl der Ereignisse.

7.2 Poisson-Regression

7.2.1 Das Grund-Modell der Poisson-Regression

Ausgangspunkt ist die Beobachtung von Einflußgrößen $\boldsymbol{x}_i$ und abhängigen Variablen $y_i \sim P(\mu_i)$, wobei μ_i für den Erwartungswert der Variablen y_i steht. Das Regressionsmodell ist wiederum bestimmt durch einen linearen Einflußgrößenterm $\eta_i = \boldsymbol{x}_i'\boldsymbol{\beta}$ und eine Responsefunktion $h : \mathbb{R} \to \mathbb{R}$ und besitzt die Form

$$\mu_i = h(\boldsymbol{x}_i'\boldsymbol{\beta}), \qquad i = 1, \ldots, n. \tag{7.2}$$

Da $\mu_i = E(y_i|\boldsymbol{x}_i)$ als Erwartungswert einer Zählvariablen immer positiv ist, ist darauf zu achten, daß h nur positive Werte annimmt. Das weitaus verbreiteteste Modell nimmt als Responsefunktion die Exponentialfunktion an. Das resultierende Modell

$$\mu_i = \exp(\boldsymbol{x}_i'\boldsymbol{\beta}) \tag{7.3}$$

ist äquivalent darstellbar durch

$$\log(\mu_i) = \boldsymbol{x}_i'\boldsymbol{\beta} \tag{7.4}$$

und wird auf Grund der letzten Form als *loglineares Modell* bezeichnet. Aus

$$\mu = e^{\beta_0} e^{x_1\beta_1} \ldots e^{x_p\beta_p} \qquad \text{bzw.} \qquad \log(\mu) = \beta_0 + x_1\beta_1 + \cdots + x_p\beta_p$$

ergibt sich unmittelbar die Interpretation der Parameter. Der Parameter β_i gibt (bei sonst festgehaltenen Einflußgrößen) die additive Veränderung des logarithmierten Erwartungswertes an, wenn x_i sich um eine Einheit zu $x_i + 1$ verändert, e^{β_i} gibt entsprechend den Faktor an, um den sich der Erwartungswert selbst ändert.

7.2.2 Maximum-Likelihood-Schätzung

Legt man für die Daten $(y_i, \boldsymbol{x}_i), i = 1, \ldots, n$, das Modell

$$\mu_i = h(\boldsymbol{x}_i'\boldsymbol{\beta})$$

zugrunde, erhält man mit der Annahme der Poisson-Verteilung, $y_i|\boldsymbol{x}_i \sim P(\mu_i)$ die Likelihood

$$L(\boldsymbol{\beta}) = \prod_{i=1}^{n} \frac{\mu_i^{y_i}}{y_i!} e^{-\mu_i},$$

bzw. die Log-Likelihood

$$l = \sum_{i=1}^{n} y_i \log(\mu_i) - \mu_i + \log(y_i!).$$

Ableiten der logarithmierten Likelihoodfunktion führt zur Schätzgleichung

$$\sum_{i=1}^{n} \boldsymbol{x}_i \frac{h'(\boldsymbol{x}_i'\boldsymbol{\beta})}{h(\boldsymbol{x}_i'\boldsymbol{\beta})}(y_i - h(\boldsymbol{x}_i'\boldsymbol{\beta})) = 0,$$

wobei $h'(\eta_i) = \partial h(\eta_i)/\partial\eta$. Für $h = \exp$ ergibt sich die einfachere Form

$$\sum_{i=1}^{n} \boldsymbol{x}_i(y_i - \exp(\boldsymbol{x}_i'\boldsymbol{\beta})) = 0.$$

Daraus läßt sich iterativ der Maximum-Likelihood-Schätzer berechnen, der für $n \to \infty$ eine Normalverteilung aufweist (Details siehe Abschnitt 11.3).

Maximum-Likelihood-Schätzer

Für $n \to \infty$ gilt

$$\hat{\boldsymbol{\beta}} \sim N(\boldsymbol{\beta}, \boldsymbol{F}(\boldsymbol{\beta})^{-1})$$

mit

$$\boldsymbol{F}(\boldsymbol{\beta}) = \sum_{i=1}^{n} \boldsymbol{x}_i \boldsymbol{x}_i' \frac{h'(\boldsymbol{x}_i'\boldsymbol{\beta})^2}{h(\boldsymbol{x}_i'\boldsymbol{\beta})}$$

Beispiel 7.4 : Konkursverfahren

Für die Daten aus Beispiel 7.2 sei als erstes ein loglineares Modell betrachtet, in das die einzelnen Monate als Index mit den Ausprägungen $1, \dots, 36$ *eingehen. Angepaßt wurden die loglinearen Modelle*

$$\log(\mu) = \beta_0 + x\beta_1,$$

bzw.

$$\log(\mu) = \beta_0 + x\beta_1 + x^2\beta_2, \qquad \text{mit } x \in \{1, \dots, 36\}.$$

Die Ergebnisse sind in Tabelle 7.3 zusammengefaßt. Daraus ergibt sich, daß der quadratische Term vernachlässigbar ist ($t = -1.408$). *In Abbildung 7.2 ist die geschätzte Kurve der zu erwartenden Anzahlen wiedergegeben, die in diesem Bereich einen weitgehend linearen Verlauf zeigt.* □

Modell $\log(\mu) = \beta_0 + x'\beta$			
	Schätzwert	Standardfehler	t-Wert
β_0	4.2588	0.0386	110.344
β_1	0.0097	0.0017	5.545
Modell $\log(\mu) = \beta_0 + x\beta_1 + x^2\beta_2$			
	Schätzwert	Standardfehler	t-Wert
β_0	4.1917	0.0618	67.833
β_1	0.0198	0.0073	2.677
β_2	-0.0003	0.0002	-1.408

Tabelle 7.3: Schätzungen zum loglinearen Modell für Konkursverfahren

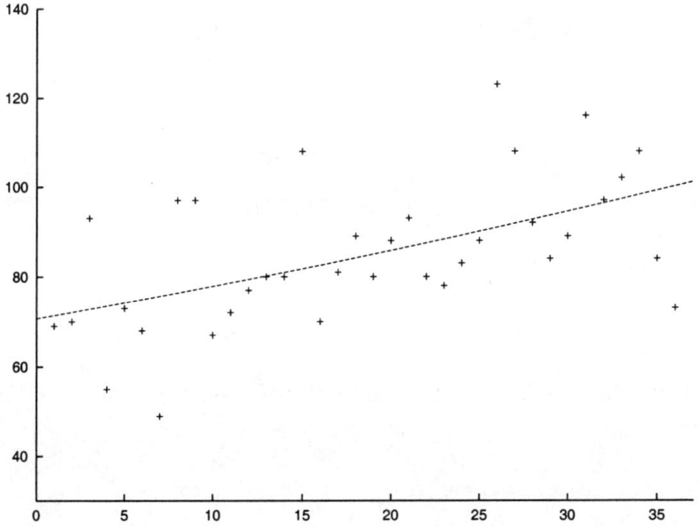

Abbildung 7.2: Loglineares Modell zu Konkursverfahren in Abhängigkeit vom Monat

7.2.3 Poisson-Regression versus metrischer Regression

Das in Anwendungen – auch auf Zähldaten – immer noch am weitesten verbreitete Modell ist das (lineare) metrische Regressionsmodell mit normalverteilten Störgrößen:

$$y_i = \boldsymbol{x}_i'\boldsymbol{\beta} + \varepsilon_i, \qquad \varepsilon_i \sim N(0, \sigma^2),$$

bzw.

$$\mu_i = \boldsymbol{x}_i'\boldsymbol{\beta}, \qquad y_i \sim N(\boldsymbol{x}_i'\boldsymbol{\beta}, \sigma^2). \tag{7.5}$$

Zum Vergleich zwischen dem metrischen Regressionsmodell (7.5) und dem Poisson-Regressionsmodell seien einige Punkte angemerkt.

(1) Das metrische Regressionsmodell basiert auf einer stetigen Störung ε_i, die Daten y_i können jeden Wert um den Erwartungswert μ_i annehmen. Wenn y_i nur ganzzahlige Werte annehmen kann, kann streng genommen keine normalverteilte Störung zugrundeliegen. Darüberhinaus können im Normalverteilungsmodell für y_i auch negative Werte auftreten, während Zähldaten immer nichtnegativ sind. Das metrische Regressionsmodell stellt daher nur bei großem Erwartungswert μ_i eine vertretbare Approximation dar.

(2) Das lineare metrische Regressionsmodell läßt sich auf verschiedene Arten so modifizieren, daß es dem loglinearen Poisson-Modell nahekommt. Eine Möglichkeit besteht darin, das *loglineare Normalverteilungs-Modell*

$$\mu_i = \exp(\boldsymbol{x}_i'\boldsymbol{\beta}), \qquad y_i \sim N(\exp(\boldsymbol{x}_i'\boldsymbol{\beta}), \sigma^2)$$

bzw.

$$y_i = \exp(\boldsymbol{x}_i'\boldsymbol{\beta}) + \varepsilon_i, \qquad \varepsilon_i \sim N(0, \sigma^2). \tag{7.6}$$

zu betrachten. Alternativ dazu läßt sich das *Modell für die logarithmierten Werte*

$$E(\log(y_i)) = \boldsymbol{x}_i'\boldsymbol{\beta}, \qquad \log(y_i) \sim N(\exp(\boldsymbol{x}_i'\boldsymbol{\beta}), \sigma^2)$$

bzw.

$$\log(y_i) = \boldsymbol{x}_i'\boldsymbol{\beta} + \varepsilon_i, \qquad \varepsilon_i \sim N(0, \sigma^2) \tag{7.7}$$

annehmen. Wegen $E(\log(y_i|\boldsymbol{x}_i)) \leq \log(E(y_i|\boldsymbol{x}_i))$ (Jensensche Ungleichung) sind die Modelle (7.6) und (7.7) nicht äquivalent. Für das Modell (7.7) ergeben sich Schätzprobleme, wenn $y_i = 0$ beobachtet wird, da $\log(0)$ nicht definiert ist.

(3) Im metrischen Regressionsmodell (ebenso wie in den Modellen (7.6) und (7.7)) sind die Varianz und die Strukturkomponente, d.h. die Abhängigkeit

der Varianz von den Kovariablen, entkoppelt. Im Poisson-Regressionsmodell hingegen gilt

$$E(y_i|\boldsymbol{x}_i) = var(y_i|\boldsymbol{x}_i) = h(\boldsymbol{x}_i'\boldsymbol{\beta}).$$

Das metrische Regressionsmodell besitzt somit einen weiteren freien Parameter und damit mehr Flexibilität. Diese Flexibilität wird für das Poisson-Modell durch die Betrachtung von Über- oder Unterdispersion erreicht (siehe Abschnitt 7.3), dann allerdings ist die Poisson-Regression in der Anwendung häufig adäquater, da sie im Gegensatz zum metrischen Regressionsmodell, implizit bei wachsendem Erwartungswert immer von wachsender Varianz ausgeht.

(4) Es genügt i.a. nicht, nur die Strukturkomponente richtig zu spezifizieren. Die inadäquate Modellierung der Störgröße z.B. durch die metrische Regression mit Normalverteilung führt zu inadäquaten Schätzungen und einer falschen Beurteilung der Signifikanz von Effekten.

Beispiel 7.5 : Herpes-Encephalitiden
In der Studie zu Herpes-Encephalitiden (Beispiel 7.3) wird die Abhängigkeit von Land (L, 1:Bayern, 2: Niedersachsen) und Jahr (J, 1–14 entsprechend 1980–1993) untersucht. Ein geeignetes Modell stellt das Modell 1, LAND, JAHR, JAHR^2, LAND.JAHR dar (vgl. auch Beispiel 7.6). In Tabelle 7.4 finden sich Schätzungen für das loglineare Modell $\log(\mu_i) = \boldsymbol{x}_i'\boldsymbol{\beta}$, *einmal unter Annahme einer Poisson-Verteilung und einmal unter Normalverteilungesannahme. Zusätzlich wird das lineare Normalverteilungsmodell* $\mu_i = \boldsymbol{x}_i'\boldsymbol{\beta}$ *angepaßt.* □

	Log-lineares Poisson-Modell	p-Wert	Log-lineares Normal-Modell	p-Wert	Lineares Normal-Modell	p-Wert
Konstante	-0.255	0.622	-0.223	0.705	0.397	0.815
JAHR	0.513	0.000	0.499	0.0002	1.154	0.014
JAHR^2	-0.030	0.0001	-0.029	0.0002	-0.065	0.030
LAND	-1.587	0.006	-1.478	0.017	-4.414	0.014
LAND.JAHR	0.211	0.003	0.198	0.001	0.853	0.000
Log-Likelihood	-47.868		-51.398		-54.905	

Tabelle 7.4: Modelle zu Herpes-Daten

Im letzten Beispiel ist das Normalverteilungsmodell für die transformierten Werte nicht schätzbar, da im Datensatz eine Null auftritt. Die Likelihood als Güte der Anpassung der Modelle an die Daten sollte nicht über verschiedene Verteilungsmodelle hinweg verglichen werden. Vergleichbar sind nur die beiden Normalvertei-

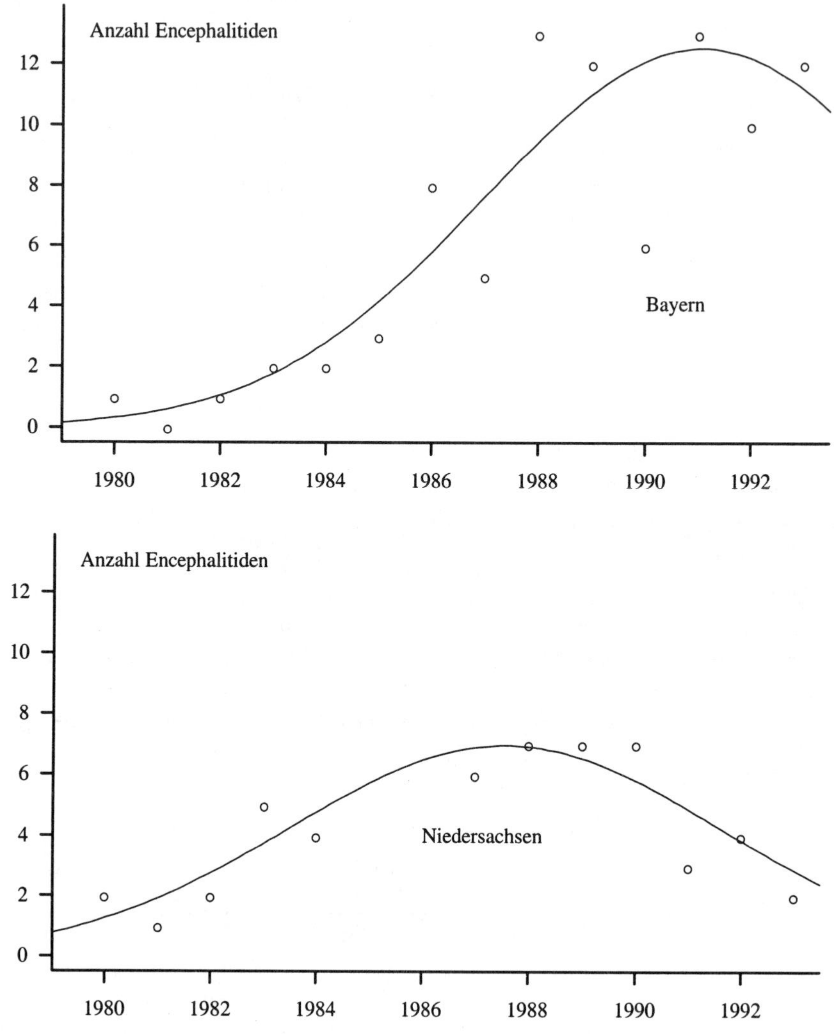

Abbildung 7.3: Loglineares Poisson-Modell für Herpes-Daten

lungsmodelle, hier wird nur (bei gleicher Parameterzahl) verglichen, ob die loglineare Transformation dem linearen Modell überlegen ist. Das loglineare Normalverteilungsmodell besitzt eine größere Log-Likelihood und zeigt damit eine etwas bessere Anpassung. Die Signifikanzaussagen aus den Tests für die einzelnen Koeffizienten ergeben für das loglineare Poisson-Modell etwas schärfere Aussagen als für das loglineare Normalverteilungsmodell und erheblich schärfere als für das lineare Normalverteilungsmodell. Das loglineare Poisson-Modell ist in Abbildung 7.3 dargestellt.

7.2.4 Poisson-Regression mit zusätzlichem Parameter

Aus der Herleitung der Poisson-Verteilung aus einem Poisson-Prozeß ergibt sich, daß die Anzahl auftretender Ereignisse von der Länge des betrachteten Zeitintervalls Δt abhängt. Die Anzahl der Ereignisse besitzt die Poissonverteilung $P(\Delta t\lambda)$, wobei λ die Intensitätsrate bezeichnet. Der Erwartungswert $\mu = E(y)$ hängt mit $\mu = \Delta t\lambda$ von λ und dem bekannten Δt ab.

Für die Daten $(y_i, \boldsymbol{x}_i),\ i = 1, \ldots, g$, mit unterschiedlichen Intervallängen Δ_i erhält man allgemeiner $y_i \sim P(\Delta_i\lambda_i)$. Das im weiteren betrachtete loglineare Modell wird mit

$$\lambda_i = \exp(\boldsymbol{x}_i'\boldsymbol{\beta}) \qquad \text{bzw.} \qquad \log(\lambda_i) = \boldsymbol{x}_i'\boldsymbol{\beta} \tag{7.8}$$

für die zu erklärenden Intensitäten formuliert. Ein Beispiel sind die Anzahl wöchentlicher Maschinenausfälle in einem Betrieb, die in Abhängigkeit vom Maschinentyp modelliert wird. Da die Anzahl der Arbeitstage durch Feiertage über die Wochen variiert, ist Δ_i unterschiedlich. Erklärt werden soll jedoch die unterschiedliche Ausfallsrate unabhängig von der Anzahl der betrachteten Tage, daher die Modellierung von λ_i anstatt von $\mu_i = \Delta_i\lambda_i$. Völlig analog verhält es sich mit der Anzahl von Druckfehlern in Abhängigkeit vom Texttyp. Da die Länge der Texttypen meist unterschiedlich ist, ist die Textlänge Δ_i zu berücksichtigen. Ein Beispiel dieser Art betrachten Santner & Duffy (1989, S. 108 ff).

Das Modell (7.8) läßt sich wiederum als loglineares Modell in den Erwartungswerten $\mu_i = \Delta_i\lambda_i$ formulieren. In dem Modell

$$\mu_i = \Delta_i \exp(\boldsymbol{x}_i'\boldsymbol{\beta}) = \exp\{\log(\Delta_i) + \boldsymbol{x}_i'\boldsymbol{\beta}\} \tag{7.9}$$

bzw.

$$\log(\mu_i) = \log(\Delta_i) + \boldsymbol{x}_i'\boldsymbol{\beta}$$

ist die Konstante $\log(\Delta_i)$ bekannt.

Eine analoge Formulierung erhält man, wenn zur Meßstelle $\boldsymbol{x}_i$ Meßwerte $y_{i1}, \ldots, y_{in_i}$, wiederholt unabhängig gemessen werden, beispielsweise die Anzahl von Erkrankungen in bestimmten Monaten als Wiederholung über mehrere Jahre. Die Poisson-verteilten Größen $y_{ij} \sim P(\lambda_i),\ j = 1, \ldots, n_i$, lassen sich zusammenfassen zu $y_i = \sum_{j=1}^{n_i} y_{ij} \sim P(n_i\lambda_i)$. Für den "mittleren" Response $\bar{y}_i = \frac{1}{n_i}\sum_j y_{ij}$

erhält man

$$\sum_{j=1}^{n_i} y_{ij} = n_i \bar{y}_i \sim P(n_i \lambda_i).$$

Da die lokalen Stichprobenumfänge n_i unterschiedlich sein können, wird das Modell in den λ_i's formuliert. Man erhält

$$\lambda_i = \exp(\boldsymbol{x}_i' \boldsymbol{\beta}) \qquad \text{bzw.} \qquad \log(\lambda_i) = \boldsymbol{x}_i' \boldsymbol{\beta}$$

oder in den Erwartungswerten formuliert

$$\mu_i = \exp(\log(n_i) + \boldsymbol{x}_i' \boldsymbol{\beta}) \qquad \text{bzw.} \qquad \log(\mu_i) = \log(n_i) + \boldsymbol{x}_i' \boldsymbol{\beta}, \tag{7.10}$$

wobei in der letzten Form $\log(n_i)$ bekannt ist.

Die Modelle (7.9) und (7.10) lassen sich einheitlich darstellen durch

$$\mu_i = \exp(\gamma_i + \boldsymbol{x}_i' \boldsymbol{\beta}) \qquad \text{bzw.} \qquad \log(\mu_i) = \gamma_i + \boldsymbol{x}_i' \boldsymbol{\beta},$$

wobei $\gamma_i = \log(n_i)$ bzw. $\gamma_i = \log(\Delta_i)$ eine bekannte Konstante ist. Die Maximum-Likelihood-Schätzung ist analog zu Abschnitt 7.2.2 ableitbar. Man erhält mit $h =$ exp die Log-Likelihoodfunktion

$$l(\boldsymbol{\beta}) = \sum_{i=1}^{g} y_i \log(\gamma_i + \boldsymbol{x}_i' \boldsymbol{\beta}) - \exp(\gamma_i + \boldsymbol{x}_i' \boldsymbol{\beta}) - \log(y_i!)$$

und daraus die Schätzgleichung

$$\frac{\partial l(\boldsymbol{\beta})}{\partial \boldsymbol{\beta}} = \sum_{i=1}^{g} \boldsymbol{x}_i (y_i - \exp(\gamma_i + \boldsymbol{x}_i' \boldsymbol{\beta})) = 0,$$

wobei g als Anzahl der Meßstellen fungiert. Für die Fisher- bzw. Informations-Matrix, die die asymptotische Varianz des Schätzers bestimmt, erhält man

$$\boldsymbol{F}(\boldsymbol{\beta}) = \sum_{i=1}^{g} \boldsymbol{x}_i \boldsymbol{x}_i' \exp(\gamma_i + \boldsymbol{x}_i' \boldsymbol{\beta}) = \sum_{i=1}^{g} \boldsymbol{x}_i \boldsymbol{x}_i' \exp(\boldsymbol{x}_i' \boldsymbol{\beta}) \exp(\gamma_i).$$

Aus der letzten Form ist ersichtlich, wie γ_i als Faktor die Informationsmatrix bestimmt. Für wachsendes γ_i (entsprechend wachsendem Zeitintervall Δ_i bzw. Meßwiederholungen n_i) wächst die Information und damit die Schätzgenauigkeit, bestimmt durch die Approximation $cov(\hat{\boldsymbol{\beta}}) \approx \boldsymbol{F}(\boldsymbol{\beta})^{-1}$.

7.2.5 Einflußgrößen und Modellanpassung

Wie für dichotome und polychotome Responsevariable läßt sich die Diskrepanz zweier genesteter Modelle $M \subset \tilde{M}$ mit der Likelihood-Quotienten-Statistik bzw. der Devianz zwischen den Modellen untersuchen. Bezeichne $\hat{\mu}_i = h(\boldsymbol{x}_i'\hat{\boldsymbol{\beta}})$ die ML-Schätzung für M und $\tilde{\mu}_i = h(\boldsymbol{x}_i'\tilde{\boldsymbol{\beta}})$ die ML-Schätzung für $\tilde{M}$, ergibt sich mit der Log-Likelihood-Funktion

$$l_i(\mu_i) = y_i \log(\mu_i) - \mu_i - \log(y_i!)$$

die Differenz der Log-Likelihoodfunktionen durch

$$\begin{aligned} D(M|\tilde{M}) &= -2\sum_{i=1}^{g} \{l_i(\hat{\mu}_i) - l_i(\tilde{\mu}_i)\} \\ &= 2\sum_{i=1}^{g} \left\{ y_i(\log\left(\frac{\tilde{\mu}_i}{\hat{\mu}_i}\right) + (\hat{\mu}_i - \tilde{\mu}_i) \right\}. \end{aligned}$$

Wählt man als Bezugsmodell $\tilde{M}$ das Modell ohne alle Restriktionen, das soviele Parameter wie Beobachtungen enthält, ergibt sich $\tilde{\mu}_i = y_i$ und die resultierende Devianz

$$D(M) = D(M|saturiert) = 2\sum_{i=1}^{g} y_i \log\left(\frac{y_i}{\hat{\mu}_i}\right) + (\hat{\mu}_i - y_i)$$

reflektiert die Diskrepanz zwischen Daten und Modell. Für das – im folgenden zugrundegelegte – loglineare Modell, das im linearen Prädiktor eine Konstante enthält, ist der letzte Term $(\hat{\mu}_i - y_i)$ vernachlässigbar, wenn die Maximum-Likelihood-Schätzung gewählt wird. Das ergibt sich unmittelbar, wenn man zur Loglikelihood $\Sigma_i y_i \log(\mu_i) - \mu_i = \Sigma_i y_i(\beta_0 + \boldsymbol{x}_i'\hat{\boldsymbol{\beta}}) - \exp(\beta_0 + \boldsymbol{x}_i'\hat{\boldsymbol{\beta}})$, die Ableitung nach β_0 betrachtet. Diese ergibt sich zu $\Sigma_i(y_i - \mu_i)$, so daß die Maximierung der Loglikelihood zu $\Sigma_i(y_i - \hat{\mu}_i) = 0$ führt. Man erhält die einfachere Devianz

$$D(M) = 2\sum_{i=1}^{g} y_i \log\left(\frac{y_i}{\hat{\mu}_i}\right).$$

Für das Modell mit Meßwiederholungen (7.10) gilt $y_i \sim P(n_i\lambda_i)$ und man erhält mit $\hat{\mu}_i = n_i\hat{\lambda}_i$, $y_i = n_i\bar{y}_i$ die alternative Form $D(M) = 2\sum_i n_i\bar{y}_i \log(\bar{y}_i/\hat{\lambda}_i)$.

Eine alternative Teststatistik ist die Pearson-Statistik, die in Tabelle 7.5 wiedergegeben ist.

Für die Angemessenheit der χ^2-Approximation der Teststatistiken wird erwartet, daß die kleinste zu erwartende Beobachtungszahl zumindest nicht unter drei liegt,

Anpassungstests loglineare Modelle

Pearson Statistik

$$\chi_P^2 = \sum_{i=1}^{g} \frac{(y_i - \hat{\mu}_i)^2}{\hat{\mu}_i}$$

Devianz bzw. Likelihood-Quotienten Statistik

$$D = \sum_{i=1}^{g} y_i \log \left(\frac{y_i}{\hat{\mu}_i} \right)$$

Verteilungsapproximation ($\mu_i \to \infty$)

$$\chi_P^2, D \sim \chi^2(g-p)$$

Tabelle 7.5: Anpassungstests

manche Autoren lassen auch eine Untergrenze (für wenige Meßpunkte) von eins zu (Fienberg, 1980), man vergleiche auch Read & Cressie (1988). Eine starke Diskrepanz zwischen χ_P^2 und D läßt mangelnde Approximationsgüte an die χ^2-Verteilung vermuten.

Durch Differenzbildung läßt sich damit insbesondere die Relevanz einzelner Einflußgrößen untersuchen. Wählt man $\tilde{M}$ als Modell mit dem zu testenden Einflußterm und M als das Modell ohne diesen Term betrachtet man die Differenz

$$D(M|\tilde{M}) = D(M) - D(\tilde{M}),$$

die durch eine χ^2-Verteilung approximierbar ist, deren Freiheitsgrade sich als Differenz der Freiheitsgrade von M und $\tilde{M}$ ergeben.

Beispiel 7.6 : Herpes
In Tabelle 7.6 sind die Devianzen loglinearer Poisson-Modelle für die Häufigkeit von Herpes-Fällen wiedergegeben. Die Einflußgrößen sind das Land (L, 1:Bayern, 0: Niedersachsen) und das Jahr (J,1–14, entsprechend 1980–1993). Es wird deutlich, daß die dritten Potenzen (Effekte J^3, $L.J^3$), ebenso wie die Interaktion $L.J^2$ vernachlässigbar sind. Die Vernachlässigung der Interaktionen $L.J$ hingegen führt zu einer Devianzdifferenz von 13.978 bei einem Freiheitsgrad. Die einfache Interaktion ist somit hochsignifikant. Dasselbe gilt für den quadratischen Einfluß des Jahres J^2. Das Modell $1, L, J, J^2, L.J$ scheint den Daten angemessen zu sein. □

Modell	Devianz	FG	Differenz	FG
$1, L, J, J^2, J^3, L.J, L.J^2, L.J^3$	12.489	18		
			0.287	2
$1, L, J, J^2, L.J, L.J^2$	12.776	20		
			0.078	1
$1, L, J, J^2, L.J$	12.854	21		
			13.978	1
$1, L, J, J^2$	26.832	22		
			12.299	1
$1, L, J$	39.131	23		

Tabelle 7.6: Loglineare Poisson-Modelle für Herpes-Daten

7.3 Poisson-Regression mit Dispersion

7.3.1 Unbeobachtete Heterogenität: das konjugierte Gamma-Poisson-Modell

Mit derselben Logik, die dem Beta-Binomial-Modell (Seite 151) zugrundeliegt, läßt sich das Gamma-Poisson-Modell aus einer a priori-Verteilung für den Parameter λ_i der Poisson-Verteilung ableiten.

Für den Parameter λ_i wird angenommen, daß er zufällig ist und einer Gamma-Verteilung folgt ($G(\nu_i, \mu_i)$ in Erwartungswertparametrisierung siehe Anhang A), d.h. es gilt

$$E(\lambda_i) = \mu_i \qquad \text{und} \qquad var(\lambda_i) = \mu_i^2/\nu_i.$$

Weiter wird für den Erwartungswert das Modell

$$\mu_i = \exp(\boldsymbol{x}_i'\boldsymbol{\beta})$$

zugrunde gelegt. Gegeben λ_i, folgen die Beobachtungen einer Poisson-Verteilung, d.h.

$$y_i|\lambda_i \sim P(\lambda_i).$$

Die marginale Verteilung von y_i ergibt sich nach kurzer Ableitung durch

$$\begin{aligned} P(y_i; \nu_i, \mu_i) &= \int f(y_i|\lambda_i) f(\lambda_i) d\lambda_i \\ &= \frac{\Gamma(y_i + \nu_i)}{\Gamma(y_i + 1)\Gamma(\nu_i)} \left(\frac{\mu_i}{\mu_i + \nu_i}\right)^{y_i} \left(\frac{\nu_i}{\mu_i + \nu_i}\right)^{\nu_i}. \end{aligned} \tag{7.11}$$

Dies entspricht einer *negativen Binomialverteilung* (vgl. Anhang A) mit

$$E(y_i) = \mu_i, \qquad var(y_i) = \mu_i + \frac{1}{\nu_i}\mu_i^2.$$

Der Erwartungswert entspricht somit dem des loglinearen Modells, während die Varianz um μ_i^2/ν_i vergrößert ist. Man erhält also im Vergleich zum einfachen Poisson-Modell eine *Überdispersion*. Für die Marginalverteilung läßt sich die Likelihoodfunktion mit negativen Binomialverteilungskomponenten formulieren, wobei der Formparameter auch als konstant angenommen werden kann ($\nu_i = 0$). Im folgenden wird diese Variante auch als *Modell der negativen Binomialverteilung* bezeichnet. Man beachte, daß Überdispersion durch kleine Werte von ν signalisiert wird, für $\nu \to \infty$ erhält man die Varianzstruktur der Poisson-Verteilung.

7.3.2 Unbeobachtete Heterogenität: zufällige Effekte

Ähnlich wie im vorhergehenden Abschnitt wird angenommen, daß der Parameter λ_i zufällig bestimmt ist. Gegeben λ_i wird eine Poisson-Verteilung angenommen, d.h. $y_i|\lambda_i \sim P(\lambda_i)$. Der Parameter λ_i ergibt sich durch

$$\lambda_i = b_i\mu_i = b_i \exp(\boldsymbol{x}_i'\beta_i),$$

wobei b_i ein zufälliger Effekt ist, der die Heterogenität in der Population repräsentiert. Das Modell läßt sich alternativ darstellen durch

$$\lambda_i = \exp(\log(b_i) + \boldsymbol{x}_i'\boldsymbol{\beta}). \tag{7.12}$$

Der Term $a_i = \log(b_i)$ zeigt, daß die modellierte Heterogenität direkt dem Achsenabschnitt, d.h. einer zufälligen Verschiebung des linearen Prädiktores entspricht. Ausgehend von der Form $\lambda_i = b_i\mu_i$ ist es sinnvoll $E(b_i) = 1$ zu fordern. Dies erfüllt die spezielle Gamma-Verteilung $\Gamma(\nu,\nu)$ bzw. in Erwartungswertparametrisierung $G(\nu, 1)$. Nimmt man für b_i die Gamma-Verteilung $\Gamma(\nu,\nu)$ an, ergibt sich als marginale Verteilung für y_i

$$\begin{aligned}
P(y_i) &= \int f(y_i|b_i)f(b_i)d\,b_i \\
&= \int \left(e^{-b_i\mu_i}\frac{(b_i\mu_i)^{y_i}}{y_i!}\right)\left(\frac{\nu^\nu}{\Gamma(\nu)}b_i^{\nu-1}e^{-\nu b_i}\right)d\,b_i \\
&= \frac{\Gamma(y_i+\nu)}{\Gamma(\nu)\Gamma(y_i+1)}\left(\frac{\mu_i}{\mu_i+\nu}\right)^{y_i}\left(\frac{\nu}{\mu_i+\nu}\right)^{\nu}.
\end{aligned}$$

Man erhält somit unmittelbar die negative Binomialverteilung (7.11) des Gamma-Poisson-Modells mit konstantem Formparameter ν. Das Gamma-Poisson-Modell bzw. das Modell der negativen Binomialverteilung ist damit als Modell mit zufälligen Effekten ableitbar, wenn man von log-gammaverteilten zufälligen Effekten ausgeht.

Ausgehend von der Formulierung (7.12) nimmt Hinde (1982) eine Normalverteilung für $a_i = \log(b_i)$ an. Der zufällige Effekt b_i ist dann lognormalverteilt. Nimmt man für $a_i = \log(b_i)$ die Normalverteilung $N(-0.5\sigma^2, \sigma^2)$ an, ergeben sich für die lognormalverteilte Größe b_i der Erwartungswert $E(b_i) = 0$ und die Varianz $var(b_i) = e^{\sigma^2} - 1$. Für das Poisson-Modell mit $b_i \sim \Gamma(\nu, \nu)$ ergibt sich die Varianz $1/\nu$. Wenn $\sigma^2 = \log(\nu + 1) - \log(\nu)$ gesetzt wird, besitzen die Verteilungen von b_i für die Gamma- und Lognormal-Mischung identische erste und zweite Momente mit der Konsequenz, daß die Schätzungen nicht stark voneinander abweichen. Die Maximierung der Poisson-Lognormal-Mischung macht eine etwas aufwendigere Maximierung, beispielsweise durch Gauss-Hermite-Integration, notwendig (siehe Hinde, 1982 oder Fahrmeir & Tutz, 1994, Kapitel 7). Ein Mischungsmodell, das auf der inversen Gauss-Verteilung beruht betrachten Dean, Lawless & Willmot (1989).

7.3.3 Dispersionsmodellierung

Wie für dichotome Responsevariablen (vgl. Abschnitt 4.4.4) lassen sich die Annahmen an das Modell abschwächen, wobei gleichzeitig ein Dispersionsparameter zugelassen wird. Man fordert

$$E(y_i|\boldsymbol{x}_i) = h(\boldsymbol{x}_i'\boldsymbol{\beta}),$$
$$var(y_i|\boldsymbol{x}_i) = \phi\nu(\mu_i),$$

wobei ϕ ein Dispersionsparameter ist und $\nu(\mu_i)$ eine zu spezifizierende Varianzfunktion, die von $\mu_i = E(y_i|\boldsymbol{x}_i)$ abhängt. Für $\nu(\mu_i) = \mu_i$ und $\phi = 1$ erhält man die übliche Varianz der Poisson-Verteilung. Im Falle einer stärkeren Variablilität (Überdispersion) gilt hingegen $\phi > 1$, bei Unterdispersion $\phi < 1$. Im Rahmen der Quasi-Likelihood-Theorie wird ϕ meist durch den Momentenschätzer

$$\hat{\phi} = \frac{1}{n-p} \sum_{i=1}^{n} \frac{(y_i - \hat{\mu}_i)^2}{\nu(\hat{\mu}_i)}$$

geschätzt, wobei $\hat{\mu}_i = h(\boldsymbol{x}_i'\hat{\boldsymbol{\beta}})$. Legt man die Methode der verallgemeinerten Schätzgleichungen zugrunde, wird die Varianz nur als Arbeitsvarianz verstanden. Die Schätzung der Parameter ist dann konsistent aber möglicherweise ineffizient. Details finden sich in Abschnitt 11.4.

Zu beachten ist natürlich, daß sich die Varianz des Schätzers mit dem Faktor $\hat{\phi}$ verändert, so daß sich andere Ergebnisse für die Signifikanz von Einflußgrößen ergeben können.

Beispiel 7.7 : Konkursverfahren in Berlin
Die bereits in Beispiel 7.2 und 7.4 betrachteten Daten zur Anzahl der Konkurse im Zeitverlauf werden hier nochmals unter dem Aspekt der Dispersionsabweichung betrachtet. In Tabelle 7.7 findet sich das loglineare Poisson-Modell (mit $\phi = 1$) und das loglineare Modell $\mu_i = \log(\boldsymbol{x}'\boldsymbol{\beta})$ mit der Varianzstruktur $var(y_i) = \phi\mu_i$, ebenso wie das negative Binomialverteilungsmodell und das loglineare Normalverteilungsmodell. Wie sich bereits in Abbildung 7.2 (Seite 251) zeigt, weisen die Daten einige Streuung auf. Entsprechend liefert das loglineare Poisson-Modell mit Dispersionsparameter eine erheblich bessere Anpassung, ablesbar am Anwachsen der Log-Likelihood von -150.40 auf -65.03. Der Schätzwert $\hat{\phi} = 2.313$ zeigt, daß die Streuung etwa doppelt so groß ist, wie die unter Annahme einer Poisson-Verteilung zu erwartende Streuung. Die deutliche Überdispersion zeigt sich auch im negativen Binomial-Modell. Mit $\hat{\nu} = 77.93$ erhöht sich die Varianz im Vergleich zum Poisson-Modell um den Wert μ^2/ν, der für $\mu \in (70, 100)$ etwa zwischen 63 und 129 schwankt. Man beachte, daß Überdispersion in diesem Modell durch kleine ν-Werte signalisiert wird, wobei $\hat{\nu} = 77.93$ durchaus eine Vergrößerung der Varianz bedingt.

	Loglineares Poisson-Modell $\phi = 1$	Loglineares Dispersions- Poisson-Modell	Negatives Binomial- Modell	Loglineares Normalverteilungs- Modell
Spezifizierte Varianz	$var(y_i) = \mu_i$	$var(y_i) = \phi\mu_i$	$var(y_i) = \mu_i + \frac{\mu_i^2}{\nu}$	σ^2
Konstante	4.19169 (0.06180)	4.19169 (0.09398)	4.195 (0.086)	4.18361 (0.10056)
Monat	0.01978 (0.00739)	0.01978 (0.01124)	0.0193 (0.0105)	0.02080 (0.01?54)
Monat^2	−0.00026 (0.00019)	−0.00027 (0.00029)	−0.00025 (0.00027)	−0.00029 (0.00029)
Dispersion	—	$\hat{\phi} = 2.313$	$\hat{\nu} = 77.93$	$\hat{\sigma} = 13.90$
Log-Likelihood	−150.40	−65.03	(35.49)	−149.32
Konstante	4.259 (0.038)	4.259 (0.058)	4.257 (0.0553)	4.263 (0.060)
Monat	0.0097 (0.0017)	0.0097 (0.0026)	0.0097 (0.0025)	0.0094 (0.0026)
		$\hat{\phi} = 2.313$	$\hat{\nu} = 74.17$ (32.92)	$\hat{\sigma} = 13.9$

Tabelle 7.7: Loglineare Modelle zu Konkurs-Daten (in Klammern sind die Standardfehler gegeben)

□

7.4 Analyse von Kontingenztafeln

7.4.1 Typen der Kontingenztafel-Analyse

Kontingenztafeln sind nur eine einheitliche Darstellungsform von Daten. Welche Fragestellungen und damit welche statistischen Instrumentarien adäquat sind, hängt vom Typ der Kontingenztafel ab. Bei der Analyse von Wanderungsbewegungen (Spalten und Zeilen entsprechen beispielsweise Bundesländern) sind andere Modellierungen angebracht als bei der Analyse von Therapiemethoden auf Schmerzkategorien.

Im folgenden werden drei Typen bzw. Fragestellungen unterschieden. Die *erste* Fragestellung zielt darauf ab, die Anzahlen von Ereignissen selbst in Abhängigkeit von Faktoren zu untersuchen. Ein Beispiel dafür ist die Kontingenztafel aus Beispiel 7.2 (Seite 245), in der die Anzahl der Konkurse in Abhängigkeit von Jahr und Monat untersucht wird. Die Ränder der Kontingenztafel, d.h. Monat und Jahr, stellen die Faktoren dar, die abhängige Variablen sind die Anzahlen selbst. Ein Modell für derartige Daten ist die Poisson-Regression mit Faktoren, d.h. kategorialen Variablen, als Einflußgrößen.

Der *zweite Typ* von Kontingenztafel ergibt sich, wenn *für festen Stichprobenumfang* die Zellbesetzungen als abhängige Größen erhoben werden. Allerdings sind nicht die Anzahlen selbst von primärem Interesse, sondern wie die Variablen zusammenhängen, die die Ränder der Tafel konstituieren. Man betrachte die Kontingenztafel aus Beispiel 5.1, die Geschlecht × Parteipräferenz enthält und in Tabelle 7.8 nochmals wiedergegeben ist. Auf der Basis dieser Kontingenztafel läßt sich untersuchen,

	CDU/ CSU	SPD	FDP	Grüne	PDS	Andere	
	1	2	3	4	5	6	
m	190	211	22	57	90	38	608
w	168	183	16	62	103	13	545

Tabelle 7.8: Kontingenztafel zur Parteipräferenz

wie Geschlecht *und* Parteipräferenz zusammenhängen. Die abhängigen Variablen sind in diesem Fall Geschlecht und Parteipräferenz, die Zellhäufigkeiten stellen nur eine Zusammenfassung der erhobenen Daten dar, sind aber nicht als abhängige Variable zu verstehen.

In diesen Typ von Kontingenztafel lassen sich auch Daten einordnen, bei denen ursprünglich in Abhängigkeit von Faktoren Anzahlen innerhalb eines bestimmten Zeitraumes erhoben wurden. Man betrachte die Kontingenztafel 7.9 aus Beispiel 7.1, in der für das Jahr 1992 angegeben ist, wieviele Habilitationen im Jahr 1992 erfolgten. Obwohl die Gesamtzahl der Beobachtungen zufällig ist, läßt sich

		Fächergruppe							
Jahr	Geschlecht	1	2	3	4	5	6	7	8
1992	Männer	176	3	95	268	15	24	36	15
	Frauen	62	1	18	25	2	2	2	5

Tabelle 7.9: Anzahl Habilitationen im Jahr 1992 aufgeschlüsselt nach Geschlecht und Fächergruppe

nun die Zellhäufigkeit, gegeben die Gesamtzahl der Beobachtungen, betrachten. Damit läßt sich untersuchen, ob der Frauenanteil bei Habilitationen fachgruppenspezifisch ist. Dies entspricht der Fragestellung, ob die Variablen Geschlecht und Fachgruppe *unabhängig* voneinander oder assoziiert sind. Die eigentlich betrachteten Responsevariablen sind dann das Geschlecht und die Fachgruppe, d.h. man betrachtet einen multivariaten Response, die Anzahlen sind nur das Ergebnis der Messung des Merkmalstupels (Geschlecht, Fachgruppe). Kontingenztafeln dieser Art lassen unterschiedliche Fragestellungen zu. Man kann untersuchen, wie die Zellhäufigkeiten von den durch Zeilen und Spalten repräsentierten Einflußgrößen abhängen (Typ 1) *oder* ob die durch Zeilen und Spalten repräsentierten Merkmale unabhängig sind (Typ 2).

Der *dritte* Typ von Kontingenztafel sei durch die Schmerzstudie aus Beispiel 1.4 veranschaulicht. In der Kontingenztafel

	Schmerzstufe					
	1	2	3	4	5	
Placebo	17	8	14	20	4	63
Therapie	19	26	11	6	2	64

sind die Zeilensummen (63 Probanden in der Placebo-Gruppe und 64 in der Therapiegruppe) fest vorgegeben. Als abhängige Variable wird die Schmerzkategorie bei festgehaltener Zeile (Placebo oder Therapie) verstanden. In Kontingenztafeln dieser Art wird also nicht die Zellhäufigkeit als abhängig modelliert sondern die abhängige Variable wird durch die Spalten repräsentiert. Die den betrachteten Modelltypen zugrundeliegenden Verteilungsannahmen werden im weiteren spezifiziert.

Generell lassen sich zweidimensionale $(I \times J)$-Kontingenztafeln beschreiben durch:

$X_{ij} =$	Anzahl der Beobachtungen in Zelle (i, j)
$X_A \in \{1, \ldots, I\}$	als Merkmal, das durch die Zeilen repräsentiert wird
$X_B \in \{1, \ldots, J\}$	als Merkmal, das durch die Spalten repräsentiert wird.

Die beobachtete Kontingenztafel hat also die Form

$$
\begin{array}{cc|cccc|c}
 & & & X_B & & & \\
 & & 1 & 2 & \ldots & J & \\
\hline
 & 1 & X_{11} & X_{12} & \ldots & X_{1J} & X_{1+} \\
 & 2 & X_{21} & \ddots & & \vdots & \vdots \\
X_A & \vdots & \vdots & & \ddots & \vdots & \\
 & I & X_{I1} & \ldots & & X_{IJ} & X_{I+} \\
\hline
 & & X_{+1} & \ldots & & X_{+J} &
\end{array}
$$

wobei $X_{i+} = \sum_{j=1}^{J} X_{ij}, X_{+j} = \sum_{i=1}^{I} X_{ij}$ die jeweiligen Zeilen- bzw. Spaltensummen bezeichnen.

Die verschiedenen Typen von Kontingenztafeln lassen sich nun unterscheiden hinsichtlich der Annahme der Verteilung.

Typ 1: Poisson-Erhebungsschema (Anzahl der Konkurse im Schema Jahr × Monat)
Es wird angenommen, daß die Zellhäufigkeiten $X_{11}, \ldots, X_{IJ}$ unabhängige Poisson-verteilte Zufallsvariablen sind mit $X_{ij} \sim P(\lambda_{ij})$. Man spricht von Kontingenztafeln, die dem Poisson-Erhebungsschema folgen. Sowohl der Gesamtumfang der Beobachtungen $n = X_{11} + \cdots + X_{IJ}$ als auch Zeilen und Spaltensummen sind zufällig. Modelliert wird X_{ij} in Abhängigkeit von den Einflußgrößen $(X_A, X_B) = (i, j)$. Das entspricht der Poisson-Regression des Abschnitts 7.2.

Typ 2: Multinomiales Erhebungsschema (Parteipräferenz)
Hier werden n unabhängige Wiederholungen der Merkmalstupel (X_A, X_B) erhoben. X_{ij} stellt die Anzahl von Beobachtungen mit $(X_A, X_B) = (i, j)$ dar. Die Häufigkeiten sind multinomialverteilt, d.h. $(X_{11}, \ldots, X_{IJ}) \sim M(n, \pi_{11}, \ldots, \pi_{IJ})$, wobei $\pi_{ij} = P(X_A = i, X_B = j)$ die Auftretenswahrscheinlichkeit der Kombination bzw. Zelle (i, j) bezeichnet.

Für das zweite Beispiel der Anzahl von Habilitationen ergibt sich die Multinomialverteilung erst durch Bedingen auf den Gesamtstichprobenumfang. Für diese Kontingenztafel läßt sich wie in Typ 1 annehmen, daß die Zellhäufigkeiten $X_{11}, \ldots, X_{I,J}$ unabhängige Poisson-verteilte Zufallsvariablen sind. Entsprechend läßt sich die Poisson-Regression anwenden. Alternativ läßt sich aber auch betrachten, wie die Zellhäufigkeiten verteilt sind, gegeben die Gesamtzahl beträgt

$n = \sum_{i,j} X_{ij}$. Es gilt nämlich für die bedingte Verteilung

$$(X_{11}, \ldots, X_{IJ}) \quad \text{gegeben} \quad n = \sum_{i,j} X_{ij}$$

eine Multinomialverteilung und zwar

$$(X_{11}, \ldots, X_{IJ}) | \sum_{i,j} X_{ij} = n \sim M\left(n, \left(\frac{\lambda_{11}}{\lambda}, \ldots, \frac{\lambda_{IJ}}{\lambda}\right)\right),$$

wobei $\lambda = \sum_{ij} \lambda_{ij}$. Bedingt lassen sich somit die Zählvariablen X_{ij} als Resultat der n-maligen unabhängigen Ziehung des Merkmalstupels (X_A, X_B) auffassen, wobei die Auftretenswahrscheinlichkeit jeweils durch

$$\pi_{ij} = P((X_A, X_B) = (i, j)) \quad \text{mit} \quad \pi_{ij} = \lambda_{ij}/\lambda$$

gegeben ist. Damit läßt sich aber wie für das Beispiel Parteipräferenz die Unabhängigkeit der Merkmale untersuchen. Die Unabhängigkeit von X_A und X_B ist äquivalent zur Aussage

$$P(X_A = i, X_B = j) = P(X_A = i) \cdot P(X_B = j).$$

Die entsprechende zugrundeliegende Kontingenztafel der wahren Wahrscheinlichkeiten ist gegeben durch

		X_B				
		1	2	$\ldots$	J	
	1	π_{11}	π_{12}	$\ldots$	π_{1J}	π_{1+}
	2	π_{21}	$\ddots$		$\vdots$	$\vdots$
X_A	$\vdots$	$\vdots$		$\ddots$	$\vdots$	
	I	π_{I1}	$\ldots$		π_{IJ}	π_{I+}
		π_{+1}	$\ldots$		π_{+J}	

Die Randwahrscheinlichkeiten sind durch $\pi_{1+} = \sum_j \pi_{ij} = P(X_A = i)$, $\pi_{+j} = \sum_i \pi_{ij} = P(X_B = j)$ bestimmt. Die Daten lassen sich betrachten als nach dem *Poisson-Schema* erhoben oder für festes n als nach dem *Multinomial-Schema* erhoben.

Typ 3: Produkt-multinomiales Erhebungsschema (Anzahl der Beobachtungen im Schema Therapieform × Schmerzkategorie)
Im Unterschied zu den vorhergehenden Typen sind die Zeilensummen nun fest vorgegeben. Beobachtet werden in der Placebogruppe insgesamt $n_1 = X_{1+}$ Beobachtungen, in der Therapiegruppe $n_2 = X_{2+}$ Beobachtungen. Die Beobachtungen der ersten bzw. zweiten Zeile sind damit die Auftretenshäufigkeiten von

n_1 unabhängige Beobachtungen von $X_B \in \{1, \dots, J\}$ bzw.
n_2 unabhängige Beobachtungen von $X_B \in \{1, \dots, J\}$.

Die betrachtete abhängige Variable ist X_B, unter der Bedingung $X_A = 1$ bzw. $X_A = 2$. Entsprechend bezeichnet jetzt in der zugrundeliegenden Tafel der Auftretenswahrscheinlichkeiten

$$\pi_{ij} = P(X_B = j | X_A = i)$$

die *bedingte Wahrscheinlichkeit* für das Auftreten von X_B bei festgehaltenem $X_A = i$.

Die Verteilungen sind bestimmt durch

$$(X_{i1}, \dots, X_{iJ}) \sim M(n_i, (\pi_{i1}, \dots, \pi_{iJ})), \tag{7.13}$$

man spricht wegen der Unabhängigkeit der Vektoren auch vom *Produkt-Multinomial-Erhebungsschema*. Die interessierende Fragestellung ist, wie die Responsewahrscheinlichkeit von der Bedingung abhängt, d.h. man untersucht beispielsweise die Gültigkeit von

$$H_0 : \pi_{1j} = \pi_{2j} \qquad \text{für alle } j$$

bzw.

$$H_0 : P(X_B = j | X_A = 1) = P(X_B = j | X_A = 2) \qquad \text{für alle } j.$$

Genereller untersucht man die Variation der abhängigen Variable X_B in Abhängigkeit von der unabhängigen Variablen X_A. Diese Problemstellung, die der Regressionsfragestellung der Kapitel 2–6 entspricht, läßt sich auch bei zugrundeliegender Poisson- bzw. Multinomialverteilung betrachten. Es genügt, in den entsprechend erhobenen Kontingenztafeln auf die Zeilensummen zu bedingen. Unter der Bedingung fester Zeilensummen $X_{i+} = n_i$ erhält man die Verteilung (7.13). Betrachtet wurde hier das produkt-multinomiale Erhebungsschema mit festen Zeilensummen. Völlig analog lassen sich Spaltensummen behandeln, wobei dann X_A in Abhängigkeit von X_B modelliert wird.

In Tabelle 7.10 wird eine Übersicht über den Zusammenhang zwischen Erhebungsschemata und untersuchbaren Fragestellungen gegeben. Mit dem Poisson-Erhebungsschema lassen sich durch Bedingen alle Fragestellungen betrachten. Die eingeschränktesten Möglichkeiten ergeben sich für die Produkt-Multinomialverteilung. Durch die Vorgabe von Zeilen- bzw. Spaltensummen ist hier implizit die abhängige Variable festgelegt. Die Regression von Y auf $X_A, X_B (X_A, X_B \rightarrow Y)$ entspricht der Poisson-Regression aus Abschnitt 7.2, die

Regression von X_B auf $X_A(X_A \to X_B)$ bzw. von X_A auf $X_B(X_B \to X_A)$ wird in den Kapiteln 2–6 behandelt. Die einzige neue Fragestellung betrifft die Zusammenhangsanalyse, bei der X_A und X_B als abhängige Variablen (ohne Kovariablen) betrachtet werden.

Erhebungsschema	Fragestellungen
Poisson-Erhebung	Regression $X_A, X_B \to Y$
	Regression $X_A \to X_B$
	bzw. $X_B \to X_A$
	Zusammenhangsanalyse für (X_A, X_B)
Multinomiales Erhebungsschema	Regression $X_A \to X_B$
	bzw. $X_B \to X_A$
	Zusammenhangsanalyse für (X_A, X_B)
Produkt- multinomiales Erhebungsschema,	
feste Zeilensummen,	Regression $X_A \to X_B$
feste Spaltensummen	Regression $X_B \to X_A$

Tabelle 7.10: Erhebungsschema und Fragestellungen

7.4.2 Das zweidimensionale loglineare Modell

Bezeichne μ_{ij} die zu erwartende Anzahl an Beobachtungen in der Zelle (i, j), wobei eines der Erhebungsschemata des vorhergehenden Abschnitts zugrundeliegt. Das loglineare Modell besitzt dann die Form

$$\log(\mu_{ij}) = \lambda_0 + \lambda_{A(i)} + \lambda_{B(j)} + \lambda_{AB(i,j)} \tag{7.14}$$

bzw.

$$\mu_{ij} = e^{\lambda_0} e^{\lambda_{A(i)}} e^{\lambda_{B(j)}} e^{\lambda_{AB(i,j)}}.$$

In der Form (7.14) besitzt das Modell mehr Parameter als freie Zellwahrscheinlichkeiten. Es ist daher notwendig, einige Nebenbedingungen zu fordern. Die *symmetrischen Nebenbedingungen* sind gegeben durch

$$\sum_{i=1}^{I} \lambda_{A(i)} = \sum_{j=1}^{J} \lambda_{B(j)} = \sum_{i=1}^{I} \lambda_{AB(i,j)} = \sum_{j=1}^{J} \lambda_{AB(i,j)} = 0 \tag{7.15}$$

für alle i, j.

Alternativ dazu lassen sich Referenzkategorien auszeichnen durch die Nebenbedingungen

$$\lambda_{A(I)} = \lambda_{B(J)} = \lambda_{AB(i,J)} = \lambda_{AB(I,j)} = 0 \qquad \text{für alle } i, j. \tag{7.16}$$

Für die Darstellung des Modells (7.14) lassen sich wiederum die in der Regression üblichen Dummy-Variablen einsetzen. Das führt zwar zu einer unübersichtlichen Form, macht aber die Ähnlichkeit zu den Fragestellungen der vorhergehenden Kapitel deutlich. Modell (7.14) besitzt dann die Form

$$\begin{aligned}\log(\mu_{ij}) = \lambda_0 &+ \lambda_{A(1)} x_{A(1)} + \cdots + \lambda_{A(I-1)} x_{A(I-1)} \\ &+ \lambda_{B(1)} x_{B(1)} + \cdots + \lambda_{B(J-1)} x_{B(J-1)} \\ &+ \lambda_{AB(1,1)} x_{A(1)} x_{B(1)} + \cdots + \lambda_{AB(I-1,J-1)} x_{A(I-1)} x_{B(J-1)}.\end{aligned}$$

Man kann sich einfach klarmachen, daß die Nebenbedingungen (7.15) äquivalent sind zur Effekt-Kodierung der Dummy-Variablen, während die Nebenbedingungen (7.16) (0–1)-kodierten Dummy-Variablen entsprechen.

Für das Poisson-Erhebungsschema erhält man damit unmittelbar die Regression von Y auf x_A, x_B, unter Einbeziehung eines Interaktionsterms $x_A x_B$. Für die Multinomialerhebung kommt allerdings die Nebenbedingung

$$\sum_{i,j} e^{\lambda_0} e^{\lambda_{A(i)}} e^{\lambda_{B(j)}} e^{\lambda_{AB(i,j)}} = n \tag{7.17}$$

hinzu, die absichert, daß die Summe über alle Beobachtungen dem Stichprobenumfang entspricht. Für das Produkt-multinomiale Schema mit festen Zeilensummen $X_{i+} = n_i$ muß entsprechend

$$\sum_{j=1}^{J} e^{\lambda_0} e^{\lambda_{A(i)}} e^{\lambda_{B(j)}} e^{\lambda_{AB(i,j)}} = n_i, \qquad i = 1, \ldots, I \tag{7.18}$$

bzw. bei festen Spaltensummen $X_{+j} = n_j$ die Bedingung

$$\sum_{i=1}^{I} e^{\lambda_0} e^{\lambda_{A(i)}} e^{\lambda_{B(j)}} e^{\lambda_{AB(i,j)}} = n_j, \qquad j = 1, \ldots, J \tag{7.19}$$

gelten. Die Bedingung (7.17) legt λ_0 fest, Bedingung (7.18) bestimmt $\lambda_{A(i)}, i = 1, \ldots, I$, und Bedingung (7.19) die Parameter $\lambda_{B(j)}, j = 1, \ldots, J$.

Zweidimensionales loglineares Modell

$$\log(\mu_{ij}) = \lambda_0 + \lambda_{A(i)} + \lambda_{B(j)} + \lambda_{AB(i,j)}$$

Nebenbedingungen:

$$\sum_{i=1}^{I} \lambda_{A(i)} = \sum_{j=1}^{J} \lambda_{B(j)} = \sum_{i=1}^{I} \lambda_{AB(i,j)} = \sum_{j=1}^{J} \lambda_{AB(i,j)} = 0$$

bzw.

$$\lambda_{A(I)} = \lambda_{B(J)} = \lambda_{AB(i,J)} = \lambda_{AB(I,j)} = 0$$

Das Modell (7.14) ist *saturiert*, in dem Sinn, daß es beliebigen Multinomialverteilungen mit $\mu_{ij} > 0$ gerecht wird. Interessant sind daher Spezialfälle, die dadurch gekennzeichnet sind, daß Terme auf der rechten Seite entfallen. Von besonderem Interesse ist das Wegfallen des Interaktionsterms. Das Verschwinden der Interaktion

$$\lambda_{AB(i,j)} = 0 \qquad \text{für alle } i, j$$

ist – abhängig vom Erhebungsschema – äquivalent zu den folgenden Aussagen:

Poissonverteilung:
Keine Interaktionswirkung der Einflußgrößen A und B auf die Anzahlen,

Multinomialverteilung:
Unabhängigkeit der Größen A und B, d.h.

$$P(X_A = i, X_B = j) = P(X_A = i)P(X_B = j) \qquad \text{für alle } i, j.$$

Produkt-Multinomialverteilung (feste Zeilensummen):
Unabhängigkeit des Response X_B von der Bedingung X_A

$$P(X_B = j|X_A = i_1) = P(X_B = j|X_A = i_2) \qquad \text{für alle } j, i_1, i_2.$$

7.4.3 Drei- und höherdimensionale Modelle

Dreidimensionale Kontingenztafeln sind charakterisiert durch drei kategoriale Variablen $X_A \in \{1, \ldots, I\}$, $X_B \in \{1, \ldots, J\}$ und $X_C \in \{1, \ldots, K\}$. In der

Kontingenztafel finden sich als Einträge

$$X_{ijk} = \text{Anzahl der Beobachtungen in Zelle } (i, j, k),$$
$$\text{d.h. mit } \{X_A = i, X_B = j, X_C = k\}.$$

Die generelle Struktur, wie sie der Tabelle 7.1 (Seite 244) zugrundeliegt ist von der in Tabelle 7.11 spezifizierten Form. Letztendlich handelt es sich dabei um eine strukturierte Darstellung zweidimensionaler Kontingenztafeln. Die dargestellte Form entspricht I zweidimensionalen $(J \times K)$-Kontingenztafeln, die zu den Variablen X_B, X_C gehören. Durch Vertauschen der Variablen läßt sich die Gesamttafel ebenso als J $(I \times K)$-Kontingenztafeln bzw. K $(I \times J)$-Kontingenztafeln auffassen.

		X_C				
X_A	X_B	1	2	$\cdots$	K	
1	1	X_{111}	X_{112}	$\cdots$	X_{11K}	X_{11+}
	2	X_{121}	X_{122}			$\vdots$
	$\vdots$	$\vdots$				
	J	X_{1J1}	$\cdots$		X_{1JK}	X_{1J+}
2	1	X_{211}	X_{212}	$\cdots$	X_{21K}	X_{21+}
	2	X_{221}	X_{222}			$\vdots$
	$\vdots$	$\vdots$				
	J	X_{2J1}	$\cdots$		X_{2JK}	X_{2J+}
$\vdots$	$\vdots$	$\vdots$	$\vdots$	$\vdots$	$\vdots$	
I	1	X_{I11}	X_{I12}	$\cdots$	X_{I1K}	X_{I1+}
	2	X_{I21}	X_{I22}			$\vdots$
	$\vdots$	$\vdots$				
	J	X_{IJ1}	$\cdots$		X_{IJK}	X_{IJ+}

Tabelle 7.11: Struktur einer dreidimensionalen $(I \times J \times K)$-Kontingenztabelle

Die Erhebungsschemata sind prinzipiell die gleichen wie für zweidimensionale Tabellen, allerdings gibt es nun mehr Möglichkeiten einer geschichteten Erhebung.

Typ 1: Poisson-Erhebungsschema:
Sämtliche Zellhäufigkeiten resultieren aus unabhängigen Poisson-verteilten Zufallsvariablen $X_{ijk} \sim P(\lambda_{ijk})$.

Typ 2: Multinomiales Erhebungsschema:
Es werden n unabhängige Wiederholungen des Merkmalstupels (X_A, X_B, X_C) erhoben. Die Häufigkeiten sind multinomialverteilt,

$$(X_{111}, X_{112}, \dots, X_{IJK}) \sim M(n, (\pi_{111}, \pi_{112}, \dots, \pi_{IJK})), \tag{7.20}$$

wobei

$$\pi_{ijk} = P(X_A = i, X_B = j, X_C = k)$$

Typ 3: Produkt-multinomiales Erhebungsschema:
Dieses Schema kommt in zwei Varianten vor. In der ersten Variante ist *eine* Variable eine Design-Variable, deren Ausprägung nicht zufällig, sondern jeweils fest vorgegeben ist. Man erhält z.B. für Design-Variable X_A für jedes $i = 1, \dots, I$

$$(X_{i11}, \dots, X_{iJK}) \sim M(n_{i++}, (\pi_{i11}, \dots, \pi_{iJK})) \tag{7.21}$$

mit $\pi_{ijk} = P(X_B = j, X_C = k | X_A = i)$, wobei $n_{i++} = \sum_{i,k} X_{ijk}$. In der zweiten Variante sind *zwei* Variablen fest vorgegeben, z.B. X_A und X_B mit der zu $(X_A, X_B) = (i, j)$ gehörenden Multinomialverteilung

$$(X_{ij1}, \dots, X_{ijk}) \sim M(n_{ij+}, (\pi_{ij1}, \dots, \pi_{ijk})) \tag{7.22}$$

mit $\pi_{ijk} = P(X_C = k | X_A = i, X_B = j)$, und $n_{ij+} = \sum_k X_{ijk}$.

Zu bemerken ist, daß man aus der Poisson-Verteilung durch Bedingen die anderen Verteilungen erhält. Betrachtet man $(X_{111}, \dots, X_{IJK})$ unter der Bedingung $\sum_{i,j,k} X_{ijk} = n$, ergibt sich aus der Poisson-Verteilung die Multinomialverteilung (7.20). Bedingt man zusätzlich auf die Summen $n_{i++} = \sum_{j,k} X_{ijk}$ erhält man das Produkt der Verteilungen (7.21), bedingt man weiter auf $n_{ij+} = \sum_k X_{ijk}$ ergibt sich (7.22).

Bezeichne nun unabhängig vom Erhebungsschema $\mu_{ijk} = E(X_{ijk})$ den Erwartungswert der Zellhäufigkeiten. Das saturierte loglineare Modell ist durch die Tabelle 7.12 bestimmt. Die ersten Nebenbedingungen entsprechen einer Effekt-Kodierung der Variablen, die zweiten entsprechen der alternativen (0–1)-Kodierung mit der letzten Kategorie als Referenzkategorie.

Dreidimensionales loglineares Modell

$$\log(\mu_{ijk}) = \lambda_0 + \lambda_{A(i)} + \lambda_{B(j)} + \lambda_{C(k)} + \lambda_{AB(i,j)} + \lambda_{AC(ik)} + \lambda_{BC(jk)} + \lambda_{ABC(ijk)}$$

Nebenbedingungen

$$\sum_i \lambda_{A(i)} = \sum_j \lambda_{B(j)} = \sum_k \lambda_{C(k)} = 0,$$

$$\sum_i \lambda_{AB(ij)} = \sum_j \lambda_{AB(ij)} = \sum_i \lambda_{AC(ik)} = \sum_k \lambda_{AC(ik)} = \sum_j \lambda_{BC(jk)} = \sum_k \lambda_{BC(jk)} = 0,$$

$$\sum_i \lambda_{ABC(ijk)} = \sum_j \lambda_{ABC(ijk)} = \sum_k \lambda_{ABC(ijk)} = 0,$$

bzw.

$$\lambda_{A(I)} = \lambda_{B(J)} = \lambda_{C(K)} = 0,$$
$$\lambda_{AB(i,J)} = \lambda_{AB(I,j)} = \lambda_{AC(i,K)} = \lambda_{AC(I,k)} = \lambda_{BC(j,K)} = \lambda_{BC(J,k)} = 0$$
$$\lambda_{ABC(Ijk)} = \lambda_{ABC(iJk)} = \lambda_{ABC(ijK)} = 0$$

Tabelle 7.12: Dreidimensionales loglineares Modell mit Nebenbedingungen für das Poisson-Schema

Liegt eine Poisson-Verteilung zugrunde, ist das Modell ein Regressionsmodell mit den Einflußgrößen X_A, X_B, X_C, (Haupteffekte) X_AX_B, X_AX_C, X_BX_C, (Zwei-Faktor-Effekte) und $X_AX_BX_C$, wobei letztere eine Drei-Faktor-Interaktion darstellt, die das Zusammenwirken aller drei Variablen reflektiert. Für das multinomiale und das produkt-multinomiale Erhebungsschema ist das Modell nur eine Umparametrisierung der ursprünglichen Verteilung, indem die Wahrscheinlichkeiten π_{ijk} durch die λ-Parameter ausgedrückt werden.

Interessant sind nun einfachere Modelle, die durch Weglassen von λ-Termen gekennzeichnet sind. Für das Poisson-Erhebungsschema heißt das, bestimmte Interaktionen von Einflußgrößen haben keine Auswirkungen auf die Zellhäufigkeiten. Für die Multinomialverteilung (oder Bedingen der Poisson-Verteilung) ergeben sich daraus inhaltlich interessante Modelle der Zusammenhangsstruktur.

Für das Weglassen von Interaktionen werden im folgenden einige Beschränkungen gemacht.

1. *Hierarchische Modelle*
   Hierarchische Modelle sind bestimmt durch die Hierarchie-Eigenschaft: Wenn ein Modell einen Interaktionsparameter λ_{m_1,m_2} enthält, wobei m_1, m_2 für beliebige Merkmalskombinationen steht, so sind auch die Parameter λ_{m_1} und λ_{m_2} im Modell enthalten.

   Wenn also das Modell die Drei-Faktor-Interaktion λ_{ABC} enthält, muß es auch $\lambda_{AB}, \lambda_{AC}$ und λ_{BC} enthalten. Dieses Prinzip ermöglicht eine einfache *Abkürzung der Modelle*, indem man nur die maximalen Interaktionen angibt. Die Abkürzung ABC bezeichnet damit das saturierte Modell. Die Abkürzung AB/AC (oder AC/AB) bezeichnet das (hierarchische) Modell

   $$\log(\mu_{ijk}) = \lambda_0 + \lambda_{A(i)} + \lambda_{B(j)} + \lambda_{C(k)} + \lambda_{AB(i,j)} + \lambda_{AC(i,k)}.$$

2. *Graphische Modelle*
   Ein Modell heißt *graphisch*, wenn es die folgende Bedingung erfüllt: Sind alle zu einem Term höherer (mindestens dritter) Ordnung gehörenden Zwei-Faktor–Interaktionen im Modell enthalten, so ist auch dieser Term im Modell enthalten. Der einzige Effekt in dreidimensionalen Modellen von mindestens dritter Ordnung ist ABC. Sind also AB, BC, AC im Modell enthalten, muß die 3–Faktor–Interaktion ABC auch im Modell enthalten sein, damit man ein graphisches Modell erhält. Daher sind abgesehen von Modell $AB/AC/BC$ alle dreidimensionalen hierarchieschen Modelle graphisch.

Durch die Beschränkung auf graphische Modelle lassen sich Zusammenhangsstrukturen durch Graphen veranschaulichen. Man stellt dabei die *Variablen als Knoten* und die *Effekte einer Modells als Kanten* dar. Der Graph korrespondiert dann unmittelbar mit der Interpretation des Modells. Zum Beispiel läßt sich das Modell

$$\log(\mu_{ijk}) = \lambda_0 + \lambda_{A(i)} + \lambda_{B(j)} + \lambda_{C(k)} + \lambda_{AB(i,j)} + \lambda_{AC(i,k)}$$

abkürzen durch die maximalen Effekte AB/AC und besitzt als Graphen die Verbindungen AB und AC:

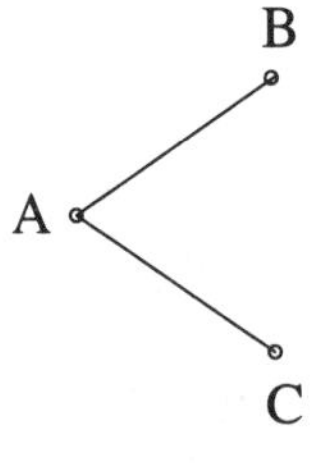

Für das saturierte Modell erhält man sämtliche möglichen Verbindungen:

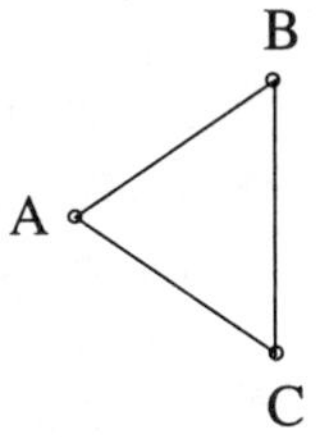

In Modell AB/AC führt jeder Weg zwischen B und C somit über A. Für das Modell selbst läßt sich zeigen, daß es äquivalent ist zur bedingten Unabhängigkeitsstruktur

$$P(X_B = j, X_C = k | X_A = i) = P(X_B = j | X_A = i) P(X_C = k | X_A = i),$$

d.h. die Variablen X_B und X_C sind – gegeben X_A – bedingt unabhängig. Der Zusammenhang zwischen X_B und X_C ist nur durch den jeweiligen Zusammenhang mit X_A vermittelt. Ein klassisches Beispiel dieser Art von Zusammenhang ist der Scheinzusammenhang zwischen Geburtenrate und Storchzahl, die in der Nachkriegszeit hoch korrelierten. Der Zusammenhang ist jedoch durch eine dritte Variable, die Zeit, vermittelt. Sowohl Geburtenrate und Storchanzahl nahmen über die Zeit hinweg zu. Bedingt man auf diese dritte Variable, verschwindet der Zusammenhang, sie sind bedingt unabhängig.

In Tabelle 7.13 sind die graphischen loglinearen Modelle und ihre Interpretation als Übersicht angegeben. Die Tabelle 7.14 zeigt die zugehörigen Graphen, die unmittelbar zur Interpretation korrespondieren. Die absolute Unabhängigkeit von X_A und dem beiden Variablen (X_B, X_C), wie sie z.B. im Modell A/BC vorliegt, drückt sich (in der Graphik) dadurch aus, daß keine Verbindung zwischen X_A und den Variablen $X_B X_C$ vorliegt.

Modelle und Erhebungsform

Für das multinomiale und das Poisson-Erhebungsschema sind alle in Tabelle 7.14 gegebenen Modelle anwendbar. Für das produktmultinomiale Erhebungschema hingegen ist zu berücksichtigen, daß die durch das Erhebungsdesign vorgegebenen Randsummen nicht durch jedes Modell erfaßbar sind. Prinzipiell gilt, daß der zu den fixierten Randsummen korrespondierende (Interaktions-) Term im Modell enthalten sein muß. Sind also die Randsummen $X_{ij+} = \sum_k X_{ijk}$ fest vorgegeben (nur X_C wird beobachtet), muß das Modell die Intaraktion λ_{AB} enthalten, das Modell AC/BC kommt nicht in Betracht. Ist nur eine Variable fixiert, z.B. durch $X_{+j+} = \sum_{i,k} X_{ijk}$, muß

Modell	Bedingung	Interpretation
AB/AC	$\lambda_{ABC} = \lambda_{BC} = 0$	$P(X_B, X_C \mid X_A) = P(X_B \mid X_A)P(X_C \mid X_A)$
		X_B, X_C bedingt unabhängig, gegeben X_A
AB/BC	$\lambda_{ABC} = \lambda_{AC} = 0$	$P(X_A, X_C \mid X_B) = P(X_A \mid X_B)P(X_C \mid X_B)$
		X_A, X_C bedingt unabhängig, gegeben X_B
AC/BC	$\lambda_{ABC} = \lambda_{AB} = 0$	$P(X_A, X_B \mid X_C) = P(X_A \mid X_C)P(X_B \mid X_C)$
		X_A, X_B bedingt unabhängig, gegeben X_C
A/BC	$\lambda_{ABC} = \lambda_{AB} = \lambda_{AC} = 0$	$P(X_A, X_B, X_C) = P(X_A)P(X_B, X_C)$
		X_A unabhängig von (X_B, X_C)
AC/B	$\lambda_{ABC} = \lambda_{AB} = \lambda_{BC} = 0$	$P(X_A, X_B, X_C) = P(X_A, X_C)P(X_B)$
		(X_A, X_C) unabhängig von X_B
AB/C	$\lambda_{ABC} = \lambda_{AC} = \lambda_{BC} = 0$	$P(X_A, X_B, X_C) = P(X_A, X_B)P(X_C)$
		(X_A, X_B) unabhängig von X_C
$A/B/C$	$\lambda_{ABC} = \lambda_{AB} = \lambda_{AC} =$	$P(X_A, X_B, X_C) = P(X_A)P(X_B)P(X_C)$
	$\lambda_{BC} = 0$	X_A, X_B, X_C sind unabhängig

Tabelle 7.13: Graphische Modelle für dreidimensionale Tafeln

der Haupteffekt λ_B enthalten sein. Eine gute Darstellung der Unterschiede und Gleichheiten von Poisson-Modell und multinomialen Modellen gibt Lang (1996), siehe auch Bishop, Fienberg & Holland (1975), Agresti (1990).

Beispiel 7.8 : Habilitationen in Deutschland
In Tabelle 7.1 (Seite 244) werden die Anzahlen von Habilitationen, aufgeschlüsselt nach Jahr(J), Geschlecht (G) und Fächergruppe (F), wiedergegeben. Für die Anpassung loglinearer Modelle (Poisson-Verteilung zugrundegelegt) ergibt sich die folgende Tabelle, wobei 1 für die Konstante steht und die Interaktionen durch einen Punkt abgekürzt werden, z.B. bezeichnet J.G die Interaktion zwischen Jahr und Geschlecht.

Modell	*Devianz*	*Freiheitsgrade*	*p-Wert*
1. J, G, F, $J.G$, $J.F$, $G.F$	8.792	7	0.26
1. G, F, $G.F$	19.436	*16*	0.24

Beide Modelle liefern eine befriedigende Anpassung, auf die Einflußgröße Jahr, die im zweiten Modell weggelassen wurde, läßt sich damit verzichten. Dies wird auch deutlich bei Betrachtung der Devianzdifferenz, die sich als Test für die Einflußgröße Jahr betrachten läßt. Sie ergibt sich zu 10.644 bei 10 Freiheitsgraden. Als Zusammenhang der Variablen interpretiert, scheint zwar ein starker Zusammenhang zwischen Geschlecht und Fach zu bestehen, diese Variablen sind aber unabhängig vom Jahr. Die Parameter in Effektkodierung sind in Tabelle 7.15 wiedergegeben. Eindrucksvoll ist der Parameter Geschlecht mit einem höchst signifikanten p-Wert von 0.000 000.

	Loglineares Modell	Regressoren des Logit-Modells
AB/AC X_B, X_C bedingt unabhängig, gegeben X_A	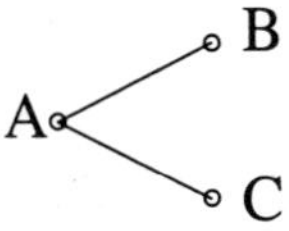	$1, x_A$
AB/BC X_A, X_C bedingt unabhängig, gegeben X_B	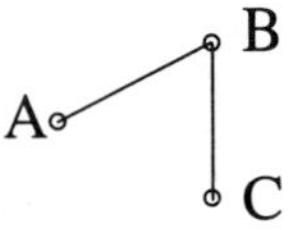	$1, x_B$
AC/BC X_A, X_B bedingt unabhängig, gegeben X_C	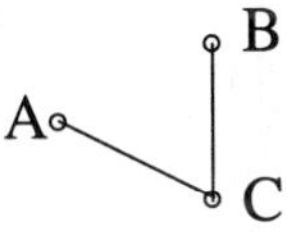	$1, x_A, x_B$
A/BC X_A unabhängig von (X_B, X_C)	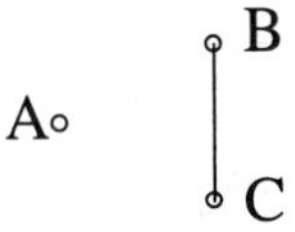	$1, x_B$
AC/B (X_A, X_C) unabhängig von X_B	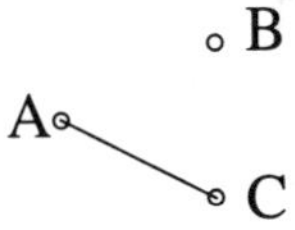	$1, x_A$
AB/C (X_A, X_B) unabhängig von X_C	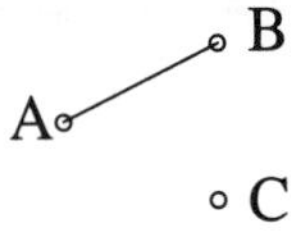	1
$A/B/C$ X_A, X_B, X_C sind unabhängig	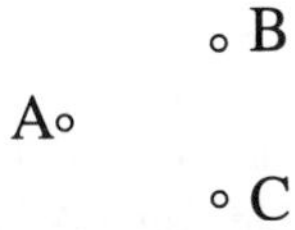	1

Tabelle 7.14: Zusammenhang zwischen loglinearen und Logit-Modellen

□

Für höherdimensionale Modelle bleibt die Grundstruktur des Modells erhalten, allerdings kommen z.B. für vierdimensionale Kontingenztafeln mit X_A, X_B, X_C, X_D eine mögliche Vier-Faktor-Interaktion λ_{ABCD} und damit mehrere Drei-Faktor-Interaktionen wie $\lambda_{ABC}, \lambda_{ABD}, \lambda_{ACD}, \lambda_{BCD}$ hinzu. Ein Beispiel für ein vierdimensionales nichtsaturiertes Modell ist das Modell ABC/AD, das be-

Parameter	Schätzwert	Standardfehler	p-Wert
1	2.62	0.09	0.00
G	1.01	0.09	0.00
$F(1)$	2.02	0.10	0.00
$F(2)$	−2.28	0.46	0.00
$F(3)$	1.11	0.12	0.00
$F(4)$	1.86	0.11	0.00
$F(5)$	−1.05	0.27	0.00
$F(6)$	−0.28	0.19	0.13
$F(7)$	−0.78	0.32	0.01
$G(1).F(1)$	−0.39	0.10	0.00
$G(1).F(2)$	0.02	0.46	0.95
$G(1).F(3)$	−0.21	0.12	0.07
$G(1).F(4)$	0.16	0.11	0.14
$G(1).F(5)$	0.15	0.27	0.58
$G(1).F(6)$	−0.05	0.19	0.75
$G(1).F(7)$	0.82	0.32	0.01

Tabelle 7.15: Loglineares Modell für Habilitationsdaten

stimmt ist durch

$$\begin{aligned}\log(\mu_{ijkl}) = {} & \lambda_0 + \lambda_{A(i)} + \lambda_{B(j)} + \lambda_{C(k)} + \lambda_{D(l)} \\ & + \lambda_{AB(ij)} + \lambda_{AC(ik)} + \lambda_{BC(jk)} + \lambda_{AD(il)} + \lambda_{ABC(ijk)}.\end{aligned}$$

Das Modell enthält keine Vier-Faktor-Interaktion, nur eine Drei-Faktor-Interaktion und nicht alle Zwei-Faktor-Interaktionen.

Die Darstellung interessanter Modelle als Graphen und deren Interpretation macht allerdings einige Zusatzüberlegungen und Begriffsbildungen notwendig. Eine Menge von Knoten heißt *vollständig*, wenn alle Knoten untereinander verbunden sind. Eine vollständige Menge von Knoten heißt *maximal* oder *Clique*, wenn die Menge maximal ist, d.h. in keiner anderen vollständigen Menge von Knoten enthalten ist. Im Modell $ABCD$ sind beispielsweise $\{A\}, \{A, B, C\}$, $\{A, B, D\}$ vollständige Mengen. Sie sind jedoch keine Clique, da sie in der vollständigen Menge $\{A, B, C, D\}$ enthalten sind. Bei graphischen Modellen entsprechen die Cliquen den maximalen Effekten und damit genau den in den Abkürzungen des Modells angegebenen Termen.

Für die Interpretation der Modelle benötigt man den Begriff der Kette. Eine *Kette* zwischen den Faktoren A und C ist eine Sequenz $\{AB_1/B_1B_2/\ldots/B_rC\}$, wobei $B_1, B_2, \ldots, B_r$ eine Sequenz von Faktoren ist, die untereinander verschieden sind und die A und C nicht enthalten. Ein Graph enthält eine Kette, wenn der Graph alle in der Kette spezifizierten Kanten enthält.

Im Beispiel des Modells $ABC/ABD/DE$ (Abbildung 7.4) sind u.a. die folgenden Ketten zwischen B und E gegeben: $\{BD/DE\}$, $\{BC/CA/AD/DE\}$. Man erkennt sofort, daß jede Kette zwischen B und E über den Faktor D geht. Einem grundlegendem Resultat von Darroch, Lauritzen & Speed (1980) zufolge läßt sich die Interpretation von *graphischen* Modellen auf das Enthaltensein von Ketten zurückführen:

> Ausgangspunkt sind drei paarweise disjunkte Mengen von Faktoren F_1, F_2, F_3. Für diese gilt, daß die in F_1 enthaltenen Faktoren bedingt unabhängig sind von den in F_2 enthaltenen, gegeben die Faktoren in F_3, genau dann, wenn jede im Graphen enthaltene Kette zwischen einem Faktor in F_1 und einem Faktor in F_2, mindestens einen Faktor aus F_3 enthält.

Somit erhält man für das betrachtete Modell $ABC/ABD/DE$ mit $F_1 = \{A, B, C\}, F_2 = \{E\}$ und $F_3 = \{D\}$ sofort die Aussage, daß A von E bei gegebenem D bedingt unabhängig ist. Mit $F_1 = \{B, C\}, F_2 = \{E\}, F_3 = \{A, D\}$ erhält man die bedingte Unabhängigkeit von B, C und E, gegeben $\{A, D\}$.

Eine wichtige Untermenge der graphischen Modelle sind die *multiplikativen* oder *dekomponierbaren* (decomposeable) Modelle. Diese Modelle erlauben eine multiplikative Schreibweise der bestehenden Zusammenhangsstruktur. Beispielsweise läßt sich das Modell AB/AC durch $\mu_{ijk} = \mu_{ij+}\mu_{i+k}/\mu_{i++}$ charakterisieren. Für das Modell ABC/ACD ergibt sich $\mu_{ijkl} = \mu_{ijk+}\mu_{i+kl}/\mu_{i+k+}$. Der zugehörige Graph des letzten Modells ist zerlegbar in die Cliquen ABC und ACD. In multiplikativen Modellen ergeben sich direkte Parameter–Schätzungen.

Man beachte, daß nicht alle hierarchischen Modelle graphisch sind. Beispielsweise ist das Modell $ABC/ABD/BCD$ nicht graphisch, da das Modell die Interaktionen AB, AC, BC (als Marginaleffekte von λ_{ABC}), AD, BD (als Marginaleffekte von λ_{ABD}) und CD (als Marginaleffekt von λ_{BCB}) enthält, müßte es auch die Interaktion $ABCD$ enthalten, da sämtliche marginalen 2–Faktor–Interaktionen im Modell enthalten sind.

Eine ausführliche Behandlung graphischer Modelle geben Christensen (1990) und insbesondere Whittaker (1990), Cox & Wermuth (1996).

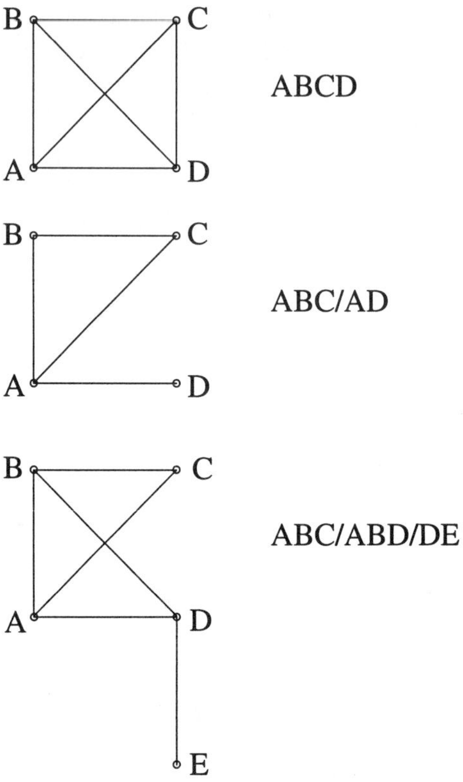

Abbildung 7.4: Höherdimensionale Graphen

7.4.4 Loglineare und Logit-Modelle

Die loglinearen Modelle zur Kontingenzanalyse bei multinomialen oder produkt-multinomialen Erhebungsschema lassen sich als Logit-Modelle formulieren. Seien drei kategoriale Variablen X_A, X_B, X_C gegeben, für die ein loglineares Modell gilt. Das allgemeinste Modell ist das saturierte Modell

$$\begin{aligned}\log(\mu_{ijk}) &= \lambda_0 + \lambda_{A(i)} + \lambda_{B(j)} + \lambda_{C(k)} \\ &\quad + \lambda_{AB(i,j)} + \lambda_{AC(i,k)} + \lambda_{BC(j,k)} + \lambda_{ABC(ijk)}.\end{aligned}$$

Wird nun eine Variable als abhängige ausgezeichnet, beispielsweise X_C, lassen sich die Logits betrachten. Für das Multinomial-Erhebungsschema bzw. für das Poisson-

Schema bedingt auf den Gesamtstichprobenumfang erhält man

$$\begin{aligned}
\log\left(\frac{\mu_{ijr}}{\mu_{ijK}}\right) &= \log\left(\frac{P(X_A = i, X_B = j, X_C = r)}{P(X_A = i, X_B = j, X_C = K)}\right) \\
&= \log\left(\frac{P(X_C = r|X_A = i, X_B = j)P(X_A = i, X_B = j)}{P(X_C = k|X_A = i, X_B = j)P(X_A = i, X_B = j)}\right) \\
&= \log\left(\frac{\pi_{r|ij}}{\pi_{K|ij}}\right),
\end{aligned}$$

wobei $\pi_{r|ij} = P(X_C = r|X_A = i, X_B = j)$. Einfache Berechnung ergibt aus dem saturierten Modell

$$\begin{aligned}
\log\left(\frac{\pi_{r|ij}}{\pi_{K|ij}}\right) &= \log(\mu_{ijr}) - \log(\mu_{ijK}) \\
&= \lambda_{C(r)} - \lambda_{C(K)} + \lambda_{AC(ir)} - \lambda_{AC(iK)} \\
&\quad + \lambda_{BC(jr)} - \lambda_{BC(jK)} + \lambda_{ABC(ijr)} - \lambda_{ABC(ijK)}.
\end{aligned}$$

Mit

$$\begin{aligned}
\gamma_{0r} &= \lambda_{C(r)} - \lambda_{C(K)}, \\
\gamma_{A(i),r} &= \lambda_{AC(ir)} - \lambda_{AC(iK)}, \\
\gamma_{B(j),r} &= \lambda_{BC(jr)} - \lambda_{BC(jK)}, \\
\gamma_{AB(ij),r} &= \lambda_{ABC(ijr)} - \lambda_{ABC(ijK)},
\end{aligned}$$

ergibt sich somit das multinomiale Logit-Modell

$$\log\left(\frac{P(X_C = r|X_A = i, X_B = j)}{P(X_C = K|X_A = i, X_B = j)}\right) = \gamma_{0r} + \gamma_{A(i),r} + \gamma_{B(j),r} + \gamma_{AB(ij),r}$$

oder mit Dummy-Variablen

$$\begin{aligned}
\log\left(\frac{P(X_C = r|X_A = i, X_B = j)}{P(X_C = K|X_A = i, X_B = j)}\right) &= \gamma_{0r} + \gamma_{A(1),r}x_{A(1)} + \cdots + \gamma_{B(1),r}x_{B(1)} + \\
&\quad \cdots + \gamma_{AB(11),r}x_{A(1)}x_{B(1)} + \\
&\quad \cdots + \gamma_{AB(I-1,J-1),r}x_{A(I-1)}x_{B(J-1)}.
\end{aligned}$$

Die Nebenbedingungen an die λ-Parameter und damit der Typ der Dummy-Variablen (vgl. Tabelle 7.12) übertragen sich auf die γ-Parameter, z.B. erhält man aus $\sum_i \lambda_{AC(i,k)} = 0$ die Bedingung $\sum_i \gamma_{A(i),r} = 0$ bzw. aus $\lambda_{AC(I,k)} = 0$ die Bedingung $\lambda_{A(I),r} = 0$.

Durch Auszeichnung einer abhängigen Variable wurde aus der Zusammenhangsanalyse des loglinearen Modells das regressionsanalytische Logit-Modell aus Abschnitt 5.2. Aus nichtsaturierten loglinearen Modellen werden Modelle mit potentiell weniger Einflußgrößen. Beispielsweise wird aus dem Modell AB/AC der bedingten Unabhängigkeit von B und C wegen $\lambda_{ABC} = \lambda_{BC} = 0$ das Logit-Modell

$$\log\left(\frac{P(X_C = r|X_{A=i}, X_B = j)}{P(X_C = K|X_A = i, X_B = j)}\right) = \gamma_{0r} + \gamma_{A(i),r}.$$

Man erhält das Logit-Modell mit einem konstanten Term γ_{0r} und nur der Einflußgröße x_A. Die bedingte Unabhängigkeit von B und C, gegeben A, bewirkt, daß B nur über A einen Einfluß auf C ausübt. Konsequenterweise kommt X_B daher nicht mehr als Regressor vor, der Effekt von X_B ist in Anwesenheit von X_A Null. Einen Überblick über die resultierenden Logit-Modelle gibt die letzte Spalte in Tabelle 7.14. Es wird ersichtlich, daß der Übergang zum Logit-Modell zu gleichen Modellen führen kann. Das Modell AC/B (Unabhängigkeit von AC und B) ebenso wie das Modell AB/AC (bedingte Unabhängigkeit von B und C, gegeben A) führt zum Logit-Modell mit der einzigen Einflußgröße x_A. Das Logit Modell unterscheidet nicht mehr, ob C von B unabhängig ist oder nur bedingt unabhängig, gegeben A. In beiden Fällen ist der Einfluß von B vernachlässigbar, wenn A im Modell enthalten ist. Für höherdimensionale Modelle ergeben sich analoge Zusammenhänge zwischen loglinearen und Logit-Modellen.

Logit-Modelle als spezielle loglineare Modelle

Eine Einbettung des Logit-Modells in die loglinearen Modelle geben Santner & Duffy (1989, p.115 ff.). Als Beispiel seien der Besitz eines Pkws in Abhängigkeit vom Haushaltseinkommen betrachtet (vgl. Beispiel 2.1). Die Kovariable ist metrisch skaliert, kategoriale Variablen wie in der Kontingenztafelanalyse sind nicht notwendig. Der (reduzierte) Datensatz sei durch $(z_i, x_i), i = 1, \ldots, 100$, gegeben, wobei $z_i = 1$ Vorhandensein, $z_i = 0$ Nicht-Vorhandensein eines Pkw bezeichnet und x_i das Haushaltseinkommen der $i$ten Beobachtung repräsentiert. Das Logit-Modell besitzt hier die Form

$$\log\left(\frac{\pi(x_i)}{1-\pi(x_i)}\right) = \beta_0 + x_i\beta, \qquad (7.23)$$

wobei $\pi(x_i) = P(z_i = 1|x_i)$ bezeichnet. Man bildet nun den erweiterten Datensatz durch die Festlegung

$$\begin{aligned} y_i &= z_i, & i &= 1, \ldots, 100 \\ y_{100+i} &= 1 - z_i, & i &= 1, \ldots, 100. \end{aligned}$$

Aus (7.23) folgt unmittelbar

$$\log(\pi(x_i)) = \log(1 - \pi(x_i)) + \beta_0 + x_i\beta.$$

Für die Beobachtungen y_i wird daher mit $\mu_i = E(y_i)$ modelliert

$$\begin{aligned} \log(\mu_i) &= \gamma_i + \beta_0 + x_i\beta, & i &= 1,\ldots,100, \\ \log(\mu_i) &= \gamma_i, & i &= 101,\ldots,200, \end{aligned} \tag{7.24}$$

wobei γ_i für $\log(1-\pi(x_i))$ steht. Modell (7.24) ist ein loglineares Modell in dem Sinn, daß die logarithmierten Erwartungswerte linear spezifiziert sind. Die 202 erhaltenen Parameter sind allerdings nicht frei. Die Nebenbedingung

$$\mu_i + \mu_{100+i} = 1, \qquad i = 1,\ldots,100,$$

bzw.

$$e^{\gamma_i} e^{\beta_0 + x_i\beta} + e^{\gamma_i} = 1, \qquad i = 1,\ldots,100,$$

ist noch zu berücksichtigen. Sie bestimmen bei gegebenem β_0, β die Parameter γ_i durch $\gamma_i = -\log(1 + e^{\beta_0 + x_i\beta})$. Analoge Nebenbedingungen bei der Schätzung liegen bei loglinearen Modellen mit Multinomialverteilung (z.B. $\sum_{i,j} \mu_{ij} = n$) bzw. der Produkt-Multinomialverteilung (z.B. $\sum_j \mu_{ij} = x_{i+}$) zugrunde.

7.5 Inferenz in loglinearen Modellen

Bei den Erhebungsschemata der hier betrachteten Modelle wurde zwischen Poisson-Verteilung, Multinomial- und Produkt-Multinomial-Verteilung unterschieden. Es stellt sich die Frage, welche Inferenztechniken den Verteilungen adäquat sind und inwiefern Schätzstatistiken und Anpassungstests spezifisch für die Erhebungsschemata sind.

Liegt eine *Poisson-Verteilung* zugrunde, sind die Techniken aus Abschnitt 7.2 unmittelbar anwendbar. Liegt eine *Multinomialverteilung* zugrunde und man betrachtet sämtliche Zellen als Responsekategorien, ist man im Fall eines kategorialen Responsemodells ohne Kovariablen, d.h. einer einzigen Meßstelle. Dafür sind die Techniken in Abschnitt 5.7 bzw. 11.2 geeignet, wobei für die Anzahl der Meßstellen $g = 1$ gilt. Wird eine oder mehrere Variablen als abhängige betrachtet, läßt sich auf die Ränder der übrigen Variablen bedingen. Man erhält wiederum eine Multinomialverteilung, allerdings mit weniger Responsekategorien. Die Anzahl der Meßstellen für die Methoden aus Abschnitt 5.7 entspricht dem durch die unabhängigen Variablen bestimmten Kombinationen.

Für die Produkt-Multinomial-Verteilung als Erhebungsschema *müssen* die den festgelegten Randsummen entsprechenden Variablen als unabhängige Größen einbezogen werden, die den Randsummen entsprechenden Parameter müssen im Modell erhalten sein (vgl. Modelle und Erhebungsform in Abschnitt 7.4.3).

Die verschiedenen Verteilungen lassen sich somit mit bereits behandelten Techniken untersuchen. Allerdings sind Schätzverfahren und Anpassungstests in den entsprechenden Abschnitten für sehr allgemeine Modelle gegeben. Für loglineare Modelle resultieren einfachere Darstellungen. Als *Anpassungsteststatistiken* lassen sich für alle drei Erhebungsverfahren χ_P^2 und D anwenden, in der Form wie sie in Abschnitt 7.2.5 gegeben sind. Damit läßt sich auch die Devianzanalyse zur Analyse von Modellkomponenten einsetzen. Voraussetzungen für die Gültigkeit ist im Poisson-Erhebungsschema $\sum_i \mu_i \to \infty$ und daß μ_i/μ_j konstant ist. Im multinomialen Erhebungsschema wird $n \to \infty$ vorausgesetzt, im produkt-multinomialen Schema, daß $n \to \infty$ und das Verhältnis der Beobachtungen von Subpopulationen zum Gesamtstichprobenumfang n konstant bleibt. Ableitungen finden sich in Christensen (1997, Abschnitt 12.3).

Für die *Parameterschätzungen* und deren Kovarianz müssen sich Unterschiede ergeben. Während für das Poisson-Schema alle Parameter frei variieren können, ist durch das Multinomial-Schema die Konstante λ_0 fest bestimmt. Analog sind für das Produkt-Multinomial-Schema mehrere Parameter festgelegt. Erfreulich ist jedoch, daß für die freien Parameter die (asymptotischen) Kovarianzmatrizen gleich bleiben (vgl. auch Abschnitt 11.4).

7.6 Ergänzende Bemerkungen

Kollabierbarkeit

In Abschnitt 7.4.4 wird das Logit-Modell aus loglinearen Modellen der Kontingenztafelanalyse abgeleitet. Daraus ergibt sich, daß die Parameter des Logit-Modells bedingte Unabhängigkeiten zwischen Zielvariable und Einflußgrößen wiederspiegeln. Das Problem, inwieweit Abhängigkeiten bzw. die Unabhängigkeit erhalten bleibt, wenn man eine kategoriale Einflußgröße vernachlässigt, führt zur Frage der Kollabierbarkeit in Kontingenztafeln. Kollabierbarkeit meint dabei, daß über die Ausprägungen der Einflußgröße aufsummiert wird, die Kontingenztafel kollabiert, indem nur noch die übrigen Variablen betrachtet werden. Guo & Geng (1995) betrachten Bedingungen dafür, daß Regressionskoeffizienten nach Kollabieren unverändert bleiben. Im Kontext der Zusammenhangsanalyse geben Ducharme & Lepage (1986) und Wermuth (1987) Bedingungen für die Kollabierbarkeit an.

Loglineare Modelle

Loglineare Modelle als Instrument zur Analyse von Zusammenhangsstrukturen werden hier nur kurz behandelt. Ausführliche Darstellungen finden sich in Bishop, Fienberg & Holland (1975), Agresti (1990), Christensen (1997). Die Äquivalenzen zwischen Poisson und multinomialen Erhebungsschemata werden von Lang (1996) exakt wiedergegeben.

Kapitel 8

Nonparametrische Regression I: Glättungsverfahren

In den bisherigen Kapiteln wurde angenommen, daß der (transformierte) zu erwartende Response von einem linearen Prädiktor $\eta = \boldsymbol{x}'\boldsymbol{\beta}$ abhängt. Die wesentliche Information über den Einfluß der Kovariablen $\boldsymbol{x}$ ist damit im Gewichtsvektor $\boldsymbol{\beta}$ enthalten, der zu schätzen und dessen Relevanz zu beurteilen ist. In vielen Fällen sind die implizierten Modellannahmen zu starr, um die zugrundeliegende Responsefunktion adäquat zu erfassen. Für den Fall einer stetigen abhängigen Variablen wurde in den letzten Jahren eine Vielzahl von nonparametrischen Schätzverfahren entwickelt, die voraussetzen, daß der zu erwartende Response eine glatte Funktion ist. Beispiele sind der Kernregressionsschätzer (Härdle, 1990), Splinefunktionsansätze (Eubank, 1988). Einen Überblick über Glättungsverfahren geben u.a. Hastie & Tibshirani (1990) und Simonoff (1996).

Das Grundkonzept des glatten Funktionsverlaufs ist für binären Response $y \in \{0,1\}$ und eine metrische Einflußgröße x von der generellen Form

$$P(y=1|x) = \pi(x), \tag{8.1}$$

wobei $\pi(x)$ eine unbekannte, glatte Funktion von x ist. Alternativ läßt sich das Modell auch durch

$$y = \pi(x) + \varepsilon$$

darstellen, wobei ε eine Störvariable mit $E(\varepsilon) = 0$ darstellt. Anstatt für die Auftretenswahrscheinlichkeit läßt sich auch für transformierte Werte, beispielsweise die logarithmierten Chancen, ein glattes Modell formulieren. Man erhält dann

$$\log\left(\frac{P(y=1|x)}{P(y=0|x)}\right) = \eta(x), \tag{8.2}$$

wobei $\eta(x)$ die glatten logarithmierten Chancen darstellt. Bei Gültigkeit von (8.1) ist $\eta(x)$ durch $\eta(x) = \log(\pi(x)/(1-\pi(x))$ gegeben. Bei Gültigkeit von (8.2) gilt $\pi(x) = \exp(\eta(x))/(1+\exp(\eta(x)))$. Die Modelle sind daher äquivalent.

Im Gegensatz zu parametrischen Modellen wird die Form der Abhängigkeit durch die "Modelle" (8.1) bzw. (8.2) kaum eingeschränkt. Es wird nur postuliert, daß π hinreichend glatt, z.B. zweimal stetig differenzierbar, ist. Wie bereits in Abschnitt 2.2.2 demonstriert, läßt sich auch im Rahmen eines parametrischen Modells $\pi(x) = h(\boldsymbol{x}'\boldsymbol{\beta})$ eine flexiblere nichtlineare Wirkung von Einflußgrößen erreichen, wenn im Vektor $\boldsymbol{x}$ quadratische und kubische Terme x^2, x^3 usw. enthalten sind. Die Einbeziehung derartiger polynomialer Terme erweitert die darstellbaren Funktionen $\pi(x)$ erheblich, wobei sich die resultierenden Modelle noch als parametrische Modelle schätzen lassen. Polynomiale Terme besitzen jedoch den erheblichen Nachteil, daß bei Erhöhung des Polynomgrades zwar eine bessere Anpassung an die Daten erreicht wird, die prognostische Qualität hingegen leidet, da die angepaßten Polynome starke Schwingungen aufweisen. Der resultierende Funktionsverlauf $\hat{\pi}(x)$ ist entsprechend unruhig und entspricht der zugrundeliegenden Funktion $\pi(x)$ oft wenig.

Im folgenden werden insbesondere zwei Ansätze betrachtet, nämlich

– lokale Modellierung und

– Modellierung durch Bestrafung der Rauheit.

Der erste Ansatz zielt darauf ab, Modelle nicht global über den gesamten Wertebereich der Einflußgröße als gültig anzusehen, sondern sie lokal für festen Zielpunkt x_0 als Approximation an die Kurve $m(x)$ zu verstehen. Der zweite Ansatz führt einen expliziten Strafterm ein, der den Mangel an Glattheit bzw. die Rauheit der geschätzten Funktion $\hat{m}(x)$ bestraft. Durch die steuerbare Stärke des Strafterms ist die Glattheit der geschätzten Funktion wählbar.

8.1 Lokale Regression für binäre abhängige Variable

8.1.1 Grundkonzept lokaler Anpassung

Aus vorliegenden Daten (y_i, x_i), $i = 1, \dots, n$, $y_i \in \{0, 1\}$, soll die Responsefunktion π am Zielpunkt x_0, d.h. $\pi(x_0)$, geschätzt werden. Ein mögliches Schätzkonzept besteht darin, die Distanz zwischen den Beobachtungen und dem zu schätzenden Wert zu minimieren, wobei Beobachtungen in der Nähe von x_0 ein hohes Gewicht erhalten, Beobachtungen, die weit von x_0 entfernt liegen, hingegen nur mit niedrigem Gewicht eingehen. Ein einfaches Anpassungskriterium, das im Zusammenhang mit metrischem y weite Verbreitung gefunden hat, ist das Kleinste-Quadrate Kriterium. Ausgehend von Modell (8.1) erfolgt die Minimierung dieser Distanz mit lokalen Gewichten durch

$$\sum_{i=1}^{n} (y_i - \pi(x_0))^2 w(x_i, x_0) \longrightarrow \min, \tag{8.3}$$

wobei $w(x_i, x_0)$ eine Gewichtsfunktion ist, die mit wachsender Distanz $|x_i - x_0|$ abnimmt. Durch (8.3) wird diejenige Schätzung $\hat{\pi}(x_0)$ bestimmt, die den kleinsten quadratischen Abstand zu den Beobachtungen y_i besitzt, wobei Beobachtungen, in der Nähe von x_0 ernster genommen werden als Beobachtungen, die weiter entfernt sind.

Einfache Berechnung ergibt als Lösung des Minimierungsproblems die gewichtete Summe der Beobachtungen

$$\hat{\pi}(x_0) = \frac{\sum_{i=1}^{n} w(x_0, x_i) y_i}{\sum_{j=1}^{n} w(x_0, x_j)} = \sum_{i=1}^{n} \bar{w}(x_0, x_i) y_i, \tag{8.4}$$

wobei die Gewichte $\bar{w}(x_0, x_i)$ gegeben sind durch $\bar{w}(x_0, x_i) = w(x_0, x_i)/\sum_j w(x_0, x_j)$. Letztere erfüllen die Bedingung $\sum_i \bar{w}(x_0, x_i) = 1$.

Das Minimierungsproblem (8.3) ist spezifisch für die Schätzung am Zielpunkt x_0. Für einen anderen Zielpunkt ergeben sich naturgemäß andere Gewichte und dementsprechend eine andere Schätzung. Wählt man als Gewichtsfunktion ein festes Fenster um x_0, d.h. mit $I_{x_0} = [x_0 - h, x_0 + h]$ die Gewichte

$$w(x_i, x_0) = \begin{cases} 1 & x_i \in I_{x_0} \\ 0 & \text{sonst,} \end{cases}$$

erhält man als Schätzung unmittelbar die relative Häufigkeit der Ausprägungen $y_i = 1$ im Intervall I_{x_0}, d.h.

$$\hat{\pi}(x_0) = \sum_{y_i \in I_{x_0}} y_i / n(I_{x_0}), \tag{8.5}$$

wobei $n(I_{x_0})$ die Anzahl der x-Beobachtungen im Intervall I_{x_0} bezeichnet. Die Schätzung der gesamten Kurve ergibt sich durch Verschieben des Zielpunktes x_0 und dem damit verbundenen Fenster $[x_0 - h, x_0 + h]$. Da die Mittelung über den Bereich der x-Werte gleitet, spricht man auch von einem *gleitenden Durchschnitt.*

Beispiel 8.1 : Arbeitslosigkeit
In Kapitel 2 wurde zur Modellierung die Wahrscheinlichkeit für Kurzzeitarbeitslosikeit in Abhängigkeit vom Alter das lineare Logit-Modell angewandt. Abbildung 2.6 (Seite 35) zeigt ein nahezu lineares Abfallen der Wahrscheinlichkeit für zunehmendes Alter. Dabei fällt unmittelbar auf, daß das lineare Logit-Modell für diese Daten zu einfach strukturiert ist und den Daten nicht gerecht wird. Die einfache Methode des gleitenden Durchschnitts ist in Abbildung 8.1 wiedergegeben. Hier ist der Verlauf nicht mehr linear, die Wahrscheinlichkeit scheint vielmehr bis etwa 45 Jahre einigermaßen konstant zu sein, fällt danach aber deutlich ab, wobei der Abfall wesentlich stärker ist als für das lineare Logit-Modell. □

Eine generalisierbare Alternative zu (8.3) besteht darin, lokal bei x_0 die Wahrscheinlichkeit $\pi(x_0)$ durch eine gewichtete Likelihood zu schätzen. Wäre $\pi(x)$ nicht von x abhängig, d.h. konstant, wäre die übliche binomiale Log-Likelihood gegeben durch die Summe über alle Beobachtungen

$$l(\pi) = \sum_{i=1}^{n} y_i \log(\pi) + (1 - y_i) \log(1 - \pi).$$

Geht man davon aus, daß $\pi(x)$ bestenfalls lokal konstant ist, ist es naheliegend bei der Schätzung am Zielpunkt x_0 die lokalisierte bzw. lokale Likelihood

$$l_{\pi(x_0)} = \sum_{i=1}^{n} \{y_i \log(\pi(x_0)) + (1 - y_i) \log(1 - \pi(x_0))\} w(x_0, x_i), \tag{8.6}$$

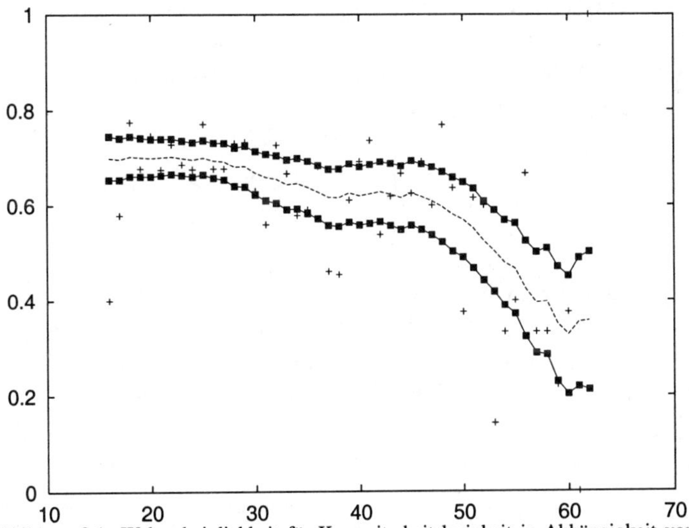

Abbildung 8.1: Wahrscheinlichkeit für Kurzzeitarbeitslosigkeit in Abhängigkeit vom Alter, geschätzt durch gleitende Durchschnitte

zu maximieren. Man betrachtet somit eine lokal gewichtete Likelihood, die die Beobachtungen in der Nähe von x_0 ernster nimmt als die weit von x_0 entfernten. Wie man einfach sieht, ist das Maximieren der lokalen Likelihood (8.6) äquivalent zum Minimieren der gewichteten Kullback-Leibler Distanz in der Form

$$\sum_{i=1}^{n} \left\{ y_i \log\left(\frac{y_i}{\pi(x_0)}\right) + (1-y_i)\log\left(\frac{1-y_i}{\pi(x_0)}\right) \right\} w(x_0, x) \longrightarrow \min$$

und läßt sich damit auch als Distanzminimierung verstehen. Maximieren von (8.6) bzw. Minimieren der Kullback-Leibler-Distanz führt im Spezialfall dichotomer Reaktionsvariable zum selben Schätzer wie die Minimierung der quadratischen Distanz (8.3), d.h. zu

$$\hat{\pi}(x_0) = \sum_{i=1}^{n} \bar{w}(x_0, x_i) y_i.$$

8.1.2 Kerngewichte und Glättungssteuerung

Gebräuchliche Gewichtsfunktionen lassen sich aus Kernen ableiten. Sei $K(z)$ eine unimodale, symmetrische Dichtefunktion, so daß $K \geq 0$ und $\int K(z)dz = 1$. Eine Gewichtsfunktion w sei nun bestimmt durch

$$w_h(x_0, x_i) = \frac{1}{h} K\left(\frac{x_0 - x_i}{h}\right),$$

wobei $h > 0$ ein zusätzlicher Glättungsparameter ist, der die Breite des Kerns steuert. Typische Kernfunktionen sind in Tabelle 8.1 definiert und in Abbildung 8.2 veranschaulicht. Man betrachte den einfachen Gleichverteilungsterm $K(x) = 1/2$ für $|x| \leq 1$. Daraus ergibt sich das Gewicht

$$w_h(x_0, x_i) = \begin{cases} \frac{1}{2h} & \text{wenn } |x_0 - x_i| \leq h \\ 0 & \text{sonst.} \end{cases}$$

Die Gewichte sind somit konstant im Intervall $[x_0 - h, x_0 + h]$. Es wird über alle Beobachtungen, deren x-Werte diesem Intervall entstammen, gemittelt. Man erhält unmittelbar den gleitenden Durchschnitt (8.5). Im Extremfall $h \to \infty$ wird über alle Beobachtungen gemittelt und die resultierende Funktion ist konstant. Für $h \to 0$ wird das Intervall immer enger und die resultierende Funktion gibt nur noch die Ursprungsdaten wieder (x_0 sollte dann aus den beobachteten Werten $x_1, \ldots, x_n$ gewählt sein). Der Gleichgewichtskern führt naturgemäß zu einer etwas unruhigen Schätzfunktion, glattere Schätzungen ergeben sich für Kerne, die deutlich eingipfelig sind wie der Normalkern oder der Epanechnikov-Kern. Die Funktion von h als Glättungsparameter, der die Stärke der Glattheit steuert, bleibt erhalten. Für kleines h ist der Kern und damit das Gewicht eng um x_0 konzentriert, so daß nur Beobachtungen, die sehr nahe an x_0 liegen, einen relevanten positiven Wert erhalten. Im Extremfall $h \to 0$ erhält man eine durch die Datenpunkte gehende Kurve, eine Glättung findet nicht statt. Im Extremfall $h \to \infty$ ergibt sich die konstante Gewichtsfunktion $w(x_0, x_i) = c$ für alle x_i.

Die Wirkung der Glättung läßt sich einfach verdeutlichen, wenn man zu gruppierten Daten übergeht. Mit $x_1 < x_2 < \cdots < x_g$ werden im folgenden nur noch die g Meßpunkte aufgeführt, die unterschiedlich sind. Zu festem Meßpunkt x_i werden die n_i dort beobachteten y_i's in den lokalen relativen Häufigkeiten p_i zusammengefaßt. Die Daten besitzen somit die Form $(p_i, x_i),\ i = 1, \ldots, g$, wobei die relative Häufigkeit p_i aus n_i Einzelbeobachtungen gebildet ist. Der Schätzer $\hat{\pi}(x_0)$ erhält damit die Form

$$\hat{\pi}(x_0) = \sum_{i=1}^{g} \tilde{w}(x_0, x_i) p_i, \tag{8.7}$$

wobei das Gewicht $\tilde{w}(x_0, x_i) = n_i \bar{w}(x_0, x_i) = n_i w(x_0, x_i) / \sum_{j=1}^{g} n_i w(x_0, x_j)$ nun den lokalen Stichprobenumfang berücksichtigt. Man erhält wiederum $\sum_i \tilde{w}(x_0, x_i) = 1$. Wird der Schätzer (8.7) in Folge für jedes $x_0 = x_i$ angewandt, ergibt sich je nach Gewichtsfunktion eine mehr oder weniger glatte Funktion $\pi(x)$. Werden für $h \to \infty$ alle Beobachtungen durch

$$w(x_0, x_i) = c \qquad \text{für alle } x_i \tag{8.8}$$

gleich stark gewichtet, erhält man $\hat{\pi}(x_0) = \sum_i n_i p_i / n$ bzw. in der ungruppierten Form $\hat{\pi}(x_0) = (1/n)\Sigma_i y_i$, d.h. die relative Häufigkeit über *alle* Beobachtungen. Damit hängt $\hat{\pi}(x_0)$ nicht mehr von x_0 ab, die geschätzte Funktion ist konstant für alle x. Wählt man für $x_0 \in \{x_1, \ldots, x_g\}$ mit $h \to 0$ die extreme Gewichtung

$$w(x_0, x_i) = \begin{cases} c & \text{wenn } x_i = x_0 \\ 0 & \text{wenn } x_i \neq x_0, \end{cases} \qquad (8.9)$$

ergibt sich $\hat{\pi}(x_j) = p_j$, die relative Häufigkeit an der Stelle x_j, die Funktion ist so glatt wie die auftretenden relativen Häufigkeiten. Für Gewichtsfunktionen zwischen den Extremen (8.8) und (8.9) erhält man eine Funktion, die zwischen einer Konstanten und den relativen Häufigkeiten liegt.

Gleichverteilungskern	$K(x) = \frac{1}{2}$ für $\lvert x\rvert \leq 1$
Normalkern	$K(x) = \exp\left(-\frac{1}{2}x^2\right)$
Epanechnikov-Kern	$K(x) = \frac{3}{4}(1 - \lvert x\rvert)^2$ für $\lvert x\rvert \leq 1$
Kubischer Kern	$K(x) = (1 - \lvert x\rvert^3)^3$ für $\lvert x\rvert \leq 1$
Dreieckskern	$K(x) = 1 - +x\rvert$ für $\lvert x\rvert \leq 1$

Tabelle 8.1: Einige Kernfunktionen

Beispiel 8.2 : Arbeitslosigkeit
Die in Beispiel 8.1 betrachtete Dauer der Arbeitslosikeit wird in Abb. 8.3 durch den Normalterm geglättet. Der Verlauf ist wesentlich glatter als für den einfachen gleitenden Durchschnitt in Abb. 8.1, was die geschätzte Verlaufsstruktur wesentlich deutlicher werden läßt.

□

Beispiel 8.3 : Parteipräferenz mit metrischem Alter
In Beispiel 5.3 (Seite 171) wurde gezeigt, daß bei der Präferenz für Parteien eine Interaktion zwischen Alter und Geschlecht wirksam ist. Für die mit dem Alter zunehmende Präferenz für die CDU/CSU gegenüber der SPD ergibt sich in der weiblichen Population eine stärkere Steigung als in der weiblichen Population. In der dort betrachteten einfachen Parametrisierung geht man davon aus, daß die Präferenz mit dem Alter linear zunimmt. Diese vereinfachende Annahme läßt sich mit glatten Modellen überprüfen. Vereinfachend wird nur die Dichotomie $y = 1(CDU/CSU)$ *bzw.* $y = 0(SPD)$ *betrachtet. Das glatte Modell*

$$P(CDU/CSU|\text{Alter}) = \pi(\text{Alter})$$

bzw.

$$\log\left(\frac{P(CSU/CSU|\text{Alter})}{P(SPD|\text{Alter})}\right) = \eta(\text{Alter})$$

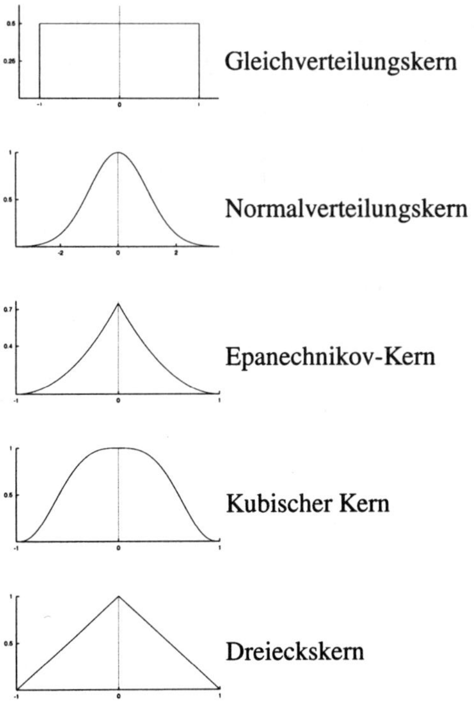

Abbildung 8.2: Kurvenverlauf einiger Kernfunktionen

führt bei Benutzung eines Normalkerns und Glättungsparameter $h = 4$ zu Abbildung 8.4. In den Abbildungen sind die relativen Häufigkeiten als Kreuze dargestellt und zusätzlich Konfidenzintervalle für die Schätzung der Wahrscheinlichkeit eingezeichnet. Man sieht deutlich die auf niedrigerem Niveau beginnende stärkere Zunahme in der weiblichen Population. Ein lineares Ansteigen der Wahrscheinlichkeit dürfte eine zu starke Vereinfachung sein. Für Frauen läßt sich ein linearer Anstieg etwa bis 70 Jahre, für Männer bis 80 Jahre erkennen, für höheres Alter hingegen ist dieser Trend nicht mehr erkennbar. □

8.1.3 Ausgleich zwischen Varianz und Verzerrung

Der Schätzer (8.7) mit den Kerngewichten besitzt die in den Beobachtungen lineare Form

$$\hat{\pi}_h(x_0) = \sum_{i=1}^{g} \tilde{w}_h(x_0, x_i) p_i.$$

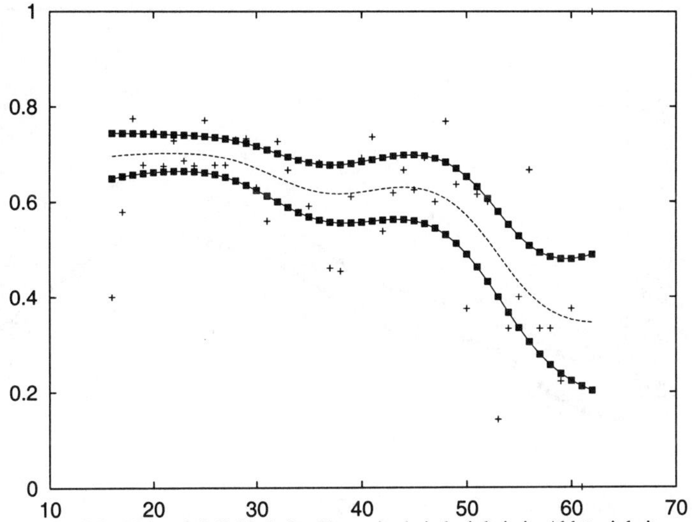

Abbildung 8.3: Wahrscheinlichkeit für Kurzzeitarbeitslosigkeit in Abhängigkeit vom Alter, geschätzt durch gleitende Durchschnitte, geschätzt mit Normalverteilungskern

Als Kriterium für die Güte eines Schätzers läßt sich die (gemittelte) *zu erwartende quadratische Abweichung* für alle Datenpunkte betrachten (mean squared error), die gegeben ist durch

$$MSE(h) = \sum_{j=1}^{g} \frac{n_j}{n} E(\hat{\pi}_h(x_j) - \pi(x_j))^2$$
$$= \sum_{j=1}^{g} \frac{n_j}{n} \left\{ var(\hat{\pi}_h(x_j)) + b(\hat{\pi}_j)^2 \right\},$$

wobei Varianz und Verzerrung (Bias) b gegeben sind durch

$$var(\hat{\pi}_h(x_j)) = \sum_{i=1}^{g} \tilde{w}_h(x_j, x_i)^2 \pi(x_i)(1 - \pi(x_i))/n_i$$

und

$$b(\hat{\pi}_j) = E(\hat{\pi}_h(x_j)) - \pi(x_j) = \sum_{i=1}^{g} \tilde{w}_h(x_j, x_i)\pi(x_i) - \pi(x_j).$$

Wie man einfach sieht, ergibt sich für $h \to 0$ die resultierende extreme Gewichtsfunktion $\tilde{w}(x_j, x_i) = 0$ für $x_j \neq x_i$ und damit eine verschwindende Verzerrung $b(\hat{\pi}_j) = 0$. Die Varianz nimmt mit $var(\hat{\pi}_h(x_j)) = \pi(x_j)(1 - \pi(x_j))/n_j$ einen relativ großen Wert an. Man benutzt nur die Daten an der Stelle x_j mit der Konsequenz großer Varianz aber verschwindender Verzerrung. Der andere Extremfall

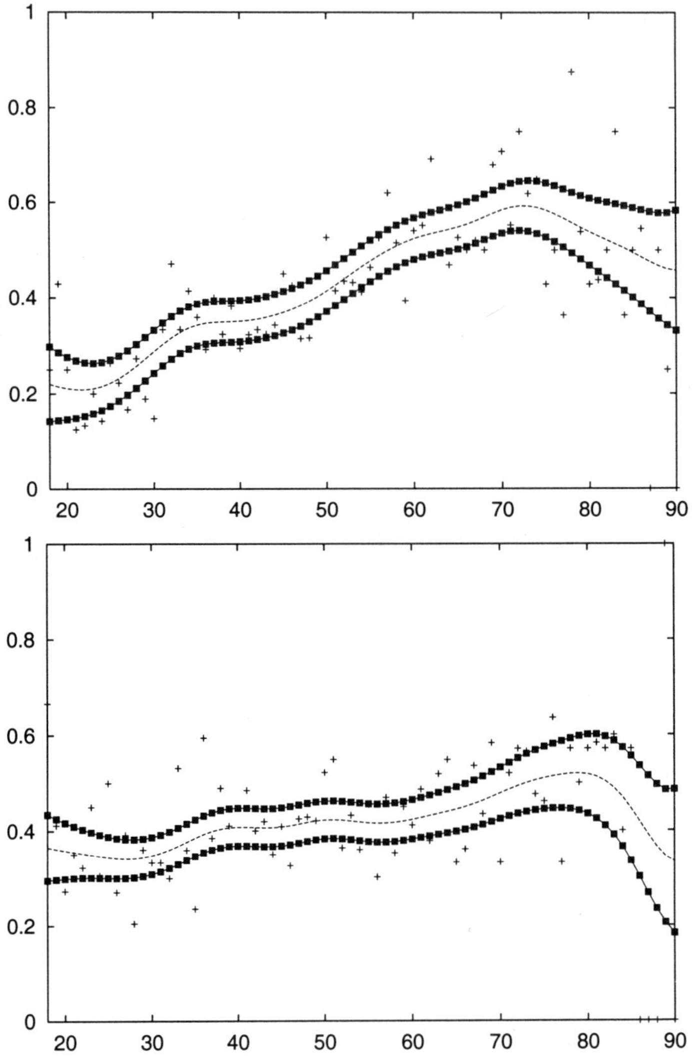

Abbildung 8.4: Präferenz für CDU/CSU gegenüber SPD in Abhängigkeit vom Alter in den Subpopulationen Frauen (oben) und Männer (unten)

$h \to \infty$ führt zu $w_h(x_j, x_i) = c$ für alle x_i, x_j und damit zu $\tilde{w}_h(x_j, x_i) = n_i/n$. Die resultierende Varianz $var(\hat{\pi}_h(x_j)) = \sum_{i=1}(n_i/n)(\pi(x_i)(1 - \pi(x_i))/n$ wird minimal, die Verzerrung hingegen ist mit $\{\sum_{i=1}(n_i/n)\pi(x_i)\} - \pi(x_j)$ ist immer dann deutlich, wenn $\pi(x_j)$ über x_j variiert, d.h. nicht $\pi(x_j) = c$ gilt. Durch die Einbeziehung der Beobachtungen in der Nachbarschaft ergibt sich dann zwangsläufig eine Verzerrung. Der Grundgedanke ist nun, den Glättungsparameter so zu wählen, daß ein Ausgleich zwischen Verzerrung und Varianz entsteht, d.h. man nimmt eine kleine Verzerrung in Kauf, wenn dadurch die Varianz entsprechend kleiner wird.

Das MSE-Kriterium der kleinsten zu erwartenden Abweichung ist unmittelbar an der Schätzgenauigkeit orientiert. Ein Zusammenhang zur Prognose ergibt sich, wenn man die *zukünftig zu erwartende quadratische Abweichung* (predictive squared error) betrachtet. Mit $y \in \{0,1\}$ als zukünftiger Beobachtung an der Stelle x_0 und π_0 als wahre Wahrscheinlichkeit $\pi_0 = \pi(x_0)$ ergibt sich

$$\begin{aligned} PSE_{x_0}(h) &= E(y - \hat{\pi}_h(x_0))^2 \\ &= E(y - \pi_0 + \pi_0 - \hat{\pi}_h(x_0))^2 \\ &= var(y) + E(\pi_0 - \hat{\pi}_h(x_0))^2, \end{aligned}$$

wobei der letzte Term $E(\pi_0 - \hat{\pi}_h(x_0))^2$ dem MSE-Fehler bei der Schätzung an der Stelle x_0 entspricht.

Wendet man dieses prädiktive Kriterium mit der entsprechenden Gewichtung auf alle Beobachtungspunkte an, erhält man

$$\begin{aligned} PSE(h) &= \sum_{j=1}^{g} \frac{n_j}{n} PSE_{x_j}(h) \\ &= \sum_{j=1}^{g} \frac{n_j}{n} \pi(x_j)(1 - \pi(x_j)) + \sum_{j=1}^{g} \frac{n_j}{n} E(\pi_j - \pi_h(x_j))^2 \\ &= \left\{ \sum_{j=1}^{g} \frac{n_j}{n} \pi(x_j)(1 - \pi(x_j)) \right\} + MSE(h). \end{aligned}$$

Das prädiktive Kriterium, angewandt auf alle Datenpunkte, unterscheidet sich vom MSE-Fehler nur durch die summierten (wahren) Varianzen.

8.1.4 Polynomiale Erweiterung

Jede hinreichend glatte Funktion läßt sich lokal durch eine Taylor-Entwicklung, d.h. durch ein Polynom niedrigen Grades approximieren. Dies legt den Gedanken nahe, bei einer lokalen Modellierung nicht das "Modell" $\pi(x) = c$ zu verwenden, sondern ein Modell mit polynomialem Einfluß. Um Randprobleme zu vermeiden, verwendet man anstatt des linearen Modells $\pi(x) = \beta_0 + x\beta_1 + \cdots + x^r\beta_r$ das Logit-Modell $\pi(x) = F(\beta_0 + x\beta_1 + \cdots + x^r\beta_r)$ mit $F(\eta) = \exp(\eta)/(1 + \exp(\eta))$.

Bei der Schätzung der Responsewahrscheinlichkeit $\pi(x_0)$ an der Stelle x_0 betrachtet man für die gruppierten Daten (p_i, x_i), $i = 1, \ldots, g$, die lokale Log-Likelihood

$$l_{\pi(x_0)} = \sum_{i=1}^{g} n_i \left\{ p_i \log\left(\frac{\pi(x_i)}{1 - \pi(x_i)}\right) + \log(1 - \pi(x_i)) \right\} \tilde{w}(x_0, x_i),$$

wobei für $\pi(x)$ ein Logit-Modell mit polynomialen, um x_0 zentrierten Termen angenommen wird, d.h.

$$\log\left(\frac{\pi(x)}{1-\pi(x)}\right) = \beta_0 + (x-x_0)\beta_1 + (x-x_0)^2\beta_2 + \cdots + (x-x_0)^r\beta_r.$$

Somit erhält man die zu maximierende lokale Log-Likelihood

$$\begin{aligned} l_{\pi(x_0)} = \sum_{i=1}^{g} \Big\{ & n_i \{p_i[\beta_0 + (x-x_0)\beta + \cdots + (x-x_0)^r\beta_r]\} \\ & - n_i \log(1+\exp[\beta_0 + (x-x_0)\beta + \cdots + (x-x_0)^r\beta_r)\Big\}\tilde{w}(x_0, x_i). \end{aligned} \tag{8.10}$$

Maximieren der lokalen Likelihood (8.10) führt zum lokal geschätzten Modell

$$\log\left(\frac{\hat{\pi}(x)}{1-\hat{\pi}(x)}\right) = \hat{\beta}_0 + (x-x_0)\hat{\beta}_r + \cdots + (x-x_0)^r\hat{\beta}_r$$

und Einsetzen von $x = x_0$ liefert die Schätzung

$$\log\left(\frac{\hat{\pi}(x_0)}{1-\hat{\pi}(x_0)}\right) = \hat{\beta}_0 \qquad \text{bzw.} \qquad \hat{\pi}(x_0) = \exp(\hat{\beta}_0)/(1+\exp(\hat{\beta}_0)).$$

Die letztendliche Schätzung benutzt somit nur den konstanten Parameter, die übrigen Parameter dienen nur der besseren Anpassung an die Kurve $\hat{\pi}(x)$ bei x_0. Der resultierende Schätzer wird als *lokal polynomialer Likelihood-Schätzer* bezeichnet. Für $r = 0$, d.h. ein Polynom nullten Grades, erhält man den Schätzer (8.7) aus Abschnitt 8.1.1.

Die Benutzung der lokalen polynomialen Likelihood hat i.a. den Nachteil, daß zur Lösung ein iteratives Verfahren notwendig ist. Nur für die konstante lokale Modellierung mit dem Polynomgrad Null ergibt sich der einfache, unmittelbar berechenbare Schätzer (8.7). Der Vorteil höherer Polynomgrade besteht in einer besseren Anpassung und den implizierten Grenzfällen. Wählt man lokal das konstante Modell $r = 0$, erhält man für wachsende Glättungsparameter $h \to \infty$ eine konstante Funktion $\pi(x) = cons$. Für den linearen Ansatz $r = 1$ ergibt sich im Grenzfall $h \to \infty$ der lineare Prädiktor $\hat{\beta}_0 + x\hat{\beta}$. Die Parameter hängen dabei nicht mehr vom Bezugspunkt x_0 ab, da für jeden Bezugspunkt alle Beobachtungen dasselbe Gewicht erhalten, somit in jede Schätzung sämtliche Beobachtungen und nicht nur die bei x_0 erhobenen, eingehen. Entsprechend ergibt sich für hohen Polynomgrad r im Grenzfall $h \to \infty$ ein polynomiales Modell mit festen Koeffizienten.

Die Vorteile polynomialer Modellierung gegenüber dem einfachen Polynom nullten Grades werden ausführlich behandelt von Hastie & Loader (1993) und Fan &

Gijbels (1996), Cleveland & Loader (1996). Letztere zeigen in einem historischen Rückblick, daß die Grundidee des Verfahrens ins 19. Jahrhundert zurückgeht.

Beispiel 8.4 : Überlebenschancen von Unternehmen
Bei einer Stichprobe von 1849 neugegründeten Unternehmen in Oberbayern wurde beobachtet, ob sich die Unternehmen länger als 3 Jahre als überlebensfähig erweisen. Mit $y = 0$ *für überlebensfähig und* $y = 1$ *für vorzeitige Aufgabe erhält man einen binären Response (vgl. Brüderl, 1995, Brüderl, Preisendörfer & Ziegler, 1992). Als Einflußgröße* x *wird hier das Alter des Unternehmensgründers betrachtet. In Abbildung 8.5 werden verschiedene Modellierungsansätze dargestellt. Zuerst werden parametrische Logitmodelle mit linearem Einflußterm* $\eta = \beta_0 + x\beta$ *bzw. quadratischem Einflußterm* $\eta = \beta_0 + x\beta_1 + x^2\beta_2$ *geschätzt. Wie aus Abbildung 8.5 (links oben) ersichtlich, werden beide Modelle den Daten wenig gerecht. Die Anpassung der lokalen polynomialen Likelihood basiert auf dem Epanechnikov-Kern und wurde durchgeführt für das lokale konstante Modell (Polynomgrad 0), das lineare lokale Modell (Polynom ersten Grades) und das quadratische Modell (Polynom zweiten Grades). Die verwendeten Glättungsparameter sind nach dem AIC-Kriterium gewählt und durch* $h = 0.5, h = 0.75, h = 4.0$ *gegeben. Zusätzlich sind nach oben und unten Variabilitätsgrenzen eingezeichnet in der Form 1.96 × Standardabweichung. Während konstantes und lineares Modell relativ ähnlich sind, erhält man für das quadratische Modell wegen des hohen Glättungsparameters eine wesentlich glattere Kurve. Die substantielle Aussage ist in allen glatt geschätzten Verfahren vergleichbar, das Risiko des Scheiterns ist für junge Firmengründer relativ hoch und sinkt dann auf ein einigermaßen stabiles Niveau ab. Das Abfallen bei 70 Jahren ist unter dem Gesichtspunkt großer Variablilität nicht überzubewerten.* □

8.1.5 Erweiterung auf mehrere Kovariablen

Das Verfahren lokaler Modellanpassung läßt sich direkt auf den Fall von zwei oder mehr Einflußgrößen erweitern. Für die Daten $(p_i, \boldsymbol{x}_i = (x_{i1}, x_{i2})'),\ i = 1, \ldots, g$, ergibt sich die lokale polynomiale Likelihood mit dem Zielpunkt $\boldsymbol{x}_0 = (x_{01}, x_{02})'$ wie in Abschnitt 8.1.4 durch

$$l = \sum_{i=1}^{g} n_i \left\{ p_i \log\left(\frac{\pi(\boldsymbol{x}_i)}{1-\pi(\boldsymbol{x}_i)}\right) + \log(1-\pi(\boldsymbol{x}_i)) \right\} \tilde{w}(\boldsymbol{x}_0, \boldsymbol{x}_i)$$

mit der Modifikation, daß das Modell (im linearen Fall) durch

$$\log\left(\frac{\pi(x)}{1-\pi(x)}\right) = \beta_0 + (x_{i1} - x_{01})\beta_1 + (x_{i2} - x_{01})\beta_2$$

spezifiziert ist und die Gewichtsfunktion $\tilde{w}(\boldsymbol{x}_0, \boldsymbol{x}_i)$ Vektoren als Argumente enthält. Gewichtsfunktionen dieser Art erhält man aus Produktermen durch

$$w_{\boldsymbol{\lambda}}((x_{01}, x_{02}), (x_{i1}, x_{i2})) = K\left(\frac{x_{01} - x_{i1}}{\lambda_1}\right) K\left(\frac{x_{02} - x_{i2}}{\lambda_2}\right)$$

mit eventuell unterschiedlichen Glättungsparametern λ_1, λ_2 für die beiden Komponenten.

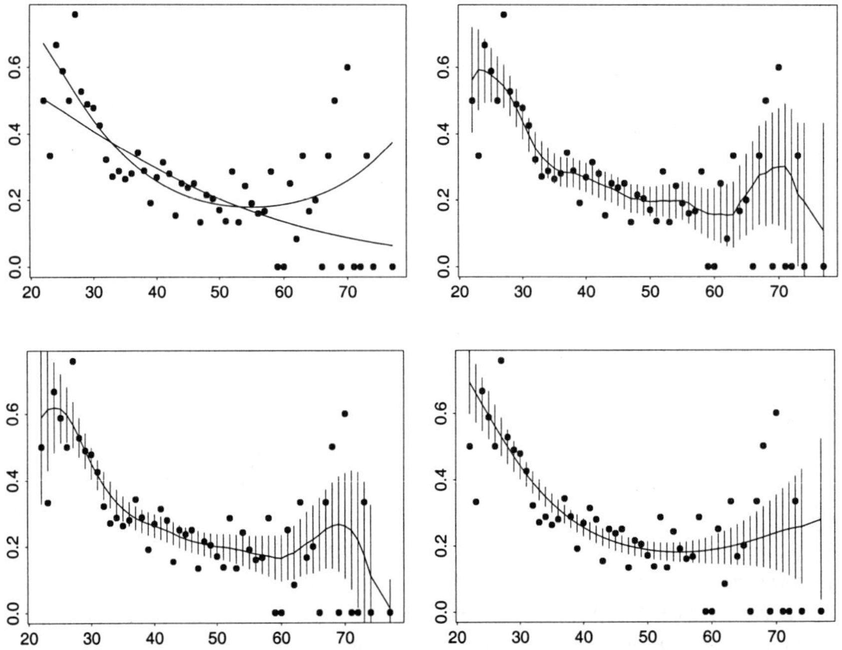

Abbildung 8.5: Scheitern neugegründeter Unternehmen in Abhängigkeit von Alter des Firmengründers. Parametrisches Logit-Modell, linear und quadratisch (links oben), lokale polynomiale Likelihood mit $r = 0$ (rechts oben), $r = 1$ (links unten), $r = 2$ (rechts unten)

Beispiel 8.5 : Staubbelastung
Bei der Untersuchung, wie das Auftreten von Atemwegserkrankungen durch die beruflich bedingte Staubexposition abhängt, werden die Expositionsdauer in Jahren (x_1) und die mittlere Staubkonzentration (x_2) in einer reinen Raucherpopulation als Einflußgrößen einbezogen (vgl. Ulm, 1991, Küchenhoff & Ulm, 1996). In der Subpopulation Raucher erhält man durch lokale Anpassung eines linearen Modells die Darstellung in Abbildung 8.6. Es wird unmittelbar deutlich, wie sowohl die Expositionsdauer als auch die Staubkonzentration zu steigender Wahrscheinlichkeit von Atemwegserkrankungen führen. □

8.2 Ansätze mit Penalisierung

8.2.1 Penalisierung für metrischen Response

Für *metrische* abhängige Variable y und $x \in [a, b]$ bezeichne $m(x) = E(y|x)$ den bedingten Erwartungswert. Der Grundgedanke der Schätzung von $m(x)$ besteht in

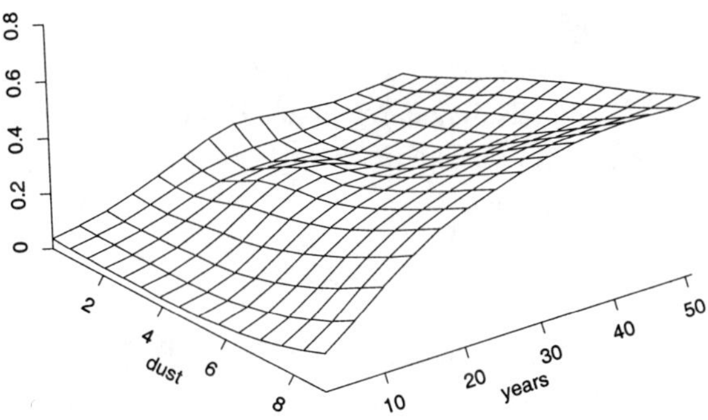

Abbildung 8.6: Generalized additive logit model (left) and local linear fit of $f(dust, years)$ with nearest neighbourhood to probability of chronic bronchitis.

der Minimierung des Ausdrucks

$$\sum_{i=1}^{n} \{y_i - m(x_i)\}^2 + h \int_a^b \{m''(t)\}^2 dt, \tag{8.11}$$

wobei das Integral $\int \{m''(x)\}^2 dx$ einen Strafterm (Penalisierungsterm) darstellt, der die Rauheit der Funktion m bestraft. Rauheit wird somit gemessen durch das Integral über die zweite Ableitung der zu schätzenden Funktion. Der Parameter h steuert, wie stark die Penalisierung die Schätzung bestimmt. Für $h = 0$ ist sie vernachlässigbar und man erhält bei der Minimierung von (8.11) $\hat{m}(x_i) = y_i$, d.h. eine ungeglättete Schätzung, die die Daten reproduziert. Für $h \to \infty$ wird der Strafterm nur dann endlich, wenn $m''(x) = 0$, d.h. m eine Gerade darstellt. Entsprechend entspricht die ultraglatte Schätzung $h \to \infty$ der üblichen linearen Regression mit Kleinsten-Quadraten. Das Kriterium (8.11) insgesamt ist ein Kleinste-Quadrate-Kriterium, ergänzt um einen Bestrafungsterm.

Der Einfachheit halber sei vorausgesetzt, daß $a < x_1 < \cdots < x_n < b$. Die Minimierung von (8.11) über alle Funktionen m, die zweimal stetig differenzierbar sind, führt zu natürlichen kubischen Splines $\hat{m}$. Diese sind bestimmt durch die folgenden Bedingungen:

(1) $\hat{m}$ ist ein kubisches Polynom in jedem der Intervalle $(a, x_1), (x_1, x_2), \ldots, (x_n, b)$.

(2) An den Grenzpunkten $x_1, \ldots, x_n$ besitzen die kubischen Polynome des jeweils linken und rechten Intervalls dieselbe erste und zweite Ableitung, so daß die Funktion an diesen Punkten glatt fortgeführt wird.

(3) An den äußeren Grenzen verschwinden die zweiten und dritten Ableitungen, d.h. $m''(a) = m''(b) = m'''(a) = m'''(b) = 0$, so daß die Funktion in den äußeren Intervallen linear ist.

Die letzte, "natürliche" Grenzbedingung stellt den Hintergrund dar für die Bezeichnung natürliche Splines. Die Lösung $\hat{\boldsymbol{m}} = (\hat{m}(x_1), \ldots, \hat{m}(x_n))'$ läßt sich in geschlossener Form darstellen durch

$$\hat{\boldsymbol{m}} = (\boldsymbol{I} + \gamma \boldsymbol{K})^{-1} \boldsymbol{y}, \tag{8.12}$$

wobei $\boldsymbol{y} = (y_1, \ldots, y_n)'$ die Daten bezeichnet, und $\boldsymbol{I}$ die $(n \times n)$ Einheitsmatrix darstellt. Die Matrix $\boldsymbol{K}$ läßt sich darstellen durch

$$\boldsymbol{K} = \boldsymbol{Q}\boldsymbol{R}^{-1}\boldsymbol{Q}', \tag{8.13}$$

wobei $\boldsymbol{Q} = (q_{ij})_{\substack{1 \le i \le n \\ 1 \le j \le n-1}}$ eine $n \times (n-1)$-Matrix ist, deren Elemente sich mit $d_i = x_{i+1} - x_i$ darstellen lassen durch

$$q_{j-1,j} = \frac{1}{d_{j-1}}, \quad q_{jj} = -\frac{1}{d_{j-1}} - \frac{1}{d_j}, \quad q_{j+1,j} = \frac{1}{d_j},$$

wenn $j = 2, \ldots, n-1$ und $q_{ij} = 0$ wenn $|i-j| \ge 2$. Die $(n-2) \times (n-2)$-Matrix $\boldsymbol{R} = (r_{ij})_{\substack{2 \le i \le n-1 \\ 2 \le j \le n-1}}$ ist bestimmt durch

$$\begin{aligned} r_{ii} &= \frac{1}{3}(d_{i-1} + d_i), \quad i = 2, \ldots, n-1, \\ r_{i,i+1} &= \frac{1}{6} d_i, \quad i = 2, \ldots, n-2, \\ r_{ij} &= 0, \quad \text{wenn} \quad |i-j| \ge 2. \end{aligned}$$

Der Bestrafungsterm nimmt für die Spline-Lösung die einfache Form

$$\int_a^b \{m''(t)\}^2 dt = \boldsymbol{m}'\boldsymbol{K}\boldsymbol{m}$$

an. Eine ausführliche Ableitung der Lösung geben Green & Silverman (1994, Kapitel 2). Insbesondere werden dort auch der Reinsch-Algorithmus und die Entwicklung als B-Splines dargestellt, die eine wesentlich zeitökonomischere Berechnung erlauben als es die unmittelbare Anwendung der Formel (8.12) erlaubt.

Ein generelleres Kriterium mit Gewichtung der Quadratsumme ist gegeben durch

$$\sum_{i=1}^{n} w_i \{y_i - m(x_i)\}^2 + h \int_a^b \{m''(x)\}^2 dx, \tag{8.14}$$

wobei w_i das Gewicht der quadratischen Abweichung $\hat{y}_i - m(x_i)$ bezeichnet. Mit diesem Kriterium läßt sich beispielsweise die unterschiedliche Varianz von Beobachtungen oder variierender lokaler Stichprobenumfang berücksichtigen. Für gruppierte Daten $(\bar{y}_i, x_i)$, wobei $\bar{y}_i$ der Mittelwert über die n_i an der Meßstelle x_i erhobenen Beobachtungen bezeichnet, wählt man sinnvollerweise $w_i = n_i$ und ersetzt die Beobachtungn y_i in (8.14) durch $\bar{y}_i$.

Minimieren von (8.14) liefert die generellere Lösung

$$\boldsymbol{m} = (\boldsymbol{W} + \alpha \boldsymbol{K})^{-1} \boldsymbol{W} \boldsymbol{y}, \tag{8.15}$$

wobei $\boldsymbol{W} =$ diag $(w_1, \ldots, w_n)$ eine Diagonalmatrix über die Gewichte ist.

8.2.2 Penalisierung für kategorialen Response

Prinzipiell läßt sich die Minimierung von (8.11) bzw. (8.14) auf die relativen Häufigkeiten p_i und $m(x_i) = \pi(x_i)$ anwenden. Dabei bleibt allerdings die über die Meßpunkte variierende Varianz $var(p_i) = \pi_i(1-\pi_i)/n$ unberücksichtigt. Da π_i unbekannt ist, läßt sie sich auch nicht unmittelbar über die Gewichte berücksichtigen. Die Kriterien (8.11) bzw. (8.14) lassen sich jedoch generalisieren durch Übergang zur penalisierten Log-Likelihood. Anstatt Minimierung des kleinsten Quadrate-Kriterium betrachtet man die Maximierung der penalisierten Log-Likelihood

$$l(\boldsymbol{m}) - \frac{h}{2} \int \{m''(t)\}^2 dt.$$

Nimmt man für y eine Normalverteilung an, $y_i \sim N(m_i, \sigma^2)$, ergibt sich mit $l(\boldsymbol{m}) = \sum_i \{-(y_i - m_i)^2/(2\sigma^2)\} - \log(\sqrt{2\pi}\sigma)$ das Kriterium (8.11), da der Term $-log(\sqrt{2\pi}\sigma)$ nicht von den Daten abhängt und damit vernachlässigbar ist.

Im dichotomen Fall empfiehlt es sich, anstatt $m(x) = E(y = 1|x)$ als *zu schätzende Funktion die logit-transformierten Werte* $m_i = m(x_i) = log(\pi(x_i)/(1 - \pi(x_i))$ zu betrachten, die dem natürlichen Parameter der Binomialverteilung entsprechen. Man erhält dann für gruppierte Daten als Kriterium

$$\sum_{i=1}^{g} n_i \{p_i m_i - \log(1 + \exp(m_i))\} - \frac{h}{2} \int \{m''(t)\}^2 dt.$$

Da die Lösung wiederum einem natürlichen Spline entspricht, läßt sich der Penalisierungsterm durch $(h/2)$ $\boldsymbol{m}'\boldsymbol{K}\boldsymbol{m}$ ausdrücken. Die zu minimierende Funktion ist somit

$$\begin{aligned} P(\boldsymbol{m}) &= l(\boldsymbol{m}) - \frac{h}{2} \boldsymbol{m}'\boldsymbol{K}\boldsymbol{m} \\ &= \sum_{i=1}^{g} n_i \{p_i m_i - \log(1 + \exp(m_i))\} - \frac{h}{2} \boldsymbol{m}'\boldsymbol{K}\boldsymbol{m}. \end{aligned} \tag{8.16}$$

Der in Abschnitt 8.6.1 abgeleitete iterative Algorithmus berechnet aus dem Schätzer $\hat{\boldsymbol{m}}^{(k)}$ den neuen Schätzer

$$\hat{\boldsymbol{m}}^{(k+1)} = \{\boldsymbol{V} + h\boldsymbol{K}\}^{-1}\boldsymbol{V}\{\hat{\boldsymbol{m}}^{(k)} - \boldsymbol{V}^{-1}\boldsymbol{N}(\boldsymbol{p} - \boldsymbol{\pi}^{(k)})\},$$

wobei $\boldsymbol{V} = -\ \mathrm{diag}\ (n_1\pi_1(1-\pi_1), \ldots, n_g\pi_g(1-\pi_g))$ und $\boldsymbol{N} = \ \mathrm{diag}\ (n_1, \ldots, n_g)$.

8.3 Semiparametrische Erweiterung: Das partiell lineare Modell

Das partiell lineare Modell ist ein semiparametrischer Ansatz, in dem ein Teil der erklärenden Variablen parametrisch spezifiziert ist, während die Wirkung der übrigen Variablen auf die abhängige Größe in ihrer Form nicht festgelegt ist. Im einfachsten Fall zerfallen die erklärenden Variablen in einen Vektor $\boldsymbol{x}_i = (x_{i1}, \ldots, x_{ip})'$ und eine metrische Einflußgröße u_i. Das Modell zu den Daten $(p_i, \boldsymbol{x}_i, u_i)$, $i = 1, \ldots, g$, ist von der Form

$$g(\pi_i) = m(u_i) + \boldsymbol{x}_i'\boldsymbol{\beta},$$

wobei von der Funktion $m(u_i)$ nur angenommen wird, daß sie hinreichend glatt ist und g eine vorgegebene Transformation von π_i, beispielsweise die Logit-Transformation, darstellt. Im Rahmen des Penalisierungskonzepts maximiert man die penalisierte Log-Likelihood

$$l(\boldsymbol{m}, \boldsymbol{\beta}) - h \int \{m''(t)\}^2 dt,$$

wobei $l(\boldsymbol{m}, \boldsymbol{\beta})$ die Log-Likelihood für $\boldsymbol{m} = (m(u_1), \ldots, m(u_g))'$ und $\boldsymbol{\beta}$ darstellt. Zum Schätzalgorithmus siehe Green & Yandell (1985) oder Green & Silverman (1994).

8.4 Generalisierte additive Modelle

Der Grundgedanke der generalisierten additiven Modelle besteht darin, für den linearen Prädiktor eine additive Struktur beizubehalten, nicht aber notwendigerweise eine lineare Struktur. Die in den ersten Kapiteln des Buches angenommene Wirkungskomponente $\eta = \boldsymbol{x}'\boldsymbol{\beta}$ wird verallgemeinert zu einer additiven Wirkung

$$\eta = m_{(1)}(x_1) + \cdots + m_{(p)}(x_p),$$

wobei $m_{(1)}, \ldots, m_{(p)}$ glatte, nicht aber notwendigerweise lineare Funktionen darstellen. Für *metrischen* Response y fomuliert man das *additive Modell*

$$E(y|\boldsymbol{x}) = m_{(1)}(x_1) + \cdots + m_{(p)}(x_p).$$

Für dichotomen Response wird wiederum eine Linkfunktion eingeführt. Das entsprechende *generalisierte additive Modell* besitzt mit $\pi(\boldsymbol{x}) = P(y = 1|\boldsymbol{x})$ die Form

$$g(\pi(\boldsymbol{x})) = m_{(1)}(x_1) + \cdots + m_{(p)}(x_p).$$

Nimmt man für g die Logit-Transformation $g(\pi) = \log(\pi/(1-\pi))$ an, ergibt sich eine unmittelbare Verallgemeinerung des Logit-Modells. Letzteres ist der Spezialfall linearer Funktionen $m_{(j)} = x_j\beta_j,\ j = 1, \ldots, p$.

Das von Hastie & Tibshirani (1990) ausführlich behandelte Schätzkonzept basiert auf der penalisierten Likelihood

$$l(\boldsymbol{m}_1, \ldots, \boldsymbol{m}_p) - \frac{1}{2}\sum_{j=1}^{p} h_j \int \left\{m''_{(j)}(t)\right\}^2 dt. \tag{8.17}$$

Die Likelihood hängt hierbei ab von $\boldsymbol{m}'_j = (m_{(j)}(x_{1j}), \ldots, m_{(j)}(x_{gj})),\ j = 1, \ldots, p$, und besitzt die Form

$$l(\boldsymbol{m}_1, \ldots, \boldsymbol{m}_p) = \sum_{i=1}^{g} n_i \left\{p_i \log\left(\frac{\pi_i}{1-\pi_i}\right) + \log(1-\pi_i)\right\},$$

wobei $\pi_i = g^{-1}(m_{(1)}(x_{i1}) + \cdots + m_{(p)}(x_{ip}))$. Der Penalisierungsterm ist eine Summe über die Rauheit der einzelnen Komponenten, wobei jede Komponente einen eigenen Glättungsparameter h_j besitzt. Ein Schätzalgorithmus zur Maximierung von (8.17) ist der Backfitting-Algorithmus, der sukzessive die einzelnen Komponenten anpaßt. In Abschnitt 8.6.3 wied dieser ausführlicher dargestellt. Alternative Schätzalgorithmen geben Linton & Härdle (1996), Marx & Eilers (1998).

8.5 Modellierung effektmodifizierender Variablen

Die bisher betrachteten Ansätze basieren auf der non- oder semiparametrischen Form des linearen Einflußterms $\eta(x)$ des Modells

$$P(y = 1|x) = h(\eta(x)).$$

Ein allgemeineres Modell, das alle bisher betrachteten Ansätze als Spezialfälle enthält ist das *Variierende-Koeffizienten-Modell.* Man betrachte dazu die Einflußgrößen $x_1, \ldots, x_p, u_0, \ldots, u_p$. Das Modell besitze den Einflußterm

$$\eta = \beta_0(u_0) + x_1\beta_1(u_1) + \cdots + x_p\beta_p(u_p).$$

Die Kovariablen $x_1, \ldots, x_p$ besitzen hier die übliche lineare Form. Die Koeffizienten, die die Wirkungsstärke von $x_1, \ldots, x_p$ bestimmen, werden jedoch durch die Variablen $u_1, \ldots, u_p$ modifiziert. Die Variablen $u_1, \ldots, u_p$ heißen daher auch *effektmodifizierende Variablen.* Für die variierenden Koeffizienten $\beta_0(u_0), \ldots, \beta_p(u_p)$ wird nur angenommen, daß sie glatt sind, es wird keine parametrische Form postuliert. Ein Term der Art $x_1\beta_1(u_1)$ stellt damit eine Interaktion zwischen den Variablen x_1 und u_1 dar, allerdings keine parametrische Interaktion, sondern eine glatte Interaktion, die sich einfach durch eine graphische Darstellung von $\beta_1(u_1)$ veranschaulichen läßt.

Zur Veranschaulichung sei das logistische Modell mit variierenden Koeffizienten betrachtet, das die Form

$$\log\left(\frac{P(y=1|x)}{P(y=0|x)}\right) = \beta_0(u_0) + x_1\beta_1(u_1) + \cdots + x_p\beta_p(u_p)$$

besitzt. Als Spezialfälle ergeben sich:

- *Parametrisches Logit-Modell*
  Mit $u_0 = u_1 = \cdots = u_p = 1$ erhält man als Prädiktor die übliche lineare Form

  $$\eta = \beta_0 + x_1\beta_1 + \cdots + x_p\beta_p$$

- *Semiparametrisches Modell*
  Mit $u_1 = \cdots = u_p = 1$ erhält man

  $$\eta = \beta_0(u_0) + x_1\beta_1 + \cdots + x_p\beta_p,$$

  d.h. u ist in $\beta_0(u)$ nonparametrisch spezifiziert, während $x_1, \ldots, x_p$ durch einen parametrischen Term festgelegt sind.

- *Generalisiertes additives Modell*
  Mit $x_1 = \cdots = x_p = 1$ erhält man das vollständig nonparametrische generalisierte additive Modell

  $$\eta = \beta_0(u_0) + \beta_1(u_1) + \cdots + \beta_p(u_p).$$

Das von Hastie & Tibshirani (1993) eingeführte variierende-Koeffizienten Modell erweist sich somit als eine Verallgemeinerung der bisher betrachteten Modelle mit einem speziellen Akzent auf der Interaktionsmodellierung. Im folgenden Beispiel wird die nonparametrische Form der Interaktion veranschaulicht.

Beispiel 8.6 : Parteipräferenz
In Beispiel 8.3 (Seite 293) wurde die Abhängigkeit der Präferenz für die CDU/CSU gegenüber der SPD in Abhängigkeit vom Alter separat in den Subpopulationen Männer bzw. Frauen betrachtet. In einen variierenden-Koeffizienten-Ansatz läßt sich die Interaktion zwischen Geschlecht und Alter modellieren durch

$$\log\left(\frac{P(CDU/CSU|\text{Alter, Geschlecht})}{P(SPD|\text{Alter, Geschlecht})}\right) = \beta_0(\text{Alter}) + x_G\beta_G(\text{Alter}),$$

wobei x_G eine Dummy-Variable für das Geschlecht darstellt. Mit der (0–1)-Kodierung $x_G = 1$ für Männer und $x_G = 0$ für Frauen ergeben sich bei einem lokalen Schätzverfahren mit Normalverteilungsterm und $\gamma = 5$ die Abbildungen 8.7 und 8.8. Aus der Darstellung von $\beta_0(\text{Alter})$ ist ersichtlich, daß mit zunehmendem Alter die Präferenz für die CDU/CSU gegenüber der SPD prinzipiell zunimmt. Die Interaktion zwischen Geschlecht und Alter ist aus $\beta_G(\text{Alter})$ ersichtlich. Die Effektstärke nimmt kontinuierlich ab. Bis etwa 50 Jahre besitzt das Geschlecht einen positiven Effekt, d.h. Männer haben eine stärkere Präferenz für die CDU/CSU als Frauen. Ab etwa 50 Jahren ist der Effekt tendenzmäßig negativ, d.h. Frauen präferieren die CDU/CSU stärker, wobei sich der Effekt ab etwa 75 Jahren nicht mehr deutlich von Null unterscheidet. □

Bei der Formulierung variierender Koeffizienten ist Vorsicht geboten. Wenn eine effektmodifizierende Variable wirksam ist, sollte dazu auch ein rein nonparametrischer Term eingeschlossen sein. Andernfalls kann das Vorhandensein eines variierenden Effektes von der Kodierung abhängen. Man betrachte das Beispiel

$$\text{Logit}\,(\pi) = \beta_0 + x_G\beta(u),$$

wobei x_G eine Dummy-Variable und $\beta(u)$ ein mit u variierender Effekt ist. Für die (0–1)-Kodierung erhält man

$$\begin{aligned} x_G = 1: &\qquad \eta = \beta_0 + \beta(u), \\ x_G = 0: &\qquad \eta = \beta_0. \end{aligned}$$

Für die Effekt-Kodierung ergibt sich

$$\begin{aligned} x_G = 1: &\qquad \eta = \tilde{\beta}_0 + \tilde{\beta}(u), \\ x_G = -1: &\qquad \eta = \tilde{\beta}_0 - \tilde{\beta}(u). \end{aligned}$$

Gilt beispielsweise das Modell in der Effekt-Kodierung, ergibt sich eine Variation über u in beiden Subpopulationen. Da das in der (0–1)-Kodierung nicht gilt, sind die beiden Modelle nicht kompatibel, d.h. wenn das Variierende-Koeffizienten-Modell in Effekt-Kodierung gilt, gilt es nicht in (0–1)-Kodierung. Derartige Probleme werden vermieden mit dem Modell

$$\text{Logit}\,(\pi) = \beta_0(u) + x_G\beta(u),$$

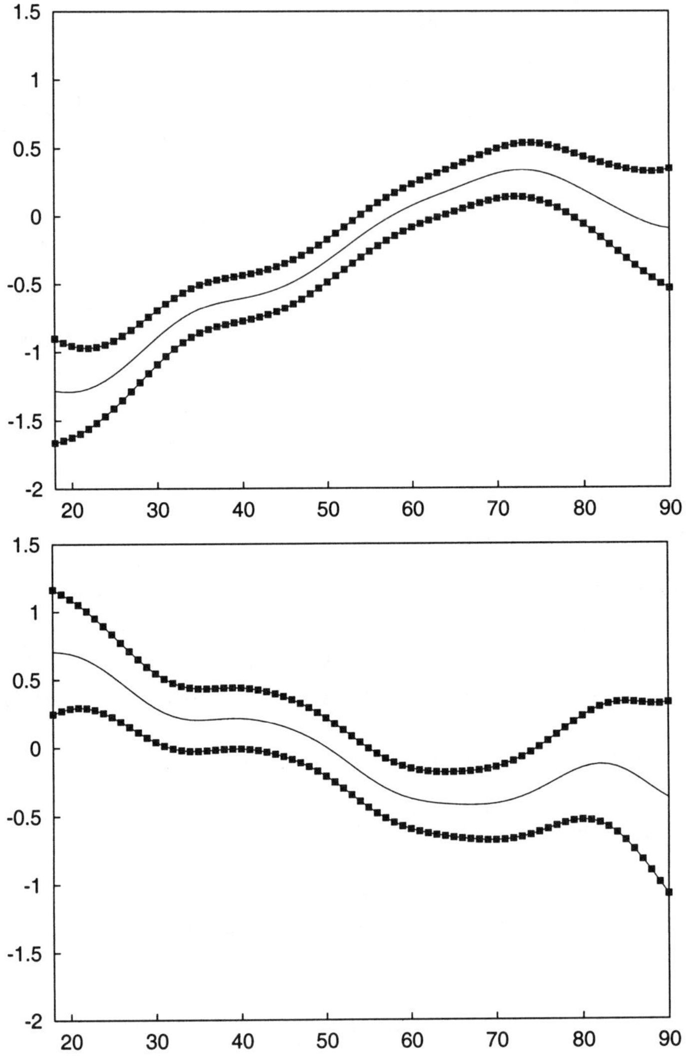

Abbildung 8.7: Variierende Koeffizienten β_0(Alter) (oben) und β_G(Alter) (unten) für die Präferenz von CDU/CSU gegenüber SPD

in dem u auch als rein nonparametrischer Einfluß in $\beta_0(u)$ spezifiziert ist. Jetzt ergibt sich für die (0–1)-Kodierung

$$x_G = 1: \qquad \eta = \beta_0(u) + \beta(u),$$
$$x_G = 0: \qquad \eta = \beta_0(u),$$

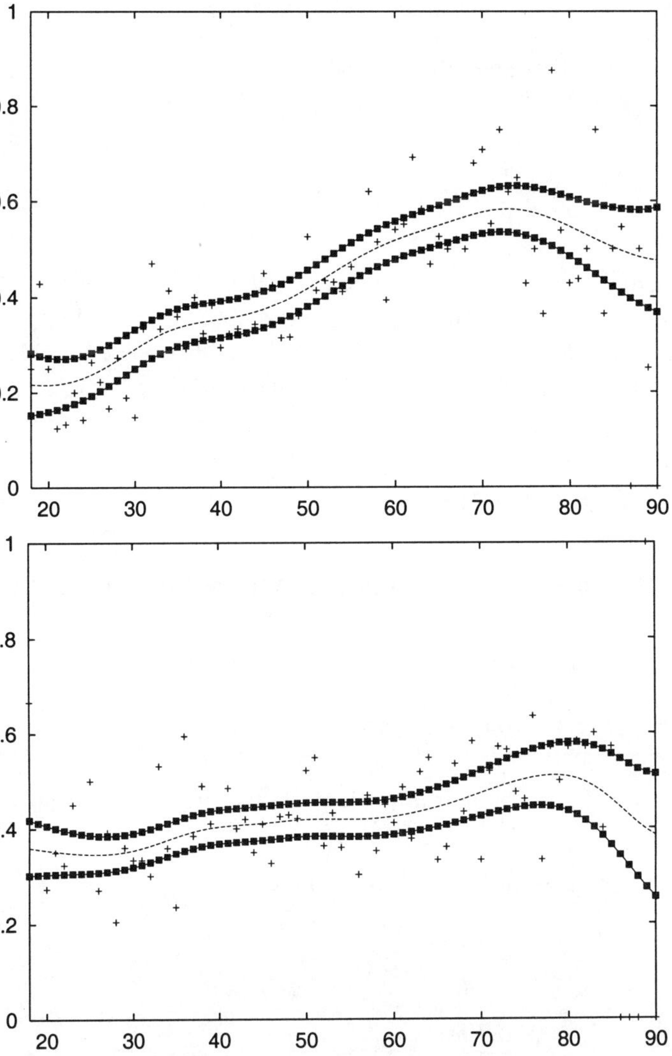

Abbildung 8.8: Schätzungen der Präferenzwahrscheinlichkeit für die CDU/CSU in der Subpopulation Frauen (oben) und Männer (unten)

für die Effektkodierung hingegen

$$x_G = 1: \qquad \eta = \tilde{\beta}_0(u) + \tilde{\beta}(u),$$
$$x_G = 0: \qquad \eta = \tilde{\beta}_0(u) - \tilde{\beta}(u).$$

Einfache Ableitung zeigt, daß die Gültigkeit eines Kodierungs-Modells die Gültigkeit des jeweils anderen impliziert und die Beziehung zwischen β und $\tilde{\beta}$ sich ergibt

durch

$$\beta_0(u) = \tilde{\beta}_0(u) - \tilde{\beta}(u), \qquad \beta(u) = 2\tilde{\beta}(u)$$

bzw.

$$\tilde{\beta}_0(u) = \beta_0(u) + \beta(u)/2, \qquad \tilde{\beta}(u) = \beta(u)/2.$$

Die Schätzung Variierender-Koeffizienten-Modelle läßt sich wiederum an einer Penalisierung festmachen (Hastie & Tibshirani, 1993) oder an einer lokalen Likelihood, wobei lokal jetzt in Bezug auf die effektmodifizierende Variable gilt. Siehe dazu auch Tutz & Kauermann (1997), Kauermann & Tutz (1999).

8.6 Schätzalgorithmen

8.6.1 Iterative Schätzung der penalisierten Likelihood

Die in (8.16) gegebenen penalisierte Log-Likelihood hat die Form

$$\begin{aligned} P(\boldsymbol{m}) &= l(\boldsymbol{m}) - \frac{\gamma}{2}\boldsymbol{m}'\boldsymbol{K}\boldsymbol{m} \\ &= \sum_{i=1}^{g} n_i\{p_i m_i - \log(1+\exp(m_i))\} - \frac{\gamma}{2}\boldsymbol{m}'\boldsymbol{K}\boldsymbol{m}. \end{aligned}$$

Man erhält mit $m_i = \log(\pi_i/(1-\pi_i))$ unmittelbar

$$\begin{aligned} \frac{\partial P(\boldsymbol{m})}{\partial m_i} &= n_i\{p_i - \pi_i) - \gamma \sum_{j=1}^{g} k_{ij} m_j, \\ \frac{\partial P(\boldsymbol{m})}{\partial m_i^2} &= -n_i\pi_i(1-\pi_i) - \gamma k_{ii}, \\ \frac{\partial P(\boldsymbol{m})}{\partial m_i \partial m_j} &= -\gamma k_{ij}, \qquad j \neq i. \end{aligned}$$

Insgesamt gilt somit

$$\frac{\partial P(\boldsymbol{m})}{\partial \boldsymbol{m}} = \frac{\partial l(\boldsymbol{m})}{\partial \boldsymbol{m}} - \gamma \boldsymbol{K}\boldsymbol{m},$$

wobei

$$\frac{\partial l(\boldsymbol{m})}{\partial \boldsymbol{m}} = \boldsymbol{N}(\boldsymbol{p} - \boldsymbol{\pi}) \text{ mit } \boldsymbol{N} = \text{ diag }(n_1, \ldots, n_g),$$

und

$$\frac{\partial P(\boldsymbol{m})}{\partial \boldsymbol{m}\partial \boldsymbol{m}'} = \frac{\partial l}{\partial \boldsymbol{m}\partial \boldsymbol{m}'} - \gamma \boldsymbol{K},$$

mit

$$\frac{\partial l}{\partial \boldsymbol{m}\partial \boldsymbol{m}'} = \boldsymbol{V} = -\operatorname{diag}\left(n_1\pi_1(1-\pi_1),\ldots,n_g\pi_g(1-\pi_g)\right).$$

Das iterative Newton-Raphson Verfahren, das hier äquivalent zum Fisher-Scoring ist, berechnet aus dem Schätzer $\hat{\boldsymbol{m}}^{(k)}$ den neuen Schätzer

$$\begin{aligned}
\hat{\boldsymbol{m}}^{(k+1)} &= \hat{\boldsymbol{m}}^{(k)} - \left\{\frac{\partial P(\boldsymbol{m}^{(k)})}{\partial \boldsymbol{m}\partial \boldsymbol{m}'}\right\}^{-1} \frac{\partial P(\boldsymbol{m}^{(k)})}{\partial P(\boldsymbol{m})} \\
&= \hat{\boldsymbol{m}}^{(k)} - \{\boldsymbol{V} - \gamma\boldsymbol{K}\}^{-1}\{\boldsymbol{N}(\boldsymbol{p} - \boldsymbol{\pi}^{(k)}) - \gamma\boldsymbol{K}\boldsymbol{m}^{(k)}\} \\
&= \{\boldsymbol{V} - \gamma\boldsymbol{K}\}^{-1}\{\boldsymbol{V}\hat{\boldsymbol{m}}^{(k)} - \gamma\boldsymbol{K}\hat{\boldsymbol{m}}^{(k)} - \boldsymbol{N}(\boldsymbol{p} - \boldsymbol{\pi}^{(k)}) + \gamma\boldsymbol{K}\boldsymbol{m}^{(k)}\} \\
&= \{\boldsymbol{V} - \gamma\boldsymbol{K}\}^{-1}\{\boldsymbol{V}\hat{\boldsymbol{m}}^{(k)} - \boldsymbol{N}(\boldsymbol{p} - \boldsymbol{\pi}^{(k)})\} \\
&= \{\boldsymbol{V} - \gamma\boldsymbol{K}\}^{-1}\boldsymbol{V}\{\hat{\boldsymbol{m}}^{(k)} - \boldsymbol{V}^{-1}\boldsymbol{N}(\boldsymbol{p} - \boldsymbol{\pi}^{(k)})\}.
\end{aligned}$$

8.6.2 Backfitting-Algorithmus für additive Modelle

Die Daten sind in diesem Fall gegeben durch $(y_i, \boldsymbol{x}_i), i = 1,\ldots,n$, wobei $\boldsymbol{x}_i' = (x_{i1},\ldots,x_{ip})$ ein p-dimensionaler Einflußgrößenvektor ist. Das zugrundeliegende Modell ist die Erweiterung des metrischen Regressionsmodells auf das additive Modell

$$E(y_i|\boldsymbol{x}_i) = m_{(1)}(x_{i1}) + \cdots + m_{(p)}(x_{ip}).$$

Bezeichne $\hat{\boldsymbol{m}}_j' = (\hat{\boldsymbol{m}}_{j1},\ldots,\hat{\boldsymbol{m}}_{jn})$ die Schätzung der glatten Komponente der Einflußgröße x_j an der Stelle der Beobachtungen, d.h. $\hat{\boldsymbol{m}}_j'$ ist ein Schätzer für $\boldsymbol{m}_j' = (\boldsymbol{m}_{(j)}(x_{1j}),\ldots,\boldsymbol{m}_{(j)}(x_{nj}))$. Der Beobachtungsvektor sei zusammengefaßt in $\boldsymbol{y}' = (y_1,\ldots,y_n)$. Damit erhält man eine Matrixdarstellung des Modells durch

$$\boldsymbol{y} = \boldsymbol{m}_1 + \cdots + \boldsymbol{m}_p + \boldsymbol{\varepsilon},$$

wobei $\boldsymbol{\varepsilon}' = (\varepsilon_1,\ldots,\varepsilon_n)$ einen unbeobachteten Störvektor darstellt. Der Grundgedanke des Schätzers besteht darin, iterativ den aktuellen Schätzer durch Glättung des Residuums zu bestimmen.

Aus der Matrixdarstellung ergibt sich, daß unter Vernachlässigung der Störung approximativ gilt

$$\boldsymbol{m}_j \approx \boldsymbol{y} - \sum_{i\neq j} \boldsymbol{m}_i.$$

Nach Schätzung von $\boldsymbol{m}_i, i \neq j$ läßt sich $\boldsymbol{y} - \sum_{i \neq j} \hat{\boldsymbol{m}}_i$ als Residuenvektor ohne $\boldsymbol{m}_j$ verstehen. Die aktuelle Schätzung für $\boldsymbol{m}_j$ ist bestimmt durch

$$\hat{\boldsymbol{m}}_j^{(s)} = \boldsymbol{S}_j \left(\boldsymbol{y} - \sum_{i \neq j} \hat{\boldsymbol{m}}_i^{(s-1)} \right), \tag{8.18}$$

wobei $\boldsymbol{S}_j$ eine $(n \times n)$-Glättungsmatrix bezeichnet. Für die Spline-Glättung ist $\boldsymbol{S}_j$ durch $\boldsymbol{S}_j = (\boldsymbol{I} + \gamma \boldsymbol{K}_j)^{-1}$ gegeben. $\boldsymbol{K}_j$ besitzt dabei die Form (8.13), allerdings gebildet aus den Beobachtungen der $j$ten Komponente von $\boldsymbol{x}_i$ (vgl. Gleichung (8.12)).

Der tatsächlich verwendete Algorithmus weist noch zwei Modifikationen auf. Die Schätzung im Iterationszyklus s wird für $\boldsymbol{m}_1, \ldots, \boldsymbol{m}_p$ sukzessive durchgeführt. Bei der Schätzung von $\boldsymbol{m}_j,\ j > 1$, stehen also schon die Schätzungen $\hat{\boldsymbol{m}}_1^{(s)}, \ldots, \hat{\boldsymbol{m}}_{j-1}^{(s)}$ zur Verfügung. Konsequenterweise benutzt man diese bereits beim Anpassen von $\boldsymbol{m}_j$, so daß anstatt (8.18) die Iteration gegeben ist durch

$$\boldsymbol{m}_j^{(s)} = \boldsymbol{S}_j \left(y - \sum_{i<j} \boldsymbol{m}_i^{(s)} - \sum_{i>j} \boldsymbol{m}_i^{(s-1)} \right).$$

Die zweite Modifikation betrifft den konstanten Term der Regression, der in jeder der Komponenten $\boldsymbol{m}_1, \ldots, \boldsymbol{m}_p$ aufgenommen werden könnte und dessen Vernachlässigung bewirkt, daß $\boldsymbol{m}_1, \ldots, \boldsymbol{m}_p$ nicht identifizierbar sind. Die Konstante wird daher vorab durch den Vektor $\hat{\boldsymbol{m}}_0' = (\bar{y}, \ldots, \bar{y})$ mit $\bar{y} = \Sigma_i y_i / n$ bestimmt. Dies entspricht dem Übergang von $y_1, \ldots, y_n$ zu den "bereinigten" Beobachtungen $y_1 - \bar{y}, \ldots, y_n - \bar{y}$.

Backfitting-Algorithmus

(1) Als Initialisierung wählt man für $s = 0$ z.B. $\boldsymbol{m}_j^{(0)} = (0, \ldots, 0),\ j = 1, \ldots, p$.

(2) a. Die neue Zykluszahl s ergibt sich durch Addition von $+1$ zum bisherigen s.

b. Man bestimmt für $j = 1, \ldots, p$ den aktualisierten Schätzer

$$\hat{\boldsymbol{m}}_j^{(s)} = \boldsymbol{S}_j \left(\boldsymbol{y} - \hat{\boldsymbol{m}}_0 - \sum_{i<j} \hat{\boldsymbol{m}}_i^{(s)} - \sum_{i>j} \hat{\boldsymbol{m}}_i^{(s-1)} \right).$$

c. Wenn sich $\hat{\boldsymbol{m}}_1^{(s)}, \ldots, \hat{\boldsymbol{m}}_p^{(s)}$ im Vergleich zu $\boldsymbol{m}_1^{(s-1)}, \ldots, \boldsymbol{m}_p^{(s-1)}$ noch verändert haben (die normierte Differenz ein Abbruchkriterium überschreitet) wird mit (2)a. fortgefahren.

Der Backfitting- oder Gauss-Seidel-Algorithmus löst das Gleichungssystem

$$\begin{pmatrix} I & S_1 & \dots & S_1 \\ S_2 & I & \dots & S_2 \\ \vdots & \vdots & & \vdots \\ S_p & S_p & \dots & I \end{pmatrix} \begin{pmatrix} m_1 \\ m_2 \\ \vdots \\ m_p \end{pmatrix} = \begin{pmatrix} S_1 y \\ S_2 y \\ \vdots \\ S_p y \end{pmatrix} \tag{8.19}$$

dessen j-te Zeile sich durch

$$\sum_{i \neq j} S_j m_i + m_j = S_j y \quad \text{bzw.} \quad m_j = S_j \left(y - \sum_{i \neq j} S_j m_i \right)$$

ausdrücken läßt. Eine ausführliche Behandlung, insbesondere eine Ableitung aus dem Penalisierungskonzept (mit S_j als Spline-Glättung) findet sich bei Buja, Hastie & Tibshirani (1989).

8.6.3 Backfitting-Algorithmus für generalisierte additive Modelle

Das Ziel der Schätzung besteht darin die penalisierte Likelihood (8.17) zu maximieren. In Matrixdarstellung ergibt sich

$$P(m_1, \dots, m_p) = l(m_1, \dots, m_p) - \frac{1}{2} \sum_{j=1}^{n} h_j m_j' K_j m_j, \tag{8.20}$$

wobei K_j die Form (8.13) besitzt, allerdings nur aus der j-ten Komponente der Beobachtungen, d.h. aus $x_{1j}, \dots, x_{nj}$, gebildet wird.

Für die Maximierung von (8.20) läßt sich der Fisher-Scoring Algorithmus anwenden, der eine neue Schätzung $\hat{m}^{(k+1)}$ generiert durch $\hat{m}^{(k+1)} = \hat{m}^{(k)} + \{E(\partial P/\partial m)\}^{-1} \partial P/\partial m$, $\hat{m}' = (m_1', \dots, m_p')$. Jeder Iterationsschritt führt zu einem Gleichungssystem der Form (8.19), das selbst durch einen Backfitting-Algorithmus in der inneren Schleife gelöst wird. Die Iteration basiert wesentlich auf der Darstellung des Fisher-Scorings mit einer adjustierten abhängigen Variable. Die verwendete Glättungsmatrix S_j ist von der Form (8.15), wobei K durch K_j ersetzt ist.

Backfitting-Algorithmus mit Fisher-Scoring

---

(1) Als Initialisierung wählt man $\hat{m}_0^{(0)} = g(\bar{y})$, $\hat{m}_j^{(0)} = (0, \dots, 0)$, $j = 1, \dots, p$, $s = 0$.

(2) a. s erhöhen

b. Konstruiere die adjustierte abhängige Variable

$$z_i = \eta_i^{(s)} + \frac{y_i - h(\eta_i^{(s)})}{D_i^{(s)}}$$

mit $D_i^{(s)} = \partial h(\eta_i^{(s)})/\partial\eta$ und $\eta_i^{(s)} = \hat{\boldsymbol{m}}_0^{(s)} + \sum_{j=1}^{p} \hat{\boldsymbol{m}}_j^{(s)}$

c. Innerer Backfitting-Algorithmus für Beobachtungen $z_1, \ldots, z_n$

(B1) Initialisierung durch $\tilde{\boldsymbol{m}}_j^{(0)} = \hat{\boldsymbol{m}}_j^{(s)}$, $j = 1, \ldots, p$, $\tilde{\boldsymbol{m}}_0^{(0)} = (\bar{z}, \ldots, \bar{z})$, $\bar{z} = \sum_i z_i/n$

(B2) a. Neue Zykluszahl t durch Addition von $+1$

b. Für $j = 1, \ldots, p$ bestimmt man

$$\tilde{\boldsymbol{m}}_j^{(t)} = \boldsymbol{S}_j \left(z_i - \sum_{i<j} \tilde{\boldsymbol{m}}_i^{(t)} - \sum_{i>j} \tilde{\boldsymbol{m}}_i^{(s+1)} \right),$$

wobei $\boldsymbol{S}_j$ Glättungsmatrix der Spline-Glättung mit Gewichten $(D_i^{(s)}/\sigma_i^{(s)})^2$, $\sigma_i^{(s)} = \sqrt{Var(h(\eta^{(s)}))}$.

c. Vergleich von $\tilde{\boldsymbol{m}}_j^{(t)}$ mit $\tilde{\boldsymbol{m}}_j^{(t-1)}$, $j = 1, \ldots, p$
Weiter mit (B2)a., wenn Abbruchkriterium B nicht erfüllt.
Weiter mit (2)d., wenn Abbruchkriterium B erfüllt.

d) Man setzt $\hat{\boldsymbol{m}}_j^{(s)} = \tilde{\boldsymbol{m}}_j^{(t)}$, $j = 1, \ldots, p$, für aktuelles t der inneren Schleife.
Vergleich von $\hat{\boldsymbol{m}}_j^{(s)}$ mit $\hat{\boldsymbol{m}}_j^{(s-1)}$, $j = 1, \ldots, p$ entscheidet ob mit 2a weiter oder Abbruch des Verfahrens.

8.7 Weitere Literatur

Übersichtsliteratur

Es gibt mehrere Bücher, die das Problem nonparametrischer Dichte- und Regressionsschätzung – vorwiegend für metrisch skalierte Daten – ausführlich behandeln. Härdle (1990) hebt besonders die Kernregressionsschätzung hervor, Green & Silverman (1994) betrachten den Penalisierungsansatz (auch für kategorialen Response), Fan & Gijbels (1996) behandeln lokale polynomiale Regression, Hastie & Tibshirani (1990) die additive und generalisiert additive Modellierung, Simonoff (1996) gibt einen Überblick, der auch glatte Schätzer für Kontingenztafeln einbezieht, Horowitz

(1998) fokussiert auf Single-Index-Modelle, Bowman & Azzalini (1997) geben eine anwendungsorientierte Übersicht mit diversen S-Plus-Anwendungen.

Wahl des Glättungsparameters

Die Wahl des Glättungsparameters ist entscheidend für die Güte des Schätzers. Entsprechend umfangreich ist die Behandlung dieser Thematik in der Literatur. Klassische Bandbreitenwahlen sind die Kreuzvalidierung (z.B. Härdle, Hall & Marron (1988)) und die Risiko-Schätzung (Rice, 1984). Im sog. Plug-in-Ansatz wird das asymptotische Verhalten untersucht und die darin enthaltenen Terme werden durch einen vorläufigen Schätzer bestimmt (z.B. Gasser, Kneip & Köhler, 1991). Einen Überblick und eine alternative effiziente Methode geben Hall & Johnstone (1992). Während Plug-in-Schätzer asymptotisch effizient sind und daher vielfach propagiert werden, sind dafür einige Annahmen notwendig. Loader (1995) kritisiert diesen Ansatz entsprechend, Hart & Yi (1996) und Hurvich, Simonoff & Tsai (1998) entwickeln alternative Kreuzvalidierungs-Ansätze

Kapitel 9

Nonparametrische Regression II: Klassifikations- und Regressionsbäume

Klassifikations- und Regressionsbäume sind ein primär exploratives Verfahren, das darauf abzielt, die Wirkung von Prädiktoren in einer Baumstruktur darzustellen. Das Verfahren hat seine Ursprünge in dem von Morgan & Sonquist entwickelten AID-Verfahren (Automatic Interaction Detection). Die moderne Variante der Baumstruktur wurde von Breiman, Friedman, Olshen & Stone (1984) konzipiert und ist unter dem Begriff CART-Verfahren (Classification and Regression Trees) bekannt geworden. Die anschauliche Darstellung erleichtert dabei die Kommunikation mit Substanzwissenschaftlern, die für statistische Details wenig Interesse aufbringen.

9.1 Grundkonzept

Klassifikations- und Regressionsbäume sind ein Weg, Einflußgrößenanalyse und Prognose auf ein einfaches rekursives Verfahren zurückzuführen, das ohne starke

Modellannahmen auskommt. Der Grundgedanke besteht darin, den Merkmalsraum bzw. Prädiktoren sukzessive zu unterteilen mit dem Ziel:

> Die resultierenden Zerlegungen sind bezüglich der abhängigen Variable y in sich möglichst *homogen* und untereinander möglichst *heterogen*.

Die Zerlegung des Merkmals- bzw. Prädiktorenraums ist dabei von einfachster Natur. Steht beispielsweise nur ein metrisches Merkmal x zur Verfügung, wird ein Trennpunkt c gesucht, so daß die Zerlegung in $A_1 = \{x : x \leq c\}$ und $A_2 = \{x : x > c\}$ so erfolgt, daß y in A_1 große, in A_2 niedrige Werte bzw. in A_1 niedrige und in A_2 hohe Werte annimmt. Innerhalb A_1 bzw. A_2 soll y möglichst gleichartige Werte annehmen, der Unterschied zwischen den Werten innerhalb A_1 und A_2 sollte möglichst groß sein. Im nächsten Schritt werden dann weitere Zerlegungen von A_1 bzw. A_2 betrachtet. Man sucht nun einen nächsten Trennpunkt in A_1, d.h. eine Zerlegung von A_1, so daß wiederum y in den Bereichen der neuen Zerlegung homogen, die Werte zwischen den Bereichen möglichst heterogen sind. Dasselbe Prinzip wird auf A_2 angewandt: sämtliche Zerlegungen von A_2 werden zur Konkurrenz zugelassen. Unter all diesen Zerlegungen der zweiten Stufe, d.h. von A_1 und A_2 wird diejenige gewählt, die eine (in einem noch zu spezifizierenden Sinne) maximale Trennung der abhängigen Varible bewirkt. Sukzessive entsteht so ein Baum, der durch seine Knoten bzw. Verzweigungen bestimmt ist. Als Knoten läßt sich dabei jeweils die erreichte Untermenge des Merkmalsraumes verstehen, die im nächsten Schritt weiter partitioniert wird. Ist die abhängige Variable y kategorial, erhält man *Klassifikationsbäume*, ist y eine stetige Größe spricht man von *Regressionsbäumen*. Wegen der sukzessiv erfolgenden Zerlegung, die jeweils auf die vorhergehende aufbaut, spricht man von einem *rekursiven Partitionsverfahren*.

Das Vorgehen ist prinzipiell anders als in der parametrischen Regression. Während parametrische Regression die Variation der abhängigen Größe y auf einen linearen Term $\boldsymbol{x}'\boldsymbol{\beta}$ zurückführt, wird in Regressionsbäumen versucht, die Variation durch unterschiedliche Bereiche des Merkmalsraumes zu erklären. Am einfachsten ist dieses Vorgehen einsehbar für einen metrischen Response y. Man betrachte wiederum nur einen metrischen Prädiktor x mit der Zerlegung in $A_1 = \{x : x \leq c\}$ und $A_2 = \{x : x > c\}$. Eine einfache Voraussage für den Response innerhalb von A_1 bzw. A_2 aus den Daten (y_i, x_i), $i = 1, \ldots, n$, sind die bereichsspezifischen Mittelwerte

$$\bar{y}(A_s) = \frac{1}{n(A_s)} \sum_{x_i \in A_s} y_i, \quad s = 1, 2,$$

wobei $n(A_s)$ die Anzahl der Beobachtungen mit $x_i \in A_s$ bezeichnet. Der Mittelwert $\bar{y}(A_s)$ ist somit der Mittelwert aller Beobachtungen y_i, deren Prädiktor dem

Bereich A_s entstammt. Der Trennpunkt c, der die Partition in $A_1 = \{x : x \leq c\}$ und $A_2 = \{x : x > c\}$ bestimmt, läßt sich aus der Stichprobe so wählen, daß

$$\sum_{s=1}^{2} \sum_{i=1}^{n} (y_i - \bar{y}(A_s))^2 \tag{9.1}$$

minimal wird. Damit werden unmittelbar die bereichsspezifischen quadratischen Abweichungen

$$R(A_s) = \sum_{i=1}^{n} (y_i - \bar{y}(A_s))^2$$

minimiert, d.h. die Heterogenität innerhalb der Merkmalsbereiche, minimiert. An die Stelle des linearen Prädiktors der parametrischen Regression treten somit (in jeweils einem Partitionsschritt) die Bereiche A_1, A_2, innerhalb derer der Response als konstant betrachtet wird. Durch weitere Zerlegung wird das Postulat der Konstanz auf immer feinere Bereiche von x angewandt.

Beispiel 9.1 : Umsatz großer Unternehmen
Für die 100 größten deutschen Unternehmen wird betrachtet, wie im Jahr 1997 die Mitarbeiterzahl mit dem Umsatz (in Mio. DM) zusammenhängt. Der mit S-Plus© bestimmte Baum und die zugehörige Unterteilung sind in Abbildung 9.1 dargestellt. Als erste Zerlegung (Basisknoten) ergibt sich die Unterteilung in Unternehmen mit einer Mitarbeiterzahl kleiner bzw. größer 78 811. *Der linke Zweig (kleiner als* 78 811*) wird weiter aufgespalten in Mitarbeiterzahl kleiner/größer* 34 869, *der rechte Zweig (größer als* 78 811*) wird weiter aufgespalten in kleiner/größer* 188 740. *Unter den Knoten findet sich der jeweilige Mittelwert der abhängigen Variable in der zugehörigen Partition. In der ungeteilten Menge beträgt der Mittelwert des Umsatzes* 15 280, *im linken Zweig (Mitarbeiter* $<$ 78 811*) beträgt er* 7 252 *für* $n = 83$ *Unternehmen, im rechten Zweig (Mitarbeiter* $>$ 78 811*) beträgt er* 54 470 *für* $n = 17$ *Unternehmen. Die Trennpunkte sind jeweils bei der Verzweigung angegeben, wobei die angegebenen Bedingung jeweils für den linken Zweig gilt. Insgesamt ergibt sich aus Abbildung 9.1 ein monotoner Zusammenhang zwischen Mitarbeiterzahl und Umsatz, wobei die größere Variablilität für hohe Mitarbeiterzahl auffällt.* □

Regressionsbäume sind im Gegensatz zu parametrischen Regressionsansätzen nicht durch ein "wahres" Modell bestimmt, sondern durch einen Verzweigungs- bzw. Partitionsalgorithmus. Wesentliche Kenngrößen dieses Algorithmus sind die zugelassenen Verzweigungen, das Verzweigungskriterium und das Kriterium für das Ende des Verzweigungsprozesses. Diese werden im folgenden separat behandelt.

9.2 Zugelassene Verzweigungen

Sei A bereits eine Teilmenge des Prädiktorraums eines mehrdimensionalen Prädiktors $\boldsymbol{x}' = (x_1, \ldots, x_p)$. Eine von A ausgehende Verzweigung, also eine weitere

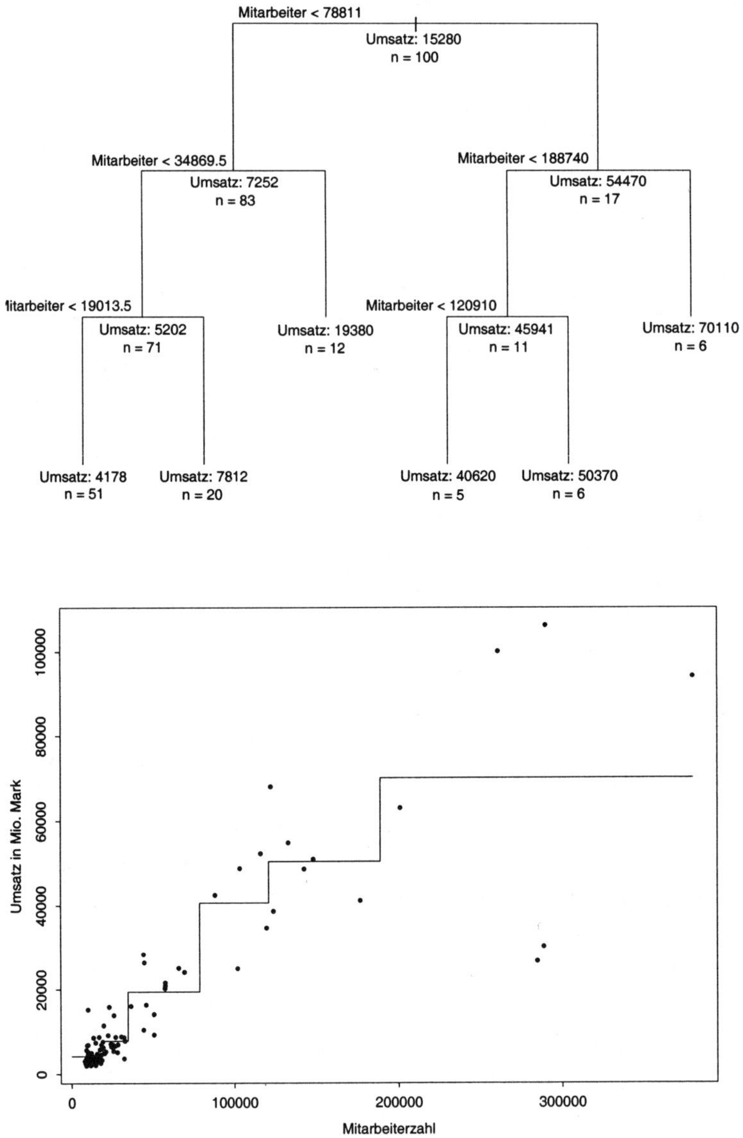

Abbildung 9.1: Regressionsbaum für die Regression von Umsatz auf Mitarbeiter der 100 umsatzstärksten Unternehmen (oben) mit zugehörigem Regressogramm (unten)

Partitionierung von A in einen linken Zweig A_1 und einen rechten Zweig A_2, basiert grundsätzlich auf der Betrachtung jeweils nur einer Komponente von $\boldsymbol{x}$.

- Ist die betrachtete Komponente x_i *metrisch* oder *ordinal* skaliert, ist die Verzweigung durch einen Trennpunkt c bestimmt, d.h. alle Partitionierungen der Form

$$A_1 = A \cap \{x_i \leq c\} \quad \text{und} \quad A_2 = A \cap \{x_i > c\}$$

für beliebiges $c \in \mathbb{R}$ kommen in Frage. Für kategorial-ordinales Merkmal x_i mit den Ausprägungen $x_i \in \{1, \ldots, k_i\}$ sind naturgemäß nur $k_i - 1$ Zwischenwerte zu betrachten, beispielsweise $1.5, 2.5, \ldots, k_i - 0.5$. Für stetige Merkmale kann die Anzahl der zu betrachtenden Trennwerte maximal der Stichprobenumfang sein, nämlich dann, wenn alle Prädiktoren in der Stichprobe unterschiedliche Werte besitzen.

- Ist die betrachtete Komponente x_i *nominal-kategorial* mit $x_i \in \{1, \ldots, k_i\}$, so kommen als Partitionen sämtliche Zerlegungen von $\{1, \ldots, k_i\}$ in zwei Teilmengen in Betracht, d.h. A_1, A_2 sind von der Form

$$A_1 = A \cap S, \quad A_2 = A \cap \bar{S}, \quad \text{wobei} \quad S \subset \{1, \ldots, k_i\}.$$

$\bar{S}$ bezeichnet dabei das Komplement von S, also $\bar{S} = \{s \in \{1, \ldots, k_i\}, s \notin S\}$.

9.3 Verzweigungskriterium

Von der Vielzahl der in der Literatur vorgeschlagenen Verzweigungskriterien werden im folgenden nur einige skizziert. Der Schwerpunkt gilt den auf Teststatistiken beruhenden Verfahren, wie sie von Ciampi, Chang, Hogg & McKinney (1987) vorgeschlagen wurden. Eine Variante dieser Verfahren, die auf der Devianz beruht, ist im Programmpaket S-Plus© (Clark & Pregibon, 1992) realisiert.

9.3.1 Tests auf Homogenität als Verzweigungskriterium

Das Ziel einer Verzweigung ist eine Unterteilung des Merkmalsbereichs A in eine Partition A_1, A_2, so daß $A = A_1 \cup A_2$. Dem Grundkonzept der Klassifikations- und Regressionsbäume entsprechend, wird der Response innerhalb einer Partitionierung als konstant betrachtet. Der vorhergehenden Partition, die A erzeugt, liegt daher das Modell

$$M_A : E(y|x \in A) = \mu \tag{9.2}$$

zugrunde. Nach einer Verzweigung in A_1 und A_2, werden in A_1 und A_2 unterschiedliche Erwartungswerte zugelassen. Das entsprechende Modell ist

$$M_{A_1,A_2} : E(y|x \in A_s) = \mu_s, \; s = 1, 2. \tag{9.3}$$

Eine Verzweigung ist umso trennschärfer, desto größer die Diskrepanz zwischen M_A (Konstanz auf A) und M_{A_1,A_2} (Konstanz jeweils innerhalb A_1 bzw. A_2) ist. Als Distanzmaß zwischen M_A und M_{A_1,A_2} läßt sich jede Teststatistik anwenden, die die Gültigkeit von M_A, gegeben M_{A_1,A_2}, überprüft. Überprüft wird somit, ob die abhängige Variable als in A homogen betrachtet werden kann im Verhältnis dazu, daß sie jeweils nur in A_1 bzw. A_2 homogen ist. Da M_A ein Untermodell von M_{A_1,A_2} ist, läßt sich z.B. die Diskrepanz mit den in der Devianzanalyse (Abschnitt 3.5) entwickelten Methoden messen. Das entsprechende Distanzmaß zwischen M_A und M_{A_1,A_2} ist dann gegeben durch das Devianzkriterium

$$D(M_A|M_{A_1,A_2}) = D(M_A) - D(M_{A_1,A_2}), \tag{9.4}$$

wobei $D(M_A), D(M_{A_1,A_2})$ die Devianz der Modelle M_A, M_{A_1,A_2} bezeichnet.

Man wählt nun diejenige Partition, die die größte Diskrepanz zwischen M_A und M_{A_1,A_2} aufweist. Die Funktion `tree` in S-Plus©wählt unter allen möglichen Verzweigungen unmittelbar die Partition mit maximalem $D(M_A|M_{A_1,A_2})$ aus.

Das Kriterium (9.4) läßt sich alternativ darstellen, wenn man die Devianz des Modells M_{A_1,A_2} in seine Komponenten zerlegt. Bezeichne

$$M_{A_s} : E(y|x \in A_s) = \mu_s$$

das Modell, das nur Homogenität für den Bereich A_s fordert. Da sich die Devianz $D(M_{A_1,A_2})$ in der Form $D(M_{A_1,A_2}) = D(M_{A_1}) + D(M_{A_2})$ zusammensetzt aus der Devianz der beiden Submodelle, erhält man

$$D(M_A|M_{A_1,A_2}) = D(M_A) - \{D(M_{A_1}) + D(M_{A_2})\} \tag{9.5}$$

Dichotomer Response

Für dichotome Daten $Y \in \{1, 2\}$ (bzw. $y \in \{1, 0\}$) lassen sich die Daten einfach in einer (2×2)-Tafel darstellen. In der Tafel

	Y: 1	2	
A_1	$n_1(A_1)$	$n_2(A_1)$	$n(A_1)$
A_2	$n_1(A_2)$	$n_2(A_2)$	$n(A_2)$
	$n_1(A)$	$n_2(A)$	$n(A)$

bezeichnet $n_i(A_s)$ die Anzahl der Beobachtungen mit $Y = i$ für alle Prädiktorwerte $x \in A_s$. Die Zeilen-Randsummen $n(A_s) = n_1(A_s) + n_2(A_s)$ bezeichnen die Anzahl der Prädiktorwerte in A_s. Die Spalten-Randsummen $n_i(A) = n_i(A_1) + n_i(A_2)$ geben an, wieviele Beobachtungen der Prädiktorwerte des ganzen Bereiches A den Wert $Y = 1$ bzw. $Y = 2$ annehmen.

Unter der Voraussetzung, daß $M_A : E(y|x \in A) = \mu$ gilt, ist $n_1(A)$ binomialverteilt mit der Auftretenswahrscheinlichkeit $\pi(A) = \mu$ d.h. $n_1(A) \sim B(n(A), \pi(A))$. Der Likelihood-Schätzer für $\pi(A)$ ist die einfache relative Häufigkeit

$$p(A) = \frac{n_1(A)}{n(A)}.$$

Unter der Voraussetzung, daß $M_{A_1,A_2} : E(y|x \in A_s) = \mu_s$ gilt, erhält man eine Binomialverteilung in der durch A_1 bzw. A_2 bestimmten Subpopulation, d.h. $n_1(A_1) \sim B(n(A_1), \pi(A_1))$, $n_1(A_2) \sim B(n(A_2), \pi(A_2))$, wobei $\pi(A_1) = \mu_1, \pi(A_2) = \mu_2$. Die Likelihood-Schätzungen für $\pi(A_1)$ bzw. $\pi(A_2)$ sind durch die relativen Häufigkeiten

$$p(A_1) = \frac{n_1(A_1)}{n(A_1)}, \quad p(A_2) = \frac{n_1(A_2)}{n(A_2)}$$

gegeben. Die Devianzen in (9.4) ergeben sich nach Abschnitt 3.2.1 in der einfachen Form

$$D(M_A) = -2\{n_1(A)\log(p(A)) + n_2(A)\log(1 - p(A))\}$$
$$D(M_{A_s}) = -2\{n_1(A_s)\log(p(A_s)) + n_2(A_s)\log(1 - p(A_s))\}.$$

Für das Kriterium (9.5) ergibt sich damit

$$D(M_A|M_{A_1,A_2}) = 2\sum_{s=1}^{2} n(A_s)KL\{p(A_s), p(A)\},$$

wobei

$$KL\{p(A_s), p(A)\} = p(A_s)\log\left(\frac{p(A_s)}{p(A)}\right) + (1 - p(A_s))\log\left(\frac{1 - p(A_s)}{1 - p(A)}\right)$$

die *Kullback-Leibler-Distanz* zwischen den relativen Häufigkeiten $p_r(A_s)$, $p_r(A)$ bezeichnet. Das Devianzkriterium findet so eine einfache Interpretation als Distanzminimierung zwischen den relativen Häufigkeiten unter Annahme der Konstanz innerhalb der Partitionen A_1, A_2 und der relativen Häufigkeit unter Annahme der Konstanz innerhalb $A = A_1 \cup A_2$. Die Distanzen werden zusätzlich gewichtet mit $n(A_s)$, d.h. der Häufigkeit des Auftretens von A_s.

Die Devianz $D(M_A)$ läßt sich auch als Maß für die *Unreinheit des Knotens A* verstehen. Gilt $y_i = 1$ für alle Beobachtungen (bzw. $y_i = 0$ für alle Beobachtungen) mit $x_i \in A$, erhält man $n_1(A) = n(A),\ p(A) = 1$ (bzw. $n_2(A) = n(A),\ p(A) = 0$) und damit $D(M_A) = 0$, d.h. der Knoten ist rein. Umso größer $D(M_A)$, desto unreiner ist der Knoten.

Beispiel 9.2 : Dauer der Arbeitslosigkeit
Für die dichotome Responsevariable Kurzzeitarbeitslosigkeit oder längerfristige Arbeitslosigkeit wird die Subpopulation männlicher Deutscher betrachtet. Der Baum in Abbildung 9.2 wurde nach dem Devianzkriterium mit S-Plus©erzeugt. In Abbildung 9.3 ist die relative Häufigkeit des Auftretens von Kurzzeitarbeitslosigkeit in dem aus dem Baum resultierenden Partitionen dargestellt. Der Baum signalisiert den stärksten Bruch bei etwa 50 Jahren. Die Chancen für Kurzzeitarbeitslosigkeit scheinen für Jüngere erheblich besser als für Ältere, wobei sich jung/alt an der Marke "50 Jahre" orientiert. Wie aus Abbildung 9.3 ersichtlich, ist die weitere Aufschlüsselung weit weniger relevant. □

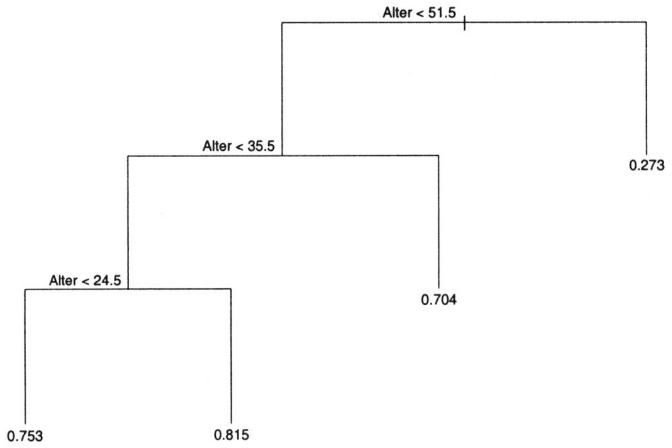

Abbildung 9.2: Kurzzeitarbeitslosigkeit in Abhängigkeit vom Alter in der Subpopulation männlicher Deutscher

Mehrkategorialer Response

Ist $Y \in \{1, \ldots, k\}$ ein mehrkategorialer Response, ist y in (9.2) und (9.3) als Kodierungsvektor $\boldsymbol{y} = (y_1, \ldots, y_k)$ zu verstehen mit $y_r = 1$ wenn $Y = r,\ y_r = 0$

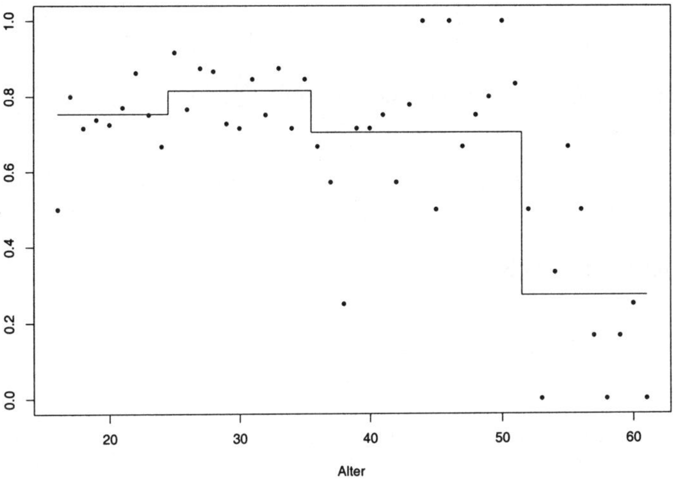

Abbildung 9.3: Partition des Merkmalsraumes durch den Baum in Abbildung 9.2

wenn $Y \neq r$. Die Aufbereitung in einer Kontingenztafel besitzt dann die Form

$$
\begin{array}{c|cccc|c}
 & & & Y & & \\
 & 1 & 2 & \dots & k & \\
\hline
A_1 & n_1(A_1) & n_2(A_1) & \dots & n_k(A_1) & n(A_1) \\
A_2 & n_1(A_2) & n_2(A_2) & \dots & n_k(A_2) & n(A_2) \\
\hline
 & n_1(A) & n_2(A) & \dots & n_k(A) & n(A)
\end{array} .
$$

Unter der Voraussetzung der Gültigkeit von M_A erhält man nun eine Multinomialverteilung $\boldsymbol{n}(A)' = (n_1(A), \dots, n_k(A)) \sim M(n(A), \boldsymbol{\pi}(A))$, wobei $\boldsymbol{\pi}(A) = (\pi_1(A), \dots, \pi_k(A))' = \boldsymbol{\mu}'$ den Vektor der Auftretenswahrscheinlichkeiten für die Kategorien $1, \dots, k$ bezeichnet. Der Maximum-Likelihood-Schätzer für $\boldsymbol{\pi}(A)$ ist durch die Komponenten

$$p_r(A) = \frac{n_r(A)}{n(A)}$$

bestimmt. Unter der Voraussetzung M_{A_1,A_2} ergeben sich die populationsspezifischen Multinomialverteilungen $\boldsymbol{n}(A_s)' = (n_1(A_s), \dots, n_k(A_s)) \sim M(n(A_s), \boldsymbol{\pi}(A_s))$ mit $\boldsymbol{\pi}(A_s)' = (\pi_1(A_s), \dots, \pi_k(A_s)) = \boldsymbol{\mu}_s$ mit den zugehörigen relativen Häufigkeiten

$$p_r(A_s) = \frac{n_r(A_s)}{n(A_s)}.$$

Die entsprechenden Devianzen haben die Form

$$D(M_A) = -2\sum_{r=1}^{k} n_r(A)\log(p_r(A))$$

mit dem resultierenden Kriterium

$$D(M_A|M_{A_1,A_2}) = 2\sum_{s=1}^{2} n(A_s)KL\{\boldsymbol{p}(A_s),\boldsymbol{p}(A)\},$$

das auf die Kullback-Leibler-Distanz

$$KL\{\boldsymbol{p}(A_s),\boldsymbol{p}(A)\} = \sum_{r=1}^{k} p_r(A_s)\log\left(\frac{p_r(A_s)}{p_r(A)}\right)$$

zwischen den relativen Häufigkeiten $\boldsymbol{p}(A_s)' = (p_1(A_s),\ldots,p_k(A_s))$ und $\boldsymbol{p}(A)' = (p_1(A),\ldots,p_k(A))$ aufbaut.

Metrischer Response

Das Kriterium (9.4) bzw. (9.5) ist insofern sehr allgemein, als es auch für metrische abhängige Variable, also für Regressionsbäume einsetzbar ist. Ist y_i eine normalverteilte Zufallsvariable, $y_i \sim N(\mu_i, \sigma^2)$, und man betrachtet als Devianz

$$D(M_A) = -2\sum_{i=1}^{n} \sigma^2 l_i(\hat{\mu}_i),$$

wobei $l_i(\hat{\mu}_i)$ der Likelihoodbeitrag der i-ten Beobachtung ist und $\hat{\mu}$ der ML-Schätzer, erhält man die quadratische Abweichung

$$D(M_A) = \sum_{i=1}^{n}(y_i - \hat{y}(A))^2$$

mit dem Mittelwert $\hat{y}(A) = \frac{1}{n_A}\sum_{x_i\in A} y_i$. Durch Maximierung von (9.5) d.h. von $D(M_A|M_{A_1,A_2}) = D(M_A) - (D(M_{A_1}) + D(M_{A_2}))$ wird somit die quadratische Abweichung von den Populationsmittelwerten in A_1 und A_2 minimiert. Dies entspricht unmittelbar dem im vorhergehenden Abschnitt als intuitiv plausibel eingeführtem Kriterium (9.1).

Alternative Teststatistiken

Für den kategorialen Fall $Y \in \{1, \dots, k\}$ reduziert sich das Testproblem M_A gegen M_{A_1,A_2} auf die Überprüfung der Homogenität in Kontingenztafeln. Die Devianz ist dafür nur eine mögliche Teststatistik. Eine Alternative ist die Pearson χ^2-Statistik

$$\chi^2 = \sum_{s=1}^{2} \sum_{r=1}^{k} \frac{(p_r(A_s) - p_r(A))^2}{p_r(A)}$$

in die die Abweichung zwischen den relativen Häufigkeiten $p_r(A_s)$ (unter Gültigkeit von M_{A_1,A_2}) und $p_r(A)$ (unter Gültigkeit von M_A) als quadratische Differenz eingeht (vgl. Abschnitt 5.7.2). Sowohl die Devianz, als auch χ_P^2 sind bei Gültigkeit von M_A (und fester Partition A_1, A_2) asymptotisch χ^2-verteilt mit $k - 1$ Freiheitsgraden. Legt man diese Verteilung zugrunde, läßt sich die Partition anstatt durch die Größe der Teststatistik auch durch den p-Wert (bzw. Restwahrscheinlichkeit) charakterisieren. Der p-Wert zu einer Teststatistik T mit $\chi^2(k-1)$-Verteilung ist durch $p = P(\chi^2(k-1) > t)$ bestimmt, wobei t die aktuelle Ausprägung der entsprechenden Teststatistik T bezeichnet. Anstatt die Partition A_1, A_2 mit maximaler Teststatistik zu wählen, läßt sich äquivalenterweise diejenige mit dem kleinsten p-Wert wählen.

Der p-Wert ist insofern attraktiv, als er als "empirisches Signifikanzniveau" aussagt, bei welchem Signifikanzniveau, nämlich eben beim p-Wert, der Test Signifikanz signalisieren würde. Für D und χ_P^2 ist allerdings nur die asymptotische Verteilung angebbar, die resultierenden p-Werte sind somit nur approximativ. Ein Testverfahren, das auf der exakten Verteilung beruht, liefert naturgemäß exakte p-Werte. Insbesondere für kleinen Stichprobenumfang $n(A)$ ist dies empfehlenswert. Festzuhalten ist allerdings, daß sich die empirische Signifikanz nur auf *einen* Test mit vorgegebener Partition bezieht. Bei der Suche nach der trennstärksten Verzweigung werden jedoch so viele Tests durchgeführt, wie Partitionen A_1, A_2 bildbar sind. Die Anzahl der Partitionen ist dabei gekoppelt an den Variablentyp. Während für dichotome Merkmale $y \in \{1, 2\}$ nur die Partition $A_1 = \{1\},\ A_2 = \{2\}$ sinnvoll ist, kann die Anzahl der Partitionen für ein stetiges Merkmal nahezu gleich dem Stichprobenumfang sein. Unter dem Aspekt der Variablenselektion werden durch das Verfahren also immer Variablen mit vielen Ausprägungen bevorzugt.

Bei der Beurteilung, ob die Verzweigung einer Variablen signifikant ist oder nicht, ist die Anzahl der durchgeführten Tests zu berücksichtigen. Anstatt einer Teststatistik ist die Verteilung des Maximums aller durchgeführten Teststatistiken zu betrachten. Erst der sich dafür ergebende p-Wert läßt sich in Beziehung zur Signifikanz einer Verzweigung setzen. Ansätze zur Signifikanz bei maximal selektierten Teststatistiken finden sich bei Miller & Siegmund (1982), Lausen (1990), Koziol (1991) und Lausen & Schumacher (1992). Loh & Shih (1997) betrachten alternative Verfahren zur Reduktion des Selektionsbias.

9.3.2 Weitere Verzweigungskriterien

Das auf der Devianz beruhende Verzweigungskriterium (9.5) läßt sich allgemeiner formulieren als Maximierungsproblem für

$$\Delta(A|A_1, A_2) = R(A) - \{w_1 R(A_1) + w_2 R(A_2)\} \tag{9.6}$$

wobei $R(A)$ die Unreinheit (Impurity) des Knotens A bezeichnet (ein Knoten ist umso reiner desto kleiner der Wert von A ist). In (9.6) sind zusätzliche Gewichte w_1, w_2 für die Unreinheit der neuen Partition zugelassen. Der Spezialfall (9.5) ergibt sich, wenn R als Devianz gewählt wird und $w_1 = w_2 = 1$.

Breiman, Friedman, Olshen & Stone (1984) betrachten für mehrkategorialen Response die Unreinheit eines Knotens in der Form

$$R(A) = \phi(\hat{\pi}_1(A), \ldots, \hat{\pi}_k(A)),$$

wobei $\hat{\pi}_r(A)$ Schätzungen für $P(Y = r|x \in A)$ sind und ϕ eine Reinheitsfunktion ist, mit den Eigenschaften: ϕ ist symmetrisch in den Argumenten, $\min_{\boldsymbol{\pi}} \phi(\boldsymbol{\pi})$ ist ein Einheitsvektor, $\phi(1/k, \ldots, 1/k) > \phi(\boldsymbol{\pi})$ für alle Wahrscheinlichkeitsvektoren $\boldsymbol{\pi}$. Ein Beispiel für ϕ ist der *Gini-Index* $\phi(\boldsymbol{\pi}) = -\sum_{i \neq j} \pi_i \pi_j$ der zur Unreinheit

$$R(A) = 1 - \sum_{r=1}^{k} (\hat{\pi}_r(A))^2$$

führt. Hierfür ist R maximal, d.h. am unreinsten, wenn die Gleichverteilung $\pi_r(A) = 1/k$, $r = 1, \ldots, k$, vorliegt, und ein Knoten ist rein, d.h. $R(A) = 0$, wenn für ein r $\hat{\pi}_r(A) = 1$ gilt.

Eine alternative Funktion ist die *Entropie* $\phi(\boldsymbol{\pi}) = -\sum_{r=1}^{k} \pi_r \log(\pi_r)$, die zur Unreinheit

$$R(A) = -\sum_{r=1}^{k} \hat{\pi}_r(A) \log(\hat{\pi}_r(A))$$

führt. Setzt man $\hat{\pi}_r(A) = p_r(A)$ erhält man wegen

$$R(A) = -\sum_{r=1}^{k} p_r(A) \log(p_r(A)) = \frac{1}{2n(A)} D(M_A)$$

für die Unreinheit bis auf den Faktor $2/n(A)$ die Devianz. Für im weiteren betrachtete Spezialfälle ergibt sich aus der Entropie wiederum das Devianzkriterium.

Als Schätzungen für $\hat{\pi}_r(A)$ lassen sich prinzipiell die relativen Häufigkeiten

$$p_r(A) = \frac{n_r(A)}{n(A)}$$

einsetzen. Eine von Breiman, Friedman, Olshen & Stone (1984) betrachtete allgemeinere Version bezieht zusätzlich a priori-Wahrscheinlichkeiten $\pi_1 = P(Y = 1), \ldots, \pi_k = P(Y = k)$ für die Responsekategorien ein. Nach dem Satz von Bayes gilt

$$P(Y = r|x \in A) = \frac{\pi_r P(A|Y = r)}{\sum_{j=1}^{k} \pi_j P(A|Y = j)}.$$

Schätzungen $\hat{\pi}_r(A) = \hat{P}(Y = r|x \in A)$ ergeben sich daraus durch Einsetzen von $P(A|Y = r) = n_r(A)/n_r$ und den vorgegebenen a priori-Wahrscheinlichkeiten $\pi_1, \ldots, \pi_k$. Sind keine a priori-Wahrscheinlichkeiten bekannt, lassen sich bei einer Gesamtstichprobe die relativen Häufigkeiten der Stichprobe $\pi_r = n_r/n$ einsetzen. Daraus ergeben sich unmittelbar die bereits in Abschnitt 9.3.1 verwendeten einfachen relativen Häufigkeiten

$$\hat{\pi}_r(A) = p_r(A) = n_r(A)/n(A).$$

Als Gewichte in (9.6) läßt sich der Anteil der zu erwartenden Beobachtungen in A_i im Verhältnis zu A verwenden, d.h. man bestimmt

$$w_i = \hat{P}(A_i)/\hat{P}(A),$$

wobei $\hat{P}(A) = \sum_{r=1}^{k} \pi_r n_r(A)/n_r$, bzw. $\hat{P}(A_i) = \sum_{r=1}^{k} \pi_r n_r(A_i)/n_r$. Für den Spezialfall $\pi_r = n_r/n$ erhält man daraus $w_s = n(A_i)/n(A)$. Wählt man zu diesen Gewichten die sich aus der Entropie ergebende Unreinheit $R(A) = D(M_A)/(2n(A))$ erhält man für (9.6)

$$\begin{aligned} \Delta(A|A_1, A_2) &= \frac{1}{2n(A)}(D|M_A) - (D(M_{A_1}) + D(M_{A_2})) \\ &= \sum_{s=1}^{2} w_s KL(\boldsymbol{p}(A_s), \boldsymbol{p}(A)) \end{aligned}$$

Da $n(A)$ für alle Partitionen identisch ist, ist die sich ergebende Verzweigungsregel identisch zum Devianzkriterium (9.5).

Das Konzept der Unreinheit von Konten läßt sich auf den gesamten resultierenden Baum T übertragen. Die Unreinheit eines Knotens berücksichtigt dabei nur die Endknoten eines Baumes und läßt sich definieren durch

$$R(T) = \sum_{A \text{ Endknoten}} \hat{P}(A) R(A)$$

wobei $\hat{P}(A) = \sum_{r=1}^{k} \pi_r n_r(A)/n_r$ wiederum die geschätzte Wahrscheinlichkeit des Auftretens von A bezeichnet.

9.4 Größe eines Baumes

Eine für die Prognosegüte wichtige Frage ist die nach der Größe eines Baumes. Prinzipiell liesse sich der Baum soweit verzweigen, daß in den letzten Partitionen nur noch jeweils eine Beobachtung enthalten ist. Die Unreinheit wird dabei in jedem Schritt kleiner. Die letzten Verzweigungen beruhen dabei nur noch auf wenigen Beobachtungen. Zwar wird die Stichprobe besser partitioniert, für die zugrundeliegenden Populationen sind diese Partitionierungen hingegen nicht informativ und stellen eher ein Rauschen dar. Entsprechende ist die Prognosegüte derart komplexer Bäume derjenigen kleinerer Bäume unterlegen. Notwendig ist es daher, Kriterien anzugeben, die festlegen, wann nicht mehr weiter verzweigt wird. Einfache Stop-Regeln sind

- ein erreichter Knoten enthält weniger als n_{STOP} Beobachtungen
- das Verzweigungskriterium über– oder unterschreitet einen vorgegebenen Wert, z.B. p-Wert größer als p_{STOP} oder Devianz kleiner als ein vorgegebener Schwellenwert.

Eine Alternative zu festen Stop-Regeln besteht darin, einen Baum bis zu einer sehr hohen Komplexität wachsen zu lassen und dann in einem zweiten Schritt den Baum um "unnötige" Äste zu beschneiden. Dieses als Kosten-Komplexitäts-Beschneidung bezeichnete Verfahren beruht meist auf einem komplexitätsadjustierten Prognosemaß der Art

$$R_\alpha(T) = R(T) + \alpha|\tilde{T}|,$$

wobei $R(T)$ ein Irrtumsmaß ist, $|\tilde{T}|$ die Anzahl der Endknoten bezeichnet und α eine Penalisierungskonstante, die die Göße des Baumes in Form der Anzahl der Endknoten gewichtet. Zu vorgegebenem α läßt sich nun die Komplexität des Baumes so wählen, daß $R_\alpha(T)$ minimal wird. Der Parameter $\alpha > 0$ läßt sich durch α_{MAX} so groß wählen, daß der Fehler $R_\alpha(T)$ an der Wurzel des Baumes, d.h. ohne eine einzige Verzweigung minimal wird. Durch Vorgabe einer Sequenz $\alpha_1 < \alpha_2 < \cdots < \alpha_{\max}$ erhält man hierarchisch geordnete Bäume von unterschiedlicher Komplexität. Alternative Techniken zur Beschneidung betrachten LeBlanc & Tibshirani (1998).

Beispiel 9.3 : Dauer der Arbeitslosigkeit
Wie in Beispiel 9.2 wird als Response die Kurzzeitarbeitslosigkeit in der Subpopulation männlicher Deutscher betrachtet. Abbildung 9.5 zeigt, wie die Devianz bei zunehmender Verzweigung abnimmt. In Abbildung 9.4 sind der maximal verzweigte Baum und ein Baum mit der Mindestdevianz von 0.2 wiedergegeben. Der kleinere Baum in Abbildung 9.2 beruht auf einer Mindestdevianz von 0.4. □

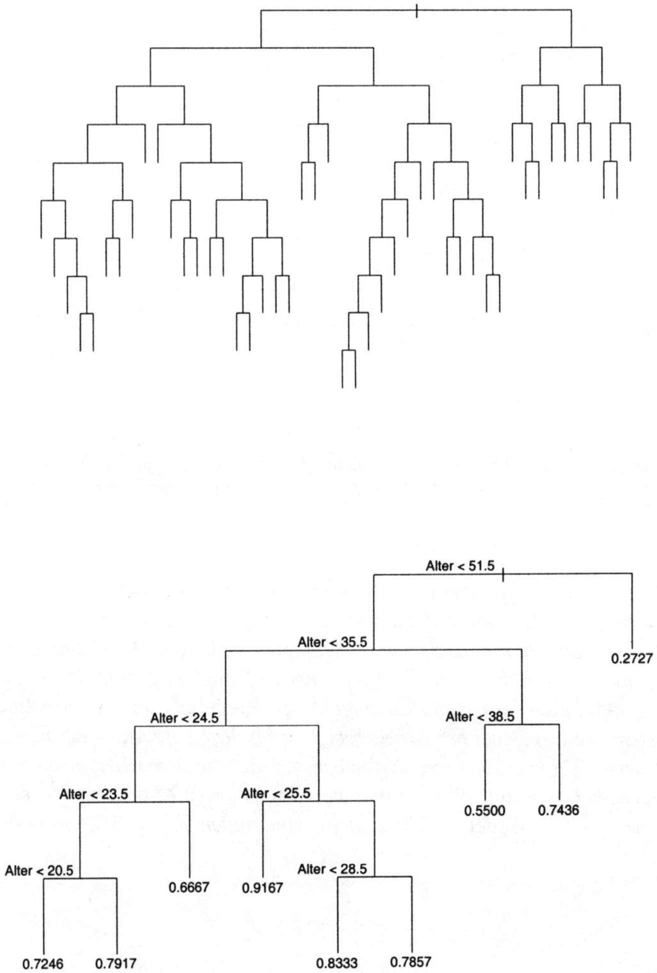

Abbildung 9.4: Maximaler Baum für Kuzzeitarbeitslosigkeit (oben) und reduzierter Baum mit Devianz von 0.2 (untern)

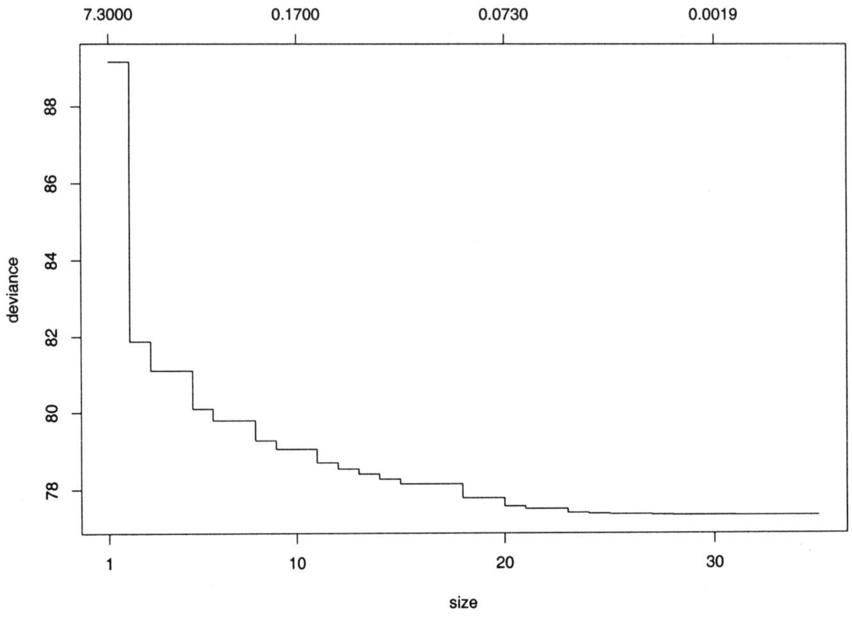

Abbildung 9.5: Devianz in Abhängigkeit von der Anzahl der Knoten

Beispiel 9.4 : Dauer der Arbeitslosigkeit mit trichotomen Response
Unter Einbeziehung aller Kovariablen wird für den Datensatz Arbeitslosigkeit die trichotome abhängige Variable kurzzeitige, mittelfristige, langfristige Arbeitslosigkeit betrachtet. Die Beschneidung des Baumes mit Hilfe der Kostenkomplexitätsfunktion ergab den Baum in Abbildung 9.6. Tabelle 9.1 gibt die zugehörige Kodierung an. An den Endpunkten ist hier angegeben, welche Dauer der Arbeitslosigkeit für die entsprechende Subpopulation prognostiziert wird. Werden diejenigen Äste abgeschnitten, in deren Blätter dieselbe Prognose erfolgt, (Funktion SNIP *in S-Plus©) erhält man den Baum in Abbildung 9.7 mit der Prognoseregel aus Tabelle 9.2. Weitere Auswertungen dazu finden sich in Behrens (1998).*

□

9.5 Ergänzungen

Das Verfahren der Regressions- und Klassifikationsbäume eignet sich auch zur Analyse von Verweildauern, wie Lebensdauern von technischen Produkten oder Überlebenszeiten von Patienten nach einer Behandlung. Die Konstruktion der Bäume

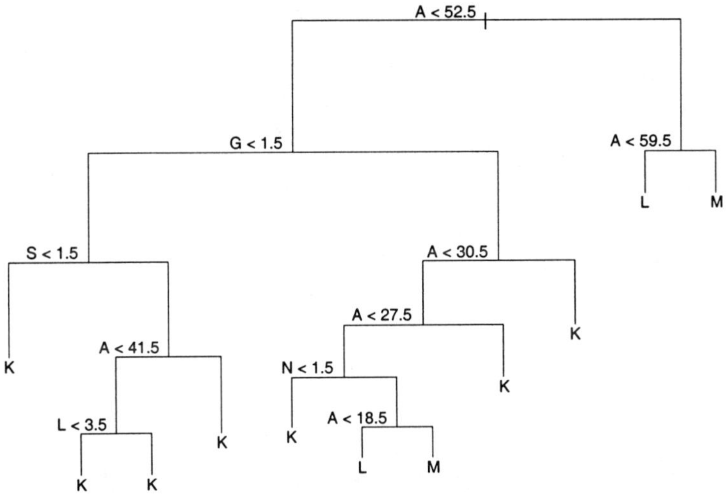

Abbildung 9.6: Dauer der Arbeitslosigkeit mit trichotomen Response

		Kategorien
Responsekategorien		K: kurzfristige Arbeitslosigkeit M: mittelfristige Arbeitslosigkeit L: langfristige Arbeitslosigkeit
Geschlecht	G	1: männlich 2: weiblich
Schulbildung	S	1: kein Abschluß 2: Volks- oder Hauptschule 3: Mittlere Reife 4: Abitur
Berufsausbildung	L	1: keine Ausbildung 2: Lehre 3: fachspezifische Ausbildung 4: Hochschule
Nationalität	N	1: Deutsche 2: Ausländer
Alter	A	metrisch 16 – 61

Tabelle 9.1: Kodierung der Merkmale im Baum in Abbildung 9.6

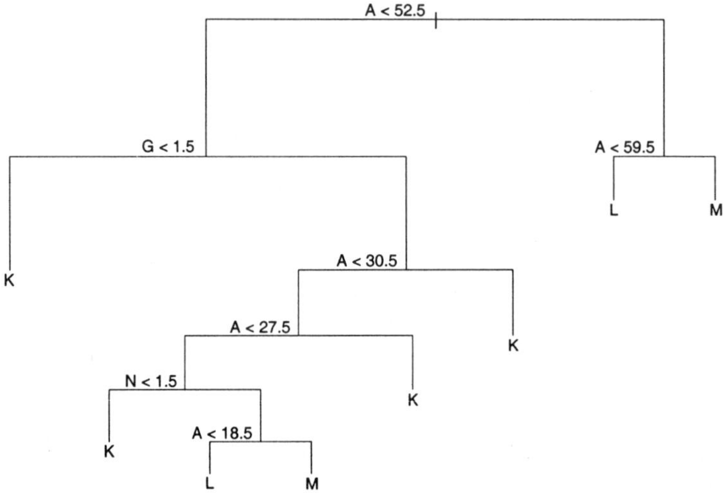

Abbildung 9.7: Reduzierter Baum aus Abbildung 9.6

Klassifikation	Merkmale
L	$52.5 < A < 59.5$
M	$A > 59.5$
M	$N = 2, \quad A < 27.5, \quad G = 2$
K	Rest

Tabelle 9.2: Prognoseregel zum Baum aus Abbildung 9.6 bzw. 9.7

bleibt im wesentlichen gleich, zu modifizieren ist das Verzweigungskirterium, das sich an entsprechenden Statistiken der Verweildaueranalyse (z.B. Log-Rank-Test) festmachen läßt. Auch die resultierende Prognose ist unterschiedlich, da nicht nur die zu erwartende Dauer sondern das Risiko über die Zeit hinweg prognostiziert werden sollte. Baumtechniken für Verweildauerdaten finden sich bei Ciampi, Chang, Hogg & McKinney (1987), LeBlanc & Crowley (1982, 1993). Hilsenbeck & Clark (1996) betrachten maximal selektierte Log-Rank-Tests. Eine Vielzahl diagnostischer Instrumente betrachtet Dannegger (1997), Schlittgen (1998) gibt eine Übersicht über Regressionsbäume. Eine tieferliegende Analyse des Zusammenhangs mit orthogonalen Basisfunktionen gibt Donoho (1997).

Kapitel 10

Kategoriale Prognose und Diskriminanzanalyse

In den bisherigen Kapiteln lag der Schwerpunkt auf der Analyse des Zusammenhangs zwischen unabhängigen Einflußgrößen und abhängigen kategorialen Variablen. Von Interesse war, welche Form dieser Zusammenhang hat und welche Einflußgrößen wie stark die abhängige Größe bestimmen. In diesem Kapitel wird dargestellt, wie sich die entwickelten Modelle konkret zur Prognose einsetzen lassen.

Das Grundproblem besteht darin, aus einem Merkmalsvektor $\boldsymbol{x}' = (x_1, \ldots, x_p)$ die kategoriale Variable $Y \in \{1, \ldots, k\}$ zu prognostizieren. Dazu gilt es, den Zusammenhang zwischen Y und $\boldsymbol{x}$ herzustellen. Ein direkter Weg ist die Betrachtung der

- Verteilung von Y, gegeben $\boldsymbol{x}$, kurz $Y|\boldsymbol{x}$.

Dies ist der in den bisherigen Kapiteln verfolgte Ansatz, wenn die Verteilung $Y|\boldsymbol{x}$ beispielsweise durch ein Logit-Modell parametrisiert wird. Für die Schätzung der Parameter eines kategorialen Regressionsmodells ist allerdings im Regelfall eine entsprechende Form der Stichprobe notwendig. Entweder $(Y_i, \boldsymbol{x}_i)$, $i = 1, \ldots, n$, sind unabhängige Ziehungen aus der *gemeinsamen* Verteilung von $(Y, \boldsymbol{x})$, d.h. Y *und* $\boldsymbol{x}$ sind Zufallsvariablen, oder man betrachtet Realisationen der Zufallsvariablen Y bei gegebenem $\boldsymbol{x}$. Im letzteren Fall ist $\boldsymbol{x}$ eine vorgegebene Designvariable, beispielsweise die an eine Anzahl von Mäusen verabreichte Giftdosis in einem geplanten toxikologischen Experiment. Völlig analog lassen sich im folgenden Beispiel die Bedingungen zum Zeitpunkt der Unternehmensgründung als zu Beginn des "Experiments" festgelegte Einflußgrößen verstehen.

Beispiel 10.1 : Unternehmensgründungen
In einer umfangreichen Studie um Erfolg von neugegründeten Unternehmen (Brüderl, Preisendörfer & Ziegler, 1992) werden die Überlebenschancen der Unternehmen bewertet. Eine Vielzahl von potentiellen Einflußgrößen wurden zum Zeitpunkt der Unternehmensgründung erhoben, darunter die Rechtsform des Unternehmens, der Wirtschaftsbereich, das Startkapital und der Zielmarkt (vgl. Appendix C). Als abhängige Variable wird das Scheitern des Unternehmens innerhalb der ersten drei Jahre ($Y = 1$: Scheitern, $Y = 2$: Überleben) betrachtet.
□

In vielen Problemen der Praxis ist eine andere Form der Datenerhebung adäquater. Anstatt Realisationen der gemeinsamen Verteilung $(Y, \boldsymbol{x})$ bzw. der bedingten Verteilung $Y|\boldsymbol{x}$, erhält man häufig einfacher Beobachtungen aus den

- Verteilungen von $\boldsymbol{x}$, gegeben $Y = r$, kurz $\boldsymbol{x}|Y = r$.

Die Verteilungen des Merkmals $\boldsymbol{x}$ bei gegebener Kategorie $Y = r$ sind immer dann einfacher zu erhalten, wenn ein Diagnoseinstrument validiert werden soll. Soll $\boldsymbol{x}$ ein Indikator für eine Krankheit sein, läßt sich die Verteilung von $\boldsymbol{x}$ jeweils in einer Population Gesunder und einer Population Erkrankter bestimmen. Analog ist es bei der Beurteilung von Kreditrisiken häufig adäquater, die Charakteristiken von Problemkunden und von unproblematischen Kunden als getrennte Stichproben zu erfassen, da Problemkunden weit seltener auftreten als das Pendant.

Beispiel 10.2 : Kredit-Scoring
In einer von Fahrmeir, Hamerle & Tutz (1996) betrachteten Untersuchung zur Kreditwürdigkeit wurde eine geschätzte Stichprobe von 300 guten und 700 schlechten Konsumentenkrediten betrachtet. Als Merkmale standen unter anderem die Laufzeit in Monaten, bisherige Zahlungsmoral, Verwendungszweck und Darlehenshöhe zur Verfügung. Eine ausführliche Darstellung der 20 betrachteten Merkmale findet sich in Fahrmeir, Hamerle & Tutz (1996).
□

Die prinzipielle Struktur des in diesen Beispielen gegebenen Entscheidungsproblems ist das einer Diagnose, die bestimmt ist durch

- einen unbeobachtbaren, möglicherweise erst in der Zukunft realisierten Zustand (Konkurs / Nicht-Konkurs bzw. kreditwürdig / nicht kreditwürdig),
- einen bzw. mehrere Indikatoren oder Prädiktoren, die Auskunft über den zugrundeliegenden Zustand geben sollen.

Analoge Entscheidungprobleme treten in vielen Bereichen auf, beispielsweise in der Medizin, wenn auf Grund von Symptomen bestimmt werden soll, ob eine bestimmte Krankheit vorliegt. Bei der Zeichenerkennung (pattern recognition) kann das Ziel darin bestehen, Buchstaben automatisiert zu erkennen, Wetterprognose zielt darauf ab, Zustände wie "Sonne" oder "Regen" zu unterscheiden. Ein Problem einfachster Struktur mit dichotomen Indikator und bekannten Auftretenswahrscheinlichkeiten ist das folgende.

Beispiel 10.3 : Drogenkonsum
In manchen US-Firmen werden bei Stellenbewerbern Tests durchgeführt, um zu eruieren, ob die Bewerber Drogenkonsumenten sind bzw. waren – für Angehörige der US-Regierung ist ein Test sogar obligatorisch. Marylin von Savant, die Frau mit dem derzeit höchsten gemessenen Intelligenzquotienten, diskutiert in der Gainesville Sun einen Test mit den folgenden bedingten Wahrscheinlichkeiten.

	Test positiv	*Test negativ*
Konsument	*0.95*	*0.05*
Nicht-Konsument	*0.05*	*0.95*

Auf Grund des Testergebnisses soll bestimmt werden, ob ein Bewerber Konsument oder Nicht-Konsument ist. Welchen Fehler begeht man, wenn man einen Bewerber mit positivem Testergebnis zum Konsumenten erklärt? □

Im einfachen Fall eines binären Indikators, d.h. eines Tests der positiv oder negativ ist, wird die Wahrscheinlichkeit eines positiven Ergebnisses, bei Vorliegen des Zustandes als ***Sensitivität*** bezeichnet. Die Sensitivität in Beispiel 10.3 ist also durch

$$P(\text{Test positiv}|\text{Konsument}) = 0.95$$

bestimmt. Die Wahrscheinlichkeit, daß das Testergebnis negativ ist, wenn der Zustand nicht vorliegt, wird als ***Spezifität*** bezeichnet. Für den Drogenkonsum ist die Spezifität bestimmt durch

$$P(\text{Test negativ}|\text{Nicht-Konsument}) = 0.95.$$

10.1 Bayes-Zuordnung als diskriminanzanalytisches Verfahren

10.1.1 Grundkonzept

Ausgangspunkt ist hier der zweite Verteilungstyp, d.h. die Verteilung der Merkmale in den einzelnen Klassen. Die Transformation der Merkmalsverteilungen $\boldsymbol{x}|Y = r$ in die prognostisch interessante Verteilung $Y|\boldsymbol{x}$ erfolgt im Rahmen der auf der Bayes-Zuordnung aufbauenden Diskriminanzanalyse.

In etwas allgemeinerer Form als in Beispiel 10.3 betrachtet man mehrere unbeobachtbare Zustände $A_1, \ldots, A_k$ und Indikatoren bzw. Testergebnisse $T_1, \ldots, T_m$. Die bedingten Wahrscheinlichkeiten für spezifische Testergebnisse, gegeben ein latenter Zustand, besitzen die im folgenden gegebene Form, wobei zusätzlich die absoluten Wahrscheinlichkeiten für die zugrundeliegenden Zustände gegeben sind. Diese absoluten Wahrscheinlichkeiten bestimmen, mit welcher Wahrscheinlichkeit mit den einzelnen Zuständen zu rechnen ist, wenn das Testergebnis *noch nicht* berücksichtigt ist. Sie heißen daher auch *a priori-Wahrscheinlichkeiten*. Darin drückt sich das Vorwissen über den zu diagnostizierenden Zustand aus, d.h. mit welcher Wahrscheinlichkeit im Kreditscoring mit Problemkunden zu rechnen ist bzw. mit einer bestimmten Krankheit in medizinischen Problemen.

		Testergebnisse				A priori Wahrscheinlichkeiten
		T_1	$\ldots$	T_m		
latente Zustände	A_1	$P(T_1 \mid A_1)$	$\ldots$	$P(T_m \mid A_1)$	1	$p(A_1)$
	$\vdots$	$\vdots$		$\vdots$	$\vdots$	$\vdots$
	A_k	$P(T_1 \mid A_k)$	$\ldots$	$P(T_m \mid A_k)$	1	$p(A_k)$

Welchen Zustand soll man diagnostizieren, wenn das Testergebnis T (d.h. $T_1, T_2, \ldots$ oder T_m) vorliegt. Eine naheliegende Regel besagt, denjenigen Zustand zu diagnostizieren, für den die bedingte Wahrscheinlichkeit, gegeben das Testergebnis T, maximal ist. Diese Zuordnungsregel wird als Bayes-Zuordnung bezeichnet.

Bayes-Zuordnung

Bei Vorliegen des Testergebnisses T wird derjenige Zustand A_i diagnostiziert, für den gilt

$$P(A_i|T) = \max_{j=1,\ldots,k} P(A_j|T)$$

Die Wahrscheinlichkeiten $P(A_1|T), \ldots, P(A_k|T)$ heißen *a posteriori Wahrscheinlichkeiten*, da sie sich erst aus der Beobachtung des Testergebnisses ergeben.

Der Zusammenhang zwischen den bedingten Wahrscheinlichkeiten der Testergebnisse $P(T_j|A_i)$, den a priori Wahrscheinlichkeiten $p(A_i)$ und den a posteriori-Wahrscheinlichkeiten wird durch den *Satz von Bayes* hergestellt, der gegeben ist durch

$$P(A_i|T) = \frac{P(T|A_i)p(A_i)}{\sum_{j=1}^{k} P(T|A_j)p(A_j)}.$$

Daraus läßt sich unmittelbar die Bayes-Zuordnung bestimmen, wobei die a priori-Wahrscheinlichkeiten und die Verteilung der Testergebnisse gegeben die latenten Zustände eingehen.

Beispiel 10.4 : Drogenkonsum
Mit einer a priori-Wahrscheinlichkeit von $p(\text{Konsument}) = 0.10$ geht man davon aus, daß 10% der Bewerber Drogenkonsumenten sind. Man erhält damit die folgende Zusammenfassung.

	T_1 (positiv)	*T_2 (negativ)*	*A priori*
A_1 (Konsument)	0.95	0.05	0.10
A_2 (Nicht-Konsument)	0.05	0.95	0.90

Nach der Regel von Bayes erhält man

$$P(A_1|T_1) = \frac{P(T_1|A_1)p(A_1)}{P(T_1|A_1)p(A_1) + P(T_1|A_2)p(A_2)} = \frac{0.95 \cdot 0.10}{0.95 \cdot 0.10 + 0.05 \cdot 0.90} = 0.68$$
$$P(A_2|T_1) = 0.32.$$

Somit ist die a posteriori Wahrscheinlichkeit $P(A_1|T_1)$, d.h. die Wahrscheinlichkeit, daß ein Bewerber Drogenkonsument ist, wenn der Test positiv ausfällt, nur 0.68. Insbesondere heißt das, daß unter den Bewerbern mit positiven Testergebnis auch 32% Nicht-Konsumenten zu erwarten sind, die fälschlicherweise nicht berücksichtigt werden, wenn man sich ausschließlich am Testergebnis orientiert. Weiter ergibt sich für negatives Testergebnis T_2

$$P(A_1|T_2) = \frac{P(T_2|A_1)p(A_1)}{P(T_2|A_1)p(A_1) + P(T_2|A_2)p(A_2)} = \frac{0.05 \cdot 0.10}{0.05 \cdot 0.10 + 0.95 \cdot 0.9} = 0.006$$
$$P(A_2|T_2) = 0.994.$$

Unter den Bewerbern mit negativem Testergebnis befinden sich somit nur noch 0.6% Konsumenten, aber 99.4% Nicht-Konsumenten. Während das positive Testergebnis Konsumenten von Nicht-Konsumenten relativ schlecht trennt, ist das negative Testergebnis wesentlich trennschärfer. □

10.1.2 Bayes-Zuordnung und Fehlerraten

Im folgenden werden der Einfachheit halber die zugrundeliegenden, zu diagnostizierenden Zustände durch die Indikatorfunktion $Y \in \{1, \ldots, k\}$ ausgedrückt, wobei $Y = r$ dem Vorliegen des Zustands A_r entspricht. Die Indikatoren oder Tests für den Zustand lassen sich allgemeiner durch Merkmale $\boldsymbol{x}' = (x_1, \ldots, x_p)$ ausdrücken, d.h. an den zu klassifizierenden Personen oder Objekten werden Merkmale $x_1, \ldots, x_p$ beobachtet, die Aufschluß über den zugrundeliegenden Zustand geben sollen. Durch die Auswahl einer Person aus der Population werden Y und $\boldsymbol{x}$ naturgemäß zu Zufallsvariablen. Das *Zuordnungs- oder Klassifikationsproblem* ergibt sich nun daraus, daß Y, d.h. der zugrundeliegende Zustand (oder die Klasse), nicht beobachtbar ist, der Merkmalsvektor $\boldsymbol{x}$ hingegen beobachtet wird. Man erhält somit das Zuordnungs- oder Entscheidungsproblem, dem Vektor $\boldsymbol{x}$ einen Zustand zuzuordnen. Gesucht ist also eine Zuordnungsregel

$$\begin{aligned} \delta : \mathbb{R}^n &\mapsto \{1, \ldots, k\} \\ \boldsymbol{x} &\mapsto \delta(\boldsymbol{x}), \end{aligned}$$

die möglichst "optimal" ist. Dabei wird dem Merkmalsvektor $\boldsymbol{x}$ die Klasse $\delta(\boldsymbol{x})$ zugeordnet. δ läßt sich in vielen Fällen als Prognoseregel verstehen. Ein Zustand wie "Problemkunde" beim Kreditscoring wird erst in der Zukunft manifest, insofern ist die Diagnose eine Aussage über einen Zustand, der erst in der Zukunft relevant wird.

Wichtige Größen für das Klassifikationsproblem sind

- die *a priori-Wahrscheinlichkeiten* $p(r) = P(Y = r),\ r = 1, \ldots, k$,
- die *a posteriori-Wahrscheinlichkeiten* $P(r|\boldsymbol{x}) = P(Y = r|\boldsymbol{x}),\ r = 1, \ldots, k$
- die *Verteilung der Merkmale*, gegeben die Klasse, bestimmt durch die Dichten $f(\boldsymbol{x}|1), \ldots, f(\boldsymbol{x}|k)$.
- die *Mischverteilung* der Population $f(\boldsymbol{x}) = p(1)f(\boldsymbol{x}|1) + \cdots + p(k)f(\boldsymbol{x}|k)$.

Die Dichten $f(\boldsymbol{x}|r)$ geben dabei an, wie das Merkmal $\boldsymbol{x}$ verteilt ist, wenn die $r$te Klasse zugrundeliegt. Für diskrete Mermale $\boldsymbol{x}$ sind die Dichten einfache Auftretenswahrscheinlichkeiten, d.h. $f(\boldsymbol{x}|r)$ für $x \in \{1, \ldots, m\}$ entspricht dann den Wahrscheinlichkeiten $P(x = 1|Y = r), \ldots, P(x = m|Y = r)$. Für metrische Merkmale $\boldsymbol{x}$ ist es hingegen meist sinnvoller, für $f(\boldsymbol{x}|r)$ stetige Verteilungen anzunehmen, beispielsweise eine Normalverteilung.

Die Mischverteilungsdichte $f(\boldsymbol{x})$ bestimmt, wie das Merkmal $\boldsymbol{x}$ verteilt ist, wenn aus der Population zufällig gezogen wird, d.h. aus einer Mischpopulation, in der die Klasse r mit der Wahrscheinlichkeit $p(r)$ vorkommt. Für diskretes Merkmal $x \in \{1, \ldots, m\}$ reduziert sich die Formel für $f(x)$ auf den Satz von der totalen Wahrscheinlichkeit. Man erhält $f(x) = P(x|Y = 1)p(1) + \cdots + P(x|Y = k)p(k)$.

Die *Bayes-Regel* besitzt nun die einfache Form

$$\delta^*(\boldsymbol{x}) = r \quad \Longleftrightarrow \quad P(r|x) = \max_{i=1,\ldots,k} P(i|\boldsymbol{x}) \tag{10.1}$$

d.h. zu $\boldsymbol{x}$ wird die Klasse gewählt, für die die a posteriori-Wahrscheinlichkeit gegeben $\boldsymbol{x}$ maximal ist. Dabei bezeichnet $\delta^*(\boldsymbol{x})$ die Entscheidung bei Vorliegen des beobachteten Indikators $\boldsymbol{x}$.

10.1.3 Fehlklassifikationswahrscheinlichkeiten

Es lassen sich verschiedene Formen der Fehlklassifikationen durch die Zuordnungsregel δ unterscheiden. Die *Wahrscheinlichkeit einer Fehlklassifikation, gegeben der feste Merkmalsvektor* $\boldsymbol{x}$, ist bestimmt durch

$$\begin{aligned} \varepsilon(\boldsymbol{x}) &= P(\delta(\boldsymbol{x}) \neq Y|\boldsymbol{x}) = 1 - P(\delta(\boldsymbol{x}) = Y|\boldsymbol{x}) \\ &= 1 - P(\delta(\boldsymbol{x})|\boldsymbol{x}). \end{aligned}$$

Die *Verwechslungswahrscheinlichkeit* oder *individuelle Fehlerrate* ist gegeben durch

$$\varepsilon_{rs} = P(\delta(\boldsymbol{x}) = s|Y = r) = \int_{\boldsymbol{x}:\delta(\boldsymbol{x})=s} f(\boldsymbol{x}|r)d\boldsymbol{x}$$

und bestimmt die Wahrscheinlichkeit, ein Objekt, das aus Klasse r kommt, der Klasse s zuzuordnen.

Die *globale Fehlklassifikationswahrscheinlichkeit* oder *Gesamt-Fehlerrate* ist bestimmt durch

$$\varepsilon = P(\delta(\boldsymbol{x}) \neq Y).$$

Sie gibt die Wahrscheinlichkeit an, daß die Zuordnungsregel eine Fehlklassifikation liefert.

Die *Wahrscheinlichkeit einer Fehlklassifikation, gegeben das Objekt entstammt der Klasse* r, ergibt sich durch

$$\varepsilon_r = P(\hat{\delta}(\boldsymbol{x}) \neq r|Y = r) = \sum_{s \neq r} \varepsilon_{rs}.$$

Die Gesamtfehlerrate läßt sich auf einfache Weise sowohl aus dem Verwechslungswahrscheinlichkeiten als auch aus den bedingten Fehlklassifikationraten, gegeben $\boldsymbol{x}$, bestimmen.

$$\varepsilon = P(\delta(\boldsymbol{x}) \neq Y) = \sum_{r=1}^{k} P(\delta(\boldsymbol{x}) \neq r | Y = r) p(r) = \sum_{r=1}^{k} \varepsilon_r p(r)$$

$$= \sum_{r=1}^{k} \sum_{s \neq r} \varepsilon_{rs} p(r) \tag{10.2}$$

$$\varepsilon = P(\delta(\boldsymbol{x}) \neq Y) = \int P(\delta(\boldsymbol{x}) \neq Y | \boldsymbol{x}) f(\boldsymbol{x}) d\boldsymbol{x} = \int \varepsilon(\boldsymbol{x}) f(\boldsymbol{x}) d\boldsymbol{x} \tag{10.3}$$

Aus der Darstellung (10.3) ergibt sich eine wichtige Konsequenz: um die Gesamtfehlerrate ε zu minimieren, genügt es, für jedes $\boldsymbol{x}$ die bedingte Fehlerrate, gegeben $\boldsymbol{x}$, zu minimieren. Da die bedingte Fehlerrate durch $\varepsilon(\boldsymbol{x}) = 1 - P(\delta(\boldsymbol{x})|\boldsymbol{x})$ bestimmt ist, wird diese minimal, wenn zu gegebenem $\boldsymbol{x}$ die Zuordnung $\delta(\boldsymbol{x})$ so gewählt wird, daß $P(\delta(\boldsymbol{x})|\boldsymbol{x})$ maximal ist. Diese Zuordnung entspricht genau der Bayes-Zuordnung δ^*.

Optimalität der Bayes-Zuordnung

Die Bayes-Zuordnung

$$\delta^*(\boldsymbol{x}) = r \iff P(r|\boldsymbol{x}) = \max_{i=1,\ldots,k} P(i|\boldsymbol{x})$$

minimiert die Gesamtfehlerrate ε.

Die damit erreichte optimale Fehlklassifikationswahrscheinlichkeit ist durch

$$\varepsilon_{\text{opt}} = \int \min_{r=1,\ldots,k} \{1 - P(r|\boldsymbol{x})\} f(\boldsymbol{x}) d\boldsymbol{x}$$

gegeben. Anstatt Fehlerraten lassen sich auch Trefferraten betrachten. Die *Trefferrate, gegeben* $\boldsymbol{x}$, ist bestimmt durch $\tau(\boldsymbol{x}) = P(\delta(\boldsymbol{x})|\boldsymbol{x})$, die *Trefferrate, gegeben* $Y = r$, ist bestimmt durch $\tau_r = 1 - \varepsilon_r$ und die *Gesamttrefferrate* durch $\tau = 1 - \varepsilon$.

Beispiel 10.5 : Drogenkonsum
Mit $x = 1$ für positives und $x = 0$ für negatives Testergebnis ergeben sich die diskreten Dichten $f(x|r)$ durch

		$x = 1$	$x = 0$	a priori $p(r)$
Klasse	1	0.95	0.05	0.10
	2	0.05	0.95	0.90

Als a posteriori-Wahrscheinlichkeiten werden im Beispiel 10.4 (Seite 341) bestimmt

	$x=1$	$x=0$
$P(1\|x)$	0.68	0.006
$P(2\|x)$	0.32	0.994

Die Bayes-Zuordnung hat demnach die Form $\delta^*(x) = 1$ *wenn* $x = 1$ *und* $\delta^*(x) = 2$ *wenn* $x = 0$. *Damit ergeben sich*

$$\varepsilon(x=1) = 1 - P(1|x=1) = 1 - 0.68 = 0.32$$
$$\varepsilon(x=0) = 1 - P(2|x=0) = 1 - 0.994 = 0.006.$$

Die individuellen Fehlerraten sind bestimmt durch

$$\varepsilon_{12} = \varepsilon_1 = P(\delta^*(x) = 2|Y=1) = P(x=0|Y=1) = 0.05$$
$$\varepsilon_{21} = \varepsilon_2 = P(\delta^*(x) = 1|Y=2) = P(x=1|Y=2) = 0.05.$$

Als Trefferraten ergeben sich entsprechend $\tau_1 = 0.95$ *und* $\tau_2 = 0.95$. *Während die Verwechslungswahrscheinlichkeiten gleich sind, sind die Fehler, gegeben* x, *d.h.* $\varepsilon(x)$, *sehr unterschiedlich für* $x = 1$ *und* $x = 0$. *Als Gesamtfehlerrate erhält man*

$$\begin{aligned}\varepsilon = P(\delta^*(x) \neq Y) &= p(1)\varepsilon_{12} + p(2)\varepsilon_{21} = 0.10 \cdot 0.05 + 0.90 \cdot 0.05 \\ &= 0.05,\end{aligned}$$

entsprechend beträgt die Trefferrate $\tau = 0.95$.

Es empfiehlt sich prinzipiell, zu einer Zuordnungsregel die damit vorhandene Fehlklassifikationswahrscheinlichkeit anzugeben. Es ist wenig hilfreich, einen x*-Wert nach Bayes der optimalen Klasse zuzuordnen ohne sich Rechenschaft darüber abzugeben, wie gut diese Zuordnung ist. Für dieses einfache Problem erhält man*

	$x=1$	$x=0$
Zuordnung in Klasse	1	2
$\varepsilon(x)$	0.32	0.006

□

10.1.4 Bayes-Regel und Diskriminanzfunktionen

Eine alternative Darstellung erhält man mit Hilfe von Diskriminanzfunktionen. Man ordnet jedem Merkmalsvektor $\boldsymbol{x}$ Werte $d_r(\boldsymbol{x})$, $r = 1, \ldots, k$ zu, die angeben, wie stark die Beobachtung $\boldsymbol{x}$ für die Klasse r spricht. Wählt man $d_r(\boldsymbol{x}) = P(r|\boldsymbol{x})$, ergibt sich die Bayes-Regel als

$$\delta(\boldsymbol{x}) = r \quad \Longleftrightarrow \quad d_r(\boldsymbol{x}) = \max_{i=1,\ldots,k} d_i(\boldsymbol{x}). \tag{10.4}$$

Was hier nur wie eine neue Bezeichnung aussieht , läßt sich als Zuordnung mit Diskriminanzfunktionen verstehen. Dabei werden jedem Merkmalsvektor $\boldsymbol{x}$ den

Klassen zugehörende Werte $d_r(\boldsymbol{x})$, $r = 1, \ldots, k$, zugeordnet, und die Zuordnung erfolgt durch Maximierung der Diskriminanzfunktion entsprechend (10.4).

Das Konzept führt dazu, daß anstatt $d_r(\boldsymbol{x}) = P(r|\boldsymbol{x})$ alternative Diskriminanzfunktionen betrachtet werden können. Die Verallgemeinerung des Satzes von Bayes hat die Form

$$P(r|\boldsymbol{x}) = \frac{f(\boldsymbol{x}|r)p(r)}{f(\boldsymbol{x})} = \frac{f(\boldsymbol{x}|r)p(r)}{\sum_{i=1}^{k} p(i)P(\boldsymbol{x}|i)}.$$

Daraus ergibt sich unmittelbar für zwei Klassen r und s

$$\begin{aligned} P(r|\boldsymbol{x}) \geq P(s|\boldsymbol{x}) \iff & \quad \frac{f(\boldsymbol{x}|r)p(r)}{f(\boldsymbol{x})} \geq \frac{f(\boldsymbol{x}|s)p(s)}{f(\boldsymbol{x})} \\ \iff & \quad f(\boldsymbol{x}|r)p(r) \geq f(\boldsymbol{x}|s)p(s) \\ \iff & \quad \log(p(\boldsymbol{x})) + \log(f(\boldsymbol{x}|r)) \geq \log(f(\boldsymbol{x}|s)) + \log(p(s)). \end{aligned}$$

Die Maximierung von $P(s|\boldsymbol{x})$ über $s = 1, \ldots, k$ führt demnach zum selben Ergebnis, wie die Maximierung von $f(\boldsymbol{x}|s)p(s)$ über $s = 1, \ldots, k$. Daraus ergibt sich, daß die Bayes-Zuordnungsregel (10.4) mit äquivalentem Ergebnis formulierbar ist durch die Diskriminanzfunktionen

(a) $d_r(\boldsymbol{x}) = P(r|\boldsymbol{x})$,

(b) $d_r(\boldsymbol{x}) = f(\boldsymbol{x}|r)p(r)/f(\boldsymbol{x})$,

(c) $d_r(\boldsymbol{x}) = f(\boldsymbol{x}|r)p(r)$,

(d) $d_r(\boldsymbol{x}) = \log(f(\boldsymbol{x}|r)) + \log(p(r))$.

Bayes-Zuordnung

Bei Vorliegen des Beobachtungsvektors $\boldsymbol{x}$ erfolgt die Zuordnung in die Klasse r, für die $d_r(\boldsymbol{x})$ maximal ist, d.h.

$$\delta^*(\boldsymbol{x}) = r \quad \iff \quad d_r(\boldsymbol{x}) = \max_{i=1,\ldots,k} d_i(\boldsymbol{x}),$$

wobei $d_r(\boldsymbol{x}) = P(r|\boldsymbol{x})$ bzw. $d_r(\boldsymbol{x}) = f(\boldsymbol{x}|r)p(r)$ bzw. $d_r(\boldsymbol{x}) = \log(f(\boldsymbol{x}|r)) + \log(p(r))$.

Die Darstellung durch äquivalente Diskriminanzfunktionen bietet die Möglichkeit einer alternativen Veranschaulichung der Bayes-Zuordnung. Die Diskriminanzfunktion $d_r(\boldsymbol{x}) = f(\boldsymbol{x}|r)p(r)$ entspricht bis auf den Faktor $p(r)$ der Merkmalsverteilung in der r-ten Klasse. In Abbildung 10.1 ist die zugehörige Zuordnungsregel dargestellt, wenn die Merkmale in den Klassen normalverteilt sind. Die Veränderung der a priori-Wahrscheinlichkeiten hat ein Aufblähen bzw. Schrumpfen der Merkmalsdichten zur Folge, die zu einer Verschiebung des Trennpunktes zwischen den Klassen führt.

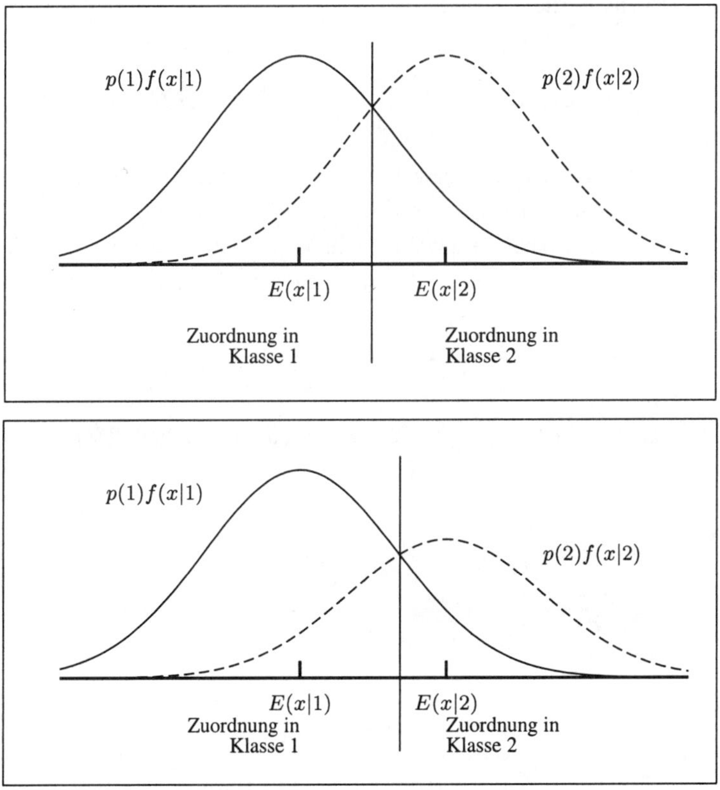

Abbildung 10.1: Zuordnung in die Klassen für gleiche a priori-Wahrscheinlichkeiten $p(1) = p(2) = 0.5$ (oberes Bild) und unterschiedliche a priori-Wahrscheinlichkeiten $p(1) = 0.6$, $p(2) = 0.4$ (unteres Bild)

Die alternativen Darstellungen durch Diskriminanzfunktionen sind vor allem auch deswegen relevant, weil sie verschiedene Wege weisen zur Bestimmung *geschätzter* Zuordnungsregeln. Wenn in der Anwendung die wahren Größen durch entsprechende Schätzungen ersetzt werden müssen, bieten sich für die Variante (a) der a posteriori-Wahrscheinlichkeiten direkt die in Kapitel 2 bzw. 3 behandelten parametrischen Modelle wie Logit- oder Probit-Modelle an. Eine nonparametrische Alternative sind die Methoden der nonparametrischen kategorialen Regression in Kapitel 8. In den Varianten (b) bis (d) ist es notwendig, die Merkmalsdichten $f(\boldsymbol{x}|r)$ und die a priori-Wahrscheinlichkeiten $p(\boldsymbol{x})$ zu schätzen. Parametrische Verfahren unterstellen einen Verteilungstyp für $f(\boldsymbol{x}|r)$, beispielsweise die Normalverteilung und schätzen die notwendigen Parameter, wie Erwartungswert und Varianz. Alternative Verfahren basieren auf nonparametrischen Dichteschätzern. Die a priori-Wahrscheinlichkeit – so sie nicht bekannt sind – werden durch die relativen Häufigkeiten der Klasse bestimmt. Geschätzte Diskriminanzregeln werden in Abschnitt 10.2 ausführlich behandelt.

10.1.5 Logit-Modell und normalverteilte Merkmale

Geht man bei zwei Klassen von klassenweise normalverteilten Merkmalen mit identischen Kovarianzmatrizen aus, d.h. $\boldsymbol{x}|Y = r \sim N(\boldsymbol{\mu}_r, \boldsymbol{\Sigma})$, ergeben sich interessante Spezialfälle. Die a posteriori-Wahrscheinlichkeit läßt sich nach dem Satz von Bayes in einer an die logistische Funktion angelehnten Form darstellen durch

$$P(1|\boldsymbol{x}) = \frac{f(\boldsymbol{x}|1)p(1)}{f(\boldsymbol{x}|1)p(1) + f(\boldsymbol{x}|2)p(2)} = \frac{\exp(a)}{1 + \exp(a)}, \tag{10.5}$$

wobei $a = \log[f(x|1)p(1)]/[f(x|2)p(2)]$. Setzt man die Dichten der Normalverteilung

$$f(\boldsymbol{x}|r) = \frac{1}{(2\pi)^{p/2}|\boldsymbol{\Sigma}|^{1/2}} \exp\left\{-\frac{1}{2}(\boldsymbol{x} - \boldsymbol{\mu}_r)'\boldsymbol{\Sigma}^{-1}(\boldsymbol{x} - \boldsymbol{\mu}_r)\right\}$$

ein, erhält man für a die Linearform

$$a = \beta_0 + \boldsymbol{x}'\boldsymbol{\beta}$$

mit

$$\beta_0 = -\frac{1}{2}\boldsymbol{\mu}_1'\boldsymbol{\Sigma}^{-1}\boldsymbol{\mu}_1 + \frac{1}{2}\boldsymbol{\mu}_2'\boldsymbol{\Sigma}^{-1}\boldsymbol{\mu}_2 + \log\left(\frac{p(1)}{p(2)}\right), \tag{10.6}$$

$$\boldsymbol{\beta} = \boldsymbol{\Sigma}^{-1}(\boldsymbol{\mu}_1 - \boldsymbol{\mu}_2). \tag{10.7}$$

Für die a posteriori-Wahrscheinlichkeit erhält man somit das logistische Modell

$$P(1|\boldsymbol{x}) = \frac{\exp(\beta_0 + \boldsymbol{x}'\boldsymbol{\beta})}{1 + \exp(\beta_0 + \boldsymbol{x}'\boldsymbol{\beta})}.$$

Damit läßt sich die Klassenzuordnung unmittelbar an einer logistisch modellierten a posteriori-Wahrscheinlichkeit festmachen. Anstatt der Diskrimininanzfunktion $d_r(\boldsymbol{x}) = P(r|\boldsymbol{x})$ läßt sich alternativ auch die Differenz $d_1(\boldsymbol{x}) - d_2(\boldsymbol{x})$ betrachten mit der Zuordnungsregel

Ordne $\boldsymbol{x}$ der Klasse 1 zu, wenn $d(\boldsymbol{x}) = d_1(\boldsymbol{x}) - d_2(\boldsymbol{x}) \geq 0$.

Ansonsten wird der Klasse 2 zugeordnet. Mit der Diskriminanzfunktion $d_r(\boldsymbol{x}) = \log(P(r|\boldsymbol{x}))$ ergibt sich unmittelbar

$$\begin{aligned} & d_1(\boldsymbol{x}) - d_2(\boldsymbol{x}) \geq 0 \\ \iff \quad & \log(P(1|\boldsymbol{x})) - \log(P(2|\boldsymbol{x})) = \log\left(\frac{P(1|\boldsymbol{x})}{P(2|\boldsymbol{x})}\right) = \beta_0 + \boldsymbol{x}'\boldsymbol{\beta} \geq 0. \end{aligned}$$

Man erhält damit die einfache lineare Zuordnungsregel

$$\text{Ordne } \boldsymbol{x} \text{ der Klasse 1 zu, wenn } \beta_0 + \boldsymbol{x}'\boldsymbol{\beta} \geq 0,$$

wobei die Parameter $\beta_0, \boldsymbol{\beta}$ durch (10.6) und (10.7) bestimmt sind.

Auch der allgemeinere Fall unterschiedlicher Kovarianzmatrizen normalverteilter Merkmale läßt sich als logistisches Modell darstellen. Man erhält mit $\boldsymbol{x}|Y = r \sim N(\boldsymbol{\mu}_r, \boldsymbol{\Sigma}_r)$ für die Größe a aus (10.5)

$$a = \beta_0 + \boldsymbol{x}'\beta + \boldsymbol{x}'\boldsymbol{M}\boldsymbol{x},$$

wobei

$$\begin{aligned} \beta_0 &= -\frac{1}{2}\boldsymbol{\mu}_1'\boldsymbol{\Sigma}_1^{-1}\boldsymbol{\mu}_1 + \frac{1}{2}\boldsymbol{\mu}_2'\boldsymbol{\Sigma}_2^{-1}\boldsymbol{\mu}_2 + \log\left(\frac{p(1)\,|\boldsymbol{\Sigma}_2|^{1/2}}{p(2)\,|\boldsymbol{\Sigma}_1|^{1/2}}\right), \\ \boldsymbol{\beta} &= \boldsymbol{\Sigma}_1^{-1}\boldsymbol{\mu}_1 - \boldsymbol{\Sigma}_2^{-1}\boldsymbol{\mu}_2, \\ \boldsymbol{M} &= (\boldsymbol{\Sigma}_2^{-1} - \boldsymbol{\Sigma}_1^{-1})/2. \end{aligned}$$

Das entsprechende logistische Modell ist wiederum *linear in den Parametern*, nicht allerdings für die Prädiktoren. Mit $\boldsymbol{M} = (m_{ij})$ ist der hinzukommende Term von der Form $\boldsymbol{x}'\boldsymbol{M}\boldsymbol{x} = \sum_{i,j} m_{ij}x_i x_j$, enthält also eine Linearkombination von quadratischen Termen $m_{11}x_1^2, \ldots, m_{pp}x_p^2$ und "Interaktionen" $m_{ij}x_i x_j, i \neq j$. Betrachtet man als Prädiktor $\boldsymbol{z} = (x_1, \ldots, x_p, x_1^2, \ldots, x_1 x_2, \ldots)$, ergibt sich wiederum ein lineares Logit-Modell.

10.1.6 Logit-Modell und binäre Merkmale

Für den Fall zweier Klassen und binärer Merkmale $x_1, \ldots, x_p$ gelte

$$P(x_1, \ldots, x_p|Y = r) = \pi^{(r)}_{x_1,\ldots,x_p}, \qquad r = 1, 2.$$

Aus der logistischen Form (10.5) erhält man

$$\begin{aligned} a &= \log[P(\boldsymbol{x}|1)p(1)/P(\boldsymbol{x}|2)p(2)] \\ &= \log \pi_{\boldsymbol{x}}^{(1)} - \log \pi_{\boldsymbol{x}}^{(2)} + \log(p(1)/p(2)). \end{aligned}$$

Aus der Theorie der loglinearen Modelle (vgl Kap. 7) weiß man, daß sich der Logarithmus einer Auftretenswahrscheinlichkeit linear darstellen läßt, d.h. es gibt Parameter, so daß gilt

$$\log \pi_x^{(r)} = \alpha_0^{(r)} + x_1\alpha_1^{(r)} + \cdots + x_p\alpha_p^{(r)} + x_1x_2\alpha_{12}^{(r)} + \cdots + x_1x_2\cdots x_p\alpha_{12\ldots p}^{(r)}.$$

Daraus erhält man für a

$$\begin{aligned} a = {} & \alpha_0^{(1)} - \alpha_0^{(2)} + \log(p(1)/p(2)) \\ & + x_1(\alpha_1^{(1)} - \alpha_1^{(2)}) + \cdots + x_p(\alpha_p^{(1)} - \alpha_p^{(2)}) \\ & + x_1x_2(\alpha_{12}^{(1)} - \alpha_{12}^{(2)}) + \cdots + x_1x_2\cdots x_p(\alpha_{12\ldots p}^{(1)} - \alpha_{12\ldots p}^{(2)}). \end{aligned}$$

Mit $\beta_0 = \alpha_0^{(1)} - \alpha_0^{(2)} + \log(p(1)/p(2))$ und $\beta_r = \alpha_r^{(1)} - \alpha_r^{(2)}$ ergibt sich das logistische Modell

$$P(1|x) = \frac{\exp(\boldsymbol{z}'\boldsymbol{\beta})}{1 + \exp(\boldsymbol{z}'\boldsymbol{\beta})},$$

wobei

$$\begin{aligned} \boldsymbol{z}' &= (1, x_1, \ldots, x_p, x_1x_2, \ldots, x_1x_2\cdots x_p), \\ \boldsymbol{\beta}' &= (\beta_0, \beta_1, \ldots, \beta_2, \beta_{12}, \ldots, \beta_{12\ldots p}). \end{aligned}$$

Man erhält somit wiederum eine lineare Zuordungsregel

$$\delta(x) = 1 \qquad \Leftrightarrow \qquad \beta_0 + \boldsymbol{z}'\boldsymbol{\beta} \geq 0,$$

die allerdings nicht linear in $\boldsymbol{x}$ ist, sondern linear für den erweiterten Vektor $\boldsymbol{z}$, der auch alle Produkte zwischen Variablen enthält. Für den Spezialfall innerhalb der Klassen unabhängiger Merkmale erhält man $\beta_{12} = \beta_{13} = \cdots = \beta_{12\ldots p} = 0$, so daß sich der erweiterte Vektor $\boldsymbol{z}$ auf $\boldsymbol{x}$ reduzieren läßt (vgl. Abschnitt 2.5).

10.1.7 Grenzen der Bayes Zuordnung: Maximum-Likelihood-Regel

Die Bayes-Zuordnung ist optimal in dem Sinne, daß durch sie die globale Fehlklassifikationswahrscheinlichkeit, ebenso wie die lokale für gegebenes $\boldsymbol{x}$ minimiert wird. In die Zuordnungsregel gehen wesentlich die a priori-Wahrscheinlichkeiten, d.h. das Vorwissen über das Auftreten der einzelnen Klassen ein. Besitzt nun eine Klasse eine sehr hohe a priori-Wahrscheinlichkeit, kann die Bayes-Regel dahingehend entarten, daß alle beobachteten Merkmalsvektoren $\boldsymbol{x}$ eben dieser Klasse zugeordnet werden. Das Diagnoseinstrument verliert damit jegliche Differenzierungskraft. Man vergleiche das folgende Beispiel.

Beispiel 10.6 : Drogenkonsum
Betrachtet wird wie in Beispiel 10.5 (Seite 344) nur das Auftreten ($x = 1$) oder Nicht-Auftreten ($x = 0$) eines Indikators für Klasse 1, allerdings hier mit der Sensitivität 0.95 und

der Spezifität 0.9,

		$x = 1$	$x = 0$
Klasse	1	0.95	0.05
	2	0.10	0.90

Die a priori-Wahrscheinlichkeiten $p(1)$, $p(2) = 1 - p(1)$ seien noch nicht festgelegt. Es läßt sich einfach ableiten, wie die a posteriori-Wahrscheinlichkeiten von den a priori-Wahrscheinlichkeiten bestimmt werden. Man erhält die Funktionen

$$P(1|x=1) = \frac{0.95p(1)}{0.85p(1)+0.10}, \qquad p(1|x=0) = \frac{0.05p(1)}{0.90-0.85p(1)},$$

die in Abbildung 10.2 dargestellt sind. Man sieht, daß für $x = 1$ die a posteriori-Wahrscheinlichkeit für kleine a priori-Wahrscheinlichkeit sehr schnell, für $x = 0$ hingegen wesentlich langsamer steigt. Liegt die a priori-Wahrscheinlichkeit $p(1)$ jedoch unter 0.095 wird sowohl $x = 1$ als auch $x = 0$ der Klasse 2 zugeordnet, die Zuordnungsregel hängt nicht mehr vom Testergebnis x ab. Analog gilt für $p(1) > 0.947$, daß die Zuordnung für jedes Beobachtungsergebnis in Klasse 1 erfolgt. Für diese Extrembereiche liefert die Bayes-Zuordnung zwar eine minimale Gesamtfehlerrate, allerdings wird diese vorwiegend durch die a priori-Wahrscheinlichkeit bestimmt. Die Beobachtung selbst wird nicht mehr herangezogen. Man erhält für $p(1) < 0.095$ die Verwechslungswahrscheinlichkeiten

$$\varepsilon_{12} = 1, \qquad \varepsilon_{21} = 0,$$

für $p(1) > 0.947$

$$\varepsilon_{12} = 0, \qquad \varepsilon_{21} = 1.$$

□

Eine alternative Zuordnungsregel, die sich anbietet, wenn keine a priori-Wahrscheinlichkeiten vorliegen oder die Bayes-Zuordnung dahingehend entartet ist, daß die Beobachtung irrelevant ist, ist die *Maximum-Likelihood- (ML)-Zuordnung δ_{ML}*. Sie entspricht der Bayes-Zuordnung mit gleichen a priori-Wahrscheinlichkeiten $p(1) = \cdots = p(k) = 1/k$. In der entsprechenden Diskriminanzfunktion $d_r(x) = f(\boldsymbol{x}|r)p(r) = f(\boldsymbol{x}|r)(1/k)$ läßt sich der Faktor $1/k$ vernachlässigen und man erhält

Maximum-Likelihood- (ML)-Zuordnungsregel

$$\delta_{ML}(\boldsymbol{x}) = r \quad \Longleftrightarrow \quad f(\boldsymbol{x}|r) = \max_{i=1,\ldots,k} f(\boldsymbol{x}|i)$$

Die Regel läßt sich analog zum Maximum-Likelihood-Schätzverfahren anschaulich interpretieren: man wählt zu gegebenem $\boldsymbol{x}$ diejenige Klasse r, die am ehesten dafür

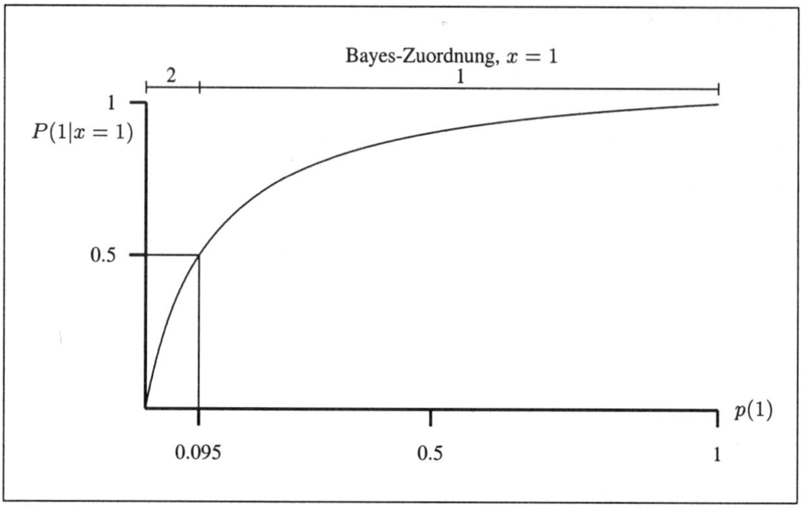

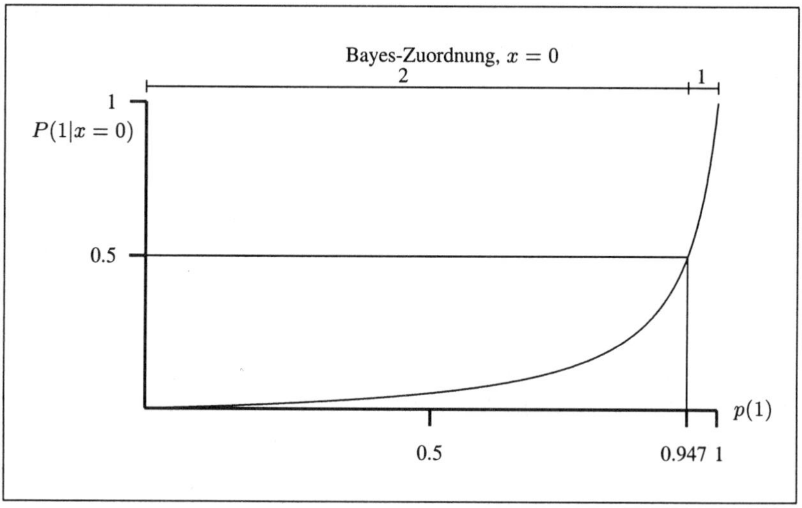

Abbildung 10.2: A posteriori-Wahrscheinlichkeiten für das Beispiel Drogenkonsum in Abhängigkeit von der a priori-Wahrscheinlichkeit $p(1)$, die Bayes-Zuordnung ist ebenfalls in Abhängigkeit von $p(1)$ zu verstehen

spricht, daß gerade $\boldsymbol{x}$ beobachtet wird. Für diskretes $\boldsymbol{x}$ heißt das, man wählt diejenige Klasse, für die die Wahrscheinlichkeit, daß $\boldsymbol{x}$ auftritt, maximal wird, für stetiges $\boldsymbol{x}$ wird entsprechend die Dichte maximiert.

Die ML-Regel im Beispiel 10.6 Drogenkonsum liefert $\delta_{ML}(x = 1) = 1$, $\delta_{ML}(x = 0) = 2$. Die dabei auftretenden Fehlklassifikationswahrscheinlichkeiten lassen sich nur in Abhängigkeit von den potentiell unbekannten a priori-Wahrscheinlichkeiten bestimmen. Man erhält die Fehlerraten

$$\begin{aligned}
\varepsilon_{12} &= P(x=0|Y=1) = 0.05,\\
\varepsilon_{21} &= P(x=1|Y=2) = 0.10,\\
\varepsilon(x=1) &= 1 - P(1|x=1),\\
\varepsilon(x=0) &= 1 - P(2|x=0) = P(1|x=0),\\
\varepsilon &= 0.10 - 0.05\,p(1).
\end{aligned}$$

Man beachte, daß die Gesamtfehlerrate von der (möglicherweise) unbekannten a priori-Wahrscheinlichkeit abhängt. In Abbildung 10.3 ist die Gesamtfehlderrate für die ML-Zuordnung in Abhängigkeit von $p(1)$ dargestellt. Zusätzlich ist die Gesamtfehlerrate nach Bayes eingezeichnet. Für $0.095 \leq p(1) \leq 0.947$ sind die Zuordnungsregeln und damit die Fehlerraten identisch (vgl. Beispiel 10.6). Für $p(1) \leq 0.095$ ergibt sich mit der Bayes-Zuordnung nach (10.2) $\varepsilon = p(1)$, für $p(1) \geq 0.947$ $\varepsilon = 1 - p(1)$. Die ML-Zuordnung liefert für sehr kleine und sehr große Werte eine schlechtere Gesamtfehlerrate, liefert dafür aber immer einen Hinweis auf die Klasse, der nicht von den a priori-Wahrescheinlichkeiten beeinflußt wird. Insbesondere unter dem Aspekt, daß die a priori-Wahrscheinlichkeiten meist nicht bekannt sind oder nur grob approximiert werden, sollten die Hinweise der ML-Regel in einer Analyse mit berücksichtigt werden.

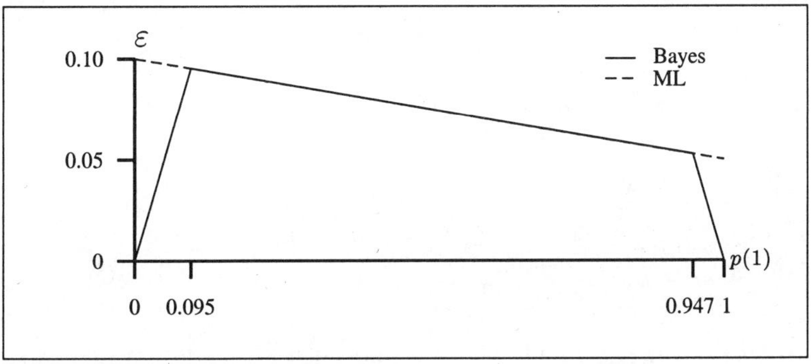

Abbildung 10.3: Gesamtfehlerrate in Abhängigkeit von der a priori Wahrscheinlichkeit $p(1)$

10.1.8 Kostenoptimale Bayes-Zuordnung

Etwas genereller lassen sich die bei falschen Zuordnungen anfallenden Kosten in die Entscheidungsregel einbeziehen. Dies führt zu allgemeineren kostenoptimalen

Zuordnungsregeln. Seien die Kosten bestimmt durch

$$c(i,j) = c_{ij} = \text{Kosten einer Zuordnung eines Objekts aus Klasse } i \text{ in die Klasse } j.$$

Für $i = j$ gelte $c_{ii} = 0$, d.h. die Kosten einer richtigen Zuordnung sind Null, während $c_{ij} \geq 0$ für $i \neq j$.

Die zu erwartenden Kosten für gegebenes $\boldsymbol{x}$ ergeben das *bedingte Risiko, gegeben* $\boldsymbol{x}$, durch

$$r(\boldsymbol{x}) = \sum_{i=1}^{k} c_{i,\delta(\boldsymbol{x})} P(i|\boldsymbol{x}).$$

Das *individuelle Risiko* ist

$$r_{ij} = c_{ij} P(\delta(\boldsymbol{x}) = j | Y = i) = c_{ij} \int_{\boldsymbol{x}:\delta(\boldsymbol{x})=j} f(\boldsymbol{x}|i) d\boldsymbol{x}$$

und das *Risiko, gegeben Klasse* i, erhält man durch

$$r_i = \sum_{j=1}^{k} r_{ij}.$$

Das *gesamte Bayes Risiko*, d.h. die zu erwartenden Kosten lassen sich darstellen durch

$$R = E(c(Y, \delta(\boldsymbol{x}))) = \sum_{i=1}^{k} r_i p(i) = \int r(\boldsymbol{x}) f(\boldsymbol{x}) d\boldsymbol{x}.$$

Wie im Fall der Minimierung der globalen Fehlerrate, wird das Bayes-Risiko minimal, wenn zu jedem $\boldsymbol{x}$ das bedingte Risiko $r(\boldsymbol{x})$ minimiert wird. Daraus ergibt sich unmittelbar die Bayes-optimale Zuordnungsregel.

Bayes-Zuordnung mit Kosten

Bei Vorliegen des Beobachtungsvektors $\boldsymbol{x}$ wird das Bayes-Risiko minimiert durch die Zuordnung

$$\delta^*(\boldsymbol{x}) = r \iff \sum_{i=1}^{k} P(i|\boldsymbol{x})c_{ir} = \min_{j=1,\ldots,k} \sum_{i=1}^{k} P(i|\boldsymbol{x})c_{ij}.$$

Mit den Diskrimininanzfunktionen

$$d_r(\boldsymbol{x}) = -\sum_{i=1}^{k} P(i|\boldsymbol{x})c_{ir},$$

erhält man

$$\delta^*(x) = r \quad \iff \quad d_r(x) = \max_{i=1,\ldots,k} d_i(\boldsymbol{x}).$$

Einige Spezialfälle der Bayes-optimalen Zuordnung mit Kosten sind von Interesse:

(1) Wählt man die zwischen der Art der Fehlklassifikation nicht differenzierenden Kosten

$$c_{ij} = \begin{cases} c & i \neq j \\ 0 & i = j, \end{cases}$$

so ergibt sich die Bayes-Zuordnung durch

$$\begin{aligned} \delta^*(\boldsymbol{x}) = r \quad &\iff \quad \sum_{i \neq r} P(i|\boldsymbol{x})c = \min_{j=1,\ldots,k} \sum_{i \neq j} P(i|\boldsymbol{x})c \\ &\iff \quad 1 - P(r|\boldsymbol{x}) = \min_{j=1,\ldots,k} (1 - P(j|\boldsymbol{x})) \\ &\iff \quad P(r|\boldsymbol{x}) = \max_{j=1,\ldots,k} P(j|\boldsymbol{x}). \end{aligned}$$

Die Zuordnungsregel entspricht der Bayes-Zuordnung (10.1), die ohne Berücksichtigung von Kosten entwickelt wurde. In diesem Fall entsprechen die Risiken den Fehlklassifikationswahrscheinlichkeiten, d.h.: $r(x) = \varepsilon(x), r_i = \varepsilon_i,\ R = \varepsilon$.

(2) Eine Alternative ist die umgekehrt proportionale Kostenfunktion

$$c_{ij} = \begin{cases} \frac{c}{p(i)} & i \neq j \\ 0 & i = j. \end{cases}$$

Damit werden die Kosten einer falschen Zuordnung eines aus Klasse i stammenden Objekts umso höher bewertet, desto kleiner die a priori-Wahrscheinlichkeit ist. Wegen $P(i|\boldsymbol{x}) = f(\boldsymbol{x}|i)p(i)/f(\boldsymbol{x})$ ergibt sich für $i \neq j$ $P(i|\boldsymbol{x})c_{ij} = P(i|\boldsymbol{x})c/p(i) = cf(\boldsymbol{x}|i)/f(\boldsymbol{x})$. Daraus erhält man

$$\begin{aligned}\delta_r(\boldsymbol{x}) = r \quad &\Longleftrightarrow \quad \sum_{i \neq r} cf(\boldsymbol{x}|i)/f(\boldsymbol{x}) = \min_{j=1,\ldots,k} \sum_{i \neq j} cf(\boldsymbol{x}|j)/f(\boldsymbol{x}) \\ &\Longleftrightarrow \quad f(\boldsymbol{x}|r) = \max_{j=1,\ldots,k} f(\boldsymbol{x}|j).\end{aligned}$$

Die Zuordnungsregel ist damit äquivalent zur ML-Regel.

10.2 Geschätzte Zuordnungsregeln

10.2.1 Stichproben und geschätzte Zuordnungsregeln

Geschätzte Zuordnungsregeln $\hat{\delta}$ erhält man aus entsprechend geschätzten Diskriminanzfunktionen $\hat{d}_1, \ldots, \hat{d}_k$ durch

$$\hat{\delta}(\boldsymbol{x}) = r \quad \Longleftrightarrow \quad \hat{d}_r(\boldsymbol{x}) = \max_i \hat{d}_i(\boldsymbol{x}).$$

Die Schätzung der Zuordnungsregel beruht auf einer sogenannten *Lernstichprobe*, die ihren Namen aus der Tatsache bezieht, daß sie dazu dient, ein Zuordnungsverfahren zu lernen. Welche Schätzungen sinnvoll sind, hängt von der Art der Lernstichprobe ab. Man vergleiche dazu auch die Einleitung des Kapitels. Unterschieden wird

- die *Gesamtstichprobe* $\{Y_i, \boldsymbol{x}_i\}$, $i = 1, \ldots, n$ mit $(Y_i, \boldsymbol{x}_i)$ als unabhängigen Wiederholungen,

- die *nach $\boldsymbol{x}$ geschichtete Stichprobe* $Y_i^{(\boldsymbol{x})}|\boldsymbol{x}$, $i = 1, \ldots, n(\boldsymbol{x})$, in der unabhängige Responses Y_i zu festen $\boldsymbol{x}$ beobachtet werden, und

- die *nach Y geschichtete Stichprobe* $\boldsymbol{x}_i^{(r)}|Y = r$, $i = 1, \ldots, n_r$, in der unabhängige Merkmalsvektoren zu fester Klasse gezogen werden.

Die hier vorwiegend betrachteten Verfahren basieren auf der Schätzung von $P(r|\boldsymbol{x})$, d.h. auf Diskriminanzfunktionen $\hat{d}_r(\boldsymbol{x}) = \hat{P}(r|\boldsymbol{x})$ bzw. $\hat{d}_r(\boldsymbol{x}) = -\Sigma_i c_{ir} P(i|\boldsymbol{x})$ im Falle unterschiedlicher Kosten. Die Schätzung von $\hat{P}(r|\boldsymbol{x})$ kann entweder durch die parametrischen Modelle der Kapitel 2–6 erfolgen oder durch nonparametrische Alternativen, wie sie in den Kapiteln 8 und 9 dargestellt sind. Die Verfahren beruhen entweder auf einer Gesamtstichprobe oder auf einer nach $\boldsymbol{x}$ geschichteten Stichprobe.

Die Alternative $\hat{d}_r(\boldsymbol{x}) = \hat{f}(\boldsymbol{x}|r)p(r)$ beruht auf der Schätzung der Merkmalsverteilungen in jeder Klasse. Hier ist zu unterscheiden, ob $\boldsymbol{x}$ kategoriale, stetige oder beide Typen von Merkamlen enthält. Für kategoriale Merkmale ist eine Parametrisierung beispielsweise im Rahmen der log-linearen Modelle möglich, für stetige Merkmale wird häufig die Normalverteilung zugrundegelegt. Nonparametrische Variablen beruhen z.B. auf nonparametrischen Dichteschätzern für $f(\boldsymbol{x}|r)$. Verfahren des Typs $\hat{d}_r(\boldsymbol{x}) = \hat{f}(\boldsymbol{x}|r)$, parametrische als auch nonparametrische, werden ausführlich in Fahrmeir, Häußler & Tutz (1996, Kapitel 8) betrachtet. Eine zunehmend wichtige Rolle spielen verteilungsfreie Ansätze, die von einer bestimmten Form der Diskriminanzfunktion ausgehen. Das Konzept der Fisherschen Diskriminanzanalyse sucht die beste lineare Trennung, d.h. im Zwei-Klassen-Fall wird von einer linearen Trennfunktion $d(x) = d_1(x) - d_2(x) = \beta_0 + \boldsymbol{x}'\boldsymbol{\beta}$ ausgegangen. Für normalverteilte und unabhängige binäre Merkmale ist die optimale Trennung tatsächlich linear, für andere Verteilungen kann die postulierte Linearität theoretisch suboptimal sein aber durchaus zu stabil geschätzten Zuordnungsverfahren führen. Der viel weitere Ansatz der neuronalen Netze läßt auch nichtlineare Trennfunktionen zu, die hinsichtlich eines Zielkriteriums, optimiert werden. Einen guten Überblick über neuronale Netze und die verwendeten Algorithmen zur Klassentrennung findet sich bei Bishop (1995), Ripley (1996).

	Parametrisch	Nonparametrisch	Stichprobe
A posteriori direkt $\hat{d}_r(\boldsymbol{x}) = \hat{P}(r\|\boldsymbol{x})$	Logit-Modell und Alternativen (Kap. 2–6)	Nonparametrische Responsemodelle Kapitel 8 und 9	Gesamtstichprobe oder nach $\boldsymbol{x}$ geschichtet
Merkmals-schichten $d_r(\boldsymbol{x}) = \hat{f}(\boldsymbol{x}\|r)p(r)$ bzw. $d_r(\boldsymbol{x}) = \log(\hat{f})(\boldsymbol{x}\|r) + \log(p(r))$	Parametrisierung von $\hat{f}(\boldsymbol{x}\|r)$ $\boldsymbol{x}$ kategorial: z.B. Log-lineare Modelle $\boldsymbol{x}$ stetig: z.B. Normalverteilung	Nonparametrische Dichteschätzung von $\hat{f}(\boldsymbol{x}\|r)$, neuronale Netze	Gesamtstichprobe oder nach Y geschichtet

Tabelle 10.1: Geschätzte Zuordnungsregeln

10.2.2 Prognosefehler – Direkte Prognose der Klassenzugehörigkeit

Sei $(y, \boldsymbol{x})$ mit $y \in \{0,1\}$ eine neue Beobachtung, von der nur $\boldsymbol{x}$, nicht aber der Response bekannt ist. Wird die Wahrscheinlichkeit $\pi = P(y = 1|\boldsymbol{x})$ geschätzt, beispielsweise durch ein binäres Logit-Modell, $\pi = h(\boldsymbol{x}'\boldsymbol{\beta})$, läßt sich die zugehörige Schätzung $\hat{\pi} = h(\boldsymbol{x}'\hat{\boldsymbol{\beta}})$ als eine Prognose für das Auftreten von $y = 1$ verstehen. Eine *direkte* Prognose des Response erhält man jedoch erst durch Anwendung der Bayes-Regel mit oder ohne Kosten. Im einfachsten Fall symmetrischer Kostenfunktion ergibt sich $\hat{y} = 1$, wenn $\hat{\pi} \geq 0.5$, und $\hat{y} = 0$, wenn $\hat{\pi} < 0.5$. Die "weichere" Prognose $\hat{\pi}$ erhält naturgemäß mehr Information über die Genauigkeit der Prognose, während $\hat{y}$ nur noch wiedergibt, welcher Response bzw. welche Klasse vorausgesagt wird. Ähnlich wie in der metrischen Regressionsanalyse läßt sich die Prognose $\hat{\pi}$ bzw. $\hat{y}$ mit dem tatsächlichen y vergleichen. Man erhält für die zu erwartende Differenz bei festgelegter Prognose $\hat{y}$

$$E(\hat{y} - y) = \pi\,(\hat{y} - 1) + (1 - \pi)\hat{y} = \hat{y} - \pi.$$

Für die Prognose $\hat{y} = 1$ ist mit $1 - \pi$ eine tendenzielle Überschätzung, für $\hat{y} = 0$ mit $-\pi$ eine tendenzielle Unterschätzung impliziert. Für die weichere Prognose $\hat{\pi}$ gilt

$$E(\hat{\pi} - y) = \pi\,(\hat{\pi} - 1) + (1 - \pi)\hat{\pi} = \hat{\pi} - \pi.$$

Diese Differenz hängt naturgemäß auch von der Güte der Schätzung $\hat{\pi}$ ab.

Im folgenden wird die direkte Prognose ausführlicher behandelt. Sei genereller $(Y, \boldsymbol{x})$ mit $Y \in \{1, \ldots, k\}$ eine neue Beobachtung, von der nur $\boldsymbol{x}$ bekannt ist. Die wahre Klasse Y wird nicht beobachtet, sondern durch eine Zuordnungsfunktion $\hat{Y} = \hat{\delta}(\boldsymbol{x})$ geschätzt. Mit $\pi = P(Y = 1|\boldsymbol{x})$ erhält man im Falle $k = 2$ für *die zu erwartende absolute Abweichung*

$$\begin{aligned} E(|Y - \hat{Y}|) &= \pi(1 - \hat{Y}) + (1 - \pi)|2 - \hat{Y}| \\ &= \begin{cases} 1 - \pi & \hat{Y} = 1 \\ \pi & \hat{Y} = 2. \end{cases} \end{aligned} \tag{10.8}$$

Wegen $\pi = P(1|\boldsymbol{x})$, $1 - \pi = P(Y = 2|\boldsymbol{x})$ läßt sich der Prognosefehler darstellen durch

$$E(|Y - \hat{Y}|) = 1 - P(\hat{\delta}(\boldsymbol{x})|\boldsymbol{x}) = \varepsilon(\boldsymbol{x})$$

und ist damit äquivalent zur Fehlklassifikationswahrscheinlichkeit, gegeben $\boldsymbol{x}$, bei Verwendung der Prognoseregel δ. Sie wird auch als *tatsächliche Irrtumsrate* bei Verwendung von δ bezeichnet.

Im mehrkategorialen Fall geht man zu der vektoriellen Darstellung über, wobei der Kodierungsvektor $\boldsymbol{y}' = (y_1, \ldots, y_k)$ mit $y_r = 1$, wenn $Y = r$, $y_r = 0$, wenn $Y \neq r$, die wahre Klasse kodiert, und $\hat{\boldsymbol{y}}' = (\hat{y}_1, \ldots, \hat{y}_k)$, mit $\hat{y}_r = 1$, wenn $\hat{\delta}(\boldsymbol{x}) = r$, $\hat{y}_r = 0$, wenn $\hat{\delta}(\boldsymbol{x}) \neq r$, den Prognosevektor darstellt. Die zu erwartende absolute Abweichung ergibt sich nun durch

$$
\begin{aligned}
&E\left(\sum_{r=1}^{k} |y_r - \hat{y}_r|\right) \\
&= \sum_{r=1}^{k} E(|y_r - \hat{y}_r|) = \sum_{r=1}^{k} \{\pi_r |1 - \hat{y}_r| + (1 - \pi_r)|\hat{y}_r|\} \\
&= (1 - \pi_{\hat{Y}}) + \sum_{r \neq \hat{Y}} \pi_r = 2(1 - \pi_{\hat{Y}}) = 2(1 - P(\hat{\delta}(\boldsymbol{x})|\boldsymbol{x}))
\end{aligned} \tag{10.9}
$$

Für $k = 2$ ergibt sich damit $2(1 - P(\hat{\delta}(\boldsymbol{x})|\boldsymbol{x})$, was sich von (10.8) nur um den Faktor 2 unterscheidet. Der Faktor 2 ist darauf zurückzuführen, daß in (10.9) über alle Kategorien (nicht nur über die erste wie im dichotomen Fall üblich) summiert wird.

Aus (10.8) und (10.9) ergibt sich, daß die tatsächliche Fehlerrate (actual error rate), die der Fehlklassifikationswahrscheinlichkeit $\varepsilon(\boldsymbol{x})$ entspricht, sich bis auf den Faktor 2 als erwartete absolute Abweichung darstellen läßt, d.h. es gilt

$$\varepsilon(\boldsymbol{x}) = \frac{1}{2} E\left(\sum_{r=1}^{k} |y_r - \hat{y}_r|\right) = 1 - P(\hat{\delta}(\boldsymbol{x})|\boldsymbol{x}).$$

Für die Güte der Regel $\hat{\delta}$ bei zufällig gezogenem $(Y, \boldsymbol{x})$ erhält man

$$\varepsilon = \int \varepsilon(\boldsymbol{x})\, f(\boldsymbol{x})\, d\boldsymbol{x} = E_{\boldsymbol{x}}(\varepsilon(\boldsymbol{x})).$$

Die tatsächliche Fehlerrate ist ein Gütemaß für eine *gegebene Zuordnungsregel*. Will man die Güte des gesamten Verfahrens, d.h. Schätzung der Zuordnungsregel *und* resultierende Treffsicherheit, beurteilen, ist zu berücksichtigen, daß die geschätzte Zuordnungsregel auf einer Stichprobe beruht, $\varepsilon(\boldsymbol{x})$ wird dann zu einer Zufallsvariablen. Ein adäquates Maß dafür wäre der Erwartungswert $E_S(\varepsilon(\boldsymbol{x}))$ bzw. $E_S(\varepsilon)$, wobei die Erwartungswertbildung über die Stichprobenverteilung erfolgt.

Da die tatsächliche Fehlerrate die unbekannte a posteriori-Wahrscheinlichkeit enthält, ist sie selbst zu schätzen. Ausgangspunkt sei eine Gesamtstichprobe $(Y_i, \boldsymbol{x}_i)$, $i = 1, \ldots, n$. Sei $\hat{\boldsymbol{y}}(\boldsymbol{x}_i) = (\hat{y}_1(\boldsymbol{x}_i), \ldots, \hat{y}_k(\boldsymbol{x}_i))$ die geschätzte Zuordnung mit den Komponenten

$$\hat{\boldsymbol{y}}_r(\boldsymbol{x}_i) = \begin{cases} 1 & \text{wenn } \hat{\delta}(\boldsymbol{x}_i) = r, \\ 0 & \text{sonst.} \end{cases}$$

Sollte die Zuordnung nicht eindeutig sein, wird der Klasse mit dem kleinsten Index zugeordnet oder zum Vektor $\hat{\boldsymbol{y}}(\boldsymbol{x}_i)/\sum_r \hat{\boldsymbol{y}}_r(\boldsymbol{x}_i)$ übergegangen. Eine einfache Schätzung ergibt sich, indem man in $\varepsilon(\boldsymbol{x})$ die wahre Wahrscheinlichkeit durch die Schätzung ersetzt. Dieses *plug-in Verfahren* liefert die Fehlerrate

$$\varepsilon_{PI} = \frac{1}{n}\sum_{i=1}^{n}(1 - \hat{P}(\hat{\delta}(\boldsymbol{x}_i)|\boldsymbol{x}_i)),$$

die auch als *apparent error rate* bezeichnet wird. Eine weitere naive Schätzung des Gesamtfehlers ist die *Resubstitutions- bzw. Reklassifikationsfehlerrate*

$$\varepsilon_R = \frac{1}{n}\sum_{i=1}^{n}\frac{1}{2}\sum_{r=1}^{k}|y_r(\boldsymbol{x}_i) - \hat{y}_r(\boldsymbol{x}_i)|,$$

wobei $y_r(\boldsymbol{x}_i) = 1$ wenn $Y_i = r$, 0 sonst. ε_R zählt nur die Anzahl der Fehlklassifikationen in der Lernstichprobe. Da die Lernstichprobe hier in zweifacher Hinsicht verwendet wird, einmal zur Generierung der Zuordnungsregel und sodann zur Güte der Zuordnungsregel, wird durch sie die tatsächlich zu erwartende Fehlklassifikationswahrscheinlichkeit systematisch unterschätzt. Sie gibt wieder, wie gut die *Lernstichprobe* trennbar ist, nicht aber wie gut die Zuordnungsregel für zukünftige Beobachtungen ist. Eine nahezu unverzerrte Schätzung der Fehlerrate beruht darauf, "zukünftige" Beobachtungen aus der Lernstichprobe zu generieren. Die einfachste, aber rechenintensive Methode besteht darin, *jeweils* eine Beobachtung aus der Lernstichprobe zu entfernen, die Zuordnungsregel aus dem restlichen $n-1$ Beobachtungen zu bestimmen und dann für diese Beobachtung festzustellen, ob sie richtig oder falsch klassifiziert ist. Das Verfahren wird als Kreuz-Klassifizierung (cross classification) bezeichnet. Die entsprechende *Kreuzklassifizierungsfehlerrate* ist durch

$$\varepsilon_{CV} = \frac{1}{n}\sum_{i=1}^{n}\frac{1}{2}\sum_{r=1}^{k}|y_r(\boldsymbol{x}_i) - \hat{y}_r^{-i}(\boldsymbol{x}_i)|$$

gegeben, wobei $\hat{y}_r^{-i}(\boldsymbol{x}_i)$ die Zuordnungsregel ist, die aus der Lernstichprobe geschätzt ist ohne die $i$te Beobachtung $(Y_i, \boldsymbol{x}_i)$.

In Tabelle 10.2 sind diese einfachen Fehlerraten zusammengefaßt. Zusätzlich angegeben sind die Fehlerraten aus der nach Klassen geschichteten Stichprobe $\boldsymbol{x}_i^{(r)}|Y = r,\ i = 1, \ldots, n_r$. Für ihre Berechnung ist die a priori-Wahrscheinlichkeit oder zumindest eine adäquate Schätzung notwendig.

10.2.3 Prognosefehler – alternative Schadensfunktionen

In diesem Abschnitt wird der Zusammenhang hergestellt zwischen Schadensfunktionen, die bei der Schätzung von Wahrscheinlichkeiten eine Rolle spielen, und

Optimale Fehlerrate

$$\varepsilon_{\text{opt}} = \int \min_{r=1,\dots,k} \{1 - P(r|\boldsymbol{x})\} f(\boldsymbol{x}) d\boldsymbol{x}$$

Plug-in-Schätzung (apparent error rate)

$$\varepsilon_{PI} = \frac{1}{n} \sum_{i=1}^{n} (1 - \hat{P}(\hat{\delta}(\boldsymbol{x})|\boldsymbol{x}))$$

Reklassifikationsfehlerrate (Resubstitutionsfehlerrate)

$$\varepsilon_R = \frac{1}{n} \sum_{i=1}^{n} \frac{1}{2} \sum_{r=1}^{k} |y_r(\boldsymbol{x}_i) - \hat{y}_r(\boldsymbol{x}_i)| \qquad \text{Gesamtstichprobe}$$

$$\varepsilon_R = \sum_{s=1}^{k} p(s) \left\{ \frac{1}{n_s} \frac{1}{2} \sum_{r=1}^{k} |y_r(\boldsymbol{x}_i^{(s)}) - \hat{y}_r(\boldsymbol{x}_i^{(s)})| \right\} \qquad \text{Nach Klassen geschichtete Stichprobe}$$

Kreuzvalidierungs-Fehlerrate (Jackknife-Fehlerrate)

$$\varepsilon_{CV} = \frac{1}{n} \sum_{i=1}^{n} \frac{1}{2} \sum_{r=1}^{k} |y_r(\boldsymbol{x}_i) - \hat{y}_r^{-i}(\boldsymbol{x}_i)| \qquad \text{Gesamtstichprobe}$$

$$\varepsilon_{CV} = \sum_{s=1}^{k} p(s) \left\{ \frac{1}{n_s} \frac{1}{2} \sum_{r=1}^{k} |y_r(\boldsymbol{x}_i^{(s)}) - \hat{y}_r^{-i(s)}(\boldsymbol{x}_i)| \right\} \qquad \text{Nach Klassen geschichtete Stichprobe}$$

Tabelle 10.2: Einfache Fehlerklassifikationsraten für Gesmatstichprobe und nach Klassen geschichtete Stichprobe

Schadensfunktionen, die bei der Prognose zukünftiger Ereignisse Anwendung finden. Dabei werden die Schätzungen $\hat{\pi}_i$ als Prognose für y_i verstanden. Als erstes sei die Fehlklassifikationswahrscheinlichkeit, d.h. das Bayes-Risiko mit (0–1)-Schadensfunktion, betrachtet.

Zu festem $\boldsymbol{x}$ bezeichne $\boldsymbol{\pi}' = (\pi_1, \dots, \pi_k)$ mit $\pi_r = P(r|\boldsymbol{x})$ den Vektor der a posteriori-Wahrscheinlichkeiten, $\hat{\boldsymbol{\pi}}' = (\hat{\pi}_1, \dots, \hat{\pi}_k)$ mit $\hat{\pi}_r = \hat{P}(r|\boldsymbol{x})$ den geschätzten Vektor. Die Fehlklassifikationswahrscheinlichkeit $\varepsilon(\boldsymbol{x})$ bzw. das Bayes-Risiko läßt sich als direkte Funktion von $\boldsymbol{\pi}$ und $\hat{\boldsymbol{\pi}}$ darstellen durch

$$L_B(\boldsymbol{\pi}, \hat{\boldsymbol{\pi}}) = \sum_{r=1}^{k} \pi_r (1 - \text{Ind}_r(\hat{\boldsymbol{\pi}})),$$

wobei

$$\text{Ind}_r(\boldsymbol{\pi}) = \begin{cases} 1 & \pi_r = \max\limits_{i=1,\ldots,k} \pi_i,\ \pi_r > \pi_i \text{ für } i < r \\ 0 & \text{sonst} \end{cases}$$

die Indikatorfunktion bezeichnet, die kodiert, ob die Zuordnung in Klasse r erfolgt. Die Indikatorfunktion ist so definiert, daß im Zweifelsfall, d.h. wenn $\pi_r = \pi_s = \max \pi_i$ gilt, die Zuordnung in die Klasse mit der kleineren Klassennummer erfolgt. Es ergibt sich unmittelbar

$$L_B(\boldsymbol{\pi}, \hat{\boldsymbol{\pi}}) = \sum_{r=1}^{k} \pi_r(1 - \text{Ind}_r(\hat{\boldsymbol{\pi}})) = \sum_{r \neq \hat{\delta}(\boldsymbol{x})} \pi_r = 1 - \pi_{\hat{\delta}(\boldsymbol{x})} = 1 - P(\hat{\delta}(\boldsymbol{x})|\boldsymbol{x}) = \varepsilon(\boldsymbol{x}).$$

Versteht man den Vektor der geschätzten Wahrscheinlichkeiten $\hat{\boldsymbol{\pi}}' = (\hat{\pi}_1, \ldots, \hat{\pi}_k)$ als Prognose für die tatsächliche Klassenzugehörigkeit $\boldsymbol{y}' = (y_1, \ldots, y_k)$, läßt sich der zu erwartende Schaden betrachten in der Form

$$E(L_B(\boldsymbol{y}, \hat{\boldsymbol{\pi}})) = E\left\{\sum_{r=1}^{k} y_r(1 - \text{Ind}_r(\hat{\boldsymbol{\pi}}))\right\} = \sum_{r=1}^{k} \pi_r(1 - \text{Ind}_r(\hat{\boldsymbol{\pi}})) = L_B(\boldsymbol{\pi}, \hat{\boldsymbol{\pi}}).$$

Das Bayes-Risiko $L_B(\boldsymbol{\pi}, \hat{\boldsymbol{\pi}})$ ist somit identisch dem zu erwartenden Schaden für eine zukünftige Beobachtung. Die zugrundeliegende (0–1) Schadensfunktion läßt sich wie im vorhergehenden Abschnitt auch als absolute Abweichung darstellen. Es gilt

$$L_B(\boldsymbol{y}, \hat{\boldsymbol{\pi}}) = \sum_{r=1}^{k} y_r(1 - \text{Ind}_r(\hat{\boldsymbol{\pi}})) = \frac{1}{2} \sum_{r=1}^{k} |y_r - \text{Ind}_r(\hat{\boldsymbol{\pi}})|.$$

$L_B(\boldsymbol{y}, \hat{\boldsymbol{\pi}})$ ist Null, wenn die geschätzte Bayes-Prognose richtig ist und Eins, wenn sie falsch ist. Durch diese spezielle Schadensfunktion wird $\hat{\boldsymbol{\pi}}$ als Schätzung von $\boldsymbol{y}$ unmittelbar in direkte Prognosewerte $\hat{y}_1, \ldots, \hat{y}_k$ umgesetzt. Die Erwartungswertbildung führt zur tatsächlichen Fehlerrate. Der Unterschied zu (10.9) liegt darin, daß hier die Zuordnung als Bayes-Zuordnung formuliert ist, während in (10.9) eine beliebige feste Zuordungsregel $\hat{\delta}$ betrachtet wird.

Eine für die ML-Schätzung relevante Schadensfunktion ist die Kullback-Leibler-Distanz

$$L_{KL}(\boldsymbol{\pi}, \hat{\boldsymbol{\pi}}) = \sum_{r=1}^{k} \pi_r \log\left(\frac{\pi_r}{\hat{\pi}_r}\right).$$

Das Kullback-Leibler-Risiko, d.h. die für eine zukünftige Beobachtung zu erwartende Distanz, ist bestimmt durch

$$E(L_{KL}(\boldsymbol{y}, \hat{\boldsymbol{\pi}})) = E\left\{\sum_{r=1}^{k} y_r \log\left(\frac{y_r}{\hat{\pi}_r}\right)\right\} = -\sum_{r=1}^{k} \pi_r \log(\hat{\pi}_r).$$

Diese läßt sich durch Erweitern mit der *Entropie* $\mathrm{Ent}(\boldsymbol{\pi}) = -\sum \pi_r \log(\pi_r)$ darstellen durch

$$E(L_{KL}(\boldsymbol{y}, \hat{\boldsymbol{\pi}})) = L_{KL}(\boldsymbol{\pi}, \hat{\boldsymbol{\pi}}) + \mathrm{Ent}(\boldsymbol{\pi}).$$

Die zu erwartende Distanz einer zukünftigen Beobachtung setzt sich somit zusammen aus der Kullback-Leibler-Distanz zwischen $\boldsymbol{\pi}$ und der Schätzung von $\boldsymbol{\pi}$ und einer Größe die nur von $\boldsymbol{\pi}$ abhängt. Das Minimum des Kullback-Leibler-Risikos wird erreicht, wenn $\boldsymbol{\pi} = \hat{\boldsymbol{\pi}}$, d.h. wenn $KL(\boldsymbol{\pi}, \hat{\boldsymbol{\pi}}) = 0$. Das optimal zu erreichende Risiko entspricht dann der Entropie der zugrundeliegenden Wahrscheinlichkeitsverteilung $\boldsymbol{\pi}$.

Eine weitere relevante Schadensfunktion ist die quadratische

$$L_Q(\boldsymbol{\pi}, \hat{\boldsymbol{\pi}}) = \sum_{r=1}^{k} (\pi_r - \hat{\pi}_r)^2.$$

Das quadratische Risiko (mean squared error), d.h. der zu erwartende Schaden für eine zukünftige Beobachtung ist gegeben durch

$$\begin{aligned} E(L_Q(\boldsymbol{y}, \hat{\boldsymbol{\pi}})) = E\left\{\sum_{r=1}^{k}(y_r - \hat{\pi}_r)^2\right\} &= \sum_{r=1}^{k}(\pi_r - \hat{\pi}_r)^2 + \sum_{r=1}^{k}\pi_r(1-\pi_r) \\ &= L_Q(\boldsymbol{\pi}, \hat{\boldsymbol{\pi}}) + \sum_{r=1}^{k} var(y_r). \end{aligned}$$

Man erhält wiederum ein Risiko, das sich als Distanz zwischen $\boldsymbol{\pi}$ und $\hat{\boldsymbol{\pi}}$ und einem nur von den zugrundeliegenden Wahrscheinlichkeiten abhängigen Term ergibt. Es wird minimal, wenn $\boldsymbol{\pi} = \hat{\boldsymbol{\pi}}$ und damit $L_Q(\boldsymbol{\pi}, \hat{\boldsymbol{\pi}}) = 0$ gilt. In Tabelle 10.3 sind die Schadensfunktionen für $\hat{\boldsymbol{\pi}}$ als Schätzung von $\boldsymbol{\pi}$, der damit verbundene Schaden, wenn $\hat{\boldsymbol{\pi}}$ als Schätzung von $\boldsymbol{y}$ aufgefaßt wird und das zugehörige Risiko für eine zukünftige Beobachtung wiedergegeben. Die zugrundeliegenden Schadensfunktionen, wenn $\hat{\boldsymbol{\pi}}$ als Schätzung von $\boldsymbol{y}$ verstanden wird, sind in Abb. 10.4 dargestellt. Dabei wird für den dichotomen Fall $k = 2$ von einer Beobachtung $Y = 1$, $((y_1, y_2) = (1, 0))$ ausgegeangen. Wie man sieht, hängt die Bayes-orientierte Schätzung nur davon ab, ob die Schwelle $\hat{\pi} = 0.5$ überschritten wird, die quadratische Funktion bestraft starke Abweichungen weniger als die logarithmische Funktion. Welche Schadensfunktion gewählt wird, hängt davon ab, wie stark man die Abweichung zwischen $\hat{\pi}$ und $Y = 1$ bestrafen will.

Der zu erwartende Schaden wird auch als tatsächlicher Irrtum bzw. tatsächliches Risiko bezeichnet (vgl. Van Houwelingen & le Cessie, 1990). Für Beobachtungen $(\boldsymbol{y}_i, \boldsymbol{x}_i)$, $i = 1, \ldots, n$, und zugehörige Wahrscheinlichkeiten bzw. Schätzungen $\boldsymbol{\pi}_i' = (\pi_{i1}, \ldots, \pi_{ik})$, $\hat{\boldsymbol{\pi}}_i' = (\hat{\pi}_{i1}, \ldots, \hat{\pi}_{ik})$ erhält man die plug-in-Schätzungen

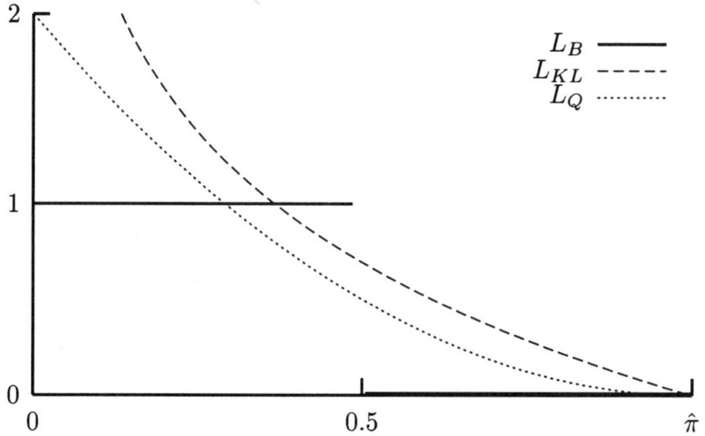

Abbildung 10.4: Schadensfunktionen $L((1,0),(\hat{\pi},1-\hat{\pi}))$ für Bayes-, Kullback-Leibler- und quadratischen Schaden.

$$L_{B,PI} = \sum_{i=1}^{n} L_B(\boldsymbol{\pi}_i, \hat{\boldsymbol{\pi}}_i),$$

$$L_{KL,PI} = \sum_{i=1}^{n} KL(\hat{\boldsymbol{\pi}}_i, \hat{\boldsymbol{\pi}}_i) + \sum_{r=1}^{k}\{-\hat{\pi}_{ir}\log(\hat{\pi}_{ir})\} = \sum_{i=1}^{n}\sum_{r=1}^{k}(-\hat{\pi}_{ir}\log(\hat{\pi}_{ir})),$$

$$L_{Q,PI} = \sum_{i=1}^{n} L_Q(\hat{\boldsymbol{\pi}}_i, \hat{\boldsymbol{\pi}}_i) + \sum_{r=1}^{k}\hat{\pi}_{ir}(1-\hat{\pi}_{ir}) = \sum_{i=1}^{n}\sum_{r=1}^{k}\hat{\pi}_{ir}(1-\hat{\pi}_{ir}),$$

die eine erhebliche Unterschätzung der tatsächlichen Risiken aufweisen. Davon zu unterscheiden sind die ebenfalls verzerrten Resubstitutionsfehler und das weniger verzerrte, aber mit großer Variabilität behaftete Verfahren der Kreuzvalidierungs- oder leaving-one-out-Methode. Für eine Gesamtstichprobe erhält man die Kreuzvalidierungsraten

$$L_{B,CV} = \sum_{i=1}^{n} L_B(\boldsymbol{y}_i, \hat{\boldsymbol{\pi}}_i^{-i}),$$

$$L_{KL,CV} = \frac{1}{n}\sum_{i=1}^{n} L_{KL}(\boldsymbol{y}_i, \hat{\boldsymbol{\pi}}^{-i}) = -\frac{1}{n}\sum_{i=1}^{n}\log(\hat{\pi}_{Y_i}),$$

$$L_{Q,CV} = \frac{1}{n}\sum_{i=1}^{n} L_Q(\boldsymbol{y}_i, \hat{\boldsymbol{\pi}}^{-i}),$$

wobei $\hat{\boldsymbol{\pi}}^{-i}$ die Schätzung ohne die Beobachtung i bezeichnet. $L_{KL,CV}$ läßt sich auch als kreuzvalidierte Devianz bzw. Likelihood auffassen.

$L_B(\boldsymbol{\pi}, \hat{\boldsymbol{\pi}}) = \sum_{r=1}^{k} \pi_r(1 - \text{Ind}_r(\hat{\boldsymbol{\pi}})) = \varepsilon(x)$	Bayes-Schaden
$L_B(\boldsymbol{y}, \hat{\boldsymbol{\pi}}) = 1 - \text{Ind}_Y(\hat{\boldsymbol{\pi}}) = \frac{1}{2}\sum_{r=1}^{k} \lvert y_r - \text{Ind}_r(\hat{\boldsymbol{\pi}})\rvert$	0–1-Schadensfunktion
$E(L_B(\boldsymbol{y}, \hat{\boldsymbol{\pi}})) = L_B(\boldsymbol{\pi}, \hat{\boldsymbol{\pi}})$	Tatsächliche Fehlerrate
$L_{KL}(\boldsymbol{\pi}, \hat{\boldsymbol{\pi}}) = \sum_{r=1}^{k} \pi_r \log\left(\frac{\pi_r}{\hat{\pi}_r}\right)$	Kullback-Leibler-Distanz
$L_{KL}(\boldsymbol{y}, \hat{\boldsymbol{\pi}}) = -\log(\hat{\pi}_Y) = -\sum_{r=1}^{k} y_r \log(\hat{\pi}_r)$	Logarithmierter Score
$E(L_{KL}(\boldsymbol{y}, \hat{\boldsymbol{\pi}})) = KL(\boldsymbol{\pi}, \hat{\boldsymbol{\pi}}) + \sum_{r=1}^{k} -\pi_r \log(\pi_r)$	Tatsächliches KL-Risiko
$L_Q(\boldsymbol{\pi}, \hat{\boldsymbol{\pi}}) = \sum_{r=1}^{k} (\pi_r - \hat{\pi}_r)^2$	Quadratischer Schaden
$L_Q(\boldsymbol{y}, \hat{\boldsymbol{\pi}}) = (1 - \hat{\pi}_Y)^2 + \sum_{i \neq Y} \hat{\pi}_i^2$	Quadratischer Score
$E(L_Q(\boldsymbol{y}, \hat{\boldsymbol{\pi}})) = L_Q(\boldsymbol{\pi}, \hat{\boldsymbol{\pi}}) + \sum_{r=1}^{k} \pi_r(1 - \pi_r)$	Tatsächliches quadratisches Risiko

Tabelle 10.3: Schadensfunktionen für $\hat{\boldsymbol{\pi}}$ als Schätzung von $\boldsymbol{\pi}$ und für $\hat{\boldsymbol{\pi}}$ als Schätzung von $\boldsymbol{y}$ sowie die zugehörigen Erwartungswerte

Alle diese Schätzungen zielen allerdings eher auf das zu erwartende tatsächliche Risiko ab als auf das tatsächliche Risiko, das von der Stichprobe abhängig und damit eine Zufallsvariable ist. Das zu erwartende Risiko hat die Form

$$E_S\left(E_{y,\boldsymbol{x}}(L(y|\boldsymbol{x}), \hat{\pi}(\boldsymbol{x}))\right),$$

wobei $E_{y,\boldsymbol{x}}$ den Erwartungswert bzgl. einer zukünftigen Beobachtung $(y, \boldsymbol{x})$ bezeichnet und E_S den Erwartungswert über die Stichprobenverteilung darstellt, die zur Schätzung führt. Für quadratischen und Kullback-Leibler-Schaden zerfällt das Kriterium in einen Term, der nur von der Schätzgüte abhängt und einen konstanten

Term. Für festes $\boldsymbol{x}$ erhält man

$$\begin{aligned} E_S E_y(L_Q(\boldsymbol{y}, \hat{\boldsymbol{\pi}})) &= E_S\{L_Q(\boldsymbol{\pi}, \hat{\boldsymbol{\pi}})\} + \sum_{r=1}^{k} \pi_r(1-\pi_r) \\ &= \sum_{r=1}^{k} (E(\hat{\pi}_r) - \pi_r)^2 + var(\hat{\pi}_r)) + \sum_{r=1}^{k} \pi_r(1-\pi_r), \end{aligned}$$

wobei $E(\hat{\pi}_r) - \pi_r$ die Verzerrung enthält. Für den Kullback-Leibler-Schaden ergibt sich

$$\begin{aligned} E_S E_y(L_{KL}(\boldsymbol{y}, \hat{\boldsymbol{\pi}})) =& E_S\{KL(\boldsymbol{\pi}, \hat{\boldsymbol{\pi}})\} - \sum_{r=1}^{k} \pi_r \log(\pi_r) \\ =& KL(\boldsymbol{\pi}, E_S(\hat{\boldsymbol{\pi}})) + \sum_{r=1}^{k} \pi_r\{\log(E_S(\hat{\pi}_r)) - E_S(\log(\hat{\pi}_r))\} \\ & - \sum_{r=1}^{k} \pi_r \log(\pi_r), \end{aligned}$$

wobei die ersten beiden Terme wiederum eine Zerlegung in Verzerrung und Variabilität darstellen.

Implizit wurde bisher immer davon ausgegangen, daß $\hat{\pi} = \hat{\pi}(\boldsymbol{x})$ eine Schätzung für den zugrundeliegenden Vektor der bedingten Wahrscheinlichkeiten $\boldsymbol{\pi}'(\boldsymbol{x}) = (P(Y = 1|\boldsymbol{x}), \ldots, P(Y = k|\boldsymbol{x}))$ darstellt, der selbst eine gute Prognose für eine zukünftige Beobachtung y darstellt. Die Optimalität von $\boldsymbol{\pi}(\boldsymbol{x})$ als Voraussage ergibt sich, wenn man $\pi(\boldsymbol{x})$ mit einer alternativen Prognosefunktion $\tilde{\boldsymbol{\pi}}(\boldsymbol{x})$ vergleicht. Wie man einfach ableitet, gilt

$$E_{y,x}\{KL(\boldsymbol{y}, \tilde{\boldsymbol{\pi}}(\boldsymbol{x}))\} = E_{y,x}\{KL(\boldsymbol{y}, \boldsymbol{\pi}(\boldsymbol{x}))\} + E_x\{KL(\boldsymbol{\pi}(\boldsymbol{x}), \tilde{\boldsymbol{\pi}}(\boldsymbol{x}))\}.$$

Diese Funktion wird minimal für $\tilde{\boldsymbol{\pi}}(\boldsymbol{x}) = \boldsymbol{\pi}(\boldsymbol{x})$. Die bedingte Wahrscheinlichkeit ist somit optimal im Sinne der minimalen zu erwartenden Kullback-Leibler-Distanz.

Beispiel 10.7 : Unternehmensgründungen
Das in Beispiel 10.1 betrachtete Scheitern von neugegründeten Unternehmen innerhalb von drei Jahren wurde untersucht mit den Variablen Startkapital, Eigenkapital, Rechtsform, Fremdkapital und Alter des Unternehmensführers (vgl. Anhang C). Bezeichne $Y = 1$ das Scheitern und $Y = 2$ das Überleben des Unternehmens. Für die lineare Diskriminanzanalyse ergab sich nach der Reklassifikationsmethode folgende Verwechslungstabelle in der Lernstichprobe.

		Zugeordnete Klasse		
		1	2	
Klasse	1	69	231	300
	2	73	851	924
		142	1082	1224

Die Resubstitutions-Verwechlungswahrscheinlichkeiten ergeben sich durch $\hat{\varepsilon}_{12} = 0.77$, $\hat{\varepsilon}_{21} = 0.08$ und die Gesamtfehlerrate beträgt $\hat{\varepsilon}_R = (231 + 73)/1224 = 0.248$. Für die Kreuzvalidierung, bei der jeweils eine Beobachtung der Lernstichprobe prognostiziert wird, ergibt sich

		Zugeordnete Klasse 1	2	
Klasse	1	67	233	300
	2	79	845	924
		146	1078	1224

mit den Fehlerraten $\hat{\varepsilon}_{12} = 0.77$, $\hat{\varepsilon}_{21} = 0.08$ und $\hat{\varepsilon}_{CV} = 0.254$, was im Vergleich zur Resubstitutionsfehlerrate eine unerhebliche Abweichung darstellt. □

Kapitel 11

Elemente der Schätz- und Testtheorie

11.1 Intervallschätzung für Wahrscheinlichkeiten, Chancen und Logits

Approximative Konfidenzintervalle

Im folgenden wird der einfache Fall der Schätzung einer Auftretenswahrscheinlichkeit $\pi = P(Y = 1)$ betrachtet. Bereits in Kapitel 1 werden einfache Schätzer für die Wahrscheinlichkeit π, die Chance $\pi/(1-\pi)$ und die logarithmierten Chancen oder Logits $\log(\pi/(1-\pi))$ abgeleitet. Die Schätzer sind in der folgenden Übersicht, ergänzt durch approximative Konfidenzintervalle, nochmals zusammengestellt.

Approximative Konfidenzintervalle für den Parameter θ ($\theta = \pi$ bzw. $\theta = \pi/(1-\pi)$ bzw. $\theta =$ Logit (π)), die auf der asymptotischen Normalverteilung basieren, sind von der Form

$$\left[\hat{\theta} - z_{1-\alpha/2}\sigma(\hat{\theta}), \quad \hat{\theta} + z_{1-\alpha/2}\sigma(\hat{\theta})\right],$$

wobei $z_{1-\alpha/2}$ das $(1-\alpha/2)$-Quantil der Standardnormalverteilung bezeichnet und $\sigma(\hat{\theta}) = \sqrt{var(\hat{\theta})}$.

Maximum-Likelihood-Schätzung von Kenngrößen und Approximation (Delta-Methode)

	Schätzer	Varianz	Konfidenzintervall
Wahrscheinlichkeit	p	$\frac{\pi(1-\pi)}{n}$	$p \pm z_{1-\alpha/2}\sqrt{\frac{p(1-p)}{n}}$
Chance	$\frac{p}{1-p}$	$\frac{\pi}{n(1-\pi)^3}$	$\frac{p}{1-p} \pm z_{1-\alpha/2}\sqrt{\frac{p}{n(1-p)^3}}$
logarithmierte Chance	$\log\frac{p}{1-p}$	$\frac{1}{n\pi(1-\pi)}$	$\log\frac{p}{1-p} \pm z_{1-\alpha/2}\sqrt{\frac{1}{np(1-p)}}$

Die daraus konstruierten Konfidenzintervalle sind *symmetrisch* um den jeweiligen Kennwert, d.h. die Wahrscheinlichkeit bzw. die Chancen oder die Logits. Allerdings sind diese Konfidenzintervalle nur asymptotisch sinnvoll. Es wird nicht berücksichtigt, daß beispielsweise die Chancen nach unten durch 0, nach oben aber nicht begrenzt sind.

Eine alternative Approximation besteht darin, die Grenzen des Konfidenzintervalls des ursprünglichen Parameters π direkt zu transformieren. Man erhält damit für die Chancen $\gamma(\pi) = \pi/(1-\pi)$ das geschätzte Intervall

$$\left[\gamma\left(p - z_{1-\alpha/2}\sqrt{p(1-p)/n}\right), \quad \gamma\left(p + z_{1-\alpha/2}\sqrt{p(1-p)/n}\right)\right]$$

mit $\gamma(\pi) = \pi/(1-\pi)$. Völlig analog erhält man für die logarithmierten Chancen Logit $(\pi) = \log(\pi/(1-\pi))$ das Intervall

$$\left[\text{Logit}\left(p - z_{1-\alpha/2}\sqrt{p(1-p)/n}\right), \quad \text{Logit}\left(p + z_{1-\alpha/2}\sqrt{p(1-p)/n}\right)\right].$$

Die daraus resultierenden Intervalle sind nicht mehr symmetrisch.

Alle angegebenen Konfidenzintervalle beruhen auf der approximativen Normalverteilung von p. Eine verfeinerte Version für π, die hinsichtlich Überdeckungswahrscheinlichkeit, Intervallänge und Verzerrung Vorteile besitzt (Ghosh, 1979, Santner & Duffy, 1989) ist

$$\frac{2p + z^2/n \pm z\sqrt{(z/n)^2 + 4p(1-\hat{\pi})/n}}{2(1+z^2/n)}$$

wobei der Einfachheit halber $z = z_{1-\alpha/2}$ bezeichnet.

Beispiel 11.1 : Dauer der Arbeitslosigkeit
Bei der Analyse der Arbeitslosigkeitsdauer seien die Subpopulationen (im Alter von 18, 19 und 20 Jahren) betrachtet. Als interessierendes Ereignis gilt, ob die Dauer der Arbeitslosigkeit höchstens sechs Monate beträgt oder darüber liegt. Man erhält folgende Zusammenfassung der Anzahlen

		Arbeitslosigkeit unter sechs Monaten	darüber	
	18	31	9	40
Alter	19	42	20	62
	20	50	17	67

In der folgenden Tabelle finden sich die symmetrischen asymptotischen Konfidenzintervalle zu diesen Daten. Mit $1-\alpha = 0.95$ für jede Altersgruppe sind Konfidenzintervalle für die Wahrscheinlichkeit, die Chancen und die logarithmierten Chancen angegeben.

Alter	18	19	20
Ereignis A	31	42	50
Gegenereignis $\bar{A}$	9	20	17
n	40	62	67
$\hat{\pi}$	0.775	0.677	0.746
$KI(\hat{\pi})$	[0.646; 0.904]	[0.561; 0.794]	[0.642; 0.850]
$\hat{\pi}/(1-\hat{\pi})$	3.440	2.100	2.941
$KI(\hat{\pi}/(1-\hat{\pi}))$	[0.888; 6.000]	[0.982; 3.218]	[1.323; 4.560]
$\log(\hat{\pi}/1-\hat{\pi}))$	1.237	0.742	1.079
$KI(\log(\hat{\pi}/(1-\hat{\pi})))$	[0.495; 1.979]	[0.209; 1.274]	[0.529; 1.629]

□

Zur Veranschaulichung wird im weiteren eine umfangreichere Analyse durchgeführt, die Altersstufen von 16 bis 62 Jahren enthält. Abbildung 11.1 zeigt die entsprechenden symmetrischen Konfidenzintervalle, wobei für jede Altersstufe jeweils $(1-\alpha) = 0.95$ verwendet ist. Die unterschiedlichen Breiten der Intervalle sind insbesondere auf die unterschiedlichen Stichprobenumfänge zurückzuführen. Da diese zum Teil sehr klein sind, sind die Konfidenzintervalle nicht sehr verläßlich.

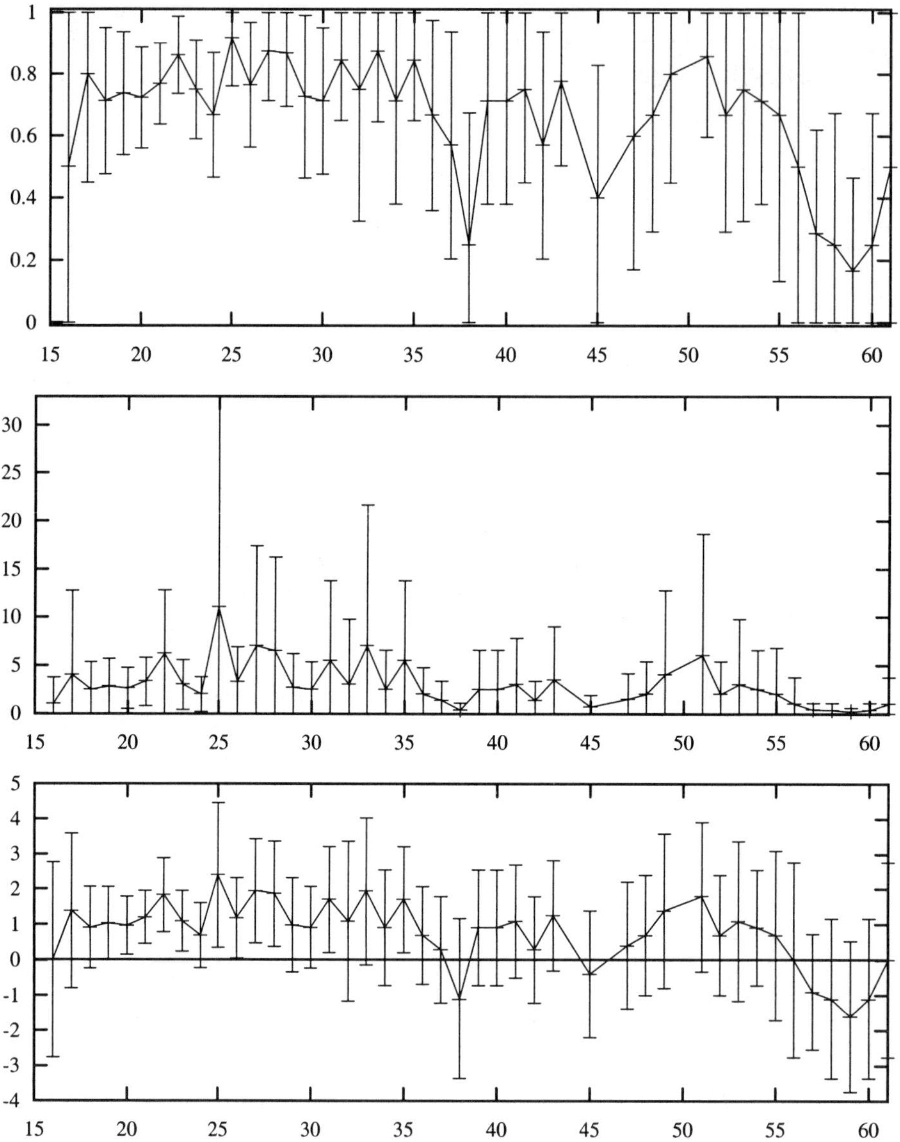

Abbildung 11.1: Konfidenzintervalle für die Wahrscheinlichkeit (oben), die Chancen (Mitte) und die Logits (unten).

Da Chancen immer positiv sind, ist als unterer Wert des Konfidenzintervalls 0 angegeben, wenn der nach der Formel berechnete Wert negativ wird. Das symmetrisch konstruierte asymptotische Intervall berücksichtigt diese Grenze nach unten nicht.

Exakte Konfidenzintervalle für $\hat{\pi}$

Für kleine n sind die asymptotischen Konfidenzintervalle wenig zuverlässig. Alternative Konfidenzintervalle lassen sich aus dem Testproblem

$$H_0(\pi_0) : \pi = \pi_0 \qquad H_1(\pi_0) : \pi \neq \pi_0$$

ableiten. Bezeichne $A(\pi_0)$ den Nichtverwerfungs- oder Akzeptanzbereich zu einem auf der Teststatistik Y basierenden Testverfahren mit Signifikanzniveau α. Sei $I(y) = \{\pi_0 : y \in A(\pi_0)\}$ die Menge aller Wahrscheinlichkeiten π_0, für die y im Akzeptanzbereich des Tests zu $H_0(\pi_0)$ liegt. Setzt man nun die Zufallsvariable $Y =$ 'Anzahl der Fälle, in denen Ereignis A auftritt' in I ein, so wird $I(Y)$ zum Zufallsbereich, der ein $(1 - \alpha)$-Konfidenzintervall darstellt, d.h. es gilt

$$P_{\pi_0}(\pi_0 \in I(Y)) \geq 1 - \alpha, \tag{11.1}$$

wobei P_{π_0} die Wahrscheinlichkeit bezeichnet, wenn tatsächlich π_0 zugrundeliegt.

Um (11.1) einzusehen betrachte man

$$P_{\pi_0}(\pi_0 \notin I(Y)) = P_{\pi_0}(\pi_0 \notin \{\pi : Y \in A(\pi)\}) = P_{\pi_0}(Y \notin A(\pi_0)) \leq \alpha.$$

Daraus folgt unmittelbar

$$P_{\pi_0}(\pi_0 \in I(Y)) = 1 - \pi_{\pi_0}(\pi_0 \notin I(Y)) \geq 1 - \alpha.$$

Da Y diskret verteilt ist, läßt sich das Signifikanzniveau α exakt nur durch randomisierte Tests einhalten. Ein Ansatz, randomisierte Tests zu vermeiden, besteht darin, zu π_0 den Verwerfungsbereich so zu wählen, daß sowohl der untere als auch der obere Verwerfungsbereich eine Wahrscheinlichkeit nicht über $\alpha/2$ besitzen, aber möglichst groß sind. Dieses bereits von Clopper & Pearson (1934) vorgeschlagene Verfahren führt zu Konfidenzintervallen mit diversen Symmetrieeigenschaften, aber dem Nachteil konservativ zu sein, d.h. eine Überdeckungswahrscheinlichkeit zu besitzen, die tendenzmäßig größer als $1 - \alpha$ ist.

Clopper-Pearson-Konfidenzintervall

$$\left[\frac{1}{1 + \frac{n-y+1}{y} F_{1-\alpha/2;2(n-y+1),2y}}, \frac{\frac{y+1}{n-y} F_{1-\alpha/2;2(y+1),2(n-y)}}{1 + \frac{y+1}{n-y} F_{1-\alpha/2;2(y+1),2(n-y)}}\right]$$

$F_{1-\alpha/2;n_1,n_2} \hat{=} (1-\alpha/2)$-Quantil der F-Verteilung mit n_1 und n_2 Freiheitsgraden.

Untere Grenze für $y > 1$, (ansonsten Intervallgrenze 0), obere Grenze für $y < n$ (ansonsten Intervallgrenze n).

Alternative Intervalle und zugehörige Tabellen für $n \leq 30$ finden sich bei Blyth & Still (1983) bzw. Santner & Duffy (1989, S.33 ff.), eine neuere Analyse geben Agresti & Coull (1998).

11.2 Schätzung für binäre und mehrkategoriale Regressionsmodelle

Für die folgenden Ergebnisse sind prinzipiell zwei Formen der Asymptotik zu unterscheiden:

Asymptotik der festen Meßstellen (fixed cell asymptotics)
Es wird davon ausgegangen, daß die Zahl der 'Meßstellen' $\boldsymbol{x}_i$, an denen die abhängigen Beobachtungen erhoben werden, fest ist. Das Wachsen des Gesamtstichprobenumfangs n bedeutet, daß die Anzahl n_i der Beobachtungen an der Meßstelle $\boldsymbol{x}_i$ ebenfalls wächst. Genauer wird angenommen, daß für $n \to \infty$ $n_i/n \to \lambda_i > 0$ gilt.

Asymptotik des wachsenden Stichprobenumfangs
Hier wird vor allem $n \to \infty$ vorausgesetzt, wobei die Anzahl der Beobachtungen an einzelnen Meßstellen $n_i = 1$ sein kann. Weitere Annahmen, die die Konvergenz von Schätzern sichern, sind beispielsweise, daß die mittlere Information $\boldsymbol{F}_n(\boldsymbol{\beta})/n$ konvergiert bzw. daß die Regressoren aus einer Verteilung zufällig gezogen sind.

Die erste Form der Asymptotik wird vor allem für die asymptotische Verteilung der χ^2-Statistiken benötigt, die letztere, schwächere Form genügt meist für die Betrachtung der Schätzung. Die Asymptotik fester Meßstellen ist dann sinnvoll, wenn nur endlich viele Meßstellen möglich sind, d.h. wenn alle Einflußgrößen kategorial sind. Die *Asymptotik schwach besetzter Zellen* (sparse cell asymptotics), die davon ausgeht, daß die Zahl der Meßstellen mit n in ausgewogenem Verhältnis wächst, wird hier nicht betrachtet. Man vergleiche dazu Osius & Rojek (1992). Die Asymptotik fester Meßstellen wird im folgenden durch $n_i/n \to \lambda_i, n \to \infty$ abgekürzt, die Asymptotik des wachsenden Stichprobenumfangs durch $n \to \infty$.

11.2.1 Prinzip der Maximum-Likelihood-Schätzung

In einführenden Texten zur Statistik wird die Maximum-Likelihood-Schätzung meist für den Fall unabhängiger Beobachtungen eingeführt. Seien $y_1, \ldots, y_n$ unabhängige Wiederholungen einer Zufallsvariablen, so daß y_i einem Verteilungstyp mit Parameter θ folgen, d.h. y_i besitzt eine Dichte bzw. im diskreten Fall eine Wahrscheinlichkeitsfunktion $f(y_i; \theta)$ mit bekannter Funktion f. Im Binomialverteilungsfall nimmt man $y_i \sim B(n, \pi)$ an, wobei der unbekannte Parameter durch $\theta = \pi$ bestimmt ist. Die entsprechende Dichte ist dann durch $f(y_i;\pi) = \binom{n}{y_i}\pi^{y_i}(1-\pi)^{n-y_i}$ gegeben. Maximum-Likelihood-Schätzung beruht auf der Maximierung der Likelihood-Funktion

$$L(\theta) = \prod_{i=1}^{n} f(y_i;\theta), \tag{11.2}$$

d.h. man sucht gerade denjenigen Wert θ, für den die Dichte bzw. die Auftretenswahrscheinlichkeit für die tatsächlich beobachteten Werte $y_1, \ldots, y_n$ maximal ist. Das Produkt im $L(\theta)$ ist darauf zurückzuführen, daß für $y_1, \ldots, y_n$ Unabhängigkeit angenommen wird. Es ist meist einfacher, anstatt $L(\theta)$ die logarithmierte Likelihood (Log-Likelihood) $l(\theta) = \log(L(\theta))$ zu maximieren. Da der Logarithmus eine monotone Transformation ist, ist derjenige Wert $\hat{\theta}$, der $L(\theta)$ maximiert, auch derjenige, der $\log(L(\theta))$ maximiert. Die Log-Likelihood besitzt die additive Form

$$l(\theta) = \sum_{i=1}^{n} \log(f(y_i;\theta)).$$

Eine wesentliche Rolle spielen die Ableitungen der Log-Likelihoodfunktion. Die erste Ableitung liefert durch Nullsetzen eine Schätzgleichung, die zweite Ableitung, die die Krümmung wiedergibt läßt einen Schluß auf die Varianz des Schätzers zu. Desto stärker die Krümmung bei $\hat{\theta}$, desto kleiner ist die asymptotische Varianz des Schätzers (vgl. z.B. Grimmet & Stirzaker, 1992).

Im Regressionskontext sind die Beobachtungen $(y_i, \boldsymbol{x}_i)$, $i = 1, \ldots, n$ (bzw. g), Tupel aus abhängiger Variable y_i und unabhängiger Variable $\boldsymbol{x}_i$. Entweder geht man davon aus, daß y_i und $\boldsymbol{x}_i$ gemeinsam zufällig und unabhängig gezogen sind oder man setzt voraus, daß bei fest vorgegebenem $\boldsymbol{x}_i$ die Beobachtungen y_i gegeben $\boldsymbol{x}_i$ unabhängig voneinander sind. In beiden Fällen wird bei der Bildung der Likelihood bzw. Log-Likelihood die bedingte Dichte $y_i|\boldsymbol{x}_i$ zugrundegelegt. Likelihood und Log-Likelihood besitzen damit die Form

$$L(\theta) = \prod_{i=1}^{n} f(y_i|\boldsymbol{x}_i;\theta)$$

bzw.

$$l(\theta) = \sum_{i=1}^{n} f(y_i|\boldsymbol{x}_i;\theta).$$

Im metrischen Regressionsmodell wird für y_i häufig mit $y_i \sim N(\boldsymbol{x}_i'\boldsymbol{\beta}, \sigma^2)$ Normalverteilung vorausgesetzt. Der unbekannte Parameter θ ist durch $(\boldsymbol{\beta}, \sigma^2)$ bestimmt. Im Binomialverteilungsfall mit $y_i \sim B(n_i, F(\boldsymbol{x}_i'\boldsymbol{\beta}))$ reduziert sich der unbekannte Parameter auf den Gewichtsvektor $\boldsymbol{\beta}$.

11.2.2 Maximum-Likelihood-Schätzung – Binäre Modelle

Die Daten seien unabhängige gruppierte Beobachtungen $(y_i, \boldsymbol{x}_i)$, $i = 1, \ldots, g$, wobei $y_i \sim B(n_i, \pi(\boldsymbol{x}_i))$ die Anzahl der Beobachtungen mit $y = 1$ bei gegebenem Kovariablenvektor $\boldsymbol{x}_i$ darstellt. Alternativ lassen sich die Beobachtungen durch die relativen Häufigkeiten $p_i = y_i / n_i$ beschreiben. Dabei bezeichnet n_i den lokalen Stichprobenumfang (an der Meßstelle $\boldsymbol{x}_i$). Der Gesamtstichprobenumfang ist durch $n = n_1 + \cdots + n_g$ gegeben.

Das zugrundeliegende Modell hat für $\pi(\boldsymbol{x}_i) = P(Y = 1|\boldsymbol{x}_i)$ die Form

$$\pi(\boldsymbol{x}_i) = h(\boldsymbol{x}_i'\beta) \quad \text{bzw.} \quad g(\pi(\boldsymbol{x}_i)) = \boldsymbol{x}_i'\beta,$$

wobei $h : \mathbb{R} \to \mathbb{R}$ die Responsefunktion und die Umkehrfunktion $g = h^{-1}$ die Linkfunktion darstellt.

Die Likelihoodfunktion ergibt sich unmittelbar aus der Dichte der Binomialverteilung durch

$$\begin{aligned} l(\boldsymbol{\beta}) &= \log(L(\boldsymbol{\beta})) \\ &= \sum_i \left\{ y_i \log(\pi(\boldsymbol{x}_i)) + (n_i - y_i)\log(1 - \pi(\boldsymbol{x}_i)) + \log \binom{n_i}{y_i} \right\} \\ &= \sum_{i=1}^{g} n_i \{p_i \log(h(\boldsymbol{x}_i'\boldsymbol{\beta})) + (1 - p_i)\log(1 - h(\boldsymbol{x}_i'\boldsymbol{\beta}))\} + \log \binom{n_i}{n_i p_i}. \end{aligned}$$

Gesucht ist ein Maximum der Log–Likelihoodfunktion. Um diese zu erhalten, betrachtet man die Ableitung der Log–Likelihood nach jedem der zu schätzenden Parameter $\beta_1, \ldots, \beta_p$, die den Vektor $\boldsymbol{\beta}' = (\beta_1, \ldots, \beta_p)$ bestimmen. Die Zusammenfassung dieser Ableitungen zu einem Vektor liefert die sogenannte *Score-Funktion*

$$\boldsymbol{s}(\boldsymbol{\beta}) = \begin{pmatrix} \frac{\partial l(\boldsymbol{\beta})}{\partial \beta_1} \\ \vdots \\ \frac{\partial l(\boldsymbol{\beta})}{\partial \beta_p} \end{pmatrix}.$$

Elementares Differenzieren ergibt für die Komponenten

$$\begin{aligned} \frac{\partial l(\boldsymbol{\beta})}{\partial \beta_j} &= \sum_{i=1}^{n} n_i x_{ij} \left\{ p_i \frac{h'(\boldsymbol{x}_i'\boldsymbol{\beta})}{h(\boldsymbol{x}_i'\boldsymbol{\beta})} + (1 - p_i) \frac{-h'(\boldsymbol{x}_i'\boldsymbol{\beta})}{1 - h(\boldsymbol{x}_i'\boldsymbol{\beta})} \right\} \\ &= \sum_{i=1}^{g} n_i x_{ij} \frac{h'(\boldsymbol{x}_i'\boldsymbol{\beta})}{h(\boldsymbol{x}_i'\boldsymbol{\beta})(1 - h(\boldsymbol{x}_i'\boldsymbol{\beta}))} (p_i - h(\boldsymbol{x}_i'\boldsymbol{\beta})), \end{aligned}$$

wobei $h'(\boldsymbol{x}_i'\boldsymbol{\beta})$ für die Ableitung $\partial h(\boldsymbol{x}_i'\boldsymbol{\beta})/\partial\eta$ steht, und $\boldsymbol{x}_i' = (x_{i1}, \ldots, x_{ip})$. In geschlossener Schreibweise hat die Score–Funktion die Form

$$\boldsymbol{s}(\boldsymbol{\beta}) = \sum_{i=1}^{g} \boldsymbol{x}_i \frac{n_i h'(\boldsymbol{x}_i'\boldsymbol{\beta})}{h(\boldsymbol{x}_i'\boldsymbol{\beta})(1 - h(\boldsymbol{x}_i'\boldsymbol{\beta}))}(p_i - h(\boldsymbol{x}_i'\boldsymbol{\beta})),$$

wobei $\boldsymbol{x}_i$ als Spaltenvektor die Vektorform von $s(\boldsymbol{\beta})$ sichert. Da y_i binomialverteilt ist und nach Modellannahme $y_i \sim B(n_i, h(\boldsymbol{x}_i'\boldsymbol{\beta}))$ gilt, erhält man

$$\mathit{var}(y_i) = n_i \pi(\boldsymbol{x}_i)(1 - \pi(\boldsymbol{x}_i)) = n_i h(\boldsymbol{x}_i'\boldsymbol{\beta})(1 - h(\boldsymbol{x}_i'\boldsymbol{\beta}))$$

bzw.

$$\mathit{var}(p_i) = \mathit{var}\left(\frac{y_i}{n_i}\right) = \frac{1}{n_i} h(\boldsymbol{x}_i'\boldsymbol{\beta})(1 - h(\boldsymbol{x}_i'\boldsymbol{\beta})).$$

Damit ergibt sich die Score-Funktion in der Form

$$\boldsymbol{s}(\boldsymbol{\beta}) = \sum_{i=1}^{g} \boldsymbol{x}_i \frac{h'(\boldsymbol{x}_i'\boldsymbol{\beta})}{\mathit{var}(p_i)}(p_i - h(\boldsymbol{x}_i'\boldsymbol{\beta})).$$

Ein Maximum der Likelihoodfunktion (bzw. der Log–Likelihoodfunktion) hat zur Voraussetzung, daß die Ableitung verschwindet, d.h.

$$s(\boldsymbol{\beta}) = 0 \tag{11.3}$$

gilt. Gleichung (11.3) läßt sich als die dem Maximum-Likelihood-Schätzung entsprechende Schätzgleichung betrachten.

Eine für die numerische Maximierung von $l(\boldsymbol{\beta})$ wichtige Größe ist die Matrix der zweiten Ableitungen

$$\boldsymbol{H}(\boldsymbol{\beta}) = \frac{\partial^2 l}{\partial\boldsymbol{\beta}\partial\boldsymbol{\beta}'} = \begin{pmatrix} \frac{\partial^2 l}{\partial\beta_1\partial\beta_1} & \frac{\partial^2 l}{\partial\beta_1\partial\beta_2} & \cdots & \frac{\partial^2 l}{\partial\beta_1\partial\beta_p} \\ \vdots & \ddots & & \vdots \\ \frac{\partial^2 l}{\partial\beta_p\partial\beta_1} & \cdots & \cdots & \frac{\partial^2 l}{\partial\beta_p\partial\beta_p} \end{pmatrix}$$

Sie besitzt nach einfacher Berechnung die Form

$$\begin{aligned} \boldsymbol{H}(\boldsymbol{\beta}) = & -\sum_{i=1}^{g} n_i \frac{(h'(\boldsymbol{x}_i'\boldsymbol{\beta}))^2}{h(\boldsymbol{x}_i'\boldsymbol{\beta})(1 - h(\boldsymbol{x}_i'\boldsymbol{\beta}))} \boldsymbol{x}_i \boldsymbol{x}_i' \\ & + \sum_{i=1}^{g} \left\{ n_i \left[\frac{h''(\boldsymbol{x}_i'\boldsymbol{\beta})}{h(\boldsymbol{x}_i'\boldsymbol{\beta})(1 - h(\boldsymbol{x}_i'\boldsymbol{\beta}))} \right.\right. \\ & \left.\left. - \frac{(h'(\boldsymbol{x}_i'\boldsymbol{\beta}))^2(1 - 2h(\boldsymbol{x}_i'\boldsymbol{\beta}))}{[h(\boldsymbol{x}'\boldsymbol{\beta})(1 - h(\boldsymbol{x}_i'\boldsymbol{\beta}))]^2} \right] (p_i - h(\boldsymbol{x}_i'\boldsymbol{\beta})) \right\} \boldsymbol{x}_i \boldsymbol{x}_i', \end{aligned}$$

wobei $h''(\boldsymbol{x}_i'\boldsymbol{\beta}) = \partial^2 h(\boldsymbol{x}_i'\boldsymbol{\beta})/\partial\eta^2$ die zweite Ableitung von h an der Stelle $\boldsymbol{x}_i'\boldsymbol{\beta}$ bezeichnet. Man beachte, daß sich die Matrixstruktur durch die Terme $\boldsymbol{x}_i\boldsymbol{x}_i'$ (Spaltenmal Zeilenvektor) ergibt. Die Matrix $-\boldsymbol{H}(\boldsymbol{\beta})$ wird häufig auch als *beobachtete Informationsmatrix*

$$\boldsymbol{F}_{beob}(\boldsymbol{\beta}) = -\boldsymbol{H}(\boldsymbol{\beta})$$

bezeichnet. Man beachte, daß $\boldsymbol{H}(\boldsymbol{\beta})$ die Zufallsvariablen p_i enthält und damit eine Zufallsmatrix ist.

Eine einfachere Form ergibt sich, wenn man den Erwartungswert bildet, woraus man die *Fishersche Informationsmatrix* erhält mit

$$\boldsymbol{F}(\boldsymbol{\beta}) = E(-\boldsymbol{H}(\boldsymbol{\beta})) = E\left(\boldsymbol{F}_{beob}(\boldsymbol{\beta})\right).$$

Da nach Modellannahme $E(p_i - h(\boldsymbol{x}_i'\boldsymbol{\beta})) = 0$ gilt, entfällt der zweite Term in $\boldsymbol{H}(\boldsymbol{\beta})$ bei der Erwartungswertbildung. Man erhält

$$\boldsymbol{F}(\boldsymbol{\beta}) = \sum_{i=1}^{g} \frac{n_i h'(\boldsymbol{x}_i'\boldsymbol{\beta})^2}{h(\boldsymbol{x}_i'\boldsymbol{\beta})(1-h(\boldsymbol{x}_i'\boldsymbol{\beta}))}\boldsymbol{x}_i\boldsymbol{x}_i' = \sum_{i=1}^{g} \frac{h'(\boldsymbol{x}_i'\boldsymbol{\beta})^2}{var(p_i)}\boldsymbol{x}_i\boldsymbol{x}_i'.$$

Die relevanten Formeln sind im folgenden nochmals zusammengefaßt.

Log-Likelihood

$$l(\boldsymbol{\beta}) = \sum_{i=1}^{g} n_i \left\{ p_i \log\left(\frac{h(\boldsymbol{x}_i'\boldsymbol{\beta})}{1-h(\boldsymbol{x}_i'\boldsymbol{\beta})}\right) + \log(1-h(\boldsymbol{x}_i'\boldsymbol{\beta}))\right\} + \log\binom{n_i}{n_i p_i}$$

Score-Funktion

$$\boldsymbol{s}(\boldsymbol{\beta}) = \frac{\partial l(\boldsymbol{\beta})}{\partial \boldsymbol{\beta}} = \sum_{i=1}^{g} \frac{h'(\boldsymbol{x}_i'\boldsymbol{\beta})}{var(p_i)}(p_i - h(\boldsymbol{x}_i'\boldsymbol{\beta}))\boldsymbol{x}_i$$

Informationsmatrix

$$\boldsymbol{F}(\boldsymbol{\beta}) = E\left(-\frac{\partial^2 l(\boldsymbol{\beta})}{\partial\boldsymbol{\beta}\partial\boldsymbol{\beta}'}\right) = \sum_{i=1}^{g} \frac{h'(\boldsymbol{x}_i'\boldsymbol{\beta})^2}{var(p_i)}\boldsymbol{x}_i\boldsymbol{x}_i'$$

Für das asymptotische Verhalten läßt sich die einfache Asymptotik des wachsenden Stichprobenumfangs zugrundelegen ($n \to \infty$). Weitere Forderungen an die Anwendbarkeit sind dann, daß die mittlere Information $F_n(\boldsymbol{\beta})/n$ konvergiert bzw. die

Regressoren aus einer Verteilung zufällig gezogen sind. Unter zusätzlichen Regularitätsbedingungen (Details siehe Fahrmeir & Kaufmann, 1985) gilt für den ML–Schätzer in beiden Fällen asymptotischer Betrachtung, daß er asymptotisch existiert, konsistent ist und gegen eine Normalverteilung konvergiert mit

$$\sqrt{n}(\hat{\boldsymbol{\beta}} - \boldsymbol{\beta}) \sim N(\mathbf{0}, \boldsymbol{F}_0(\boldsymbol{\beta})^{-1}), \quad \boldsymbol{F}_0(\boldsymbol{\beta}) = \lim_{\mathbf{n}\to\infty} \boldsymbol{F}(\boldsymbol{\beta})/\mathbf{n}.$$

Als Approximation läßt sich daher

$$\hat{\boldsymbol{\beta}} \sim N(\boldsymbol{\beta}, \boldsymbol{F}(\hat{\boldsymbol{\beta}})^{-1})$$

anwenden, wobei für $var(y_i)$ in $\boldsymbol{F}(\hat{\boldsymbol{\beta}})$ die Approximation $var(y_i) \approx h(\boldsymbol{x}_i'\hat{\boldsymbol{\beta}})(1 - h(\boldsymbol{x}_i\hat{\boldsymbol{\beta}}'))/n_i$ gesetzt wird. Man erhält die geschätzte Varianz der Komponenten von $\hat{\boldsymbol{\beta}}$ somit aus der Diagonalen von $\boldsymbol{F}(\hat{\boldsymbol{\beta}})^{-1}$.

Verteilungsapproximation Maximum-Likelihood-Schätzer
$(n \to \infty)$

$$\hat{\boldsymbol{\beta}} \sim N(\boldsymbol{\beta}, \boldsymbol{F}(\hat{\boldsymbol{\beta}})^{-1})$$

mit $\boldsymbol{F}(\hat{\boldsymbol{\beta}}) = \sum_{i=1}^{g} n_i \boldsymbol{x}_i \boldsymbol{x}_i' h'(\boldsymbol{x}_i'\hat{\boldsymbol{\beta}})^2 / [h(\boldsymbol{x}_i'\hat{\boldsymbol{\beta}})(1 - h(\boldsymbol{x}_i'\hat{\boldsymbol{\beta}}))]$

Spezialfall Logitmodell

Das Logit–Modell nimmt in mehr als einer Hinsicht eine Sonderstellung unter den binären Regressionsmodellen ein. Ein Aspekt ist die Vereinfachung der Maximum-Likelihood-Schätzung. Für die Responsefunktion $h(u) = \exp(u)/(1 + \exp(u))$ ergibt sich durch Ableiten die einfache Form $h'(u) = h(u)(1 - h(u)) = \exp(u)/(1 + \exp(u))^2$. Wegen $var(p_i) = h(\boldsymbol{x}_i'\boldsymbol{\beta})(1 - h(\boldsymbol{x}_i'\boldsymbol{\beta}))/n_i$ erhält man als Scorefunktion

$$\boldsymbol{s}(\boldsymbol{\beta}) = \sum_{i=1}^{g} n_i (p_i - h(\boldsymbol{x}_i'\boldsymbol{\beta}))\boldsymbol{x}_i$$

und als Fishermatrix

$$\boldsymbol{F}(\boldsymbol{\beta}) = \sum_{i=1}^{g} n_i \boldsymbol{x}_i \boldsymbol{x}_i' h(\boldsymbol{x}_i'\boldsymbol{\beta})(1 - h(\boldsymbol{x}_i'\boldsymbol{\beta})).$$

Darüberhinaus gilt, daß beobachtete und Fishersche Information identisch sind, d.h. $\boldsymbol{F}(\boldsymbol{\beta}) = \boldsymbol{H}(\boldsymbol{\beta})$ gilt.

Die ML–Gleichung $s(\boldsymbol{\beta}) = 0$ besitzt nun die einfache Form

$$\sum_{i=1}^{g} n_i p_i \boldsymbol{x}_i = \sum_{i=1}^{g} n_i h(\boldsymbol{x}_i'\boldsymbol{\beta})\boldsymbol{x}_i. \qquad (11.4)$$

Die linke Seite dieser Gleichung stellt mit $T = \sum_{i=1}^{g} n_i p_i \boldsymbol{x}_i = \sum_{i=1}^{g} y_i \boldsymbol{x}_i$ eine ***suffiziente Statistik*** dar, d.h. die gesamte in der Stichprobe enthaltene Information über die Parameter ist in dieser Statistik enthalten. Wenn das logistische Modell zugrundeliegt, gilt $E(T) = \sum_{i=1}^{n} n_i h(\boldsymbol{x}_i' \boldsymbol{\beta}) \boldsymbol{x}_i$ und Gleichung (11.4) ist von der allgemeinen Form

$$t = E(T).$$

Zur Veranschaulichung betrachte man den einfachen Fall einer dichotomen Einflußgröße (beispielsweise männlich/weiblich) in Effekt–Kodierung mit $x_1 = 1, x_2 = -1$. Das Modell ist dann von der Form $P(y = 1|\boldsymbol{x}_i) = h(\beta_0 + \beta x_i), i = 1, 2$. Die Designvektoren enthalten jeweils noch den konstanten Term, so daß $\boldsymbol{x}_1' = (1, 1), \boldsymbol{x}_2' = (1, -1)$. Die abhängige Größe p_1 steht für die relative Häufigkeit bei $x_1 = 1$, p_2 bezeichnet die relative Häufigkeit bei $x_i = -1$. Man erhält als suffiziente Statistik T

$$T = n_1 p_1 \begin{pmatrix} 1 \\ 1 \end{pmatrix} + n_2 p_2 \begin{pmatrix} 1 \\ -1 \end{pmatrix} = \begin{pmatrix} n_1 p_1 + n_2 p_2 \\ n_1 p_1 - n_2 p_2 \end{pmatrix}.$$

Die erste Komponente $n_1 p_1 + n_2 p_2$ entspricht der Anzahl von Responses $y = 1$ in der Gesamtstichprobe und enthält die gesamte Information über den konstanten Term β_0, der das globale Responseniveau angibt. Die zweite Komponente $n_1 p_1 - n_2 p_2$ entspricht der Differenz der Anzahl von Responses mit $y = 1$ zwischen männlicher (x_1) und weiblicher (x_2) Stichprobe. Sie enthält die Information über β, dem Parameter der den Unterschied in den beiden Populationen reflektiert.

Numerische Bestimmung der Schätzungen

Zur Bestimmung der Maximum-Likelihood-Schätzungen ist das Gleichungssystem

$$s(\hat{\boldsymbol{\beta}}) = \frac{\partial l(\hat{\boldsymbol{\beta}})}{\partial \boldsymbol{\beta}} = 0$$

zu lösen. Da keine geschlossene Form der Lösung angebbar ist, wird auf iterative Verfahren zurückgegriffen. Eine Variante ist das im folgenden kurz skizzierte *Newton–Raphson* Verfahren, das mehrere Schritte iterativ durchläuft.

Schritt 0: Setze einen Anfangswert $\hat{\boldsymbol{\beta}}^{(0)}$, beispielsweise $\hat{\boldsymbol{\beta}}^{(0)} = \mathbf{0}$ oder den (später behandelten) Kleinste–Quadrate–Schätzer. Sei $k = 0$.

Schritt 1: Linearisiere die Scorefunktion durch Taylor–Entwicklung (Anhang B) an der Stelle $\hat{\boldsymbol{\beta}}^{(k)}$. Es gilt in linearer Näherung

$$\boldsymbol{s}(\boldsymbol{\beta}) \approx \boldsymbol{s}_l(\boldsymbol{\beta}) = \boldsymbol{s}\left(\hat{\boldsymbol{\beta}}^{(k)}\right) + \frac{\partial \boldsymbol{s}(\hat{\boldsymbol{\beta}}^{(k)})}{\partial \boldsymbol{\beta}} \left(\boldsymbol{\beta} - \hat{\boldsymbol{\beta}}^{(k)}\right)$$

Schritt 2: Löse statt des Problems $\boldsymbol{s}(\hat{\boldsymbol{\beta}}) = 0$ die linearisierte Form $\boldsymbol{s}_l(\hat{\boldsymbol{\beta}}) = 0$, woraus sich mit $\partial \boldsymbol{s}/\partial \boldsymbol{\beta} = \partial^2 l/\partial \boldsymbol{\beta}\partial \boldsymbol{\beta}'$ ergibt

$$\boldsymbol{\beta} = \hat{\boldsymbol{\beta}}^{(k)} - \left(\frac{\partial^2 l(\hat{\boldsymbol{\beta}}^{(k)})}{\partial \boldsymbol{\beta}\partial \boldsymbol{\beta}'}\right)^{-1} \boldsymbol{s}\left(\hat{\boldsymbol{\beta}}^{(k)}\right).$$

Mit der Matrix der zweiten Ableitungen $\boldsymbol{H}(\boldsymbol{\beta}) = \partial^2 l(\boldsymbol{\beta})/\partial \boldsymbol{\beta}\partial \boldsymbol{\beta}'$ erhält man als neuen Schätzer

$$\hat{\boldsymbol{\beta}}^{(k+1)} = \hat{\boldsymbol{\beta}}^{(k)} - \boldsymbol{H}\left(\hat{\boldsymbol{\beta}}^{(k)}\right)^{-1} \boldsymbol{s}\left(\hat{\boldsymbol{\beta}}^{(k)}\right) \tag{11.5}$$

bzw.

$$\hat{\boldsymbol{\beta}}^{(k+1)} = \hat{\boldsymbol{\beta}} + (-\boldsymbol{H}(\hat{\boldsymbol{\beta}}^{(k)}))^{-1} \boldsymbol{s}(\hat{\boldsymbol{\beta}}^{(k)})$$

wobei $-\boldsymbol{H}(\hat{\boldsymbol{\beta}}^{(k)})$ die beobachtete Information bezeichnet.

Schritt 3: Überprüfe, ob die Veränderung kleiner als eine vorgegebene Schranke ϵ ist durch

$$\frac{||\hat{\boldsymbol{\beta}}^{(k+1)} - \hat{\boldsymbol{\beta}}^{(k)}||}{||\hat{\boldsymbol{\beta}}^{(k)}||} < \epsilon.$$

Wenn ja, setze $\hat{\boldsymbol{\beta}} = \hat{\boldsymbol{\beta}}^{(k+1)}$, wenn nein, erhöhe k zu $k+1$ und setze mit Schritt 1 fort.

Das Newton–Raphson Verfahren benutzt die zweite Ableitung der Likelihoodfunktion. Eine Variante das Verfahrens, das *Newton Verfahren mit Fisher Scoring* ergibt sich, wenn man die beobachtete Information $-\boldsymbol{H}\left(\hat{\boldsymbol{\beta}}^{(k)}\right)$ durch die Fisher–Information $F\left(\hat{\boldsymbol{\beta}}^{(k)}\right) = E\left(-\boldsymbol{H}\left(\hat{\boldsymbol{\beta}}^{(k)}\right)\right)$ ersetzt.

11.2.3 Maximum-Likelihood-Schätzung – mehrkategoriale Modelle

Ausgangspunkt sind unabhängige Beobachtungen $(y_i, \boldsymbol{x}_i)$, $i = 1, \dots, g$, wobei $\boldsymbol{y}_i \sim M(n_i, \boldsymbol{\pi}(\boldsymbol{x}_i))$. Die Komponente y_{ir} des Beobachtungsvektors $\boldsymbol{y}_i' = (y_{i1}, \dots, y_{iq})$ enthält die Anzahl der Beobachtungen in der Responsekategorie r bei einem lokalen Stichprobenumfang n_i für die Einflußgrößenkombination $\boldsymbol{x}_i$. Der Vektor der relativen Häufigkeiten ist durch $\boldsymbol{p}_i' = (p_{i1}, \dots, p_{iq})$, mit $p_{ir} = y_{ir}/n_i$, bestimmt. Das zugrundeliegende Modell hat die Form

$$g(\boldsymbol{\pi}_i) = \boldsymbol{Z}_i\boldsymbol{\beta} \quad \text{bzw.} \quad \boldsymbol{\pi}_i = h(\boldsymbol{Z}_i\boldsymbol{\beta}), \tag{11.6}$$

wobei

$\boldsymbol{\pi}_i' = (\pi_{i1}, \ldots, \pi_{iq})$ mit $\pi_{ir} = P(Y = r|x_i)$ den Vektor der Responsewahrscheinlichkeit darstellt,
$\boldsymbol{Z}_i$ eine aus den Einflußgrößen x_i konstruierte Design-Matrix ist,
$\boldsymbol{\beta}$ den zu schätzenden Vektor der Parameter repräsentiert und
$g = (g_1, \ldots, g_q) : \mathbb{R}^q \to \mathbb{R}^q$ die Linkfunktion und $h = g^{-1}$ die Responsefunktion darstellt.

Aus der Dichte der Multinomialverteilung erhält man für die Beobachtungen $y_1, \ldots, y_g$ bei gegebenen Regressoren $\boldsymbol{x}_1, \ldots, \boldsymbol{x}_g$ die Likelihoodfunktion

$$\begin{aligned} L(\boldsymbol{\beta}) &= \prod_{i=1}^{g} c_i \pi_{i1}^{y_{i1}} \ldots \pi_{iq}^{y_{iq}} (1 - \pi_{i1} - \cdots - \pi_{iq})^{n_i - y_{i1} - \cdots - y_{iq}} \\ &= \prod_{i=1}^{g} c_i \left(\frac{\pi_{i1}}{1 - \pi_{i1} - \cdots - \pi_{iq}} \right)^{y_{i1}} \cdots \left(\frac{\pi_{iq}}{1 - \pi_{i1} - \cdots - \pi_{iq}} \right)^{y_{iq}} \\ &\quad \cdot (1 - \pi_{1i} - \cdots - \pi_{iq})^{n_i}, \end{aligned}$$

wobei $c_i = n_i!/(y_{i1}! \ldots y_{iq}!(n_i - y_{i1} - \cdots - n_{iq})!)$. Die Konstanten c_i haben keine Bedeutung bei der Maximierung, da sie nicht von dem zu schätzenden Parameter $\boldsymbol{\beta}$ abhängen. Für die Log-Likelihoodfunktion erhält man unter Verwendung der lokalen relativen Häufigkeiten $p_{ir} = y_{ir}/n_i$ und $\pi_{ik} = 1 - \pi_{i1} - \cdots - \pi_{iq}$ die Form

$$\begin{aligned} l(\boldsymbol{\beta}) &= \log(L(\boldsymbol{\beta})) \\ &= \sum_{i=1}^{g} \left\{ \sum_{r=1}^{q} y_{ir} \log\left(\frac{\pi_{ir}}{\pi_{ik}}\right) + n_i \log(\pi_{ik}) + \log(c_i) \right\} \\ &= \sum_{i=1}^{g} \left\{ \sum_{r=1}^{q} n_i \left[p_{ir} \log\left(\frac{\pi_{ir}}{\pi_{ik}}\right) + \log(\pi_{ik}) \right] + \log(c_i) \right\}. \end{aligned}$$

Setzt man nun $\pi_{ir} = h_r(\boldsymbol{Z}_i\boldsymbol{\beta})$ ein und differenziert nach $\boldsymbol{\beta}$ erhält man die Score-Funktion

$$\boldsymbol{s}(\boldsymbol{\beta}) = \begin{pmatrix} \frac{\partial l(\boldsymbol{\beta})}{\partial \beta_1} \\ \vdots \\ \frac{\partial l(\boldsymbol{\beta})}{\partial \beta_p} \end{pmatrix} = \sum_{i=1}^{g} \boldsymbol{Z}_i' \boldsymbol{D}_i(\boldsymbol{\beta}) \boldsymbol{\Sigma}_i^{-1}(\boldsymbol{\beta})(\boldsymbol{p}_i - \boldsymbol{\pi}_i),$$

wobei

$\boldsymbol{p}_i' = (p_{i1}, \ldots, p_{iq})$ der Vektor der relativen Häufigkeiten ist,
$\boldsymbol{D}_i(\beta) = \partial h(\boldsymbol{\eta}_i)/\partial \boldsymbol{\eta}$ die Matrix der Ableitungen an der Stelle $\boldsymbol{\eta}_i = \boldsymbol{Z}_i\boldsymbol{\beta}$ darstellt und

$$\boldsymbol{\Sigma}_i(\boldsymbol{\beta}) = \frac{1}{n_i}\begin{pmatrix} \pi_{i1}(1-\pi_{i1}) & -\pi_{i1}\pi_{i2} & \cdots & -\pi_{i1}\pi_{iq} \\ & \pi_{i2}(1-\pi_{i2}) & & \\ & & \ddots & \\ & & & \pi_{iq}(1-\pi_{iq}) \end{pmatrix}$$

$= [\,\mathrm{Diag}\,(\boldsymbol{\pi}_i) - \boldsymbol{\pi}_i\boldsymbol{\pi}_i']/n_i$
die Kovarianzmatrix von p_i darstellt.

Die zweite Ableitung der Log-Likelihoodfunktion liefert die beobachtete Informationsmatrix, deren Erwartungswert wird als Informations- oder Fisher-Matrix bezeichnet. Sie liefert die wesentliche Information über die asymptotischen Varianzen der Schätzer. Man erhält nach einigen Umformungen

$$\boldsymbol{F}(\boldsymbol{\beta}) = \sum_{i=1}^{g} \boldsymbol{Z}_i'\boldsymbol{D}_i(\boldsymbol{\beta})\boldsymbol{\Sigma}_i^{-1}(\boldsymbol{\beta})\boldsymbol{D}_i(\boldsymbol{\beta})'\boldsymbol{Z}_i$$

bzw.

$$\boldsymbol{F}(\boldsymbol{\beta}) = \sum_{i=1}^{g} \boldsymbol{Z}_i'\boldsymbol{W}_i(\boldsymbol{\beta})\boldsymbol{Z}_i,$$

wobei $\boldsymbol{W}_i(\boldsymbol{\beta}) = \left(\frac{\partial g(\boldsymbol{\pi}_i)}{\partial \boldsymbol{\pi}'}\Sigma_i(\beta)\frac{\partial g(\boldsymbol{\pi}_i)}{\partial \boldsymbol{\pi}}\right)^{-1}$. Die Umformung beruht auf dem einfachen Zusammenhang $\left(\frac{\partial g(\boldsymbol{\pi}_i)}{\partial \boldsymbol{\pi}}\right)^{-1} = \frac{\partial h(\eta_i)}{\partial \eta}$. Die letztere Form ist insofern einprägsamer als $\boldsymbol{W}_i(\beta)$ die Inverse der (approximativen) Kovarianzmatrix von $g(p_i)$ darstellt. Für $n \to \infty$ gilt unter schwachen Bedingungen (vgl. Fahrmeir & Kaufmann, 1985) die folgende Approximation

Verteilungsapproximation Maximum-Likelihood-Schätzer

$(n \to \infty)$

$$\hat{\boldsymbol{\beta}} \sim N(\boldsymbol{\beta}, \boldsymbol{F}(\hat{\boldsymbol{\beta}})^{-1})$$

mit

$$\boldsymbol{F}(\hat{\boldsymbol{\beta}}) = \sum_{i=1}^{g} \boldsymbol{Z}_i'\boldsymbol{D}_i(\hat{\boldsymbol{\beta}})\boldsymbol{\Sigma}_i^{-1}(\hat{\boldsymbol{\beta}})\boldsymbol{D}_i(\hat{\boldsymbol{\beta}})\boldsymbol{Z}_i$$

Log-Likelihood

$$l(\boldsymbol{\beta}) = \sum_{i=1}^{g} \left\{ \sum_{r=1}^{q} n_i \Big[p_{ir} \log\left(\frac{\pi_{ir}}{1 - \pi_{i1} - \cdots - \pi_{iq}} \right) + \log(1 - \pi_{i1} - \cdots - \pi_{iq}) \Big] + \log(c_i) \right\}$$

Score-Funktion

$$\boldsymbol{s}(\boldsymbol{\beta}) = \sum_{i=1}^{g} \boldsymbol{Z}_i' \boldsymbol{D}_i(\boldsymbol{\beta}) \boldsymbol{\Sigma}_i^{-1}(\boldsymbol{\beta})(\boldsymbol{p}_i - \boldsymbol{\pi}_i)$$

Informationsmatrix

$$\boldsymbol{F}(\boldsymbol{\beta}) = \sum_{i=1}^{g} \boldsymbol{Z}_i' \boldsymbol{D}_i(\boldsymbol{\beta}) \boldsymbol{\Sigma}_i^{-1}(\boldsymbol{\beta}) \boldsymbol{D}_i(\boldsymbol{\beta})' \boldsymbol{Z}_i = \sum_{i=1}^{g} \boldsymbol{Z}_i' \boldsymbol{W}_i(\boldsymbol{\beta}) \boldsymbol{Z}_i.$$

Tabelle 11.1: Kenngrößen der Maximum-Likelihood-Schätzung

11.2.4 Kleinste-Quadrate-Schätzung – binäre Modelle

Die Gleichungen des univariaten Modells

$$\pi(\boldsymbol{x}_i) = h(\boldsymbol{x}_i'\boldsymbol{\beta}) \quad \text{bzw.} \quad g(\pi(x_i)) = \boldsymbol{x}_i'\boldsymbol{\beta}$$

lassen sich in Matrixform darstellen durch

$$\begin{bmatrix} g(\pi(x_1)) \\ \vdots \\ g(\pi(x_g)) \end{bmatrix} = \begin{bmatrix} \boldsymbol{x}_1' \\ \vdots \\ \boldsymbol{x}_g' \end{bmatrix} \begin{bmatrix} \beta_1 \\ \vdots \\ \beta_g \end{bmatrix}$$

oder zusammengefaßt durch

$$\bar{g}(\boldsymbol{\pi}) = \boldsymbol{Z}\boldsymbol{\beta}, \tag{11.7}$$

wobei $\bar{g}(\boldsymbol{\pi})' = (g(\pi_1), \ldots, g(\pi_g))$, $\boldsymbol{\pi}' = (\pi_1, \ldots, \pi_g)$, $\pi_i = \pi(\boldsymbol{x}_i)$, und $\boldsymbol{Z}$ die aus sämtlichen Regressoren entstehende Designmatrix darstellt. Setzt man in $\bar{g}(\pi)$ die relativen Häufigkeiten ein, läßt sich analog zur metrischen Regression das Kleinste–Quadrate–Kriterium

$$LS = \sum_{i=1}^{g} (g(p_i) - \boldsymbol{x}_i'\boldsymbol{\beta})^2$$

betrachten. Eine Lösung, die (für vollen Spaltenrang von Z) LS minimiert, erhält man durch die aus der metrischen Regression vertraute Form des *ungewichteten Kleinste–Quadrate–Schätzers*

$$\hat{\boldsymbol{\beta}}_{LS} = (\boldsymbol{Z}'\boldsymbol{Z})^{-1}\boldsymbol{Z}'\bar{g}(\boldsymbol{p}),$$

wobei $\bar{g}(\boldsymbol{p})' = (g(p_1), \ldots, g(p_g))$, mit $\boldsymbol{p}' = (p_1, \ldots, p_g)$, $p_i = y_i/n_i$.

Wegen der beobachtungsabhängigen Varianz (Heteroskedastizität) empfiehlt es sich jedoch, das gewichtete Kleinste-Quadrate-Kriterium

$$WLS = \sum_{i=1}^{g} \frac{(g(p_i) - \boldsymbol{x}_i'\boldsymbol{\beta})^2}{var(g(p_i))} \tag{11.8}$$

zu minimieren. Dies leistet der gewichtete Kleinste–Quadrate–Schätzer

$$\hat{\boldsymbol{\beta}} = (\boldsymbol{Z}'\mathbf{W}^{-1}\boldsymbol{Z})^{-1}\boldsymbol{Z}'\mathbf{W}^{-1}\bar{g}(\boldsymbol{p}) \tag{11.9}$$

mit

$$\boldsymbol{W} = \boldsymbol{Diag}\,(cov\, g(\boldsymbol{p})) = \begin{pmatrix} var(g(p_1)) & & 0 \\ & \ddots & \\ 0 & & var(g(p_g)) \end{pmatrix}.$$

In dieser Form ist $\hat{\boldsymbol{\beta}}$ nicht berechenbar, da die Varianz von $g(p_i)$ nicht bekannt ist. Eine Taylorreihenentwicklung (Anhang B) an der Stelle π_i liefert

$$g(p_i) \approx g(\pi_i) + \frac{\partial g(\pi_i)}{\partial \pi}(p_i - \pi_i). \tag{11.10}$$

Daraus ergibt sich

$$var(g(p_i)) \approx \left(\frac{\partial g(\pi_i)}{\partial \pi}\right)^2 var(p_i)$$

und mit $var(p_i) = \pi_i(1 - \pi_i)/n_i$ und $\partial g(\pi_i)/\partial\pi \approx \partial g(p_i)/\partial\pi$ erhält man die Approximation

$$\hat{var}(g(p_i)) = \left(\frac{\partial g(p_i)}{\partial \pi}\right)^2 p_i(1 - p_i)/n_i.$$

Ersetzt man in $\boldsymbol{W}$ $var(g(p_i))$ durch $\hat{var}(g(p_i))$, erhält man die Gewichtsmatrix $\hat{\boldsymbol{W}}$ = Diag $(\hat{var}(g(p_i)))$ und daraus den gewichteten Kleinste–Quadrate–Schätzer

$$\hat{\boldsymbol{\beta}}_{WLS} = (\boldsymbol{Z}'\hat{\boldsymbol{W}}^{-1}\boldsymbol{Z})^{-1}\boldsymbol{Z}'\hat{\boldsymbol{W}}^{-1}\bar{g}(\boldsymbol{p}). \tag{11.11}$$

Legt man die *Asymptotik der festen Meßstellen für feste Meßpunktzahl g* zugrunde (fixed cell asymptotics), d.h. $n \to \infty$, so daß $n_i/n \to \lambda_i \in (0,1)$, gilt asymptotisch

$$\sqrt{n}(\hat{\boldsymbol{\beta}}_{WLS} - \boldsymbol{\beta}) \sim N(\boldsymbol{0}, (\boldsymbol{Z}'\boldsymbol{S}_0^{-1}\boldsymbol{Z})^{-1})$$

mit $\boldsymbol{S}_0 = \boldsymbol{Diag}\,((\partial g(\pi_i)/\partial\pi)^2\pi_i(1-\pi_i)/\lambda_i)$. Eine Ableitung findet sich im nächsten Abschnitt. Für praktische Zwecke gilt für hinreichend große n_i die Approximation

$$\hat{\boldsymbol{\beta}} \sim N(\boldsymbol{\beta}, (\boldsymbol{Z}'\boldsymbol{S}^{-1}\boldsymbol{Z})^{-1})$$

mit $\boldsymbol{S} =$ Diag $((\partial g(p_i)/\partial\pi)^2 p_i(1-p_i)/n_i)$.

Verteilungsapproximation Gewichteter Kleinste-Quadrate-Schätzer

$(n_i/n \to \lambda_i)$

$$\hat{\boldsymbol{\beta}} \sim N(\boldsymbol{\beta}, \tilde{\boldsymbol{F}}^{-1})$$

mit $\tilde{\boldsymbol{F}} = \sum_{i=1}^{g} \left\{(g'(p_i))^2 p_i(1-p_i)/n_i\right\}^{-1} \boldsymbol{x}_i\boldsymbol{x}_i'$

Vergleich zwischen ML- und KQ-Schätzer *

Ein kurzer Vergleich mit dem ML–Schätzer zeigt die asymptotische Äquivalenz. Für den ML–Schätzer gilt asymptotisch

$$cov(\sqrt{n}(\hat{\boldsymbol{\beta}} - \boldsymbol{\beta})) \to \boldsymbol{F}_0(\boldsymbol{\beta})^{-1} = \lim_{n\to\infty} (\boldsymbol{F}(\boldsymbol{\beta})/n)^{-1}$$

Für den Spezialfall $n_i/n \to \lambda_i$ *erhält man*

$$\lim_{n\to\infty} \boldsymbol{F}(\boldsymbol{\beta})/n = \lim_{n\to\infty} \sum_{i=1}^{g} \frac{h'(\boldsymbol{x}_i'\boldsymbol{\beta})^2}{\pi_i(1-\pi_i)} \frac{n_i}{n} \boldsymbol{x}_i\boldsymbol{x}_i' = \sum_{i=1}^{g} \frac{h'(\boldsymbol{x}_i'\boldsymbol{\beta})^2}{\pi_i(1-\pi_i)} \lambda_i \boldsymbol{x}_i\boldsymbol{x}_i'$$
$$= \boldsymbol{Z}'\,\mathbf{Diag}\left(\lambda_i \frac{h'(\boldsymbol{x}_i'\boldsymbol{\beta})^2}{\pi_i(1-\pi_i)}\right)\boldsymbol{Z} = \boldsymbol{Z}'\boldsymbol{S}_0^{-1}\boldsymbol{Z}.$$

Letztere Gleichung gilt wegen $h'(\boldsymbol{x}_i'\boldsymbol{\beta}) = (g'(\pi_i))^{-1}$, *wobei* $g'(\pi_i) = \partial g(\pi_i)/\partial\pi$. *Daraus ergibt sich unmittelbar, daß der ML– und der Gewichtete–Kleinste–Quadrate–Schätzer für* $n_i/n \to \lambda_i$ *dieselbe asymptotische Kovarianzmatrix besitzen.*

Unterschiede ergeben sich nur hinsichtlich der empirischen Approximation. Eine alternative Form der empirischen Kovarianzmatrix von $\hat{\boldsymbol{\beta}}_{WLS}$ ergibt sich aus

$$\tilde{\boldsymbol{F}} = \boldsymbol{Z}'\boldsymbol{S}^{-1}\boldsymbol{Z} = \sum_{i=1}^{g} n_i \boldsymbol{x}_i \boldsymbol{x}_i' \left\{ \left(\frac{\partial g(p_i)}{\partial \pi} \right)^2 p_i(1-p_i) \right\}^{-1} . \tag{11.12}$$

Die letzte Form zeigt, daß die empirisch geschätzte inverse Kovarianzmatrix $\boldsymbol{Z}'\boldsymbol{S}^{-1}\boldsymbol{Z}$ sehr ähnlich der empirischen Fisher–Matrix $\boldsymbol{F}(\hat{\boldsymbol{\beta}})$ ist, die durch

$$\boldsymbol{F}(\hat{\boldsymbol{\beta}}) = \sum_{i=1}^{g} n_i \boldsymbol{x}_i \boldsymbol{x}_i' h'(\boldsymbol{x}_i'\hat{\boldsymbol{\beta}})^2 / [h(\boldsymbol{z}_i'\hat{\boldsymbol{\beta}})(1 - h(\boldsymbol{x}_i'\hat{\boldsymbol{\beta}})]$$

gegeben ist. Während in der Fisher–Matrix Ableitung und approximative Varianz $var(p_i)$ aus dem ML–Schätzer $\hat{\boldsymbol{\beta}}$ bestimmt werden, erfolgt beim gewichteten Kleinste-Quadrat-Schätzer die Approximation aus den relativen Häufigkeiten.

Zur Asymptotik des Kleinste-Quadrate-Schätzers *

Man betrachtet, wie sich $g(p_i)$ für großen Stichprobenumfang n verhält. Für die asymptotische Untersuchung genügt es, $g(p_i)$ durch eine Taylorentwicklung 1.Ordnung, wie sie in (11.10) gegeben ist, zu approximieren. Damit erhält man

$$var(g(p_i)) \approx \left(\frac{\partial g(\pi_i)}{\partial \pi_i} \right)^2 var(p_i) = \left(\frac{\partial g(\pi_i)}{\partial \pi} \right)^2 \pi_i(1-\pi_i)/n_i \tag{11.13}$$

und mit Normierung durch $\sqrt{n}$

$$var(\sqrt{n} g(p_i)) \approx \left(\frac{\partial g(\pi_i)}{\partial \pi} \right)^2 \pi_i(1-\pi_i)\frac{n}{n_i}.$$

Asymptotisch gilt wegen der Vorraussetzung $n_i/n \to \lambda_i$ und der asymptotischen Normalverteilung von p_i

$$\sqrt{n}(g(p_i) - g(\pi_i)) \overset{a}{\sim} N(0, (\partial g(\pi_i)/\partial \pi)^2 \pi_i(1-\pi_i)/\lambda_i).$$

In Matrixschreibweise erhält man

$$\sqrt{n}(\bar{g}(\boldsymbol{p}) - \bar{g}(\boldsymbol{\pi})) \overset{a}{\sim} N(\boldsymbol{0}, \boldsymbol{S}_0) \tag{11.14}$$

*mit $\boldsymbol{S}_0 =$ **Diag** $([\partial g(\pi_i)/\partial \pi]^2 \pi_i(1-\pi_i)/\lambda_i)$. Mit*

$$n\hat{\boldsymbol{W}} = \textbf{Diag} \left(\left(\frac{\partial g(p_i)}{\partial \pi} \right)^2 p_i(1-p_i)n/n_i \right) \xrightarrow{n\to\infty} \boldsymbol{S}_0$$

und

$$n\,(cov(\bar{g}(\boldsymbol{y}))) \xrightarrow{n\to\infty} \boldsymbol{S}_0$$

folgt unmittelbar mit zweimaligem Erweitern durch n

$$\begin{aligned} cov(\sqrt{n}(\hat{\boldsymbol{\beta}}_{WLS} - \boldsymbol{\beta})) &= cov(\sqrt{n}\boldsymbol{Z}'\hat{\boldsymbol{W}}^{-1}\boldsymbol{Z})^{-1}\boldsymbol{Z}'\hat{\boldsymbol{W}}^{-1}\bar{g}(\boldsymbol{p}) \\ &= (\boldsymbol{Z}'(n\hat{\boldsymbol{W}})^{-1}\boldsymbol{Z})^{-1}\boldsymbol{Z}(n\hat{\boldsymbol{W}})^{-1} n cov(\bar{g}(\boldsymbol{y}))(n\hat{\boldsymbol{W}})^{-1}\boldsymbol{Z}(\boldsymbol{Z}'(n\hat{\boldsymbol{W}})^{-1}\boldsymbol{Z})^{-1} \\ &\xrightarrow{n\to\infty} (\boldsymbol{Z}'\boldsymbol{S}_0^{-1}\boldsymbol{Z})^{-1}\boldsymbol{Z}\boldsymbol{S}_0^{-1}\boldsymbol{S}_0\boldsymbol{S}_0^{-1}\boldsymbol{Z}(\boldsymbol{Z}'\boldsymbol{S}_0^{-1}\boldsymbol{Z})^{-1} \\ &= (\boldsymbol{Z}'\boldsymbol{S}_0^{-1}\boldsymbol{Z})^{-1}. \end{aligned}$$

Damit gilt

$$\sqrt{n}(\hat{\boldsymbol{\beta}}_{WLS} - \boldsymbol{\beta}) \stackrel{a}{\sim} N\left(\mathbf{0}, (\boldsymbol{Z}'\boldsymbol{S}_0^{-1}\boldsymbol{Z})^{-1}\right).$$

11.2.5 Kleinste-Quadrate-Schätzung – mehrkategoriale Modelle

Das Modell ist gegeben durch

$$g(\boldsymbol{\pi}_i) = \boldsymbol{Z}_i\boldsymbol{\beta} \qquad \text{bzw.} \qquad \boldsymbol{\pi}_i = h(\boldsymbol{Z}_i\boldsymbol{\beta}) \tag{11.15}$$

mit denselben Bezeichnungen wie in Gleichung (11.6). Faßt man alle Beobachtungen zusammen, erhält man die Matrixform

$$\begin{bmatrix} g(\boldsymbol{\pi}_1) \\ \vdots \\ g(\boldsymbol{\pi}_g) \end{bmatrix} = \begin{bmatrix} \boldsymbol{Z}_1 \\ \vdots \\ \boldsymbol{Z}_g \end{bmatrix} \begin{bmatrix} \beta_0 \\ \vdots \\ \beta_p \end{bmatrix}$$

bzw. in der Zusammenfassung

$$\bar{g}(\boldsymbol{\pi}) = \boldsymbol{Z}\boldsymbol{\beta},$$

wobei $\bar{g}(\boldsymbol{\pi})' = (g(\boldsymbol{\pi}_1)', \ldots, g(\boldsymbol{\pi}_g)')$, $\boldsymbol{\pi}' = (\boldsymbol{\pi}_1', \ldots, \boldsymbol{\pi}_g')$, $\boldsymbol{Z}' = (\boldsymbol{Z}_1', \ldots, \boldsymbol{Z}_g')$. Die Verallgemeinerung des gewichteten Kleinste-Quadrate-Kriteriums (11.8) (Seite 385), nimmt nun die Form

$$WLS = \sum_{i=1}^{g} (g(\boldsymbol{p}_i) - \boldsymbol{Z}_i\boldsymbol{\beta})'\hat{\boldsymbol{W}}_i^{-1}(g(\boldsymbol{p}_i) - \boldsymbol{Z}_i\boldsymbol{\beta})$$

an, wobei $\hat{\boldsymbol{W}}_i$ bereits eine lineare Approximation an $cov(g(p_i))$ darstellt. Spezifiziert wird $\hat{\boldsymbol{W}}_i$ durch

$$\hat{\boldsymbol{W}}_i = \frac{\partial g(\boldsymbol{p}_i)}{\partial \boldsymbol{p}'} \hat{\boldsymbol{\Sigma}}_i \frac{\partial g(\boldsymbol{p}_i)}{\partial \boldsymbol{p}}$$

mit

$$\hat{\boldsymbol{\Sigma}}_i = \frac{1}{n_i}\left(\text{diag}\,(\boldsymbol{p}_i) - \boldsymbol{p}_i\boldsymbol{p}_i'\right) = \frac{1}{n_i} \begin{bmatrix} p_{i1}^2 - p_{i1} & -p_{i1}p_{i2} & \cdots & -p_{i1}p_{iq} \\ \vdots & p_{i2}^2 - p_{i2} & & \vdots \\ & & \ddots & \\ -p_{iq} - p_{i1} & \cdots & & p_{iq}^2 - p_{iq} \end{bmatrix}$$

und

$$\frac{\partial g(\boldsymbol{p}_i)}{\partial \boldsymbol{p}'} = \begin{pmatrix} \frac{\partial g_1(\boldsymbol{p}_i)}{\partial p_1} & \cdots & \frac{\partial g_q(\boldsymbol{p}_i)}{\partial p_q} \\ \vdots & \ddots & \vdots \\ \frac{\partial g_q(\boldsymbol{p}_i)}{\partial p_1} & \cdots & \frac{\partial g_q(\boldsymbol{p}_i)}{\partial p_q} \end{pmatrix}.$$

Minimieren von WLS ergibt

$$\hat{\boldsymbol{\beta}}_{WLS} = \sum_{i=1}^{g} (\boldsymbol{Z}_i' \hat{\boldsymbol{W}}_i^{-1} \boldsymbol{Z}_i)^{-1} \boldsymbol{Z}_i' \hat{\boldsymbol{W}}_i^{-1} g(\boldsymbol{p}_i)$$

bzw. in geschlossener Form

$$\hat{\boldsymbol{\beta}}_{WLS} = (\boldsymbol{Z}' \hat{\boldsymbol{W}}^{-1} \boldsymbol{Z})^{-1} \boldsymbol{Z}' \hat{\boldsymbol{W}}^{-1} g(\boldsymbol{p}),$$

wobei $\hat{\boldsymbol{W}} = \text{Diag}\,(\hat{\boldsymbol{W}}_1, \ldots, \hat{\boldsymbol{W}}_g)$ eine Block-Diagonalmatrix mit den Blöcken $\hat{\boldsymbol{W}}_1, \ldots, \hat{\boldsymbol{W}}_g$ ist. Für die Asymptotik mit fester Meßpunktzahl $g(n_i/n \to \lambda_i)$, erhält man asymptotisch

$$\sqrt{n}(\hat{\boldsymbol{\beta}}_{WLS} - \boldsymbol{\beta}) \sim N(\boldsymbol{0}, (\boldsymbol{Z}' \boldsymbol{S}_0^{-1} \boldsymbol{Z})^{-1}),$$

wobei $\boldsymbol{S}_0 = \frac{1}{\lambda}\,\text{Diag}\,(\frac{\partial g(\boldsymbol{\pi}_1)}{\partial \boldsymbol{p}} cov(\boldsymbol{p}_1) \frac{\partial g(\boldsymbol{\pi}_1)}{\partial \boldsymbol{p}'}/\lambda_1, \ldots, \frac{\partial g(\boldsymbol{\pi}_g)}{\partial \boldsymbol{p}} cov(\boldsymbol{p}_g) \frac{\partial g(\boldsymbol{\pi}_g)}{\partial \boldsymbol{p}'}/\lambda_g)$. Daraus ergibt sich die folgende Approximation.

Verteilungsapproximation Gewichteter Kleinste-Quadrate Schätzer

$(n_i/n \to \lambda_i)$

$$\hat{\boldsymbol{\beta}}_{WLS} \sim N(\boldsymbol{\beta}, \tilde{\boldsymbol{F}}^{-1})$$

mit

$$\tilde{\boldsymbol{F}} = \sum_{i=1}^{g} \boldsymbol{Z}_i' \left(\frac{\partial g(\boldsymbol{p}_i)}{\partial \boldsymbol{p}'} \hat{cov}(\boldsymbol{p}_i) \frac{\partial g(\boldsymbol{p}_i)}{\partial \boldsymbol{p}} \right)^{-1} \boldsymbol{Z}_i,$$

$$\hat{cov}(\boldsymbol{p}_i) = (\,\text{diag}\,(\boldsymbol{p}_i) - \boldsymbol{p}_i \boldsymbol{p}_i')/n_i.$$

Gelegentlich sind die Komponenten $g(\boldsymbol{p}_i)$ nicht berechenbar, da bestimmte Responsekategorien nicht beobachtet werden. Betrachtet man zum Beispiel das Logit-Modell, so ist die $r$te Komponente bestimmt durch

$$g_r(p_{i1}, \ldots, p_{iq}) = \log\left(\frac{p_{ir}}{1 - p_{i1} - \cdots - p_{iq}} \right) = \log\left(\frac{n_i p_{ir}}{n_i - n_i p_{i1} - \cdots - n_i p_{iq}} \right).$$

Gilt nun $p_{ir} = 1$ oder $p_{ir} = 0$ ist dieser Ausdruck nicht mehr berechenbar. In diesem Fall empfiehlt sich eine Korrektur, indem man die Anzahl der Beobachtungen in den Kategorien $\{1, \ldots, k\}$ um jeweils $1/k$ erhöht, d.h. eine künstliche Beobachtung hinzunimmt. Man erhält die *korrigierten Logits*

$$\begin{aligned} g_r(p_{i1}, \ldots, p_{iq}) &= \log\left(\frac{n_i p_{ir} + (1/k)}{n_i - n_i p_{i1} - \cdots - n_i p_{iq} + 1/k}\right) \\ &= \log\left(\frac{p_{ir} + 1/(kn_i)}{1 - p_{i1} - \cdots - p_{iq} + 1/(kn_i)}\right). \end{aligned}$$

Man vergleiche dazu den dichotomen Fall in Abschnitt 3.1.2.

11.3 Schätzung im Rahmen des generalisierten linearen Modells

11.3.1 Das generalisierte lineare Modell

Die Schätzung für dichotome und Poisson-verteilte abhängige Variable läßt sich im Rahmen der univariaten verallgemeinerten Modelle vereinheitlichen. Tatsächlich gehören zu dieser Familie von Regressionsmodellen noch weitere Verteilungen wie die Normalverteilung und die Gamma-Verteilung. Die Grundstruktur verallgemeinerter linearer Modelle läßt sich in zwei Komponenten aufteilen, eine Verteilungsannahme und eine strukturelle Annahme.

(1) *Verteilungsannahme: einfache Exponentialfamilie*
Für die abhängige Familie wird als Dichte angenommen

$$f(y|\theta, \phi, \omega) = \exp\left\{\frac{y\theta - b(\theta)}{\phi}\omega + c(y, \theta, \omega)\right\}, \tag{11.16}$$

wobei θ der sogenannte natürliche Parameter,
ϕ ein Dispersionsparameter und
ω eine bekannte Konstante ist.

Für die *Binomial-Verteilung* $B(1, \pi)$ mit $y \in \{0, 1\}$ gilt

$$f(y) = \exp\left\{y \log\left(\frac{\pi}{1-\pi}\right) + \log(1-\pi)\right\}$$

mit

$$\theta = \log\left(\frac{\pi}{1-\pi}\right), \quad b(\theta) = \log(1+\exp(\theta)) = -\log(1-\pi),$$
$$\phi = 1, \quad \omega = 1.$$

Für die *Poisson-Verteilung* $P(\lambda)$ gilt

$$f(y) = \exp\{y\log(\mu) - \mu + \log(y!)\}$$

mit

$$\theta = \log(\mu), \qquad b(\theta) = \exp(\theta) = \mu,$$
$$\phi = 1, \qquad \omega = 1.$$

Für die *Normalverteilung* $N(\mu, \sigma^2)$ gilt

$$\begin{aligned} f(y) &= \exp\left\{-\frac{1}{2}\left(\frac{y-\mu}{\sigma}\right)^2 - \log(\sqrt{2\pi}\sigma)\right\} \\ &= \exp\left(\frac{y\mu - \mu^2/2}{\sigma^2} - \frac{y^2}{2\sigma^2} - \log(\sqrt{2\pi}\sigma)\right\} \end{aligned}$$

mit

$$\theta = \mu, \qquad b(\theta) = \theta^2/2 = \mu^2/2,$$
$$\phi = \sigma^2, \qquad \omega = 1.$$

(2) *Strukturelle Komponente*
Der Erwartungswert μ von $y|\boldsymbol{x}$ ist mit $\boldsymbol{x}$ verknüpft durch

$$\mu = h(\boldsymbol{x}'\boldsymbol{\beta}) \qquad \text{bzw.} \qquad g(\mu) = \boldsymbol{x}'\boldsymbol{\beta},$$

wobei h die Responsefunktion, $g = h^{-1}$ die Linkfunktion bezeichnet.

In der Exponentialfamilie (11.16) wurden jeweils Einzelbeobachtungen betrachtet. Geht man zu gruppierten Beobachtungen $\bar{y} = \frac{1}{m}\sum_{i=1}^{m} y_i$ über, besitzt die Exponentialfamilie mit $\omega = 1$ die Form

$$\begin{aligned} f(\bar{y}) &= \prod_{y_1+\cdots+y_m=m\bar{y}} \exp\{(y_i\theta - b(\theta))/\phi + c(y_i,\phi,\omega)\} \\ &= \exp\{(\bar{y}\theta - b(\theta))m/\phi + \sum_{y_1+\cdots+y_m=m\bar{y}} c(y_i,\phi,1)\}. \end{aligned}$$

Damit erhält man wiederum eine Exponentialfamilie vom Typ (11.16) mit $\omega = m$. Die natürlichen Parameter bleiben für gruppierte Daten identisch. Der Parameter ω

enthält damit den Stichprobenumfang. Für ungruppierte Daten gilt $\omega = 1$, für gruppierte Daten $\omega = m$, wobei m wieder den lokalen Stichprobenumfang bezeichnet. Im folgenden wird daher $\omega = m$ gesetzt, der ungruppierte Fall ist durch $m = 1$ enthalten.

Erwartungswert und Varianz einer Exponentialfamilie (11.16) sind bestimmt durch

$$\begin{aligned} E(y) &= \mu(\theta) = \frac{\partial b(\theta)}{\partial \theta} \\ var(y) &= \sigma^2(\theta) = (\phi/m)\frac{\partial^2 b(\theta)}{\partial \theta^2}. \end{aligned} \tag{11.17}$$

Dabei ist der Erwartungswert als Funktion des natürlichen Parameters aufzufassen. Für $y_i \sim B(1, \pi)$ gilt $\theta = \log(\pi/(1-\pi))$ und

$$\begin{aligned} \frac{\partial b(\theta)}{\partial \theta} &= \frac{\partial \log(1+\exp(\theta))}{\partial \theta} = \frac{\exp(\theta)}{1+\exp(\theta)} = \pi, \\ var(y) &= (\phi/m)\frac{\partial^2 b(\theta)}{\partial \theta^2} = \phi\pi(1-\pi)/m. \end{aligned}$$

Für $y_i \sim P(\lambda)$ gilt $\theta = \log(\lambda)$ und

$$\begin{aligned} \frac{\partial b(\theta)}{\partial \theta} &= \frac{\partial \exp(\theta)}{\partial \theta} = \exp(\theta) = \mu, \\ var(y) &= \phi\mu/m. \end{aligned}$$

11.3.2 Maximum Likelihood-Schätzung

Als Modell wird im folgenden für die gruppierten Daten $(y_i, \boldsymbol{x}_i)$, $i = 1, \ldots, g$,

$$\mu_i = h(\boldsymbol{x}_i'\boldsymbol{\beta}) \qquad \text{bzw.} \qquad g(\mu_i) = \boldsymbol{x}_i'\boldsymbol{\beta}$$

zugrundegelegt. Der lokale Stichprobenumfang an der Stelle $\boldsymbol{x}_i$ wird mit n_i bezeichnet und $\lambda_i = \phi/n_i$ faßt Dispersionsparameter und lokalen Stichprobenumfang zusammen. Ausgehend von der Exponentialverteilung (11.16) $f(y_i|\theta_i, \phi, n_i) = \exp\{(y_i\theta_i - b(\theta_i))n_i/\phi + c(y, \phi, n_i)\}$ erhält man (abgesehen von Konstanten) die Log-Likelihood

$$l = \sum_{i=1}^{g} \log(f(y_i|\theta_i, \phi, n_i)) = \sum_{i=1}^{g} \frac{y_i\theta_i - b(\theta_i)}{\lambda_i}.$$

Der Beitrag der $i$ten (gruppierten) Beobachtung ist durch

$$l_i(\theta_i) = \frac{y_i\theta_i - b(\theta)}{\lambda_i}$$

bestimmt. Der natürliche Parameter θ_i ist eine Funktion des Erwartungswertes μ_i und damit des Parametervektors $\boldsymbol{\beta}$, es gilt $\theta_i = \theta(\mu_i) = \theta(h(\boldsymbol{x}_i'\boldsymbol{\beta}))$. Damit läßt sich der Likelihood-Beitrag auch als Funktion von $\boldsymbol{\beta}$ verstehen und darstellen durch

$$l_i(\boldsymbol{\beta}) = \frac{y_i\theta(\mu_i) - b(\theta(\mu_i))}{\lambda_i}.$$

Die erste Ableitung oder *Score-Funktion* der Likelihood ergibt sich mit der Kettenregel für Ableitungen unter Benutzung von (11.17) durch

$$\begin{aligned}\frac{\partial l}{\partial \boldsymbol{\beta}} &= \sum_{i=1}^{g} \frac{\partial l_i(\boldsymbol{\beta})}{\partial \boldsymbol{\beta}} \\ &= \sum_{i=1}^{g} \left(y_i \frac{\partial \mu_i}{\partial \boldsymbol{\beta}} \frac{\partial \theta_i}{\partial \mu} - \frac{\partial \mu_i}{\partial \boldsymbol{\beta}} \frac{\partial \theta_i}{\partial \mu} \frac{\partial b_i}{\partial \theta} \right) / \lambda_i \\ &= \sum_{i=1}^{g} \left(\frac{\partial \mu_i}{\partial \boldsymbol{\beta}} \frac{\partial \theta_i}{\partial \mu} \right) (y_i - \mu(\theta_i))/\lambda_i.\end{aligned}$$

Wegen $\partial b_i/\partial\theta = \mu(\theta_i)$ gilt $\partial\mu_i/\partial\theta = \partial^2 b_i/\partial\theta^2 = var(y_i)/\lambda_i$ und damit $\partial\theta_i/\partial\mu = \lambda_i/var(y_i)$. Durch Einsetzen erhält man mit $\partial\mu_i/\partial\boldsymbol{\beta} = \boldsymbol{x}_i(\partial h_i/\partial\eta)$ die einfache Form

$$\frac{\partial l}{\partial \boldsymbol{\beta}} = \sum_{i=1}^{g} \boldsymbol{x}_i \frac{\partial h(\eta_i)}{\partial \eta} \frac{y_i - \mu(\theta_i)}{var(y_i)}. \tag{11.18}$$

Zu bemerken ist, daß diese Form der Ableitung und die zugehörige Schätzgleichung $\partial l/\partial\boldsymbol{\beta} = 0$ nicht von λ_i und damit nicht vom Dispersionsparameter $\phi = n_i\lambda_i$ abhängen.

Die Verteilungsapproxmation für $n \to \infty$ basiert wiederum auf der Fisher-Matrix $\boldsymbol{F}(\boldsymbol{\beta}) = E(-\partial l/\partial\boldsymbol{\beta}\partial\boldsymbol{\beta}')$ mit $\hat{\boldsymbol{\beta}} \sim N(\boldsymbol{\beta}, \boldsymbol{F}(\hat{\boldsymbol{\beta}})^{-1})$. Die relevantesten Größen der Schätzung sind im folgenden nochmals zusammengefaßt.

Log-Likelihood

$$l(\boldsymbol{\beta}) = \sum_{i=1}^{g} \frac{y_i\theta_i - b(\theta_i)}{\lambda_i}$$

Score-Funktion

$$s(\boldsymbol{\beta}) = \frac{\partial l}{\partial \boldsymbol{\beta}} = \sum_{i=1}^{g} \boldsymbol{x}_i \frac{\partial h(\eta_i)}{\partial \eta} \frac{y_i - \mu(\theta_i)}{var(y_i)}$$

Fisher-Matrix

$$\boldsymbol{F}(\boldsymbol{\beta}) = E\left(-\frac{\partial^2 l(\boldsymbol{\beta})}{\partial \boldsymbol{\beta} \partial \boldsymbol{\beta}'}\right) = \sum_{i=1}^{g} \boldsymbol{x}_i \boldsymbol{x}_i' \left(\frac{\partial h(\boldsymbol{x}_i'\boldsymbol{\beta})}{\partial \eta}\right)^2 \frac{1}{var(y_i)}$$

Ist der Dispersionsparameter wie bei der Normalverteilung ein vom Erwartungswert unabhängiger Parameter, ist er separat schätzbar. Es gilt

$$var(y_i) = \lambda_i \frac{\partial \mu_i}{\partial \theta} = \lambda_i \left(\frac{\partial \theta_i}{\partial \mu}\right)^{-1} = \lambda_i v(\mu_i),$$

wobei $v(\mu_i)$ die *Varianzfunktion* bezeichnet. Für die Binomialverteilung gilt $v(\pi_i) = \pi_i(1 - \pi_i)$, für die Poissonverteilung $v(\mu_i) = \mu_i$ und für die Normalverteilung $v(\mu_i) = 1$. Wegen $\lambda_i = \phi/n_i$ erhält man $\phi = n_i\lambda_i = n_i var(y_i)/v(\mu_i)$ und ϕ wird (wenn nicht bekannt) durch den Momentenschätzer

$$\hat{\phi} = \frac{1}{g-p} \sum_{i=1}^{g} \frac{(y_i - \hat{\mu}_i)^2}{v(\hat{\mu}_i)/n_i} \tag{11.19}$$

geschätzt, wobei $\hat{\mu}_i = h(\boldsymbol{x}_i'\hat{\boldsymbol{\beta}})$ den gefitteten Wert darstellt und der Faktor $1/(g-p)$ (mit p als Anzahl geschätzter Parameter) der übliche Korrekturfaktor ist, der $\hat{\phi}$ zum erwartungstreuen Schätzer macht. Im Fall der Normalverteilung mit $\phi = \sigma^2$, $v(\mu) = 1$ und ungruppierten Beobachtungen ergibt sich der vertraute Varianzschätzer aus quadrierten Residuen.

11.3.3 Anpassungstest

Als Anpassungstest dienen wie im binären Fall (Abschnitt 3.2) wiederum die Pearson-Statistik und die Devianz.

Pearson-Statistik

$$\chi_P^2 = \sum_{i=1}^{g} \frac{(\bar{y}_i - \hat{\mu}_i)^2}{v(\hat{\mu}_i)/n_i}$$

Devianz

$$D = -2\phi \sum_{i=1}^{g} (l_i(\hat{\mu}_i) - l_i(\bar{y}_i))$$

Für die Binomialverteilung erhält man mit $\bar{y}_i = p_i$ (der relativen Häufigkeit) und $v(\pi_i) = \pi_i(1 - \pi_i)$, die Pearson-Statistik aus Abschnitt 3.2.1. Mit $l_i(\pi) = n_i\{\bar{y}_i l_n(\pi) + (1 - \bar{y}_i)l_n(1 - \pi)\} + \binom{n_i}{n_i \bar{y}_i}$, $\phi = 1$, ergibt sich die Devianz aus Gleichung (3.8).

Für die Poisson-Verteilung gilt $\phi = 1, v(\mu) = \mu$. Die Devianz ergibt sich aus $l_i(\mu) = n_i\{\mu \log(n_i\mu) - \mu\} - \log(n_i\bar{y}_i)$ zu $D = 2 \sum_{i=1}^{g} n_i\{\bar{y}_i \log(\bar{y}_i/\hat{\mu}_i) + \hat{\mu}_i - \bar{y}_i\}$, wobei μ_i den Erwartungswert von $\bar{y}_i$ bezeichnet.

Für die Normalverteilung gilt $\phi = \sigma^2$, $v(\mu) = 1$, so daß sich mit $\chi_P^2 = \sum_i n_i(\bar{y}_i - \hat{\mu}_i)^2$ die Residuenquadratsumme der gruppierten Werte ergibt. Für die Likelihood erhält man mit $l(\mu_i) = -\frac{1}{2}n_i(\bar{y}_i - \mu_i)^2/\sigma^2 - \log(\sqrt{2\pi}\sigma)$ als Devianz $D = \sum n_i(\bar{y}_i - \hat{\mu}_i)^2$, d.h. $D = \chi_P^2$.

Für die Asymptotik fester Zellen ($n \to \infty$, $n_i/n \to \lambda_i$) gilt, daß D/ϕ und χ_P^2/ϕ asymptotisch χ^2-verteilt sind mit $\chi^2(FG)$, wobei sich die Freiheitsgrade ergeben durch $FG = g-$ Anzahl geschätzter Parameter.

Einführende Darstellungen in generalisierte lineare Modelle geben McCullagh & Nelder (1989), Firth (1991), multivariate Versionen betrachten Fahrmeir & Tutz (1994). Insbesondere werden auch die hier betrachteten Teststatistiken im allgemeineren Kontext dieser Modellklasse behandelt.

11.4 Schätzung loglinearer Modelle für Kontingenztafeln

Loglineare Modelle, wie sie in Kapitel 7 betrachtet werden, haben die Grundstruktur

$$\log(\mu_i) = \beta_0 + \boldsymbol{x}_i'\beta, \quad \text{bzw.} \quad \mu_i = \exp(\beta_0 + \boldsymbol{x}_i'\beta), \tag{11.20}$$

wobei $\mu_i = E(y_i)$ die zu erwartende Anzahl Beobachtungen in der Zelle i bezeichnet. Der Index i ist dabei als Mehrfach-Index zu verstehen, der die Zelle charakterisiert. In Abschnitt 7.4 wird die Darstellung für die einzelnen Zellen gegeben. Beispielsweise hat das zweidimensionale Haupteffekt-Modell für die Zelle (i, j) die Form

$$\log(\mu_{ij}) = \lambda_0 + \lambda_{A(i)} + \lambda_{B(j)}$$

bzw. mit Regressoren

$$\begin{aligned}\log(\mu_{ij}) &= \lambda_0 + \lambda_{A(1)}x_{A(1)} + \cdots + \lambda_{A(I-1)}x_{A(I-1)} \\ &\quad + \lambda_{B(1)}x_{B(1)} + \cdots + \lambda_{B(J-1)}x_{B(J-1)} \\ &= \beta_0 + \boldsymbol{x}'_{ij}\boldsymbol{\beta}.\end{aligned}$$

In (11.20) ist der Index (ij) zu i zusammengefaßt. In Kapitel 7 wird zwischen verschiedenen Erhebungsschemata unterschieden. Sei die Anzahl der Beobachtungen in den g Zellen generell durch $y_i, i = 1, \ldots, g$, bezeichnet. Für das multinomiale Erhebungsschema gilt $\mu_i = n\pi_i$, wobei π_i die Wahrscheinlichkeit für Zelle i und n die Anzahl der Beobachtungen bezeichnet. Für die Likelihood ergibt sich aus $\log(\mu_i) = \log(n) + \log(\pi_i) = \beta_0 + \boldsymbol{x}'_i\boldsymbol{\beta}$ und $n = \sum_i y_i$

$$\begin{aligned}l &= \sum_{i=1}^{g} y_i \log(\pi_i) \\ &= \sum_{i=1}^{g} y_i \left\{(\beta_0 + \boldsymbol{x}'_i\boldsymbol{\beta}) - \log(n)\right\} \\ &= \sum_{i=1}^{g} y_i\boldsymbol{x}'_i\boldsymbol{\beta} + n\beta_0 - n\log(n).\end{aligned}$$

Die Nebenbedingung $\sum_i \mu_i = n$ legt β_0 fest durch $\beta_0 = \log(n/\sum_i exp(\boldsymbol{x}'_i\boldsymbol{\beta}))$. Da β_0 kein freier Parameter ist, läßt er sich in der Likelihood substituieren und man erhält

$$l = \sum_{i=1}^{g} y_i\boldsymbol{x}'_i\boldsymbol{\beta} - n\log(\sum_i exp(\boldsymbol{x}'_i\boldsymbol{\beta})) + n\log(n) \tag{11.21}$$

Für das Poisson-Erhebungsschema ergibt sich die Log-Likelihood (ohne Konstante)

durch

$$\begin{aligned} l &= \sum_{i=1}^{g} y_i \log(\mu_i) - \mu_i \\ &= \sum_{i=1}^{g} y_i(\beta_0 + \boldsymbol{x}_i'\boldsymbol{\beta}) - exp(\beta_0 + \boldsymbol{x}_i'\boldsymbol{\beta}) \\ &= \sum_{i=1}^{g} y_i\boldsymbol{x}_i'\boldsymbol{\beta} + \beta_0 \sum_{i=1}^{g} y_i - \sum_i exp(\beta_0 + \boldsymbol{x}_i'\boldsymbol{\beta}). \end{aligned}$$

Zur Veranschaulichung des Zusammenhangs mit der Multinomialverteilung betrachte man $\tau = \sum_i \mu_i = \sum_i exp(\beta_0 + \boldsymbol{x}_i'\boldsymbol{\beta})$ und die im Poisson-Schema zufällige Größe $n = \sum_i y_i$. Wegen $\log(\tau) = \beta_0 + \log(\sum_i exp(\boldsymbol{x}_i'\boldsymbol{\beta}))$ ergibt sich durch Erweitern mit $n \log(\tau)$

$$\begin{aligned} l &= \sum_i y_i\boldsymbol{x}_i'\boldsymbol{\beta} + n\beta_0 - \tau \\ &= \left\{ \sum_i y_i\boldsymbol{x}_i'\boldsymbol{\beta} - n\log(\sum_i exp(\boldsymbol{x}_i'\boldsymbol{\beta})) \right\} + \{n\log(\tau) - \tau\} \end{aligned}$$

Der zweite Term entspricht der Poisson-Log-Likelihood-Funktion für die zu erwartende Gesamtbeobachtungszahl τ mit den Beobachtungen $n = \sum_i y_i$. Der erste Term enthält nur den Parametervektor $\boldsymbol{\beta}$, nicht mehr die Konstante β_0. Wie man unmittelbar sieht, entspricht der erste geklammerte Term der Likelihood der Multinomialverteilung (11.21).

Während für die Poisson-Verteilung $n = \sum_i y_i$ eine Zufallsvariable ist, die τ schätzt, ist bei der Multinomialverteilung n fest vorgegeben. Gegeben n, ist nur der erste Teil, der der Multinomialverteilung entspricht, relevant. Konsequenterweise ist daher die Schätzung und asymptotische Kovarianz für $\boldsymbol{\beta}$ dieselbe in beiden Verteilungsmodellen. Dies gilt allerdings nicht für β_0. Analog verhält es sich für die Produkt-Multinomial-Verteilung, nur ist die Anzahl der vorbestimmten Parameter dann größer als eins. Man vergleiche Agresti (1990), Abschnitt 13.2, McCullagh & Nelder (1989), S. 211.

11.5 Überdispersion und Quasi-Likelihood

Die aus (11.18) resultierende Schätzgleichung hängt nicht von der Dispersion ab. Sie führt zu einer konsistenten Schätzung bereits dann, wenn der Erwartungswert durch $\mu_i = h(\boldsymbol{x}_i'\boldsymbol{\beta})$ richtig spezifiziert ist. Die Annahme einer Exponentialfamilie, wie sie den generalisierten linearen Modellen zugrundeliegt, ist nicht notwendig.

Alternativ läßt sich daher eine Modellbildung betrachten, die nur von der Festlegung von Erwartungswert und Varianz ausgehen ohne weitere Annahmen der Verteilungsform. Man fordert (für ungruppierte Daten)

$$E(y_i) = \mu_i, \qquad var(y_i) = \phi v(\mu_i), \tag{11.22}$$

wobei $v(\mu_i)$ eine spezifizierte Varianzfunktion und $\mu_i = \mu(\boldsymbol{x}_i, \beta)$ eine Funktion aus Kovariablenvektor und Parametervektor darstellt. Die Schätzgleichung der quasi-Likelihood besitzt die Form

$$\sum_{i=1}^{n} \frac{\partial \mu_i}{\partial \boldsymbol{\beta}} \frac{(y_i - \mu_i)}{\phi v(\mu_i)} = 0. \tag{11.23}$$

Für das Modell $\mu_i = h(\boldsymbol{x}_i'\boldsymbol{\beta})$ gilt $\partial\mu_i/\partial\boldsymbol{\beta} = \boldsymbol{x}_i(\partial h(\eta_i)/\partial\eta)$. Somit ist der wesentliche Unterschied zu (11.18) die Form der Varianz im Nenner. Als asymptotische Kovarianz ergibt sich

$$cov(\hat{\boldsymbol{\beta}}) = \phi(\boldsymbol{B}'\boldsymbol{V}^{-1}\boldsymbol{B})^{-1}$$

wobei $\boldsymbol{B}' = (\partial\mu_1/\partial\boldsymbol{\beta}, \ldots, \partial\mu_n/\partial\boldsymbol{\beta})$ und $\boldsymbol{V} = \textbf{Diag}\,(v(\mu_i))$. Für $\mu_i = h(\boldsymbol{x}_i'\boldsymbol{\beta})$ ergibt sich daraus

$$\boldsymbol{B}'\boldsymbol{V}^{-1}\boldsymbol{B} = \sum \boldsymbol{x}_i\boldsymbol{x}_i' \frac{(\partial h(\eta_i)/\partial\eta)^2}{v(\mu_i)}.$$

Die Größe $(1/\phi)\boldsymbol{B}'\boldsymbol{V}^{-1}\boldsymbol{B}$ ist unmittelbar vergleichbar mit der Fisher-Matrix des verallgemeinerten linearen Modells (vgl. McCullagh & Nelder, 1989).

Eine etwas davon abweichende Modellierung geht davon aus, daß in (11.22) der Erwartungswert richtig spezifiziert ist, die Varianz hingegen als "Arbeitsvarianz" nicht richtig spezifiziert sein muß. Die Schätzgleichung (11.23) stellt dann eine verallgemeinerte Schätzgleichung dar, die zu konsistent aber möglicherweise ineffizient geschätztem Parametervektor führt. Für die asymptotische Verteilung erhält man $\hat{\boldsymbol{\beta}} \sim N(\boldsymbol{\beta}, \hat{\boldsymbol{F}}^{-1}\hat{\boldsymbol{V}}\hat{\boldsymbol{F}}^{-1})$ mit

$$\hat{\boldsymbol{F}} = \sum_i \boldsymbol{x}_i\boldsymbol{x}_i' \frac{(\partial h(\boldsymbol{x}_i'\boldsymbol{\beta})/\partial\eta)^2}{\phi v(h(\boldsymbol{x}_i'\boldsymbol{\beta}))},$$

$$\hat{\boldsymbol{V}} = \sum_i \boldsymbol{x}_i\boldsymbol{x}_i' \frac{(\partial h(\boldsymbol{x}_i'\boldsymbol{\beta})/\partial\eta)^2}{(\phi v(h(\boldsymbol{x}_i'\boldsymbol{\beta})))^2}(y_i - h(\boldsymbol{x}_i'\boldsymbol{\beta}))^2,$$

(vgl. Gourieroux, Monfort & Trognon, 1985, Fahrmeir & Tutz, 1994).

Anhang A: Verteilungen

A.1 Binomialverteilung

Die Zufallsvariable X heißt *binomialverteilt* mit den Parametern $n, \pi (X \sim B(n, \pi))$, wenn die Wahrscheinlichkeitsfunktion bestimmt ist durch

$$P(X = x) = \begin{cases} \binom{n}{x} \pi^x (1 - \pi)^{n-x} & x \in \{0, 1, \ldots, n\}, \\ 0 & \text{sonst.} \end{cases}$$

Die Momente sind gegeben durch

$$E(X) = \pi, \qquad var(X) = n\pi.$$

A.2 Multinomialverteilung

Der Zufallsvektor $\boldsymbol{X}' = (X_1, \ldots, X_k)$ heißt *multinominalverteilt* $(\boldsymbol{X} \sim M(n, \boldsymbol{\pi}))$, wenn die gemeinsame Wahrscheinlichkeitsfunktion gegeben ist durch

$$f(x_1, \ldots, x_k) = \begin{cases} \frac{n!}{x_1! \cdots x_k!} \quad \pi_1^{x_1} \cdots \pi_k^{x_k} & x_i \in \{0, \ldots, n\}, \sum\limits_i x_i = n \\ \quad 0 & \text{sonst,} \end{cases}$$

wobei $\boldsymbol{\pi}$ den Wahrscheinlichkeitsvektor $\boldsymbol{\pi}' = (\pi_1, \ldots, \pi_k)$ darstellt mit $\pi_i \in [0, 1], \sum\limits_i \pi_i = 1$.

Wegen den Restriktionen $\sum\limits_{i=1}^{k} \pi_i = 1$ und $\sum\limits_{i=1}^{k} x_i = n$ genügt es, nur $q = k - 1$ Komponenten zu betrachten. Der um eine Komponente reduzierte Vektor $(X_1, \ldots, X_q)$ ist multinominalverteilt mit Wahrscheinlichkeitsvektor $\boldsymbol{\pi} = (\pi_1, \ldots, \pi_q)$; π_k ist implizit durch $\pi_k = 1 - \pi_1 - \cdots - \pi_q$ gegeben.

Der wichtigste Spezialfall der Multinominalverteilung ist die *Binomialverteilung*, die sich für $k = 2$ bzw. $q = 1$ ergibt $(X \sim B(n, \pi), \pi \in [0, 1])$.

Eigenschaften:

1. Die Momente sind bestimmt durch
   $\text{Var}\,(\boldsymbol{X}) = n(\text{Diag}\,(\boldsymbol{\pi}) - \boldsymbol{\pi}\boldsymbol{\pi}')$, d.h.

$$E(X_i) = n\pi_i, \qquad \text{Var}\,(X_i) = n\pi_i(1 - \pi_i),$$
$$\text{Cov}\,(X_i, X_j) = -n\pi_i\pi_j, \quad i \neq j.$$

2. Sei $M_1, \ldots, M_r$ eine disjunkte Partition von $\{1, \ldots, k\}$ (also $M_1 \cup \ldots \cup M_r = \{1, \ldots, k\}, \quad M_i \cap M_j = 0, i \neq j$).
   Wenn gilt $\boldsymbol{X}' = (X_1, \ldots, X_n) \sim M(n, \boldsymbol{\pi})$ dann gilt für die Summen $\tilde{X}_i = \sum_{j \in M_i} X_j, i = 1, \ldots, r$, wiederum eine Multinomialverteilung, genauer

$$\tilde{X} = (\tilde{X}_1, \ldots, \tilde{X}_r) \sim M(n, \tilde{\boldsymbol{\pi}} = (\tilde{\pi}_1, \ldots, \tilde{\pi}_r)),$$

   wobei $\tilde{\pi}_i = \sum_{j \in M_i} \pi_j, i = 1, \ldots, r$.

3. Sei $\{i_1, \ldots, i_r\} \subset \{1, \ldots, k\}$ und $\boldsymbol{X}' = (X_1, \ldots, X_k) \sim M(n, \boldsymbol{\pi})$ dann gilt

$$\begin{aligned}(X_{i_1}, \ldots, X_{i_r}) \quad & \text{u.d.B. } X_j = x_j, j \notin \{i_1, \ldots, i_r\} \\ & \sim M(\tilde{n}, \tilde{\boldsymbol{\pi}} = (\tilde{\pi}_{i_1}, \ldots, \tilde{\pi}_{i_r}))\end{aligned}$$

   mit $\tilde{n} = n - \sum_{j \notin \{i_1, \ldots, i_r\}} x_j, \quad \tilde{\pi}_{i_r} = \frac{\pi_{i_r}}{\sum_{j=1}^{r} \pi_{i_j}}$.

Gelegentlich ist es sinnvoll, die reskalierte Multi- bzw. Binomialverteilung zu betrachten. Ist $\boldsymbol{X}' = (X_1, \ldots, X_k) \sim M(n, \boldsymbol{\pi})$, bezeichnet man $\boldsymbol{X}'/n = (X_1/n, \ldots, X_k/n)$ als *reskalierte Multinomialverteilung* deren Komponenten X_i/n jetzt statt der Werte $0, \ldots, n$ die Werte $0, 1/n, \ldots, 1$ annehmen.

A.3 Poisson-Verteilung

Die Poisson-Verteilung ist eine klassische Verteilung für Anzahlen. Entsprechend besitzt sie den Wertebereich $0, 1, 2, \ldots$. Eine *Poisson-Verteilung* ($X \sim P(\lambda)$) liegt vor, wenn die Wahrscheinlichkeitsfunktion durch

$$f(x) = \frac{\lambda^x}{x!} e^{-\lambda}, \; x = 0, 1, 2, \ldots$$

gegeben ist, wobei $\lambda > 0$ ein reelwertiger Parameter ist.

Kennwerte:

$$E(X) = \lambda, \qquad var(X) = \lambda.$$

Poisson-Verteilung als Grenzverteilung der Binomialverteilung

Ist für eine Binomialverteilung $X \sim B(n, \pi)$ die Anzahl der Versuche n sehr groß, die Auftretenswahrscheinlichkeit π hingegen sehr klein, läßt sich X durch eine Poisson-Verteilung mit $\lambda = n\pi$ approximieren. Genauer gilt

$$\lim_{\substack{n\to\infty \\ n\pi=\lambda}} \binom{n}{x} \pi^x (1-\pi)^{n-x} = \frac{\lambda^x}{x!} e^{-\lambda},$$

d.h. wenn $n \to \infty$, wobei $n\pi = \lambda$ konstant bleibt, konvergiert die Wahrscheinlichkeitsfunktion der Binomialverteilung gegen die der Poisson-Verteilung.

Poisson-Verteilung und Multinomialverteilung

Seien $X_1, \ldots, X_k$ unabhängige Poissonverteilungen mit $X_i \sim P(\lambda_i)$. Dann ist die bedingte Verteilung von $(X_1, \ldots, X_k)$ bei gegebenem $N = \sum_{i=1}^k X_i$ multinomialverteilt mit den Parametern N und $\boldsymbol{\pi}' = (\pi_1, \ldots, \pi_n)$ wobei $\pi_i = \lambda_i / \sum_{j=1}^k \lambda_j$.

Summen von Poisson-Verteilungen

Gilt $X \sim P(\lambda)$, $Y \sim P(\mu)$ und X und Y sind unabhängig, dann ist auch die Summe Poisson-verteilt mit $X + Y \sim P(\lambda + \mu)$.

A.4 Negative Binomialverteilung

Diese Verteilung läßt sich ableiten aus einem Experiment mit der Ereigniswahrscheinlichkeit π, das unabhängig so oft wiederholt wird bis das Ereignis r-mal eingetreten ist. Die negative Binomialverteilung beschreibt die Anzahl der dafür notwendigen Wiederholungen. Eine Zufallsvaraible X heißt *negativ binomialverteilt* von der Ordnung r ($X \sim NB(r, \pi)$), wenn die Wahrscheinlichkeitsfunktion bestimmt ist durch

$$P(X = r + s) = \binom{r+s-1}{s} \pi^r (1-\pi)^s, \qquad s = 0, 1, 2, \ldots$$

Kennwerte:

$$E(X) = \frac{r}{\pi}, \qquad var(X) = \frac{r(1-\pi)}{\pi^2}.$$

Für $r = 1$ ergibt sich als Spezialfall die geometrische Verteilung

$$P(X = x) = \pi(1-p)^{x-1}, \qquad x = 1, 2, \ldots$$

A.5 Multivariate Normalverteilung

Ein Zufallsvektor $\boldsymbol{X} = (X_1, \ldots, X_p)$ heißt *multivariat normalverteilt*, $\boldsymbol{X} \sim N(\boldsymbol{\mu}, \boldsymbol{\Sigma})$, wenn die Dichte gegeben ist durch

$$f(\boldsymbol{x}) = \frac{1}{(2\pi)^{1/2} |\boldsymbol{\Sigma}|^{1/2}} \exp\left\{ -\frac{1}{2} (\boldsymbol{x} - \boldsymbol{\mu})' \boldsymbol{\Sigma}^{-1} (\boldsymbol{x} - \boldsymbol{\mu}) \right\},$$

wobei $\boldsymbol{\mu} = (\mu_1, \ldots, \mu_p)' = E(\boldsymbol{X})'$ den Erwartungswert und $\boldsymbol{\Sigma} = cov(\boldsymbol{X})$ die Kovarianzmatrix des Zufallsvektors $\boldsymbol{x}$ bezeichnet. Vorausgesetzt ist, daß $\boldsymbol{\Sigma}$ positiv definit ist, $|\boldsymbol{\Sigma}|$ bezeichnet die Determinante der Kovarianzmatrix.

A.6 Logistische Verteilung

Eine Zufallsvariable heißt *logistisch verteilt* mit Parametern μ, β, wenn die Dichte gegeben ist durch

$$f(x) = \frac{1}{\beta} \frac{\exp\left(-\frac{x-\mu}{\beta}\right)}{\left[1 + \exp\left(-\frac{x-\mu}{\beta}\right)\right]^2}.$$

Wegen der Symmetrie um μ ist eine äquivalente Form gegeben durch

$$f(x) = \frac{1}{\beta} \frac{\exp\left(\frac{x-\mu}{\beta}\right)}{\left[1 + \exp\left(\frac{x-\mu}{\beta}\right)\right]^2}.$$

Als Verteilungsfunktion erhält man

$$F(x) = \frac{1}{1 + \exp\left(-\frac{x-\mu}{\beta}\right)} = \frac{\exp\left(\frac{x-\mu}{\beta}\right)}{1 + \exp\left(\frac{x-\mu}{\beta}\right)}.$$

Kennwerte:

$$E(X) = \mu, \qquad \text{Var}\,(X) = \frac{\beta^2 \pi^2}{3}.$$

Die am häufigsten benutzte logistische Verteilungsfunktion ist mit $\mu = 0$ und $\beta = 1$ von der Form

$$F(x) = \frac{\exp(x)}{1 + \exp(x)}.$$

Eigenschaften:

- Symmetrisch um μ, d.h. $F(\mu + x) = 1 - F(\mu - x)$
- Für $\mu = 0, \beta = \sqrt{3}/\pi$ sehr ähnlich der Standardnormalverteilung mit etwas längeren Enden als diese.

A.7 Exponentialverteilung

Eine Zufallsvariable X heißt *exponentialverteilt* mit Parameter $\lambda > 0,\ X \sim E(\lambda)$, wenn die Dichte gegeben ist durch

$$f(x) = \begin{cases} 0 & x < 0 \\ \lambda e^{-\lambda x} & x > 0. \end{cases}$$

Die zugehörige Verteilungsfunktion ist bestimmt durch

$$F(x) = \begin{cases} 0 & x < 0 \\ 1 - e^{-\lambda x} & x \geq 0. \end{cases}$$

Kennwerte:

$$E(X) = 1/\lambda, \qquad var(X) = 1/\lambda^2$$

A.8 Extremwertverteilungen

(1) Maximum–Extremwertverteilung

Eine Zufallsvariable X folgt der Maximum–Extremwertverteilung, auch *Gumbel–Verteilung* genannt, mit Parametern α, β, wenn sie die Dichte:

$$f_{max}(x) = \frac{1}{\beta} \exp\left(-\frac{x-\alpha}{\beta}\right) \exp\left(-\exp\left(-\frac{(x-\alpha)}{\beta}\right)\right)$$

besitzt. Als Verteilungsfunktion erhält man

$$F_{max}(x) = \exp\left(-\exp\left(-\left(\frac{x-\alpha}{\beta}\right)\right)\right).$$

Kennwerte:

$$E(X) = \alpha + \beta\gamma \text{ mit } \gamma = 0.5772 \qquad \text{Var}\,(X) = \beta^2\pi^2/6.$$

(2) Minimum–Extremwertverteilung

Eine Zufallsvariable X folgt einer Minimum–Extremwertverteilung, auch *Gompertz-Verteilung* genannt, wenn $-X$ einer Maximum–Extremwertverteilung folgt. Entsprechend ergeben sich die Dichte

$$f_{min}(x) = f_{max}(-x) = \frac{1}{\beta} \exp\left(\frac{x-\tilde{\alpha}}{\beta}\right) \exp\left(-\exp\left(\frac{x-\tilde{\alpha}}{\beta}\right)\right)$$

und die Verteilungsfunktion

$$F_{min}(x) = 1 - F_{max}(-x) = 1 - \exp\left(-\exp\left(\frac{x - \tilde{\alpha}}{\beta}\right)\right)$$

wobei $\tilde{\alpha} = -\alpha$.

Kennwerte:

$$E(X) = -\alpha - \beta\gamma = \tilde{\alpha} - \beta\gamma, \qquad \text{Var}\,(X) = \beta^2\pi^2/6.$$

A.9 Dirichlet- und Beta-Verteilung

Der Zufallsvektor $\mathbf{Z}' = (Z_1, \ldots, Z_k)$ heißt *Dirichlet-verteilt* ($\mathbf{Z} \sim D(\boldsymbol{\alpha})$), wenn die gemeinsame Wahrscheinlichkeitsdichte im Inneren des Simplex $\{(z_1, \ldots, z_k) : \sum_{i=1}^{k} z_i = 1,\ z_i > 0\}$ gegeben ist durch

$$f(z_1, \ldots, z_k) = \frac{\Gamma\left(\sum_{i=1}^{k} \alpha_i\right)}{\prod_{i=1}^{k} \Gamma(\alpha_i)} \prod_{i=1}^{k} z_i^{\alpha_i - 1},$$

wobei $\Gamma()$ die Gammafunktion darstellt (siehe A.10). Der Wertebereich macht deutlich, daß sie geeignet ist als a priori-Verteilung für Wahrscheinlichkeiten. Da $\sum_{i=1}^{k} z_i = 1$ gilt, genügt es, sich wie bei der Multinomialverteilung auf die ersten $k - 1$ Komponenten $(Z_1, \ldots, Z_{k-1})$ zu beschränken. Eine häufig günstige Reparametrisierung ist gegeben durch

$$\mu_i = \frac{\alpha_i}{\sum_{i=1}^{k} \alpha_i}, \qquad i = 1, \ldots, k,$$

bzw.

$$\alpha_i = \mu_i K, \quad i = 1, \ldots, k, \qquad K = \sum_{i=1}^{k} \alpha_i.$$

In Vektorschreibweise gilt $\boldsymbol{\mu}' = (\mu_1, \ldots, \mu_k) = \boldsymbol{\alpha}'/K$. Damit erhält man:

$$E(\mathbf{Z}) = \boldsymbol{\mu},$$

$$var(Z_i) = \frac{\mu_i(1 - \mu_i)}{K + 1}.$$

Der Parameter $\boldsymbol{\mu}$ entspricht somit dem im Simplex gelegenen Erwartungswert von **Z** und K stellt ein Maß für die Schwankung um diesen Wert dar. Wenn die Dirichlet-Verteilung als a priori-Verteilung verwendet wird, entspricht K der Sicherheit des Vorwissens.

Ein wichtiger Spezialfall ist die *Beta-Verteilung* (Beta (α_1, α_2)), die sich für $k = 2$ ergibt. Beschränkt man sich auf die erste Komponente $Z = Z_1$, erhält man für $z \in (0, 1)$ die Dichte

$$f(z) = \frac{\Gamma(\alpha_1 + \alpha_2)}{\Gamma(\alpha_1)\Gamma(\alpha_2)} z^{\alpha_1 - 1}(1-z)^{\alpha_2 - 1},$$

bzw. mit der Reparametrisierung

$$\mu_i = \frac{\alpha_i}{\alpha_1 + \alpha_2}, \quad K = \alpha_1 + \alpha_2 \text{ bzw. } \alpha_i = K\mu_i,$$
$$f(z) = \frac{\Gamma(K)}{\Gamma(K\mu_1)\Gamma(K\mu_2)} z^{\mu_1 K - 1}(1-z)^{\mu_2 K - 1}.$$

Es gilt für $Z = Z_1$:

$$E(Z) = \mu_1,$$
$$var(Z) = \frac{\mu_1(1-\mu_1)}{K+1}.$$

Dirichlet-Verteilung als konjugierte Verteilung der Multinomialverteilung

Sei $\boldsymbol{Y} \sim M(n, \boldsymbol{\pi})$ und die a priori Verteilung für die Wahrscheinlichkeiten $\boldsymbol{\pi}$ eine Dirichlet-Verteilung $D(\boldsymbol{\alpha})$ mit Dichte f. Dann gilt nach dem Bayes-Theorem (unter Vernachlässigung der Normierungskonstanten) für die a posteriori-Verteilung

$$f(\boldsymbol{\pi}|\boldsymbol{y}) \propto f(\boldsymbol{y}|\boldsymbol{\pi})f(\boldsymbol{\pi})$$
$$\propto \prod_{i=1}^{k} \pi_i^{y_i} \prod \pi_i^{\alpha_i - 1} = \prod_{i=1}^{k} \pi_i^{y_i + \alpha_i - 1}.$$

Man erhält das einfache Resultat, daß die a priori-Dirichlet-Verteilung $D(\boldsymbol{\alpha})$ zu einer a posteriori Dirichlet-Verteilung $D(\alpha_1 + y_1, \ldots, \alpha_k + y_k)$ führt, mit Erwartungswert

$$\left(\frac{\alpha_1 + y_1}{\sum\limits_{i=1}^{k} \alpha_i + n}, \ldots, \frac{\alpha_k + y_k}{\sum\limits_{i=1}^{k} \alpha_i + n} \right).$$

Der ursprüngliche Erwartungswert wird damit durch die Beobachtungen modifiziert, wobei die Modifikation mit wachsendem $K = \sum_i \alpha_i$ zunehmend schwächer wird. Die Dirichletverteilung ist die *konjugierte* Verteilung der Multinomialverteilung, da a priori und posteriori-Verteilung vom selben Typ sind.

Für die Beta-Verteilung Beta (α_1, α_2) ergibt sich als a posteriori-Verteilung $\pi|Y$ die Beta-Verteilung Beta $(\alpha_1 + y_1, \alpha_2 + y_2)$ mit Erwartungswert (für die erste Komponente $\pi_1 = \pi$) $\tilde{\mu} = (\alpha_1 + y_1)/(\alpha_1 + \alpha_2 + n)$ und Varianz $\tilde{\mu}(1 - \tilde{\mu})/(\sum \alpha_i + n)$.

Die Betaverteilung ist entsprechend die konjugierte Verteilung der Binomialverteilung.

A.10 Gamma-Verteilung

Die Zufallsvariable X heißt *Gamma-verteilt* $(X \sim \Gamma(\nu, \alpha), \nu, \alpha > 0)$, wenn die Dichte bestimmt ist durch

$$f(x) = \begin{cases} 0 & x \leq 0 \\ \frac{\alpha^\nu}{\Gamma(\nu)} x^{\nu-1} e^{-\alpha x} & x > 0. \end{cases}$$

Dabei bezeichnet $\Gamma(\nu)$ die Gamma-Funktion

$$\Gamma(\nu) = \int_0^\infty e^{-t} t^{\nu-1} dt, \qquad \nu > 0,$$

die als Verallgemeinerung der Fakultät zu verstehen ist. Es gilt für ganzzahliges ν die Beziehung $\Gamma(\nu) = (\nu - 1)!$, für beliebiges ν die Beziehung $\Gamma(\nu + 1) = \nu\Gamma(\nu)$.

Die Erscheinungsform der Dichte ist durch den Formparameter ν bestimmt. Für $0 < \nu \leq 1$ fällt die Dichte monoton, für $\nu > 1$ gilt $f(0) = 0$, die Dichte besitzt ein Maximum bei $(\nu - 1)/\alpha$ und fällt danach wieder gegen Null. Im Spezialfall $\nu = 1$ ist die Gamma-Verteilung identisch mit der Exponentialverteilung $E(\alpha)$.

Kennwerte:

$$E(X) = \frac{\nu}{\alpha}, \qquad var(X) = \frac{\nu}{\alpha^2}.$$

Gelegentlich ist es günstiger, die Verteilung anders zu parametrisieren, indem neben dem Formparameter ν der Erwartungswert benutzt wird. Man erhält mit

$$\mu = \nu/\alpha \qquad \text{bzw.} \qquad \alpha = \nu/\mu$$

die Gamma-Verteilung (kurz $G(\nu, \mu)$) in Erwartungswertparametrisierung mit $E(X) = \mu, var(X) = \mu^2/\nu$.

Gamma-Verteilung als konjugierte Verteilung der Poisson-Verteilung

Sei $X|\lambda \sim P(\lambda)$ und die a priori-Verteilung von λ eine Gamma-Verteilung $\Gamma(\nu, \alpha)$, so gilt für die a posteriori-Verteilung

$$\begin{aligned} f(\lambda|x) &\propto f(x|\lambda)f(\lambda) \\ &= e^{-\lambda}\frac{\lambda^x}{x!}\frac{\alpha^\nu}{\Gamma(\nu)}\lambda^{\nu-1}e^{-\alpha\lambda} \\ &= \lambda^{x+\nu-1}e^{-\lambda(\alpha+1)}\frac{\alpha^\nu}{\Gamma(\nu)} \end{aligned}$$

Man erhält für die a posteriori-Verteilung $\Gamma(x+\nu, \alpha+1)$ mit dem Erwartungswert $(x+\nu)/(\alpha+1)$.

Anhang B: Einige statistische Werkzeuge

B.1 Lineare Algebra

Vektor- und Matrixdifferentiation

Bei der Maximierung der Log-Likelihoodfunktion beschränkt man sich meist darauf, eine Nullstelle der Ableitung zu finden. Die Ableitung erfolgt nach dem zu schätzenden Parametervektor, also einer p-dimensionalen Größe.

Sei allgemein $f : \mathbb{R}^p \to \mathbb{R}$ eine skalare Funktion mit vektoriellem Argument, d.h. $f(\boldsymbol{x}) = f(x_1, \ldots, x_p)$. Die *Ableitung von f nach $\boldsymbol{x}$* ist bestimmt durch den Vektor der partiellen Ableitungen

$$\frac{\partial f(\boldsymbol{x})}{\partial \boldsymbol{x}} = \begin{pmatrix} \frac{\partial f(\boldsymbol{x})}{\partial x_1} \\ \vdots \\ \frac{\partial f(\boldsymbol{x})}{\partial x_p} \end{pmatrix}.$$

Die Transponierte wird angegeben durch

$$\left[\frac{\partial f(\boldsymbol{x})}{\partial \boldsymbol{x}}\right]' = \frac{\partial f(\boldsymbol{x})}{\partial \boldsymbol{x}'} = \left(\frac{\partial f(\boldsymbol{x})}{\partial x_1}, \ldots, \frac{\partial f(\boldsymbol{x})}{\partial x_p}\right).$$

Zur Berechnung der Kovarianzmatrix ist häufig die zweite Ableitung von Bedeutung. Die Matrix der zweiten Ableitungen von $f : \mathbb{R}^p \to \mathbb{R}$ ist bestimmt durch

$$\frac{\partial f(\boldsymbol{x})}{\partial \boldsymbol{x} \partial \boldsymbol{x}'} = \frac{\partial}{\partial \boldsymbol{x}'}\left(\frac{\partial f}{\partial \boldsymbol{x}}\right) = \begin{pmatrix} \frac{\partial f(\boldsymbol{x})}{\partial x_1^2} & \frac{\partial f(\boldsymbol{x})}{\partial x_1 \partial x_2} & \cdots & \frac{\partial f(\boldsymbol{x})}{\partial x_1 \partial x_p} \\ \frac{\partial f(\boldsymbol{x})}{\partial x_2 \partial x_1} & \ddots & & \vdots \\ \vdots & & & \\ \frac{\partial f(\boldsymbol{x})}{\partial x_p \partial x_1} & \cdots & & \frac{\partial f(\boldsymbol{x})}{\partial x_p \partial x_p} \end{pmatrix}.$$

Für zweimal stetig differenzierbare Funktionen f ist diese *Hesse-Matrix* symmetrisch.

Für eine mehrdimensionale Funktion $f : \mathbb{R}^p \to \mathbb{R}^q$ mit $f(\boldsymbol{x}) = (f_1(\boldsymbol{x}), \ldots, f_q(\boldsymbol{x}))$ sind die Ableitungen gegeben durch

$$\frac{\partial f(\boldsymbol{x})}{\partial \boldsymbol{x}} = \begin{pmatrix} \frac{\partial f_1(\boldsymbol{x})}{\partial x_1} & \cdots & \frac{\partial f_q(\boldsymbol{x})}{\partial x_1} \\ \vdots & \ddots & \vdots \\ \frac{\partial f_1(\boldsymbol{x})}{\partial x_p} & \cdots & \frac{\partial f_q(\boldsymbol{x})}{\partial x_p} \end{pmatrix} = \left(\frac{\partial f_1(\boldsymbol{x})}{\partial \boldsymbol{x}}, \ldots, \frac{\partial f_q(\boldsymbol{x})}{\partial \boldsymbol{x}}\right).$$

Kovarianzmatrizen

Die Kovarianzmatrix eines Zufallsvektors $\boldsymbol{x}' = (x_1, \ldots, x_k)$ ist bestimmt durch die symmetrische Matrix

$$cov(\boldsymbol{x}) = \begin{pmatrix} var(x_1) & cov(x_1, x_2) & \dots & cov(x_1, x_k) \\ cov(x_2, x_1) & \ddots & & \vdots \\ \vdots & & & \\ cov(x_k, x_1) & & \dots & var(x_k) \end{pmatrix}$$

Es gilt:

$$cov(\boldsymbol{Ax}) = \boldsymbol{A}cov(\boldsymbol{x})\boldsymbol{A}' \qquad \text{für beliebige } (n \times k)\text{-Matrix } \boldsymbol{A}$$

Wurzel einer Matrix

Zu einer Matrix $\boldsymbol{A}$, die symmetrisch und positiv definit (d.h. $\boldsymbol{x}'\boldsymbol{Ax} > 0$ für alle $\boldsymbol{x} \neq \boldsymbol{0}$) ist, existiert eine Matrix $\boldsymbol{A}^{1/2}$ so daß die Zerlegung

$$\boldsymbol{A} = \boldsymbol{A}^{1/2}\boldsymbol{A}^{T/2}$$

gilt, wobei $\boldsymbol{A}^{T/2} = (\boldsymbol{A}^{1/2})^T$ die Transponierte von $\boldsymbol{A}^{1/2}$ bezeichnet. Die Matrix $\boldsymbol{A}^{1/2}$ heißt linke und $\boldsymbol{A}^{T/2}$ heißt rechte Wurzel von $\boldsymbol{A}$. Beide sind nicht singulär, d.h. $\det(\boldsymbol{A}^{1/2}) \neq 0$.

Zur Bestimmung einer derartigen Wurzel läßt sich die *Cholesky-Zerlegung* anwenden. Sie liefert eine Matrix $\boldsymbol{A}^{1/2}$, die rechts von der Diagonalen nur Nullen enthält (eine sogenannte untere Dreiecksmatrix).

Häufig betrachtet man die Wurzelzerlegung einer inversen Matrix $\boldsymbol{A}^{-1}$. Aus der Zerlegung

$$\boldsymbol{A} = \boldsymbol{A}^{1/2}\boldsymbol{A}^{T/2}$$

folgt $\boldsymbol{A}^{-1} = (\boldsymbol{A}^{T/2})^{-1}(\boldsymbol{A}^{1/2})^{-1}$. Mit $\boldsymbol{A}^{-T/2} := (\boldsymbol{A}^{T/2})^{-1}$, $\boldsymbol{A}^{-1/2} = (\boldsymbol{A}^{1/2})^{-1}$ ist die Zerlegung von $\boldsymbol{A}^{-1}$ durch

$$\boldsymbol{A}^{-1} = \boldsymbol{A}^{-T/2}\boldsymbol{A}^{-1/2}$$

gegeben.

Eine wichtige Anwendung ist die Normierung eines Zufallsvektors. Besitzt $\boldsymbol{x}$ die Kovarianz $\boldsymbol{\Sigma}$, so ergibt sich für den transformierten Vektor $\boldsymbol{\Sigma}^{-1/2}\boldsymbol{x}$

$$cov(\boldsymbol{\Sigma}^{-1/2}\boldsymbol{x}) = \boldsymbol{I}$$

d.h. die Kovarianz von $\boldsymbol{\Sigma}^{-1/2}\boldsymbol{x}$ ist durch die Einheitsmatrix $\boldsymbol{I}$ gegeben.

Ersichtlich wird dies durch:

$$\begin{aligned} cov(\mathbf{\Sigma}^{-1/2}\boldsymbol{x}) &= \mathbf{\Sigma}^{-1/2} cov(\boldsymbol{x})(\mathbf{\Sigma}^{-1/2})^T \\ &= \mathbf{\Sigma}^{-1/2}\mathbf{\Sigma}(\mathbf{\Sigma}^{-1/2})^T = \mathbf{\Sigma}^{-1/2}\mathbf{\Sigma}^{1/2}\mathbf{\Sigma}^{T/2}\mathbf{\Sigma}^{-T/2} \\ &= (\mathbf{\Sigma}^{1/2})^{-1}\mathbf{\Sigma}^{1/2}\mathbf{\Sigma}^{T/2}(\mathbf{\Sigma}^{T/2})^{-1} = \boldsymbol{I}. \end{aligned}$$

B.2 Formel von Taylor

Univariate Version

Sei f eine auf einem Intervall definierte Funktion, die dort mindestens $(n+1)$–mal differenzierbar ist. Für x_1, x_0 aus diesem Intervall gilt für geeignetes $0 < \vartheta < 1$ die Taylorentwicklung im (inneren) Punkt x_0

$$f(x) = f(x_0) + \sum_{r=1}^{n} \frac{f^{(r)}(x_0)}{r!}(x - x_0)^r + f^{(n+1)}(x_0 + \vartheta(x - x_0))\frac{(x - x_0)^{n+1}}{(n+1)!},$$

wobei $f^{(r)} = d^r f / dx^r$ die r–te Ableitung bezeichnet.

Multivariate Version

Sei f eine auf einem Gebiet des $\mathbb{R}^p$ $(n+1)$–mal differenzierbare *skalare* Funktion. Liegt die Verbindung zwischen $\boldsymbol{x}_0$ und $\boldsymbol{x}$ in diesem Gebiet, erhält man für geeignetes ϑ mit $0 < \vartheta < 1$ die Taylorentwicklung im Punkt $\boldsymbol{x}_0$ durch

$$\begin{aligned} f(\boldsymbol{x}) = \sum_{r=0}^{n} & \sum_{\substack{r_i=0 \\ r_1+\cdots+r_p=r}} \frac{1}{r_1!\ldots r_p!}(x_1 - x_{o1})^{r_1}\ldots(x_1 - x_{0p})^{r_p}\frac{\partial^r f(\boldsymbol{x}_0)}{\partial x_1^{r_1}\ldots\partial x_p^{r_p}} \\ + & \sum_{\substack{r_i=0 \\ r_1+\cdots+r_p=n+1}} \frac{1}{r_1!\ldots r_p!}(x_1 - x_{o1})^{r_1}\ldots(x_1 - x_{0p})^{r_p}\frac{\partial^r f(\boldsymbol{x}_0 + \vartheta(\boldsymbol{x} - \boldsymbol{x}_0))}{\partial x_1^{r_1}\ldots\partial x_p^{r_p}} \end{aligned}$$

wobei $\boldsymbol{x}_0' = (x_{01}, \ldots, x_{0p}), \boldsymbol{x}' = (x_1, \ldots, x_p)$.

Für $n = 2$ erhält man die Approximation (ohne Restglied)

$$\begin{aligned} f(\boldsymbol{x}) &\approx f(\boldsymbol{x}_0) + \sum_{i=1}^{p}\frac{\partial f(\boldsymbol{x}_o)}{\partial x_i}(x_i - x_{0i}) + \frac{1}{2}\sum_{i=1}^{p}\frac{\partial^2 f(\boldsymbol{x}_o)}{\partial x_i^2}(x_i - x_{0i})^2 \\ &+ \sum_{i\neq j}\frac{\partial^2 f(\boldsymbol{x}_0)}{\partial x_i \partial x_j}(x_i - x_{0i})(x_j - x_{0j}) \\ &= f(\boldsymbol{x}_o) + (\boldsymbol{x} - \boldsymbol{x}_0)'\frac{\partial f(\boldsymbol{x}_0)}{\partial \boldsymbol{x}} + \frac{1}{2}(\boldsymbol{x} - \boldsymbol{x}_0)'\frac{\partial f}{\partial \boldsymbol{x}\partial \boldsymbol{x}'}(\boldsymbol{x} - \boldsymbol{x}_0) \end{aligned}$$

Für eine multivariate Funktion $f = (f_1, \dots, f_s) : \mathbb{R}^p \to \mathbb{R}^s$ erhält man in jeder Komponente die Approximation erster Ordnung ($n = 1$)

$$\begin{aligned} f_i(\boldsymbol{x}) &\approx f_i(\boldsymbol{x}_0) + (\boldsymbol{x} - \boldsymbol{x}_0)' \frac{\partial f_i(\boldsymbol{x}_0)}{\partial \boldsymbol{x}} \\ &= f_i(\boldsymbol{x}_0) + \frac{\partial f(\boldsymbol{x}_0)}{\partial \boldsymbol{x}'}(\boldsymbol{x} - \boldsymbol{x}_0). \end{aligned}$$

Für die gesamte Funktion ergibt sich

$$f(\boldsymbol{x}) \approx f(\boldsymbol{x}_0) + \frac{\partial f(x_0)}{\partial \boldsymbol{x}'}(\boldsymbol{x} - \boldsymbol{x}_0).$$

B.3 Delta Methode

Die Delta–Methode dient der Bestimmung der asymptotischen Verteilung einer Zufallsvariable, die sich als Transformation einer Zufallsvariable mit bekannter Verteilung darstellen läßt.

Univariate Version

Sei X_n eine Folge von Zufallsvariablen mit asymptotischer Normalverteilung, d.h.

$$\sqrt{n}(X_n - \mu) \underset{n \to \infty}{\overset{v}{\longrightarrow}} N(0, \sigma^2).$$

Ist $g : \mathbb{R} \to \mathbb{R}$ differenzierbar bei μ, dann gilt

$$\sqrt{n}(g(X_n) - g(\mu)) \underset{n \to \infty}{\overset{v}{\longrightarrow}} N(0, [g'(\mu)]^2 \sigma^2).$$

Multivariate Version

Sei $\boldsymbol{X}_n$ eine Folge von Zufallsvektoren mit asymptotischer Normalverteilung, d.h.

$$\sqrt{n}(\boldsymbol{X}_n - \boldsymbol{\mu}) \underset{n \to \infty}{\overset{v}{\longrightarrow}} N(\boldsymbol{0}, \boldsymbol{\Sigma}),$$

wobei $\boldsymbol{X}_n$ und $\boldsymbol{\mu}$ p–dimensional sind. Sei $g : \mathbb{R}^p \to \mathbb{R}^s$ eine Transformation, die bei μ stetige partielle Ableitungen besitzt, dann gilt

$$\sqrt{n}(g(\boldsymbol{X}_n) - g(\boldsymbol{\mu})) \underset{n \to \infty}{\overset{v}{\longrightarrow}} N\left(\boldsymbol{0}, \frac{\partial g(\boldsymbol{\mu})}{\partial \boldsymbol{x}'} \boldsymbol{\Sigma} \frac{\partial g(\boldsymbol{\mu})}{\partial \boldsymbol{x}}\right)$$

wobei $\partial g / \partial \boldsymbol{x} = (\partial f_i / \partial \boldsymbol{x}_j)_{ij}$ und $\partial g / \partial \boldsymbol{x}' = (\partial g / \partial \boldsymbol{x})'$. Benutzt wird dabei die multivariate Version der Taylor-Entwicklung.

Anhang C: Verwendete Daten

C.1 Staubbelastung

Ziel ist die Untersuchung der Wirkung von Staubbelastung im beruflichen Umfeld auf Atemwegseerkrankungen. Der Datensatz wurde zur Bestimmung von Belastungsgrenzwerten herangezogen (Ulm, 1991, Küchenhoff & Ulm, 1996). Weitere Auswertungen finden sich bei Küchenhoff & Carroll (1997) und Carroll, Fan, Gijbels & Wand (1997). Die Daten wurden freundlicherweise von Herrn Prof. Dr. Ulm, TU München zur Verfügung gestellt.

Variablen	Ausprägung	
Chronische Bronchitis	0	nein
	1	ja
Mittlere Staubbelastung	metrisch	in mg/m^3
Dauer der Staubbelastung	metrisch	in Jahren

C.2 Dauer der Arbeitslosigkeit

Der Datensatz umfaßt 1342 Beobachtungen, und stellt eine Teilstichprobe des sozioökonomischen Panels (1995, Welle 12) dar.

Variablen	Ausprägung	
Dauer der Arbeitslosigkeit (1)	1	$\leq$ 6 Monate
	2	7 – 12 Monate
	3	länger als 12 Monate
Dauer der Arbeitslosigkeit (2)	1	$\leq$ 6 Monate
	2	> 6 Monate
Alter (1)	metrisch	in Jahren
Alter (2)	1	bis 30 Jahre
	2	31 – 40 Jahre
	3	41 – 50 Jahre
	4	über 50 Jahre
Geschlecht	1	männlich
	2	weiblich

weiter nächste Seite

Variablen	Ausprägung	
Schulabschluß	1	kein Abschluß
	2	Volks- oder Hauptschule
	3	Mittlere Reife
	4	Abitur
Berufsausbildung	1	keine Ausbildung
	2	Lehre
	3	Fachspezifische Ausbildung
	4	Hochschule
Nationalität	1	deutsch
	2	Ausländer

C.3 Pkw-Besitz

Der Datensatz ist eine Teilstichprobe des sozio-ökonomischen Panels des Jahres 1995. Als Zielvariable wird betrachtet, ob in einem Haushalt ein Pkw vorhanden ist oder nicht.

Variablen	Ausprägung	
PKW im Haushalt	0	nicht vorhanden
	1	vorhanden
Nettoeinkommen aller Haushaltsmitglieder	metrisch	in DM
Stichprobenzugehörigkeit	0	östliche Bundesländer
	1	westliche Bundesländer

C.4 Klinische Schmerzstudie

In einer klinischen Studie wird die Wirkung eines Sprays auf die Verringerung der Druckschmerzen im Knie nach zehntägiger Behandlung von Sportverletzungen untersucht (vgl. Spatz, 1994). Für die Daten sei Frau Spatz und Herrn Dr. Ulm gedankt.

Variablen	Ausprägung	
Therapie	1	Behandlung
	2	Placebo
Alter	metrisch	in Jahren
Geschlecht	1	männlich
	2	weiblich
Schmerzen unter normierter Belastung	1	geringe Schmerzen
	⋮	⋮
	5	starke Schmerzen

C.5 Parteipräferenzen

Der Datensatz entstammt dem sozioökonomischen Panel und enthält von 5029 Personen Aussagen über die von ihnen präferierten Parteien. (Quelle: SOEP, Welle 12, Jahrgang 1995).

Variablen	Ausprägung	
Parteipräferenz	1	CDU/CSU
	2	FDP
	3	Grüne/Bündnis 90
	4	SPD
Geschlecht	1	männlich
	2	weiblich
Alter	metrisch	in Jahren

C.6 Paarvergleichsdaten

Rumelhart & Greeno (1971) betrachten in einem Paarvergleichsexperiment 234 College Studenten zu ihrer Präferenz für neun bekannte Persönlichkeiten. Für jedes der 36 Paare lautete die Frage "Mit wem würden Sie es vorziehen, eine Stunde Konversation zu betreiben?". Tabelle 5.5 (Seite 187) gibt die Daten wieder.

C.7 Bewertung von Fachbereichen

Die Beurteilung der Qualität deutscher Universitäten, die vom Nachrichtenmagazin SPIEGEL regelmäßig versucht wird, basiert auf Fragen wie "Haben Sie den Eindruck, daß sich die Hochschullehrer auf ihre Lehrveranstaltungen ausreichend vorbereiten" (vgl. SPIEGEL 50/1989). Die Antwort erfolgt auf einer Rating-Skala von 1 bis 6 mit den Polen "sehr wenige" bis "sehr viele ausreichend vorbereitet". In einer Wiederholung der Befragung an 16 Fachbereichen der Universität Regensburg mit insgesamt 429 Studenten ergab sich die Kontingenztabelle 6.1.

Variablen	Ausprägung	
Einschätzung der Vorbereitung	1	sehr wenige
	⋮	⋮
	5	sehr viele
Fachbereiche	1 – 16	

C.8 Neugegründete Unternehmen

Die Münchener Gründerstudie (Brüderl, Preisendörfer & Ziegler, 1992) umfaßt 1710 Beobachtungen mit jeweils 88 Variablen. Bei der Erhebung wurden die unterschiedlichsten Daten über Unternehmen, die zwischen 1985 und 1986 gegründet wurden, festgehalten. Von den ursprünglichen Merkmalen wurden in dieser Arbeit nur einige näher untersucht, die verwendete Beobachtungszahl beträgt 1224.

Variablen	Ausprägung	
R2		Responsevariable ($k = 2$)
	1	time ≤ 36
	2	time > 36
wirt:		Wirtschaftsbereich
	1	Industrie, verarbeitendes Gewerbe und Baugewerbe
	2	Handel
	3	Dienstleistungen
recht:		Rechtsform
	1	Kleingewerbe-Betriebe ohne Handelsregistereintragung
	2	Einzelfirma-Vollkaufmann
	3	GmbH, GmbH&CoKG
	4	GbR, KG, OHG
neu:		Neugründung oder Firmenübernahme
	1	vollständige Neugründung,
	2	teilweise Übernahme, Firmenübernahme
ezweck:		Erwerbszweck
	1	Vollerwebszweck
	2	Nebenerwerbszweck,
ek:		Eigenkapital
	1	Eigenkapital gleich Null
	2	Eigenkapital unter 20000 DM
	3	Eigenkapital größer oder gleich 20000 DM und kleiner als 50000 DM
	4	Startkapital größer 50000 DM
fk:		Fremdkapital in DM
	1	Fremdkapital gleich Null
	2	Fremdkapital größer Null
zielm:		Ziel: Markt
	1	lokaler Markt
	2	überregionaler Markt
kart:		Kreis der Kunden
	1	breit gestreut
	2	kleine Zahl großer Kunden, ein großer Kunde

weiter nächste Seite

Variablen	Ausprägung	
be:		Anzahl der Beschäftigten im Gründungsjahr
	1	kein oder ein Beschäftigter
	2	zwei oder drei Beschäftigte
	3	mehr als drei Beschäftigte
alterm:		Alter des Unternehmensgründers im Zeitpunkt der Gründung (metrisch)

C.9 Konkurse in Berlin

Die Anzahl der Konkurse der Jahre 1984–1996, aufgeschlüsselt nach Monaten, sind den Heften Berliner Statistik (Herausgeber: Statistisches Landesamt Berlin, Alt-Friedrichsfelde 60, 10315 Berlin) entnommen. Die Daten finden sich in Beispiel 7.2 (Seite 245).

C.10 Habilitationen in Deutschland

In einer Untersuchung zur Anzahl der Habilitationen an deutschen Hochschulen ergab sich für das Jahr 1993 die Kontingenztabelle 7.1 auf Seite 244 (Quelle: Wirtschaft und Statistik 5/1995, S. 367).

C.11 Umsatzstärkste Unternehmen in der BRD

Für die im Jahre 1997 umsatzstärksten Unternehmen der BRD werden die Variablen Mitarbeiterzahl und Umsatz (in Mio. DM) betrachtet.

Variablen	Ausprägung
Umsatz in Mio. DM	metrisch
Mitarbeiterzahl	metrisch

C.12 Konjunktur-Surveys

Der vom Münchener IFO-Institut durchgeführte Konjunkturtest liefert Konjunkturindikatoren durch Befragung von Firmen hinsichtlich ihrer Investitionstätigkeit, Auftragserwartung, erwartete Preisveränderungen und vieler weiterer Variablen. Hier werden nur einige Variablen betrachtet.

Variablen	Ausprägung	
Zu erwartende Produktionsfähigkeit	1	abnehmend
	2	gleichbleibend
	3	zunehmend
Auftragsbestand	1	abnehmend
	2	gleichbleibend
	3	zunehmend
Erwartete Geschäftslage	1	abnehmend
	2	gleichbleibend
	3	zunehmend

C.13 Herpes Encephalitiden

In einer Studie zum Vorkommen zentralnervöser Infektionen in europäischen Ländern (Karimi, Windorfer & Dreesman, 1998) wurde die Häufigkeit der Herpes-Encephalitiden bei Kindern in Bayern und Niedersachsen erfaßt. Die Daten finden sich in Tabelle 7.2.

Variablen	Ausprägung	
Anzahl Infektionen		natürliche Zahlen
Jahre		metrisch (1980-1993)
Länder	1	Bayern
	2	Niedersachsen

Anhang D: Software

Im folgenden werden einige Programmpakete aufgeführt, mit deren Hilfe es möglich ist, die hier behandelten Modelle in Anwendungen umzusetzen. Die Pakete haben meist einen erheblich größeren Leistungsumfang. Die Beschreibung ist nur kurz und darüberhinaus unvollständig, bezogen ausschließlich auf katgoriale Regressionsansätze.

D.1 SAS©-Programmpaket

Ein großer Teil der hier behandelten Beispiele wurde mit SAS©ausgewertet, das daher etwas ausführlicher behandelt wird. Im wesentlichen stehen dafür die Prozeduren `Logistic`, `Probit` und `Catmod` zur Verfügung.

Mit der Prozedur `Logistic` lassen sich ordinale kumulative Modelle anpassen. Zur Verfügung stehen das Logit-Modell (LINK=LOGIT), das Probit-Modell (LINK=NORMIT) und das komplementäre Log-log-Modell (LINK=CLOGLOG). Für den Spezialfall binärer Modelle stehen diverse diagnostische Hilfen zur Verfügung. Ebenso ist eine automatisierte Variablenauswahl implementiert.

`Probit` ist für binäre und mehrkategoriale Modelle geeignet mit der gleichen Modellauswahl wie die neuere Prozedur `Logistic`. Angeboten wird auch eine Option für Überdispersion.

`Catmod` steht für `Cat`egorial data `Mod`elling und berechnet binäre, nominale und kumulative Logit-Modelle.

`Genmod` ist eine neue Prozedur für generalisierte lineare Modelle, eingeschlossen sind sowohl metrrische und binäre Responsevariablen als auch Zähldaten. Generalisierte lineare Modelle lassen sich auch einfach mit SAS/INSIGHT©behandeln.

Es folgen einige Bemerkungen zu `Logistic` und `Catmod`.

- Die Prozedur `Logistic` verarbeitet alle Variablen metrisch. Ist eine kategoriale Variable durch die Werte 1 und 2 gegeben, wird diese unmittelbar in den linearen Term aufgenommen. Es ist notwendig, kategoriale Variablen vor einer Eingabe in die Prozedur in Dummy-Variablen zu verwandeln.

- Die Prozedur `Logistic` modelliert bei dichotomem Response die Wahrscheinlichkeit für das Auftreten des kleineren Wertes. Es ist dabei unerheblich in welchen Ausprägungen der Response vorliegt. Da aber in Datensätzen häufig der Erfolg des interessierenden Ereignisses mit ‘1’ und der Mißerfolg mit ‘0’ kodiert ist, werden hier die Vorzeichen für die geschätzten Parameter vertauscht. Man kann dieses Verfahren ändern, indem man beim Aufruf der Prozedur das Schlüsselwort `descending` angibt.

```
PROC LOGISTIC DESCENDING;
```

- Die Prozedur `Catmod` führt für alle Variablen eine Effektkodierung durch. Es besteht allerdings eine Möglichkeit, metrische Variablen als solche zu kennzeichnen, so daß diese nicht kodiert werden. Wenn z.B. die Variable `money` metrisch vorliegt, muß vor Angabe des zu berechnenden Modells das Schlüsselwort `direct` benutzt werden

```
direct money
model response = var1 var2
```

- Das Einbeziehen von Interaktionen ist bei der Prozedur `Catmod` wesentlich einfacher als bei `Logistic`. Während man bei `Catmod` nur die gewünschten Interaktion bei der Modellspezifikation angeben muß

```
model response = var1 var2 var1*var2
```

  müssen diese bei `Logistic` vorher vom Benutzer generiert werden.

Vorteile von SAS©sind die in SAS/GRAPH©zur Verfügung gestellten Graphiken und die mit SAS/IML©verfügbare matrixbasierte Programmiersprache, die es erlaubt eigenen Prozeduren zu erstellen.

SAS Institute Inc.
Cary,
North Carolina 27512-8000, USA

D.2 BMDP

BMDP (BioMeDical Package) beinhaltet das Programm LR (Logistic Regression), das für binäre Modelle geeignet ist. Mehrkategoriale und ordinale Modelle lassen sich mit PR (Polychotomous Logistic Regression) behandeln.

BMDP Statistical Software Inc.
1440 Sepulveda Blvd.
Los Angeles,
California 90025, USA

BMDP Statistical Software Inc.
Cork Technology Park
Cork, Ireland

D.3 GENSTAT

GENSTAT (GENeral STATistical package) stellte eine Fülle von generalisierten Modellen zur Verfügung. Als Linkfunktionen sind z.B. der Logarithmus, Logit, die

Inverse, Power-Transformation und Wurzeln implementiert, unter den Verteilungen können die binomiale, die Poisson-, die Normal-, die Gamma- oder die inverse Normalverteilung gewählt werden.

Numerical Algorithms Group Inc.
1400 Opus Place, Suite 200
Downers Grove,
Illinois 60515-5702, USA

Numerical Algorithms Group Ltd.
Wilkinson House
Jordan Hill Road
Oxford OX2 8DR, UK

D.4 EGRET

EGRET erlaubt es binäre Logit-Modelle und binäre Logit-Modelle mit randomisierten Koeffizienten zu behandeln.

Statistics & Epidemiology Research Corporation
909 Northeast 43rd Street, Suite 310
Seattle,
Washington 98105, USA

D.5 GLIM4

GLIM4 (Generalized Linear Interactive Modelling) erlaubt es eine Vielzahl generalisierter linearer Modelle zu behandeln. Es besteht die Möglichkeit, Makros zu schreiben und `Fortran`-Routinen einzubinden.

Numerical Algorithms Group Inc.
1400 Opus Place, Suite 200
Downers Grove,
Illinois 60515-5702, USA

Numerical Algorithms Group Ltd.
Wilkinson House
Jordan Hill Road
Oxford OX2 8DR, UK

D.6 GLAMOUR

GLAMOUR ermöglicht die Anpassung univariater oder multivariater generalisierter Modelle. Die Handhabung ist durch Menüs und Masken sehr einfach, allerdings ist es ein geschlossenes System, das keine selbst erzeugten Programmteile vorsieht.

Institut für Statistik
Seminar für Statistik und ihre Anwendungen
(Ludwig Fahrmeir)
Ludwigstr 33/II
80539 München, Deutschland

D.7 SPSS/PC+

SPSS/PC+ (Statistical Package for Social Scientists) erlaubt in den Prozeduren `Logistic`, `Regression` und `Probit` die Berechnung binärer Modelle.

SPSS Inc.
444 North Michigan Avenue
Chicago,
Illinois 60611, USA

SPSS UK Ltd.
SPSS House, 5 London Street
Chertsey KT16 8AP, Surrey, UK

D.8 LIMDEP

LIMDEP (LIMited DEPendent Variables) schließt binäre, nominale und ordinale Logit-Modelle ein. Das binäre Modell ist auch mit randomisierten Koeffizienten verfügbar. Für Zähldaten steht das Poisson- und das negative Binomial-Modell zur Verfügung.

Econometric Software Inc.
46 Maple Avenue
Bellport
New York 11713, USA

D.9 XPLORE

XPLORE kann sowohl die meisten generalisierten linearen Modelle als auch additive Modelle behandeln.

XploRe Systems
W. Härdle
Institut für Statistik und Ökonometrie
FB Wirtschaftswissenschaften
Humboldt Universität zu Berlin
Spandauer Str. 1
D–10178 Berlin, Deutschland

D.10 S-PLUS

Mit S-PLUS lassen sich sowohl generalisierte lineare Modelle als auch additive Modelle anpassen. Es stehen diverse Möglichkeiten der glatten Regression als auch Klassifikations- und Regressionsbäume zur Verfügung. Sowohl S-PLUS-Programme als auch `Fortran`- und C-Programme lassen sich einbinden. Durch eine beständig wachsende Zahl von S-Funktionen, die von Wissenschaftlern entwickelt und zur Verfügung gestellt werden, ist S-PLUS zu einem starken statistischen Analyseinstrument geworden, das zunehmend an Einfluß gewinnt.

Statistical Sciences
52 Sandfield Road
Headington
Oxford OX3 7RJ, UK

Literaturverzeichnis

AGRESTI, A. (1984). *Analysis of Ordinal Categorical Data.* New York: Wiley.

AGRESTI, A. (1986). Applying R^2-type measures to ordered categorical data. *Technometrics 28*, 133–138.

AGRESTI, A. (1990). *Categorical Data Analysis.* New York: Wiley.

AGRESTI, A. (1992). Analysis of ordinal paired comparison data. *Applied Statistics 41*, 287–297.

AGRESTI, A. UND COULL, B. (1998). Approximate is better than "exact" for interval estimation of binomial proportions. *The American Statistican 52*, 119–126.

ALDRICH, J. H. UND NELSON, F. D. (1984). *Linear Probability, Logit, and Probit Models.* Beverly Hills: Sage Publications.

AMEMIYA, T. (1978). The estimation of a simultaneous equation generalized probit model. *Econometrika 46*, 1193–1205.

ANDERSON, J. A. (1984). Regression and ordered categorical variables. *Journal of the Royal Statistical Society B 46*, 1–30.

ANDERSON, J. A. UND PHILLIPS, R. R. (1981). Regression, discrimination and measurement models for ordered categorical variables. *Applied Statistics 30*, 22–31.

ANSCOMBE, F. J. (1956). On estimating binomial response relations. *Biometrika 43*, 461–464.

ARANDA-ORDAZ, F. J. (1983). An extension of the proportional-hazard-model for grouped data. *Biometrics 39*, 110–118.

ARMITAGE, P. (1971). *Statistical Methods in Medical Research.* Oxford: Blackwell.

ARMSTRONG, B. UND SLOAN, M. (1989). Ordinal regression models for epidemiologic data. *American Journal of Epidemiology 129*, 191–204.

AZZALINI, A., BOWMAN, A. W., UND HÄRDLE, W. (1989). On the use of nonparametric regression for checking linear relationships. *Biometrika 76*, 1–11.

BAUMGARTEN, M., SELISKE, P., UND GOLDBERG, M. S. (1989). Warning re. the use of GLIM macros for the estimation of risk ratio. *American Journal of Epidemiology 130*, 1065.

BEHRENS, N. (1998). Modellbildung bei kategorialer Zielvariable. Diplomarbeit, Fachbereich Informatik, TU Berlin.

BEN-AKIVA, M. E. UND LERMAN, S. R. (1985). *Discrete Choice Analysis: Theory and Application to Travel Demand.* Cambridge: The MIT Press.

BENNINGHAUS, H. (1990). *Einführung in die sozialwissenschaftliche Datenanalyse.* München: Oldenbourg Verlag.

BERKSON, J. (1944). Application of the logistic function to bioassay. *J. Amer. Statist. Assoc. 39*, 357–365.

BEST, D. J., RAYNER, J. C. W., UND STEPHENS, L. G. (1998). Small-sample comparison of mccullagh and nair analyses for nominal-ordinal categorial data. *Comp. Stat. & Data Analysis 28*, 217–223.

BHAPKAR, V. P. (1980). ANOVA and MANOVA: Models for categorical data. In P. R. Krishnaiah (Hrsg.), *Handbk. Statist.*, Volume Vol. 1: Anal. Variance, S. 343–387. Amsterdam; New York: North-Holland/Elsevier.

BISHOP, C. M. (1995). *Neural networks for pattern recognition.* Oxford: Clarendon Press.

BISHOP, Y., FIENBERG, S., UND HOLLAND, P. (1975). *Discrete multivariate analysis.* Cambridge: MIT Press.

BLYTH, C. UND STILL, H. (1983). Binomial confidence intervals. *J. Amer. Statist. Assoc. 78*, 108–116.

BÖCKENHOLT, I. UND GAUL, W. (1986). Neue probabilistische Auswahlmodelle im Marketing. Diskussionspapier 95, Institut für Entscheidungstheorie und Unternehmensforschung, Universität Karlsruhe.

BÖCKENHOLT, U. UND DILLON, W. R. (1997). Modelling within – subject dependencies in ordinal paired comparison data. *Psychometrika 62*, 412–434.

BÖRSCH-SUPAN, A. (1987). *Econometric Analysis of Discrete Choice, with Applications on the Demand for Housing in the U.S. and West-Germany.* Berlin: Springer.

BOWMAN, A. W. UND AZZALINI, A. (1997). *Applied Smoothing Techniques for Data Analysis.* Oxford: Clarendon Press.

BRADLEY, R. A. (1976). Science, statistics and paired comparison. *Biometrics 32*, 213–232.

BRADLEY, R. A. (1984). Paired comparisons: some basic procedures and examples. In P. Krishnaiah & P. R. Sen (Hrsg.), *Handbook of Statistics*, Volume 4, S. 299–326. Elsevier Science Publishers.

BRADLEY, R. A. UND TERRY, M. E. (1952). Rank analysis of incomplete block designs, I: The method of pair comparisons. *Biometrika 39*, 324–345.

BREIMAN, L., FRIEDMAN, J. H., OLSHEN, R. A., UND STONE, J. C. (1984). *Classification and regression trees.* Monterey: Wadsworth.

BRESLOW, N. E. UND CLAYTON, D. G. (1993). Approximate inference in generalized linear mixed model. *J. Amer. Statist. Assoc. 88*, 9–25.

BRESLOW, N. E. UND DAY, N. E. (1980). *The Analysis of Case-Control Studies.* Number 1 in Statistical Methods in Cancer Research. Lyon: I.A.R.C.

BRIER, S. S. (1980). Analysis of contingency tables and clustering sampling. *Biometrika 67*, 591–596.

BROWNSTONE, D. UND SMALL, K. (1989). Efficient estimation of nested logit models. *Journal of Business & Economic Statistics 7*, 67–74.

BRÜDERL, J. (1995). Survival and growth of newly founded firms. Forschungsbericht, Institute of Sociology, Ludwig-Maximilians-Universität München. Preliminary Version.

BRÜDERL, J., PREISENDÖRFER, P., UND ZIEGLER, R. (1992). Survival chances of newly founded business organizations. *American Sociological Review 57*, 227–242.

BUJA, A., HASTIE, T., UND TIBSHIRANI, R. (1989). Linear smoothers and additive models. *Ann. Statist. 17*, 453–510.

CAMPBELL, M. K., DONNER, A. P., UND WEBSTER, K. M. (1991). Are ordinal models useful for classification? *Statistics in Medicine 10*, 383–394.

CARROLL, R. J., FAN, J., GIJBELS, I., UND WAND, M. P. (1997). Generalized partially linear single-index models. *J. Amer. Statist. Assoc. 92*, 477–489.

CARROLL, R. J. UND PEDERSON, S. (1993). On robustness in the logistic regression model. *J. R. Statist. Soc B 55*, 693–706.

CHAMBERS, E. A. UND COX, D. R. (1967). Discrimination between alternative, binary response models. *Biometrika 59*, 573–578.

CHRISTENSEN, R. (1990). *Log-Linear Models.* New York: Springer.

CHRISTENSEN, R. (1997). *Log-linear models and logistic regression.* New York: Springer.

CIAMPI, A., CHANG, C.-H., HOGG, S., UND MCKINNEY, S. (1987). Recursive partitioning: a versatile method for exploratory data analysis in biostatistics. In I. McNeil & G. Umphrey (Hrsg.), *Biostatistics.* New York: D. Reidel Publishing.

CLARK, L. UND PREGIBON, D. (1992). Tree-based models. In J. Chambers & T. Hastie (Hrsg.), *Statistical models in S*, S. 377–420. Pacific Grove: Wadsworth & Brooks.

CLEVELAND, W. S. UND LOADER, C. (1996). In W. Härdle & M. Schimek (Hrsg.), *Statistical theory and computational aspects of smoothing*, S. 10–49. Heidelberg: Physica-Verlag.

CLOPPER, C. J. UND PEARSON, E. (1934). The use of confidence or fiducial limits illustrated in the case of binomial. *Biometrika 26*, 404–413.

COLONIUS, H. (1980). Representation and uniquness of the Bradley-Terry-Luce model for paired comparisons. *British Journal of Mathematical & Statistical Psychology 33*, 99–103.

COPAS, J. B. (1988). Binary regression models for contaminated data (with discussion). *J. R. Soc. B 50*, 225–265.

CORNELL, R. G. UND SPECKMAN, J. A. (1967). Estimation for a simple exponential model. *Biometrics 23*, 717–737.

COX, D. R. UND SNELL, E. J. (1989). *Analysis of binary data* (2. Aufl.). London; New York: Chapman & Hall.

COX, D. R. UND WERMUTH, N. (1996). *Multivariate dependencies.* Chapman & Hall.

CRAMER, J. S. (1991). *The Logit Model.* New York: Routhedge, Chapman & Hall.

CRAMER, J. S. (1999). Predictive performance of the binary logit-model in unbalanced samples. *The Statistician 48*, 85–94.

CROWDER, M. J. (1987). Beta-binomial ANOVA for proportions. *J. Roy. Statist. Soc. 27*, 34–37.

CZADO, C. (1992). On link selection in generalized linear models. In *Advances in GLIM and Statistical Modelling*, Volume 78 of *Springer Lecture Notes in Statistics*, S. 60–65. Springer.

DANNEGGER, F. (1997). Tree stability diagnostics and some remedies against instability. Forschungsbericht, LMU München.

DAVIS, L. J. (1985). Consistency and asymptotic normality of the minimum logit chi-squared estimator when the number of design points is large. *Ann. Statist. 13*, 947–957.

DEAN, C., LAWLESS, J. F., UND WILLMOT, G. E. (1989). A mixed Poisson-inverse Gaussian regression model. *The Canadian Journal of Statistics 17*, 171–181.

DEBREU, G. (1960). Rewiev of r.d. luce, individual choice behaviour: A theoretical analysis. *American Economic Review 50*, 244–246.

DILLON, W. R., KUMAR, A., UND DE BORRERO, M. (1993). Capturing individual differences in paired comparisons: An extended BTL model incorporating descriptor variables. *Journal of Marketing Research 30*, 42–51.

DONOHO, D. L. (1997). CART and best-ortho-basis: a connection. *The Annals of Statistics 25*, 1870–1911.

DREW, J. H. (1985). Rerformance of the weighted least squares approach to categorical data analysis. *Comm. in Statist., Th. & Meth. 14*, 1963–1979.

DRUM, M. UND MCCULLAGH, P. (1993). Comment on Regression models for discrete longitudinal responses. *Statist. Sci. 8*, 300–301.

DUCHARME, G. UND LEPAGE, Y. (1986). Testing collapsibility in contingency tables. *J. Roy. Statist. Soc. B 48*, 197–205.

EFRON, B. (1978). Regression and ANOVA with zero–one data: Measures of residual variation. *J. Amer. Statist. Assoc. 73*, 113–121.

EUBANK, R. L. (1988). *Spline smoothing and nonparametric regression*. New York: Maral Dekker.

FAHRMEIR, L. (1987). Asymptotic testing theory for generalized linear models. *Math. Operationsforsch. Statist. Ser. Statist. 18*, 65–76.

FAHRMEIR, L., HAMERLE, A., UND TUTZ, G. (1996). *Multivariate statistische Verfahren* (2. Aufl.). Berlin, New York: de Gruyter.

FAHRMEIR, L., HÄUSSLER, W., UND TUTZ, G. (1996). Diskriminanzanalyse. In L. Fahrmeir, A. Hamerle, & G. Tutz (Hrsg.), *Multivariate statistische Verfahren*. De Gruyter.

FAHRMEIR, L. UND KAUFMANN, H. (1985). Consistency and asymptotic normality of the maximum likelihood estimator in generalized linear models. *The Annals of Statistics 13*, 342–368.

FAHRMEIR, L. UND TUTZ, G. (1994). *Multivariate Statistical Modelling Based on Generalized Linear Models*. New York: Springer Verlag.

FAN, J. UND GIJBELS, I. (1996). *Local Polynomial Modelling and its Applications*. London: Chapman & Hall.

FIENBERG, S. (1980). *The analysis of cross-classified categorical data*. Cambridge: MIT Press.

FIRTH, D. (1991). Generalized linear models. In D. V. Hinkley, N. Reid, & E. J. Snell (Hrsg.), *Statistical Theory and Modelling*. London: Chapman and Hall.

FRANK, I. E. UND FRIEDMANN, J. H. (1993). A statistical view of some chemometrics regression tools (with discussion). *Technometrics 35*, 109–148.

FROHN, J. (1994). A useful transformation for the multinomial logit-mode (a short note). *Statistical Papers 35*, 361–363.

GART, J. J., PETTIGREW, H., UND THOMAS, D. (1985). The effect of bias, variance estimation, skewness and kurtosis of the empirical logit on weighted least squares analyses. *Biometrika 72*, 179–190.

GART, J. J., PETTIGREW, H., UND THOMAS, D. (1986). Further results on the effect of bias, variance estimation, and non-normality of the empirical logit on weighted least squares analyses. *Comm. Statist. – Theor. Meth. 15*, 755–782.

GASSER, T., KNEIP, A., UND KÖHLER, W. (1991). A flexible and fast method for automatic smoothing. *J. Amer. Statist. Assoc. 86*, 643–652.

GAUL, W. (1978). Zur Methode der paarweisen Vergleiche und ihrer Anwendungen im Marketingbereich. *Methods of Operations Research 35*, 123–139.

GENTER, F. C. UND FAREWELL, V. T. (1985). Goodness-of-link testing in ordinal regression models. *The Canadian Journal of Statistics 13*, 37–44.

GOODMAN, L. A. (1971). The analysis of multidimensional contingency tables: Stepwise procedures and direct estimation mehtods for building models for multiple classifications. *Technometrics 13*, 33–61.

GOURIEROUX, C., MONFORT, A., UND TROGNON, A. (1985). Pseudo maximum likelihood methods: Theory. *Econometrika 52*, 681–700.

GREEN, D. J. UND SILVERMAN, B. W. (1994). *Nonparametric Regression and generalized linear models: A Roughness Penalty Approach*. London: Chapman & Hall.

GREEN, P. J. UND YANDELL, B. S. (1985). Semi-parametric generalized linear models. In R. Gilchrist, B. J. Francis, & J. Whittaker (Hrsg.), *Generalized Linear Models, Lecture Notes in Statistics*, Volume 32, S. 44–55. Berlin: Springer.

GRIMMET UND STIRZAKER (1992). *Probability and Random Processes* (2. Aufl.). Oxford: Clarendon Press.

GRIZZLE, J. E., STARMER, C. F., UND KOCH, G. G. (1969). Analysis of categorical data by linear models. *Biometrika 28*, 137–156.

GUESS, H. A. UND CRUMP, K. S. (1978). Maximum likelihood estimation of dose-response functions subject to absolutely monotonic constraints. *The Annals of Statistics 6*, 101–111.

GUO, J. UND GENG, Z. (1995). Collapsibility of logistic regression coefficients. *J. Roy. Statist. Soc. B 57*, 363–267.

HALDANE, J. B. S. (1955). The estimation and significance of the logarithm of a ratio of frequencies. *Ann. Hum Genet 20*, 309–311.

HALL, P. UND JOHNSTONE, I. (1992). Empirical functionals and efficient smoothing parameter selection (with discussion). *J. Roy. Stat. Soc. B 54*, 475–530.

HANEFELD, U. (1987). *Das sozio-oekonomische Panel*. Frankfurt: Campus.

HÄRDLE, W. (1990). *Applied Nonparametric Regression*. Cambridge: Cambridge University Press.

HÄRDLE, W., HALL, P., UND MARRON, J. S. (1988). How far are automatically chosen regression smoothing parameters from their optimum? *J. Am. Stat. Ass. 83*, 86–101.

HÄRDLE, W. UND MAMMEN, E. (1993). Comparing nonparametric versus parametric regression fits. *Ann. Stat. 21*, 1926–1947.

HART, J. (1997). *Nonparametric smoothing and lack-of-fit tests*. New York: Springer Verlag.

HART, J. D. UND YI, S. (1996). One-sided cross-validation. Preprint.

HASTIE, T. UND LOADER, C. (1993). Local regression: Automatic kernel carpentry. *Statist. Sci. 8*, 120–143.

HASTIE, T. UND TIBSHIRANI, R. (1990). *Generalized Additive Models*. London: Chapman and Hall.

HASTIE, T. UND TIBSHIRANI, R. (1993). Varying–coefficient models. *J. Roy. Statist. Soc. B 55*, 757–796.

HAUSER, J. R. (1978). Testing the accuracy, usefulness, and significance of porbabilistic choice models: an information–theoretic approach. *Operations Research 26*, 406–421.

HAUSMAN, J. A. UND MCFADDEN, D. (1984). Specification tests for the multinomial logit model. *Econometrika 52*, 1219–1240.

HENNEVOGL, W. UND KRANERT, T. (1988). Residual and influence analysis for multi categorical response models. *Regensburger Beiträge zur Statistik und Ökonometrie 5*.

HILSENBECK, S. G. UND CLARK, G. M. (1996). Practical p-value adjustment for optimally selected cutpoints. *Statistics in Medicine 15(1)*, 103–112.

HINDE, J. (1982). Compound Poisson regression models. In R. Gilchrist (Hrsg.), *GLIM 1982 Internat. Conf. Generalized Linear Models*, New York, S. 109–121. Springer.

HINDE, J. UND D'EMETRIO, C. (1998). Overdispersion: models and estimation. *Comp. Stat. & Data Analysis 27*, 151–170.

HOLTBRÜGGE, W. UND SCHUHMACHER, M. (1991). A comparison of regression models for the analysis of ordered categorial data. *Applied Statistics 40*, 249–259.

HOROWITZ, J. L. (1998). *Semiparametric methods in econometrics*. New York: Springer.

HOSMER, D. H. UND LEMESHOW, S. (1989). *Applied Logistic Regression*. New York: Wiley.

HURVICH, C. M., SIMONOFF, J. S., UND TSAI, C. (1998). Smoothing parameter selection in nonparametric regression using an improved Akaike information criterion. *J. R. Statist. Soc. B 60*, 271–293.

KALBFLEISCH, J. UND PRENTICE, R. (1980). *The Statistical Analysis of Failure Time Data*. New York: Wiley.

KARIMI, A., WINDORFER, A., UND DREESMAN, J. (1998). Vorkommen von zentralnervösen Infektionen in europäischen Ländern. Forschungsbericht, Schriften des Niedersächsischen Landesgesundheitsamtes.

KAUERMANN, G. UND TUTZ, G. (1999). *Journal of Nonparametric Statistics*. (in print).

KAY, R. UND LITTLE, S. (1986). Assessing the fit of the logistic model: a case study of children with the haemolytic uraemic syndrome. *Applied Statistics 35*, 16–30.

KLINGER, A. (1998). *Hochdimensionale generalisierte lineare Modelle*. Dissertation, LMU München. Skalar Verlag, Aachen.

KOCKELKORN, U. (1998). Lineare Modelle. Skript, TU Berlin.

KOEHLER, K. J. UND WILSON, J. R. (1986). Chi-square tests for comparing vectors of proportions for several cluster samples. *Comm. in Statistics: Theory and Methods 15*, 2977–2990.

KOZIOL, J. A. (1991). On maximally selected chi-square statistics. *Biometrics 47*, 1557–1561.

KRANTZ, D. H. (1964). Conjoint measurement: the Luce-Tukey axiomatization and some extentions. *J. Math. Psychol. 1*, 248–277.

KRANTZ, D. H., LUCE, R. D., SUPPES, P., UND TVERSKY, A. (1971). *Foundations of measurement*, Volume 1. New York: Academic Press.

KÜCHENHOFF (1998). An exact algorithm for estimating breakpoints in segmented generalized linear models. *Comp. Statistics 12*, 235–248.

KÜCHENHOFF, H. UND CARROLL, R. J. (1997). Segmented regression with errors in predictors: semi-parametric and parametric methods. *Statistics in Medicine 16*, 169–188.

KÜCHENHOFF, H. UND ULM, K. (1996). Computer-assisted semiparametric generalized linear models. *Comput. Statist. 12*, 249–264.

LÄÄRÄ, E. UND MATTHEWS, J. N. (1985). The equivalence of two models for ordinal data. *Biometrika 72*, 206–207.

LAITILA, T. (1990). A pseudo-R^2 measure for limited and qualitative dependent variable models. Paper presented at the 6th World Congress of the Econometric Society, Barcelona.

LANG, J. (1996). On the comparison of multinomial and Poisson log-linear models. *J. R. Statist. Soc. B*, 253–266.

LAUSEN, B. (1990). *Maximal selektierte Rangstatistiken*. Dissertation, Universität Dortmund.

LAUSEN, B. UND SCHUMACHER, M. (1992). Maximally selected rank statistics. *Biometrics 48*, 73–85.

LE CESSIE, S. UND HOUWELINGEN, J. C. (1995). Goodness of fit tests for generalized linear models based on random effect models. *Biometrics 51*, 600–614.

LEBLANC, M. UND CROWLEY, J. (1992). Relative risk trees for censored data. *Biometrics 48*, 411–425.

LEBLANC, M. UND CROWLEY, J. (1993). Survival trees by goodness of split. *J. Amer. Statist. Assoc. 88*, 457–467.

LEBLANC, M. UND TIBSHIRANI, R. (1998). Monotone shrinkage of trees. *Journal of Comp. & Graphical Statistics 7*, 417–433.

LESAFFRE, E. UND ALBERT, A. (1989). Multiple-group logistic regression diagnostics. *Applied Statistics 38*, 425–440.

LIANG, K.-Y. UND MCCULLAGH, P. (1993). Case studies in binary dispersion. *Biometrics 49*, 623–630.

LINTON, O. B. UND HÄRDLE, W. (1996). Estimation of additive regression models with known links. *Biometrika 83*, 529–540.

LOADER, C. R. (1995). Old faithful erupts: bandwidth selection reviewed. Universität Zürich. Preprint.

LOH, W. UND SHIH, Y. (1997). Split selection methods for classification trees. *Statistica Sinica 7*, 815–840.

LUCE, R. D. (1959). *Individual choice behaviour*. New York: Wiley.

LUKAS, J. (1991). BTL-Skalierung verschiedener Geschmacksqualitäten von Sekt. *Zeitschrift für experimentelle und angewandte Psychologie XXXVIII*, 605–619.

MADDALA, G. S. (1983). *Limited-dependent and Qualitative Variables in Econometrics*. Cambridge: Cambridge University Press.

MAIER, G. UND WEISS, P. (1990). *Modelle diskreter Entscheidungen*. Wien, New York: Springer.

MARX, B. UND EILERS, P. (1998). Direct generalized additive modeling with penalized likelihood. *Comp. Statistics & Data Analysis 28*, 193–209.

MARX, B. D., EILERS, P. H. C., UND SCHMITH, E. P. (1992). Ridge likelihood estimation for generalized linear regression. In P. v. Heijden, W. Jansen, B. Francis, & G. Seeber (Hrsg.), *Statistical Modelling*, S. 227–238. Amsterdam: North-Holland.

MASTERS, G. N. (1982). A Rasch model for partial credit scoring. *Psychometrika 47*, 149–174.

MCCULLAGH, P. (1980). Regression model for ordinal data (with discussion). *J. Roy. Statist. Soc. B 42*, 109–127.

MCCULLAGH, P. UND NELDER, J. A. (1989). *Generalized Linear Models* (2. Aufl.). New York: Chapman and Hall.

MCFADDEN, D. (1974). Conditional logit analysis of qualitative choice behavior. In P. Zarembka (Hrsg.), *Frontiers in Econometrics*, S. 105–142. New York: Academic Press.

MCFADDEN, D. (1978). Modelling the choice of residential location. In A. K. et al (Hrsg.), *Spatial interaction theory and residential location*. Amsterdam: North-Holland.

MCFADDEN, D. (1981). Econometric models of probabilistic choice. In C. F. Manski & D. McFadden (Hrsg.), *Structural Analysis of discrete data with econometric applications*, S. 198–272. Cambridge, Mass.: MIT-Press.

MCKELVEY, R. D. UND ZAVANOIA, W. (1975). A statistical model for the analysis of ordinal level dependent variables. *Journal of Mathematical Sociology 4*, 103–120.

MCLACHLAN, G. J. (1992). *Discriminant analysis and statistical pattern recognition*. New York: Wiley.

MILLER, R. UND SIEGMUND, D. (1982). Maximally selected chi-square statistics. *Biometrics 38*, 1011–1016.

MOORE, D. F. (1987). Modelling the extraneous variance in the presence of extra-binomial variation. *Appl. Statist. 36*, 8–14.

MORAWITZ, B. UND TUTZ, G. (1990). Parameterizations for business survey data. *ZOR — Methods and Models of Operations Research 34*, 143–156.

MOREL, J. G. UND NAGARAJ, N. K. (1993). A finite mixture distribution for modelling multinomial extra variation. *Biometrika 80*, 363–371.

MOSIMAN, J. E. (1962). On the compound multinomial distribution, the multivariate β-distribution, and correlations among proportions. *Biometrika 49*, 65–82.

NYQUIST, H. (1990). Restricted estimation of generalized linear models. *Applied Statistics 40*, 133–141.

ORTH, B. (1979). *Einführung in die Theorie des Messens.* Stuttgart.

OSIUS, G. UND ROJEK, D. (1992). Normal goodness-of-fit tests for parametric multinomial models with large degrees of freedom. *Journal of the American Statistical Association 87*, 1145–1152.

PFANZAGL, I. (1971). *Theory of measurement.* Würzburg: Physica Verlag.

PIEGORSCH, W. (1992). Complementary log regression for generalized linear models. *The American Statistician 46*, 94–99.

PIERCE, D. A. UND SCHAFER, D. W. (1986). Residuals in generalized linear models. *Journal of the American Statistical Society 81*, 977–986.

POORTEMA, K. L. (1999). On modelling overdispersion of counts. *Statistica Neerlandica 53*, 5–20.

PREGIBON, D. (1980). Goodness of link tests for generalized linear models. *Applied Statistics 29*, 15–24.

PREGIBON, D. (1982). Resistant fits for some commonly used logistic models with medical applications. *Biometrics 38*, 485–498.

PREISLER, H. (1989). Fitting dose-response data with non-zero background within generalized linear and generalized additive models. *Comp. Stat. & Data Analysis 7*, 279–290.

PRENTICE, R. L. (1976). A generalization of the probit and logit methods for close response curves. *Biometrics 32*, 761–768.

READ, I. UND CRESSIE, N. (1988). *Goodness-of-Fit Statistics for discrete Multivariate Data.* New York: Springer Verlag.

RICE, J. A. (1984). Bandwidth choice for nonparametric regression. *Ann. Statist. 12*, 1215–1230.

RIPLEY, B. D. (1996). *Pattern recognition and neural networks.* Cambridge: University Press.

RONNING, G. (1987). The informational content of responses from business surveys. Diskussionsbeitrag 961s, Universität Konstanz.

RUDOLFER, S., WATSON, P., UND LESSAFFRE, E. (1995). Are ordinal models useful for classification? A revised analysis. *J. Statist. Comput. Simul. 15*, 105–132.

RUMELHART, D. L. UND GREENO, J. G. (1971). Similarity between stimuli: an experimental test of the Luce and Restle choice methods. *J. Math. Psychology 8*, 370–381.

SANTNER, T. J. UND DUFFY, D. E. (1989). *The Statistical Analysis of Discrete Data*. New York: Springer Verlag.

SCHLITTGEN, R. (1998). Regressionsbäume. *Allg. Stat. Archiv 82*, 291–311.

SEGERSTEDT, B. (1992). On ordinary ridge regression in generalized linear models. *Commun. Statist. – Theory Meth. 21*, 2227–2246.

SIMONOFF, J. S. (1996). *Smoothing Methods in Statistics*. New York: Springer–Verlag.

SIMONOFF, J. S. (1998). Logistic regression, categorical predictors and goodness-of-fit: It depends on who you ask. *The American Statistician 52*, 10–14.

SPATZ, A. (1994). Marginale Modellierung und Analyse kategorialer Längsschnittdaten. Diplomarbeit, Universität München.

STEADMAN, S. UND WEISSFELD, L. (1998). A study of the effect of dichotomizing ordinal data upon modelling. *Commun. Satist.-Simula 27(4)*, 871–887.

STIRATELLI, R., LAIRD, N., UND WARE, J. H. (1984). Random-effects models for serial observation with binary response. *Biometrics 40*, 961–971.

STUKEL, T. A. (1988). Generalized logistic models. *J. Amer. Statist. Assoc. 83*(402), 426–431.

TERZA, J. V. (1985). Ordinal probit: A generalization. *Commun. Statist. Theor. Meth. 14*, 1–11.

THEIL, H. (1970). On the estimation of relationships involving qualitative variables. *American Journal of Sociology 76(1)*, 103–154.

THURSTONE, L. L. (1927). A law of comparative judgement. *Psychological Review 34*, 273–286.

TIBSHIRANI, R. (1996). Regression shrinkage and selection via the lasso. *J. R. Statist. Soc B 58*, 267–288.

TUTZ, G. (1986). An alternative choice of smoothing for kernel-based density estimates in discrete discriminant analysis. *Biometrika 73*, 405–411.

TUTZ, G. (1989). On cross-validation for discrete kernel estimates in discrimination. *Comm. in Statist., Th. & Meth. 11*, 4145–4162.

TUTZ, G. (1990). *Modelle für kategoriale Daten mit ordinalem Skalniveau, parametrische und nonparametrische Ansätze*. Göttingen: Vandenhoeck & Ruprecht Verlag.

TUTZ, G. UND KAUERMANN, G. (1997). Local estimators in multivariate generalized linear models with varying coefficients. *Computational Statistics 12*, 193–208.

TVERSKY, A. (1972a). Choice by elimination. *Journal of Mathematical Psychology 9*, 341–367.

TVERSKY, A. (1972b). Elimination by aspects: a theory of choice. *Psychological Review 79*, 281–299.

ULM, K. (1991). A statistical method for assessing a threshold in epidemiological studies. *Statistics in Medicine 10*, 341–348.

VAN COPENHAVER, T. UND MIELKE, P. W. (1977). Quantit analysis: a quantal assay refinement. *Biometrics 33*, 175–186.

VAN HOUWELINGEN, J. UND LE CESSIE, S. (1990). Predictive value of statistical models. *Statistics in Medicine 9*, 1303–1325.

VEALL, M. R. UND ZIMMERMANN, K. F. (1990). Evaluating pseudo-R^2's for binary probit models. Forschungsbericht, Center for Economic Research, Tilburg University. Discussion Paper No. 9057.

WACHOLDER, S. (1986). Binomial regression in GLIM: Estimation risk ratios and risk differences. *American Journal of Epidemiology 123*, 174–184.

WEDDERBURN, R. W. M. (1974). Quasilikelihood functions, generalized linear models and the Gauss-Newton method. *Biometrika 61*, 439–447.

WERMUTH, N. (1987). Parametric collapsibility and the lack of moderating effects in contingency tables with a dichotomous response variable. *J. Roy. Statist. Soc. B 49*, 353–364.

WHITTAKER, J. (1990). *Graphical models in applied multivariate statistics*. Chichester: Wiley.

WHITTEMORE, A. S. (1983). Transformations to linearity in binary regression. *SIAM Journal of Applied Mathematics 43*, 703–710.

WILKINSON, G. N. UND ROGERS, C. E. (1973). Symbolic description of factorial models for analysis of variance. *Appl. Statist. 22*, 392–399.

WILLIAMS, D. A. (1975). The analysis of binary responses from toxicological experiments involving reproduction and teratogenicity. *Biometrics 31*, 949–952.

WILLIAMS, D. A. (1981). The use of the deviance to test the goodness of fit of a logistic linear model to binary data. *GLIM Newsletter 6*, 60–62.

WILLIAMS, D. A. (1982). Extra-binomial variation in logistic linear models. *Appl. Statist. 31*, 144–148.

WILLIAMS, O. D. UND GRIZZLE, J. E. (1972). Analysis of contingency tables having ordered response categories. *J. Amer. Statist. Assoc. 67*, 55–63.

WINDMEIJER, F. A. G. (1992). *Goodness of Fit in Linear and Qualitative–Choice models*. Amsterdam: Thesis Publishers.

WINSHIP UND MARE (1984). Regression models with ordinal variables. *Am. Soc. Rev. 49*, 512–525.

YELLOTT, J. I. (1977). The relationship between Luce's choice axiom, Thurstone's theory of comparative judgement, and the double exponential distribution. *Journal of Mahtematical Psychology 15*, 109–144.

ZEGER, S. L. UND KARIM, M. R. (1991). Generalized linear models with random effects; a Gibbs' sampling approach. *Journal of the American Statistical Association 86*, 79–95.

Autorenindex

Sachindex